Temperatur und sportliche Leistung

Aus Gründen der besseren Lesbarkeit haben wir uns entschlossen, durchgängig die männliche (neutrale) Anredeform zu nutzen, die selbstverständlich die weibliche mit einschließt.

Das vorliegende Buch wurde sorgfältig erarbeitet. Dennoch erfolgen alle Angaben ohne Gewähr. Weder die Autorin noch der Verlag können für eventuelle Nachteile oder Schäden, die aus den im Buch vorgestellten Informationen resultieren, Haftung übernehmen.

Sandra Ückert

Temperatur und sportliche Leistung

Meyer & Meyer Verlag

Papier aus nachweislich umweltverträglicher Forstwirtschaft.
Garantiert nicht aus abgeholzten Urwäldern!

Temperatur und sportliche Leistung

Bibliografische Information der Deutschen Nationalbibliothek
Die Deutsche Nationalbibliothek verzeichnet diese Publikation in der Deutschen
Nationalbibliografie; detaillierte bibliografische Details sind im Internet über
<http://dnb.d-nb.de> abrufbar.

Alle Rechte, insbesondere das Recht der Vervielfältigung und Verbreitung sowie das Recht der
Übersetzung, vorbehalten. Kein Teil des Werkes darf in irgendeiner Form – durch Fotokopie,
Mikrofilm oder ein anderes Verfahren – ohne schriftliche Genehmigung des Verlages reproduziert oder
unter Verwendung elektronischer Systeme verarbeitet, gespeichert,
vervielfältigt oder verbreitet werden.

© 2012 by Meyer & Meyer Verlag, Aachen
Auckland, Beirut, Budapest, Cairo, Cape Town, Dubai, Indianapolis,
Kindberg, Maidenhead, Sydney, Olten, Singapore, Tehran, Toronto
Member of the World
Sport Publishers' Association (WSPA)
Druck: B.O.S.S Druck und Medien GmbH
Satz: Büro für Mediengestaltung · zahra.aissaoui@t-online.de
ISBN 978-3-89899-665-5
E-Mail: verlag@m-m-sports.com
www.dersportverlag.de

Inhalt

Einführung 8

1 Thermoregulation 17
    1.1 **Biologische Grundlagen** 17
        1.1.1 Körperschale und Körperkern 19
        1.1.2 Wärmebildung und Stoffwechselrate 20
        1.1.3 Temperaturbereiche 21
        1.1.4 Wärmebildung und Wärmetransport 23
        1.1.5 Prinzipien der Thermoregulation 31
        1.1.6 Exkurs: Hyperthermie und Hypothermie 39
    1.2 **Thermoregulation bei körperlicher Anforderung** 41
        1.2.1 Körperkerntemperatur und sportliche Leistung 41
        1.2.2 Kritische Körperkerntemperatur 47
        1.2.3 Dehydratation 50
    1.3 **Einflussfaktoren der Thermoregulation** 52
        1.3.1 Personelle Einflussparameter 52
        1.3.2 Non-personelle Einflussparameter 55
        1.3.3 Exkurs: Wet Bulb Globe Temperature (WBGT) 57
    1.4 **Messorte der Haut- und Körperkerntemperatur** 59
        1.4.1 Hauttemperatur 59
        1.4.2 Körperkerntemperatur 61
        1.4.3 Rektaltemperatur 62
        1.4.4 Sublingual- und Ösophagustemperatur 62
        1.4.5 Axillartemperatur 62
        1.4.6 Tympanaltemperatur 62
        1.4.7 Intestinaltemperatur 63
    1.5 **Zusammenfassung** 64

2 Kälteapplikation 67
    2.1 **Einführung und theoretische Grundlagen** 67
        2.1.1 Historie der Kälteanwendung und -therapie 68
        2.1.2 Kältemediatoren 69
        2.1.3 Zur Begrifflichkeit 81
    2.2 **Effekte der Kaltluftapplikation** 86
        2.2.1 Precooling mittels Kaltluft 88
        2.2.2 Simultancooling mittels Kaltluft 97
        2.2.3 Precooling mittels Ganzkörperkaltluftapplikationen
               (GKKLA $_{-110°\,C}$) 100
        2.2.4 Teilkörperkaltluftapplikationen bei minus 30° C 124
        2.2.5 Gesamtfazit: Kaltluftapplikationen 144

2.3 Effekte von Kaltwasserapplikation 147
    2.3.1 Effekte von Kaltwasserapplikation auf die Körperkerntemperatur 147
    2.3.2 Effekte der GKKWA auf die Radfahrleistung 152
    2.3.3 Effekte der GKKWA auf die Laufleistung 163
    2.3.4 Effekte der TKKWA auf physiologische Parameter 168
    2.3.5 Vergleichsstudie: GKKWA und TKKWA 170
    2.3.6 Kaltluft-Simultancooling vs. Kaltwasser-Precooling 172
    2.3.7 Fazit der Wasserkühlung 173
2.4 Effekte der Kältewestenapplikation 175
    2.4.1 Precooling mittels KWA 176
    2.4.2 Simultancooling mittels KWA 200
    2.4.3 Simultancooling beim Rudern 205
    2.4.4 Precooling vs. Aufwärmen 209
    2.4.5 Pre-Simultancooling-Kombination 217
    2.4.6 Precooling vs. Pre-Simultancooling 222
    2.4.7 Precooling plus Intercooling 224
    2.4.8 Gesamtfazit: Kältewestenapplikation 232

3 Erwärmung als eine thermoregulatorische Vorbereitungsmaßnahme 237

3.1 Einführung 237
3.2 Analyse deutschsprachiger trainingswissenschaftlicher Standardwerke zum Aufwärmen 239
3.3 Terminologie 245
    3.3.1 Definitionen 247
    3.3.2 Differenzierungsaspekte 247
3.4 Physiologische Wirkungen des Erwärmens 250
3.5 Aufwärmeffekte auf die sportliche Leistung 256
    3.5.1 Kurzzeitanforderungen 257
    3.5.2 Mittelzeitanforderungen 261
    3.5.3 Langzeitanforderungen 262
3.6 Exkurs: Alter und Anforderungsvorbereitung 264
3.7 Zur optimalen Gestaltung einer Vorbereitung 268
    3.7.1 Zur optimalen Belastungsintensität 268
    3.7.2 Zur optimalen Belastungsdauer 270
    3.7.3 Zur optimalen Belastungspause 271
    3.7.4 Zur optimalen Spezifik 272
    3.7.5 Fazit 273
3.8 Gesamtfazit: Aufwärmen 274

INHALT

4 Generalisierung und Differenzierung 281
- 4.1 Generalisierung 281
- 4.2 Differenzierung 283
  - 4.2.1 Geschlechtsspezifik 283
  - 4.2.2 Leistungsniveau 289
  - 4.2.3 Fähigkeitsspezifik 293
  - 4.2.4 Leistungseffekt und Kälteapplikationsdauer 299
  - 4.2.5 Leistungseffekt und Kälteapplikationstemperatur 304
  - 4.2.6 Leistungseffekt und Timing der Kälteapplikation 308
  - 4.2.7 Leistungseffekt und Sportartspezifik 310
  - 4.2.8 Einfluss der Kälteapplikation auf physiologische Parameter 311
- 4.3 Gesamtfazit 319

5 Zusammenfassung und Perspektiven 323

Anhang 335
- 1 Abkürzungsverzeichnis 335
- 2 Literaturverzeichnis 336
- 3 Bildnachweis 380

Einführung

Die Temperatur stellt im Sport eine wichtige und leistungsbestimmende Komponente dar, weil alle menschlichen[1] Leistungen von der Temperatur abhängen; sie gilt unzweifelhaft als eine „der wichtigsten Umweltfaktoren, die das Leben auf der Erde bestimmen" (Precht et al., 1955, S. 3). Dennoch sind die damit in Zusammenhang stehenden Fakten und Probleme, insbesondere diejenigen der thermoregulatorischen Mechanismen, die die Variationen der Körpertemperatur und generell den Wärmehaushalt unter den Bedingungen wärmeabgabebeeinträchtigender Bedingungen während sportlicher Anforderungen betreffen, in der sport- und trainingswissenschaftlichen Literatur nur partiell und allenfalls fragmentarisch ins Blickfeld der Forschung geraten.

„Die Bedeutung des Wärmehaushaltes wird beim Sporttreiben noch total unterschätzt. Eine optimale Thermoregulation ist für die Leistung entscheidender als die Menge der roten Blutkörperchen" (Boutellier, 2007, S. 79).[2]

Im Kontext der Bedeutung der Temperatur für die sportliche Leistung geht es im Folgenden um zwei entscheidende Fragen: Welchen Beitrag leisten diejenigen Informationen, die hier vermittelt werden, für die Weiterentwicklung der Trainingswissenschaft **(1)** und – weil Trainingswissenschaft eine angewandte Wissenschaft ist – welcher Zusammenhang besteht zwischen diesen Informationen und dem sportbezogenen Anspruch der Leistungssteigerung und -optimierung **(2)**?

(1) In der trainingswissenschaftlichen Gesamtdarstellung von Hohmann et al. (2007) wird zur komplexen Thematik der Bedeutung der Temperatur für die sportliche Leistung, zu den Temperaturregelmechanismen und zur Wärmeregulation unter den Bedingungen sportlicher Belastungen lediglich angemerkt, dass „bereits geringe Mengen an Wasserverlust (...) die Ausdauerleistungsfähigkeit" beeinträchtigen. Und unter Bezug auf eine Studie von Falk (1996) werden auch die Gründe dafür genannt: gesteigerte Hautdurchblutung, geringerer Blutrückstrom zum Herzen, Hyperventilation, problematische Enzymreaktionen und vermehrte Schweißproduktion (Hohmann et al., 2007, S. 59). Weineck (2007) weist in der 15. Auflage von *Optimales Training* erstmals auf neuere Studien zur Temperatur-, explizit zur Precoolingthematik, in Anlehnung an Joch und Ückert (2003) hin und charakterisiert diese in Anlehnung an den von den Autoren gelieferten Begründungszusammenhang in der Weise, dass zur

---

[1] Die Einschränkung auf die menschlichen Leistungen erfolgt hier lediglich auf Grund der trainingswissenschaftlichen Thematisierung; tatsächlich gilt die Aussage natürlich für alles Leben, das menschliche, tierische und pflanzliche.

[2] In *Wissen*, der Schweizer Sonntagszeitung, 23.9.2007.

Weiterentwicklung der Trainingswissenschaft auch die Entdeckung „neuer Ressourcen" gehöre, die das Spektrum der trainingsrelevanten Interventionsmöglichkeiten erweitern:

„Leistungssport findet heute im Grenzbereich der menschlichen Leistungsfähigkeit statt. Um unter diesen Bedingungen noch Leistungssteigerungen erzielen zu können, ist es erforderlich, Ressourcen zu erschließen, die bislang entweder unbekannt waren oder ungenutzt geblieben sind: Verbesserte Trainingsqualität, Optimierung von Belastung und Erholungsrelation, Ausschöpfung der biologischen Leistungsreserven ..." (Weineck, 2007, S. 334, nach Joch & Ückert, 2003).

Für trainingswissenschaftlich relevante Fragestellungen ist in diesem Zusammenhang wichtig, dass der Mensch zu den homöothermen Lebewesen gehört. Diese unterscheiden sich von den poikilothermen im Wesentlichen dadurch, dass ihre Körperkerntemperatur weitgehend konstant bei etwa 37° C gehalten wird, wofür das Temperaturregulationssystem verantwortlich ist. Im Gegensatz zu den wechselwarmen Lebewesen, die bei niedrigen Umgebungstemperaturen bis zur Bewegungslosigkeit erstarren und erst körperlich aktiv und motorisch mobil werden können, wenn sie aufgewärmt werden[3] oder sich aufwärmen, garantiert die konstante Betriebstemperatur der gleich warmen Lebewesen einen von der Umgebungstemperatur weitgehend unabhängigen Bewegungs- und Leistungsstatus. Auf Grund dieser nahezu konstanten Körperkerntemperatur läuft das Leben der Homöothermen – im Gegensatz zu den Poikilothermen, deren Lebensprozesse von der äußeren Temperatur abhängig sind – generell mit nahezu derselben hohen Intensität ab, sodass diese Lebewesen jederzeit frei über ihre Kräfte verfügen können. Die entscheidende Leistung dabei erfolgt durch die Regelung der Temperatur.

Ein spezielles Aufwärmen vor der eigentlichen sportlichen Anforderung mit dem Ziel, durch das Erreichen der postulierten Optimaltemperatur von 38,5-39° C [4] die motorische Leistungsfähigkeit zu verbessern (Schiffer, 1997, S. 26), wäre danach überflüssig – das Gegenteil wäre der Fall: Durch körpereigene Maßnahmen, die den Wärmeabfluss sicherstellen, geht es gerade darum, den Anstieg der Körperkerntemperatur im Sinne einer Homöostasestörung durch entsprechende thermoregulatorische Reaktionen zu verhindern, den Wärmeüberschuss abzubauen und alles ist in diesem Falle darauf zu richten, die hohe Körpertemperatur zu senken. Für die Trainingswissenschaft ergibt sich auf dieser Grundlage eine Reihe offener Fragen:

---

3   Der Hinweis darauf, dass das Aufwärmen von Libellen erforscht sei und diese Forschungsergebnisse als ein Indiz dafür angesehen werden können, dass auch für Sportler die Notwendigkeit zum Aufwärmen als Voraussetzung für die Optimierung von Leistungsvoraussetzungen bestehe (Schiffer, 1997, S. 25: das „Beispiel legt die Annahme nahe, dass auch in der Tierwelt die positiven physiologischen Effekte des Aufwärmens wirksam sind und genutzt werden"), verkennt, dass es sich bei den Libellen um poikilotherme Lebewesen handelt und nicht um homöotherme, somit die Temperaturbedingungen völlig andere und deshalb solche Vergleiche unzulässig sind.

4   Andere Autoren (z. B. Platonov, 1999) sprechen von Optimalkörperkerntemperaturen, die bei > 39° C liegen.

- *Welche Rolle spielt die Körpertemperatur, die durch interne Parameter (u. a. Muskelarbeit), aber auch externe Parameter (u. a. klimatische Bedingungen) ganz wesentlich beeinflusst wird, wenn in Training und Wettkampf die sportliche Leistung optimiert werden soll? Ist es richtig, wenn in einschlägigen Publikationen gefordert wird, die Körperkerntemperatur müsse vor Beginn der sportlichen Belastung, um eine optimale Wirkung zu garantieren, auf 38,5-39,0° C erhöht werden (Israel, 1977)?*

- *Welche Möglichkeiten gibt es, die durch Muskelarbeit während sportlicher Anforderungen erzeugte Wärme auf das Maß zu reduzieren, welches für den eigentlich auf konstante Temperaturbedingungen von etwa 37° C eingestellten Körper am günstigsten ist? Und kann es nicht auch Bedingungen geben, wo dieses System überfordert ist, so zum Beispiel durch hohe Umgebungstemperaturen und hohe Luftfeuchtigkeit, welche die Verdampfung des Wassers auf der Haut limitiert, aber auch durch lang anhaltende und intensive Muskelarbeit, die wegen der sportlichen Anforderungen nicht ohne Weiteres reduziert werden kann, und die dadurch erzeugte, dauerhafte Wärmebildung – etwa in den Ausdauersportarten?*

- *Und was bedeutet es für die sportliche Leistung, wenn hohe Umgebungstemperaturen in Verbindung mit hoher Luftfeuchtigkeit und muskulärer Wärmeproduktion zusammen wirksam werden? Welches sind dann vor sportlichen Anforderungen wirksame und damit effektiv leistungssteuernde Maßnahmen – in Ergänzung oder anstelle des traditionellen Aufwärmens?*

Im vorliegenden Buch werden Untersuchungsergebnisse dokumentiert, welche generell die Bedeutung der Temperatur für die sportliche Leistung, die Wärmeabgabemechanismen unter körperlicher Anforderung und die Varianten der Körperkühlung sowie deren Effekte behandeln. Dabei stehen neben der Präsentation und Diskussion des aktuellen Forschungsstandes auch diejenigen Antworten zur Disposition, die bisher dazu gegeben wurden; und es wird zusätzlich überprüft, ob diese Antworten mit hinreichender Genauigkeit und Vollständigkeit das vermitteln, was im Hinblick auf eine Leistungsoptimierung erforderlich ist. Da dieser Themenbereich bislang in der Trainingswissenschaft erkennbar vernachlässigt wurde, erweitert dies die traditionellen und systematisch seit Langem bearbeiteten Zugänge zu den biologischen Grundlagen der sportlichen Leistung, wie u. a. dem neuromuskulären System, dem kardiopulmonalen System, dem sensorisch-nervalen System, dem Stütz- und Bewegungssystem um einen weiteren Bereich: das Temperaturregelungssystem.

Um die Bedeutung dieses Temperaturregelungssystems, der *Thermoregulation*, für die sportliche Leistungsfähigkeit aus trainingswissenschaftlicher Perspektive adäquat einschätzen zu können, ist dreierlei zu berücksichtigen:

1. Temperatur und Energiehaushalt gehören zusammen. „Im lebenden Organismus gehen nahezu alle Umwandlungen freier Energie letzten Endes in Wärme über" (Aschoff et al., 1971, S. 6). Insofern beinhaltet die Steuerung des Wärmehaushalts – Wärmeproduktion und Stoffwechselprozesse einerseits und Wärmeabgabe andererseits – mit dem Ziel, die sportliche Leistungsfähigkeit zu optimieren, immer auch die Frage, welche Energiereserven für die muskuläre Fortbewegung im Sport zur Verfügung stehen. So wird ein Großteil der Energie (etwa 75 %) als Wärme abgegeben, nur der Rest steht für die muskuläre Arbeit zur Verfügung, wobei sich diese Relation noch weiter verschlechtern kann, je höher wegen großer Wärmebelastungen und gesteigerter Anforderungen die Ansprüche an die Thermoregulation gestellt werden. Mit diesen Anforderungen ist auch verbunden, dass damit die Voraussetzungen für die Aufrechterhaltung des Lebens und wichtiger Lebensfunktionen verknüpft sind. Die Thermoregulation hat insofern lebenserhaltende Bedeutung.

2. Die Variationsbreite der Temperaturbedingungen, unter denen Leben und Leistung möglich sind, ist verhältnismäßig gering. Für das Leben gilt:

„Leben ist an das Vorhandensein von Eiweiß gebunden. Eiweißsubstanzen denaturieren, wenn die Temperatur 45° C überschreitet. Wasser, der Hauptbestandteil der lebenden Materie, gefriert bei 0° C und unterbindet dann die aktiven Lebensprozesse. Theoretisch ist demnach nur Leben in der begrenzten Temperaturspanne zwischen und 0 und 45° C möglich" (Nichelmann, 1986, S. 5). [5]

Für sportliche Leistungen gilt: Der optimale Umgebungstemperaturbereich variiert zwischen plus 10 und 30° C. Dabei liegen für Ausdauerleistungen die günstigsten Voraussetzungen eher im unteren, für Schnelligkeits- und Schnellkraftleistungen eher im oberen Temperaturbereich. Für den Marathonlauf gilt zum Beispiel als günstigste Temperaturspanne der Bereich von 10-15° C, während die Behaglichkeitstemperatur in Ruhe mit etwa 23-25° C deutlich darüber liegt. Es wurden bei Marathonläufen durchaus Körperkerntemperaturen von über 40° C gemessen (Adams et al., 1975; Maughan, 1984; Cheuvront & Haymes, 2001; Byrne et al., 2006). Derart hohe Werte sind jedoch nicht leistungsförderlich, sie können vom menschlichen Organismus zwar toleriert werden, allerdings zulasten der sportlichen Leistung und ggf. der Gesundheit. Für die Optimierung der sportlichen Leistungsfähigkeit ist bei den homöothermen Lebewesen davon auszugehen, dass der optimale Temperaturbereich sich relativ eng an den Normwert der Körperkerntemperatur von 37° C anlehnt. In der Literatur und in eigenen Studien sind dafür hinreichend Beispiele dokumentiert.

---

5   Allerdings existiert Leben auch in Temperaturbereichen, die außerhalb dieser Spanne liegen (Wüste oder Kältepol). Dies ist nur deshalb möglich, „weil sich bei den Lebewesen im Verlauf der Evolution ein Temperaturregulationssystem herausgebildet hat, das [...] auch bei starken Änderungen der Umweltverhältnisse Temperaturbedingungen sichert, die ein Überleben, in vielen Fällen auch die optimale Entfaltung der Lebensprozesse garantieren" (Nichelmann, 1986, S. 5).

3. Thermoregulation bedeutet die Herstellung des Gleichgewichts von Wärmeproduktion einerseits und Wärmeabgabe andererseits. Dabei spielt auch die Kälte eine Rolle, im thematischen Zusammenhang dieser Arbeit allerdings weniger im Sinne der Leistungsminderung und der Zerstörung lebenserhaltender Funktionen.[6] Das leitende Interesse der aktuellen trainingswissenschaftlichen Studien zur Temperaturthematik im Sport richtet sich vorrangig darauf, wie die Körpertemperatur und damit der menschliche Wärmehaushalt durch externe Temperatureinwirkung, vornehmlich durch Kühlungsmaßnahmen, sowie die Leistungsfähigkeit beeinflusst werden können. Diese Kühlungsmaßnahmen sind unter dem Sammelbegriff *Kälteapplikation*[7] zusammenzufassen; sie sollten dann erfolgen, wenn das thermoregulatorische System überfordert ist und ohne diese Kühlung die Gefahr der Überwärmung und damit eine Einschränkung der körperlichen Leistungsfähigkeit besteht.

(2) Wenn im Sport der Anspruch aufrechterhalten bleibt, die Leistungen weiterhin zu steigern, um dem olympischen Anspruch auch in Zukunft zu genügen, sozusagen dem „Code des Sports" (Digel, 2004, S. 19) zu entsprechen, dann kann dieser Fortschritt vor allem durch Verbesserung der exogenen und endogenen Trainingsvoraussetzungen erfolgen, zu denen insbesondere die Generierung neuen Wissens gehört. Denn die Sicherung des Fortschritts auf der Grundlage des olympischen Sportverständnisses fordert für den Sport und das sportliche Training zwingend die ständige Überprüfung alten Wissens und gegebenenfalls dessen Verwerfung, wenn dieses Wissen sich als hinderlich für die weitere Leistungsentwicklung erwiesen hat. Der Fortschrittsanspruch fordert außerdem neues Wissen und neue trainings- und sportwissenschaftliche Erkenntnisse.[8]

Zu den *exogenen Trainingsbedingungen*: Eine wichtige Voraussetzung, dauerhaften Leistungsfortschritt im Sport zu erzielen, besteht u. a. darin, die vorhandenen Trainingsmöglichkeiten hinsichtlich der Quantität und Qualität zu verbessern; das sind vor allem Trainingsumfang und -intensität als wichtige Bestandteile der sogenannten *exogenen Trainingsbedingungen*, zu denen aber zusätzlich auch noch Ernährung, soziale Rahmenbedingungen, berufliche Orientierung und finanzielle Absicherung gehören. Mit diesen exogenen Rahmenbedingungen des Trainings ist auch die Konzentration der Athleten darauf verbunden, ein Optimum für die eigenen Leistungsverbesserungen herzustellen und alles zu meiden, was der Verwirklichung dieser leistungssportlichen Zielsetzung entgegensteht. Grundsatz dieser Konzeption ist es, die

---

6 Vgl. dazu Mitscherlich & Mielke (1960).
7 Die Begriffe *exogene Bedingungen* und *endogene Voraussetzungen* sind der wirtschaftswissenschaftlichen Wachstumsdiskussion entnommen, bei der zwischen den (älteren) exogenen Wachstumstheorien unterschieden wird, die vorrangig die äußeren Faktoren berücksichtigen, und den (neueren) endogenen Wachstumstheorien, die – auch unter dem Begriff *Humankapital* – menschliche Kreativität, Intelligenz und Fantasie in den Vordergrund stellen, die vor allem die Voraussetzungen dafür bilden, dass neue Wachstumsimpulse gesetzt werden können (vgl. Romer, 1990; Hemmer & Lorenz, 2004).
8 Damit wird Bezug genommen auf die wissenschaftstheoretische Position von Popper, der davon ausgeht, dass „das Wachstum der Erkenntnis", der Fortschritt der Wissenschaft in induktiver Methode, auf den beiden Säulen der „Falsifikation" und der empirischen Überprüfung von „Vermutungen" beruht (Popper, 2000).

vorhandenen und bekannten Trainingsvoraussetzungen vor allem hinsichtlich ihrer qualitativen Möglichkeiten[9] zu nutzen. Diese qualitative Seite des Trainings berücksichtigt insbesondere den systematischen und zielorientierten Einsatz jener Trainingsmittel, die erst in optimierter Konstellation den gewünschten Leistungseffekt sichern. Es komme in Zukunft darauf an – so wurde Anfang der 1990er Jahre bereits exemplarisch formuliert –, „höhere Trainingsreize auf der Basis erhöhter Trainingsbelastungen in Einheit von Qualität, Intensität und Umfang" zu ermöglichen (DLV, 1991, S. 8). Die alleinige Erhöhung des quantitativen Anteils des Trainings sei nur noch begrenzt möglich – in einigen Sportarten offensichtlich überhaupt nicht mehr, es sei denn zulasten der Verletzungsanfälligkeit und der Regeneration –, obwohl sich mit der zunehmenden und bereits weit fortgeschrittenen Professionalisierung des Sports die Zeitbudgets der Sportler während der letzten Jahrzehnte kontinuierlich ausgeweitet und verbessert haben.[10]

Zu den *endogenen Trainingsvoraussetzungen*: Ein weiterführendes Konzept, Leistungsfortschritt im Sport perspektivisch und dauerhaft sicherzustellen, beruht auf der Generierung neuen Wissens. Dieses Konzept kann unter dem Begriff *endogene Trainings-voraussetzungen* zusammengefasst werden und bezieht sich auf intelligente Lösungen *(intelligentes Training)* und auf neue, kreative Erkenntnisgewinnung. Diese kann auf vielfältige Weise erfolgen – und ist in der Vergangenheit der vermutlich stärkste Motor für Leistungssteigerungen gewesen: durch Kreativität und Intelligenz, durch Überprüfung und Widerlegung traditionellen und überholten Wissens, durch neu zu erschließende Wissensbestände, die in den Dienst der sportlichen Leistungsentwicklung gestellt werden. Das war, um nur wenige Beispiele zu nennen, bei der Materialverbesserung der Fall, als der Glasfiberstab im Stabhochsprung den Metallstab ablöste, oder als im Skilanglauf die Skatingtechnik die Diagonaltechnik als Speeddisziplin verdrängte.

Leistungsfortschritt im Sport basiert zu einem wesentlichen Teil auf neuen, intelligenten Lösungen, nicht vorrangig – oder gar ausschließlich – auf der Steigerung der Trainingsreize.

Die Wissensvermehrung ist für den Sport und die sportliche Leistungsoptimierung deshalb von ausschlaggebender Relevanz, weil Wissen diejenige Ressource darstellt, die nahezu unerschöpflich, ja unbegrenzt vorhanden ist. Die biologischen Voraussetzungen des Menschen sind für die sportliche Leistungsentfaltung begrenzt, die

---

9   „Statt an der Umfangsschraube weiter zu drehen, müssen wir die Qualität der Trainingsarbeit steigern" (Weise, 2008, S. 37).
10 Bei der Bewertung dieser Frage ist wichtig, dass z. B. Leichtathleten in den 1950er und 1960er Jahren mit Bruchteilen des heutigen Trainingsaufwandes vereinzelt etwa die gleichen Resultate erzielt haben. Zwei markante Beispiele können dafür geltend gemacht werden: K. Kaufmann (400 m) und L. Westermann (Diskuswerfen).

Anpassung der biologischen Substanz an Belastung und Beanspruchung ist nicht unendlich, wie Martin et al. (1993) argumentieren. Begrenzt wird dagegen der Wissensfortschritt lediglich durch Fantasielosigkeit, Desinteresse und den (falschen) Glauben, es gäbe nichts mehr zu erforschen, weil bereits alles bekannt sei (Popper, 2000).

Das erkenntnisleitende Interesse des vorliegenden Buches bezieht sich auf die Bedeutung der Temperatur für die sportliche Leistung und beinhaltet deshalb vor allem eine diesbezügliche Vermehrung und Aktualisierung des Wissensbestandes: Denn bisher ist die Bedeutung der (Körper-)Temperatur für sportliche Leistungen weder hinreichend erkannt noch in seiner leistungsbeeinflussenden Wirkung angemessen berücksichtigt und dargestellt worden. Das Anliegen und die Zielsetzung der vorliegenden Arbeit beruhen deshalb vor allem auf der Beantwortung der Frage, wie die thermoregulatorischen Maßnahmen, die unmittelbare und nachwirkende Effekte auf die Körpertemperatur ausüben, systematisch in den Prozess der Trainings- und Leistungssteuerung mit einzubeziehen sind. Auf der Grundlage der trainingswissenschaftlichen Konsequenzen und der offenen Fragenkomplexe zur Bedeutung der Temperatur für die sportliche Leistung lassen sich Anliegen und Zielsetzung sowie die wissenschaftstheoretische Einordnung in fünf Punkten zusammenfassend formulieren:

1. Um die Voraussetzungen für Leistungssteigerungen im Sport zu ermöglichen, ist die Generierung neuer Erkenntnisse auf induktive Weise erforderlich. Die neuen Erkenntnisse müssen im Sinne der Trainingswissenschaft anwendungsbezogen sein, was hier durch die Abhängigkeit der sportlichen Leistung von der Körpertemperatur, die wiederum von externen Temperatureinwirkungen (Klima, thermoregulatorische Maßnahmen etc.) sowie internen (muskuläre Arbeit etc.) abhängt, deutlich wird.

2. Die Reichweite alter Erkenntnisse zur Temperaturbedeutung und in diesem Kontext angewandte Verfahren (z. B. Aufwärmen), die in der Trainingswissenschaft und in der sportlichen Praxis bisher eine gelegentlich kaum hinterfragte Rolle gespielt haben, müssen auf ihre Reichweite hin überprüft und gegebenenfalls falsifiziert werden.

3. Die neuen Erkenntnisse müssen, u. a. im Sinne einer externen Validität, ein möglichst breites Spektrum an auch über nationale Grenzen hinausgehenden, also internationalen Studien repräsentieren, um daraus die praktische Relevanz, wissenschaftliche Stringenz und leistungssportliche Bedeutung der Fragestellung sowie der gewonnenen Erkenntnisse ableiten zu können.

4. Die neuen Erkenntnisse müssen der empirischen Prüfung zugänglich bzw. aus empirischen Studien abgeleitet sein, um auf diese Weise dem Anspruch der Trainingswissenschaft zu genügen, ihren Erkenntnisgewinn aus intersubjektiv nachprüfbaren Aussagen zu begründen.

5. Die neuen Erkenntnisse müssen in das Konzept der Trainingswissenschaft integrierbar sein.

Dazu werden im vorliegenden Buch einführend in Kapitel 1 „Thermoregulation" die biologischen Grundlagen der Thermoregulation, ihre Bedeutung unter den Bedingungen körperlicher Anforderungen sowie die Einflussparameter auf die Wärmeregulation dargestellt. Die Thermoregulation bzw. das Wissen darüber stellt eine unverzichtbare Basis für die Thematik und für die Interpretation vorliegender Studienergebnisse zu thermoregulatorischen Anforderungsvorbereitungen dar.

In Kapitel 2 werden Studien zur Thematik der Kälteapplikation dargestellt und kritisch reflektiert, differenziert nach den Kältemediatoren: Kaltluft-, Kaltwasser- und Kältewestenapplikation. Hieran schließt sich das Kapitel 3 zur „Erwärmung als eine thermoregulatorische Vorbereitungsmaßnahme" an, in dem die wissenschaftliche Fundierung des in Theorie und Praxis sämtlicher Anwendungsfelder des Sports etablierten, tradierten Aufwärmens fokussiert wird. In diesem Zusammenhang werden die Terminologie und die Reichweite des Aufwärmens bestimmt.

Mit der Frage der Generalisierung der Ergebnisse zur Kälteapplikation – insbesondere im Kontext der trainingswissenschaftlichen Anwendungsthematik, also einem für die Trainingswissenschaft konstitutiven Element – setzt sich das vierte Kapitel „Generalisierung und Differenzierung" auseinander. Dabei wird darauf verwiesen, dass insbesondere die Differenzierung eine Kategorie darstellt, die beim trainingswissenschaftlichen Erkenntnisgewinn zusätzlich neben der Generalisierung zu berücksichtigen ist. Im abschließenden fünften Kapitel werden nach einer Zusammenfassung der Arbeit Perspektiven zur Thematik der Kälteapplikation eröffnet und diskutiert. [11]

---

11 Auf eine sprachliche Differenzierung der Geschlechter wird verzichtet; die gewählte maskuline Form impliziert gleichsam die feminine, es sei denn, Männer und Frauen werden aus inhaltlichen Gründen als solche explizit ausgewiesen.

1 Thermoregulation

1.1 Biologische Grundlagen

Alle Stoffwechselprozesse und Organfunktionen werden von der Körpertemperatur beeinflusst. Sie ist somit eine lebenswichtige physiologische Größe, die sich auf alle Körperfunktionen des Menschen auswirkt. Der Mensch reguliert als homöothermes Lebewesen seine Körperkerntemperatur auf einem annähernd konstanten Niveau von ca. 36,5-37° C.

Unter Ruhebedingungen und auch bei körperlicher Anforderung mit geringer Belastungsintensität ist die Körperkerntemperatur weitgehend unabhängig von der Umgebungstemperatur, jedoch besteht bei höherer Belastungsintensität (85 % der VO_{2max}) ab einer Umgebungstemperatur von 15° C eine Abhängigkeit von der Umgebungstemperatur (Jessen, 2001). Die autonome Thermoregulation des Menschen ermöglicht es, dass sich die Körperkerntemperatur trotz interner und externer bzw. personeller und non-personeller Störfaktoren immer wieder auf den Normalwert einpendelt.
Durch den für die Homöothermie erforderlichen Tachymetabolismus und der daraus resultierenden, hohen Wärmebildungsrate – gemäß den thermodynamischen Gesetzen (Houdas & Ring, 1982) – liegt die Körpertemperatur des Menschen über der durchschnittlichen Umgebungstemperatur. Weil die Geschwindigkeit chemischer Reaktionen mit steigender Temperatur zunimmt und somit die Stoffwechselaktivität eines Lebewesens mit seiner Körpertemperatur korreliert, schließen einerseits zu niedrige Körpertemperaturen auf Grund der Temperaturabhängigkeit enzymatischer Prozesse hohe Stoffwechselraten aus, andererseits kann eine sehr hohe Stoffwechselaktivität auf Grund der damit verbundenen starken Wärmebildung insbesondere in warmer Umgebung zur Überhitzung führen. Dieser Zusammenhang von Temperatur und Stoffwechselaktivität ist in erster Linie für poikilotherme Lebewesen (z. B. Amphibien, Fische, Reptilien) von Bedeutung, denn, im Gegensatz zu den gleich warmen, passt sich bei wechselwarmen Lebewesen die Körper- der Umgebungstemperatur an und unterliegt somit großen Schwankungen. Die Temperaturdependenz wird bei diesen Lebewesen somit dadurch deutlich, dass sich der Energieumsatz gemäß der RGT-Regel[12] mit variierender Körpertemperatur verändert. Damit hängt auch der 3-4 x niedrigere Energieumsatz (Bradymetabolismus) der poikilothermen Lebewesen, die über keine

---

[12] *Reaktions-Geschwindigkeits-Regel:* Bei Zunahme der Körperkerntemperatur um 10° C wird eine chemische Reaktion um das Doppelte beschleunigt (Persson, 2007). Nach de Marées (1996) steigt pro 1° C Erhöhung der Körperkerntemperatur der Energieumsatz um 13 %. Auf den Menschen ist die RGT-Regel nicht direkt übertragbar (vgl. Aschoff, 1971). So werden bei einer Abkühlung sofort die Wärmebildungsmechanismen aktiviert. Ein z. B. auf pharmakologischem Wege (Narkotisierung) induziertes Ausschalten der Temperaturregulation kann zu einer Reduzierung des Energieumsatzes bei sinkender Körpertemperatur führen (Schmidt & Thews, 1997, S. 649).

autonom gesteuerte Temperaturregulation verfügen, zusammen.[13] Einige Insekten und Käfer (wechselwarm) müssen vor dem Flug ihre Thoraxtemperatur erhöhen, weil bei einer Temperatur von unter 40° C ihre Flugmuskeln zu langsam kontrahieren würden und sie ansonsten weder starten noch fliegen könnten. Dieses Aufwärmprinzip der poikilothermen Lebewesen wird irrtümlich als Argument für die Notwendigkeit der Erhöhung der Körperkerntemperatur des Menschen vor sportlichen Anforderungen verwendet. Die homöothermen Lebewesen sind auf Grund ihrer annähernd konstanten Körperkerntemperatur und demzufolge ihres gleichförmigen Stoffwechselaktivitätszustandes den poikilothermen Lebewesen überlegen.[14] Der Vorteil einer konstanten Körperkerntemperatur besteht darin, dass diese den kontinuierlichen Ablauf der Stoffwechselprozesse sichert und garantiert, dass keine temperaturabhängigen Aktivitätsschwankungen hingenommen werden müssen.

„Offensichtlich sind die biologischen Vorteile eines effektiven Temperaturregulationssystems so erheblich, daß auch ein gesteigerter Energieaufwand im Rahmen dieser Regulation toleriert wird" (Nichelmann, 1986, S. 10).

Die Erringung dieser „thermodynamischen Freiheit" – so bereits von Precht et al. (1955) hervorgehoben – stellt für die homöothermen Lebewesen den bedeutendsten Schritt innerhalb des komplexen Beziehungsgeflechtes von Temperatur und Leben dar. Diese „thermodynamische Freiheit" und deren physiologischer Grundlagenkomplex entziehen dem Argument, die Körperkerntemperatur müsse im Rahmen des Aufwärmens zur Erreichung einer optimalen Betriebstemperatur erhöht werden, aus thermoregulatorischer Perspektive jede physiologische Basis (vgl. Kap. 3).

„Im Gegensatz zu den Poikilothermen (…) läuft das Leben der Homöothermen (…) das ganze Jahr und in allen Klimazonen mit nahezu derselben hohen Intensität ab, so daß diese Lebewesen bei hoher Reaktionsbereitschaft jederzeit frei über ihre Kräfte verfügen können" (Precht et al., 1955, S. 329).

Die Konstanthaltung des hohen Temperaturniveaus der Homöothermen erfordert ein effektives, autonomes Temperaturregelungssystem. Änderungen des Energieumsatzes oder auch externer Einflussfaktoren, wie z. B. Lufttemperatur, relative Luftfeuchtigkeit, Luftbewegung, Strahlung etc., wirken auf die körperliche Wärmebalance ein. Ein solches Temperaturregelungssystem erfordert Mechanismen zur Steuerung der

---

13 Die Einteilung von Lebewesen in *homöotherme* vs. *poikilotherme* und *endotherme* vs. *ektotherme* repräsentiert idealisierte Spezialfälle, denen viele Lebewesen und Organismen nicht in Reinform entsprechen (Eckert et al., 2002). So gibt es auch homöotherme Endotherme (z. B. Säugetiere, Vögel), partiell heterotherme Endotherme (z. B. Haie, große Thunfischarten) sowie die zwischen den rein ektothermen und endothermen Arten stehenden Heterotherme, die sich wiederum in regional Heterotherme (z. B. Fluginsekten, Pythons) sowie temporär Heterotherme (z. B. eierlegende Säugetiere) ausdifferenzieren.

14 Die Vorteile der Energieersparnis der Poikilothermen liegen a) in Zeiten der Nahrungsknappheit und b) bei Kälte im Winter.

körpereigenen Wärmeabgabe und der Wärmebildung. Zudem ist für ein optimales Temperaturmanagement auch eine adäquate Verhaltensregulation erforderlich.

1.1.1 Körperschale und Körperkern

Während beim Menschen die Temperatur im Körperinneren weitgehend konstant bleibt, kann sie in den Extremitäten sowie in der Haut und Unterhaut deutlich variieren. Rumpf und Kopf gehören zum Körperkern, der denjenigen Temperaturbereich umfasst, der eine relativ konstante Temperatur aufweist – im Normalfall 36,5-37° C. Entsprechend stellt die Körperschale den Gewebebereich dar, der durch ein Temperaturgefälle charakterisiert ist. Körperkern und Körperschale sind demnach nicht durch festgelegte Temperaturwerte bestimmt, sondern stellen variable Temperaturareale dar. Die Körperschale fungiert einerseits als Wärmeisolator des Körperkerns, andererseits findet an ihrer Oberfläche der Wärmeaustausch mit der Umwelt statt. In warmer Umgebung und/oder bei körperlicher Betätigung erhöhen sich auf Grund der autonom gesteuerten, vermehrten Wärmeabgabe die Hautdurchblutung und infolgedessen die Wärmetransportrate vom Körperkern zur Körperschale. Damit geht eine Ausdehnung des Körperkerns bis annähernd unter die Haut einher, wodurch die Körperschale dann nur auf die oberflächlichen Gewebeschichten begrenzt ist. Wenn dagegen die körperlichen Wärmeverluste vermindert werden sollen, vergrößert sich die Körperschale, indem die Hautdurchblutung verringert wird *(Vasokonstriktion)*. Dadurch sinkt die Temperatur der Haut sowie die der darunter liegenden Gewebeschichten, d. h., die Körperschale vergrößert sich und der Körperkern verkleinert sich. Im Bereich des Rumpfs nimmt das radiäre Temperaturgefälle zu, im Bereich der Extremitäten bildet sich ein axiales Temperaturgefälle aus.

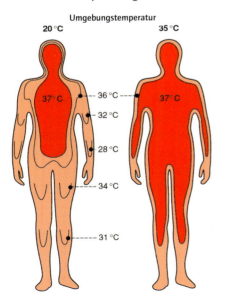

Abb. 1: Temperaturfeld des menschlichen Körpers bei Lufttemperaturen von 20 und 30° C; schwarz: gleich warmer Körperkern mit Temperatur von 37° C, hellgrau: Körperschale mit schematisierten Isothermen (modif. nach Gunga, 2005, S. 672)

Insbesondere an den Extremitätenenden (Akren) variiert die Temperatur sehr stark. So entsteht auf Grund der geometrischen Gestaltung des menschlichen Körpers ein komplexes Temperaturfeld.

1.1.2 Wärmebildung und Stoffwechselrate

Ein Großteil der im Stoffwechsel umgesetzten Energie geht in Form von Wärme verloren, die als ein Nebenprodukt bei der Freisetzung von freier Energie während exergonischer Reaktionen anfällt, z. B. bei Muskelkontraktionen, während die übrige, durch die im Stoffwechsel abgebauten Nährstoffe freiwerdende Energie zur Bildung der energiereichen Verbindungen (insbesondere ATP) eingesetzt wird. Der Mensch kann folglich nicht 100 % der ihm zur Verfügung stehenden Energie nutzen, denn der Muskel transformiert chemische Energie in mechanische Energie und in Wärme. Während auch bei nicht-physikalisch messbarer Muskelarbeit (z. B. im Stehen) in der Muskulatur kontinuierlich chemische Energie in Wärme transformiert wird – Schmidt und Lang (2007, S. 130) sprechen in diesem Zusammenhang von „Erhaltungswärme" –, weil die am Aktin zyklisch angreifenden Querbrücken innere Haltearbeit leisten, wird eine zusätzliche Menge an ATP umgesetzt, wenn der Muskel dynamisch arbeitet. Dabei produziert dieser dann auch Kontraktionswärme (u. a. Kältezittern). Der Wirkungsgrad des Muskels ist folglich insgesamt nur gering.[15] So liefert ein Mol ATP bei seiner Hydrolyse ca. 60 kJ Energie, die von der Muskulatur zu maximal 40-50 % in mechanische Energie oder Arbeit umgesetzt werden kann. Der restliche Anteil geht schon zu Beginn und auch während der Muskelkontraktion als Wärme verloren, wobei sich dieser etwas erwärmt. Die Energietransformation in den Myofibrillen erfolgt mit einem Wirkungsgrad von 40-50 % (vgl. Linke & Pfitzer, 2007). Da während und auch nach der Muskelkontraktion noch energetisch aufwendige zelluläre Regenerationsprozesse außerhalb der Myofibrillen ablaufen, wozu z. B. die oxidative Regeneration von ATP gehört, die auch zu einer deutlichen Wärmeproduktion führen, beträgt der mechanische Nutzeffekt des gesamten Muskels insgesamt nur 20-30 %.

Die Wärmebildung lässt sich als ein Maß für die Stoffwechselrate, die bei unterschiedlichen Belastungsintensitäten Rückschlüsse auf die Art der Energiebereitstellung erlaubt, darstellen, wozu im sportlichen Kontext auch der Sauerstoffverbrauch gemessen wird. Da der Wirkungsgrad mechanischer Muskelarbeit nach Jessen (2001) bestenfalls bei ca. 20 % liegt, fallen ca. 80 % der chemischen Bindungsenergie der für die äußere Arbeit verbrannten Nährstoffe als zusätzliche Wärme an (Aschoff, 1971). Der Mensch verfügt somit über die Fähigkeit, die chemische Energie von Nährstoffmolekülen direkt in Arbeit umzusetzen. Bei körperlicher Arbeit und damit erhöhtem Energieumsatz fällt zusätzliche Wärme durch die gesteigerten chemischen und mechanischen Prozesse an, nach de Marées (2003) sogar bis zu 97 %, nach Mitchell (1977) bis annähernd 100 %, wie auch Nielsen und Kaciuba-Uscilko (2001) bestätigen:

---

15 Der mechanische Wirkungsgrad des Herzmuskels beträgt ca. 15 % unter Ruhebedingungen und ist abhängig von den Anteilen der Druck- und Volumenarbeit: Bei Erhöhung der Druckarbeit nimmt der Energieumsatz stärker zu als bei einer Erhöhung der Volumenarbeit (Deussen, 2007, S. 611).

„Therefore the remaining 75-100 % of the liberated energy appears as heat in the active muscle tissue" (Nielsen & Kaciuba-Uscilko, 2001, S. 128).

Bei dieser hohen körperlichen Wärmeproduktion muss die Wärmeabgabe gesteigert werden, um ein thermisches Gleichgewicht herzustellen. Wenn keine körperliche Arbeit geleistet wird, also unter Ruhebedingungen, verbraucht der Mensch ca. 0,3 l Sauerstoff pro min. Somit werden ca. 7 kJ Wärme pro min produziert, denn bei einem Verbrauch von 1 l Sauerstoff entstehen bei Kohlenhydratverbrennung 21 kJ Wärme, die dem Körper zur Regelung seiner Körpertemperatur zur Verfügung steht (de Marées, 1996, S. 289). Die durch körperliche Arbeit erhöhte Wärmeproduktion kann insbesondere bei zusätzlichen wärmeabgabebeeinträchtigenden Umgebungsbedingungen, wie z. B. bei hoher Umgebungstemperatur, hoher Luftfeuchtigkeit, Strahlung etc., leistungsnegativ wirken. Auch die Körperorgane tragen zur Wärmeproduktion bei, wobei diejenigen mit hoher Wärmebildung in der Schädel-, Brust- und Bauchhöhle (also im Körperkern) liegen. Unter Ruhebedingungen werden über 70 % der Wärme dieser Organe, die etwa 8 % der Gesamtkörpermasse ausmachen, gebildet, während die übrigen Organe 30 % dazu beitragen. Die Körperschale, die einschließlich der Muskulatur und Haut bei Normaltemperatur ca. 52 % des Körpergewichts ausmacht, trägt nur geringfügig (zu 18 %) zur Wärmebildung bei (Aschoff, 1971). Bei physischer Arbeit verändern sich die Verhältnisse der Wärmebildungsquanti der beteiligten Organanteile: Hier kann die Muskulatur mit mehr als 90 % der gesamten Wärmebildung beitragen. Unter Ruhebedingungen konzentriert sich die Wärmebildung primär auf das konstant warm zu haltende Körperinnere. Hierbei muss die produzierte Wärme durch große Gewebeschichten nach außen abströmen. Da die Muskulatur im Wesentlichen in den Extremitäten lokalisiert ist, kann ein Teil der produzierten Wärme bei körperlicher Belastung aus der Peripherie sofort an die Umgebung abgegeben werden (Aschoff, 1971, S. 45).

1.1.3 Temperaturbereiche

Neutralzone und Indifferenztemperatur

In der thermischen Neutralzone, die bei einem Unbekleideten bei einer Umgebungstemperatur zwischen 28 und 30° C liegt, bei einem Bekleideten zwischen 20 und 22° C (Persson, 2007), und deren Existenz, entgegen Cabanac und Massonnet (1977), bestätigt wird (Stolwijk & Hardy, 1966; Mekjavic et al., 1991; Kupkova, 2002), können Wärmeabgabe und Wärmebildung allein durch die Regelung der Hautdurchblutung *(Vasomotorik)* im Gleichgewicht gehalten werden. Außerhalb der thermischen Neutralzone steigt der Energieumsatz sowohl bei erhöhter als auch bei erniedrigter Umgebungstemperatur an. Im Bereich der thermischen Neutralzone wird die Körpertemperatur somit durch die Vasomotorik geregelt, im Bereich oberhalb der Neutralzone durch die evaporative Wärmeabgabe, im Bereich unterhalb der Neutralzone durch Wärmeproduktion. Für die Stellglieder der Temperaturregulation existieren Schwellenbereiche der Haut- und Körperkerntemperatur, deren Überschreitung eine entsprechende, negativ rückgekoppelte Aktivierung impliziert. Der Schwellenbereich der Körperkerntemperatur für die Evaporation beträgt 36,7-37,3° C, für die Energieumsatzsteigerung 36,8-37,0° C, der Schwellenbereich der Hauttemperatur für die Evaporation 35,5-39,0° C und für die Energieumsatzsteigerung 29,3-31,3° C (Kupkova, 2002).

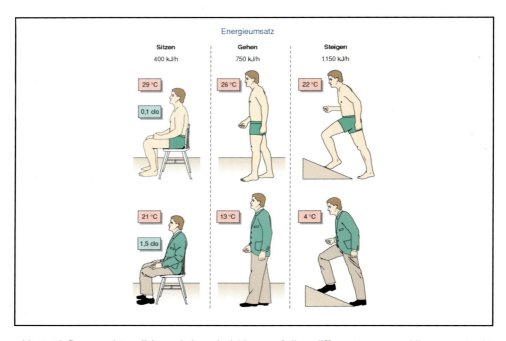

Abb. 2: Einfluss von körperlicher Arbeit und Kleidung auf die Indifferenztemperatur (die grauen Rechtecke enthalten jeweils die Indifferenztemperatur); clo = Maßeinheit für den thermischen Widerstand einer Bekleidung[16] (Gunga, 2005, S. 671)

Ist die Bezugsgröße die Körpertemperatur[17], sind die *Schwellenfenster* für die Evaporation 36,9-37,2° C und für die Energieumsatzerhöhung 36,2-36,4° C. Der Temperaturbereich, der als behaglich oder komfortabel empfunden wird, kennzeichnet die *Indifferenztemperatur*. Diese liegt bei einer Lufttemperatur zwischen 27-31° C (für einen gesunden, unbekleideten, liegenden Erwachsenen unter Grundumsatzbedingungen bei einer relativen Luftfeuchtigkeit von 50 % und nahezu unbewegter Luft). Die Indifferenztemperatur liegt demnach an der oberen Grenze der thermischen Neutral-

---

16 Der Isolationswert der Kleidung hängt von den in den Textilien eingeschlossenen kleinen Lufträumen ab, in denen nur in geringfügigem Maße eine Konvektion auftreten kann; 1 clo = 0,108° C * cm^2 * min/mcal.

17 Die Körpertemperatur wird in dieser Studie als Summe der mit dem Faktor 0,9 multiplizierten Körperkerntemperatur und der mit dem Faktor 0,1 multiplizierten Hauttemperatur berechnet (Kupkova, 2002, S. 53).

zone. Der Zusammenhang von körperlicher Arbeit bzw. Energieumsatz und Indifferenztemperatur lässt sich wie folgt charakterisieren: Je höher der Energieumsatz bzw. je dicker die Bekleidung, desto niedriger muss die Umgebungstemperatur sein, damit sich der Mensch aus thermoregulatorischer Perspektive behaglich fühlt. Die thermische Behaglichkeit hängt demnach von der körperlichen Aktivität, der Bekleidung und den Klimaparametern ab.

1.1.4 Wärmebildung und Wärmetransport

Der Mensch verfügt über mehrere Möglichkeiten, Wärme zu bilden und abzugeben, um ein Wärmegleichgewicht herzustellen. Die Körperkerntemperatur ist von der qualitativen Ausprägung dieser Maßnahmen abhängig. Es sind willkürliche und autonome thermoregulatorische Mechanismen zu differenzieren. Das Kältezittern ist beispielsweise nicht willkürlich beeinflussbar. Auch auf die spezifisch-dynamische Wirkung, welche die Erhöhung derjenigen Stoffwechselprozesse bezeichnet, die auf die Nahrungsverdauung, Resorption und Umsetzung der Nährstoffe zurückzuführen sind,[18] kann (allenfalls durch die Nahrungswahl) kein direkter Einfluss genommen werden. Zum willkürlichen Temperaturmanagement des Menschen gehörten u. a. die Wahl der Kleidung zur Vergrößerung oder Verkleinerung der Isolierschicht, die Körperhaltung, um die Hautoberfläche zu vergrößern oder zu verkleinern, oder die Temperierung von Innenräumen (Heizung, Klimaanlage).

„Heat production varies irregularly throughout the day and night, acting as an independent variable. Heat loss, a dependent variable, adjusts to match heat production, but with a significant time lag. Because of this lag, body heat content changes, producing changes in body temperature" (Webb, 1997, S. 19).

Überwiegen die Wärmeabgabemechanismen, sinkt die Körperkerntemperatur, wobei es ab ca. 35° C zu einer Hypothermie kommt (Giesbrecht & Bristow, 1997; Hick & Hick, 1997). Dominiert hingegen die Wärmebildung, steigt die Körperkerntemperatur an, wobei ab einer Körperkerntemperatur von ca. 39° C eine Hyperthermie vorliegt (vgl. Kap. 1.1.6 Exkurs Hyperthermie und Hypothermie). Eine durch sportliche Anforderungen implizierte Körperkerntemperaturerhöhung wird *belastungsinduzierte Hyperthermie* genannt.

Wärmebildung
Bei drohender Auskühlung wird bei homöothermen Lebewesen der Energieumsatz gesteigert, um den Wärmeverlust zu kompensieren. Für die Wärmebildung stehen als Mechanismen neben der willentlichen Muskelarbeit die unwillkürliche Muskelaktivität und die zitterfreie Wärmebildung zur Verfügung.

---

18   Die spezifisch-dynamische Wirkung beträgt bei Eiweiß 15-20 %, bei Kohlenhydraten 5-9 %, bei Fetten 3-4 %.

Unwillkürliche Muskelaktivität

Bei unwillkürlicher Muskelaktivität erfolgt zuerst eine Steigerung des Muskeltonus, bei stärkerer Auskühlung beginnen unwillkürlich rhythmische Muskelkontraktionen (Kältezittern), die bei einer Körperkerntemperatur von ca. 2-3° C unterhalb der Normaltemperatur einsetzen. Bei leichtem Kältezittern kontrahieren Agonisten und Antagonisten synchron, bei starkem reziprok. Der Rhythmus des Kältezitterns wird im Rückenmark generiert und ist abhängig von der Körpermasse. Durch Kältezittern kann der Energieumsatz und somit die Wärmeproduktion kurzfristig um den 3-5-fachen Wert des Grundumsatzes gesteigert werden, bedeutet jedoch energetische Schwerstarbeit für den Körper und kann maximal 2-3 Stunden lang aufrechterhalten werden. Der Wirkungsgrad der Wärmebildung ist beim Kältezittern[19] geringer als bei der zitterfreien Wärmebildung. Die Zitterbewegungen verursachen eine erhöhte Konvektion und folglich eine verstärkte Wärmeabgabe. Zudem wird durch Zittern der Extremitätenmuskeln die Dicke der isolierenden Körperschale reduziert.

Zitterfreie Wärmebildung

Die zitterfreie Wärmebildung erfolgt vorwiegend im braunen Fettgewebe, das 1-2 % der Körpermasse ausmachen kann, jedoch beim Menschen nur im Säuglingsalter vorkommt. Tierische Winterschläfer sind dauerhaft mit dem braunen Fettgewebe ausgerüstet. Das braune Fettgewebe befindet sich am Hals, Nacken, Schulterblatt und im Nierenbereich und trägt mehr als 30 % zur Gesamtwärmeproduktion bei. Im postnatalen Wachstum wird es beim Menschen allerdings in das thermoregulatorisch weniger wirksame weiße Fettgewebe umgewandelt.

Wärmetransport

Die Wärmeabgabe ist gleich der Summe ihrer einzelnen Mechanismen, der *Konduktion, Konvektion, Strahlung* und *Evaporation*. Es werden der *innere* und *äußere Wärmetransport* differenziert, wobei der *innere* den Weg vom Körperkern zur Körperschale bezeichnet und der *äußere* entsprechend von der Körperschale zur Umgebung (vgl. Houdas & Ring, 1982).

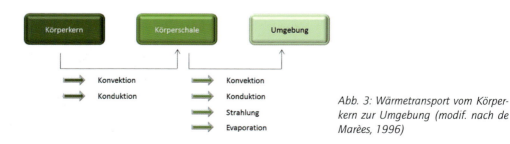

Abb. 3: Wärmetransport vom Körperkern zur Umgebung (modif. nach de Marèes, 1996)

---

19 Die Zitterfrequenz des Menschen beträgt 10 Hz, die der Maus 40 Hz.

Zur Wärmeabgabe muss die im Körper gebildete Wärme zunächst an die Körperoberfläche transportiert werden, wobei die Körperoberfläche die Grenzfläche zwischen dem inneren und äußeren Wärmestrom darstellt. Derjenige Anteil der Körperoberfläche, der am Wärmeaustausch mit der Umgebung beteiligt ist, wird *effektive Körperoberfläche* genannt. Diese kann z. B. dann, wenn Hautpartien bei kontraktierenden Körperteilen vom Wärmeaustausch ausgeschlossen sind, kleiner sein als die geometrische Körperoberfläche. Die Wärmeaustauschfläche und folglich die Wärmeabgabe können durch thermoregulatorische Verhaltensmaßnahmen verändert werden, z. B. wenn unter Kältebedingungen eine kauernde Körperhaltung[20] eingenommen wird. Zur Konstanthaltung der Körpertemperatur muss ein Gleichgewicht zwischen der gebildeten Wärmemenge und der durch den inneren und äußeren Wärmetransport abgegebenen Wärmemenge, folglich eine Wärmebalance, bestehen.

Der innere Wärmetransport

Der Wärmetransfer vom Körperkern zur Körperschale bzw. aus den zentralen Gebieten an die Peripherie kennzeichnet den inneren Wärmetransport. Die Wärme geht bei positivem Temperaturgefälle, das Voraussetzung für die Wärmeabgabe ist, über die Gefäßwände vom Blut an das Gewebe über und bei negativem vice versa (vgl. Werner, 1984).

Konduktion innerhalb der Gewebe

Die im Körperinneren gebildete Wärme wird auf *konduktivem* Wege, d. h. durch Wärmeleitung[21], aus dem Körperkern zur Körperoberfläche transportiert, jedoch zu einem im Vergleich zur Konvektion quantitativ geringeren Anteil.

Konvektion innerhalb der Gewebe

Zum größeren Teil wird die im Körperinneren erzeugte Wärme auf Grund der hohen Wärmekapazität des Blutes[22] auf *konvektivem* Wege, d. h. durch den Wärmetransport unter Zuhilfenahme des Blutes als Transmitter, zur Körperoberfläche transportiert. Der konvektive[23] Wärmetransport, auch *Wärmestrom* genannt, ist umso größer, je größer die Temperaturdifferenz zwischen Körperkern- und der mittleren Hauttemperatur ist,

---

20 Die Verhaltensanpassung ist z. B. bei Pinguinen zu beobachten, wenn sie einerseits die Kauerstellung einnehmen, zusätzlich aber die Gesamtkolonie kreisförmig so eng zusammenrückt, dass sich die Körper der Pinguine berühren.

21 Für die innere Wärmekonduktion gilt: $H_k = (\lambda A/\Delta x) \cdot (T_1 - T_2)$; λ ist die Wärmeleitzahl (in $W \cdot m^{-1} \cdot °C^{-1}$), A ist die Oberfläche, Δx die Schichtdicke, T_1 und T_2 die Temperaturen der Schichtränder (Werner, 1984, S. 7; Werner, 2001, S. 27). Da die jeweiligen Anteile der Konduktion und Konvektion auf Grund der variierenden Grenzschichtdicke nur schwer zu trennen sind, gilt als zusammenfassende Gleichung: $H_C = h_c \cdot A \cdot (T_{sk} - T_A)$, wobei T_{sk} die mittlere Hauttemperatur beschreibt, T_A die Umgebungstemperatur (Werner, 1984, S. 11; Werner 2001, S. 29).

22 Die Blutmenge, die zum Wärmetransport zur Haut erforderlich ist, kann durch folgende Gleichung ausgedrückt werden: $H_{skin} = Q_{sk} \cdot c \cdot (T_{ar} - T_v)$, wobei Q_{sk} den Blutstrom (vom Körperkern zur Haut) bezeichnet (in l/min), c die Wärmekapazität des Blutes, und T_{ar} und T_v die arterielle und venöse Bluttemperatur (vgl. Nielsen & Kaciuba-Uscilko, 2001, S. 132).

23 Für die Wärmekonvektion mittels Blut gilt näherungsweise: $\lambda \, \delta T/\delta n = h_c (T_W - T_B)$ in $W \cdot m^{-2}$; wobei n = Richtung der Normalen zur Gefäßwand, h_c die Wärmeübergangszahl (in $Wm^{-2} \cdot °C^{-1}$), T_W die Temperatur der Gefäßwand, T_B die mittlere Bluttemperatur ist (vgl. Werner, 1984, S. 10; Werner, 2001, S. 28).

denn ein Wärmeaustausch zwischen zwei Objekten ist proportional zur Differenz ihrer Temperaturen. Somit ist die Größe des inneren Wärmetransports a) der am Wärmeaustausch beteiligten Körperoberfläche sowie b) der Differenz zwischen Körperkern- und mittlerer Hauttemperatur proportional. In diesem Kontext erlangt die subkutane Fettschicht besondere Bedeutung, denn je dicker diese ist, desto größer ist die Wärmeisolation des Körpers. Die erhöhte Isolation ist unter Kältebedingungen, z. B. beim Schwimmen in Kaltwasser, von Vorteil (Huttunen et al., 2000), jedoch bei Wärmebedingungen von Nachteil, da sie die Wärmeabgabe erschwert.

Vasomotorik
Durch die Vasomotorik kann die Wärmedämmung bis zum Siebenfachen variiert werden. Während in kalter Umgebung und bei drohendem Wärmeverlust die Hautdurchblutung deutlich reduziert wird (Vasokonstriktion), um den Wärmedurchgangswiderstand zu erhöhen, erweitern sich in warmer Umgebung bzw. bei erforderlicher Wärmeabgabe die Gefäße (Vasodilatation), wodurch sich der Wärmedurchgangswiderstand reduziert. Die Steuerung der Vasomotorik erfolgt primär durch noradrenerge sympathische Nerven über α-Rezeptoren. Eine Zunahme von deren Aktivität verursacht die Vasokonstriktion, eine Aktivitätsabnahme die Vasodilatation. Die Vasomotorik ist körperregionspezifisch unterschiedlich ausgeprägt: Im Bereich des Kopfs ist unter Wärmebedingungen eine deutliche Zunahme der Hautdurchblutung zu beobachten, unter Kältebedingungen dagegen kaum eine reduzierte Durchblutung. Hingegen variiert die Hautdurchblutung im Bereich der Akren sehr stark: Die Durchblutung der Finger kann bis auf das Hundertfache ansteigen.

Wärmeaustausch
Insbesondere in den Extremitäten, die auf Grund ihrer im Vergleich zu ihrem Volumen großen Oberfläche durch eine hohe Wärmeabgabe gekennzeichnet sind, wird bei niedrigen Umgebungstemperaturen die Wärmeabgabe durch das Wärmeaustauschprinzip reduziert. Das wärmere arterielle Blut wird – begründet durch das enge Nebeneinanderliegen von Arterien und Venen – durch das kältere venöse Blut abgekühlt. Hierdurch werden die Wärmeverluste reduziert, weil die Akren bereits kühles Blut enthalten. Dieser Wärmeaustausch wird auch *Wärmeaustausch im Gegenstrom*[24] genannt (de Marées, 2003, S. 542).

Der äußere Wärmetransport
Für die Wärmeabgabe von der Körperperipherie an die Umgebung ist der äußere Wärmetransport verantwortlich, im Gegensatz zur Wärmeabgabe aus den zentralen Gebieten an die Peripherie, die durch den inneren Wärmetransport erfolgt (s. o.). Zu den trockenen Wärmeabgabemechanismen des äußeren Wärmetransports zählen die

---

24 Dieses Prinzip ist besonders bei Pinguinen ausgeprägt, deren Bluttemperatur in den Füßen um 5° C liegt. So frieren ihre Füße nicht am kalten Untergrund (Eis) fest.

Konduktion, Konvektion und Strahlung, während man unter der feuchten Wärmeabgabe die Verdunstung von Schweiß auf der Haut oder von Wasser über die Atemwege versteht (Jessen, 2001).

Konduktion

Bei direktem Kontakt zwischen der Haut und einem flüssigen oder festen Material kommt es zu einer Wärmeleitung, der Konduktion[25], die den Transport von Wärmeenergie mittels molekularer Prozesse in einem ruhenden Medium bezeichnet, wobei die schnelleren Moleküle des wärmeren Bereichs auf die langsameren Moleküle des kälteren Bereichs übergehen. Der Konduktion kommt nur dann eine wichtige Rolle zu, wenn Hautoberflächen direkt mit Materialien in Verbindung stehen, die eine hohe Wärmeleitfähigkeit aufweisen (wie z. B. Metalle). Das Ausmaß der Wärmeabgabe ist dabei abhängig von der Temperaturdifferenz zwischen der Haut und dem Material, der Wärmeleitfähigkeit des Materials und der Größe der Kontaktfläche. Ein ungeschützter Kontakt kann je nach Materialbeschaffenheit im Extremfall zu Verbrennungen oder Erfrierungen (z. B. bei Eiskühlung) führen. Wenn der Körper von einem fluiden Medium umgeben ist, wie z. B. Luft oder Wasser, so erfolgt die Konduktion der Wärme durch die der Haut anliegende Grenzschicht. Sie ist dann auch der Wärmekonvektion vorgeschaltet (Simon, 1997, S. 654). Die mit dem Blut aus dem Körperinneren an die Hautoberfläche transportierte Wärmemenge wird dort in der ruhenden Grenzschicht konduktiv aufgenommen und dann konvektiv mit dem Luftstrom abgeführt.

Konvektion

Die Wärmekonvektion[26] (Wärmeströmung) ist der Transport von Wärmeenergie durch strömende Flüssigkeiten (wie beim inneren Wärmetransport das Blut) oder Gase. Der konvektive Wärmeaustausch zwischen Körperoberfläche und Umgebung findet in einer nur wenige Millimeter dicken Luftschicht (Grenzschicht) statt, die über der Haut lagert. Wenn die Haut wärmer als die Umgebungsluft ist, kann auf dem Wege der *natürlichen Konvektion*, auch *freie Konvektion* genannt, die Wärmeabgabe erfolgen. Dabei wird die der Haut direkt anliegende Luftschicht von der Haut erwärmt und steigt, da sie infolge der Erwärmung nun leichter ist, auf und wird durch kältere Luft ersetzt. Durch Luftbewegung (z. B. Wind, Bewegung beim Laufen etc.) oder durch das Bewegen in einem Medium (z. B. beim Schwimmen) wird die Schicht der laminaren Strömung dünner. Eine turbulente Luftströmung in der Nähe der Haut und eine deutliche Steigerung der Wärmeabgabe ist die Folge dieser *erzwungenen Konvektion*. Die Wärmekonvektion ist proportional der effektiven Hautoberfläche und der Temperaturdifferenz zwischen der mittleren Haut- und der Umgebungstemperatur. Wenn die

---

[25] Für den konduktiven Wärmetransport gilt $K = h_k * A_k (T_{sk}-T_a)$; hierbei ist h_k die Wärmeübergangszahl (in $Wm^{-2} * °C^{-1}$), A die Oberfläche (in m^2), T_{sk} die mittlere Hauttemperatur (in °C) und T_a die Lufttemperatur (in °C) (Werner, 1984, S. 11; Werner, 2001, S. 30).

[26] Für den äußeren konvektiven Wärmetransport (C) gilt: $C = h_c * A_c (T_{sk}-T_a)$, h_c = Wärmeübergangszahl (in $Wm^{-2} * °C^{-1}$), A_c = Oberfläche (in m^2), T_{sk} = mittlere Hauttemperatur (in °C) und T_a = Lufttemperatur (in °C) (Werner, 1984, S. 11; Werner, 2001, S. 30).

Umgebungstemperatur höher als die mittlere Hauttemperatur liegt, kehrt sich die Wärmetransportrichtung um und es kommt zur Wärmeaufnahme. Im Wasser ist die Wärmeübergangszahl ca. 200 x größer als in der Luft. Eine geringere Grenzschicht, eine im Vergleich zur Luft ca. 24 x höhere Wärmeleitzahl und auch die höhere spezifische Wärme des Wassers sind die Ursache für einen hohen konvektiven Wärmestrom, auch bereits bei geringer Wasserströmungsgeschwindigkeit. Im Wasser verliert der menschliche Körper allerdings 2-3 x so viel Wärme wie in der Luft mit gleicher Temperatur, was darauf zurückzuführen ist, dass sich auf Grund der Vasokonstriktion die Hauttemperatur rapide der Wassertemperatur annähert, damit das Temperaturgefälle (vom Kern zur Schale) möglichst minimiert wird. Jedoch kann bei einer Wassertemperatur von 10° C keine ausgeglichene Wärmebilanz hergestellt werden. In kalten Gewässern (< 10° C) sollten Schwimmbewegungen vermieden werden, weil diese den konvektiven Wärmeverlust, der höher als die muskuläre Wärmeerzeugung ist, zusätzlich verstärken würden. Eine deutlich verbesserte Isolation kann im Wasser durch die Verdickung einer wasserhaltigen Grenzschicht erreicht werden: Dies nutzt man z. B. bei der Anwendung von Nasstauchanzügen im Tauchsport. Während eine dicke subkutane Fettschicht die Wärmeabgabe generell verringert – was sich allerdings bei erforderlicher Wärmeabgabe, wie z. B. unter externen Wärmebedingungen, aber auch bei körperlicher Belastung insofern als negativ erweist, weil dadurch die Körperkerntemperatur schneller ansteigt –, kann der Mensch durch Kleidung seine Isolationsschicht vergrößern oder auch verringern. Die Menge der in der Kleidung eingeschlossenen Luft ist hierbei für den Isolationswert entscheidend, denn der ist umso höher, je größer die eingeschlossene Luftmenge ist. Die jeweiligen Anteile der Konvektion und der Konduktion an der körperlichen Gesamtwärmeabgabe lassen sich auf Grund der variierenden Dicke der Grenzschicht schwer separieren, sodass zusammenfassend festgehalten werden kann, dass unter Ruhebedingungen ca. 20 % der Wärmeabgabe des Menschen auf Konduktion und Konvektion entfallen (Gunga, 2005).

Strahlung
Von der Haut geht eine langwellige Infrarotstrahlung aus, die nicht an ein leitendes Medium gebunden ist. Eine Wärmeabgabe durch Strahlung[27] (Emission) erfolgt nur dann, wenn der Körper nicht mehr Strahlung aufnimmt, als er abgibt, andernfalls wird, wenn die Strahlungs- über die Hauttemperatur steigt, Wärme durch Strahlung absorbiert. Hingegen erhöht sich die durch Strahlung abgegebene Wärmemenge mit zunehmender Hauttemperatur.

Die Oberflächentemperatur des Körpers ist entscheidend für die emittierte Wellenlänge und auch für die Rate, mit der ein Körper Strahlungsenergie abgibt. Für das Quantum der Wärmeverluste über Strahlung sind zudem die Oberflächentempera-

---

27 Der Wärmefluss über die Strahlung wird angegeben nach dem Stefan-Boltzmann-Gesetz: $H_R = \sigma * \varepsilon * (T_S^4 - T_R^4)$ in W; hierbei ist s die Stefan-Boltzmann-Konstante, ε die Emissionszahl der Hautoberfläche, T_S (in K) die mittlere Hauttemperatur, T_R die mittlere Strahlungstemperatur (in K) (vgl. Werner, 1984, S. 12; Werner, 2001, S. 31).

turen der nächstliegenden Gegenstände und Wände entscheidend. Die Differenz zwischen dem pro Flächeneinheit abgegebenen und aufgenommenen Wärmestrom entspricht dann dem Wärmeverlust der Strahlung. In Schwimm- und Sporthallen sind oftmals große Fensterflächen vorhanden, die in der kalten Jahreszeit eine niedrige Oberflächentemperatur aufweisen, die vor allem niedriger als die Hauttemperatur der sich darin befindlichen Personen ist. So kann der Sportler trotz einer hohen Lufttemperatur in der Halle auf Grund der hohen Temperaturdifferenz zwischen Fensterfläche und Haut viel – und auch unmerklich – Wärme durch Strahlung verlieren. Dadurch kann die Haut- und Körperkerntemperatur absinken.

Unter Ruhebedingungen gibt der Mensch insgesamt 50-60 % seiner Wärmeproduktion über Infrarotstrahlung an die Umgebung ab.

Evaporation

Die evaporative Wärmeabgabe erfolgt durch Verdunstung[28] von Schweiß oder Wasser an der Oberfläche der Haut, die durch diese Verdunstungskälte gekühlt wird.[29] Die Schweißverdunstung ist die effektivste Form der Wärmeabgabe des Menschen, insbesondere bei sportlichen Anforderungen, bei denen eine hohe Wärmeabgabe zur Vermeidung eines leistungsbeeinträchtigenden Körperkerntemperaturanstiegs erforderlich ist. Es werden die *Perspiratio insensibilis* und die *Perspiratio sensibilis* differenziert, wie im Folgenden näher beschrieben.

Perspiratio insensibilis

Bei der *Perspiratio insensibilis*, der *extraglandulären Wasserabgabe*, diffundiert Wasser in Form von Wasserdampf durch die äußeren Schichten der Epidermis, wird aber auch von den Schleimhäuten der Atemwege an die Atemluft abgegeben. Die extraglanduläre Wasserabgabe kann nicht willentlich beeinflusst werden, wird demzufolge auch als „unmerkliche" Wasserabgabe bezeichnet (Simon, 1997, S. 655). Sie beträgt bei thermoneutralen Bedingungen ca. 500-800 ml pro Tag, ist jedoch umso geringer, je höher die Luftfeuchtigkeit ist. Maximal kann sie 1 l pro Tag betragen. Unter Ruhebedingungen trägt die Perspiratio insensibilis mit etwa 20 % zur Gesamtwärmeabgabe bei.

Perspiratio sensibilis

Gelangt Wasser über die ekkrine Schweißsekretion an die Hautoberfläche und kann dort verdunsten, spricht man von der *glandulären Wasserabgabe* bzw. der *Perspiratio sensibilis*, die über cholinerge Sympathikusfasern reguliert wird. Die Perspiratio sensibilis, auch als *Evaporation* bezeichnet, ist in zwei Phasen zu differenzieren, der Schweißsekretion und der Schweißverdunstung. Die Schweißverdunstung trägt zur

---

28 Die Wärmeabgabe durch Verdunstung lässt sich wie folgt berechnen: $H_E = h_E * A*(p_S-p_A)$ in W; hierbei stellt h_E die Wärmeübergangszahl für die Verdunstung dar, p_S den Wasserdampfdruck der Haut und p_A den Wasserdampfdruck der Luft (vgl. Werner, 1984, S. 12; Werner, 2001, S. 32).

29 Das Prinzip der schweißinduzierten Verdunstungskälte erkannte bereits Benjamin Franklin (1706-1790), ein amerikanischer Wissenschaftler, Politiker und Zeitungsverleger, der in erster Linie Studien zur Elektrizität durchführte und deshalb zum Mitglied der Royal Society ernannt wurde.

Wärmeabgabe bei, abtropfender Schweiß hingegen nicht. Auf Grund der hohen spezifischen Verdampfungswärme von Wasser ist die Evaporation ein besonders effizienter Wärmeabgabemechanismus, denn mit jedem verdunsteten Liter Wasser werden ca. 2.430 kJ (580 kcal) Wärme vom Körper an die Umgebung abgegeben. Die Entstehung der Verdunstungskälte ist wie folgt zu erklären: Während in einem Schweißtropfen langsamere, energieärmere sowie schnellere, energiereichere Wassermoleküle vorhanden sind, gelingt es von den oberflächennahen Molekülen den schnellsten, aus den Wassertropfen heraus in die umgebende Luft zu dringen. Diese Moleküle verdampfen, während die langsameren, energieärmeren Moleküle im Wassertropfen verbleiben, wodurch die Temperatur des Wassertropfens sinkt und die anliegende Hautschicht abgekühlt wird. Der Haut wird somit auf Grund des Temperaturgefälles zwischen Haut und Wassertropfen Wärme auf konduktivem Wege entzogen.

Entscheidend für die Funktionsfähigkeit der Schweißverdunstung ist, neben einer ausreichenden Hydratation des Organismus, als eine interne Voraussetzungskomponente, dass der Wasserdampfdruck der Umgebungsluft niedriger als derjenige von den Schweißdrüsen erzeugte Wasserdampfdruck ist. Die evaporative Wärmeabgabe kann allerdings in einer Umgebung mit 100 % relativer Luftfeuchtigkeit auch dann erfolgen, wenn die Hauttemperatur höher als die Umgebungstemperatur und die Haut möglichst vollständig mit Schweiß bedeckt ist. Weiterhin ist die Effektivität der Schweißverdunstung von der Oberflächenform, insbesondere von der Krümmung (vgl. Werner, 1984) und von der Luft- bzw. Windgeschwindigkeit abhängig, denn eine fehlende oder nur geringe Luftzirkulation begünstigt eine schnelle Wasserdampfsättigung der Luft. So kann der Schweiß auf der Haut nicht verdunsten, wenn z. B. wasserdampfundurchlässige Kleidung getragen wird und sich der Wasserdampfdruck in der Luftschicht zwischen Kleidung und Hautoberfläche sukzessive erhöht. Dies ist bei sportlichen Ausdaueranforderungen zu beachten, bei denen Kleidung in der Regel die Schweißverdunstung beeinträchtigt.

Kurzzeitig können die ekkrinen Schweißdrüsen eine maximale Sekretionsrate von ca. 2 l pro Stunde überschreiten und pro Tag sogar 10-12 l produzieren. Wird der durch das Schwitzen verursachte Wasserverlust nicht ersetzt, kann es zu erheblichen Wasser- bzw. Salzverlusten kommen. Der Wasserverlust kann auch zu einer Dehydratation führen. Schweißdrüsen können trainingsabhängig ihre maximale Schweißmenge kurzfristig von 2 l bis auf 4 l pro Stunde steigern und auch die mit dem Schweiß ausgeschiedene Elektrolytmenge reduzieren. Der Elektrolytverlust kann durch Training um den Faktor 10 mit der Folge vermindert werden (5-10 mmol/l), dass elektrolytarmer Schweiß physikalisch leichter verdunstet. Die Schweißproduktion setzt bei einer mittleren Hauttemperatur von 34,8° C ein (vgl. zu den Schwellenwerten Kupkova, 2002). Allerdings setzt die Schweißproduktion bei einer umso niedrigeren Hauttemperatur ein, je höher die Körperkerntemperatur ist. Und es gilt: Je höher die Körperkerntemperatur, desto höher ist auch die Schweißmenge bei gleicher Hauttemperatur.

Wärmebalance

Der Vergleich der jeweiligen quantitativen Anteile der Wärmeabgabemechanismen an der Gesamtwärmeabgabe zeigt, dass unter Ruhebedingungen die Wärmeabgabe durch Strahlung mit 60 % am größten ist und dass sowohl die Evaporation als auch zusammengefasst die Konvektion und Konduktion mit jeweils 20 % an der Wärmeabgabe beteiligt sind (Gunga, 2005).

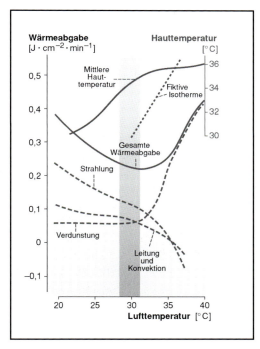

Abb. 4: Gesamtwärmeabgabe und ihre Teilkomponenten sowie mittlere Hauttemperatur (nach Gauer, Kramer & Jung, 1971, S. 58)

Oberhalb der Indifferenzzone ist jedoch die Wärmeabgabe durch Verdunstung am größten. Durch die Evaporation wird die Hauttemperatur abgekühlt, was für das notwendige Temperaturgefälle vom Körperkern zur Haut und damit für die körpereigene Wärmeabgabe notwendig ist (vgl. dazu vertiefend Werner & Heising, 1989). Liegen die Umgebungstemperaturen über der Körperkerntemperatur, ist eine körperliche Wärmeabgabe nur noch über die Evaporation möglich (Persson, 2007). Mit einer ansteigenden körperlichen Belastung erhöht sich die Schweißmenge kontinuierlich und proportional zur jeweilig erreichten Körperkerntemperatur. Jedoch reichen die körpereigenen Wärmeabgabemechanismen nicht generell aus, um eine Wärmebalance zu erreichen. So kann es zu einem Überschreiten der oberen oder unteren Toleranzgrenze der Thermoregulation kommen, die in einer unzureichenden Wärmeabgabe oder Wärmeproduktion resultiert. Die Körpertemperatur kann bei sportlicher Ausdaueranforderung unter Hitzebedingungen so stark ansteigen, dass es zu hyperthermisch bedingten Leistungseinbußen oder auch zu gesundheitlichen Beeinträchtigungen kommt. Andererseits kann bei einem Aufenthalt in Kälte oder in kaltem Wasser der Wärmeverlust so groß sein, dass die körpereigene Wärmeproduktion nicht ausreicht, um eine Hypothermie zu verhindern.

1.1.5 Prinzipien der Thermoregulation

Aufgabe und Regelgrößen

Die Aufgabe der Thermoregulation des Menschen besteht darin, die Körpertemperatur auf einem relativ konstanten Niveau von ca. 37° C zu halten, sodass eine Balance zwischen Wärmebildung und Wärmeabgabe besteht. Die sehr komplexe, autonome

Temperaturregulation (Hayward, 1975; Horowitz, 1975; Houdas & Guieu, 1975; Werner, 1984; Cassel & Casselman, 1990; Jessen, 1990 und 2001) lässt sich in vereinfachter Form mit den Begriffen technischer Regelungskreise beschreiben. Die autonome Temperaturregulation garantiert weitgehend eine Konstanthaltung der Körperkerntemperatur trotz unterschiedlicher interner und externer Einflussgrößen. Der Temperaturregelkreis ist eine geschlossene Wirkungskette mit negativer Rückkopplung (Hammel, 1990).

Die autonome Temperaturregulation bewirkt, dass bei variierenden Temperaturbedingungen bzw. einflussnehmenden Störgrößen die Stellglieder eine Temperaturbalance herstellen. Eine innere Störgröße kann z. B. körperliche Belastung sein, eine äußere Störgröße z. B. die Umgebungs- oder Strahlungstemperatur, Luftfeuchtigkeit und Luftzirkulation. Die Umgebungstemperatur wirkt primär über die Haut auf die physikalischen Wärmetransportprozesse ein, die Luftfeuchtigkeit in erster Linie auf die Evaporation.

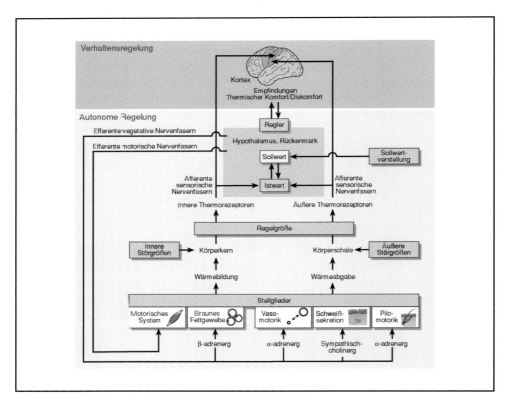

Abb. 5: Regelkreis der Temperaturregulation (Gunga, 2005, S. 682)

Die Luftzirkulation kann sowohl den Wärmeübergangsprozess von der Haut an die Umgebung beeinflussen als auch die Evaporation (Werner, 1984). Die Strahlungstemperatur ist äußerst bedeutsam, denn jeder, den menschlichen Organismus umgebende

Körper wirkt mittels Strahlung auf diesen ein, wird aber häufig in seiner Auswirkung unterschätzt. Die Körperkerntemperatur ist die Regelgröße im System der Thermoregulation, was jedoch nicht zuletzt in den 1980er Jahren zur Diskussion stand. So entschied Cabanac (1997) auf dem *10. International Symposium on the Pharmacology of Thermoregulation* die seinerzeit erneut aufflammende Diskussion darüber, ob die zu regulierende thermoregulatorische Größe die Körperkerntemperatur oder die Wärmeabgabe darstelle, eindeutig zugunsten der Temperatur, wie auch bereits Hardy (1953), Hammel (1965), Cabanac (1975), Bligh (1978) und Hensel (1981) erwägten, jedoch im Gegensatz zu Houdas und Ring (1982) sowie Webb (1995 und 1997).

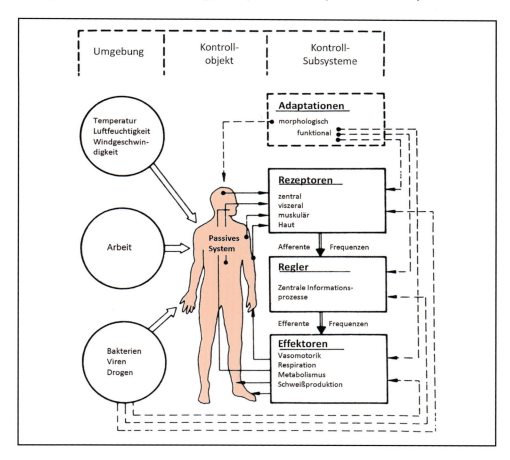

Abb. 6: *Thermoregulationsmodell nach Werner (1990, S. 186)*

Cabanac (1997) spricht sich auch dagegen aus, den Begriff *temperature regulation* durch *heat regulation* zu ersetzen. Im Folgenden ist ein kurzer Auszug seiner Argumentation wiedergegeben:

"... heat and temperature tend to covary in any system. (...) the analysis of what is the regulatory process emphasizes that temperature regulation is achieved by balancing inflows and outflows of heat from the body. The question of what is the dependent variable and what is the independent variable lies therefore upon the knowledge of how regulatory process work in biology (...) and of which variable is sensed. In the case of heat vs temperature, all evidence tends to favor that it is temperature that is regulated" (Cabanac, 1997, S. 29).

Thermosensoren

Die Körperinnentemperatur wird durch Temperatursensoren, d. h. temperatursensible, freie Nervenendigungen, die in der Körperschale und im Körperkern verteilt sind, erfasst. Die Thermosensoren der Haut vermitteln das Temperaturempfinden und fungieren als Messfühler im Temperaturregelkreis. Man differenziert *Kalt*- und *Warmtemperatursensoren*, die jeweils eine große Änderungsempfindlichkeit aufweisen. Die Kalttemperatursensoren [30] werden von Aδ-Nervenfasern versorgt, die Warmtemperatursensoren von C-Fasern. Die inneren Thermosensoren sind im Bereich des Zentralnervensystems sowie in tieferen Körpergeweben außerhalb des ZNS verteilt. Sie sind im vorderen Hypothalamus (Regio praeoptica) (Nakayama et al., 1963; Hori et al., 1989), im unteren Hirnstamm (Mittelhirn und Medulla oblongata), hier allerdings mit einer quantitativ schwächeren, und im Rückenmark mit einer dem Hypothalamus vergleichbaren Thermosensitivität vorhanden. Weiterhin sind Temperaturmessfühler außerhalb des ZNS und der Haut (Hensel et al., 1960) im Bereich der Dorsalwand der Bauchhöhle und in der Muskulatur nachweisbar (Schmidt & Lang, 2007). Die Kaltrezeptoren in der Körperschale liegen näher an der Hautoberfläche (ca. 0,2 mm unter der Haut) und sind zahlreicher vorhanden als die Warmrezeptoren. Sie registrieren Temperaturen zwischen 8-38° C, wobei ihre maximale Impulsrate bei 23-28° C liegt. Die Warmsensoren registrieren Temperaturen zwischen 29 und 45° C mit einer maximalen Entladungsrate bei 38-43° C.

Eine Besonderheit der Kaltfasern ist, dass diese bei Temperaturen von über 45° C eine Aktivitätszunahme aufweisen, mit der Folge einer *paradoxen Kältereaktion*. Bei einer Hauttemperatur von ca. 32-33° C ist die Entladungsrate der Kalt- und Warmsensoren gleich, sodass innerhalb dieses Spektrums die Temperatur als neutral empfunden wird und dieses somit die Hautindifferenztemperatur charakterisiert. Mit einer Änderung der Hauttemperatur verändert sich die elektrische Entladungsrate der Thermosensoren. Die Kaltsensoren reagieren auf eine Abkühlung mit einem Impulsanstieg (Overshoot), auf eine Erwärmung mit einer Impulsreduzierung (Undershoot). Die Warmrezeptoren weisen ein konträres Entladungsmuster auf: Die Entladungsfrequenz nimmt mit ansteigender Temperatur zu und vice versa. Wahrnehmungen von thermischen Reizen verursachen affektive Wirkungen, werden also als angenehm oder

---

[30] Auch *Kaltrezeptoren* oder *Kaltfasern* genannt, Warmtemperatursensoren analog *Warmrezeptoren* oder *Warmfasern* (Alzheimer, 2005, S. 66f.).

unangenehm empfunden. Die differenten Empfindungsqualitäten werden auch dadurch deutlich, dass bei niedrigen Hauttemperaturen die Schwelle für die Kaltempfindung (Kaltschwelle) sehr niedrig ist, diejenige für die Warmempfindung deutlich höher. Hingegen ist bei höheren Ausgangstemperaturen die Warmschwelle niedriger und die Kaltschwelle höher. Kennzeichnend für diese dynamischen Temperaturempfindungen ist, dass es, in Abhängigkeit von der Ausgangstemperatur, entweder zu einer Warm- oder Kaltempfindung kommt. Bei einer Veränderung beispielsweise von 30 auf 34° C wird die Temperatur als warm empfunden, bei einer von 38 auf 34° C als kalt. Bei dauerhaft konstanten Temperaturen werden statische Temperaturempfindungen ausgelöst, mit denen die Behaglichkeits- bzw. Indifferenztemperatur im unmittelbaren Zusammenhang steht. Insgesamt kommt den inneren Thermosensoren eine hohe Bedeutung zu, denn Temperaturveränderungen im Körperkern implizieren deutlich stärkere Gegenmaßnahmen als vergleichbare Änderungen in der Körperschale (Nadel, 1983).

Abläufe im Hypothalamus

Die Temperaturmesssignale werden dem Hypothalamus zugeleitet, der als zentrale Schaltstelle der Temperaturregulation fungiert. Hier erfolgt nach der Sendung über afferente sensorische Nervenfasern der inneren und äußeren Thermorezeptoren des aktuellen Temperatur-Istwerts im Hypothalamus die Umsetzung der Temperatur- in Steuersignale. Während die Rezeptoren im Hypothalamus keine Temperaturveränderungen der Umgebung feststellen können, denn dies obliegt den in der Haut lokalisierten Sensoren, erkennen diese aber innere Temperaturvariationen, die z. B. durch körperliche Betätigung impliziert werden. Der Körper würde ohne die im Hypothalamus lokalisierten Sensoren innerlich verbrennen (Nadel, 1983, S. 140). Im Hypothalamus erfolgt der Soll-Istwert-Vergleich, bei einer Regelabweichung werden vom Hypothalamus über efferente Nervenfasern an die Stellglieder entsprechende Informationen gesendet. Signalisieren die Thermosensoren eine mittlere Körpertemperatur, die dem Sollwert[31] entspricht, z. B. im Thermoneutralbereich, liegt keine Regelabweichung vor und es werden keine effektorischen Steuersignale aktiviert. Verschiebungen des Sollwerts, d. h. gleichgerichtete Verschiebungen der Schwellentemperaturen für Wärmeabgabe- und Kälteabwehrprozesse, liegen u. a. bei den tagesrhythmischen und bei den an die weibliche Ovulation gekoppelten Änderungen der Körperkerntemperatur vor. Beim Fieber ist der Sollwert erhöht, d. h. beide Temperaturschwellen, diejenige für Wärmeabgabe- und diejenige für Kälteabwehrmechanismen, sind zu höheren Temperaturen verschoben (Hellon et al., 1991).

Stellglieder der Thermoregulation

Zu den Stellgliedern der Thermoregulation gehören das *motorische System*, das *braune Fettgewebe*, die *Vasomotorik*, die *Schweißsekretion* und die Pilomotorik (Gunga, 2005).

---

31 Nach Schmidt & Thews (1997, S. 664) wird der Sollwert bei biologischen Systemen funktionell definiert: „Die Körpertemperatur stimmt mit dem Sollwert des Temperaturreglers dann überein, wenn bei intakter Regelung weder Entwärmungs- noch Kälteabwehrvorgänge in Tätigkeit sind."

Die Stellglieder wirken den durch innere und äußere Störgrößen induzierten Veränderungen der Körperkerntemperatur entgegen, wobei eine Veränderung der Körperkerntemperatur ein mehrfach stärkeres Messfühlersignal als eine gleich große Veränderung der Hauttemperatur bewirkt. Wenn ein zu geringer Istwert gemessen wird, informiert zur Aufrechterhaltung der Wärmebilanz des Körpers der Hypothalamus über efferente motorische Nervenfasern das motorische System, wodurch die Tonuserhöhung oder das Kältezittern einsetzt. Über efferente vegetative Nervenfasern werden die restlichen Stellglieder informiert. Über α-adrenerge Fasern wird die Vasokonstriktion und/oder die Pilomotorik angeregt, oder durch das sympathische Nervensystem über β-Rezeptoren die zitterfreie Wärmebildung durch das braune Fettgewebe aktiviert. Unter Wärmebedingungen kann durch die verstärkte Hautdurchblutung zur Reduzierung der isolierenden Körperschale und durch die Evaporation[32], die durch cholinerge sympathische Nervenfasern gesteuert wird, die Wärmeabgabe an die Umgebung erhöht werden.

Thermoregulatorische Verhaltensanpassung

Ein weiteres wichtiges thermoregulatorisches Stellglied stellt die Verhaltensanpassung dar, bei der durch willentliche, zielgerichtete Aktivitäten die thermischen Bedingungen verbessert werden. Das Verhalten ist das erste Stellglied, welches sich bei der Entwicklung der Thermoregulation im Paläozoikum herausgebildet hat (Nichelmann, 1986) und bis heute erhalten geblieben ist.

„In any systematic analysis of temperature regulation in the mammal it is necessary to separate arbitrarily thermoregulatory physiological mechanisms from thermoregulatory behavioral mechanisms" (Hayward, 1975, S. 22).

Zu den verhaltensthermoregulatorischen Maßnahmen des Menschen (vgl. Hardy et al., 1970; Cabanac, 1972; Hensel, 1981; Nichelmann, 1986) zählen bei negativer Temperaturbilanz (interne Kältebedingungen) Handlungen zur Reduzierung der Wärmeabgabe, wie das Zusammenkauern oder Bekleiden, sowie Handlungen zur erhöhten Wärmeaufnahme, wie z. B. der Aufenthalt in der Sonne, am wärmenden Feuer oder die Nutzung von Heizungswärme, bei positiver Temperaturbilanz (interne Wärmebedingungen) beispielsweise Handlungen zur Reduzierung der Wärmeaufnahme, wie der Aufenthalt im Schatten, Handlungen zur Vermeidung von Wärmeproduktion, wie der Verzicht auf körperliche Aktivität, sowie Handlungen zur erhöhten Wärmeabgabe, wie die Kühlung mittels Wasser oder Klimaanlagen.

---

[32] Vom *thermoregulatorischen* Schwitzen ist das *emotionale* Schwitzen zu differenzieren, das „in Verbindung mit einer Vasokonstriktion der Hautgefäße, z. B. bei starker psychischer Anspannung, an den Plantarflächen von Händen und Füßen auftreten kann. Damit kann auch verstärktes Schwitzen der apokrinen Schweißdrüsen (z. B. Achselhöhle) verbunden sein" (Persson, 2007, S. 917).

Die Kälte- und Wärmebedingungen beschreiben nicht primär die externen, sondern vor allem die internen Temperaturbedingungen, denn letztere stellen die relevante Größe für entsprechende thermoregulatorische Maßnahmen dar. So ist es z. B. bei niedrigen Außentemperaturen (externen Kältebedingungen) während sportlicher Belastung durchaus erforderlich, dass die körperlich produzierte Wärme abgegeben wird. Die äußeren Bedingungen üben keinen bedeutsamen Einfluss aus, wenn keine körperliche Betätigung und keine weiteren Verhaltensmaßnahmen erfolgen – dies ist aber im Kontext sportlicher Belastungen unrealistisch. Auf Grund der hohen Wärmeproduktion während körperlicher Anforderungen können externe Kältebedingungen durchaus interne Wärmebedingungen implizieren. Mit dem Tragen von sportartspezifischer Kleidung, z. B. im Eishockey, das unter kalten Umgebungstemperaturen gespielt wird, kommt zur inneren Wärmeproduktion ein bedeutender Parameter für eine verminderte Wärmeabgabe hinzu, sodass trotz externer Kältebedingungen eine positive Wärmebilanz besteht. Die interne Temperaturbilanz wird somit neben verhaltensabhängigen Parametern (körperliche Betätigung, Kleidung etc.) von externen Parametern, dies sind primär die klimatischen Umgebungsbedingungen, determiniert. Kälte- und Wärmebedingungen lediglich auf die externen klimatischen Parameter zu reduzieren, würde dem komplexen Beziehungsgeflecht zwischen intern und extern beeinflussenden Faktoren und der internen Temperaturbilanz nicht in angemessener Form Rechnung tragen. Dass spezielle Verhaltensmaßnahmen bedeutenden Einfluss auf die Thermoregulation ausüben, wird insbesondere dann deutlich, wenn die körpereigenen Prozesse eine ausgeglichene Wärmebilanz nicht aufrechterhalten können. So verfügen Tiere im Vergleich zum Menschen über bedeutend weniger komfortable externe Temperaturhilfseinrichtungen (Klimaanlage, Heizung etc.): Schweine wälzen sich im Schlamm, um die Verdunstungskälte beim Trocken des Schlamms zu nutzen (Bligh & Moore, 1972); bewollte und befellte Tiere befeuchten zur Kühlung diejenigen Körperteile mit Wasser, die nur dünn mit Fell bedeckt sind und sogenannte *thermische Fenster* darstellen, um ebenfalls die Verdunstungskälte während des Trocknens nutzen zu können (Nichelmann, 1986; Schwalm, 2006).[33] Kleine Wüstentiere sind mit einem doppelten Problem konfrontiert, der extremen Hitze und dem nahezu fehlenden

---

[33] Eindrucksvoll ist die verhaltensgesteuerte Thermoregulation bei Lamas: Durch das dichte Fell wird einerseits die äußere Wärmekonvektion verhindert und somit die Wärmeabgabe erschwert, andererseits schützt das Fell vor Wärmeeinstrahlung. Bei den Lamas ist die große Hauptkörperoberfläche mit Fell, exponierte Körperteile sind nur dünn mit Fell bedeckt, um hierüber die Wärmeabgabe zu steuern. Durch Änderung der Körperhaltung kann das Lama die Wärmeabgabe beeinflussen: Die ausgestreckten Gliedmaßen, die nur dünn mit Fell bedeckt sind, wirken als „Wärmefenster" (Schwalm, 2006, S. 9), über die ein erheblicher Anteil der Wärmeabgabe, sei es über die äußere Wärmekonvektion, aber auch nach dem Baden in Wasser über die Wasserverdunstung, erfolgen kann. Weiterhin regeln die Lamas ihre Temperatur bei Umgebungstemperaturen zwischen 0 und 10° C dadurch, dass sie Körperhaltungen einnehmen, bei denen ihre nur mit dünnem Fell bedeckten Wärmefenster auf bis zu 5 % der Gesamtkörperfläche verringert werden. Neben dieser Verhaltensmaßnahme, dem Liegen mit ausgestreckten Gliedmaßen zur Vergrößerung der Wärmefenster, ist bei Guanakos beobachtet worden, dass sie sich mit ihren Hintervierteln in Windrichtung auf den Boden legen. Beide Maßnahmen zur Erhöhung der Wärmeabgabe können zu einem Einsparen von annähernd 70 % der Energie führen (Schwalm, 2006). Zudem weisen geschorene Lamas bei einer Hitzeexposition eine niedrigere Rektaltemperatur auf als ungeschorene und die vollbewollten Tiere geben ausschließlich über die thermischen Fenster Wärme ab.

Wasser, sodass die Verdunstungskühlung für sie kein probates Mittel zur Wärmeabgabe darstellt. Sie weichen deshalb der extremen Hitze tagsüber aus, indem sie sich in Unterbauten aufhalten. Viele der kleinen Wüstensäugetiere haben Überlebensstrategien ausgebildet, die durch vielfältige osmoregulatorische Anpassungen charakterisiert sind. So kann z. B. die Kängururatte[34] auf Grund sehr effektiv arbeitender Nieren hoch konzentrierten Urin ausscheiden, zusätzlich bewirkt die Wasserreabsorption im Rektum die Bildung sehr trockener Kotpillen (Eckert et al., 2002). Als „verborgene Wasserquelle" (ebd., S. 674) dient das Oxidationswasser, das bei der Nahrungsverbrennung produziert wird. Im Gegensatz dazu suchen Kamele auf Grund ihrer Körpergröße tagsüber keinen unterirdischen Bau auf, reagieren jedoch, wenn kein Trinkwasser zur Verfügung steht, nicht mit Evaporation, sondern lassen ihre Körperkerntemperatur durchaus ansteigen. Sie gehen nicht den Kompromiss der kostbaren Wasserverdunstung ein. Da die Temperaturveränderung eines solch großen Tieres sehr langsam vonstattengeht – das dicke Fell wirkt als Hitzeschild –, kann das Kamel sich diesen Kompromiss leisten: Tagsüber steigt die Kerntemperatur auf ca. 41° C an, sinkt aber während der kühlen Nacht auf 35° C ab. Den Weg der Aufheizung tagsüber und der nächtlichen Abkühlung können die kleinen Wüstentiere auf Grund ihrer sehr schnellen Temperaturveränderung – infolge der ungünstigeren Oberfläche-Volumen-Relation – nicht wählen. Das Kamel verringert den Wärmeeinfluss zudem, indem es sich so positioniert, dass es der Sonneneinstrahlung eine möglichst geringe Oberfläche darbietet. Bei extremem Wassermangel produzieren Kamele keinen Urin mehr, sondern speichern diesen im Gewebe, da sie hohe Harnstoffwerte im Körper schadlos vertragen.

Adaptative Veränderungen der Thermoregulation

Von den kurzfristig und jederzeit einsatzbereiten thermoregulatorischen Mechanismen sind die langfristigen Adaptationsvorgänge[35] zu unterscheiden, denen Modifikationen von Funktionssystemen und Organen zugrunde liegen, ausgelöst durch anhaltend oder intermittierend einwirkende thermische Belastungen über Tage, Wochen oder Monate. Beim Menschen ist insbesondere die Adaptation an Hitzebedingungen gut ausgeprägt, diejenige an Kälte deutlich schlechter. Zu den Anpassungserscheinungen an Hitze gehören (Hensel, 1981; Jessen, 2001; Schönbaum & Lomax, 1990):

- *eine zunehmende Schweißsekretion; sie kann etwa auf Grund einer peripheren Anpassung der Schweißdrüsen auf das Doppelte erhöht werden und bei Trainierten auf mehr als 2 l pro Stunde ansteigen;*
- *eine niedrigere Schwitzschwelle; die Schweißsekretion beginnt bei niedrigerer Haut- und Körpertemperatur, wodurch die Regelabweichung reduziert wird. Dadurch kann sich die Körpertemperatur auf geringere Werte einstellen, der*

---

34 Die Kängururatte kommt im Südwesten Amerikas vor (Eckert et al., 2002).
35 Da in dieser Arbeit nicht die langfristigen Adaptationsprozesse im Mittelpunkt stehen und nicht zum erkenntnisleitenden Interesse beitragen, wird diese Thematik nur in den Kernelementen ausgeführt und es sei auf weiterführende Literatur verwiesen.

Organismus wird infolgedessen vor einem kritischen Anstieg der Herzfrequenz und der peripheren Durchblutung geschützt (Schmidt & Thews, 1997);
- *eine Abnahme des Elektrolytgehalts im Schweiß;*
- *eine Zunahme des Plasmavolumens und Plasmaproteingehalts; dadurch wird die Kreislaufanpassung verbessert, der venöse Rückstrom und die Reduzierung des Schlagvolumens vermindert;*
- *in ökonomischeres Schwitzen (Hidromeiosis); die Schweißsekretionsrate nimmt nach einer Phase starken Schwitzens wieder ab, wodurch das unökonomische Abtropfen des Schweißes verhindert wird. Dies ist Voraussetzung für ein effektives Schwitzen, denn abtropfender Schweiß verdunstet nicht;*
- *eine erhöhte Wasseraufnahme; bei Ausbleiben einer Flüssigkeitskompensierung, somit bei einer nicht ausgeglichenen Wasserbilanz, besteht die Gefahr einer Hyperthermie. Die Ursache für den hohen Wasserbedarf wird mit der Retention der Elektrolyte bei der Schweißbildung begründet.*

1.1.6 Exkurs: Hyperthermie und Hypothermie

Im Bereich der Thermoneutralzone kann die Körpertemperatur allein durch die Vasomotorik geregelt werden. Im Bereich der gesteigerten Wärmeproduktion, d. h., wenn die Umgebungstemperatur unter einen kritischen Wert sinkt, droht trotz der Vasokonstriktion ein übermäßiger Wärmeverlust. Folglich muss der Energieumsatz und damit die regulatorische Wärmebildung aktiviert werden (Kältezittern). Unterhalb einer gewissen Grenze übersteigt die Wärmeabgabe die Wärmebildung mit der Folge einer Hypothermie. Steigt die Umgebungstemperatur über einen oberen kritischen Grenzwert (z. B. über die Körperkerntemperatur), wird die Wärmeabgabe auf Grund der unzureichenden trockenen Wärmeabgabe durch die Evaporation weiterhin erhöht. Wird der Regelbereich überschritten, kommt es zu einer Hyperthermie.

Hyperthermie
Eine extreme Wärmebelastung, verursacht durch innere Wärmeproduktion (Muskelarbeit) und/oder extreme äußere Hitzeeinflüsse (vgl. Bell & Hales, 1991) bei gleichzeitiger ungenügender Wärmeabgabe, bewirken ein Überschreiten der Wärmeabgabekapazität. Nach Schmidt und Thews (1996, S. 668) bedeuten Körperkerntemperaturen über 39,5° C schwere Belastungen des Stoffwechsels und Kreislaufs. Die Überwärmungsgrenzen sind von der Umgebungs-, aber insbesondere auch von der Luftfeuchtigkeit abhängig. So kann der unbekleidete, ruhende Mensch durchaus Umgebungstemperaturen bis zu 50° C bei einer relativen Luftfeuchtigkeit von 30 % mehrere Stunden ertragen, bei einer relativen Luftfeuchtigkeit von 40 % dagegen nur eine Umgebungstemperatur von bis zu 40° C. Bereits bei leichter Belastung reduzieren sich diese Temperaturgrenzen um 5° C. Eine unzureichende Flüssigkeitszufuhr reduziert nicht nur die Leistungsfähigkeit, unter extremen Bedingungen wird sogar die Überlebenszeit des Menschen deutlich verkürzt. Bei einem Flüssigkeitsverlust von 12-20 % des Körpergewichts tritt der Tod ein.

Zu den schweren Hyperthermieschädigungen zählen der Hitzschlag und der Sonnenstich. Der *Hitzschlag* tritt als Folge eines übermäßigen Anstiegs (3,5° C innerhalb von zwei Stunden) der Rektaltemperatur und einem dauerhaften Verbleiben bei 40° C auf. Anzeichen eines Hitzschlags sind u. a. Schwindel, Kopfschmerzen und Schwächegefühl und vor allem auch Bewusstseinsstörungen. Der Hitzschlag ist lebensbedrohlich und kann zu schwerer Störungen und Schädigungen des Gehirns führen, was wiederum die Regelung der Thermoregulation beeinträchtigt, wodurch der lebensbedrohliche Prozess wiederum verstärkt wird. Im sportlichen Kontext ist auch auf die Gefahr eines *Sonnenstichs* hinzuweisen, der auf Grund von direkter Sonneneinstrahlung auf den ungeschützten Kopf oder Nacken eintreten kann, mit der möglichen Konsequenz einer Hirnhautreizung.

Weniger schwere, nicht lebensbedrohliche Beeinträchtigungen sind der *Hitzekollaps*, die *Hitzeerschöpfung* und *Hitzekrämpfe*. Bei durchaus ausreichender Hydratation kann sich jedoch unter extremen Wärmebedingungen das Herz-Kreislauf-System als entscheidende Einflussgröße erweisen: So kann es zu einem *Hitzekollaps* kommen, weil das erweiterte Gefäßsystem unzureichend gefüllt wird. Die periphere Vasodilatation mit gleichzeitigem Blutdruckabfall führt zur Ohnmacht (Simon, 1997), während es im Gegensatz zum Hitzschlag noch zur Schweißsekretion kommt. Der Hitzekollaps kündigt sich durch unterschiedliche Symptome, wie z. B. durch Müdigkeit, Schwindel, Blutdruckabfall, Kopfschmerzen, Appetitlosigkeit, Übelkeit und Erbrechen an. *Hitzekrämpfe* treten dann auf, wenn infolge der hohen Flüssigkeitsverluste durch das Schwitzen der Salzverlust sehr groß ist (bis zu 11 g in zwei Stunden). Eine längere körperliche Belastung in der Wärme kann auch zu einer *Hitzeerschöpfung* führen: Die Körperkerntemperatur steigt mäßig an, die Kreislauffüllung nimmt ab und es kommt zum „Volumenmangelschock mit peripherer Vasokonstriktion" (Simon 1997, S. 669). Bei einer rechtzeitigen Intervention (Trinken, Infusion etc.) zur Kompensierung der entstandenen Flüssigkeits- und Elektrolytdefizite (vgl. Greenleaf & Castle, 1971; Greenleaf et al., 1975) sind diese wärmeinduzierten Beeinträchtigungen jedoch reversibel. Das Erreichen von Körperkerntemperaturen im Bereich von 42° C ist als kritisch einzustufen, eine Körperkerntemperatur von 44° C ist bislang nicht überlebt worden (Gunga, 2005).

Hypothermie
Eine Überforderung der Kälteabwehrmechanismen, sind also die Wärmeverluste größer als die Wärmeproduktion, kann zu einem Absinken der Körpertemperatur bis hin zur Unterkühlung führen: Ab einer Körperkerntemperatur von 35° C (Simon, 1997) bzw. nach Gunga (2005) ab 35,5° C liegt eine Hypothermie vor. Unterhalb von 32° C tritt die Bewusstlosigkeit ein, die letale Körperkerntemperatur liegt zwischen 26 und 28° C (Simon, 1997). Eine irreversible Hypothermie kann bereits bei geringen Außentemperaturen in Kombination mit hohen Windgeschwindigkeiten und/oder nasser Kleidung hervorgerufen werden. Ein Baden im kalten Wasser (zwischen 5-10° C) kann nach 10-20 min eine Hypothermie bewirken. Beim Menschen lassen sich fünf Stadien der Hypothermie differenzieren:

- die milde Hypothermie (35-32° C Körperkerntemperatur),
- die moderate Hypothermie (32-28° C Körperkerntemperatur),
- die schwere Hypothermie (28-24° C Körperkerntemperatur),
- der reversible hypotherme Kreislaufstillstand (< 24° C Körperkerntemperatur), wobei es bei Temperaturen von ca. 15° C zum Funktionsausfall der Na+/K+-AT-Pase kommt, woraus nach einer Wiedererwärmung Zellödeme resultieren können (Ivanov, 2000; Persson, 2007) und auch
- der irreversible hypotherme Kreislaufstillstand (< 24° C Körperkerntemperatur) (vgl. Ivanov, 2000; Gunga, 2005).

Eine induzierte Hypothermie macht man sich insbesondere im klinischen Anwendungsbereich zunutze, z. B. bei Operationen zur kurzzeitigen Unterbrechung der Organdurchblutung (Sessler, 1997; Schmidt & Lang, 2007). Durch Querschnittslähmung kann die thermoregulatorische Leistungsfähigkeit eingeschränkt sein, was sich u. a. in einem Ausfall des Kältezitterns, des Schwitzens oder der Vasomotorik äußert.

1.2 Thermoregulation bei körperlicher Anforderung

Sportliche Anforderungen führen auf Grund der zu leistenden Muskelarbeit zu einer hohen Wärmeproduktion. Allerdings beträgt der Wirkungsgrad dieser durch Muskelaktivität produzierten Wärme bestenfalls 25 %; bei den meisten sportlichen Belastungsformen ist er deutlich geringer (de Marées, 2003).

1.2.1 Körperkerntemperatur und sportliche Leistung

Der Anstieg der Körperkerntemperatur erfolgt bei körperlicher Belastung proportional zur relativen, nicht zur absoluten Leistung (Brück, 1987; de Marées, 2003). Die Erkenntnis über diesen proportionalen Zusammenhang zwischen Körperkerntemperatur und relativer Leistung ist auf die *klassische Studie* von Marius Nielsen (1938) zurückzuführen, die Brengelmann (1977, S. 27) als „monumental work" bezeichnet. Saltin und Hermansen (1966) bestätigen die Erkenntnis Nielsens, indem sie nachweisen, dass während einer einstündigen Fahrradergometeranforderung der Anstieg der Ösophagustemperatur enger mit der O_2-Aufnahme in Prozent der maximalen O_2-Aufnahme als mit der maximalen O_2-Aufnahme (VO_{2max}) korreliert. Bei einer Anforderung mit 25 % der individuellen VO_{2max} beträgt die Ösophagustemperatur nach 60 min 37,3 ± 21° C (die Rektaltemperatur (T_{re}) 37,4 ± 2° C), bei 50 % der VO_{2max} 38,0 ± 12° C (T_{re}: 38,15 ± 09° C) und bei 75 % der VO_{2max} 38,5 ± 24° C (T_{re}: 38,65 ± 18° C). Der thermische Ablauf bei körperlicher Arbeit lässt sich verkürzt wie folgt darstellen: Durch die Muskelkontraktionen erhöht sich, in Abhängigkeit von der Belastungsintensität, die Wärmeproduktion, das venöse Blut verteilt diese Wärme im gesamten

Körperkern. Hierauf reagieren die inneren Thermosensoren und implizieren bei vorhandener Differenz zwischen der Soll- und Istwerttemperatur effektorisch Aktivitäten der Stellglieder. Werden bei einem inneren Temperaturanstieg die Schwellenwerte für die Vasodilatation und für die Schweißaktivität erreicht, verlangsamt sich der innere Temperaturanstieg. Es kann sich auch eine Wärmebalance einstellen, die jedoch, entgegen der Annahme von Nielsen (1969), keine Sollwertverstellung bedeutet (Behling, 1971; Bleichert et al., 1972; Davies, 1979a; Jessen, 2001).

„At present, there is nearly general agreement that the steady-state equations correlating sweat rate and skin blood flow with core and skin temperatures during rest hold also during exercise, dispensing with the assumption of a change in set-point" (Jessen, 2001, S. 119).

Ob sich also ein thermisches Steady State einstellt, ist von der Höhe der belastungsinduzierten Wärmeproduktion, aber auch von der Wärmeabgabekapazität abhängig. So führt Jessen (2001) als diejenigen Parameter, welche die maximale Wärmeabgabe determinieren, an:

- *die individuelle Wärmeabgabekapazität, wie z. B. das Schwitzen,*
- *die Wärmekapazität der Umgebung und*
- *den internen Wärmetransport von der Arbeitsmuskulatur zur Körperschale.*

Sobald die Wärmeproduktion die Kapazität eines dieser drei Mechanismen, die in der Regel bei körperlicher Belastung im Grenzbereich arbeiten, überfordert, steigt die Körperkerntemperatur weiter an. Immer dann, wenn die Körperkerntemperatur ansteigt, befindet sich der Sportler im Grenzbereich seiner individuellen Wärmeabgabekapazität. Die individuelle Leistungsfähigkeit ist demzufolge in hohem Maße von der Wärmeabgabekapazität der Umgebung (Temperaturgefälle zwischen Haut und Umgebung, Wasserdampfdruck der Umgebung etc.) und von der individuellen Kapazität der Wärmeabgabe abhängig.

Für eine effiziente Wärmeabgabe bei einem Sportler, der in der Lage ist, sich länger als eine Stunde mit einer Intensität zu belasten, die dem Zehnfachen der metabolischen Rate in Ruhe entspricht (Jessen, 2001), und zwischen 600 und 900 g/m^2/h (Bleichert et al., 1972) bzw. 3-4 l/h (Wilmore & Costill, 2004) Schweiß zu produzieren, steht die Verdampfung des produzierten Schweißes im Vordergrund, die wiederum von den klimatischen Umgebungsbedingungen beeinflusst wird. Das Ausschöpfen der Wärmeabgabemechanismen bis zum Limit, d. h., wenn die Belastungsintensität nicht entsprechend angepasst wird, kann zu gesundheitlichen Risiken führen.

So kann gezeigt werden, dass zwischen 37 und 39° C Körperkerntemperatur, der „zone of proportionality" (Jessen 2001, S. 122), zunehmend Schweiß produziert wird, ab 39° C jedoch die Schweißrate konstant bleibt, weil hier die maximale Schweißrate erreicht ist (Davies, 1979b). Die gleiche 2° C-Zone kann auch für die maximale Hautdurchblutung nachgewiesen werden (Nielsen et al., 1990). Dieses Temperaturspektrum wird als der Bereich angesehen, innerhalb dessen sportliche Betätigungen ohne gesundheitliche Risiken und ohne größere Leistungseinbußen – zumindest aus thermoregulatorischer Perspektive – absolviert werden können. Innerhalb dieses Spektrums genügt für die Reduzierung des hohen Temperaturanstiegs eine vergleichsweise geringe Hautdurchblutung, sodass ein ausreichendes Blutvolumen für die Muskulatur und andere Organe zur Verfügung steht. Dies geht mit einer Entlastung des kardiovaskulären Systems einher (Jessen, 2001). Ein weiterer Temperaturanstieg führt zu einer Blutvolumenverschiebung von der Muskulatur zur Körperperipherie, was Auswirkungen auf einzelne Parameter des kardiovaskulären Systems zur Folge hat, die sich u. a. in einer Verringerung des Herzschlagvolumens und in einer Erhöhung der Herzschlagfrequenz äußern, auch „cardiovascular drift" genannt (Johnson & Rowell, 1975; Rowell, 1986; Gonzalez-Alonso et al., 1999b; Jessen, 2001), wobei Rowell et al. (1969) zeigen, dass durch eine Ganzkörperkühlung die gegenteiligen Effekte bewirkt werden. Da jedoch auch die Leistung des kardiovaskulären Systems begrenzt ist – die Herzfrequenz lässt sich nicht beliebig steigern, womit auch das reduzierte Blutvolumen im Körperkern nur begrenzt kompensierbar ist –, führt eine erhöhte thermoregulatorische Beanspruchung zu einer Überforderung dieses Systems und infolgedessen zu einer Leistungsreduzierung oder zum Leistungsabbruch.

„It is clear that, with longer duration, higher metabolic rate and hotter environment, the cardiovascular drift can become a limiting factor, because heart rate cannot rise infinitely to compensate for the decrease in stroke volume. Thus, cardiac output finally decreases, and the work rate must be reduced so that the demands of skin and muscles for blood flow can be met" (Jessen, 2001, S. 129).

Je niedriger die Evaporationsschwelle eines Sportlers liegt, desto früher kann einem leistungsnegativen Körperkerntemperaturanstieg begegnet werden. Die Evaporation stellt somit einen thermischen Schutzmechanismus dar, der durch Training effektiviert werden kann. Durch diese Evaporationsschwellenreduzierung vergrößert sich der thermische „Sicherheitsspielraum" (Nadel, 1983, S. 144) zwischen der belastungsinduzierten und der leistungsreduzierenden Körperkerntemperatur und infolgedessen auch der körperlichen Leistungsfähigkeit.

Auf die Dynamik der Kerntemperatur während sportlicher Anforderungen hat insbesondere die Belastungsintensität Einfluss. Während einer konstanten submaximalen Belas-tung erreicht die Körperkerntemperatur kurzfristig ein Plateau, dessen Verlauf innerhalb eines bestimmten Temperaturspektrums – auch dieses Resultat geht auf die klassische Forschungsarbeit von Nielsen (1938) zurück – nur geringfügig beeinflusst wird, vorausgesetzt, der Flüssigkeitsverlust wird kompensiert. Die Grenzen dieses Kerntemperaturplateaus sind in besonderem Maße abhängig von der Belastungsintensität: Bei zunehmender Belastungsintensität verschieben sich die Grenzen zu niedrigeren Werten.

Die Köperkerntemperatur ist bei geringer Belastungsintensität (65 % der VO_{2max}) unabhängig von der Umgebungstemperatur, jedoch nicht bei höherer Belastungsintensität (85 % der VO_{2max}): Hier steigt diese ab einer Umgebungstemperatur von 15° C deutlich an. Nach Jessen ist mit einem Anstieg der Körperkerntemperatur unter diesen Belastungsbedingungen vor allem deshalb zu rechnen, weil ein entsprechender Temperaturgradient zwischen Körperkern und Haut hergestellt werden muss.

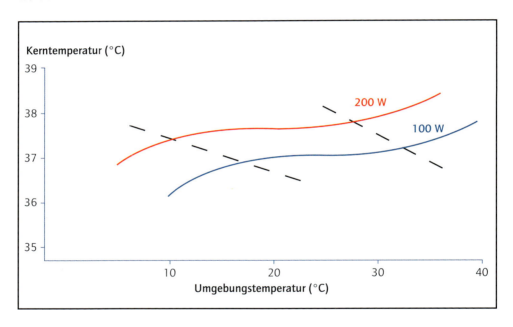

Abb. 7: Körperkerntemperaturverlauf (gemessen anhand der Ösophagustemperatur) in Abhängigkeit von der Umgebungstemperatur bei unterschiedlichen Belastungsintensitäten (Persson, 2007, S. 924)

Schmidt und Thews (1997) erklären den belastungsinduzierten Körperkerntemperaturanstieg (Belastungshyperthermie oder nach Brück (1987) „Arbeitshyperthermie") damit, dass die Thermoregulation bei innerer Wärmebelastung nicht effektiv genug ist. Die Abgabe der bei sportlicher Belastung produzierten Stoffwechselwärme an die Umgebung erfordert eine entsprechend hohe Regelabweichung des Temperatursignals für den Regelkreis, denn nur der Anstieg der Körperkerntemperatur bewirkt eine Regelabweichung, die groß genug ist, um die Evaporation zu stimulieren. Jedoch reicht die Evaporation nicht aus, um einen Temperaturanstieg zu vermeiden, zudem beeinträchtigt die Wärmeabgabe an die Umgebung die kardiovaskuläre und die muskuläre Leistungsfähigkeit.

"... the greatest stress ever imposes on the human cardiovascular system (...) is the combination of exercise and hyperthermia. (...) There are two fundamental problems. First, skin and muscle ‚compete' for blood flow and their combined needs can easily exceed the pumping capacity of the heart. Second, cutaneous vasodilatation displaces blood volume into cutaneous veins and lowers filling pressure and stroke volume" (Rowell, 1986, S. 363).

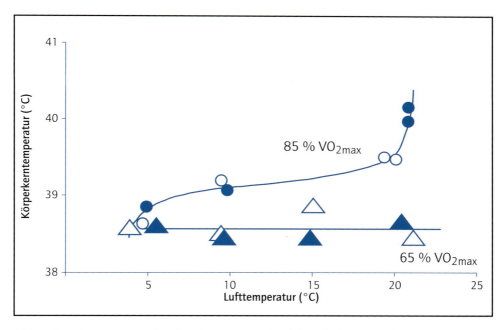

Abb. 8: Körperkerntemperatur (T_{core} in ° C, gemessen anhand der Rektaltemperatur) nach jeweils einstündigen Belastungen bei unterschiedlichen Umgebungstemperaturen (T_{air} in ° C) und unterschiedlichen Belastungsintensitäten (65 und 85 % der VO_{2max}) bei zwei Probanden (weiße und schwarze Symbole) (Jessen, 2001, S. 123)

Sportliche (Dauer-)Belastungen können somit trotz der körpereigenen Wärmeabgabemechanismen zu Körperkerntemperaturen von über 40° C führen (Maron & Horvath, 1978; Adams et al., 1975; Maughan, 1984; Brück, 1987; Cheuvront & Haymes, 2001; Byrne et al., 2006), wobei trainierte Sportler bei dieser hohen Temperatur sich noch mit relativ hoher Intensität belasten können, doch auch bei ihnen wirkt sich die hohe Körperkerntemperatur leistungsbeeinträchtigend aus. Die Leistungsreduktion ist darauf zurückzuführen, dass das thermoregulatorische System mit dem kardiovaskulären System konkurriert (Jessen, 2001), wobei es sich aber insofern durchsetzt, als bei einem belastungsinduzierten Temperaturanstieg auf Kosten anderer Systeme (z. B. dem kardiovaskulären und auch muskulären System) die Wärmeabgabemechanismen, vornehmlich die Vasodilatation und Schweißabsonderung, aktiviert werden. Dies ist jedoch mit einer Blutvolumenverschiebung verbunden, eine reduzierte Arbeitsleistung oder ein Belastungsabbruch sind die Konsequenz.

Dieses Thermoregulations-Leistungs-Dilemma drückt sich bei sportlichen Ausdauerbelastungen – insbesondere unter Hitzebedingungen – darin aus (vgl. Nielsen, 1969; Greenleaf & Castle, 1971; Wyndham, 1973; Brengelmann, 1977; Nadel, 1977; Rowell, 1986; Gisolfi & Wenger, 1984; Johnson, 1986), dass nicht nur für die Arbeitsmuskulatur, sondern auch für die Haut auf Grund der Vasodilatation ein hoher Blutvolumenbedarf besteht, der sich auf mehrere Liter pro Minute beim Schwitzen belaufen kann (Rowell, 1986). Da sich die Thermoregulation unter diesen Bedingungen jedoch anderen Regulationssystemen gegenüber durchsetzt, steht der Muskulatur ein geringeres Blutvolumen als erforderlich zur Verfügung, was sich in einer verminderten Leistung ausdrückt. Insgesamt wirkt auf den Sportler eine Vielzahl, den körperlichen Wärmehaushalt belastender Parametern ein: externe Parameter einerseits, die sich aus den „Klimafaktoren" (Persson, 2007, S. 921) zusammensetzen, bestehend aus differenten Strahlungsvarianten, der Lufttemperatur, Luftfeuchtigkeit und Luftzirkulation, interne Parameter andererseits, die vornehmlich durch die belastungsabhängige metabolische Wärmeproduktion repräsentiert werden.

Die Fähigkeit, wärmebelastende Parameter entsprechend zu verarbeiten bzw. eine Wärmebalance herzustellen, ist für den (Ausdauer-)Sportler leistungsentscheidend. Die körpereigenen Wärmeabgabemechanismen reichen nicht immer aus, wie sich in den geringeren Ausdauerleistungen unter Hitzebedingungen, aber auch in den gesundheitlichen Beeinträchtigungen zeigt.

Abb. 9: Komponenten der Wärmebelastung und der Wärmeabgabe

Für eine optimale Leistungsfähigkeit und zur Vermeidung oder Reduzierung der belastungsinduzierten physiologischen Negativeffekte (z. B. *cardiovascular drift*) gehört ein effektives Thermomanagement, zu dem, neben den autonomen körpereigenen, externe Maßnahmen gehören, die sich aus temperaturangepasstem Verhalten und insbesondere bei Ausdaueranforderungen aus externen Kühlmaßnahmen zusammensetzen, wie nachfolgend vertiefend analysiert und diskutiert wird. Die körpereigenen thermoregulatorischen Maßnahmen werden teuer erkauft, da auf kostbare körpereigene Ressourcen zurückgegriffen werden muss: Zum einen wird eine beträchtliche Blutmenge für die Vasodilatation zuungunsten der Muskulaturversorgung benötigt, zum anderen muss für die Evaporation ein ausreichendes Flüssigkeitsquantum zur Verfügung stehen, um eine Dehydratation zu vermeiden.

1.2.2 Kritische Körperkerntemperatur

Ausdauerleistungen sind unter Normaltemperaturbedingungen besser als unter Wärmebedingungen (Pirney et al., 1977; Saltin et al., 1972; Adams et al., 1975; Parkin et al., 1999; Tatterson et al., 2000 u. a.). MacDougall et al. (1974) zeigen anhand einer Laufstudie, dass die Leistung bei 70 % der VO_{2max} negativ mit der Körpertemperatur korreliert. Die Laufleistung ist also dann am höchsten, wenn die Körperkern- und Hauttemperatur niedriger ist als unter hyperthermen oder sogar nomothermen Bedingungen (Nadel, 1977). Zu Beginn einer aktiven körperlichen Belastung steigt die Körperkerntemperatur an und erreicht ein Temperatur-Steady-State, wenn die innere Wärmeproduktion die Wärmeabgabe nicht überschreitet. Intensive (Ausdauer-)Belastungen führen zu einer hohen Wärmeentwicklung – und dies wird z. B. zusätzlich verstärkt durch ein feucht-warmes Klima –, sodass das notwendige Temperaturgleichgewicht nicht aufrechterhalten werden kann. Die Folge ist ein belastungsinduzierter Anstieg der Körperkerntemperatur (Nadel, 1977; Byrne et al., 2006 u. a.). Hier liegt die Überlegung nahe, die Körpertemperatur aus Gründen der Leistungsoptimierung durch entsprechende Kühlmaßnahmen abzusenken. Eine bedeutende Rolle nimmt in diesem Zusammenhang die sogenannte *kritische Körperkerntemperatur* ein, zu der es unterschiedliche Theorieansätze gibt. So wird einerseits angenommen, dass bei Erreichen dieser kritischen Temperatur die sportliche Leistung deutlich verringert oder abgebrochen wird (Pugh et al., 1967; Saltin et al., 1972; MacDougall et al., 1974; Adams et al., 1975). Dies erfolgt in erster Linie, um hyperthermieinduzierte gesundheitliche Beeinträchtigungen zu vermeiden. Die kritische Körperkerntemperatur gilt unter Hitzebedingungen als der primäre leistungslimitierende Parameter (Nielsen et al., 1993; Cheung & McLellan, 1998a; Fuller, Carter & Mitchell, 1998), für Ausdauerleistungen auch schon unter moderaten Umgebungsbedingungen (Jessen, 2001; Gregson et al., 2002).

Während einige Autoren also davon ausgehen, dass erst mit dem Erreichen der kritischen Temperatur eine Ermüdung eintritt, untermauern andere und auch neuere Studien, dass bereits vor Erreichen der kritischen Temperatur antizipatorisch die körperliche Aktivität so gesteuert wird, dass die sportliche Anforderung innerhalb des thermoregulatorisch-neutralen Spektrums geleistet werden kann. Die kritische Körperkerntemperatur liegt, diesem Ansatz zufolge, oberhalb desjenigen (Zeit-)Punkts, an dem die Belastungsintensität bereits reduziert wird (Marino et al., 2004; Noakes et al., 2005; Noakes, 2007).

Diese *antizipatorische Theorie* wird von Tucker et al. (2004) empirisch gestützt. In einem simulierten 20-km-Zeitfahren auf dem Fahrradergometer, bei Umgebungstemperaturen von 15 und 35° C, ergab diese Studie, dass die Probanden deutlich vor Erreichen einer als kritisch zu bezeichnenden Körperkerntemperatur, und zwar schon bei 30 % der Gesamtzeit, ihre Leistung erheblich reduzieren. Die Ergebnisse basieren auf einer Leistungsmessung und werden zusätzlich durch EMG-Messungen ergänzt.

Demnach ist die Intensitätsreduzierung weniger als Ermüdungserscheinung zu interpretieren, sondern stellt vielmehr einen antizipatorischen Regulationsprozess dar, der durch die Wärmebelastungsrate gesteuert wird (Cheung & Sleivert, 2004). Dadurch wird vorzeitig ein extremer Anstieg der Körperkerntemperatur bis in einen kritischen Bereich hinein mit dem Ziel verhindert, noch möglichst lange die sportliche Anforderung realisieren zu können.

Doch nicht nur über den physiologischen Begründungszusammenhang der kritischen Körperkerntemperatur werden unterschiedliche Ansichten vertreten, sondern auch über die genaue Quantifizierung dieser Temperatur. So wird mit einem Variabilitätsspektrum von ca. 1° C angenommen, dass die kritische Körperkerntemperatur bei 39° C liegt. Dies bestätigen bereits Bell und Walters (1969) sowie Eichna et al. (1945), die von einer kritischen Rektaltemperatur bei 38,9 ± 0,4° C ausgehen. MacDougall et al. (1974) beobachten in einer Laufstudie, dass die Belastung generell bei einer Rektaltemperatur von 39,5° C und einer Tympanaltemperatur von 38,1° C abgebrochen wird, wie auch in einer Studie mit Radfahrern bestätigt wird (Tatterson et al., 2000).

Gonzalez-Alonso et al (1999b) deklarieren den für die sportliche Leistung bedeutsamen Grenzwert der kritischen Temperatur bei einer Ösophagustemperatur von 40,1-40,2° C. Unter Bezugnahme auf Aschoff et al. (1971), welche die Ösophagustemperatur 0,25° C unterhalb der Rektaltemperatur beziffern, bedeutete dies eine Rektaltemperatur von über 40,35 bzw. 40,45° C. Zeitgleich messen Gonzalez-Alonso et al. (1999b) eine Muskeltemperatur vor 40,7-40,9° C und eine Hauttemperatur von 37,0-37,2° C. Diese relativ hohen Temperaturwerte werden dadurch bestätigt, dass Leistungsmarathonläufer im Wettbewerb durchaus Körperkerntemperaturen von über 40° C erreichen, wobei sie allenfalls ihr Lauftempo etwas reduzieren müssen, aber insgesamt noch leistungsfähig bleiben (Adams et al., 1975; Maughan et al., 1985; Cheuvront & Haymes, 2001; Byrne et al., 2006). Nielsen et al. (1993) gehen auf Grund ihrer Testergebnisse (mit 13 Athleten) davon aus, die kritische Temperatur sei unabhängig vom Leistungsniveau der Athleten, die eine fahrradergometrische Belastung (Intensität: 50 % der VO_{2max}) bei einer Körperkerntemperatur von 39,7 ± 0,15° C abbrechen. Die

Zeitdauer bis zum Erreichen der kritischen und zum Leistungsabbruch führenden Temperatur ist mit zunehmender Akklimatisation länger.

Während das Leistungsniveau die kritische Temperatur nicht zu beeinflussen scheint, stellt sich dagegen in der Untersuchung von Sawka et al. (1992) eine eindeutige Abhängigkeit vom Hydratationsstatus des Sportlers heraus: Dehydrierte Personen erreichen ihre kritische Temperatur bei 38,7 ± 0,7° C und ausreichend hydrierte Personen bei 39,1 ± 0,3° C ($p \leq .05$), somit bei einer um 0,4° C höheren Temperatur. Demnach liegt die kritische Temperatur unterhalb von 40° C, der maximale Temperaturanstieg beträgt weniger als 3° C. Zu dieser Studie sei angemerkt, dass sie bei einer sehr hohen Umgebungstemperatur absolviert wurde (49° C, 20 % relative Luftfeuchtigkeit). Einen Zusammenhang zwischen der kritischen Körperkerntemperatur und dem Leistungsniveau können die Autoren, ebenso wie Nielsen et al. (1993), nicht bestätigen. Insgesamt wird die thermoregulatorische Überlastung bzw. die kritische Temperatur als das entscheidende Leistungsabbruchkriterium angesehen:

„High core temperature, and not circulatory failure, was therefore the critical factor for fatigue in heat stress, both before and after acclimation" (Nielsen et al., 1993, S. 467).

Die kritische Körperkerntemperatur liegt demnach genau in dem Temperaturbereich, der nach Israel (1977) und weiteren Autoren als sogenanntes *Optimum* für sportliche Leistungen benannt wird. Die wissenschaftlich ausgiebig beforschte, kritische Körperkerntemperatur ist Ursache und Begründung dafür, die weit verbreitete Auffassung in Frage zu stellen, eine körperliche Erwärmung sei leistungsfördernd. Für eine Maßnahme, die im Sinne der Vermeidung oder Reduzierung der Körperkerntemperatur während einer sportlichen Vorbereitungsmaßnahme steht, spricht auch, dass nicht nur eine Dehydratation zu einer schnelleren Erhöhung der Körperkerntemperatur führt (Montain & Coyle, 1992; Montain et al., 1994; Sawka et al., 1992),[36] sondern die körperliche Leistungsfähigkeit auch durch externe Wärmebedingungen beeinträchtigt wird (Ladell, 1955; Nadel, 1977; Sawka et al., 1985). Bei sportlichen Belastungen unter Wärmebedingungen kommt es im Vergleich zu thermoneutralen Umgebungsbedingungen zu einer Reduzierung der zerebralen Blutversorgung von 18 % (Nybo & Secher, 2004). Dies hat eine Glykogenunterversorgung des Gehirns zur Folge und führt bei oder vor Erreichen der kritischen Körperkerntemperatur zu einer zentralen Ermüdung, mit der Konsequenz, dass weniger efferente Impulse an die Motoneurone gesendet werden und die Leistung reduziert wird (vgl. auch Abiss & Laursen, 2005).

---

[36] Der Zusammenhang zwischen Dehydratation und Körperkerntemperaturdynamik wird durch neuere Studien bezweifelt (Byrne et al., 2006; Morante & Brotherhood, 2007).

Trotz der dargestellten Theorieansätze scheint bis heute kein eindeutig schlüssiges Erklärungskonzept für die ermüdungsbedingte Leistungsreduzierung bei endogen-hyperthermen Bedingungen vorzuliegen. Als gesichert gilt, dass bei Ausdaueranforderungen, insbesondere unter klimatischen Hitzebedingungen, die kritische Körpertemperatur großen Einfluss ausübt, da sie unter diesen Gegebenheiten deutlich früher zu Leistungsminderungen und -abbrüchen führt.

Die körpereigene Wärmekapazität ist also ein bedeutender leistungslimitierender Parameter für sportliche Leistungen. In der internationalen Sportwissenschaft gilt es als recht neue Erkenntnis, dass die Reduzierung der Körperkern- und/oder Hauttemperatur vor einer sportlichen Anforderung effektiv ist (Marino, 2002). Diese Vorkühlung des Körpers *(Precooling)* verfolgt das Ziel, den Temperaturtoleranzbereich bis zum Erreichen der kritischen Körperkerntemperatur, somit die Wärmespeicherkapazität, zu erweitern.

1.2.3 Dehydratation

Während sportlicher Belastungen, sowohl bei Dauerbelastungen (z. B. leichtathletischer Lauf) als auch bei Intervallbelastungen (z. B. Sportspiele), werden körperliche Flüssigkeitsdefizite oftmals nicht ausgeglichen (Broad et al., 1996; Convertino et al., 1996; Bergeron et al., 2005). Obwohl einerseits eine Dehydratation die Ausdauerleistungsfähigkeit beeinträchtigt (Pandolf & Young, 1993, Wilmore & Costill, 2004) und die Schweißproduktion verringert (Jessen, 2001), scheint der gleichgerichtete Zusammenhang zwischen dem Dehydratationsstatus und der belastungsinduzierten Körperkerntemperatur, im Gegensatz zu Studienergebnissen von Greenleaf und Castle (1971), Montain und Coyle (1992), Sawka et al. (1992) und Jessen (2001), aber auch entgegen der allgemeinen Lehrmeinung (Convertino et al., 1996), nicht eindeutig nachweisbar zu sein (Berggren & Christensen, 1950; Noakes et al., 1991; Bergeron et al., 2005; Byrne et al., 2006; Morante & Brotherhood, 2007).

Anhand der Studie von Byrne et al. (2006), in der mittels telemetrischer Messung kontinuierlich die Intestinaltemperatur während eines Halbmarathons gemessen wird – im Gegensatz zu denjenigen Studien, in denen vorwiegend „post-race"-Messungen vorgenommen (Pugh et al., 1967; Maughan, 1985; Maughan et al., 1985) und Körperkerntemperaturen im Ziel zwischen 38° C und 41,1° C angegeben werden –, wird deutlich, dass der Einfluss der Dehydratation auf die Körperkerntemperaturdynamik tendenziell geringer ist, als bisher vielfach angenommen wurde. Byrne et al. (2006, S. 809) sprechen im Kontext ihrer Studie von einer „overestimation of dehydration". Auch Morante und Brotherhood (2007) bestätigen, dass der Hydratationsstatus nicht der primär beeinflussende Parameter für den Körperkerntemperaturverlauf sei.

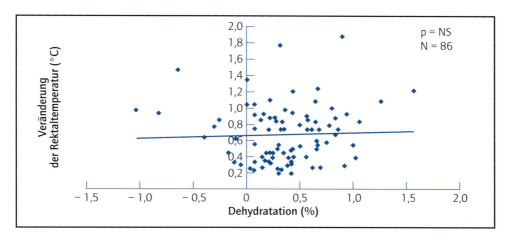

Abb. 10: Rektaltemperatur in Abhängigkeit von der Dehydratation (Morante & Brotherhood, 2007, S. 776)

Die Vermutung, dass der Zusammenhang zwischen dem Dehydratationsstatus und der Körperkerntemperatur vorwiegend für Dauerbelastungen charakteristisch sei (Montain & Coyle, 1992; Sawka et al., 1992; Convertino et al., 1996; Havenith et al., 1998) und weniger für Intervallbelastungen, widerlegen Byrne et al. (2006).

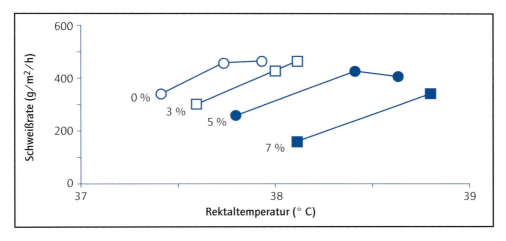

Abb. 11: Schweißrate ($g/m^2/h$) in Relation zur Rektaltemperatur (Jessen, 2001, S. 132)

Jessen (2001) weist nach, dass sich mit zunehmender Dehydratation die Körperkerntemperatur sukzessiv erhöht. Generell verhindert bzw. reduziert eine adäquate Flüssigkeitsaufnahme eine Dehydratation, allerdings hat dies bei moderaten Belastungen und Umgebungsbedingungen keine unmittelbaren Negativauswirkungen auf die Körperkerntemperatur (Morante & Brotherhood, 2007) im Gegensatz zu Hitzebedingungen (Sawka et al., 1985).

Trotz einiger Studien, bei denen ein eindeutiger Zusammenhang zwischen der Dehydratation und der Körperkerntemperatur nicht eindeutig bestätigt werden kann, ist die Aufnahme eines ausreichenden Flüssigkeitsquantums eine unverzichtbare Maßnahme (Pandolf & Young, 1993; Wilmore & Costill, 2004), wenn sie auch nach Meinung von Saunders et al. (2005) überschätzt wird.

1.3 Einflussfaktoren der Thermoregulation

1.3.1 Personelle Einflussparameter

Wärmebildung und Körperhöhe
Der spezifische Grundumsatz, den man durch die Division des Grundumsatzes durch die Körpermasse erhält, sinkt mit zunehmender Körpermasse. Auf Grund der Zunahme der Körpermasse mit der dritten Potenz, derjenigen der Körperoberfläche dagegen mit der zweiten Potenz, nimmt das Oberflächen-Volumen-Verhältnis mit zunehmender Körperhöhe ab. So weisen kleinere Lebewesen (z. B. Neugeborene und Kinder) ein ungünstiges Oberflächen-Volumen-Verhältnis auf: Auf Grund der großen Körperoberfläche im Vergleich zum -volumen ist der Temperaturaustausch sehr groß: Bei kalter Umgebung ist der Wärmeverlust sehr groß, bei warmer analog die Wärmeaufnahme. Zudem sinkt mit zunehmender Körperhöhe die Dicke der wärmeisolierenden Körperschale, wodurch die Wärmeabgabe pro Oberflächeneinheit ansteigt. Der Energiegrundumsatz nimmt mit ansteigender Körpermasse zu und ist von der wärmebildenden Körpermasse sowie von der wärmeabgebenden Körperoberfläche abhängig.

Geschlecht
Der weibliche Zyklus ist ein geschlechtsspezifischer Parameter, der bedeutenden thermoregulatorischen Einfluss nimmt. Bei der Frau führt im Sinne einer Sollwertverstellung das Progesteron postovulatorisch in der Lutealphase des Zyklus zu einem Anstieg der Körpertemperatur von ca. 0,3-0,5° C. An der Phasenkoordinierung des Menstruationszyklus sind Hormone aus der Hypophyse und dem Hypothalamus beteiligt. In der ersten Zyklusphase ist die Frau somit auch hitzetoleranter als in der zweiten (de Marèes, 2003). Und so sind Frauen in der Postmenopause weniger hitzetolerant, was sich u. a. in einer höheren Vasodilatationsschwelle und in einer ineffizienteren Vasomotorik und Evaporation ausdrückt (Hessemer & Brück, 1985; Grucza & Smorawinski, 1989; Woodward & Freedman, 1992; Grucza et al., 1993; Grucza et al., 1997; Gupta et al., 2000). Auf die Studie von Grucza et al. (1993) bezugnehmend, betonen Nielsen und Kaciuba-Uscilko (2001), dass während der postovulatorischen Phase die Körperkerntemperatur während körperlicher Belastung höher und die Hauttemperatur niedriger liegt als vergleichsweise in der präovulatorischen Phase. Die Einnahme oraler Kontrazeptiva modifiziert die thermoregulatorischen Abläufe.

Weiterhin ist die thermische Toleranz bei Frauen generell geringer ausgeprägt als bei Männern (Grucza et al., 1997), sodass auch ihre körperliche Leistungsfähigkeit durch interne und externe Wärmebelastungsparameter stärker beeinflusst wird. Dies ist u. a. darauf zurückzuführen, dass Frauen im Vergleich zu Männern über eine geringere Anzahl an Schweißdrüsen verfügen (ca. 1,8 vs. 2,5 Millionen, vgl. de Marèes, 2003) und ihre Schwitzschwelle höher ist (Hensel, 1981). Frauen verfügen zwar über eine stärkere Ausprägung der Hautdurchblutung, doch ist diese im Hinblick auf die Wärmeabgabe unter körperlicher Belastung deutlich weniger effektiv als die Evaporation. Bei Frauen tritt zudem im Vergleich zu Männern bereits bei geringerem Dehydratationsniveau eine Leistungsreduktion ein bzw. bei gleichem Dehydratationsniveau eine größere Leistungsreduktion. Sie reagieren auch nach einer Hitzeakklimatisierung nicht auf dem gleichen thermoregulatorischen Niveau wie wärmeakklimatisierte Männer, sondern vielmehr wie untrainierte oder nicht-akklimatisierte Männer (Israel, 1979; Nielsen & Kaciuba-Uscilko, 2001). Allerdings sind während körperlicher Ausdaueranforderungen keine grundsätzlichen Unterschiede im Körperkerntemperaturverlauf bzw. in der Abhängigkeit der Körperkerntemperatur von der relativen Arbeit zu konstatieren (Saltin & Hermansen, 1966).

Alter
Auf Grund der im Vergleich zum Körpervolumen großen Körperoberfläche von Kindern (Hensel, 1981), die ca. um das 36-Fache größer als bei Erwachsenen ist, sind Kinder einer größeren Gefahr hoher Wärmeverluste ausgesetzt als Erwachsene, doch ist ihre thermische Toleranz sowohl bei niedrigen als auch bei hohen Umgebungstemperaturen deutlich verringert. Kinder schwitzen absolut und auch relativ weniger als Erwachsene, denn sie verfügen zwar über die gleiche Anzahl an Schweißdrüsen, jedoch ist die Anzahl der aktiven Schweißdrüsen geringer. Zudem ist die Schweißrate pro Schweißdrüse unter Belastungs- und Ruhebedingungen um das 2,5-Fache niedriger als bei Erwachsenen (Bar-Or, 1983). Diese geringe Schweißsekretionsleistungsfähigkeit bei Kindern ist die Primärursache für die eingeschränkte Möglichkeit, Wärme abzugeben.

Weiterhin liegt auch die Schwitzschwelle bei Kindern höher als bei Erwachsenen. Während somit auch die Akklimatisation an Wärmebedingungen bei Kindern eine längere Zeit in Anspruch nimmt, erhöht sich unter Belastungsbedingungen auf Grund der reduzierten Wärmeabgabemöglichkeiten ihre Körperkern- und Hauttemperatur sehr schnell, welches Ursache für die Begrenzung der thermoregulatorischen Kapazität und für die eingeschränkte Leistungsfähigkeit ist. Dass Kinder mehr Energie pro kg Körpermasse verbrauchen als Erwachsene und somit mehr Wärme produzieren, hebt die Bedeutung der eingeschränkten thermoregulatorischen Toleranz besonders hervor.

Nach dem Ende der Wachstumsperiode nimmt der Energieumsatz des Menschen sukzessiv ab. So liegt dieser bei einem 70-Jährigen um 15 % unter demjenigen eines

20-Jährigen. Dies ist der Grund für die altersabhängige Verschiebung der Behaglichkeitstemperatur, was u. a. dadurch deutlich wird, dass ältere Personen schneller frieren; bei Menschen über 75 Jahre ist die Mortalität bei einer Hypothermie um das Fünffache erhöht (Aschoff & Kramer, 1971, S. 27).

Auf Grund einer mit zunehmendem Alter erhöhten Wohlfühltemperatur empfiehlt die ASHRAE[37] eine um 0,5° C höhere Raumtemperatur für ältere Personen. Jüngere reagieren auf externen Kälteeinfluss mit einer deutlich höheren metabolischen Wärmeproduktion und auch mit einer verstärkten Vasokonstriktion als Ältere (Hensel, 1981). Insbesondere auf Grund der reduzierten Leistungsfähigkeit des Herz-Kreislauf-Systems älterer Menschen nimmt auch ihre thermische Toleranz ab. Eine erwähnenswerte Erkenntnis liefert Cabanac (2001) damit, dass bei älteren Menschen eine stärkere Schweißproduktion an der Stirn auftritt, was damit zu begründen ist, dass sich hier im Alternsgang ein effektiver, selektiver Mechanismus zur Kühlung des Gehirns entwickelt hat. Dies hat gemäß den Abläufen des thermischen Regelkreises eine höhere Kerntemperatur zur Folge.

Leistungsniveau

Das Leistungsniveau wirkt sich während sportlicher Anforderungen auf die thermoregulatorischen Prozesse aus (Huttunen et al., 2000; Nielsen & Kaciuba-Uscilko, 2001). Personen mit unterschiedlichem Leistungsniveau weisen differente thermoregulatorische Reaktionen auf individuell gleiche Beanspruchungen auf, wie in der Studie von Kozlowski und Domaniecki (1972) für eine einstündige Belastung mit 65 % der VO_{2max} nachgewiesen wurde. Die Rektaltemperatur liegt hiernach bei trainierten Personen um durchschnittlich 0,8° C niedriger als bei untrainierten. Dieses Ergebnis wird auf eine effektivere Thermoregulation während körperlicher Beanspruchungen bei trainierten Personen zurückgeführt, die durch eine verstärkte Hautdurchblutung und vor allem durch eine erhöhte Schweißrate begründet wird (Nielsen & Kaciuba-Uscilko, 2001, S. 136).

Trainierte verfügen somit über eine effektivere Thermoregulation, was bei sportlicher Anforderung in erster Linie durch eine effektivere Wärmeabgabe deutlich wird. An dieser Stelle sei darauf hingewiesen, dass das Leistungsniveau im Vergleich zum Alter die dominierende Einflussgröße ist (Gonzalez & Pandolf, 1989). Bei gleicher Beanspruchung geben die Trainierten somit mehr durch Muskelarbeit produzierte Wärme an die Umgebung ab, was sich in einer messbar niedrigeren Körperkerntemperatur ausdrückt.

---

37 ASHRAE: The American Society of Heating, Refrigerating and Air-Conditioning Engineers.

1.3.2 Non-personelle Einflussparameter

Tageszeit

Für die Körperkerntemperatur ist eine tageszeitlich-zirkadiane Rhythmik nachgewiesen (Gunga, 2005, S. 683). Im Verlaufe eines Tages verändert sich die Temperatur des Körpers also regelmäßig: In der zweiten Nachthälfte ist sie am niedrigsten, am späten Nachmittag bzw. am frühen Abend am höchsten.

Die zirkadianen Variationen werden durch die im Hypothalamus lokalisierten endogenen Zeitgeber initiiert, die wiederum durch exogene Parameter (Helligkeits- und Dunkelheitsrelation, Zeitbewusstsein u. a.) beeinflusst werden. Den zirkadianen Temperaturvariationen liegen Sollwertverstellungen im Hypothalamus zugrunde. Im Gegensatz zu dieser tageszeitlich bedingten, langsamen Sollwertverstellung, die zu Temperaturschwankungen von ca. 1,5° C führt, bewirken bereits geringere Änderungen der Kerntemperatur, wenn sie entweder *künstlich*, z. B. durch isoliertes Erwärmen des Hypothalamus, oder durch Fieber oder auch körperliche Belastung erzwungen sind, „heftige Reaktionen" (Aschoff, 1971, S. 92).

Kleidung

Durch das Tragen von (Schutz-)Kleidung, wie in einigen Sportarten (American Football, Eishockey, Motorsport) vorgeschrieben, wird die erhöhte metabolische Wärmeproduktion von einer Limitierung der Wärmeabgabemechanismen begleitet (Fox et al., 1966; Mathews et al., 1969; Brothers et al., 2004). Neben der wärmeabgabebeeinträchtigenden Kleidung erschwert das Tragen eines Schutzhelms, dessen Protektionsfunktion außer Frage steht, die Wärmeabgabe über den Kopf.

Klima

Das Umgebungsklima, das im Wesentlichen durch die Lufttemperatur, Luftfeuchtigkeit und Strahlung charakterisiert ist (Werner, 1984; Montain et al., 1994; Godek et al., 2004), kann die körperliche Leistungsfähigkeit durch die Beeinträchtigung der Wärmeabgabebedingungen im Vergleich zu den anderen non-personellen Einflussparametern besonders deutlich reduzieren. Solange die Verdunstungskälte die Haut in dem Maße kühlt, dass ein Temperaturgradient zwischen Körperkern und Körperschale geschaffen wird, der die Wärmeabgabe in ausreichendem Quantum ermöglicht, ohne dass eine Zunahme der Hautdurchblutung notwendig ist, treten keine Leistungsminderungen ein. Bei wärmeabgabebeeinträchtigenden klimatischen Bedingungen, im ungünstigsten Fall bei hoher Umgebungstemperatur, gekoppelt mit hoher Luftfeuchtigkeit sowie starker Strahlung, stößt die Wärmeabgabe an ihre Grenzen. Wenn das Temperaturgefälle zwischen Körperkern und Haut nicht mehr aufrechterhalten und der muskuläre Blutmehrbedarf nicht kompensiert werden können, weil eine beträchtliche Menge für die periphere Blutvolumenverschiebung benötigt wird, kommt es zu einer Leistungsminderung. Die Mehrdurchblutung der Haut verursacht eine erhöhte kardiale Beanspruchung und mindert damit die „Kreislaufreserve" (de Marées, 2003, S. 559).

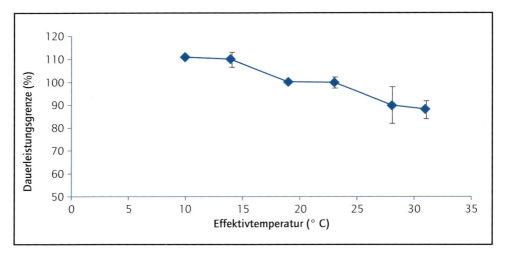

Abb. 12: Zusammenhang von Dauerleistungsgrenze und Effektivtemperatur (Weineck, 2002, S. 734)

Die Dauerleistungsgrenze nimmt mit ansteigender Effektivtemperatur ab, denn die thermoregulatorischen Prozesse zur Vermeidung hyperthermer Bedingungen laufen mit oberster Priorität ab, jedoch zulasten der körperlichen Leistungsfähigkeit. Die Beurteilung des Gesamtklimas ist interindividuell verschieden. Aber auch *unphysikalisch* differente Klimata (mit unterschiedlicher Lufttemperatur, -geschwindigkeit, -feuchtigkeit) können intraindividuell als gleich empfunden werden: So wird z. B. das „Bezugsklima" (Werner, 1984, S. 142) von 25° C Lufttemperatur, 0,1 m/s Luftgeschwindigkeit und 100 % Luftfeuchtigkeit in gleicher Weise wie das Bezugsklima von 32° C, 2 m/s und 45 % empfunden. Diese Empfindungs- bzw. Klimabeurteilungskomplexität hat zur Einführung von Klimasummenmaßen geführt, wie z. B. die

- *„Effektivtemperatur" („Basis-Effektivtemperatur" [BET] für den unbekleideten Menschen, „Normal-Effektivtemperatur" [NET] für den bekleideten Menschen)*, in welche die Luft- und Strahlungstemperatur, Luftfeuchte und Windgeschwindigkeit eingehen[38];
- unter Einbeziehung der Strahlungstemperatur auch die *„Korrigierte Effektivtemperatur" [CNET und CBET]* und auch
- die *„Wet Bulb Globe Temperature" [WBGT]*, welche die Trocken-, Feuchte- und Globaltemperatur berücksichtigt;
- der *„Heat Stress Index" [HSI]*, der sich aus Wärmebilanzrechnungen des Körpers ableitet oder auch

---

38 Als Maß für die gefühlte Temperatur (effektive Empfindungstemperatur) wird auf den *Wind-Chill-Index* verwiesen.

- der „Predicted Four Hours Sweat Rate Index" [P4HSR], der für eine Beurteilung der Arbeitsbedingungen nur wenig bekleideter Hitzearbeiter verwendet wird (Werner, 1984, S. 142-143).

Da die Wet Bulb Globe Temperature ein international verbreitetes Klimabeurteilungsmaß darstellt, auf das sich u. a. auch die ACSM in ihren Hitzeempfehlungen bei sportlichen Betätigungen bezieht, wird die WBGT im Folgenden detaillierter dargestellt.

1.3.3 Exkurs: Wet Bulb Globe Temperature (WBGT)

Zur orientierenden Abschätzung der externen Hitzebelastung (Heat Stress) wird die WBGT gemessen (Pandolf & Young, 1993; Wilmore & Costill, 2004; Morante & Brotherhood, 2007), die in den 50er Jahren für das Training der U. S. Marines eingeführt wurde. Der WBGT-Index berücksichtigt die Klimabasisgrößen Lufttemperatur, Luftfeuchte, Luftgeschwindigkeit sowie die Wärmestrahlung und gilt demnach als Klimasummenmaß (WBGT = $0,1*T_{DB} + 0,7*T_{WB} + 0,2T_G$)[39] (Wilmore & Costill, 2004, S. 320). In der Industrie wird die WBGT z. B. zur Bestimmung der maximalen Expositionszeit an Hitzearbeitsplätzen (wie z. B. in der Stahl- und Glasindustrie) gemessen. Im Sportgeschehen, z. B. bei den Australian Open, wird die WBGT als Kontrollparameter dafür verwendet, ob ein Match unter gegebenen klimatischen Bedingungen stattfinden darf oder ob eine gesundheitliche Gefährdung für die Spieler besteht.

Aus der Studie von Ely et al. (2007) geht hervor, dass bei einer WBGT zwischen 5,1 und 10° C die Marathonlaufzeiten im Mittel um 1,7 % langsamer sind, bei einer WBGT zwischen 10,1 und 15° C sind sie ca. 2,5 % langsamer. So liegen die Idealtemperaturen für einen Marathon bei einer WBGT von 5° C (bei 50 % Luftfeuchtigkeit). Bei einer Luftfeuchtigkeit von 50 % ist die WBGT annähernd mit der Lufttemperatur gleichzusetzen, bei geringerer Luftfeuchtigkeit ist sie niedriger und bei höherer Luftfeuchtigkeit entsprechend höher. Die WBGT ist für Beurteilungen warmer Klimata geeignet, bei denen die Strahlung keinen dominierenden Parameter darstellt. So berücksichtigt die WBGT vielmehr die Wärmestrahlung mit langer Einwirkungsdauer, die beanspruchungsadäquate Wärmestrahlung wird nicht ausreichend berücksichtigt. Nach Hackl-Gruber und Wittmann (1998) reagiert die WBGT auf Veränderungen der Klimasummen zeitlich verzögert, so ist eine Beurteilung von externen Belastungsspitzen mittels WBGT nicht möglich. Bei sportlichen Veranstaltungen und Betätigungen wäre es wünschenswert, wenn Veranstalter, Trainer und Athleten akzeptieren, dass es Umgebungsbedingungen geben kann, die zum einen nicht mit der Gesundheit der Athleten zu vereinbaren sind, zum anderen auch zu einer deutlichen Leistungsreduktion

---

39 T_{DB}: dry bulb temperature, T_{WB}: wet bulb temperature, T_G: globe temperature.

führen. So wird in den Expertenempfehlungen für die Vorbereitung von Nachwuchsathleten im American Football (Bergeron et al., 2005) darauf hingewiesen, dass vor der sportlichen Belastung, sei es im Training oder Wettkampf, eine Erhöhung der Körperkerntemperatur zu vermeiden ist. Die Experten empfehlen zudem, insbesondere bei Nachwuchssportlern, hier stehen Trainer und Betreuer in besonderer Verantwortung, die Körperkerntemperatur während der sportlichen Belastung zu kontrollieren – was bei den heutigen technischen Möglichkeiten auch durchaus zu verwirklichen ist –, um rechtzeitig entsprechende Maßnahmen einleiten zu können, wie z. B. Belastungsreduktion, Belastungsabbruch, Kühlung.

An dieser Expertenempfehlung wird deutlich, wie intensiv sich mit dieser Thematik in den USA (neben Australien, Neuseeland u. a.) auseinandergesetzt wird: Eine Messung vor und nach der sportlichen Belastung ist dort längst Usus, und es halten dort bereits kontinuierliche Messungen Einzug. Die Thematik der thermoregulatorischen Belastung hat auch bereits in der Sportart Tennis an Bedeutung gewonnen: In der Ausschreibung für die Australian Open Junior Championships 2008 wurde angekündigt, dass bei einer WBGT von 28° C und einer Lufttemperatur von 35° C der Start eines Matches verschoben oder, wenn die WBGT und die Lufttemperatur während eines Matches die angegebenen Werte erreichen, das Match fortgesetzt wird, der Schiedsrichter jedoch zwischen dem zweiten und dritten Satz eine 10-minütige Pause einlegen kann.

Vom ACSM ist für Ausdauerbelastungen eine allgemeine Empfehlung herausgegeben worden (Roberts, 1998), die bei einer WBGT von > 28° C von sportlichen Ausdauerbelastungen absieht. Um Sportlern, Trainern und Veranstaltern das Ausmaß des Hitzebelastungsrisikos zu signalisieren, wird zudem der Einsatz von Warnflaggen empfohlen.

Es wird auch geraten, um die Belastung durch die Sonnenstrahlung zu reduzieren, die sportliche Veranstaltung in die frühen Morgenstunden (z. B. 8 Uhr) oder auch in die Abendstunden (nach 18 Uhr) zu verlegen. Diese WBGT-Grenze im Tennis wird auf der Grundlage des Positionspapiers des ACSM, das sich ursprünglich auf Laufausdauerdisziplinen bezieht (American College of Sports Medicine, 1996), gewählt.

Während in Studien festgestellt werden konnte, dass die Körperkerntemperatur während eines Tennismatches im Mittel bei ca. 38,4° C liegt (Elliott et al., 1985; Morante & Brotherhood, 2007) und nicht in Abhängigkeit von der Lufttemperatur oder der WBGT steht, ist die Übernahme der WBGT aus den Laufausdauerdisziplinen, die im Gegensatz zum Tennis durch eine kontinuierliche Belastung charakterisiert sind, eine Vorsichtsmaßnahme mit deutlichem Spielraum. Morante und Brotherhood (2007) halten diesen WBGT-Wert im Tennis für unangebracht.

Die Empfehlung für den American Football im Nachwuchsbereich reicht so weit, von jedem (Nachwuchs-)Spieler ein individuelles Körperkerntemperaturprofil zu erstellen, das die individuellen Temperaturcharakteristika bei unterschiedlichen Belastungsintensitäten und unter spezifischen Bedingungen jedes einzelnen Spielers beinhalten sollte.

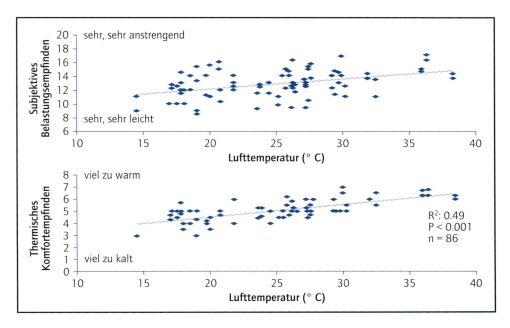

Abb. 13: Belastungsempfinden (oben) und der thermische Komfort (unten) in Abhängigkeit von der Lufttemperatur während eines Tennismatches (Morante & Brotherhood, 2007, S. 777)

Für den subjektiv empfundenen thermischen Komfort spielt die Hauttemperatur eine bedeutende Rolle (Robinson, 1949; Weiss & Laties, 1961; Bleichert et al., 1972; Adams et al., 1975; Adair, 1977; Morante & Brotherhood, 2007). Generell ist auch das thermische Empfinden zu berücksichtigen (Morante & Brotherhood, 2007; Bligh & Johnson, 1973), weil dieses einerseits das Wohlbefinden während der sportlichen Aktivität prägt, aber auch als Schutzmechanismus für die verhaltensdeterminierten thermoregulatorischen Maßnahmen und somit für die Körperkerntemperatur angesehen werden kann. Weiterhin kann ein positiver Zusammenhang zwischen dem thermischen Empfinden und der Lufttemperatur sowie zwischen dem Belastungsempfinden und der Lufttemperatur belegt werden (Morante & Brotherhood, 2007).

1.4 Messorte der Haut- und Körperkerntemperatur

1.4.1 Hauttemperatur

Die Haut, entlang derer die körpereigene Wärme an die Umgebung abgeben, aber auch, wenn die Umgebungstemperatur höher ist, Wärme aufgenommen wird, nimmt besondere Bedeutung ein, denn sie stellt den äußersten Bereich des von innen nach außen gerichteten Temperaturgefälles dar. Die Hauttemperatur ist umso niedriger, je geringer die Umgebungstemperatur ist und je weiter das Oberflächengebiet der Haut vom Körperkern entfernt ist – somit ist die Temperatur der Haut körperregionsspezifisch. Die Bedeutung einer Reduzierung der Hauttemperatur mittels Kältemediatoren ist somit zur Erhöhung des Körpertemperaturgefälles und somit zur Verbesserung der Wärmeabgabe eminent. Das Oberflächen-Volumen-Verhältnis bedingt, dass die annähernd zylindrisch geformten Körperteile eine desto niedrigere Oberflächentemperatur aufweisen, je kleiner deren Radius ist. Folglich nehmen die Hauttemperaturen zu den Extremitätenenden hin ab. Auch ein schnelleres Auskühlen der Akren im Vergleich zum Kopf oder Rumpf ist die Folge. Hori und Tanaka (1989) stellen bei Volleyballspielern fest, dass die Hauttemperatur der Finger umso geringer ist, je größer die Fingerlänge. In der Kälte steigt die Hauttemperatur linear, im wärmeren Bereich eher s-förmig gekrümmt mit der Raumtemperatur an; sie bewegt sich ungefähr in der Mitte zwischen der Raum- und Körperkerntemperatur (Aschoff, 1971, S. 47). Hensel veranschaulicht anhand eines vereinfachten Modells das Zusammenspiel zwischen der Hauttemperatur und den „factors controlling skin temperature" (Hensel, 1981, S. 145):

„...The control of skin vasomotor tone itself results from a loop mechanism triggered by signals issuing from the skin and from the body core, mainly the hypothalamus. Thus the level of skin vasomotor tone depends not only on the temperature of the skin but also on that of the core" (Hensel, 1981, S. 146).

Hensel fasst die sukzessiven Prozesse bei einer Vasodilatation vereinfachend wie folgt zusammen:
- *Increase in heat flow to the skin,*
- *Increase in skin temperature,*
- *Increase in the skin-to-environment thermal gradient,*
- *Increase in the heat lost by the skin and body.*

Bei einer Vasokonstriktion laufen diese Prozesse in umgekehrter Reihenfolge ab. Da die Hauttemperatur körperregionsabhängig ist, wird auch die mittlere Hauttemperatur gemessen, die aus der Messung der Temperatur an verschiedenen Oberflächenpunkten, die jeweils differente Temperaturwerte aufweisen, des Körpers erhoben wird, die dann mit unterschiedlicher Gewichtung in den Gesamtwert einfließen.

Hierzu werden unterschiedliche mathematische Modelle u. a. in Abhängigkeit von den lokalen Messorten verwendet, wie z. B. das Modell nach Hardy und du Bois (1938)[40] oder nach Ramanathan (1964)[41], wobei das letztere weit verbreitet ist. *Die Hauttemperatur gibt es also nicht.* So ist die mittlere Hauttemperatur von der einem

---

[40] Für die mathematische Berechnung der mittleren Hauttemperatur nach Hardy und Du Bois (1938) sind 15 Messstellen am Körper notwendig.

[41] $T_{st} = 0{,}3\, t_{chest} + 0{,}3\, t_{arm} + 0{,}2\, t_{leg}$ (nach Ramanathan, 1964), wobei T_{st} die Hauttemperatur bezeichnet; die Formel wird auch wie folgt angegeben: $0{,}3 * (t_{chest} + t_{arm}) + 0{,}2 * (t_{thigh} + t_{leg})$.

spezifischen Oberflächenpunkt zugeordneten Hauttemperatur zu differenzieren. Die Bestimmung der mittleren Hauttemperatur setzt eine entsprechende Messapparatur mit simultaner Mehrfachmessung voraus.[42] Eine präzise Messung der mittleren Hauttemperatur ist generell schwierig (Werner, 1984, S. 37), weil diese von der Form und Größe der Messelemente abhängig ist, von der Differenz der Oberflächen- und Lufttemperatur sowie von der Wärmeübergangszahl und somit unmittelbar vom Auflagendruck und vom Grad der Bedeckung des Messelements. Zu den wichtigsten Messmodalitäten zählt, dass die Hauttemperaturmessung bei möglichst vergleichbaren Bedingungen durchgeführt wird (Werner, 1984).

1.4.2 Körperkerntemperatur

Während die Temperatur in der Aorta ascendens den „Goldstandard" der Körperkerntemperatur darstellt (Gunga, 2005, S. 671), diese aber nur invasiv zu messen ist und demnach keine praktikable Möglichkeit in sportlichen Kontexten darstellt, ergibt sich nach Aschoff (1971, S. 48f.) auf Grund der körperinneren Temperaturdynamik, dass es *die* Körperkerntemperatur nicht gibt. Die Körper*kern*temperatur ist von der Körpertemperatur zu differenzieren, denn die Körpertemperatur berechnet sich aus der Körperkern- und der Hauttemperatur.[43]

Die im Körperkern lokalisierten Organe können höhere Temperaturen aufweisen als z. B. das Rektum; die Mundhöhle und das Knochenmark sind dagegen kühler. Geringfügige Temperaturvariationen treten aber auch hier auf, wobei die im Körperkern liegenden Organe wärmer sind als das arterielle Blut.

Diejenigen Organe mit hoher Stoffwechselaktivität werden durch das Blut abgekühlt, somit fließt von ihnen das venöse Blut wärmer ab, als es auf arteriellem Wege einströmt. Hingegen fungieren die Gewebe in der Körperschale als *Kühler* für das warm einfließende Blut, das wiederum kälter abströmt, was aber auch eine Auskühlung der Extremitäten zur Folge haben kann. Jede von außen zugängliche und messbare Innentemperatur kann demnach eine Körperkerntemperatur repräsentieren – mit unterschiedlich hoher Temperaturdifferenz von der Temperatur der Aorta ascendens.

Zu beachten ist dabei, dass die von außen zugänglichen Messorte immer auch einen räumlichen Gradienten aufweisen (Persson, 2007), sodass eine adäquate Messtiefe zu berücksichtigen ist. Daraus resultiert jedoch auch, dass bei Empfehlungen zur optimalen Körperkerntemperatur sowie zu deren Limits auf Grund der Messortabhängigkeit der Kerntemperaturen eine genaue Spezifizierung erfolgen sollte. Andernfalls sind Vergleiche oder Kontrollen nicht nur unpräzise, sondern auch unmöglich.

---

[42] Oftmals steht eine solche Messapparatur nicht zur Verfügung. Dann kann nur die Temperatur an einer Körperstelle gemessen werden, womit nicht die mittlere Hauttemperatur ermittelt werden kann.

[43] Zur Berechnung der mittleren Körpertemperatur gilt die Gleichung $v_m = a * v_k + b * v_h$. Dabei sind a und b die prozentualen Größen dafür, mit denen die Kern- und Hauttemperatur (v_k, v_h) in die Gleichung einfließen (Aschoff, 1971, S. 49).

1.4.3 Rektaltemperatur

Häufig wird zur Ermittlung der Körperkerntemperatur die Rektaltemperatur gemessen, wobei für die Messdurchführung zu beachten ist, dass der Temperaturgradient zwischen Anus und einer Tiefe von ca. 15 cm insgesamt 1° C beträgt. Aus sportwissenschaftlicher Perspektive erweist sich die Rektaltemperaturmessung allenfalls für Labormessungen (Fahrrad- oder Ruderergometer, Laufband u. a.) als eine Möglichkeit, doch ist die Praktikabilität gering. Zudem ist diese Methode aus personellen und messtechnischen Gründen eher ungeeignet, denn so werden die Platzierungen und der Verbleib der Temperatursonde während der Messung seitens der Probanden als unangenehm empfunden. Zwischen dem Temperatursender und -empfänger besteht in der Regel eine Kabelverbindung – mit der Folge entsprechender Praktikabilitätseinschränkungen. Weiterhin ist zu berücksichtigen, dass das Rektum durch eine langsame Temperaturveränderung charakterisiert ist, schnelle Temperaturveränderungen, wie sie bei sportlichen Beanspruchungen auftreten, können nur mit Zeitverzögerung gemessen werden.

1.4.4 Sublingual- und Ösophagustemperatur

Die Sublingual- und Ösophagustemperatur reagierten schneller als die Rektaltemperatur, kann aber durch die Atemluft oder vorangegangene Nahrungsaufnahme beeinflusst werden. Die Sublingualtemperatur ist vor allem für Messungen während sportlicher Belastung auf Grund der Atemmechanik ungeeignet. Die Ösophagustemperatur ist primär dem klinischen Anwendungsbereich vorbehalten und aus aufwendigen apparativen Gründen sowie ethischen Problemen für eine belastungsbegleitende Temperaturmessung ungeeignet.

1.4.5 Axillartemperatur

Die Axillartemperatur gibt primär bei warmen Umgebungsbedingungen und in Ruhe (liegend) die Körperkerntemperatur verlässlich wieder, jedoch nur dann, wenn die Achsel während der Messung durch ein enges Anlegen des Oberarms vor Wärmeabgabe geschützt wird. Für genaue Werte ist eine Messdauer von bis zu 30 min notwendig (Schmidt & Lang, 2007). Für den sportwissenschaftlichen Anwendungsbereich ist die Messung der Axillartemperatur aus genannten Gründen ungeeignet.

1.4.6 Tympanaltemperatur

Die Tympanaltemperatur gibt die Gehirntemperatur wieder und ist somit Repräsentant für die Körperkerntemperatur (Benzinger & Taylor, 1969; Aschoff, 1971; Houdas & Ring, 1982; Silverman & Lomax, 1983; Werner, 1984; Ogawa et al., 1989; Ducharme et al., 1997). Eine präzise Messung setzt voraus, dass der Gehörgang vor äußeren Temperatureinflüssen, insbesondere vor niedrigen Temperaturen, geschützt wird, denn eine Abkühlung des Gehörgangs verfälscht die Messwerte in reduzierender Weise. Da die Körperkerntemperatur in der Regel höher als die Umgebungstemperatur ist, ist der Schutz vor externer Wärme nicht notwendig. Eine isolierende Abdeckung des Gehörgangs ist zu vermeiden, denn dadurch wird ein Wärmestau impliziert, der zu einer Verfälschung der Messwerte führt. Auf Grund des einfachen Zugangs zum Gehörgang und der schnellen Messgeschwindigkeit mittels Infrarotthermometer eignet sich diese Methode für Messungen während sportlicher Belastungen, doch bislang auch hier in erster Linie für stationäre Messungen, wie bei allen oben genannten Messvarianten (Silverman & Lomax, 1983 und 1990; Ducharme et al., 1997).

1.4.7 Intestinaltemperatur

Eine neuere und bislang vorwiegend in den USA, als Erstes im American Football, im Training und Wettkampf erprobte Methode stellt die Messung der Intestinaltemperatur mittels einer „ingestible capsule" (McKenzie & Osgood, 2004, S. 605) dar. Es handelt sich hierbei um eine schluckbare, unverdauliche Messpille, die telemetrisch die Temperaturdaten aus dem Darmtrakt an einen äußeren Datenlogger sendet.[44] Über diesen Datenlogger kann z. B. der Trainer in Echtzeit und vor allem kontinuierlich über die aktuelle Körperkerntemperatur der Sportler informiert werden. Dieses System gewinnt nicht nur aus thermoregulatorischer Forschungsperspektive an Bedeutung, sondern auch aus gesundheitsprophylaktischem Blickwinkel. So hätten wohl mit diesem Messsystem z. B. die in den letzten Jahren hyperthermiebedingten Todesfälle (zwischen 1995 und 2001 insgesamt 21 Nachwuchsathleten) im American Football (AFA und CollegeSport) (Bergeron et al., 2005) verhindert werden können.[45] So ermöglicht dieses Messsystem eine externe kontinuierliche Kontrolle und die Chance, Athleten vor einem übermäßigen, nicht nur leistungsreduzierenden, sondern auch gesundheitsschädlichen Anstieg der Körperkerntemperatur zu bewahren. Nach McKenzie und Osgood (2004) ist die Messgenauigkeit dieses Kapsel-Monitoring-Systems so genau wie die Sondenmessung der Rektaltemperatur. Dies bestätigen Lee et al. (2000, S. 939) in ihrem NASA-Forschungsbericht.

---

44 Dieses Messsystem bieten z. B. *HQ* und *Mini Mitter Co.* an.
45 Im American Football stellt sich dies auch als Problem dar, weil die Athleten dieser Sportart nicht selten ein Körpergewicht von deutlich über 100 kg aufweisen. Die sportartspezifische (Schutz-)Ausrüstung erschwert eine effektive Wärmeabgabe. So verstarb K. Stringer, ein 167 kg schwerer Spieler der Minnesota Vikings, im Jahr 2003 an den Folgen einer Hyperthermie: Seine Körperkerntemperatur betrug 42,7° C.

TEMPERATUR UND SPORTLICHE LEISTUNG

1.5 Zusammenfassung

Die konstante Körperkerntemperatur homöothermer Lebewesen ist das Resultat einer thermoregulatorischen Proportionalregelung mit negativer Rückkopplung, die ihre eingehenden Signale aus den in der Haut und im Körperkern lokalisierten Thermorezeptoren erhält. Eine Nichtkonformität von Ist- und Sollwert impliziert über efferente Prozesse die Aktivierung der autonomen Stellglieder – z. B. bei erforderlicher Wärmeabgabe die Vasodilatation und die Evaporation, bei erforderlicher Wärmekonservierung die Vasokonstriktion, die Erhöhung des Energieumsatzes durch Kältezittern oder eine Verhaltensänderung.

Sowohl das wärmeproduzierende Kältezittern als auch die wärmeabgebende Evaporation kosten den Körper Energie und Wasser. Beide stellen für den Körper keine unendlich verfügbaren, jedoch unmittelbar leistungsbeeinflussenden Ressourcen dar. Für sportliche Anforderungen bedeutet einerseits die Dehydratation (Wasserressource) eine Leistungslimitierung, andererseits bewirkt die erforderliche hohe Wärmeabgabe (Energieressource) ein Thermoregulations-Leistungs-Dilemma: Auf Grund der Blutvolumenverschiebung in die Körperperipherie und der daraus resultierenden höheren kardiovaskulären Beanspruchung steht dem Körperkern ein geringeres Blutvolumen zur Verfügung. Daraus resultiert eine Beeinträchtigung der muskulären sowie der gesamtkörperlichen Leistungsfähigkeit.

Für Sportarten mit hoher interner und externer Wärmebelastung wird die Empfehlung ausgesprochen, einen Anstieg der Körperkerntemperatur vor einer sportlichen Anforderung zu vermeiden sowie Kontrollen des Körperkerntemperaturverlaufs durchzuführen. Bei Belastungsintensitäten von 85 % der VO_{2max} implizieren Umgebungstemperaturen ab 15° C eine leistungslimitierende thermische Dysbalance. Die Thermoregulation, als komplexes Beziehungsgeflecht zwischen einer Vielzahl intern und extern beeinflussender Faktoren und der körpereigenen Temperaturbilanz, ist ein oftmals noch unterschätzter leistungslimitierender Parameter und erfordert für die optimale Ausschöpfung körpereigener Ressourcen eine kompetente thermoregulatorische Verhaltensregulation. Dazugehören u. a. externe Kühlungsmaßnahmen. Dieser Aspekt steht in den beiden folgenden Kapiteln im Mittelpunkt.

2 Kälteapplikation

2.1 Einführung und theoretische Grundlagen

Der menschliche Organismus kann nur begrenzt innere Wärme, das heißt durch Muskelarbeit erzeugt oder pathologisch durch Fieber induziert, und äußere Wärme, die vornehmlich durch die Umgebungstemperatur repräsentiert wird, tolerieren. In der sportlichen Praxis, insbesondere im Leistungssport, ist es oftmals unumgänglich, auch bei hohen Außentemperaturen bzw. ungünstigen klimatischen Bedingungen (hohe Luftfeuchtigkeit, Strahlung etc.) zu trainieren oder einen Wettkampf zu absolvieren. Die Erkenntnis der leistungsbeeinträchtigenden Wirkung der Wärme (Seifert, 1966; Nadel, 1977) war Anlass dafür, Maßnahmen zu finden, durch die eine wärmeinduzierte Leistungseinbuße reduziert oder vermieden werden kann. Im Vorfeld der in sehr warmem Klima stattfindenden Olympischen Spiele 1996 in Atlanta, 2000 in Sydney und 2004 in Athen wurde insbesondere nach Möglichkeiten gesucht, die über die in ihrer Wirkung begrenzten, aber am häufigsten praktizierten Verfahren im Sport, die *Akklimatisierung* und die *Flüssigkeitsaufnahme* (Kay & Marino, 2000), hinausgehen. Im Hinblick darauf, dass eine Vielzahl sportlicher Wettbewerbe im Leistungssport und auch sportliche Anforderungen in anderen Anwendungsfeldern unter wärmeabgabebeeinträchtigenden Bedingungen – im ungünstigsten Fall sind dies feucht-warme klimatische Bedingungen – absolviert werden, rückt die Thematik derjenigen Maßnahmen, die den Negativeinfluss der internen und externen Wärmebelastung reduzieren, zunehmend ins Blickfeld von Sportlern und Trainern sowie ins Forschungsfeld von Sportwissenschaftlern. Als eine wärmebelastungsreduzierende Maßnahme steht hier die Kälteapplikation mit ihren unterschiedlichen Varianten im Vordergrund. Im Sinne einer Reduzierung hitzeverursachter Leistungseinbußen wird eine Vielzahl an Vorkühlungsmaßnahmen erforscht. Während in Theorie und Praxis des Sports überwiegend generalisierend davon ausgegangen wird, dass das Aufwärmen die optimale Leistungsvorbereitung darstellt, rückt nun mit dem *Precooling* eine gänzlich konträre thermoregulatorische Maßnahme in den Mittelpunkt, deren Anwendungsakzeptanz auf Grund tradierter und ungeprüfter Auffassungen nur langsam zugenommen hat. So stellt Schiffer (1997), der die seinerzeit bereits zahlreich publizierten Forschungsergebnisse und deren physiologische Begründungen nicht hinreichend bekannt zu sein schienen, diese neue Forschungsthematik in ihrer Literaturdokumentation über das Aufwärmen in Frage:

„Es gibt Stimmen, die Aufwärmen vor Hitze-Ausdauerbelastungen nicht oder sogar ein Abkühlen statt Aufwärmen empfehlen. Beides halte ich für falsch" (Schiffer, 1997, S. 118).

Grundsätzlich sind die physiologischen Positivwirkungen unterschiedlicher Kälteanwendungen kein Novum, da einige Effekte bereits seit Langem in der Therapie genutzt werden; allerdings sind die verfolgten Ziele im therapeutischen und sportlichen Anwendungsfeld unterschiedlich. Für die im sportlichen Kontext angewandten Precoolingmaßnahmen werden Kältemediatoren eingesetzt, die größtenteils aus der Kälte- und Kryotherapie bekannt sind. Während die Kälteapplikation also bereits tradierte, therapeutische Wurzeln besitzt, macht man sich die Kälteapplikationseffekte erst seit relativ kurzer Zeit im sportlichen Anwendungsfeld des Leistungssports zunutze.

Im Gegensatz zum deutlich fortschrittlicheren Umgang mit dieser Thematik in sportwissenschaftlichen Disziplinen auf internationaler Ebene – und dies nicht nur in Ländern, in denen warme klimatische Bedingungen vorherrschen – ist das Wissen über diesen komplexen Sachverhalt und der praktische Umgang mit adäquaten thermoregulatorischen Maßnahmen hierzulande oftmals eher laienhaft und improvisiert.

2.1.1 Historie der Kälteanwendung und -therapie

Die lokale, auf eine bestimmte Körperregion begrenzte Kälteanwendung gehörte bereits in der Antike zu den gängigen medizinischen Behandlungsmethoden zur Linderung körperlicher Schmerzen und Leiden. Die Diskussion, ob Wärme oder Kälte die therapeutisch effektivere Maßnahme sei, hält bis heute an. Die Kälteanwendung ist eine der ältesten Therapieformen überhaupt. Schon die alten Ägypter applizierten kalte Umschläge mit essigsaurer Tonerde auf schmerzende Körperteile. Chirurgische Schulen haben natürliche Kälteträger verwendet, um bei Operationen Schmerzfreiheit zu erzielen. Der altgriechische Arzt Hippokrates (um 460-377 v. Chr.) empfahl bei fieberhaften Erkältungen kalte Getränke und der griechische Arzt und Anatom Galenos von Pergamon (129-199 oder 216 n. Chr.) verabreichte kaltes Quellwasser. Im 17. Jahrhundert wurde mit Schnee und Eis lokal anästhesiert; Arthrose wurde mit kaltem Wasser behandelt. Mit Beginn des 18. Jahrhunderts wurde die analgetische Wirkung der Kälte bei chirurgischen Eingriffen eingesetzt, so z. B. die Eisanästhesie für die schmerzfreie Durchführung von Amputationen. Zunehmend wurden dann im 19. Jahrhundert auch geschwollene Gelenke mit Kälte behandelt. Weiterhin applizierte man Kälte bei Ödemen und Entzündungen auch postoperativ, womit sich der Einsatzbereich der Kälte zunehmend erweiterte. Teilweise wurden bereits chronisch-entzündliche Erkrankungen mit Kälte bekämpft.

Der Pfarrer Sebastian Kneipp (1821-1897) empfahl kurzzeitige, kalte Wasseranwendungen, und zwar zur Abhärtung sowie zur Fieberbehandlung kalte Vollbäder, bei Gelenkerkrankungen Kaltgüsse und Kaltwaschungen (Papenfuß, 2005). Schon zu Beginn des 20. Jahrhunderts wurde erkannt, dass bei ganzkörperlicher im Vergleich zur lokalen Kaltwasseranwendung, die nach Papenfuß (2005, S. 8) als ein „Vorläufer der heutigen modernen Form der Ganzkörperkältetherapie" gilt, der Kältereiz auf die nervalen Strukturen in der Haut besonders groß ist.

Die Kälteanwendungsformen wurden im Laufe der Jahre weiterentwickelt. Neben dem Kaltwasser und kalten Wickeln wurde für die Eistherapie bis Mitte des 18. Jahrhunderts auf natürliches Eis zurückgegriffen, bis William Cullen von Schottland künstliches Eis herstellen konnte. John Gorrie erhielt 1850 schließlich das Patent für die maschinelle Produktion von Eis (Senne, 2001). Danach begann eine rasante Entwicklung der medizinischen *Kryotherapie* (κρψοσ (altgr.): *Eis*). Gemäß einer exakten Begriffsverwendung werden Anwendungen mit einer Temperatur unter 0° C als *Kryotherapie* bezeichnet, jene mit einer Temperatur oberhalb von 0° C als *Kältetherapie*. Die Hauptanwendungsgebiete der Kryotherapie sind bislang die Rheumatologie und Traumatologie, sie versteht sich als Anwendung von *extremer* Kälte zu therapeutischen Zwecken.

Über die therapeutischen Zwecke hinaus haben Kälte- und Kryoapplikationen heutzutage auch im sportlichen Anwendungsfeld an Bedeutung gewonnen. Hierbei werden unterschiedliche Kältemediatoren eingesetzt, die im Folgenden näher beschrieben werden.

2.1.2 Kältemediatoren

Neben dem medizinischen und arbeitsphysiologischen Anwendungsbereich der Kälteapplikation kommen auch im sportwissenschaftlichen Kontext Kälteträger, wie Wasser, Eis, Luft und künstlich hergestellte Kühlmedien (Granulat, Gel u. a.), zum Einsatz. Diese können jeweils in unterschiedlicher Weise (z. B. ganz- oder teilkörperlich) angewendet werden und unterscheiden sich in ihrer Effektivität vor allem durch die Geschwindigkeit der Kälteabgabe bzw. des Wärmeentzugs. Der Wärmeaustausch erfolgt dabei zwischen dem menschlichen Körper bzw. seiner Oberfläche, der Haut, und dem externen Kühlmedium entlang des bestehenden Temperaturgefälles. Die Geschwindigkeit des Temperaturaustauschs, das Ausmaß der Abkühlung und somit auch die Kältereaktion wird vor allem von der Größe der gekühlten Körperregion, der Temperaturdifferenz zwischen Haut und Kühlmedium, der Dauer der Kälteeinwirkung, den physikalischen Eigenschaften des Kältemediums, dem Oberflächen-Volumen-Verhältnis der gekühlten Körperregion und der Umgebungstemperatur beeinflusst.

Kaltwasser und Eis
Eine Kühlung mit Kaltwasser kann in Form eines Wasserbades (Booth et al., 1997), einer Wasserdusche (Drust et al., 2000) und einer Wasserbesprühung (Mitchell et al., 2003) erfolgen, jeweils ganz- oder teilkörperlich. Wasser kann auch in gefrorenem Aggregatzustand, somit in Form von Eis, direkt oder in einer Schutzschicht (z. B. einem Handtuch) eingewickelt, auf die Körperoberfläche appliziert werden (Myler et al., 1989). Darüber hinaus wird die Mischung von Wasser und Eis (Eiswasser) zur Kühlung eingesetzt: Wannen oder andere Behälter, die über ein Volumen verfügen, das zumindest eine Kühlung der Beine ermöglicht, werden hierbei mit Eis und/oder Wasser gefüllt, wobei der jeweilige quantitative Anteil in Abhängigkeit von der intendierten Temperatur unterschiedlich sein kann. So kühlen sich z. B. Athleten aus Spielsportarten,

wie American Football, Rugby und Fußball, in solchen Eis-Wasser-Gemischen, wobei der Wasseranteil deutlich überwiegt, um eine Auskühlung der Muskulatur und eine Hypothermie zu vermeiden. Auch von Leichtathleten der internationalen Spitzenklasse ist bekannt, dass sie vor einem Wettkampf, wie z. B. der ehemalige deutsche 5.000- und 10.000-m-Läufer Stephane Franke bei den Olympischen Spielen in Atlanta, oder danach bzw. in Wettkampfpausen, wie z. B. zahlreiche US-amerikanische Leichtathleten und die englische Rekordläuferin Paula Radcliffe, ein Kaltwasserbad nehmen.

Kaltluft
Ein weiteres Kühlmedium stellt die (Kalt-)Luft dar, die in unterschiedlicher Weise appliziert werden kann. So wird einerseits durch die ruhende Umgebungsluft bei entsprechendem Temperaturgefälle über die natürliche konvektive Wärmeabgabe eine Kühlung erzielt, andererseits durch die zirkulierende Umgebungsluft in Form von natürlichem Wind sowie durch apparativ erzeugten Wind (Ventilator) oder durch ein Kaltluftgebläse. Durch Ventilatoren kann demnach eine Luftzirkulation erzeugt werden, welche die körperliche, konvektive Wärmeabgabe erhöht. Im Vergleich zum Kaltluftgebläse ist die Kühleffizienz allerdings deutlich geringer, denn der Ventilator erzeugt keine zusätzliche Kaltluft. Im engeren Sinne ist der lediglich eine Luftzirkulation erzeugende Ventilator nicht den Kaltluftmaßnahmen, sondern einfachen Kühlverfahren zuzuordnen.

Darüber hinaus kann eine Kaltluftkühlung durch den Aufenthalt in einem entweder durch eine Klimaanlage oder durch spezielle Kühlaggregatsysteme niedrig temperierten Raum erfolgen. Es liegen zur Ganzkörperkaltluftkühlung bislang vorwiegend wissenschaftliche Untersuchungen vor, in denen Kaltluft mit einer Temperatur zwischen 0 und 10° C eingesetzt wird (Schmidt & Brück, 1981; Hessemer et al., 1984; Olschewski & Brück, 1988 u. a.). Erst in den im weiteren Verlauf dieser Arbeit genauer beschriebenen eigenen Studien werden im trainingswissenschaftlichen Forschungskontext deutlich niedrigere Temperaturen, und zwar im Bereich von minus 110° C, eingesetzt (Joch & Ückert, 2003, 2004a, 2004b, 2006, 2007b, 2007c; Joch, Fricke & Ückert, 2002; Joch, Ückert & Fricke, 2004; Ückert, 2003; Joch & Ückert et al., 2006; Ückert & Joch, 2003a, 2003b, 2004, 2005a, 2005b, 2007d, 2008). Für diese hoch dosierte Kaltlufttemperatur sind spezielle Kühlkammern notwendig. Das Kaltluftgebläse und die Kältekammern (*Cryo bzw. Cryo-Therapiekammer -110° C*, Zimmer MedizinSysteme, Neu Ulm, Deutschland) gehören zu den neuesten technischen Entwicklungen der Kryotherapie bzw. -applikation. Die Behandlung mit Kaltluft bedeutet zwar einen höheren apparativen Aufwand, als beispielsweise die Anwendung von Wasser oder Eis, doch besteht bei diesen innovativen Kühlungsmaßnahmen auf Grund kontrollierter Dosiermöglichkeiten für den Körper und insbesondere für die Muskulatur keine Unterkühlungsgefahr. Eine solche wäre mit den entsprechenden Negativkonsequenzen für die sportliche Leistung sowie mit der Gefahr lokaler Erfrierungen verknüpft.

Kaltluftgebläse

Das Kaltluftgebläse produziert eine konstante Vorgabetemperatur von minus 30° C und ermöglicht eine präzise Steuerung der Kaltluftzufuhr durch Variation der einstellbaren Luftströmungsgeschwindigkeiten und des Haut-Düsen-Abstandes. Auf Grund des großen Luftstroms, der durch das Gerät erzeugt wird, gekoppelt mit der niedrigen Temperatur, wird die konvektive Wärmeabgabe des Körpers deutlich erhöht. Die Luftströmung dieses Geräts verhindert die Bildung einer stationären Dampfschicht zwischen der Haut und dem Kaltluftträger. Eine solche Dampfschicht, die durchaus bei Applikationen mit Kühlpackungen und Eiswürfeln entstehen kann, verhindert eine länger andauernde Kühlung. Wenn bei diesen Kälteapplikationen zwischen Kühlmedium und Haut keine Zwischenschicht gelegt wird, kann es auf Grund der sich bildenden Dampfschicht und dem resultierenden Kondenswasser zu Kälteschmerzen und Hauterfrierungen kommen. Will man unter dieser Voraussetzung eine lokale Erfrierung der Haut ausschließen, muss die Kühlung mit der Folge, dass tiefer liegende Gewebeschichten nicht gekühlt werden können und somit der intendierte Kühleffekt nur gering ist, vorzeitig beendet werden. Auch dem Eisspray ist die Kaltluft überlegen, da hier auf Grund der schnellen Reduktion der Hauttemperatur und der Erfrierungsgefahr die Kühldauer begrenzt ist.

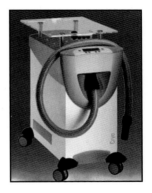

Abb. 14: Mobiles Kaltluftgerät Cryo (Zimmer MedizinSysteme)

Die wasserfreie Kühlung des Kaltluftgebläses *Cryo* – mit abnehmender Temperatur sinkt der Gehalt an Wasserdampf – erzwingt keine vorzeitige Beendigung des Kühlvorgangs, sodass auch dem tieferen Gewebe Wärme entzogen werden kann, und dies ohne Erfrierungsgefahr oder Schmerzempfinden. Insgesamt stellt dieses Kaltluftapplikationsverfahren als berührungsfreie Trockenbehandlung eine sehr effiziente Kühlung mit einer Austrittstemperatur von minus 35° C und einer Applikationstemperatur von minus 30° C dar. Die *Cryo*-Kaltluftkühlung weist im Vergleich zu anderen Kühlverfahren einen weiteren Vorteil auf: Auf Grund der Mobilität des *Cryo*geräts kann im Gegensatz zum Kaltwasser oder zur Kältekammer an unterschiedlichen Standorten sowie während einer aktiven Vorbereitung gekühlt und somit ein simultanes Precooling praktiziert werden, z. B., wenn die unmittelbare Vorbereitungsaktivität stationär auf dem Fahrrad-, Ruderergometer oder der Fahrradrolle durchgeführt wird. Aber auch vor und nach der Vorbereitungsphase sowie nach der sportlichen Zielanforderung in Training oder Wettkampf ist diese effektive und hoch dosierte Kaltluftkühlung als Ganzkörper- und als Teilkörperkaltluftkühlung einsetzbar. Während dieser Applikationsmaßnahme wird in den eigenen Studien die Kaltluftdüse in einem Abstand von ca. 5 bis maximal 10 cm über die Haut – je geringer der Abstand, desto größer ist die Kühlwirkung – in linearen Hin- und Herbewegungen geführt. Weiterhin kann die Kaltluftströmungsgeschwindigkeit am Bedienpult des *Cryo*geräts variiert werden. Die Teilkörperkaltluftapplikation mit diesem Gerät wird im Folgenden als TKKLA$_{-30°\,C}$ abgekürzt.

Ganzkörperkaltluftapplikation in der Kältekammer

Das Kaltluftapplikationsverfahren mittels Kältekammer, das heißt die Ganzkörperkaltluftapplikation bei minus 110° C (GKKLA$_{-110°\,C}$) ist im sportwissenschaftlichen Kontext noch relativ neu, deshalb werden im Folgenden grundlegende Informationen dazu gegeben, einerseits, um die Grundlage für die Ursachen-Wirkungs-Zusammenhänge zu legen, andererseits, um den vielfältigen Einsatzbereich der Ganzkörperkaltluftapplikation zu betonen. Da die Wurzeln dieses Applikationsverfahrens in der Therapie verankert sind, soll auch auf die therapeutischen Aspekte hingewiesen werden.

Historische Ursprünge

Die Ganzkörperkaltlufttherapie bezeichnet die Kaltlufttherapie in der Kältekammer und ist den physikalischen Therapien zuzuordnen. Sie ist im Gegensatz zu anderen physikalischen Therapieformen, wie z. B. der *Balneo-, Elektro-* oder *Hydrotherapie*, eine recht neue Therapie, die in Deutschland erst Ende der 1980er Jahre eingeführt wurde. Der japanische Arzt Yamauchi hat die Ganzkörperkaltlufttherapie eingeführt (bei minus 70 bis minus 180° C) und setzte diese in Verbindung mit einer Bewegungstherapie erfolgreich bei Rheumapatienten ein. Er konnte bei diesen Patienten feststellen, dass eine extreme Kältetherapie zu einer sofortigen Reduktion der Gelenksteifigkeit führt und bedeutend weniger Schmerzen bei Bewegungen bewirkt als bei Behandlungen mit Wärme (Scholz, 1982). Seine Erfahrungen ergaben weiterhin, dass der therapeutische Effekt bis zu drei Stunden anhält und umso größer ausfällt, je intensiver der Kältereiz ist. Hierbei erwiesen sich Temperaturen von minus 140 bis minus 170° C als am wirkungsvollsten. Im Jahre 1980 entwickelte Yamauchi die erste Kältekammer, die es ermöglichte, trockene Kaltluft mit einer Temperatur von bis zu minus 180° C zu applizieren. Seinerzeit wurde die Kälte noch durch das Verdampfen von flüssigem Stickstoff erzeugt, heute wird die Kälte durch spezielle Kühlaggregate produziert. Dem Rheumatologen Reinhard Fricke ist es zu verdanken, dass die Ganzkörperkältetherapie in Deutschland eingeführt wurde. Er errichtete im Jahre 1982 die erste Kältekammer im St. Joseph-Stift in Sendenhorst bei Münster in Nordrhein-Westfalen. Die ersten Therapieerfolge der Kältekammer bestanden in einer Verbesserung der Beweglichkeit, einer Abschwellung, Entzündungsabnahme und Schmerzreduktion.

Effektmechanismen

Über Infrarotstrahlung und Konvektion wird in der Kältekammer Körperwärme an die Umgebung abgegeben. Die Wärmeabgabe über die Infrarotstrahlung ist in der Kältekammer primär von der Strahlungsdifferenz zwischen der in der Kammer befindlichen Person und den Kammerwänden abhängig. Auf Grund der hohen Strahlungsdifferenz wird auf diesem Wege ein beträchtliches Wärmekontingent abgegeben. Wenn sich weitere Personen in der Kältekammer aufhalten, beeinflusst auch die interpersonelle Strahlungsdifferenz die Wärmeabgabe. Da diese Strahlungsdifferenz jedoch sehr gering ist, kann sie als unbedeutend eingestuft werden. Neben der Wärmeabgabe per Infrarotstrahlung gibt der Organismus in der Kältekammer auch über die externe Konvektion Wärme ab. Das Ausmaß der konvektiven Wärmeabgabe ist hierbei zum einen von der Luftströmungsgeschwindigkeit der dem Kältekammerinneren kontinuierlich zugeführten Kaltluft abhängig sowie von der Geschwindigkeit der Ganzkörper- (Gehen, Laufen, Hüpfen) oder Teilkörperbewegungen (Armkreisen, Pendelbewegung mit den Armen) der Personen. Je schneller die Bewegungen sind, desto größer ist die konvektive Wärmeabgabe und desto schneller kühlt die Körperperipherie ab. Während Stratz et al. (1994) sowie Papenfuß (2005) darauf verweisen, dass durch einen Aufenthalt in der Kältekammer die Körperkerntemperatur unbeeinflusst bleibt, zeigen Taghawinejad et al. (1989), dass die Körperkerntemperatur um 0,38° C absinkt. Auch in eigenen Untersuchungen kann eine Reduktion der Tympanaltemperatur festgestellt werden: So ermittelt Spürkmann (2001), dass durch einen zweiminütigen Aufenthalt in der Kältekammer die Tympanaltemperatur um 0,57° C ($p < .001$) sinkt, Ückert und Joch (2008) messen eine Temperaturreduktion um 0,35° C ($p < .001$) (37,11 ± 0,46 versus 36,76 ± 0,52° C). Die Applikationsdauer in der Kältekammer sollte 3 min nicht überschreiten. Während dieser Zeit kann sich die Hauttemperatur bis auf 5° C reduzieren (Papenfuß, 2005). Bei der Ganzkörperkälteapplikation bei minus 110° C ist die Wirkung nicht auf diejenige Körperpartie, die das Kältemedium direkt kontaktiert, beschränkt, sondern hat darüber hinaus gesamtkörperliche Auswirkungen und somit eine systemische Wirkung. Somit wirkt sich die $GKKLA_{-110° C}$ nicht nur auf die Haut aus, die der Kaltluft unmittelbar ausgesetzt ist und das Kaltreizaufnahmeorgan darstellt, sondern auf den gesamten Organismus.

Abb. 15: Wirkungsmechanismus der physikalischen Therapie und der Ganzkörperkaltlufttherapie am Beispiel einer Schmerzbehandlung (modif. nach Papenfuß, 2005, S. 12f.)

Die einzelnen Effektkomponenten dieser systemischen Wirkungsweise, explizit bei der Kaltluft*therapie*, werden im Nachfolgenden genauer dargestellt, sind aber nur für Temperaturen zwischen minus 110 und minus 120° C wissenschaftlich nachgewiesen, nicht für Kältekammern mit geringeren Temperaturen (zwischen minus 60 und minus 80° C), auch nicht für Kalt- oder Eiswasserapplikationen. Die $GKKLT_{-110°C}$ wirkt wie die meisten physikalischen Therapien als Adaptationstherapie.

Die Ganzkörperkaltlufttherapie ($GKKLT_{-110°C}$) übt durch ihre hoch dosierte Kälte auf die Hautoberfläche eine Wirkung aus, die eine Vielzahl weiterer Reaktionen zur Folge hat. Viele der pathologischen Erscheinungen, die mit der Ganzkörperkaltlufttherapie behandelt werden, sind von Schmerzen begleitet, die jedoch mittels $GKKLT_{-110°C}$ gelindert oder beseitigt werden. So können bei Erkrankungen, die die Gelenksysteme betreffen, durch die kälteinduzierte Schmerzlinderung die gelenknahen Muskelpartien besser bewegt und infolgedessen degenerative Folgeerscheinungen (z. B. Muskelatrophie) reduziert werden. Durch die schmerzreduzierte oder auch schmerzfreie Bewegung verbessert sich die Nährstoffversorgung des Gelenkknorpels, die wiederum zu einer Erhöhung der Belastungsresistenz führt. Langfristig kann bei einer regelmäßigen $GKKLT_{-110°C}$, gekoppelt mit einem Bewegungstraining, die Funktion des Gelenksystems verbessert werden. Eine Abkühlung der Haut mittels Ganzkörperkaltlufttherapie führt zu einer Reduktion des Zellmetabolismus und der Nervenleitgeschwindigkeit. Durch die Erregung von Kaltrezeptoren kommt es zur Auslösung von Kälteabwehrreaktionen, wie z. B. der Vasokonstriktion, zur thermoregulatorischen Steigerung der Wärmebildung und zu einer Hemmung der γ-Motoneuronen. Durch die $GKKLT_{-110°C}$ werden antiphlogistische und analgetische Effekte ausgelöst.

Während man sich bei der $GKKLT_{-110°C}$ die Temperaturwirkungen auf den Erregungszustand im peripheren und zentralen Nervensystem zunutze macht, steht das Ursachen-Wirkungs-Prinzip im aktuellen Forschungsblickpunkt, da noch nicht alle Effekte und Wirkungsweisen entdeckt sind. Die bislang nachgewiesenen Effekte werden im Folgenden dargestellt, indem auf nervalreflektorische Prozesse, analgetische und antiphlogistische Wirkungen sowie muskuläre Effekte näher eingegangen wird.

a) Nervalreflektorische Prozesse
Auf Grund der hoch dosierten Kaltluft erhöht sich der interne konvektive Wärmetransport, wodurch Wärme vom Körperinneren zur Körperperipherie über das Blut als Wärmetransmitter abgeben wird. Die geringe Temperatur in der Kältekammer bewirkt eine reflektorische Vasokonstriktion und in deren Folge eine reduzierte Blut- und somit Wärmeversorgung der Haut, deren Temperatur Werte von 5° C (s. o.) erreichen kann. Der extreme Kältereiz und die deutlich reduzierte Hauttemperatur lösen nervalreflektorische Effekte aus, die in verschiedene Regelprozesse eingreifen. Durch den intensiven Kälteeinfluss werden von den Kaltrezeptoren Signale zum Rückenmark geleitet und in algetische, vegetative und propriozeptive Funktionssysteme integriert. Daraus

resultiert der nervalreflektorische Einfluss der GKKLT$_{-110°\,C}$ (Papenfuß, 2005). Durch die niedrige Temperatur während der GKKLT$_{-110°\,C}$ erhöht sich die Entladungsrate der Kaltsensoren von ca. 10-20 Impulsen pro Sekunde auf ca. 120-140 Impulse pro Sekunde. Bei Temperaturen unter 8° C stellen die für die Signalübertragung und Impulsweiterleitung zuständigen molekularen Vorgänge ihre Aktivität ein – aus diesem Grund macht man sich die Kälte auch als lokales Anästhetikum zunutze.

b) Analgetische Wirkung
Die bei der GKKLT$_{-110°\,C}$ durch Temperaturabsenkung initiierte Entzündungsreduktion führt zu einer Schmerzlinderung bzw. -hemmung (Senn, 1985). Es werden über die Kaltsensoren Signale über die Aδ-Nervenfasern an das Rückenmark geleitet, wobei dieser Informationsstrom das gesamte Rückenmark betrifft (Papenfuß, 2005), weil Signale von der gesamten Körperoberfläche zugeleitet werden – im Gegensatz zur lokalen Kühlung. Auf Grund des intensiven Kälteeinflusses wird durch die hohe Entladungsrate der Kaltsensoren bzw. über die Aδ-Afferenz die Weiterleitung von Schmerzsignalen über die C-Fasern vom Rückenmark zum Gehirn gehemmt – vermutlich deshalb, weil die Informationen aus den Schmerzrezeptoren, die auf thermische, mechanische und chemische Reize reagieren, und den Thermorezeptoren über die gleichen Rückenmarksbahnen zum Gehirn geleitet werden.[46] Bei der Thermorezeption und der Nozizeption kann sich auf Grund einer Leitungskonkurrenz immer nur eines der beiden afferenten Systeme durchsetzen: Die schneller leitenden Bahnen hemmen die langsamer leitenden (Papenfuß, 2005).

Die Leitungsgeschwindigkeit der für die thermische Entladung zuständigen Aδ-Nervenfasern ist höher als diejenige der für die Nozizeption zuständigen C-Fasern. Weiterhin bewirkt die Aδ-Leitung im Zentralnervensystem auch absteigende, die Peripherie betreffende Schmerzhemmungen, die wiederum eine Deaktivierung von Schmerzrezeptoren initiieren. Der Kältereiz bewirkt weiterhin im Zentralnervensystem die Endorphinausschüttung und aktiviert deszendierende inhibitorische Bahnen, die Serotonin und Noradrenalin freisetzen (Senne, 2001).

Die GKKLT$_{-110°\,C}$ reduziert somit die Aktivität des Zellstoffwechsels und führt zur Verringerung der Produktion, Freisetzung oder Rezeption von Transmittersubstanzen (Acetylcholin) und von Entzündungsmediatoren (Histamin, Prostaglandin E). Dies bewirkt zudem eine Reduktion bzw. vollständige Unterdrückung der Sensibilisierung der Nozizeptoren. Die Kälte verändert weiterhin die Membraneigenschaften der Nervenfasern, die für die Schmerzübertragung notwendig sind. Durch eine Verlängerung der Refraktärzeit wird deren Impulsfrequenz reduziert und somit die Schmerzintensität verringert. Ein Abkühlen des Gewebes auf ca. 20-15° C bewirkt eine Reduktion der Impulsfrequenz des Schmerzrezeptors und somit eine Verringerung des Schmerzgefühls. Zu einer Blockierung der Rezeptoren führt ein Abkühlen auf ca. 14-10° C.

---
46   Vgl. dazu auch die Gate-Control-Theorie (Senne, 2001).

c) Antiphlogistische Wirkung

Auch Entzündungen stellen ein Anwendungsgebiet für die Ganzkörperkaltlufttherapie bei minus 110° C dar. Entzündungen, das heißt zur Einleitung einer Heilung auftretende, reaktive Vorgänge auf eine Zell- oder Gewebeschädigung, können lokal begrenzt sein, aber auch den Gesamtorganismus betreffen. Der Entzündungsablauf ist abhängig vom Ausmaß der Schädigung und vom körperlichen Abwehrmechanismus. Die akute Entzündung, die als Protektor für die Verringerung bzw. Behebung der Schädigung eintritt und Basis der Genese ist, ist von der chronischen Entzündung zu differenzieren, die einem autoaggressiven Mechanismus unterliegt. Bei der chronischen Entzündung ist keine akute Entzündungsphase feststellbar, sie beginnt unbemerkt und schreitet sukzessive voran (z. B. chronische Polyarthritis). Durch die $GKKLT_{-110° C}$ werden beide Entzündungsmodi verbessert oder beseitigt bzw. systemische Schutzfunktionen zentralnerval modifiziert. So können Ödeme zurückgebildet, Schmerzen gelindert oder beseitigt, Autoaggressionen reduziert und die Funktion entzündlicher Gelenksysteme verbessert werden (Papenfuß, 2005). Daraus resultieren systemische und lokale Effekte, wie die Tonisierung der Blutgefäße, die wiederum eine Verringerung des Stoffwechsels im Entzündungsareal auslöst und somit die Aktivierung der Neurotransmitter und Entzündungsmediatoren reduziert. Weiterhin wird eine Desensibilisierung im Bereich des nozizeptiven Systems erreicht, wodurch eine Schmerzlinderung oder sogar -beseitigung eintritt. Die Abkühlung der Haut und der tiefer liegenden Gewebeschichten ist die Hauptursache für die antiphlogistische Wirkung. Durch die Verminderung der Gewebetemperatur und -durchblutung wird die Enzymaktivität abgesenkt, sodass es zu einer Inhibition der Freisetzung von Entzündungsmediatoren kommt.[47]

d) Wirkung auf die Skelettmuskulatur

Eine weitere Auswirkung der durch die Ganzkörperkaltlufttherapie initiierten, zentral gesteuerten Modifizierung ist die Reduktion des Muskeltonus, die eine schmerz- oder auch entzündungsbedingte muskuläre Funktionsstörung beseitigen kann. Die Kälte kann die Muskulatur relaxieren (Senn, 1985). Diese detonisierende Wirkung ist dadurch zu erklären, dass α-Motoneurone aktiviert werden und gleichzeitig die tonische Muskelaktivität durch eine Reduktion der Sensibilität der Muskelspindeln verringert wird. Dies bewirkt wiederum eine Detonisierung der Motoneurone (spinaler Reflex). Der zwischen Schmerz und pathologisch verstärkter Muskelaktivität bestehende Reflexbogen wird demzufolge unterbrochen. Der Einfluss der $GKKLT_{-110° C}$ wird anhand von Modifikationen der Muskelinnervation und der Muskeldurchblutung deutlich.

e) Auswirkungen auf die Muskelinnervation

Die direkte Temperaturwirkung der $GKKLT_{-110° C}$ ist auf die Körperoberfläche begrenzt, löst aber nervale Reflexe aus. In diesem Zusammenhang ist die Interdependenz der

---

[47] Van Wingerden (1992) stellt in seiner Studie keine Entzündungshemmung fest; er hält die Unterdrückung der für den Wundheilungsprozess notwendigen Entzündungsreaktion generell für problematisch, weil eine prostaglandininduzierte Entzündung durchaus verstärkt werden könne.

durch Kälte bewirkten fremdreflektorischen γ-Antriebe (Aδ-Antriebe) und der zu den Muskelspindeln führenden γ-Motoneuronen bedeutsam, denn unter Einbeziehung dieser afferenten Systeme in die höher gelegenen Gehirnstrukturen wird der Muskeltonus beeinflusst. Die α- und γ-Motoneurone reagieren in unterschiedlicher Weise auf Kälteeinfluss. Durch die Aktivierung der α-Motoneurone und durch die Hemmung der γ-Motoneurone wird der Muskeltonus herabgesetzt. Dies nutzen auch Therapeuten z. B. bei spastischen Muskelerkrankungen sowie bei Muskelverspannungen.

f) Auswirkungen auf die Muskeldurchblutung
Die Blutversorgung der Muskulatur ist eine leistungsentscheidende Größe, denn über das Blut wird der Muskel mit Nährstoffen und Sauerstoff versorgt, Endprodukte des muskulären Stoffwechsels werden abtransportiert. Die Blutmenge, die dem Muskel zugeführt wird, ist abhängig von der aktuellen Anforderungsintensität sowie vom muskulären Kontraktionszustand. Die Blutzufuhr wird über das autonome Nervensystem und auf chemischem Wege (durch Muskelsubstanzen) geregelt: Durch eine der Leistungsanforderung angepassten Herzleistung und Kapillardilatation wird die entsprechende Blutmenge dem Muskel zugeführt, während die Blutzufuhr zu inaktiven Muskeln reduziert wird. Die Abhängigkeit der Blutversorgung vom Spannungszustand der Muskulatur wird dadurch deutlich, dass bei erhöhtem intramuskulären Druck die Blutversorgung reduziert, bei maximaler Anspannung gehemmt ist. Die Folge ist eine eingeschränkte muskuläre Leistungsfähigkeit oder auch das Sistieren der muskulären Leistung (Papenfuß, 2005). Zudem beeinflussen thermische Reize in Abhängigkeit von der Dauer und Intensität sowie vom Ausmaß der Reizfläche die Muskeldurchblutung. Eine Abkühlung oder eine Erwärmung der Muskulatur können nur Langzeitmaßnahmen bewirken (Kaltwasser, Sauna[48]), die über die Zeitdauer eines Aufenthalts in der Kältekammer hinausgehen. Es ist schon lange bekannt, dass Wärmemaßnahmen, die auf die gesamte Körperfläche einwirken, – ganz entgegen der landläufigen Meinung – die Muskeldurchblutung vermindern (Barcroft et al., 1955). Die $GKKLT_{-110°\,C}$ bewirkt eine reflektorisch initiierte Blutumverteilung, das heißt die Muskeldurchblutung steigt bei ganzkörperlichem Kältereiz an, während die Hautdurchblutung reduziert wird (Vasokonstriktion). Dies wird auch als bedeutende Ursache für die verbesserte Leistungsfähigkeit angesehen.

g) Anwendungsbereich
Die Kältetherapie wird bei akut entzündlichen Prozessen, akut posttraumatischen oder fieberhaften Zuständen eingesetzt. Die antiphlogistische Wirkung der hoch dosierten Kaltluft wird vor allem bei chronischen Erkrankungen, wie der rheumatoiden Arthritis oder bei anderen Störungen aus dem rheumatischen Formenkreis (Fibromyalgie, Morbus Bechterew), Überlastungssyndromen, wie Sehnenscheiden- oder Schleimbeutelentzündungen, angewendet. Rheumapatienten können sich nach einem Aufenthalt in der Kältekammer anschließend für Stunden wesentlich leichter bewegen, und die

---
48 Vgl. „Facts and fables about sauna" (Kauppinen, 1997).

akuten Schmerzen werden deutlich geringer (Scholz, 1982; Papenfuß, 2005). Weiterhin bewirkt die GKKLT$_{-110° C}$ eine Regulierung des zentralen Aktivitätsniveaus („Immunmodulation") (Papenfuß, 2005, S. 36) und eine Beeinflussung zellulärer und nichtzellulärer Immunkomponenten. Während eine Vielzahl anfänglicher Studien zur Wirkungsweise der Kältekammer nicht unter randomisiert-kontrollierten Testbedingungen stattfand, bestimmte Senne (2001) unter kontrollierten Untersuchungsbedingungen bei 10 Patienten mit Spondylitis anklyosans[49] den Einfluss einer dreiminütigen Ganzkörperkaltlufttherapie an 15 aufeinanderfolgenden Tagen auf das Schmerzniveau, den Beweglichkeitsstatus und auf die Entzündungshemmung. In dieser Untersuchung wurde die Ganzkörperkaltlufttherapie allerdings mit Temperaturen zwischen minus 73 und minus 68° C (Kontrolltest: minus 10° C) durchgeführt, mit dem Resultat einer signifikanten Schmerzreduktion, die auch von Birwe et al. (1989), Stratz et al. (1989) sowie Gutenbrunner et al. (1999) bestätigt wird. Senne (2001) stellt die Schmerzlinderung zwei Monate nach der Untersuchung nicht mehr fest und generell keine Verbesserungen der Beweglichkeit, wohingegen Yamauchi (1985) und Birwe et al. (1989) dauerhafte Verbesserungen der Gelenkfunktionen nachweisen. An dieser Stelle sei angemerkt, dass diese Autoren eine Kaltluft mit einer Temperatur von minus 110° C applizieren, Senne (2001) dagegen nur eine zwischen 73 und 68° C.

Die Kältetherapie ist als Maßnahme zur Schmerztherapie anerkannt, wie Senne (2001) sowie Smolenski et al. (2003) bestätigen. Sie bewirkt:

- *eine Reduktion der Entzündungsaktivität,*
- *eine Hemmung der Nozizeption und Schmerzleitung (ab 13° C) und ein Blockieren der Nervenleitung ab 8° C,*
- *ein Freisetzen schmerzhemmender Neurotransmitter,*
- *eine Senkung des Muskeltonus (bei intensiver Applikation),*
- *eine Funktionsverbesserung der Gelenke.*

h) Indikationen und Kontraindikationen
Bei der Ganzkörperkaltlufttherapie und -applikation sind in Anlehnung an Papenfuß (2005, S. 50) folgende Indikationen zu nennen:

- *entzündlich-rheumatische Erkrankungen mit Hauptmanifestation an den Gelenken (Morbus Bechterew, rheumatoide Arthritis),*
- *degenerativ-rheumatische Erkrankungen (Arthrosen großer und kleiner Gelenke, postoperative Ödeme),*
- *Hals- und Lendenwirbelsäulensyndrome (Ischiassyndrom),*

---

[49] Synonyme: u. a. Spondylarthritis anklyosans, Spondylitis ossificans, Morbus Bechterew. Sie ist eine chronisch-entzündliche Systemerkrankung mit primärem Befall des Achsenskeletts, oftmals mit peripherer Gelenkbeteiligung.

- chronische Schmerzzustände, Schmerz- und Stressverarbeitungsstörungen (Fibromyalgie),
- gestörte Regulation des Muskeltonus bei infantiler Zerebralparese, multipler Sklerose, Muskelverspannungen und -verhärtungen,
- stumpfe Traumen der Gelenke und Muskulatur,
- Schuppenflechte,
- atopische Dermatitis (Neurodermitis), Asthma bronchiale,
- muskuläre Ermüdungserscheinungen,
- Gleichgewichtsstörungen, Koordinationsstörungen,
- Störungen des zentralen Aktivitätsniveaus (zentrale Ermüdungserscheinungen, sympathikotone und parasympathikotone sowie depressive Reaktionslagen),
- allgemeine psychophysische Leistungsminderung,
- Immunreaktionsstörungen und
- primäre hypotone Kreislaufregulationsstörungen.

Bei der Ganzkörperkaltluftapplikation bzw. -therapie sind aber auch folgende Kontraindikationen belegt, die in *absolute* und *relative* zu differenzieren sind. Zu den *absoluten* Kontraindikationen werden u. a. gezählt:

- kälteallergische Erscheinungen,
- unbehandelter Bluthochdruck,
- Herzinfarkt (wenn er weniger als ein Jahr zurückliegt),
- Herzschrittmacher,
- periphere arterielle Verschlusskrankheit,
- abgelaufene Venenthrombosen,
- akute Erkrankungen der Atemwege,
- akute Nieren- und Harnwegerkrankungen,
- schwere Anämie und
- Tumorkrankheiten.

Zu den *relativen* Kontraindikationen, die einen bestimmten Ermessensspielraum erlauben (Papenfuß, 2005), gehören beispielsweise Polyneuropathien, das Raynaud-Syndrom und Herzrhythmusstörungen.

i) Applikationsablauf

Die empfohlene Aufenthaltsdauer in der Kältekammer mit einer Temperatur von minus 110° C beträgt 3 min. Als Erstes betreten die Probanden, bekleidet mit kurzer Sporthose (Männer zudem mit unbekleidetem Oberkörper bzw. Frauen mit Bustier oder BH), knöchelhohen Sportsocken und Laufschuhen, Stirnband, das die Ohren bedeckt, Handschuhen und Mundschutz, die erste der drei Kammern (die Kältekammer von Zimmer MedizinSysteme besteht aus einem Drei-Kammer-System), die eine Temperatur von ca. minus 40° C aufweist.

Nach einem ca. 20-sekündigen Aufenthalt in der ersten Kammer betreten die Probanden die zweite Kammer, in der die Temperatur minus 80° C beträgt. Auch hier halten sich die Probanden ca. 20 s auf, bevor sie in die dritte Kammer mit einer Temperatur von minus 110° C eintreten.

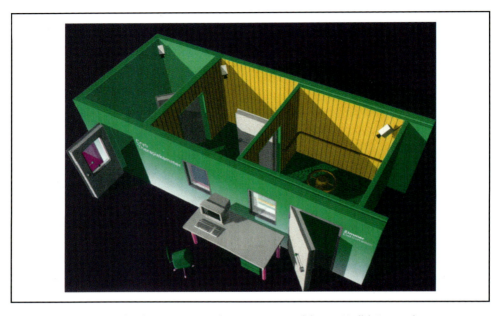

Abb. 16: Kältekammer mit minus 110° C, Drei-Kammer-System (Zimmer MedizinSysteme)

Während der Kühlungsphase in der Hauptkammer werden die Probanden angewiesen, nur langsame lokomotorische und Teilbewegungen durchzuführen, um die Wärmeabgabe nicht übermäßig zu erhöhen. Da die Kaltluft in der Kältekammer nur ein minimales Quantum an Luftfeuchtigkeit enthält, wird die niedrige Temperatur seitens der Probanden nicht als unangenehm empfunden.

Die Probanden stehen in jeder der drei Kammern mit einer außerhalb der Kammer befindlichen, diese Applikation betreuenden Person über ein Fenster in Sichtkontakt. Zudem besteht zwischen dem Innenraum der Kältekammer und dem Vorraum generell die Möglichkeit der akustischen Kontaktierung durch Mikrofon und Lautsprecher. Seitens der betreuenden Person kann jede Kammer, in der jeweils eine Videokamera installiert ist, über einen Monitor am zentralen Steuerpult, das zudem die Kammertemperaturen anzeigt, eingesehen werden. Das Verlassen der Kältekammer läuft in inverser Reihenfolge ab wie die Eintrittsphase.

2.1.3 Zur Begrifflichkeit

Kälteapplikation und Kältetherapie

Bei Kühlungsmaßnahmen im medizinischen Einsatzbereich wird von Kälte*therapie* gesprochen, weil hier in erster Linie die Krankheitsheilung im Vordergrund steht. Dieses Begriffsverständnis ist zu erweitern, weil Kühlungsmaßnahmen auch unter anderen Zielsetzungen praktiziert werden, wie z. B. zur thermoregulatorischen Vorbereitung (Precooling) vor sportlichen Anforderungen. Unter Berücksichtigung dieser differenten Zielperspektiven wird an dieser Stelle eine neue Begriffssystematik vorgestellt: Im Kontext der thermoregulatorischen Vorbereitung im Sport mittels *Kälte* werden – in Abgrenzung zum Therapiebegriff – die Bezeichnungen *Kältemaßnahme* oder *Kälteapplikation* eingeführt. Während in den bisherigen Begrifflichkeiten der jeweils eingesetzte Kältemediator keine ausreichende Berücksichtigung findet, wird dieser Aspekt in die neue Precooling- bzw. Kälteapplikations-Begriffssystematik einbezogen. Für ein exaktes Begriffsverständnis empfiehlt sich neben der Differenzierung von Therapie und Applikation also nicht nur der Einbezug des Körperanteils der Kühlung (Ganz- oder Teilkörperkühlung), sondern auch die explizite Benennung des Kältemediators: So ist der Begriff der „Ganzkörperkältetherapie" (GKKT) (Papenfuß, 2005), wenn es sich nicht um eine therapeutische, sondern um eine thermoregulatorische Maßnahme, z. B. im sportlichen Kontext, handelt, durch den Begriff der *Ganzkörperkaltluftapplikation* zu ersetzen. Dieser Begriff beinhaltet im Gegensatz zur *Ganzkörperkälteapplikation* bzw. *Ganzkörperkryoapplikation* (Joch et al., 2002) den Kältemediator: die Kaltluft. Die Spezifizierung des Kältemediators wird deshalb als notwendig erachtet, weil *Kälte* durch unterschiedliche Mediatoren appliziert werden kann: durch Luft, Wasser sowie Eis. Im Sinne einer differenzierten Systematisierung der Begrifflichkeiten zu den unterschiedlichen Kälteapplikations- und -therapiemodi wird vorgeschlagen, den Begriff der *Kältetherapie* als Dachbegriff für die Kaltluft-, Kaltwasser- und Eistherapie[50] zu verwenden, analog der Begriff *Kälteapplikation* als Dachbegriff für Kaltluft-, Kaltwasser- und Eisapplikation. Bei ganzkörperlich angewendeten Kälteapplikationstherapien spricht man dann von *Ganzkörperkaltlufttherapie* (GKKLT), *Ganzkörperkaltwassertherapie* (GKKWT) und *Ganzkörpereistherapie* (GKET); analog wird bei einer nicht im therapeutischen Sinne durchgeführten ganzkörperlichen Kälteanwendung entsprechend der Begriff *-therapie* gegen *-applikation* ausgetauscht: *Ganzkörperkaltluftapplikation* (GKKLA), *Ganzkörperkaltwasserapplikation* (GKKWA) und *Ganzkörpereisapplikation* (GKEA). Wird nicht der gesamte, sondern nur ein Teil des Körpers gekühlt, in der Regel der Ober- oder Unterkörper, erfolgt die entsprechende Verwendung des Begriffs *Teilkörper*. Der Aspekt einer eindeutigen Begriffsbestimmung gewinnt insofern an Bedeutung, als das medizinische Anwendungsspektrum der Kältetherapie um das sportliche Anwendungsfeld erweitert wird und dort z. B. im Sinne eines Precoolings keine therapeutischen Zwecke, sondern durch Kälteapplikationen kurzfristige, physiologische, leistungssteigernde Effekte verfolgt werden.

---

50 Für *Eistherapie* und *Eisapplikation* kann entsprechend *Kryotherapie* und *Kryoapplikation* synonym verwendet werden.

Tab. 1: Terminologie der Ganzkörper- und Teilkörperapplikationen und -therapien

	Applikation		Therapie	
	Ganzkörperlich	Teilkörperlich	Ganzkörperlich	Teilkörperlich
Kaltluft	Ganzkörper-kaltluftapplikation (GKKLA)	Teilkörper-kaltluftapplikation (TKKLA)	Ganzkörper-kaltlufttherapie (GKKLT)	Teilkörper-kaltlufttherapie (TKKLT)
Kaltwasser	Ganzkörperkalt-wasserapplikation (GKKWA)	Teilkörperkalt-wasserapplikation (TKKWA)	Ganzkörper-kaltwassertherapie (GKKWT)	Teilkörper-kaltwassertherapie (TKKWT)
Eis	Ganzkörper-eisapplikation (GKKEA)	Teilkörper-eisapplikation (TKKEA)	Ganzkörper-eistherapie (GKKET)	Teilkörper-eistherapie (TKKET)
Anwendungsfeld	Sport, Arbeitsphysiologie		Rheumatologie, Traumatologie	

Eine solche Begriffssystematik wird als notwendig erachtet, weil am Beispiel des Aufwärmens die Negativkonsequenzen einer diffusen Begriffsverwendung deutlich werden. Die optimale Anwendung der Kälteapplikationsmodi im Sinne einer leistungsverbessernden Maßnahme für sportliche Anforderungen ist bislang nicht erforscht, wird aber im Rahmen der vorliegenden Arbeit analysiert.

Tab. 2: Kältemediatoren in der Therapie (modif. nach Fricke, 1986)

	Anwendung	Temperatur	Anwendungsdauer
Kaltwasser	Lokal großflächig	~+10° C bis +15° C, wenig wechselnd	2-10 min
Schmelzendes Eis	Lokal	± 0° C bis +4° C, konstant	1-60 min
Kryogelbeutel	Lokal	~12° C, wärmer werdend	1-30 min
	Lokal	-30° C bis -20° C, konstant	2-3 min
Stickstoffgaskaltluft	Lokal großflächig	-180° C bis -140° C, konstant	0,5 min
Kaltluft (Kältekammer)	Ganzkörperlich	-140° C bis -110° C, konstant	1-3 min

Precoolingmodi

Der Begriff *Precooling* bedeutet, dass unmittelbar vor einer sportlichen Anforderung eine Kühlmaßnahme durchgeführt wird. Davon sind Kühlmaßnahmen zu differenzieren, die während der Belastung, also begleitend, oder danach (im Sinne der Regeneration) absolviert werden. Abhängig von der Praktikabilität einer Kühlmethode[51] kann auch während der sportlichen Aktivität, das heißt während der Anforderungsvorbe-

---

51   Es sind stationäre Kühlmethoden (Wasserbad, Kältekammer) von mobilen (Kühlweste, *Cryo*) zu differenzieren.

reitung (beim Einfahren, Einlaufen etc.), während des Trainings, aber auch während der Zielbelastung (z. B. im Wettkampf) eine externe Kühlung erfolgen, die man dann im Sinne einer begleitenden Kälteapplikation als *Simultancooling* bezeichnet. Das *Intercooling* bezeichnet das Kühlen in Zwischen- (z. B. bei Mehrkämpfen in der Leichtathletik, Judo) und Spielpausen (z. B. in den Pausen beim Fußball, Tennis, Handball, Basketball). Das Durchführen von Kälteapplikationen nach einer Belastungsanforderung, das der Regenerationsunterstützung dient, wird *Postcooling* genannt. Für eine begriffliche Stringenz und die Anwendung in der sportlichen Praxis ist die Entscheidung, ob es sich um ein Pre-, Simultan-, Inter- oder Postcooling handelt, auf den Zeitpunkt der sportlichen Zielanforderung zu beziehen.

a) Precooling

Das Kühlen vor einer Zielanforderung in Training oder Wettkampf wird *Precooling* genannt. Dieses kann vor der Zielanforderung jedoch zeitlich unterschiedlich mit der Anforderungsvorbereitung terminiert werden, und zwar:

- *während der aktiven Anforderungsvorbereitung (PCsimV), z. B. mittels Kühlweste während des Einlaufens, Einfahrens oder mittels Cryo-Kaltluftgebläse während des Einfahrens oder Einruderns auf dem Ergometer: Das Precooling wird hier also simultan zur aktiven Anforderungsvorbereitung durchgeführt;*
- *vor der aktiven Anforderungsvorbereitung (PCpräV) unter Ruhebedingungen (im Liegen, Sitzen oder Stehen), wofür alle, das heißt stationäre und mobile Kühlverfahren einsetzbar sind, oder auch*
- *nach der körperlichen Vorbereitung (PCpostV) unter Ruhebedingungen (im Liegen, Sitzen oder Stehen), wofür ebenfalls alle Kühlverfahren einsetzbar sind.*

Diese drei Timingvarianten des Precoolings stehen somit in jeweils unterschiedlichem zeitlichen Bezug zur aktiven Anforderungsvorbereitung, d. h. davor, während oder danach, jedoch werden alle Precoolingvarianten vor der eigentlichen Zielbelastung eingesetzt. Diese drei Precoolingvarianten schließen sich gegenseitig nicht aus, sodass die gesamte Precoolingtrilogie (PCpräV, PCsimV, PCpostV), aber neben diesem dreifach gestuften Precooling auch ein zweifach gestuftes zum Einsatz kommen kann, das heißt, es werden jeweils zwei Einzelvarianten beliebig miteinander kombiniert: PCpräV mit PCsimV oder PCpräV mit PCpostV oder PCsimV mit PCpostV. Am weitesten verbreitet ist der *einfach gestufte* Einsatz des Precoolings, bei dem eine der drei Kältemaßnahmen eingesetzt wird. Beispielsweise wird bei einem dreifach gestuften Precooling vor Beginn des Einlaufens ein Precooling durchgeführt (PCpräV) und nach diesem Kühlen mit dem Einlaufen begonnen, bei dem auf Grund der notwendigen Mobilität die Kühlweste sinnvoll und praktikabel einsetzbar ist. Nach Beendigung dieser precoolingbegleiteten Einlaufphase (PCsimV) wird bis zu Beginn der anschließenden Zielanforderung weiterhin mittels Kühlweste oder einer anderen Kühlmethode (z. B. kalte Dusche, Kaltluft) im Sinne eines PCpostV gekühlt.

Die Ganzkörperkaltluftapplikation in der Kältekammer schließt ein PCsimV aus, da während dieser Applikationsform keine sportartspezifische Vorbereitungsaktivität absolviert werden kann. Insbesondere von den externen klimatischen Bedingungen, aber auch von der während der sportlichen Aktivität produzierten Wärme ist es abhängig, wie intensiv das Precooling zu gestalten ist. Je höher die interne und/oder externe Wärmebelastung, desto intensiver und mehrstufiger sollte das Precooling sein.

Ein Precooling kann aber auch ohne weitere aktive Vorbereitungsphase (PCoV) durchgeführt werden, indem vor der Zielanforderung ausschließlich die Kühlung appliziert wird. Dies entspricht einem klassischen „Kaltstart", auf den bereits Brück (1987) hingewiesen hat.

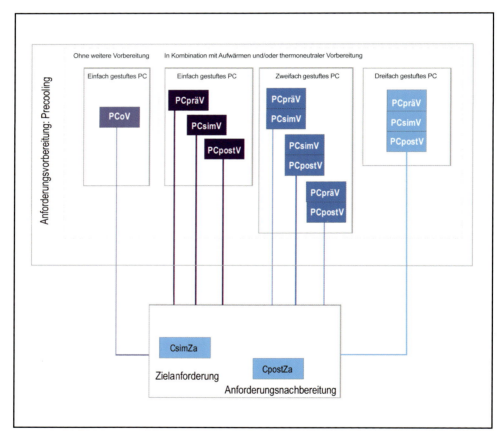

Abb. 17: *Mögliche Precoolingvarianten (ein-, zwei- und dreifach gestuft) mit aktiver Anforderungsvorbereitung (PCpräV, PCsimV, PCpostV) und ohne aktive Anforderungsvorbereitung (PCoV) vor einer Zielanforderung, während der ebenfalls gekühlt werden kann (CsimZa). Alle Precoolingvarianten können mit der Simultancoolingvariante und/oder auch mit der Postcoolingvariante kombiniert werden (CpostZa); Za: Zielanforderung, V: Vorbereitung.*

Da für Sportler mit niedrigem Leistungsniveau aktive Vorbereitungsmaßnahmen im Sinne eines Aufwärmens weniger einen leistungsoptimierenden Effekt, sondern vielmehr eine Vorermüdung bewirken, stellt das Precooling ohne aktive Vorbereitung eine durchaus praxisnahe und effektive Maßnahme dar.

b) Simultancooling

Dem *Simultancooling,* das diejenigen Kühlungsmaßnahmen umfasst, die während der Zielanforderung praktiziert werden, kommt eine besondere Bedeutung zu: Durch die simultane Kühlung während der sportlichen Aktivität wird der körperlichen Wärmeproduktion unmittelbar entgegengewirkt bzw. die zur Vermeidung oder Reduktion eines Körperkerntemperaturanstiegs erforderliche Wärmeabgabe unterstützt. Jedoch stellt diese Kühlvariante hohe Anforderungen an die Praktikabilität und Effektivität der Kühlmethode, bei der Aspekte wie etwa die Gewichtsbelastung eine bedeutende Rolle spielen. Deshalb eignen sich bislang für das Simultancooling bei nicht-stationären Anforderungen, wie im Wettkampf größtenteils üblich, in erster Linie Kältewesten: diese sind mobil einsetzbar und wiegen je nach Modell ab 800 g bis zu 4 kg. Hingegen kann beim stationären Einfahren auf der Rolle bzw. auf dem Fahrrad- oder Ruderergometer durchaus auch eine Kaltluftanwendung erfolgen.

c) Intercooling

Das *Intercooling* beschreibt Kühlmaßnahmen, die zwischen zwei Belastungen, in Zwischen- oder Spielzeitpausen, kontinuierlich praktiziert werden. So ist z. B. das Kühlen in der Halbzeitpause (z. B. im Fußball), in den Spielpausen (z. B. im Tennis) oder auch z. B. in den Zwischenpausen bei leichtathletischen Mehrkämpfen oder anderen leichtathletischen Disziplinen (Pausen zwischen den Einsätzen in den technischen Disziplinen) als Intercooling einzuordnen. Bei Belastungspausen von mehreren Stunden ist in der Regel eine Kühlung sinnvollerweise nicht kontinuierlich applizierbar, zumal ein Zusammenhang zwischen Kühldauer und Kältemediator besteht. Kühlmaßnahmen vor der erneuten Zielanforderung sind als wiederholtes Precooling zu verstehen.

d) Postcooling

Das *Postcooling* umfasst Kälteapplikationsmaßnahmen unmittelbar nach Beendigung einer sportlichen Zielanforderung. Das Postcooling ist demzufolge in den Regenerationsprozess einzugliedern, dem insbesondere im (Hoch-)Leistungssport auf Grund der hohen Belastungsdichte eine große Bedeutung zukommt. Während von einigen Spitzensportlern bekannt ist, dass sie ein Postcooling – in der Regel bislang mit Eiswasser – durchführen, um sich gesamtkörperlich schnellstmöglich zu regenerieren, ist die explizite regenerative Wirkung von Eis- und Kaltwasser wissenschaftlich nur fragmentarisch untersucht. Für ein Postcooling sind alle Kühlmaßnahmen – im Unterschied zum Simultancooling – einsetzbar, da es ortsgebunden oder mobil durchgeführt werden kann.

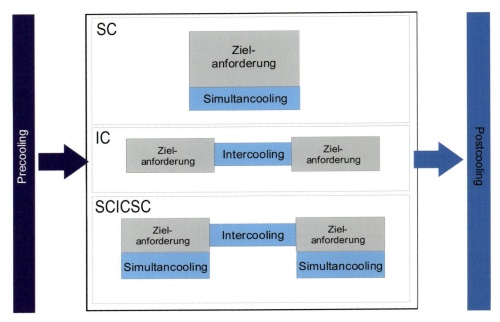

Abb. 18: Schema für die Coolingvarianten während der Zielanforderung in Kopplung mit dem Precooling und/oder Postcooling; SC: Simultancooling bei Daueranforderungen: Es wird während der Zielanforderung gekühlt; IC: Intercooling bei Anforderungen mit Pause(n), wie z. B. in Spielsportarten, bei Mehrkämpfen: es wird nur in der Pause gekühlt; SCICSC: Die Kombination von SC, IC und SC, d. h., es wird während der Zielanforderung und in der (Zwischen-)Pause gekühlt.

2.2 Effekte der Kaltluftapplikation

Auf die positiven Effekte von Kälteapplikationen für den sportlichen Anwendungsbereich wird durch eine Vielzahl internationaler Studien hingewiesen. Erste wissenschaftliche Studien zu Wirkungen von Kühlmaßnahmen sind bereits in den 1930er Jahren durchgeführt worden (u. a. Bazett et al., 1937), allerdings nicht mit dem Ziel, der Frage der Leistungsverbesserung im sportlichen Kontext nachzugehen. Die Untersuchungen standen vielmehr im Fokus der Grundlagenforschung, um den physiologischen Einfluss von Kälteanwendungen auf den Wärmehaushalt, das Herz-Kreislauf-System oder den Sauerstoffverbrauch zu untersuchen (Gold & Zornitzer, 1968; Webb & Annis, 1968; Falls & Humphrey, 1970; Livingstone et al., 1983). Die Arbeitsphysiologie (vgl. Müller, 1955; Wenzel, 1965 und 1968; Seifert, 1966; Bleichert et al., 1972; Wenzel & Piekarski, 1982; Hesse, 1983; Werner, 1984; Engel, 1986; Vaupel, 1987; Döker, 1989; Griefahn, 1995) und die Militärforschung (Mitscherlich & Mielke, 1960)[52] haben maßgeblich zu Erkenntnissen in dieser Forschungsthematik beigetragen. Zu den anfänglichen Untersuchungen – und deshalb an dieser Stelle exponiert und nicht kältemediatorenspezi-

---
52 Die Bedingungen, die diese Ergebnisse ermöglicht haben, sind kritisch zu betrachten.

fisch in dem entsprechenden Kapitel berücksichtigt – mit engerer Affinität zur körperlichen Belastung gehört diejenige von Veghte und Webb (1961), die den Effekt unterschiedlicher Ganzkörperapplikationsmaßnahmen mittels Kaltluft und Kaltwasser auf die Hitzetoleranz überprüfen. Als Kälteträger setzen sie dabei einerseits Kaltwasser in einer einfach gestuften Temperatur- und einer dreifach gestuften Applikationsdauervariante ein (Wassertemperatur: 16° C, Applikationsdauer: 30, 60 und 90 min), andererseits Kaltluft in zwei einfach gestuften Temperaturvarianten mit jeweils einer zweifach gestuften Applikationsdauervariante ein (a: Lufttemperatur: minus 1° C, Applikationsdauer: 30 und 60 min; b: Lufttemperatur: 7° C, Applikationsdauer: 60 und 90 min; jeweils bei einer Luftzirkulation von 970 Litern pro min). Jeweils nach diesen unterschiedlichen Kühlungsmaßnahmen wurde die Hitzetoleranzzeit der Probanden in einem auf 71° C erwärmten Raum gemessen. Das Hauptergebnis dieser Studie lautet: Die Hitzetoleranzzeit steht in inversem Verhältnis zur anfänglichen Körperkerntemperatur der Probanden. Je länger ein Proband vor der Hitzeexposition mit Kaltwasser oder Kaltluft gekühlt wird, desto niedriger ist die Rektaltemperatur vor und während der Hitzeexposition und desto länger ist die Hitzetoleranzzeit.

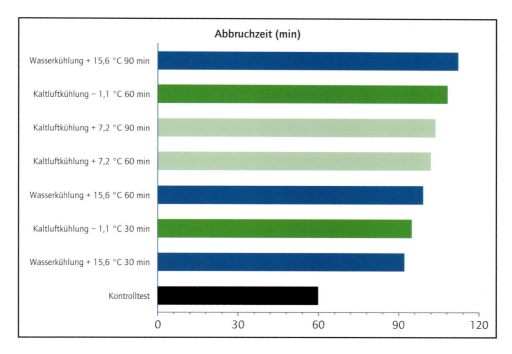

Abb. 19: Hitzetoleranzzeiten nach Kaltluft- und Kaltwasserkühlungen (Veghte & Webb, 1961, S. 236)

Im Hinblick auf die Expositionsdauer unter Hitzebedingungen wirkt sich eine Vorkühlung somit positiv aus. Der Kühleffekt des Kaltwassers ist dabei größer als derjenige der Kaltluft. Dies verdeutlicht zwar die grundsätzliche Wirkrichtung der Kälteapplikationmittels Kaltluft und Wasser, doch da die Hitzetoleranz in dieser Untersuchung unter Ruhebedingungen (im Sitzen) überprüft wird, ist das Forschungsresultat nicht auf sportliche Anforderungen transferierbar. Der Aspekt der Hitzetoleranzzeit ist insbesondere in der Arbeitsphysiologie, z. B. im Zusammenhang mit Hitzearbeitsplätzen (Webb & Annis, 1968), von großem Interesse, aber auch für sportliche Anforderungen, wobei hier die Frage nach der optimalen Leistungsfähigkeit und gesundheitlichen Gefährdungen unter den Bedingungen interner und externer Wärmebeeinflussung im Fokus steht.

2.2.1 Precooling mittels Kaltluft

Eine ganzkörperliche Kaltluftapplikation (GKKLA) wurde im Kontext körperlicher Belastbarkeit als Erstes von Schmidt und Brück (1981) angewendet, und zwar in einem auf 0° C temperierten Labor. Ihre Arbeit ist als eine wegweisende Studie für die Precoolingforschung anzusehen. Während auch später Hessemer et al. (1984) die Ganzkörpervorkühlung mit einer Lufttemperatur von 0° C durchführen, beträgt die Kaltlufttemperatur bei Kruk et al. (1990) und Lee und Haymes (1995) 5° C, bei Olschewski und Brück (1988) zwischen 5 und 10° C und bei Oksa et al. (1995) 10° C. Somit sind diese Precoolingmaßnahmen als Kälteapplikationen, nicht als *Kryo*applikationen einzuordnen. In den anfänglichen Kaltluftuntersuchungen erfolgen in der Regel unmittelbar nach den Kühlinterventionen Erwärmungsphasen, um ein Frieren der Probanden zu vermeiden oder zu reduzieren (Schmidt & Brück, 1981; Hessemer et al., 1984; Olschewski & Brück, 1988). Die anschließenden Belastungstests finden in den Untersuchungen der Arbeitsgruppe von Brück jeweils bei einer Raumtemperatur von plus 18° C statt. Schmidt und Brück (1981) kühlen, wie auch Hessemer et al. (1984), die mittlere Körpertemperatur ($T_K = 0{,}87 * T_{oe} + 0{,}13 * \overline{T}_{ski}$), der Probanden um 0,5° C ab. Die Kühlung ist zweiphasig aufgebaut (2 x 15 min), wobei der ersten Kühlphase eine 30-minütige Ruhephase im Sitzen, der zweiten eine 10-minütige Erwärmung bei einer Raumtemperatur von 28° C vorgeschaltet ist. Die Effekte des Precoolings überprüfen sie anhand der Abbruchleistung in einem Stufentest auf dem Fahrradergometer.

Während der ersten Vorkühlungsphase sinken Ösophagus- sowie Tympanaltemperatur nicht unmittelbar, sondern steigen geringfügig an. Erst in der zweiten Kühlphase ist eine Reduktion größeren Ausmaßes zu beobachten. Deutlich signalisiert die Temperaturmessung während der Zielanforderung, dem Stufentest auf dem Fahrradergometer, dass es hier in der anfänglichen Belastungsphase zu einem deutlichen Absinken der Temperatur kommt, der als „Afterdrop" bezeichnet wird (vgl. dazu Olschewski & Brück, 1988; Giesbrecht & Bristow, 1997 u. a.). Als Hauptergebnis der Studie ist festzuhalten, dass sich die Leistung, gemessen an der maximalen Wattzahl und der Abbruchzeit im Stufentest, in beiden Testvarianten (Kontroll- und GKKLA$_{110° C}$-Test) nicht signifikant unterscheidet. Somit wirkt sich die GKKLA nicht in leistungsmindernder Weise aus, was seinerzeit ein nicht erwartungskonformes Forschungsresultat repräsentierte und später angezweifelt wird (Schiffer, 1997). Als ein weiteres Resultat stellt sich heraus, dass während des Stufentests nach der Ganzkörperkaltluftapplikation (GKK-LA) die Herzfrequenz geringer[53] als im Kontrolltest ist, mit zunehmender Testdauer wird die Herzfrequenzdifferenz jedoch geringer. Der ökonomisierende Effekt der Kaltluftapplikation wird weiterhin anhand der Tympanal- und mittleren Körpertemperatur in Abhängigkeit von der maximalen Arbeitsrate deutlich. Die durchschnittliche Temperaturdifferenz zwischen Kontroll- und Precoolingtest beträgt während der Zielanforderung ca. 1° C; somit reduziert sich der Effekt der GKKLA mit zunehmender Arbeitsrate nicht – im Gegensatz zur Herzfrequenz. Die Auswirkung der GKKLA auf die Hauttemperatur zeigt sich darin, dass diese nach dem Precooling 29,04 ± 0,46° C und im Kontrolltest 30,67 ± 0,41° C ($p \leq .01$) beträgt, und zu Beginn des Schwitzens geringer ist.

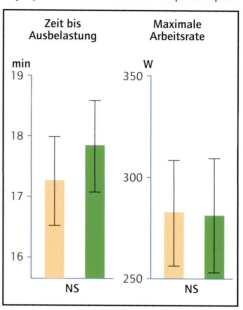

Abb. 20: Abbruchzeit und maximale Arbeitsrate im Stufentest (Kontrolltest: weiße Balken, Precoolingtest: graue Balken); NS: nicht signifikant: $p > .05$ (Schmidt & Brück, 1981, S. 776)

Zudem setzt im Precoolingtest die Schweißproduktion erst bei vergleichsweise höherer Wattbelastung und geringerer Körperkerntemperatur ein, gemessen anhand der Ösophagustemperatur: 36,71 ± 0,46° C im Precoolingtest vs. 37,46 ± 0,13° C im Kontrolltest ($p > .05$) sowie anhand der Tympanaltemperatur: 36,24 ± 0,11° C im Precoolingtest vs. 36,95 ± 0,06° C im Kontrolltest ($p \leq .001$). Die Schweißrate ist während der Zielanforderung nach der GKKLA reduziert, woraus sich ein geringerer thermoregulatorischer Aufwand ableitet. Dieser Effekt auf die Evaporation wird ab ca. 50 % der maximalen Arbeitsrate deutlich: Die Differenz nimmt zugunsten der Precoolingvariante mit zunehmender Arbeitsrate zu. Die VO_{2max} bleibt in der Untersuchung von Schmidt und Brück (1981) durch das Vorkühlen unbeeinflusst – ganz im Gegensatz zu den Ergebnissen von Bergh und Ekblom (1979), die eine verringerte VO_{2max} feststellen, allerdings auch nach einer Wasserkühlung, die zu einer an eine Hypothermie grenzenden Körpertemperatur führt. Da bei Schmidt und Brück (1981) die Herzfrequenz nach dem Precooling sinkt, die VO_{2max} jedoch unbeeinflusst bleibt, steigt der Sauerstoffpuls nach der GKKLA an: Im Kontrolltest beträgt dieser 16,4 und im Precoolingtest 19,3 ml pro Herzschlag ($p \leq .05$).

---

53 Die Autoren machen hierzu jedoch keine statistischen Angaben.

Resümee: Durch eine Ganzkörperkaltluftkühlung (GKKLA) mit dem Effekt einer Reduzierung der Körpertemperatur um 1° C wird die Leistung in einem auf dem Fahrradergometer durchgeführten Stufentest (bei einer Umgebungstemperatur von 18° C) nicht signifikant beeinflusst, jedoch die physiologischen Parameter in ökonomisierender Weise. Während der Belastung sind nach der GKKLA die Herzfrequenz und die akkumulierte Schweißrate geringer als im Kontrolltest, das Schwitzen setzt erst bei höherer Belastungsintensität ein.

Hessemer et al. (1984) weisen bei Ruderern für eine einstündige Fahrradergometerbelastung nach einer GKKLA, die in gleicher Form wie bei Schmidt und Brück (1981) durchgeführt wird, eine Verbesserung von 6,8 % nach: 172 vs. 161 Watt ($p \leq .05$). Die Schweißrate ist trotz der höheren Wattleistung um 20,3 % niedriger: 1,06 vs. 1,33 mg$*$cm$^{-2}*$min^{-1} ($p \leq .05$), jedoch werden keine signifikanten Differenzen bei der Herzfrequenz oder dem Laktat im Vergleich zum Kontrolltest festgestellt. Die in anderen Studien (Febbraio et al., 1994 u. a.) im Vergleich zum Kontrolltest indifferenten oder auch höheren Laktatwerte werden auf die durch Precooling verursachten höheren Leistungen zurückgeführt. Bei gleicher Leistung sind die Laktatwerte nach dem Precooling geringer. Der reduzierend wirkende Einfluss der GKKLA auf das Laktat kann auch durch Studien mit konstanten Belastungsmodi nachgewiesen werden (Joch & Ückert, 2004b; Landgraf et al., 2007). Äußere Wärmeeinflüsse implizieren deutlich höhere Laktatwerte (Febbraio et al., 1994; Hollmann & Hettinger, 2000; Joch et al., 2006), die durch die vasodilatatorisch-induzierte Blutumverteilung in die Peripherie zuungunsten der Muskeldurchblutung zu begründen sind. Das Ausmaß der differenten Muskeldurchblutung in Abhängigkeit von den äußeren Temperaturbedingungen verdeutlichen auch Bell et al. (1983), allerdings anhand von Versuchen mit Schafen.

Durch die GKKLA steigt der Sauerstoffpuls während der Belastungsphase um 5,6 %, und zwar von 17,8 auf 18,8 ml (Hessemer et al., 1984), dem ein erhöhtes Schlagvolumen (MacDougall et al., 1974) bzw. eine erhöhte arterio-venöse Sauerstoffdifferenz zugrunde liegt (Rowell et al., 1969; Hessemer et al., 1984).

Resümee: Durch eine Ganzkörperkaltluftkühlung bei 0° C über ca. 50 min mit dem Effekt einer Reduzierung der Körpertemperatur um 1° C, der Tympanaltemperatur um 0,8° C und der Hauttemperatur um 4,5° C wird die Leistung in einem 60-minütigen Fahrradergometer-Dauertest (bei einer Umgebungstemperatur von 18° C) um 6,83 % verbessert. Die Schweißrate ist nach der GKKLA insgesamt um 20 % geringer und der Sauerstoffpuls um 5,6 % höher. Ein Einfluss auf die Herzfrequenz und das Blutlaktat wird nicht festgestellt.

Olschewski und Brück (1988), die ebenfalls zwei 15-minütige Kühlinterventionen durchführen, aber bei einer Raumtemperatur zwischen 5 und 10° C, analysieren den Effekt von Precooling auf eine anfangs moderate (0. bis 16. Belastungsminute bei 40 % der VO_{2max}) und dann intensive Belastung (80 % der VO_{2max}), die bis zum individuellen Abbruch absolviert wird. Durch eine nach der GKKLA um 0,2° C reduzierte Ösophagustemperatur (von 37,08 ± 0,06 auf 36,86 ± 0,12° C; $p \leq .05$) wird die zweiphasige Ausdauerleistung auf dem Fahrradergometer um 12 % ($p \leq .05$) verbessert, und zwar von 18,5 ± 2,5 auf 20,8 ± 2,3 min. Diese Leistungsverbesserung geht mit einer signifikant niedrigeren Herzfrequenz ($p \leq .05$) einher. Die größte Körperkerntemperaturdifferenz (0,8° C) zwischen Kontroll- und Precoolingtest tritt in der 20. Belastungsminute auf.

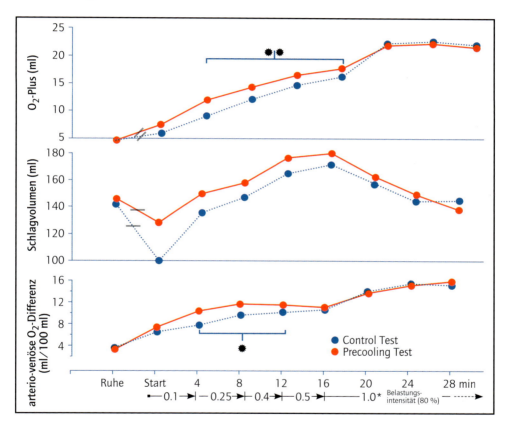

Abb. 21: *Sauerstoffpuls, Schlagvolumen und arterio-venöse O_2-Differenz im Kontroll- (weiße Kreise) u. Precoolingtest (schwarze Kreise); ** und *: $p \leq .01$, $p \leq .05$ (Olschewski & Brück, 1988, S. 808)*

Nach der Kälteapplikation erhöhen sich sowohl der Sauerstoffpuls (um 18 %, $p \leq .01$), was auch von Schmidt und Brück (1981) sowie Hessemer et al. (1984) bestätigt wird, als auch die arterio-venöse Sauerstoffdifferenz (um 15 %), jedoch nur während des ersten Belastungsabschnitts (40 % der VO_{2max}) bis einschließlich zur 12. Minute signifikant (p ≤ .05). Weiterhin wird nach der GKKLA während der Zielanforderung die Schweißrate deutlich reduziert, und zwar um 39 % (p ≤ .001) (Olschewski & Brück, 1988).

Die Begründung für die Leistungssteigerung wird von Olschewski und Brück (1988), neben der reduzierten Tretkurbelfrequenz um 9 % (vgl. auch Massias et al., 1989), in erster Linie im beschleunigten Wärmeabtransport gesehen, der auf Grund des durch die reduzierte Hauttemperatur erhöhten Temperaturgefälles impliziert wird, sowie auf die unmittelbar und auch nachwirkend geringere Körperkerntemperatur zurückgeführt wird. Dadurch wird auch ein höherer thermischer Komfort erreicht.

Bei Betrachtung des Körperkerntemperaturverlaufs fällt auf, wie bei Schmidt und Brück (1981), dass während der Kälteapplikation die Körperkerntemperatur konstant bleibt, nach der Kälteapplikation bzw. zu Beginn der Folgebelastung absinkt. Die nachträgliche Reduktion der Körperkerntemperatur wird als *Afterdrop* bezeichnet (Webb, 1986; Romet, 1988). Der *Afterdrop* ist damit zu begründen, dass sich während der Kälteapplikation infolge der kaltluftinduzierten Vasokonstriktion ein beträchtlicher Anteil der Blutmenge aus der Körperperipherie in den Körperkern umverteilt, dem unmittelbar eine Kerntemperaturkonstanz oder auch ein geringfügiger Anstieg folgt. Erst nach Beendigung der Kälteapplikation tritt mit der Vasodilatation der umgekehrte Prozess ein, woraus ein nachträgliches Absinken der Kerntemperatur resultiert.

Resümee: Eine Ganzkörperkaltluftkühlung bei 5-10° C über 30 min führt zu einem Absinken der Ösophagustemperatur um 0,2° C und der Hauttemperatur um 4° C. Im anschließenden Ausdauertest auf dem Fahrradergometer (bei 18° C Umgebungstemperatur) ist die Herzfrequenz niedriger, die Schweißrate um 39 % geringer, der Sauerstoffpuls um 18 % und die arterio-venöse O_2-Differenz um 15 % höher. Die Leistung verbessert sich um 12 %.

Im Gegensatz zu den bislang analysierten Studien von Schmidt und Brück (1981), Hessemer et al. (1984) sowie Olschewski und Brück (1988) kühlen Kruk et al. (1990) sowie Lee und Haymes (1995) nicht zweiphasig, sondern einphasig, d. h. kontinuierlich über eine Zeitspanne von 30 min mit einer Lufttemperatur von 5 ± 1° C. Nach dieser 30-minütigen GKKLA schließt sich in dieser Studie für ca. 15 min eine Ruhephase in einem auf 24° C temperierten Labor an. Der der GKKLA folgende, von hoher Belastungsintensität (82 % der VO_{2max}) gekennzeichnete Laufanforderung, welche die Probanden bis zum individuellen Leistungsabbruch absolvieren, wird im Vergleich zu den Studien von Schmidt und Brück (1981), Hessemer et al. (1984) sowie Olschewski und Brück (1988) bei einer höheren Umgebungstemperatur (24 vs. 18° C) durchgeführt. Lee und Haymes (1995) stellen nach dem Precooling, während dem die Rektaltemperatur um 0,37° C gesenkt wird, mit 17 % eine deutlich größere Leistungsverbesserung fest als Hessemer et al. (1984) und Olschewski und Brück (1988), die einen Leistungsanstieg von 6,8 und 12,4 % nachweisen. Dies ist jedoch auf die deutlich differierenden Testdesigns zurückzuführen, in denen Kühlkontinuität, Pausendauer, sportliche Disziplin sowie Umgebungstemperatur, bei der die sportlichen Anforderungen jeweils absolviert werden, unterschiedlich sind.

Während der Zielanforderung sind in der Studie von Lee und Haymes (1995) nach der GKKLA die Rektal-, mittlere Haut- und mittlere Körpertemperatur signifikant geringer ($p \leq .01$) als im Kontrolltest, wie auch die Schweißmenge ($p \leq .01$) und der Sauerstoffverbrauch ($p \leq .05$). Die Autoren stellen im Gegensatz zu Hessemer et al. (1984) sowie Olschewski und Brück (1988) keinen Einfluss der GKKLA auf den Sauerstoffpuls fest, bestätigen jedoch eine Erhöhung der Wärmespeicherkapazität des körperlichen Organismus um 21 %.

Im Vergleich zu den Studien der Arbeitsgruppe um Brück wird ein größerer Effekt der GKKLA nachgewiesen, wenn nach der Vorkühlung keine Erwärmungsphase, die eine geringere Absenkung der Rektaltemperatur bewirkt, erfolgt, und wenn die sportliche Anforderung in Form von Laufen (vs. Radfahren) bei höherer Umgebungstemperatur realisiert wird (Lee & Haymes, 1995). Das Precooling wirkt sich nicht auf die Höhe der Körperkerntemperatur bei Belastungsabbruch aus. Somit bleibt der Wert der kritischen Körperkerntemperatur unbeeinflusst: Die Probanden stellen ihre Leistung bei annähernd gleicher Körperkerntemperatur ein: 38,02 ± 0,46° C im Kontrolltest vs. 37,86 ± 0,53° C nach dem Precooling ($p > .05$). Der wesentliche Leistungseffekt der Precoolingmaßnahme besteht hier darin, dass die kritische Körperkerntemperatur erst nach einer deutlich längeren Belastungsdauer erreicht wird.

„Whole body precooling allows not only a greater heat storage rate but also less strain on the metabolic and cardiovascular systems" (Lee & Haymes, 1995, S. 1975).

Dies ist für Ausdaueranforderungen generell und insbesondere bei wärmeabgabebeeinträchtigenden klimatischen Bedingungen von Bedeutung.

Resümee: Eine 30-minütige Ganzkörperkaltluftkühlung bei 5° C bewirkt eine Reduktion der Rektaltemperatur um 0,37° C und eine Erhöhung der Wärmespeicherkapazität um 21 %. Während der Laufbelastung sind die Rektaltemperatur und die Schweißmenge signifikant ($p \leq .01$) sowie der O_2-Verbrauch geringer ($p \leq .05$). Die Laufleistung verbessert sich durch Precooling (GKKLA) um 17 %.

Im Gegensatz zu den bislang dargestellten Studien wird die Zielanforderung in der Untersuchung von Kruk et al. (1990) bei deutlich niedriger Umgebungstemperatur (5° C) absolviert. In dieser Untersuchung wird nicht die Leistung überprüft, sondern die durch eine Vorkühlung initiierten thermoregulatorischen Reaktionen während einer Anforderung auf dem Fahrradergometer, die 30 min lang mit moderater Belastungsintensität (50 % der VO_{2max}) realisiert wird. Durch die GKKLA (s. o.) werden die Rektal-, mittlere Haut- und die mittlere Körpertemperatur reduziert. Während der anschließenden Belastungsphase sinkt bis zur 10. Minute die Rektaltemperatur weiter um 0,13 ± 0,05° C *(Afterdrop)* und ist während der gesamten Belastungsphase signifikant niedriger ($p \leq .05$) als im Kontrolltest. Während der Anforderung unter Precoolingbedingungen ist der Energieverbrauch für die Zielanforderung höher als im Kontrolltest. Dies ist darauf zurückzuführen, dass es bei niedriger Umgebungstemperatur von 5° C während der Ergometeranforderung zu einem Wärmeverlust kommt. Eine Kühlung vor einer sportlichen Anforderung unter Kältebedingungen stellt demzufolge eine doppelte Kältewirkung dar, welche in diesem Fall die Leistung negativ beeinflusst.

Resümee: **Eine 30-minütige GKKLA bei 5° C führt zu einem Absinken der Rektaltemperatur um 0,37° C. Während der anschließenden moderaten Belastungsphase (50 % der VO_{2max}) bei einer niedrigen Umgebungstemperatur von 5° C kommt es zu einer negativen Wärmebilanz des Körpers. Diese doppelte Kältewirkung wirkt sich nicht leistungspositiv aus.**

Im Gegensatz zu den bislang dargestellten Kaltluftstudien steht bei Oksa et al. (1995) keine Ausdauer-, sondern eine Schnellkraftanforderung im Vordergrund: Es wird der Einfluss einer GKKLA auf die Wurfgeschwindigkeit bei beidarmigen Überkopfwürfen überprüft. Dafür kühlen Oksa et al. (1995) vor den Würfen die Probanden in einer Klimakammer 60 min lang mit einer Temperatur von 10° C (Applikationstemperatur im Kontrolltest = 27° C). Unmittelbar danach werden Überkopfwürfe mit unterschiedlichen Ballgewichten (0,3, 0,6, 1,0, 2,0 und 3 kg) durchgeführt.

Während die Wurfgeschwindigkeit unabhängig von der thermoregulatorischen Vorbereitung gemäß der Kraft-Geschwindigkeits-Relation mit ansteigendem Ballgewicht abnimmt, ist die Wurfgeschwindigkeit nach der Kälteexposition bei allen Ballgewichten signifikant niedriger als im Kontrolltest. Die Leistungsreduktion beträgt im Mittel 0,88 m/s, dies entspricht einer Einbuße von ca. 7 %. Die Leistungsreduktion nimmt mit ansteigendem Ballgewicht ab, bei geringem Gewicht ist die Leistungsdifferenz zwischen der Precooling- und Kontrollvariante am größten. Sie beträgt bei einem Ballgewicht von 0,3 kg 9,4 % ($p \leq .01$), bei einem höheren Ballgewicht von 3 kg hingegen 5,6 % ($p \leq .01$).

Entsprechend erhöht sich der Negativeinfluss durch Precooling mit abnehmendem Widerstand. Hohe muskuläre Kontraktionsgeschwindigkeiten bei azyklischen Bewegungen nehmen also nach vorheriger Abkühlung in dieser Studie ab. So wird, anlehnend an Oksa et al. (1995), festgehalten, dass eine primär schnelligkeitsbetonte Leistung, wie z. B. die azyklische Wurfleistung, durch das Vorkühlen stärker beeinträchtigt wird als eine schnellkraftbetonte.

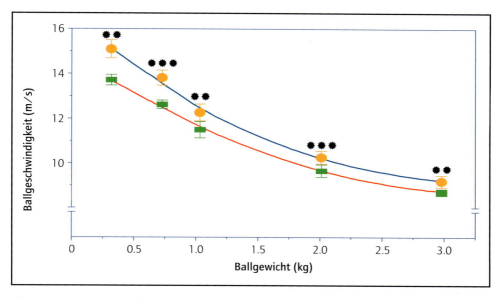

Abb. 22: Ballwurfgeschwindigkeiten im Kontrolltest (Kreise) und im GKKLA-Test (Quadrate); **:p ≤ .01, ***:p ≤ .001 (Oksa et al., 1995, S. 29)

Durch zusätzlich durchgeführte EMG-Messungen stellen Oksa et al. (1995) fest, dass die Zeitdauer bis zur maximalen Muskelaktivierung des M. triceps brachii (Agonist) nach dem Precooling um 30-42 % (p ≤ .05 bis p ≤ .001) sowie die Kontraktionsdauer zunimmt.

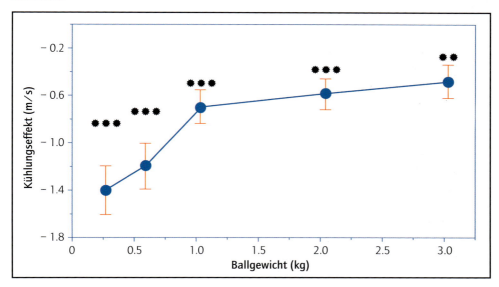

Abb. 23: Wurfgeschwindigkeit bei unterschiedlichen Ballgewichten; **:p ≤ .01, ***:p ≤ .001 (Oksa et al., 1995, S. 29)

Die Aktivität des Agonisten nimmt nach dem Precooling ab, diejenige des Antagonisten dagegen zu (p ≤ .05 bis p ≤ .001). Die reduzierte Muskelaktivierung des M. triceps brachii korreliert signifikant positiv mit der reduzierten Wurfgeschwindigkeit (r = .748, p ≤ .05). Die erhöhte Aktivität des M. deltoideus weist auf eine kälteinduzierte Erhöhung der Antagonistenhemmung hin. Der M. deltoideus wird durch die Kälteexposition bei 10° C allerdings in höherem Maße abgekühlt als der als Agonist fungierende M. triceps brachii, nämlich von 34,0 ± 1,1 auf 30,8 ± 0,7° C (p ≤ .05), somit um 3,2 ± 0,8° C.

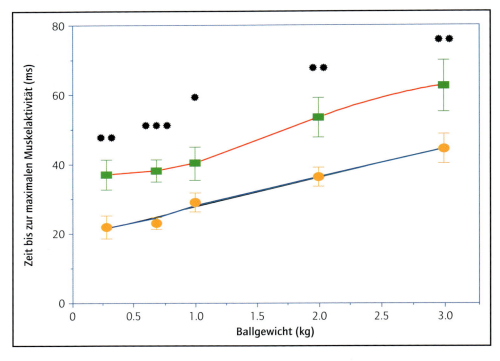

Abb. 24: Zeit bis zur maximalen Aktivierung des M. triceps brachii im Kontrolltest (Kreise) und nach der GKKLA (Quadrate); *:p ≤ .05; **:p ≤ .01, ***:p ≤ .001 (Oksa et al., 1995, S. 29)

Hingegen sinkt die Temperatur des M. triceps brachii weniger ab: von 32,8 ± 0,8 auf 30,6 ± 1,4° C (p > .05).

Diese unterschiedliche Abkühlungsrate von Agonist und Antagonist ist möglicherweise durch die Sitzposition der Probanden während der Kaltluftapplikation begründet. In der von Oksa et al. (1995) beschriebenen Sitzposition kann durch den Kontakt des Oberarms am Rumpf die Kältewirkung beeinflusst worden sein, wohingegen der M. deltoideus in keinerlei Körperkontakt mit dem Rumpf steht, somit eine freie Angriffsfläche für die Kaltluft darstellt.

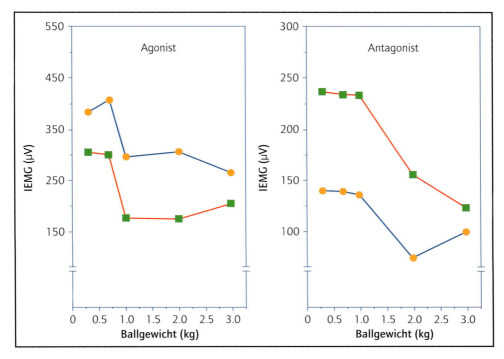

Abb. 25: EMG-Aktivität des Ago- und Antagonisten (Oksa et al., 1995, S. 30)

Letztlich gilt auf Grundlage der Studienergebnisse von Oksa et al. (1995), dass die kälteinduzierte geringere Agonistenaktivität und erhöhte Aktivität des Antagonisten – im Sinne seiner Protektionsfunktion – zu einer Beeinträchtigung der Muskelleistung bei einer azyklischen Schnelligkeitsleistung gegen geringe Widerstände führt.

Resümee: Eine 60-minütige Vorkühlung mittels auf 10° C temperierter Luft verändert die Rektaltemperatur nicht, bewirkt jedoch eine Reduktion der Muskeltemperatur um 2-3° C. Die im Anschluss an das Precooling absolvierte azyklische Schnelligkeitsleistung gegen unterschiedliche Widerstände – gemessen am Ballgewicht – ist durchschnittlich um 7 % langsamer als im Kontrolltest, wobei die Negativwirkung mit zunehmendem Widerstand abnimmt.

2.2.2 Simultancooling mittels Kaltluft

Ein Simultancooling mittels Kaltluft kann durch unterschiedliche Maßnahmen realisiert werden, so z. B. durch eine niedrige Raum- bzw. Umgebungstemperatur oder durch Kühlung mittels Luftzirkulation (Ventilator, Wind), wodurch die konvektive Wärmeabgabe erhöht wird, aber auch durch Geräte, die eine hoch dosierte (Trocken-) Kaltluft (bis zu minus 40° C) produzieren können.

Ball et al. (1999) können in diesem Zusammenhang zeigen, dass eine Sprintleistung auf dem Fahrradergometer (2 x 30 s mit einer Pause von 4 min) bei einer Umgebungstemperatur (TL) von 30,1° C und 55 % relativer Luftfeuchtigkeit (Lf_r) um 25 % besser ist als in kühlerer Umgebung (T_L: 18,7° C, Lf_r: 40 %). Die Probanden erreichen unter Wärmebedingungen eine Maximalleistung von 910 ± 172 Watt vs. 656 ± 58 Watt bei 18,7° C ($p \leq .01$) in Sprint 1 und 907 ± 150 vs. 646 ± 37 Watt ($p \leq .05$) in Sprint 2. Die Laktatwerte unterscheiden sich dagegen nicht signifikant. Schnellkraftleistungen scheinen demnach bei kühleren Außentemperaturen negativ beeinflusst zu werden, bei höheren dagegen positiv (Ball et al., 1999). Allerdings zeigen Marsh und Sleivert (1999), dass sich ein intensives Vorkühlen mittels Kaltwasser auf eine Maximalleistung bei hohen Umgebungstemperaturen (29° C) durchaus auch leistungssteigernd auswirken kann. Somit ist die Erkenntnis, dass Schnellkraftleistungen bei wärmerer Umgebung höher sind als bei kälterer, kein Kontraindikator für das Precooling vor Kurzzeitleistungen unter Wärmebedingungen.

Es liegt keine Studie vor, in der ein Precooling ausschließlich mittels Ventilator absolviert wird. Vielmehr wird ein Ventilator entweder als Zusatzkühlung bei gleichzeitigem Einsatz weiterer Kühlmediatoren verwendet (Mitchell et al., 2003) oder als begleitende Maßnahme (Saunders et al., 2005; Morrison et al., 2006) als Simultancooling. Morrison et al. (2006) vergleichen die Effekte mittels Ventilator-Simultancoolings mit denjenigen eines Kaltwasserprecoolings auf eine intensive Radfahrbelastung (95 % der VO_{2max}) bei einer Umgebungstemperatur von 30° C und einer relativen Luftfeuchtigkeit von 50 %. Für die begleitende Luftstromkühlung setzen sie einen Ventilator mit einer Luftbewegung von 4,8 m/s ein. Die Leistung, gemessen anhand der absolvierten Zeitdauer bei 95 % der VO_{2max}, ist bei begleitender Luftkühlung im Vergleich zum Kontrolltest 30 ± 23 min länger ($p \leq .05$). Dies bedeutet eine exorbitante Leistungssteigerung von 107 %. Für das Radfahren auf dem Ergometer kann somit der begrenzende Einfluss der körperlich erzeugten und von außen (Raumtemperatur ohne Luftzirkulation) einwirkenden Wärme durch den Einsatz einer Luftkühlung reduziert oder sogar kompensiert werden. Dies ist jedoch nicht direkt auf Fortbewegungsabläufe (im Feld), wie z. B. Laufen oder Radfahren, transferierbar. Die durch die Fortbewegung erzeugte und einwirkende Windgeschwindigkeit steht in direkter Relation zur Fortbewegungsgeschwindigkeit: je höher die Fortbewegungsgeschwindigkeit, desto größer die Windkühlung. Für eine höhere Fortbewegungsgeschwindigkeit ist jedoch auch ein höherer energetischer Aufwand erforderlich. Der maßgebliche Unterschied zur Ventilatorkühlung ist jedoch, dass die Luftzirkulation durch den Ventilator extern erzeugt wird, d. h. ohne Energieaufwand des Athleten. Würde in der Praxis des Sports die durch die eigene Fortbewegungsgeschwindigkeit erzeugte Windeinwirkung zur Kühlung ausreichen, erreichten Ausdauersportler nicht nachweislich Körpertemperaturen von mehr als 40° C (Nadel, 1977; Byrne et al., 2006 u. a.).

Resümee: Eine begleitende Luftstromkühlung (Ventilator mit 4,8 m/s) verbessert die Radfahrleistung bei 95 % der VO_{2max} und einer Umgebungstemperatur von 30° C sowie 50 % relativer Luftfeuchtigkeit um 107 %.

Auch Saunders et al. (2005) weisen auf die Bedeutung der Windgeschwindigkeiten bei Outdoorsportarten im Vergleich zu Laborbelastungen bei fehlendem externen Windeinfluss hin. Sie stellen anhand einer moderaten Belastung auf dem Fahrradergometer (60 % der VO_{2max}) über eine Zeitdauer von zwei Stunden fest, dass bei einer gleichzeitigen mittleren Flüssigkeitszufuhr und geringen Windgeschwindigkeiten (0,2 und 9,9 km/h) die Wärmebelastung, Körpertemperatur und die subjektive Belastungsrate deutlich höher als bei stärkerem Windeinfluss (33,3 und 50,1 km/h) sind. Bei höheren Windgeschwindigkeiten ergeben sich auch bei zunehmender Flüssigkeitszufuhr keine Unterschiede dieser Parameter. So wirkt sich eine vermehrte Flüssigkeitsaufnahme bei einer Windgeschwindigkeit von 33 km/h nicht mehr signifikant positiv aus.

Die mit zunehmender Flüssigkeitsaufnahme korrespondierenden Positiveffekte bei Ausdaueranforderungen bei warmen Umgebungstemperaturen werden in der Regel bei windstillen Bedingungen im Labor aufgezeigt. Hierbei fehlt jedoch – im Gegensatz zu den realistischen Sportbedingungen außerhalb des Labors – der unterstützende Windeinfluss auf die konvektive und evaporative Wärmeabgabe. Studien, die unter solchen Bedingungen absolviert werden, wie z. B. diejenige von Montain und Coyle (1992), die Profiradfahrer bei einer Windgeschwindigkeit von lediglich 8,6 km/h testen, stellen somit auch einen sehr engen Zusammenhang zwischen einer Dehydratation und Wärmebelastung fest, überschätzen, wie auch eine Vielzahl weiterer Autoren, dadurch den Einfluss der allgemein forcierten erhöhten Flüssigkeitsaufnahme.

Saunders et al. (2005) zeigen demzufolge, dass mit zunehmender Windgeschwindigkeit, d. h., mit zunehmender Luftkühlung, der Einfluss der Flüssigkeitszufuhr abnimmt. Während u. a. das American College of Sports Medicine (ACSM), das sich auf die Ergebnisse solcher Labortests stützt, in seinen Richtlinien fordert, den Flüssigkeitsverlust während einer sportlichen Ausdauerbelastung zu komplettieren, weisen Saunders et al. (2005) nach, dass bei höherer Windgeschwindigkeit (33 km/h) bereits eine Auffüllung von ca. 60 % zur Vermeidung einer Leistungseinbuße ausreicht. Von großer Bedeutung ist in diesem Zusammenhang auch das Ergebnis, dass bei annähernder Windstille nicht primär die Schweißrate dafür verantwortlich ist, dass die Körperkerntemperatur ansteigt, sondern die Wärmaufnahmekapazität der körpernahen Umgebungsluft: Auf Grund der fehlenden oder nur geringen Luftzirkulation ist die konduktive und evaporative Wärmeabgabe auf Grund des geringen Temperaturgefälles und der hohen Wasserdampfsättigung der Umgebungsluft erschwert.

Die Rektaltemperatur ist bei Windstille trotz größerer Schweißrate (1,61 ± 0,5 l/h) signifikant höher als bei geringerer Schweißrate unter externem Windeinfluss (1,44 ± 0,4 l/h bei 33 km/h). Bei unterschiedlicher Flüssigkeitsaufnahme (59 und 80 % des Körpergewichtsverlusts) differiert weder die Schweißrate bei Windeinfluss von 33 km/h noch die Rektal- und Hauttemperatur, Herzfrequenz oder die subjektive Empfindungsrate.

Generell ist beim Radfahren der Windeinfluss relativ groß, somit ist auch die konvektive und evaporative Wärmeabgabe im Radfahren vergleichsweise höher, die zudem von der Lufttemperatur abhängig ist. Wenn die Lufttemperatur niedriger als die Hauttemperatur ist, wird konvektiv und evaporativ Wärme abgegeben. Entspricht die Umgebungstemperatur der Hauttemperatur, erfolgt die Wärmeabgabe nur in geringem Maße auf konvektivem Wege und primär durch die Schweißverdunstung. Bei einer höheren Umgebungs- als Hauttemperatur nimmt der Organismus auf konvektivem Wege entsprechend Wärme aus der Umgebung auf. Auch dieser Aspekt verdeutlicht den komplexen Zusammenhang von Thermoregulation, sportlicher Anforderung und externen Umgebungsbedingungen. Insbesondere im Hinblick auf thermoregulatorische Komponenten sind Laborstudienergebnisse im beschriebenen Zusammenhang nur bedingt auf Feldbedingungen transferierbar und bestimmte Verhaltenskonsequenzen, z. B. die Flüssigkeitsaufnahme, nur bedingt ableitbar.

2.2.3 Precooling mittels Ganzkörperkaltluftapplikationen (GKKLA$_{-110°\,C}$)

In diesem Kapitel werden Studien vorgestellt, die Effekte von Ganzkörperkaltluftapplikationen, die in einer Kältekammer mit einer Temperatur von minus 110° C (GKKLA$_{-110°\,C}$) durchgeführt werden, auf die sportliche Leistung überprüfen. Die dargestellten Studien zur Wirkung hoch dosierter Kaltluft repräsentieren ein Novum in der sportwissenschaftlichen Forschung. Auf die hohe Minustemperatur von minus 110° C wird zurückgegriffen, weil sie sich als effektivste Temperatur [54] in der Rheuma- und Schmerztherapie erwiesen hat (Fricke, 1984, 1988, 1989; Papenfuß, 2005).

Zu Beginn der thermoregulationsbasierten Forschung im sportwissenschaftlichen Kontext stellte sich die Frage, ob die Kaltluftapplikation überhaupt leistungspositive Effekte bewirkt und für eine Anforderungsvorbereitung geeignet sei. Die Resultate beziehen sich auf unterschiedliche sportmotorische Anforderungen sowie auf physiologische Parameter. Es werden im Hinblick auf den Kälteeffekt auch solche motorischen Anforderungen überprüft, die bislang wegen des potenziellen Verletzungsrisikos eine enge Affinität zu einer vorherigen Erwärmung aufweisen.

Zum Einfluss der GKKLA$_{-110°\,C}$ auf die Schnelligkeit
Zyklische Schnelligkeit
Der Vergleich von maximalen Tretkurbelfrequenzen gegen unterschiedlich hohe Widerstände (50 und 300 Watt) nach einer 2,5-minütigen GKKLA$_{-110°\,C}$ zeigt, dass nach der Kaltluftapplikation gegen beide Widerstände im Vergleich zum Kontrolltest höhere Frequenzleistungen erbracht werden. Bei 300 Watt fällt die Leistungsverbesse-

---

[54] Die Kältekammer (Zimmer MedizinSysteme GmbH) kann durchaus auch höhere Minustemperaturen (bis zu minus 180° C) produzieren.

rung deutlich höher aus als bei 50 Watt: Die Probanden erzielen nach der GKKLA$_{-110°\,C}$, die im Sinne eines PCpostV durchgeführt wird, bei

- *50 Watt eine Frequenzsteigerung von 3 rpm (188,6 ± 16,65 vs. 191,6 ± 14,64 rpm), bei*
- *300 Watt eine Frequenzsteigerung von 12 rpm (164,4 ± 26,43 vs. 176,2 ± 29,25 rpm) (vgl. dazu Joch et al., 2002).* [55]

Da für die Realisierung maximaler Tretkurbelfrequenzen bei 300 Watt die Maximalkraft einen leistungsdeterminierenden Parameter darstellt (Ückert, 2004), kann auf Grund der vorliegenden Ergebnisse abgeleitet werden, dass nach einer Kaltluftapplikation mittels GKKLA$_{-110°\,C}$ schnellkraftdominante Frequenzleistungen eine höhere Ausprägung aufweisen als rein zyklische Schnelligkeitsleistungen. Auch unter Bezug auf Oksa et al. (1995) wird deutlich: Bewegungen, die primär schnelligkeitsdominant sind, scheinen *kältesensibler* zu sein, und es wird eine größere Temperaturaffinität von Schnelligkeitsanforderungen deutlich. Eine Auskühlung der Muskulatur führt bei Schnelligkeitsanforderungen einerseits zu größeren Leistungseinbußen als bei Kraftanforderungen (Oksa et al., 1995), eine kurzfristige Kaltluftapplikation (GKKLA$_{-110°\,C}$) ohne Muskelauskühlung bewirkt hingegen Schnelligkeitsverbesserungen, die jedoch geringer sind als bei kraftdominanten Bewegungen (Joch et al., 2002). Der Kälteapplikationseffekt ist demzufolge fähigkeitsspezifisch und Schnelligkeitsanforderungen sind kältesensibler.

Resümee: Die zyklische Schnelligkeit verbessert sich nach einer GKKLA$_{-110°\,C}$ bei geringem Widerstand (50 Watt) um ca. 1,6 %, während die Leistungsverbesserung gegen einen höheren Widerstand (300 Watt) zu einer größeren Frequenzsteigerung (7 %) führt. Durch die Studie wird widerlegt, dass sich Kälteapplikationen generell negativ auf Schnelligkeitsleistungen auswirken.

Azyklische Schnelligkeit

In dieser Studie wird der Handballschlagwurf durchgeführt, zudem eine kurze (2,5-minütige), hoch dosierte Kaltluftapplikation (GKKLA$_{-110°\,C}$) praktiziert. Wie bei der zyklischen Schnelligkeit (s. o.) weicht das Ergebnis der GKKLA$_{-110°\,C}$-Variante vom Studienresultat Oksas et al. (1995) ab. Unmittelbar nach der GKKLA$_{-110°\,C}$ sinkt die Schlagwurfgeschwindigkeit bei Handballern, Spieler der 2. Bundesliga, von 82,16 auf 81,13 km/h ab, somit um 1,03 km/h (Rösener, 1999). Dies entspricht einer Leistungseinbuße von 1,25 %. Allerdings erhöht sich die Schlagwurfgeschwindigkeit 20 min nach der GKKLA$_{-110°\,C}$ auf 83,09 km/h, im Vergleich zur Geschwindigkeit unmittelbar nach der Kälteapplikation also um 1,96 km/h (2,4 %). Im Vergleich zum Kontrolltest ist die Wurfleistung 20 min nach der GKKLA$_{-110°\,C}$ um 1,13 % besser (Joch et al., 2002).

---

[55] Auf Grund der kleinen Stichprobe (n = 5) in dieser ersten Kälteuntersuchung (wie auch in der Studie zur isokinetischen Maximalkraft) entfallen Signifikanzüberprüfungen.

Unmittelbar nach der Kälteapplikation ist also die azyklische Wurfleistung negativ beeinflusst. Diese Untersuchung stellt insofern eine Erweiterung des Forschungsstandes dar, als gezeigt wird, dass nicht nur der kälteinduzierte Negativeffekt 20 min nach der Kälteapplikation kompensiert, sondern auch die Schnelligkeitsleistung verbessert wird.

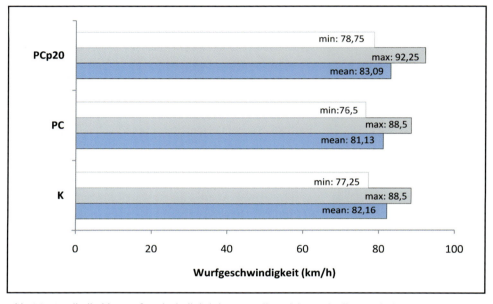

Abb. 26: Handballschlagwurfgeschwindigkeit im Kontrolltest (K), unmittelbar nach der GKKLA$_{-110°C}$ (PC) sowie 20 min nach der GKKLA$_{-110°C}$ (PCp20)

Der Effekt auf die Wurfgeschwindigkeit ist in positiver und negativer Richtung von der Terminierung der Wurfleistung nach der GKKLA$_{-110°C}$ abhängig: sie beträgt zwischen minus 1,25 und plus 2,4 %. Diese Leistungsveränderung ist auf Grund des hohen Leistungsniveaus der Probanden höher zu bewerten als bei geringerem Leistungsniveau. Die Leistungsverbesserung um 1,13 % fügt sich nahtlos in die internationalen Forschungsresultate zum Effekt von Kälteapplikationen bei Leistungssportlern ein (u. a. Myler et al., 1989; Arngrimsson et al., 2004). Die Studie zur azyklischen Schnelligkeitsleistung bestätigt somit die These, dass eine optimal terminierte GKKLA$_{-110°C}$ positiv auf Schnelligkeitsanforderungen wirkt.

Resümee: Kaltluftprecooling führt zu Verbesserungen der azyklischen Schnelligkeit. Die Schlagwurfgeschwindigkeit reduziert sich unmittelbar nach der GKKLA$_{-110°C}$ um 1,2 %, erhöht sich hingegen 20 min nach der GKKLA$_{-110°C}$ im Vergleich zum Kontrolltest um 1,1 %. Die kaltluftapplikationsinduzierte Verbesserung der azyklischen Schnelligkeitsleistung tritt somit zeitverzögert ein.

Zum Einfluss der GKKLA$_{-110°\,C}$ auf die Maximalkraft

Während Oksa et al. (1995) negative Wirkungen auf Schnelligkeit und Schnellkraft nachweisen, wird auch hier, wie bereits im Kontext der Schnelligkeit (s. o.), die Hypothese aufgestellt, dass eine hoch dosierte Kaltluftapplikation eine Muskelmehrdurchblutung bewirkt – anders als Kaltwasser – und somit zu einer Verbesserung von Kraftleistungen führt. Die Ergebnisse der eigenen Studie zum Effekt einer GKKLA$_{-110°\,C}$ auf die isokinetische Maximalkraft (Joch et al., 2002), die auf dem SRM-Hochleistungs-Ergometer (Schoberer Rad Messtechnik, Jülich, Deutschland) im isokinetischen Messmodus gemessen wird, zeigen, dass sich diese nach der GKKLA$_{-110°\,C}$ von 860,1 ± 149,0 auf 890,0 ± 149,12 Watt, insgesamt also um 29,9 Watt, erhöht. Dies bedeutet eine relative Leistungsverbesserung von 3,48 %. Da an dieser Studie Männer und Frauen teilnehmen, wird eine geschlechtsspezifisch differenzierte Ergebnisanalyse vorgenommen. Diese ergibt, dass die kälteapplikationsinduzierte Kraftzuwachsrate der Frauen, die geringere absolute Kraftwerte als die Männer aufweisen, höher als bei den Männern ist: Ihre isokinetische Maximalleistung beträgt im Kontrolltest 734,2 ± 43,17 Watt, nach der GKKLA$_{-110°\,C}$ 770,2 ± 58,15 Watt (Joch et al., 2002).

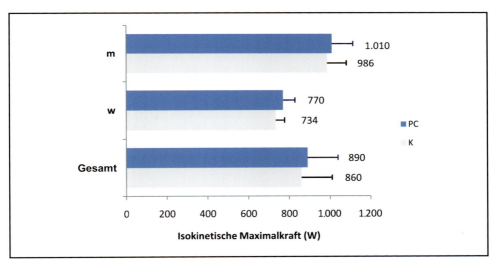

Abb. 27: Isokinetische Maximalkraft im Kontrolltest (K) und nach Precooling mittels GKKLA$_{-110°\,C}$ (PC) bei Männern (m) und Frauen (w) sowie der Gesamtgruppe (gesamt)

Diese Leistungsverbesserung von 36 Watt entspricht einer prozentualen Verbesserung von 4,9 %. Im Vergleich dazu erreichen die Männer im Kontrolltest 986 ± 95,23 Watt und erzielen nach der GKKLA$_{-110°\,C}$ mit 1.009,8 ± 103,77 Watt eine absolute Leistungsverbesserung von 23,8 Watt bzw. eine prozentuale von 2,41 %. Dass Männer höhere Kraftleistungen als Frauen erreichen, ist kein Novum. Hingegen war nicht zu erwarten, dass die Positivwirkung durch die GKKLA$_{-110°\,C}$ bei den Frauen größer ist. Als mögliche Erklärung dafür kann angenommen werden, dass Männer über geringere

Kraftreserven als Frauen verfügen und somit bei jenen eine Leistungsverbesserung generell, nicht nur durch den Kälteapplikationseinfluss, sondern auch durch Trainingsintervention nur mit höherem Aufwand erreicht wird. Diese Erklärung ist argumentativ an die Ursachenanalyse leistungsniveauspezifischer Interventionsunterschiede angelehnt: Gleiche Reize führen mit zunehmendem Leistungsniveau zu geringeren Effekten. Aus dieser Studie zur isokinetischen Maximalkraft (Joch et al., 2002) ist nicht generalisierend abzuleiten, dass Kälteapplikationen bei den Frauen zu größeren Leistungssteigerungen führen, denn das Wirkungsausmaß des Positiveffekts durch Kälteapplikation ist nicht geschlechtsabhängig. Dies kann für die motorische Ausdauer anhand der experimentellen Studien von Myler et al. (1989) und Arngrimsson et al. (2004) gezeigt werden. Somit gilt auch das vorliegende Ergebnis speziell[56] für die isokinetische zyklische (Maximal-)Kraft der Beine.

Resümee: Unmittelbar nach der GKKLA$_{-110°\,C}$ können Frauen ihre isokinetische zyklische Maximalkraft um 4,9 %, Männer um 2,4 % verbessern. Somit ist die Positivwirkung der GKKLA$_{-110°\,C}$ bei den Frauen größer als bei den Männern, deren Ursache in den geschlechtsspezifischen Kraftreserven zu liegen scheint.

Zum Einfluss der GKKLA$_{-110°\,C}$ auf die Ausdauer

Während durch Ganzkörperkaltluftapplikationen mit Temperaturen von 0-5° C und Applikationszeiten von durchschnittlich 40 min Verbesserungen der Ausdauer eingetreten sind (Schmidt & Brück, 1981; Hessemer et al., 1984; Lee & Haymes, 1995), steht die hier dargestellte eigene Studie (Ückert & Joch, 2008) vor dem Hintergrund, den Effekt einer hoch dosierten GKKLA$_{-110°\,C}$ bei kurzer Applikationsdauer (2,5 min) auf eine Ausdaueranforderung zu überprüfen. Hierbei stellt sich die Frage, ob die hohe Minustemperatur der Kältekammer eine positive Wirkung initiiert und wie hoch die qualitative Ausprägung der Leistungsveränderung ist. Dazu werden die Werte von 23 Probanden analysiert, die auf dem Laufband mit einer Geschwindigkeit von 95 % ihrer individuellen Maximalgeschwindigkeit, die separat in einem Stufentest ermittelt wurde, bis zum Leistungsabbruch laufen. Die individuelle Abbruchzeit dient als Leistungskriterium. Im Folgenden werden

- *die unmittelbaren Wirkungen der GKKLA$_{-110°\,C}$ auf die Tympanal- und Hauttemperatur dargestellt, die nach dem Verlassen der Kältekammer gemessen werden, sowie auf*
- *die Ausdauerleistung (Laufzeit) einerseits und auf*
- *die physiologischen Parameter während der Ausdaueranforderung andererseits.*

Die unmittelbare Wirkung der GKKLA$_{-110°\,C}$ auf die Tympanal- und Hauttemperatur äußert sich wie folgt: Die Tympanaltemperatur sinkt durch die Kälteapplikation

---

[56] Diese Einschränkung wird vorgenommen, weil Ergebnisse, die anhand azyklisch-linearer Bewegungen ermittelt werden, nicht in gleicher Form für zyklisch-rotatorische Bewegungen gelten (Ückert, 2004).

von 37,12 ± 0,37 auf 36,72 ± 0,43° C ab (p ≤ .001), somit um 0,4 ± 0,27° C. Die Hauttemperatur sinkt um 5,11 ± 1,78° C (p ≤ .001), und zwar von 34,68 ± 0,71 auf 29,56 ± 1,87° C. Die GKKLA$_{-110°\,C}$ bewirkt somit trotz der kurzen Applikationsdauer eine signifikante Reduktion der Tympanaltemperatur.[57]

Die Tests zur Überprüfung des Effekts der GKKLA$_{-110°\,C}$ auf die Ausdauerlaufleistung werden jeweils bei einer Raumtemperatur von 23° C und einer relativen Luftfeuchtigkeit von 56 % absolviert. Im Kontrolltest laufen die Probanden, die sich aus Frauen (n = 8) und Männern (n = 15) zusammensetzen, durchschnittlich 14:36 ± 04:04 min, nach der GKKLA$_{-110°\,C}$ verbessern sie sich auf 17:18 ± 04:58 min, laufen also 02:43 ± 03:21 min länger (p ≤ .01). Dies entspricht einer Leistungsverbesserung von 18,6 %. Die Männer verbessern sich nach der GKKLA$_{-110°\,C}$ um 03:12 ± 03:59 min (p ≤ .01), und zwar von 14:55 ± 04:08 auf 18:08 ± 05:10 min. Die Frauen steigern ihre Laufleistung von 13:59 ± 04:09 auf 15:46 ± 04:28 min (p ≤ .05), somit um 01:48 ± 01:27 min.

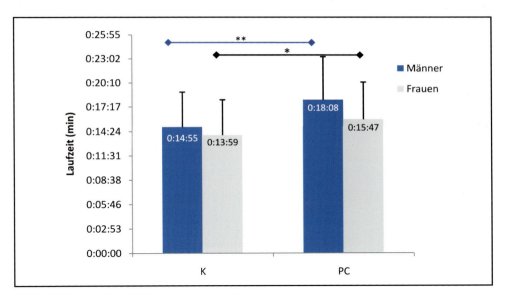

Abb. 28: Laufzeit bei 95 % der individuellen Maximalgeschwindigkeit von Männern und Frauen im Kontroll- (K) und Precoolingtest (PC) mittels GKKLA$_{-110°\,C}$; *= p ≤ .05, ** = p ≤ .01

Dies entspricht einer Leistungsverbesserung bei den Männern von 21 %, bei den Frauen von 12,8 %, somit einer höheren Leistungssteigerung bei den Männern als bei den Frauen. Die geschlechtsspezifische Laufzeitdifferenz ist hingegen nicht signifikant (p > .05).

---

57 Eine Beeinflussung der Messung durch die niedrige Ohr- bzw. Ohrkanaltemperatur kann an dieser Stelle ausgeschlossen werden, denn die Probanden tragen während der Applikationsdauer ein Stirnband, eine Mütze oder einen Ohrenschutz, sodass die Ohren abgedeckt und vor einer Auskühlung geschützt sind.

In dieser Studie wird auch der Einfluss der Kälteapplikationsdauer untersucht. Die gleichmäßig in zufällige Gruppen aufgeteilte Gesamtstichprobe wird jeweils über eine differente Zeitdauer (01:30, 02:00, 02:30 oder 03:00 min) mit der hoch dosierten Kaltluft in der Kältekammer appliziert. Es stellt sich heraus, dass die Kaltluftapplikationsdauer signifikant negativ mit der Leistungsverbesserung korreliert (r = -.595, p ≤ .01). Die Berechnung des Determinationskoeffizienten ergibt, dass 35 % des Varianzanteils der Variable *Laufzeitverbesserung* durch die Variable *Applikationsdauer* erklärt werden können. Die geringe Varianzaufklärung resultiert daraus, dass das Leistungsniveau der Probanden als Störvariable wirkt, wie die Berechnung einer Partialkorrelation zeigt. Bei der Berücksichtigung des Leistungsniveaus der Zufallsstichprobe fällt auf, dass die Gruppe, die 01:30 min in der Kältekammer verbringt, diejenige Gruppe mit dem niedrigsten Leistungsniveau ist. Wie durch mehrere Studien zur Kälteapplikation gezeigt wird, profitieren Probanden mit niedrigem Leistungsniveau vom Kälteeinfluss am meisten.

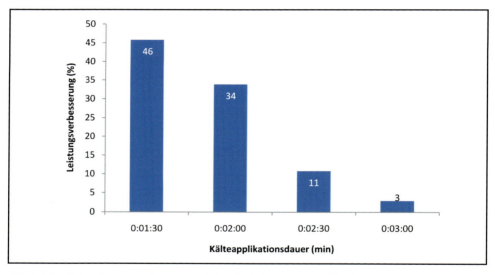

Abb. 29: Laufzeitverbesserung der Gesamtstichprobe bei 95 % der individuellen v_{max} in Relation zur Kälteapplikationdauer der GKKLA$_{-110°C}$

Weder die kürzeste Applikationsdauer von 01:30 min noch die längste von 03:00 min, bei der die geringsten Verbesserungen nachzuweisen sind, erweist sich, obwohl es sich hier nicht um die besten Leistungsgruppen handelt[58], als empfehlenswert. Im Hinblick auf die Leistungssteigerung liegt die optimale Applikationsdauer einer GKKLA$_{-110°C}$ zwischen 2:00 und 2:30 min.

---

58 Auf Grund des geringen bis mittelmäßigen Leistungsniveaus der Probanden ist die Einteilung in Leistungsschwache und Leistungsstarke eine Gratwanderung: Letztere repräsentieren die *besseren Leistungsschwachen*. Für eine explizite Aussage müsste ein breiteres Leistungsniveauspektrum vorliegen.

Die durchschnittliche Herzfrequenz beträgt während des Kontrolltests 171,92 ± 01,52 Schläge pro min, im Precoolingtest 180,08 ± 8,32 Schläge pro min (p > .05). Dies bedeutet, dass die längere Laufzeit nach dem Precooling mit einer insignifikant höheren Herzfrequenz als im Kontrolltest absolviert wird. In diesem Zusammenhang zeigen Joch und Ückert (2004b), dass bei gleicher Belastung die Herzschlagfrequenz nach einer GKKLA$_{-110°\,C}$ signifikant niedriger als im Kontrolltest ist. Dieser ökonomisierende Effekt wird somit auch in der vorliegenden Studie deutlich. Die reduzierende Wirkungsweise der GKKLA$_{-110°\,C}$ auf die Tympanaltemperatur ist auch während der intensiven Belastungsphase auf dem Laufband nachweisbar: Während der Laufanforderung ist die Tympanaltemperatur im Mittel um 0,41 ± 0,49° C niedriger (p ≤ .01): Sie beträgt im Kontrolltest 36,95 ± 0,57° C und nach der GKKLA$_{-110°\,C}$ nur 36,54 ± 0,53° C. Die Temperaturdifferenz zwischen dem Kontroll- und Precoolingtest ist auch bei Belastungsabbruch messbar: Die tympanale Abbruchtemperatur beträgt unter Kontrollbedingungen 37,91 ± 0,85° C, diejenige im Precoolingtest 37,48 ± 0,85° C. Diese Differenz von 0,42 ± 0,71° C ist signifikant (p ≤ .05). Die Probanden brechen in dieser Studie die Belastung nicht bei der kritischen Temperatur ab (vgl. Kap. 1), folglich im Kontroll- und Precoolingtest nicht bei jeweils gleicher Temperatur.

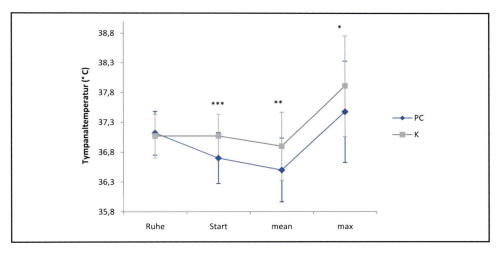

Abb. 30: Tympanaltemperatur im Kontrolltest (K) und nach Precooling mittels GKKLA$_{-110°\,C}$ in Ruhe, zu Beginn des Lauftests (Start), im Durchschnitt während des Lauftests (mean) und bei Abbruch (max); *: p ≤ .05; **: p ≤ .01; ***: p ≤ .001

Die Probanden laufen nach der GKKLA$_{-110°\,C}$ bei gleicher Laufgeschwindigkeit (95 % der v_{max}) länger, und dies zudem während der gesamten Belastungsphase bei einer geringeren Körperkerntemperatur.

Der Gesamtanstieg der Tympanaltemperatur ist im Kontrolltest (0,83 ± 0,78° C) geringfügig höher als nach dem Precooling (0,77 ± 0,92° C). Für diese geringere

Temperaturdifferenz ist die geringere Abbruchtemperatur ausschlaggebend. Die durch die Kaltluftapplikation im Vergleich zum Kontrolltest um ca. 0,4° C verringerte Tympanaltemperatur bleibt während der gesamten Belastungsphase auf diesem reduzierten Niveau. Dies bestätigt die temperaturreduzierende Wirkung der $GKKLA_{-110°\,C}$ sowohl unter Ruhe- als auch unter Belastungsbedingungen. Die durchschnittlichen (Blut-)Laktatwerte[59] sind während der Laufanforderung nach dem Precooling mittels $GKKLA_{-110°\,C}$ mit 7,07 ± 1,60 mmol/l höher (p ≤ .05) als unter Kontrollbedingungen (5,81 ± 1,75 mmol/l). Im Abbruchlaktat zeigen sich hingegen keine signifikanten Differenzen: 8,11 ± 1,59 mmol/l im Kontrolltest vs. 8,88 ± 1,97mmol/l nach der $GKKLA_{-110°\,C}$. Es besteht kein signifikanter Zusammenhang zwischen der positiven Wirkung der $GKKLA_{-110°\,C}$ auf die Laufleistung und körperkonstitutionellen Parametern: Für den Zusammenhang zwischen Laufleistung und Körpergröße gilt: r = .166 (p > .05), für Laufleistung und Körpergewicht r = .302 (p > .05) sowie für Laufleistung und Körperfett r = .236 (p > .05). Das subjektive Belastungsempfinden (Borg, 1998) unterscheidet sich unter Kontroll- und Precoolingbedingungen nicht statistisch bedeutsam. Die Probanden geben im Kontrolltest ein Belastungsempfinden von durchschnittlich 16,73 ± 1,95 rpe (rate of perceived exertion) an, nach der $GKKLA_{-110°\,C}$ 17,27 ± 1,35 rpe (p > .05). Zu berücksichtigen ist bei der Interpretation des nur geringfügig differierenden Belastungsempfindens, dass die Laufleistung nach der $GKKLA_{-110°\,C}$ deutlich länger ist als unter Kontrollbedingungen; die längere Laufzeit nach der $GKKLA_{-110°\,C}$ wird somit als nicht beanspruchender empfunden. Diese kälteapplikationsinduzierte positive Wirkung auf das subjektive Belastungsempfinden bei Sporttreibenden unter Belastungsbedingungen ist als äußerst bedeutsam einzuordnen.

Resümee: Eine $GKKLA_{-110°\,C}$ von durchschnittlich 02:20 min führt zu einer Reduzierung der Tympanaltemperatur um 0,4° C und der Hauttemperatur um 5,1° C. Nach der $GKKLA_{-110°\,C}$ wird eine Verbesserung der Laufzeit bei 95 % v_{max} von durchschnittlich 18,6 % erreicht. Die kälteapplikationsinduzierte längere Laufzeit geht mit einer signifikant niedrigeren Tympanaltemperatur einher, die Herzschlagfrequenz, das Abbruchlaktat und das subjektive Belastungsempfinden unterscheiden sich trotz der längeren Laufzeit nicht von den Werten unter Kontrollbedingungen. Anhand der Tympanaltemperatur wird demnach ein „Doppeleffekt" der $GKKLA_{-110°\,C}$ deutlich: Die Laufleistung wird verbessert, und dies bei niedrigerer tympanaler Temperatur. Anhand der Parameter Herzfrequenz, Laktat und Belastungsempfinden zeigt sich, dass bei verbesserter Laufleistung diese im Vergleich zum Kontrolltest unverändert, d. h. trotz besserer Leistung nicht höher sind. Die $GKKLA_{-110°\,C}$ reduziert die gesamtphysiologische Beanspruchung, einhergehend mit einem geringeren subjektiven Belastungsempfinden.

---

[59] In den Studien wird Blutlaktat, kein Muskellaktat gemessen. Im Folgenden wird der Begriff *Laktat* gleichsam für *Blutlaktat* verwendet, es sei denn, es ist begrifflich explizit als Muskellaktat ausgewiesen.

Zum Einfluss der GKKLA$_{-110°\,C}$ auf physiologische Parameter

Während Schmidt und Brück (1981), Brück (1987) und Hessemer et al. (1984) durch eine Ganzkörperkaltluftapplikation mit Kaltlufttemperaturen zwischen 0 und 5° C bei Ausdaueranforderungen u. a. eine Erhöhung des Sauerstoffpulses, eine Vergrößerung des Herzschlagvolumens, eine Reduzierung der Herzschlagfrequenz feststellen, wird in dieser Untersuchung (vgl. Joch & Ückert, 2004b) der Frage nachgegangen, ob nach einer hoch dosierten Kaltluftapplikation bei minus 110° C Effekte mit gleicher Wirkrichtung eintreten und ob diese auf Grund der deutlich höheren Minustemperatur größer sind. Dieses Resultat könnte dann für den sportlichen Anwendungsbereich, d. h. für Training und Wettkampf, von hoher Relevanz sein. In diesem Zusammenhang wird gleichsam überprüft, ob die GKKLA$_{-110°\,C}$ für Belastungsbedingungen, wie von Taghawinejad et al. (1989) im Rahmen einer therapeutischen Kälteapplikation mit minus 110° C Kaltluft bei Rheumapatienten gezeigt wird, und für Ruhebedingungen eine stimulierende Wirkung hat. Die Probandenstichprobe setzt sich in den beiden nachfolgenden Teilstudien aus 17 männlichen Sportlern zusammen, die über eine mittlere bis gehobene Ausdauerleistungsfähigkeit verfügen, jedoch nicht im leistungssportlichen Sinne auf Ausdauersportarten spezialisiert sind. In der ersten Teilstudie wird der Einfluss der GKKLA$_{-110°\,C}$ auf die Ruheherzfrequenz untersucht, in der zweiten Teilstudie der Einfluss der GKKLA$_{-110°\,C}$ auf die physiologischen Parameter Tympanaltemperatur, Herzfrequenz und Laktat während einer intervallartigen Ausdauerbelastung.

Ruheherzfrequenz

Während bislang nach Ganzkörperkaltluftapplikationen ausschließlich die Belastungsherzfrequenz untersucht wurde (z. B. von Schmidt & Brück, 1981; Hessemer et al., 1984; Olschewski & Brück, 1988; Kruk et al., 1990; Lee & Haymes, 1995), wird in dieser Studie die Ruheherzfrequenz nach einer GKKLA$_{-110°\,C}$ gemessen. Im Mittelpunkt des Interesses steht die Wirkrichtung der Kälteapplikation auf die Herzfrequenz, denn eine Wirkung in reduzierender Weise wäre ein Signal dafür, dass die GKKLA$_{-110°\,C}$ auch im regenerativen Sinne effektiv eingesetzt werden kann, und eine Wirkung in stimulierender Weise, wie Taghawinejad et al. (1989) – allerdings bei Patienten – feststellen, würde vielmehr gegen die ökonomisierende bzw. herzfrequenzreduzierende Wirkung der GKKLA$_{-110°\,C}$ sprechen.

In der Untersuchung wird vor dem Aufenthalt in der Kältekammer die Herzfrequenz während einer fünfminütigen Ruhephase im Sitzen gemessen. Anschließend erfolgt die GKKLA$_{-110°\,C}$ in der Kältekammer über eine Zeitspanne von 2,5 min. Unmittelbar danach schließt sich wiederum eine fünfminütige Ruhephase im Sitzen an.

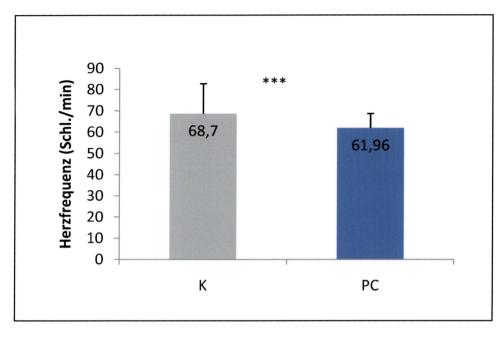

Abb. 31: Ruheherzfrequenz im Kontrolltest (K) und nach dem Precooling mittels GKKLA$_{-110°\,C}$ (PC); ***: p ≤ .001

Die Auswirkung einer GKKLA$_{-110°\,C}$ über eine Zeitdauer von 2,5 min auf die Ruheherzfrequenz zeigt sich in einer signifikanten Reduktion: Die Ruheherzfrequenz beträgt im Kontrolltest durchschnittlich 68,70 ± 14,04 Schläge pro min, nach der GKKLA$_{-110°\,C}$ 61,96 ± 9,67 Schläge pro min, ist somit nach der Ganzkörperkaltluftapplikation um 6,75 ± 6,14 Schläge pro min niedriger als im Kontrolltest (p ≤ .001). Es wird damit gezeigt, dass die Herzfrequenz nach einer GKKLA$_{-110°\,C}$ nicht nur unter ausdauerdominanten Belastungsbedingungen signifikant niedriger ist, sondern auch unter Ruhebedingungen. Dies deutet aber auch darauf hin, dass die Herzfrequenz nach der GKKLA$_{-110°\,C}$ nicht in stimulierender Weise beeinflusst wird. Dieses Resultat steht im Gegensatz zu den Ergebnissen von Taghawinejad et al. (1989), aber im Einklang mit denjenigen von Schmidt und Brück (1981), Hessemer et al. (1984), Olschewski und Brück (1988), die ebenfalls kaltluftapplikationsinduzierte Herzfrequenzreduktionen – allerdings unter Belastungsbedingungen – feststellen.

Messungen der Herzfrequenz während der Kaltluftapplikation in der Kältekammer sind aus messmethodischen Gründen (es können Messfehler und Gerätebeschädigungen eintreten) nicht durchgeführt worden. Insgesamt signalisiert das Ergebnis dieser Teilstudie zum Einfluss der GKKLA$_{-110°\,C}$ auf die Ruheherzfrequenz eine reduzierende Wirkungsweise auf die Herzfrequenz und damit eine potenzielle Positivwirkung für den Regenerationsprozess.

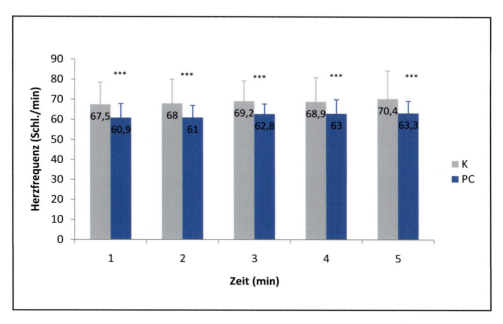

Abb. 32: Ruheherzfrequenz im Kontrolltest (K) und nach dem Precooling (GKKLA$_{-110°\,C}$); ***: $p \leq .001$

Resümee: Die Ruheherzfrequenz wird durch die GKKLA$_{-110°\,C}$ um 11 % reduziert. Die These von Taghawinejad et al. (1989), die hoch dosierte Kaltluftapplikation wirke stimulierend, wird somit falsifiziert und die These der reduzierenden bzw. ökonomisierenden Wirkung von Schmidt und Brück (1981), Hessemer et al. (1984), Olschewski und Brück (1988) u. a. bestätigt.

Tympanaltemperatur, Herzfrequenz und Laktat während Intervallanforderungen

In der zweiten Teilstudie absolvieren die Probanden nach einer GKKLA$_{-110°\,C}$ eine intervallartige Ausdaueranforderung auf dem Fahrradergometer (SRM) bei einer Umgebungstemperatur von 21° C und einer relativen Luftfeuchtigkeit von 45 %. Die Zeitspanne zwischen dem Verlassen der Kältekammer und dem Beginn des Belastungstests beträgt maximal 7 min. Zu Beginn der Ausdaueranforderung auf dem Ergometer erfolgt zur Anforderungsvorbereitung eine sechsminütige aktive Einfahrphase, in der anfänglich 3 min lang 130 Watt und danach 3 min lang 150 Watt geleistet werden. Unmittelbar daran schließt sich die 20-minütige Intervallanforderung an, während der im zweiminütigen Wechsel Belastungsintensitäten von 150 Watt (Erholungsintervall) und 250 Watt (Belastungsintervall) absolviert werden. Alle Belastungsabschnitte werden mit einer Tretkurbelfrequenz von 80 rpm gefahren. Die Wattleistung ist somit durch das Testdesign vorgegeben, die Wirkung der GKKLA$_{-110°\,C}$ wird anhand der physiologischen Parameter Herzfrequenz, Laktat und Tympanaltemperatur überprüft.

Die Herzfrequenz ist nach der GKKLA$_{-110°\,C}$ während der Vorbereitungs- und der 20-minütigen Belastungsphase signifikant niedriger als im Kontrolltest (p ≤ .001).[60] Damit werden die Ergebnisse von Hessemer et al. (1984), Brück (1987), Olschewski und Brück (1988), Kruk et al. (1990) sowie Lee und Haymes (1995) bestätigt, die als Folge der Kaltluftvorkühlung, allerdings bei 0° C, unter Belastungsbedingungen reduzierte Herzfrequenzen und eine Leistungsverbesserung nachweisen.

Tab. 3: Herzfrequenz pro Belastungsminute während der Vorbereitungsphase (1.-6. min) im Kontrolltest und nach der GKKLA$_{-110°\,C}$

	Vorbereitungsphase					
	1. min	2. min	3. min	4. min	5. min	6. min
	Herzfrequenz (Schl./min)					
Kontrolltest	120,9	124,6	128,1	134,6	138,0	140,9
GKKLA$_{-110°\,C}$	109,6	113,8	117,4	125,1	128,6	128,9
Differenz (abs.)	11,3	10,8	10,7	9,6	9,4	12
Differenz (%.)	9,3	8,7	8,4	7,1	6,8	8,5
Mean (%-Diff.)		8,8			7,4	
Mean (%-Diff.)			8,1			

Die Herzfrequenz ist während der 20-minütigen Intervallbelastung 5-6 % geringer (p ≤ .001), jedoch während der Anforderungsphase mit abnehmender Tendenz. So beträgt die Differenz in der 1.-6. min (Vorbereitungsphase) 8,1 % (p ≤ .001), in der 7.-16. min 6,6 % (p ≤ .05) und in der 17.-26. min 4,6 % (p > .05). Die absolute Herzfrequenzdifferenz beträgt während der Intervallbelastung (7.-26. min) durchschnittlich 8,85 Schläge pro min. Die Mittelwertdifferenzen der zweiminütigen Intervallphasen unterscheiden sich nicht: Die absolute Herzfrequenzdifferenz beträgt während der 150-Watt-Intervalle 8,87 ± 2,04 Schläge pro min und während der 250-Watt-Intervalle 8,82 ± 2,20 Schläge pro min (p > .05).

---

[60] Zwei Probanden haben die Intervallbelastung im Kontrolltest in der 20. bzw. 24. Minute abgebrochen. Nach der GKKLA$_{-110°\,C}$ haben jedoch alle Probanden, auch diejenigen, die im Kontrolltest die Vorgabeleistung nicht über die gesamte Zeitdauer absolvieren konnten, die Belastung vollständig absolviert.

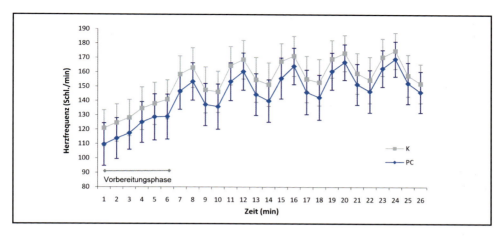

Abb. 33: Herzfrequenz während der intervallisierten Ausdaueranforderung über 26 min mit fünf Phasen zu je 250 und 150 Watt inklusive Vorbereitung von 6 min (130 und 150 Watt)

Tab. 4: Herzfrequenz pro Belastungsminute während der Intervallanforderung (7.-26. min) im Kontrolltest und nach einer GKKLA$_{-110°C}$

	250 Watt		150 Watt		250 Watt		150 Watt		250 Watt	
	7. min	8. min	9. min	10. min	11. min	12. min	13. min	14. min	15. min	16. min
	Herzfrequenz (Schl./min)									
Kontrolltest	158,5	163,1	147,5	146,2	164,5	168,7	154,6	151,4	167,5	171,2
GKKLA$_{-110°C}$	146,7	153,4	137,4	135,9	153,4	160,4	144,4	139,9	155,7	164,2
Differenz (abs.)	11,8	9,6	10,2	10,3	11,1	8,3	10,2	11,4	11,8	7,1
Differenz (%.)	7,42	5,92	6,9	7,04	6,76	4,92	6,62	7,54	7,02	4,12
Mean (%-Diff.)	6,6									

	150 Watt		250 Watt		150 Watt		250 Watt		150 Watt	
	17. min	18. min	19. min	20. min	21. min	22. min	23. min	24. min	25. min	26. min
	Herzfrequenz (Schl./min)									
Kontrolltest	155,1	152,9	169,2	173,3	159,2	154,5	170,5	175,1	157,7	152,1
GKKLA$_{-110°C}$	146,1	142,4	160,6	167,0	151,5	146,6	162,7	169,3	152,4	146,2
Differenz (abs.)	9,1	10,5	8,6	6,3	7,7	7,9	7,8	5,8	5,4	6,0
Differenz (%.)	5,84	6,85	5,07	3,64	4,81	5,1	4,59	3,3	3,41	3,92
Mean (%-Diff.)	4,6									

Eine explizite Analyse der Belastungsintervalle, bei der die minütlichen Unterschiede fokussiert werden, verdeutlicht, dass die Herzfrequenzdifferenz jeweils in der zweiten Minute der 250-Watt-Intervalle deutlich geringer als in der ersten Minute des gleichen

Intervalls und auch geringer als während der 150-Watt-Intervalle ist. Während somit die Herzfrequenzdifferenzen mit zunehmender Belastungsdauer in allen Belastungsintervallen abnehmen, ist die Differenz insbesondere in der zweiten Minute des intensiven Belastungsintervalls von 250 Watt gering. Somit wird durch diese Studie nachgewiesen, dass unter den beschriebenen Anforderungsbedingungen eine GKKLA$_{-110°\,C}$ die Herzfrequenz in reduzierender Weise reguliert, allerdings ist darauf hinzuweisen, dass die herzfrequenzreduzierende Wirkung der GKKLA$_{-110°\,C}$ mit zunehmender Zeitdauer sowie bei hoher Belastungsintensität geringer als zu Beginn der Belastung sowie bei geringerer Belastungsintensität ist. Die ökonomisierende Wirkung der GKKLA$_{-110°\,C}$ wird auch anhand der Laktatwerte deutlich: Diese sind zu den Messzeitpunkten nach der Ganzkörperkaltluftapplikation, das heißt in der achten ($p \leq .01$) und 16. Belastungsminute ($p > .05$), niedriger als im Kontrolltest. Am Belastungsende ist dieser Effekt nicht mehr nachweisbar, die (Blut-)Laktatwerte differieren hier nicht. Dieses Ergebnis weist auf einen kaltluftapplikationsinduzierten Einfluss auf die Energiebereitstellung zugunsten des aeroben Energiestoffwechsels hin.

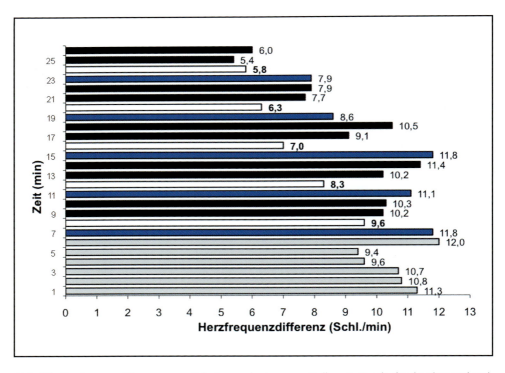

Abb. 34: Herzfrequenzdifferenzen pro Belastungsminute; graue Balken: 1.-6. min (Vorbereitungsphase), blaue Balken: 1. min des 250-Watt-Intervalls, weiße Balken: 2. min des 250-Watt-Intervalls, schwarze Balken: 1. und 2. min des 150-Watt-Intervalls

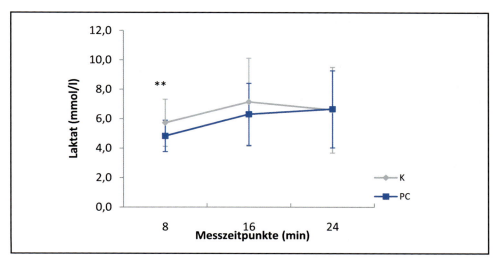

Abb. 35: Laktat in der 8., 16. und 24. Belastungsminute im Kontroll- (K) und Precoolingtest mittels GKKLA$_{-110°C}$ (PC); **:p ≤ .01

Als Ursache wird die bessere Blut- und somit Sauerstoffversorgung auf Grund der Blutvolumenverschiebung zugunsten des Körperkerns bzw. der (Arbeits-)Muskulatur angeführt. Für die sportliche Leistungsfähigkeit ist dieser Aspekt von großer Bedeutung. Entgegen der Erwartung ist die Tympanaltemperatur nach dem Precooling mittels GKKLA$_{-110°C}$ während der Intervallbelastung geringfügig höher als unter Kontrollbedingungen, wenn auch nur in der 17. min signifikant (p ≤ .05).

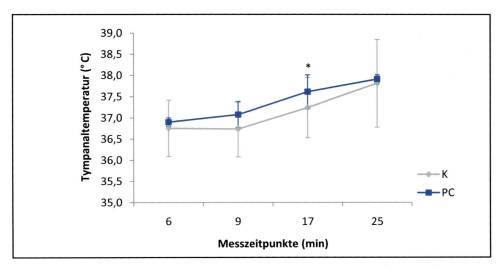

Abb. 36: Mittelwerte und Standardabweichungen der Tympanaltemperatur in der 6., 9., 17. und 25. Belastungsminute im Kontroll- (K) und Precoolingtest mittels GKKLA$_{-110°C}$ (PC); *:p ≤ .05

Die hoch dosierte Kaltluft von minus 110° C bewirkt keine Veränderungen der Tympanaltemperatur während der intensiven intervallartigen Belastung. Auch ein kälteapplikationsinduzierter Afterdrop-Effekt (Schmidt & Brück, 1981; Olschewski & Brück, 1988; Webb, 1986 u. a.) ist nicht zu beobachten.

Resümee: Eine 2,5-minütige $GKKLA_{-110°\,C}$ bewirkt während einer anschließenden intensiven intervallartigen Ausdaueranforderungen mit Vorgabeleistungsprotokoll auf dem Fahrradergometer niedrigere Herzfrequenz- und Laktatwerte im Vergleich zum Kontrolltest. Die Positivwirkung der $GKKLA_{-110°\,C}$ auf die Parameter Herzfrequenz und Blutlaktat reduziert sich mit zunehmender Belastungsdauer. Die Tympanaltemperatur wird während der Intervallanforderung nach der $GKKLA_{-110°\,C}$ nicht nachhaltig in reduzierender Weise beeinflusst.

Unter Bezug auf die einschlägigen Untersuchungsergebnisse ist davon auszugehen, dass die Studienresultate, d. h. in erster Linie die Ökonomisierung der Herzfrequenz, auf eine Vergrößerung des Herzschlagvolumens und auf eine verbesserte Sauerstoffausnutzung des Blutes zurückzuführen sind (Schmidt & Brück, 1981; Hessemer et al., 1984; Olschewski & Brück, 1988; Lee & Haymes, 1995; Waller & Haymes, 1996; Joch & Ückert, 2004b). Dieses Phänomen tritt sowohl unter Belastungs- als auch unter Ruhebedingungen auf. Weiterhin wird durch diese Studie deutlich, dass die $GKKLA_{-110°\,C}$ in genannter Form über die therapeutischen Wirkungszusammenhänge hinaus (Senn, 1985; Fricke, 1986 und 1988; Birwe et al., 1989; Taghawinejad et al., 1989; Senne, 2001; Papenfuß, 2005 u. a.) auch in sportlichen Kontexten in ökonomisierender Weise effektiv ist. Dies bezieht sich vor allem auf die Vorbereitungsphase für (Ausdauer-)Anforderungen und, wie durch die Teilstudie zur Ruheherzfrequenz angedeutet, möglicherweise auch für die Regenerationsphase.

Herzfrequenzvariabilität

Die Herzfrequenzvariabilität (HRV = Heart Rate Variability), die als Phänomen der Inkonstanz der Herzschlagfolge schon seit über 100 Jahren bekannt ist, deren Messung jedoch erst durch den Einsatz von leicht handhabbaren und mobilen Messgeräten unter anwendungsorientierten sportwissenschaftlichen Fragestellungen methodisch in praktikabler Weise möglich wurde, stellt einen Indikator für die körperliche Fitness und Leistungsfähigkeit dar und kann zur Trainingssteuerung und Bestimmung des Trainingszustandes genutzt werden (Neumann et al., 1999; Berbalk & Neumann, 2002).[61] Nach bisherigen Erkenntnissen gilt als gesichert, dass

- *je höher die HRV in Ruhe ist, desto geringer ist die Ruhe- und die Belastungsherzfrequenz – als Kriterium für den Leistungszustand und die spezielle Anpassung an Belastungen –,*

---

[61] Die Forschungsaktivität zu dieser Thematik, die neben medizinischer Anwendung auch arbeitsphysiologische und sportwissenschaftliche (Hottenrott, 2002 und 2004 u. a.) Intentionen verfolgt, hat sich deutlich verstärkt.

- *je höher die HRV in Ruhe ist, desto besser ist die Erholungsherzfrequenz – als Kriterium für die allgemeine Erholungsfähigkeit des Organismus –,*
- *je höher die HRV in Ruhe ist, desto schneller erfolgt die Regeneration – als Kriterium für eine schnelle Wiederherstellung des Organismus nach Belastungen –,*
- *je höher die HRV in Ruhe ist, desto geringer ist die individuelle Beanspruchung – als subjektives Kriterium der Beanspruchung.*

Diese Erkenntnisse zur HRV sowie die Untersuchungsresultate zur GKKLA$_{-110°\,C}$ im sportlichen Kontext, die in großer Übereinstimmung zeigen, dass es zu einer verbesserten Leistungsmobilisation kommt (Joch et al., 2002; Joch & Ückert 2003 u. a.), führten zu dem Vorhaben, die Wirkung der spezifischen Variante der GKKLA$_{-110°\,C}$ auch auf die Herzfrequenzvariabilität im Sinne eines Diagnoseinstruments sowohl für die Adaptionsfähigkeit des Organismus als auch für den körperlichen Trainingszustand experimentell zu überprüfen. Dazu werden Studien zum Effekt einer GKKLA$_{-110°\,C}$ auf die HRV unter Ruhebedingungen und weiterhin unter aktiven Erholungsbedingungen durchgeführt (vgl. dazu Joch & Ückert, 2004b; Ückert & Joch, 2003a und 2004). In diesen Studien wird erstmals unter trainingswissenschaftlicher Perspektive der Einfluss überprüft, den eine GKKLA$_{-110°\,C}$ auf die Herzfrequenzvariabilität ausübt.

HRV unter Ruhebedingungen

In dieser Studie wird die Herzfrequenzvariabilität unter Kontroll- und GKKLA$_{-110°\,C}$-Bedingungen über eine Zeitdauer von 5 min in sitzender Ruheposition bei einer Labortemperatur von 21° C und einer relativen Luftfeuchtigkeit von 48 % aufgezeichnet. Danach erfolgten ein 2,5-minütiger Aufenthalt in der Kältekammer und im unmittelbaren Anschluss daran erneut eine Herzfrequenzvariabilitätsmessung unter Ruhebedingungen. Unter dem Einfluss der GKKLA$_{-110°\,C}$ verändern sich die *Time-Domain*-Parameter der Herzfrequenzvariabilität (vgl. Hottenrott, 2002 und 2004), die auf eine vorrangige parasympathikotonische Aktivität hinweisen, im Vergleich zu ihrer Ausprägung im Kontrolltest hochsignifikant ($p \leq .001$).

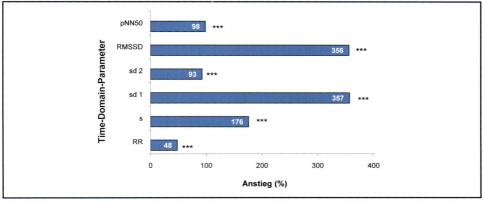

Abb. 37: Prozentualer Anstieg der Time-Domain-Parameter der HRV nach einer GKKLA$_{-110°\,C}$; ***:$p \leq .001$

Die Zeitbereichsanalyse[62] der Herzfrequenzvariabilität liefert folgende Ergebnisse: Die RR-Intervalle, welche die durchschnittliche Herzzeitintervallrate repräsentieren, steigen infolge der GKKLA$_{-110°\,C}$ um 49 % an (p ≤ .001). Die Standardabweichung der Herzfrequenzabweichung (s) erhöht sich nach der GKKLA$_{-110°\,C}$ um 175 % (p ≤ .001). Die Standardabweichung, entsprechend dem vertikalen Durchmesser des Streuungsdiagramms der RR-Variation (SD 1), steigt unter der Einwirkung der GKKLA$_{-110°\,C}$ um 366 % an (p ≤ .001) und auch der SD-2-Wert, d. h. die Standardabweichung entsprechend dem horizontalen Durchmesser des Streuungsdiagramms der RR-Variation, erhöht sich nach der GKKLA$_{-110°\,C}$ um 93 % (p ≤ .001). Der RMSSD-Wert, der die Quadratwurzel des quadratischen Mittelwerts der Summe aller Differenzen zwischen benachbarten RR-Intervallen repräsentiert, steigt um 300 % an (p ≤ .001). Je höher dieser RMSSD-Wert ist, desto höher ist die parasympathische Aktivität. Und auch der pNN50-Wert, der die Prozenthäufigkeit derjenigen Intervalle angibt, die mindestens eine Abweichung von 50 ms vom vorausgehenden Intervall aufweisen, wird um etwa 100 % erhöht (p ≤ .001). Somit werden alle dargestellten Zeitbereichsparameter der Herzfrequenzvariabilität, die auf eine dominante Aktivität des Parasympathikus hinweisen, deutlich erhöht, woraus eine positive Beeinflussung der HRV resultiert. Es wird demnach experimentell nachgewiesen, dass einerseits die Herzfrequenzvariabilität unter Ruhebedingungen nach der GKKLA$_{-110°\,C}$ deutlich und statistisch hochsignifikant (p ≤ .001) erhöht wird, und dass andererseits der Kälteapplikationseinfluss umso deutlicher ausfällt, je besser der Trainingszustand ist (Ückert & Joch, 2003a). Wegen der Affinität der Ruheherzfrequenzvariabilität zur parasympathikotonischen Arbeitsweise ist eine verstärkende Wirkung der Ganzkörperkälteapplikation im Hinblick auf die Regeneration anzunehmen (vgl. auch dazu Hottenrott, 2004). Die unter den Bedingungen eines guten Trainingszustandes besonders deutlich in Erscheinung tretende Wirkung ist auch der Abbildung zu entnehmen.

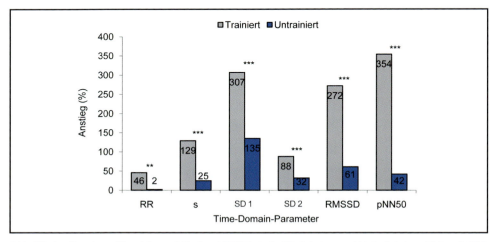

Abb. 38: Anstieg der zeitbereichsanalytischen HRV-Werte bei Trainierten und Untrainierten; ***: p ≤ .001

---

62 Bezüglich der HRV-Fachtermini wird auf Hottenrott (2004) verwiesen.

Auf der Grundlage dieser Ergebnisse lässt sich die Überlegung entwickeln, ob nicht einerseits durch bzw. im Anschluss an ganzkörperliche Kaltluftmaßnahmen (GKKLA$_{-110°\,C}$) positive regenerative Wirkungen erzielt werden können, die sich positiv auf die Herzfrequenzvariabilität im Sinne einer Erhöhung der relevanten Werte auswirken, und ob andererseits der Grad der Wirksamkeit dieser Kältemaßnahmen in Abhängigkeit vom Trainingszustand, der durch eine niedrige Herzfrequenz bzw. durch eine hohe Herzfrequenzvariabilität als Ausdruck eines gut an Belastungen angepassten kardiopulmonalen Systems deutlich wird, gesteigert werden kann. Die HRV wäre dann im Zusammenwirken mit der spezifischen GKKLA$_{-110°\,C}$ geeignet, leistungssportlich bedeutsame Informationen zu vermitteln, insbesondere weil sie durch ihre parasympathische Affinität regenerative Tendenzen insofern provoziert, als sie die Höhe des erreichten Messwerts vor und nach Belastung in Verbindung mit geeigneten Kälteapplikationsmaßnahmen und die Umstellung des vegetativen Systems von sympathikotonischen auf parasympathische Ruhebedingungen präzise anzeigt.

Resümee: Die HRV, die einen Indikator für die Leistungsfähigkeit des kardiopulmonalen Systems darstellt, wird durch die GKKLA$_{-110°\,C}$ positiv beeinflusst. Zusammenfassend ergibt die Zeitbereichsanalyse der Herzfrequenzvariabilität im Vergleich von weniger trainierten und trainierten Personen, dass unter dem Einfluss einer GKKLA$_{-110°\,C}$ diejenigen HRV-Parameter, die insbesondere die Parasympathikusaktivität anzeigen, bei Probanden mit gutem Ausdauertrainingszustand gegenüber dem Kontrolltest um ein Vielfaches höher sind als bei Untrainierten. Dies bedeutet, dass im Hinblick auf die Aktivierung des Parasympathikus Trainierte besser auf die GKKLA$_{-110°\,C}$ reagieren als Untrainierte.

HRV bei aktiver Erholung

Die Herzfrequenzvariabilität wird in dieser Studie während einer intervallartigen Belastung auf dem Fahrradergometer in den zweiminütigen, aktiven Erholungsphasen analysiert, das heißt bei einer Leistung von 150 Watt und einer Tretkurbelfrequenz von 80 rpm.[63] Daraus ergeben sich die fünf Messzeitpunkte in den Erholungsphasen E1 (9. und 10. min), E2 (13. und 14. min), E3 (17. und 18. min), E4 (21. und 22. min) und E5 (25. und 26. min). An der Studie nehmen 17 männliche Probanden teil, die ein mittleres bis hohes Ausdauerleistungsniveau aufweisen (s. o.), das sich in einer maximalen Wattleistung von 375 Watt in einem Stufentest (25/25/3/80)[64] auf dem Fahrradergometer zeigt.

---

[63] In dieser Studie wird das gleiche Belastungsprofil wie in der Studie zum Effekt der GKKLA$_{-110°\,C}$ auf die physiologischen Parameter verwendet (vgl. auch Joch & Ückert, 2004a) und es werden die gleichen Probanden rekrutiert.

[64] 25/25/3/80: Anfangswiderstand: 25 Watt, Belastungssteigerung pro min: 25 Watt, Stufendauer: 3 min, Tretkurbelfrequenz: 80 rpm. Die Probanden sind in einer umfassenden Untersuchungsreihe erfasst; der Ausbelastungsstufentest ist 14 Tage vor dem intervallisierenden Test durchgeführt worden.

Während der Intervallanforderung sinkt die Herzfrequenzvariabilität im Kontroll- und im Precoolingtest in hyperbolischer Verlaufsform. Demnach erfolgt in den Erholungsphasen von E1 bis E5 hinsichtlich der Herzfrequenzvariabilität und auch der Herzfrequenz (Joch & Ückert, 2004a und 2004b) ein Ermüdungsanstieg, der im Folgenden als *Erholungs-* bzw. *Regenerationsdefizit* bezeichnet wird. Schon vielfach ist auf den Zusammenhang zwischen Herzfrequenzvariabilität und Regeneration hingewiesen worden (Israel 1976; König et al., 2003 u. a.). Der Vergleich der Herzfrequenzvariabilität unter $GKKLA_{-110°C}$- und Kontrollbedingungen zeigt, dass die HRV während der aktiven Erholungsphasen generell höher als während der Belastungsphasen ist (Joch & Ückert, 2004a; Ückert & Joch, 2004). Dies kann für alle Messzeitpunkte (E1 bis E5) statistisch signifikant ($p \leq .001$) abgesichert werden und ist auf die zu diesen Zeitpunkten niedrigere Wattleistung und somit geringere individuelle Beanspruchung zurückzuführen, die anhand der reduzierten Herzfrequenzwerte deutlich wird. In diesem Kontext sei auf den negativen Zusammenhang von HRV und Herzfrequenz hingewiesen, und darauf, dass mit ansteigender Belastungsintensität die Herzfrequenz linear und die HRV in hyperbolischer Form abnimmt. Die Studienergebnisse signalisieren, dass die HRV nach der $GKKLA_{-110°C}$ signifikant höher ist als unter Kontrollbedingungen. Die erhöhte HRV wird u. a. an der Zunahme des SD-Wertes um 60 % deutlich (Ückert & Joch, 2004). Die eindeutig höhere Herzfrequenzvariabilität unter Erholungsbedingungen ist für die Trainings- bzw. Belastungssteuerung im Hinblick auf die Regenerationsgestaltung von großer Bedeutung. Der HRV-Kurvenverlauf der Gesamtgruppe während der Kontroll- und $GKKLA_{-110°C}$-Anforderung verdeutlicht tendenziell einen nach rechts geöffneten, scherenförmigen Verlauf. Die durch Kaltluftapplikation induzierte HRV-Differenz nimmt im Vergleich zum Kontrolltest mit zunehmender Belastungsdauer und demnach ansteigender individueller Beanspruchung zu. Diese ansteigende Differenz deutet auf eine mit der Zeitdauer zunehmende Positivwirkung der $GKKLA_{-110°C}$ hin.

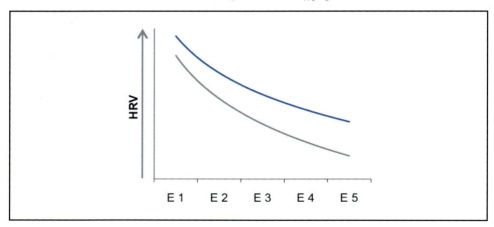

Abb. 39: Mittelwerte des HRV-Verlaufs im Kontrolltest (grau) und nach $GKKLA_{-110°C}$ (blau) in den aktiven Erholungsphasen E1 bis E5 (je 2 min, 150 W, 80 rpm); HRV gilt hier als Repräsentant für die Time-Domain-Parameter.

Wird die Gesamtgruppe in eine Leistungsgruppe 1 (LG 1, zu der diejenigen gezählt werden, die im Stufentest eine Maximalleistung von mindestens 325 Watt erreichen; n = 8) und in eine Leistungsgruppe 2 (LG 2, zu der diejenigen gezählt werden, die eine Maximalleistung von mindestens 375 Watt erreichen; n = 9) differenziert, zeigen sich deutliche Unterschiede in der Wirkung der GKKLA$_{-110°\,C}$ auf die HRV. Einerseits wird für beide Leistungsgruppen deutlich, dass mit zunehmender Belastungsdauer die Kältewirkung auf die HRV ansteigt – im Unterschied zum Effekt der GKKLA$_{-110°\,C}$ auf die Belastungs-HRV (Joch & Ückert, 2004a) –, andererseits ist bei der Leistungsgruppe 1 während der gesamten Belastungszeit dieser Kälteeffekt auf die aktive Erholungs-HRV weniger deutlich als bei der LG 2: Die GKKLA$_{-110°\,C}$ übt auf die HRV der LG 2, der leistungsstärkeren Gruppe, größere Effekte aus als auf die HRV der LG 1. Daraus resultiert, dass die LG 2 besser auf den hoch dosierten Kältereiz anspricht als die LG 1. Insgesamt ist für die LG 2 eine größere Variationsbreite der HRV – in diesem Fall: ein stärkerer HRV-Gesamtabfall – während der Ausdaueranforderung, aber auch ein größeres Effektausmaß nachweisbar.

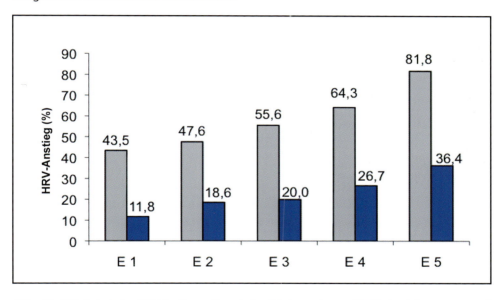

Abb. 40: *Kälteinduzierter HRV-Anstieg während der Erholungsphasen E1-E5 der Leistungsgruppe 1 (graue Balken) und 2 (blaue Balken)*

Der Positiveffekt der GKKLA$_{-110°\,C}$ wird auch am Regenerationsindex (Reg-Index) deutlich, der die prozentuale Differenz zwischen der HRV zu den Zeitpunkten E1 und E5 beschreibt, d. h. den Gesamtabfall der HRV in Prozent von der ersten bis zur fünften aktiven Erholungsphase. Der Reg-Index ist bei allen HRV-Parametern, die sowohl mittels Gesamt- als auch Zeitbereichsanalyse ermittelt werden, nach der GKKLA$_{-110°\,C}$ deutlich geringer als im Kontrolltest ($p \leq .001$).

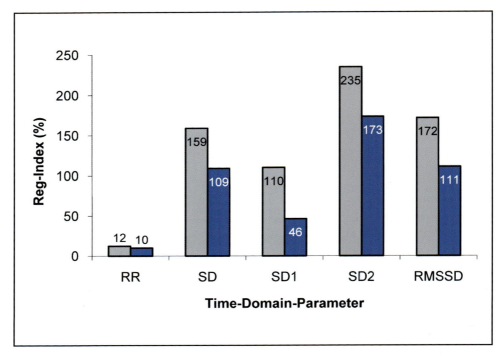

Abb. 41: Regenerationsindex im Kontrolltest (graue Balken) und nach der GKKLA$_{-110°\,C}$ (blaue Balken) der Gesamtgruppe anhand ausgewählter Time-Domain-Parameter der HRV

Resümee: Eine GKKLA$_{-110°\,C}$ vor einer sportlichen Anforderung bewirkt, dass während aktiver Erholungsphasen mit ansteigender individueller Beanspruchung die HRV im Vergleich zum Kontrolltest deutlich höhere Werte aufweist und dass der Reg-Index der HRV reduziert wird. Der positive Effekt der GKKLA$_{-110°\,C}$ ist abhängig vom Leistungsniveau: Je besser der Leistungszustand, desto größer ist der Positiveffekt auf die HRV. Die GKKLA$_{-110°\,C}$ bewirkt eine insgesamt geringere individuelle Beanspruchung während der aktiven Erholungsphasen und eine potenziell bessere aktive Regenerationsfähigkeit bei intervallartigem Anforderungsprofil.

Während in dieser Studie der Effekt der GKKLA$_{-110°\,C}$ auf die Herzfrequenzvariabilität unter aktiven Erholungsbedingungen untersucht wird (Ückert & Joch, 2004), widmet sich eine weitere Studie (Joch & Ückert, 2004a) dem Effekt der GKKLA$_{-110°\,C}$ auf die HRV bzw. auf eine Auswahl ihrer Teilkomponenten (RR, s, SD 1, SD 2, RMSSD und pNN50) während intensiver Belastungsphasen (250 Watt). Auf Grund der mit der HRV-Regenerationsstudie übereinstimmenden Test- und Rahmenbedingungen wird im Sinne des erkenntnisleitenden Interesses und einer Informationszusammenfassung lediglich der Haupteffekt und der Unterschied zur oben dargestellten Studie (Ückert & Joch, 2004) präsentiert. Im Gegensatz zu den Ergebnissen des Effekts der GKKLA$_{-110°\,C}$

auf die HRV unter aktiven Erholungsbedingungen sinkt bei höheren Belastungen (250 Watt) die positive Kältewirkung, die sich in einer erhöhten Herzfrequenzvariabilität äußert, mit zunehmender individueller Beanspruchung bzw. Zeitdauer ab. Übereinstimmend mit den Ergebnissen zum Kaltluftapplikationseffekt auf die HRV während der aktiven Erholungsphasen bei 150 Watt ist die positive Kältewirkung während der Belastungsphasen bei den weniger trainierten Probanden signifikant geringer ($p \leq .01$) als bei den besser trainierten. Somit ist auf der Grundlage dieser Studie festzuhalten, dass die positive Wirkung durch eine $GKKLA_{-110° C}$ auf die Herzfrequenzvariabilität während der intensiven Belastungsintervalle von 250 Watt umso höher ist, je geringer die individuelle Beanspruchung und je besser der Leistungszustand ist (vgl. dazu Joch &Ückert, 2004a). Insgesamt ist somit der ökonomisierende Effekt der $GKKLA_{-110° C}$ auf die HRV jeweils während der different intensiven Anforderungsphasen (150 und 250 Watt) nachweisbar, bei höherer Belastungsintensität ist dieser jedoch geringer.

Fazit zum Einfluss einer $GKKLA_{-110° C}$

Die Ganzkörperkaltluftapplikation bei minus 110° C ($GKKLA_{-110° C}$) wirkt sich auf unterschiedliche motorische Anforderungen, wie anhand der Studien über den Effekt der $GKKLA_{-110° C}$ auf die Schnelligkeit, Kraft sowie Ausdauer gezeigt wird, die – wenn alle Studien berücksichtigt werden –, bei einer Umgebungstemperatur von durchschnittlich 23° C und einer relativen Luftfeuchtigkeit von 51 % durchgeführt werden, generell leistungspositiv aus. Die Positivwirkung zeigt sich in einer fähigkeitsunspezifischen Leistungsverbesserung von 6,9 %, doch setzt sich dieser Mittelwert aus Werten unterschiedlicher motorischer Anforderungen zusammen. Die fähigkeitsspezifische Effektanalyse ergibt eine Zunahme

- der zyklisch-rotatorischen Schnelligkeit von 4,3 %,
- der azyklischen Schnelligkeit (Handballschlagwurf) von 1 %,
- der isokinetischen Maximalkraft (Rad) von 3,65 % und
- der intensiven Ausdauerleistung (Lauf) von 18,6 %.

Diese Studien sind die bislang einzigen zur Überprüfung des Effekts einer $GKKLA_{-110° C}$ auf die sportliche Leistung. Sie signalisieren die positive Wirkrichtung und stellen die Basis für vertiefende Forschungs- und Anwendungsfragen zu dieser Thematik dar. Es werden auch systematische Effekte der $GKKLA_{-110° C}$ auf physiologische Parameter deutlich, die Grundlage für Leistungsverbesserungen sind. Der größere Effekt der Ganzkörperkaltluftapplikation auf die Ruhewerte wird durch die Effekte auf die Herzfrequenzvariabilität unter Ruhe- (Ückert & Joch, 2003a) und aktiven Regenerationsbedingungen (Ückert & Joch, 2004) bestätigt. Es hat sich weiterhin in den eigenen Untersuchungen herausgestellt, dass bei einer $GKKLA_{-110° C}$ nicht durch die längste Applikationsdauer die größten Leistungsverbesserungen erzielt werden, sondern durch eine Applikationsdauer zwischen 02:00 und 02:30 min.

2.2.4 Teilkörperkaltluftapplikationen bei minus 30° C

In diesem Kapitel werden Studienresultate zum Effekt von Teilkörperkaltluftapplikationen mittels Kaltluftgerät *Cryo* bei einer Temperatur von minus 30° C (TKKLA$_{-30°\,C}$) vorgestellt. Die Apparatur, die eine Teilkörperkaltluftapplikation mit minus 30° C (TKKLA$_{-30°\,C}$) ermöglich, eröffnet auf Grund der Mobilität und Praktikabilität und auch auf Grund der potenziell längeren Applikationsdauer – durch die im Vergleich zur GKKLA$_{-110°\,C}$ geringere Minustemperatur – neue Perspektiven für Forschungsfragen und Anwendungsmöglichkeiten. So kann eine aktive Anforderungsvorbereitung von einer TKKLA$_{-30°\,C}$ simultan begleitet (PCsimV) und die Wirkungen einer solchen Maßnahme können mit derjenigen eines traditionell durchgeführten Vorbereitungsprogramms *(Aufwärmen)* verglichen werden. Diese Simultankühlung ist bei einer GKKLA$_{-110°\,C}$ ausgeschlossen. Unter der Fragestellung, inwieweit die Leistung während einer praxis- bzw. wettkampfnahen Anforderung, einem simulierten Zeitfahren (Radsport), nach einer traditionellen, im Sinne eines *Aufwärmens* praktizierten Anforderungsvorbereitung und nach einer Vorbereitung, die simultan von einer Teilkörperkaltluftapplikation begleitet wird (PCsimV), differiert, stehen die beiden nachfolgend dargestellten Studien zum Effekt einer TKKLA$_{-30°\,C}$ auf die radsportspezifische Ausdauerleistung. Da der Anstieg der Körperkerntemperatur über die Normaltemperatur von ca. 36,5° C hinaus aus biologischer Perspektive als leistungsnegativ gilt (vgl. Kap. 1), wird die Hypothese aufgestellt – unter der Voraussetzung, dass eine TKKLA$_{-30°\,C}$ einen Anstieg der Körperkerntemperatur verringert –, dass die Reduzierung der Körperkerntemperatur die nachfolgende Ausdaueranforderung verbessert.

Zum Einfluss der TKKLA$_{-30°\,C}$ auf die Ausdauer (Profiradfahrer)

An der Untersuchung zum Einfluss unterschiedlicher thermoregulatorischer Vorbereitungsmaßnahmen auf die radsportspezifische Mittelzeitausdauer nehmen fünf männliche Radprofis der internationalen Spitzenklasse teil (Alter: 25,6 ± 1,67 Jahre, Körperhöhe: 185,4 ± 9,01 cm, Körpergewicht: 75,8 ± 7,01 kg) (vgl. Tepasse, 2007), die einen Jahrestrainingsumfang von etwa 30.000 km absolvieren und während einer Saison an zahlreichen internationalen Wettkämpfen, Mehrtagesrundfahrten sowie Pro-Tour-Rennen beteiligt sind.[65] In dieser Studie wird eine 30-minütige Anforderungsvorbereitung ohne Kontrolltest und bei simultan durchgeführter Kaltluftapplikation mit minus 30° C mittels Kaltluftgebläse *(Cryo)* auf den unbekleideten Oberkörper bei einer Umgebungstemperatur im Labor von 22° C und 50 % Luftfeuchtigkeit absolviert. Der Kaltluftstrahl des *Cryos* wird während der Vorbereitungsphase aus circa 15 cm Entfernung im 2-min-Rhythmus abwechselnd auf die Oberkörpervorder- und -rückseite der Probanden in gleichmäßigen Auf- und Abbewegungen gerichtet. Die Vorbereitungsphase wird, wie es für die Radprofis als Einfahrprogramm vor einem Zeitfahren

---

[65] Dazu zählen internationale Rundfahrten, wie z. B. die Tour de France, Flandern-Rundfahrt sowie die Deutschland-Tour.

üblich ist, über eine Zeitdauer von 30 min auf einem Fahrradergometer (Ergoracer, Kettler GmbH, Ense, Deutschland) mit selbst gewählter Tretkurbelfrequenz und Wattleistung *(self-paced)* in möglichst naher Anlehnung an die individuell üblichen Praktiken der Wettkampfvorbereitung im Straßenrennsport durchgeführt.[66] Die sich jeweils an die Vorbereitungsphase unmittelbar anschließende Zielanforderung erfolgt als 15-minütige hochintensive Belastung in Form eines simulierten (Prolog-)Zeitfahrens. Die bei dieser Zielbelastung durchschnittlich erreichte Wattleistung wird registriert und gilt im Rahmen dieser Studie als Leistungsparameter (Tepasse, 2007).

Anforderungsvorbereitung

Die Vorbereitungsphase wird von den Probanden durchschnittlich mit 3,14 Watt pro kg Körpergewicht absolviert, die einer absoluten Wattleistung zwischen 220 und 270 Watt entsprechen. An den währenddessen erhobenen physiologischen Messwerten wird einerseits deutlich, dass die Belastungsintensität einer Wettkampfvorbereitung angemessen ist, wie die mittleren Herzfrequenzen von 121,4 ± 22,15 Schläge pro min für den Kontrolltest und 115,4 ± 9,88 Schläge pro min für den PCsimV-Test zeigen. Der Anstieg der Herzfrequenz beträgt im Kontrolltest 52,60 ± 16,36 Schläge pro min und 48,8 ± 14,54 Schläge pro min im PCsimV-Test (jeweils $p \leq .05$). Die adäquat gewählte Belastungsintensität während der Vorbereitungsphase signalisieren auch die Laktatwerte von 2,5 ± 0,52 mmol/l für den Kontroll- und 2,39 ± 0,42 mmol/l für den PCsimV-Test. Die Anforderungsvorbereitung wird demzufolge im aeroben Belastungsbereich absolviert. Am Ende der Vorbereitungsphase, d. h. in der 30. min, sind die Laktatwerte im Precoolingtest mit 2,00 ± 0,42 um 0,4 mmol/l geringer ($p \leq .05$) als im Kontrolltest (2,40 ± 0,63 mmol/l).

Anhand der Tympanaltemperatur wird der Einfluss der $TKKLA_{-30°C}$ besonders deutlich: Im Kontrolltest ohne Kühlapplikation steigt diese von 36,82 ± 0,33° C auf 37,7 ± 0,2° C ($p \leq .01$), somit um 0,88° C, während der Kälteapplikation von 36,74 ± 0,3° C auf 37,14 ± 0,31° C ($p \leq .05$), insgesamt also nur um 0,32° C.

Während des PCsimV steigt die Tympanaltemperatur somit nur geringfügig über den Normwert von 37° C an. Das Reduktionsmaß der Körperkerntemperatur durch die $TKKLA_{-30°C}$ beläuft sich auf 0,56° C, der Anstieg der Tympanaltemperatur während der 30-minütigen Vorbereitungsphase wird demnach insgesamt um die Hälfte reduziert.

---

[66] Ein solches Verfahren ohne Belastungsvorgabe ist bei Probanden mit Hochleistungsniveau durchaus zulässig.

Tab. 5: Herzfrequenz (HF, in Schl./min), Laktat (Lac, in mmol/l) und Körperkerntemperatur (KKT, in ° C) während der 30-min-Anforderungsvorbereitung im Kontroll- (K) und PCsimV-Test zu unterschiedlichen Messzeitpunkten; Mean: parameterspezifischer Mittelwert von der 0.-30. min, Differenz: Unterschied von der 0.-30. min

	0. min	5. min	10. min	15. min	20. min	25. min	30. min	Mean	Differenz
K									
HF	72,80	102,40	115,80	120,60	147,40	135,00	125,40	121,40	52,60
±	16,31	9,25	12,76	11,70	21,29	15,18	22,21	22,15	16,36
Lac	2,60						2,40	2,50	-0,20
±	0,48						0,63	0,52	0,54
KKT	36,82			37,50			37,70	37,30	0,88
±	0,33			0,44			0,20	0,32	0,32
PCsimV									
HF	68,80	96,60	109,20	113,40	141,80	125,80	117,60	115,40	48,80
±	12,70	10,88	13,08	9,91	19,38	16,15	24,36	9,88	14,54
Lac	2,70						2,00	2,39	-0,70
±	0,50						0,42	0,42	0,45
KKT	36,74			37,10			37,14	37,00	0,40
±	0,30			0,33			0,31	0,32	0,32

Die durchschnittliche Herzfrequenz, Körperkerntemperatur und das Blutlaktat werden also von der Kaltluftapplikation (TKKLA$_{-30°\,C}$) während der Vorbereitungsphase positiv, d. h. in ökonomisierender Weise beeinflusst: Die Analyse der physiologischen Parameter in der 30. min, d. h. am Ende der Vorbereitungsphase, ergibt signifikant ($p \leq .05$) niedrigere Werte als im Kontrolltest.

Die Herzschlagfrequenz ist um 7,8 ± 2,5 Schläge pro min geringer, die Körperkerntemperatur um 0,6 ± 0,11° C und das Blutlaktat um 0,4 ± 0,21 mmol/l. Auffallend ist, dass die Körperkerntemperatur auch mit zunehmender Anforderungsdauer nicht deutlich über 37,1° C ansteigt, wenn eine Kühlmaßnahme (TKKLA$_{-30°\,C}$) erfolgt. Die Laktatwerte liegen am Ende der Vorbereitungsphase jeweils unterhalb des Ausgangswertes und sind im Precoolingtest deutlich niedriger als vergleichsweise im Kontrolltest.

KÄLTEAPPLIKATION

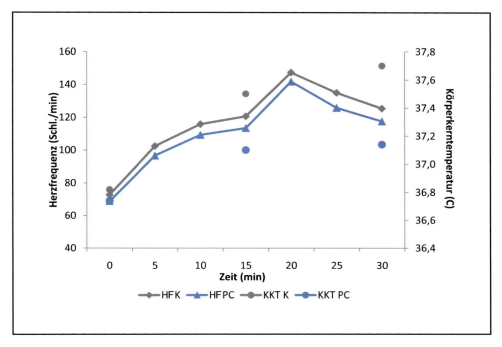

Abb. 42: Herzfrequenz und Körperkerntemperatur während der Vorbereitungsphase unter Kontrollbedingungen (HF K und KKT K) und während des Precoolings (PCsimV) mittels TKKLA$_{-30°\,C}$ (HF PC und KKT PC)

Zielanforderung

Im Folgenden werden die Effekte der TKKLA$_{-30°\,C}$ einerseits auf die Zielanforderung, die durch die mittlere Wattleistung repräsentiert wird, und auf die physiologischen Parameter während der Zielanforderung andererseits dargestellt.

Die während der Anforderungsvorbereitung praktizierte TKKLA$_{-30°\,C}$ führt zu einer Leistungsverbesserung im simulierten 15-min-Zeitfahren von 1,4 % (5,88 vs. 5,80 Watt pro kg Körpergewicht). Da die 15 Belastungsminuten einer ungefähren Streckenlänge von ca. 12 km eines Rennprologs bei einer Durchschnittsgeschwindigkeit von knapp 50 km/h entsprechen, bedeutet diese Leistungssteigerung einen Raumgewinn von ca. 168 m. Dies entspricht, auf die Gesamtdauer des Tests bezogen, einem Plus von 12,6 s, die im Wettkampf auf diesem hohen Leistungsniveau entscheidenden Einfluss auf die Platzierung haben können. An dieser Stelle sei auf eine Besonderheit der absolvierten Wattleistung der Profiradfahrer hingewiesen: Während der ersten fünf Belastungsminuten liegt die mittlere Wattleistung nach dem Precooling (PCsimV) niedriger als im Kontrolltest. Danach kehrt sich das Verhältnis um, und von der 5. bis zur 15. min ergibt sich ein Plus von 5,28 % zugunsten des Precoolings.

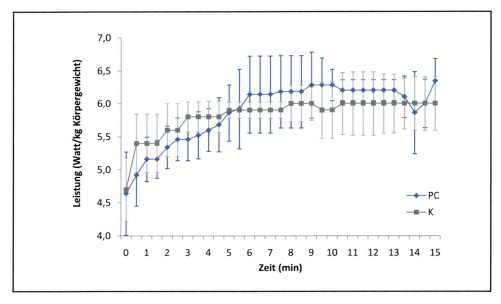

Abb. 43: Wattleitung pro kg Körpergewicht während des 15-min-Simulationszeitfahrens nach einer Anforderungsvorbereitung ohne Precooling (Kontrollbedingungen: K) und mit Precooling mittels TKKLA$_{-30°C}$ (PC)

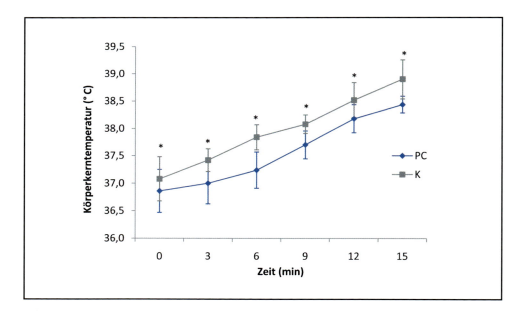

Abb. 44: Körperkerntemperatur während des 15-min-Simulationszeitfahrens nach einer Anforderungsvorbereitung ohne Precooling (Kontrollbedingungen: K) und nach dem Precooling mittels TKKLA$_{-30°C}$ (PC); *: $p \leq .05$

Die Körperkerntemperatur ist nach dem PCsimV während der Zielbelastung mit durchschnittlichen 37,56 ± 0,21° C zu allen überprüften Zeitpunkten gegenüber der im Kontrolltest gemessenen Temperatur von 37,98 ± 0,16° C niedriger, der Unterschied ist zu allen Messzeitpunkten signifikant ($p \leq .05$). Der Gesamtanstieg der Tympanaltemperatur ist bei der Precoolingvariante geringer als im Kontrolltest: Diese steigt von 36,86 ± 0,39° C auf 38,44 ± 0,15° C, also um ca. 1,58° C, während der Anstieg der Körperkerntemperatur mit 1,82 ± 0,37° C im Kontrolltest höher zu beziffern ist. Hier beträgt der Temperaturwert zu Beginn 37,08 ± 0,40° C und am Ende des Zeitfahrens 38,90 ± 0,36° C. Nach der Vorbereitung ohne Precooling beenden die Probanden die Zielanforderung demzufolge mit einer höheren Körperkerntemperatur, und zwar mit 38,90 ± 0,36° C im Vergleich zu 38,44 ± 0,15° C nach vorausgegangener TKKLA$_{-30°\,C}$ ($p \leq .05$). Die niedrigere Körperkerntemperatur resultiert aus dem geringeren Anstieg (1,58 vs. 1,82° C), der wiederum auf den durch das Precooling reduzierten Ausgangswert zu Beginn der Zielanforderung zurückzuführen ist.

Zusammenfassend gilt im Hinblick auf die Wirkung des PCsimV mittels TKKLA$_{-30°\,C}$ auf die Körperkerntemperatur während der Zielanforderung als bestätigt, dass im Vergleich zum Kontrolltest

- *der Ausgangswert zu Beginn der Zielanforderung geringer ist,*
- *der Temperaturanstieg während der Zielanforderung geringer ist,*
- *am Belastungsende ein geringerer Temperaturwert registriert wird,*
- *die Körperkerntemperaturwerte zu allen Messzeitpunkten während der Zielleistung geringer sind.*

Damit sind mit den nach einem Precooling, das während der Vorbereitungsphase praktiziert wird (PCsimV), gemessenen niedrigeren Körperkerntemperaturen aus thermoregulatorischer Perspektive bessere Leistungsvoraussetzungen erreicht als ohne Precooling bzw. als vergleichsweise zum *Aufwärmen*.

Die durchschnittliche Herzfrequenz beträgt während des 15-minütigen Zeitfahrens 166,42 ± 14,45 Schläge pro min im Kontrolltest und 161,16 ± 13,27 Schläge pro min nach der TKKLA$_{-30°\,C}$ ($p \leq .05$). Die Differenz der Herzfrequenzen reduziert sich in beiden Testvarianten während der Belastungsphase sukzessive. Dieses Ergebnis stimmt mit anderen Untersuchungsergebnissen zum Einfluss von Kälteapplikationen mittels Ganzkörper- und Teilkörperapplikationen in der Wirkungsrichtung überein (Joch & Ückert, 2003 und 2004b; Joch et al., 2006; Ückert & Joch, 2007a).

Das Laktat differiert während des simulierten Zeitfahrens um 0,58 ± 0,07 mmol/l zugunsten der Precoolingintervention ($p \leq .05$). Der Laktatmittelwert beträgt während der 15-minütigen Zeitfahranforderung nach dem PCsimV 6,00 ± 0,91 mmol/l, im Kontrolltest 6,58 ± 0,98 mmol/l. Auch das Maximallaktat am Belastungsende ist im

Precoolingtest geringer: 11,34 ± 1,94 mmol/l vs. 11,92 ± 2,24 mmol/l im Kontrolltest ($p > .05$). 5 min nach Belastungsende fallen die Messwertunterschiede des Blutlaktats mit 1,88 ± 0,45 mmol/l zugunsten der Precoolingvariante $TKKLA_{-30°C}$ noch deutlicher aus ($p \leq .05$). Dieser Unterschied untermauert die durch andere Studien signalisierte, beschleunigte Regenerationsfähigkeit nach einer Ganzkörperkaltluftapplikation (Joch & Ückert, 2004b; Ückert & Joch, 2004 und 2007b). Somit kann sowohl durch eine $GKKLA_{-110°C}$ als auch durch eine $TKKLA_{-30°C}$ eine tendenzielle Regenerationsoptimierung nachgewiesen werden. Bei der Ergebnisinterpretation ist zu berücksichtigen, dass die Probanden Radsportler der nationalen Spitzenklasse sind; somit ist den kälteapplikationsinduzierten Wertdifferenzen ein besonders hoher Stellenwert beizumessen.

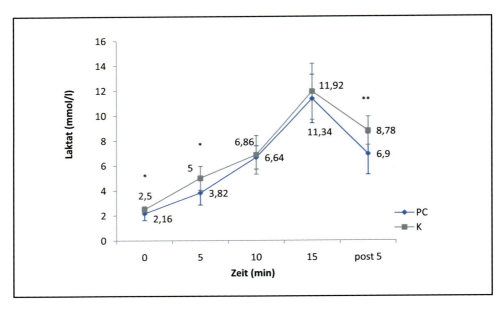

Abb. 45: Laktatwerte während des 15-min-Simulationszeitfahrens nach einer Anforderungsvorbereitung ohne Precooling (Kontrollbedingungen: K) und nach dem Precooling mittels $TKKLA_{-30°C}$ (PC); *: $p \leq .05$, **: $p \leq .01$

Die in dieser Zeitfahrstudie mit Profiradfahrern nach der $TKKLA_{-30°C}$ ermittelten niedrigeren Laktatwerte belegen eine Begünstigung des aeroben Stoffwechsels.

Nicht unerwähnt sollte bleiben, dass die Applikation mittels minus 30° C temperierter Kaltluft von den Profiradfahrern subjektiv als angenehm und die Vorbelastungsphase als weniger belastend empfunden wird als unter Kontrollbedingungen. Zusätzlich wird beobachtet, dass die Evaporationsrate reduziert ist und das Schwitzen erst später einsetzt, wie auch in anderen Studien gezeigt wird (Schmidt & Brück, 1981; Hessemer et al., 1984; Olschewski & Brück, 1988; Wilson et al., 2002; Saunders et al., 2005 u. a.). Die Studie belegt, dass die Kombination von aktiver Vorbereitung, d. h. in diesem Fall von sportartspezifischer Muskelarbeit mit durchschnittlichen 3,14 Watt pro kg Körpergewicht, und einer PCsimV mittels $TKKLA_{-30°C}$ einen Leistungspositiveffekt von 1,4 % sowie eine physiologische Optimierung in Form von reduzierter Herzfrequenz, Körperkerntemperatur sowie niedrigeren Laktatwerten bewirkt. Durch die Laktatwerte wird die These bestätigt, wonach sich durch Kälteapplikation die Stoffwechsellage in der Weise verändert, dass der Eintritt in die Phase der anaeroben Energiebereitstellung unter Belastungsbedingungen zu einem späteren Zeitpunkt stattfindet. Besonders ist die Laktatdifferenz in der Erholungsphase (5 min nach Beendigung der Belastung) zugunsten der Precoolingvariante hervorzuheben, wodurch ein positiver Einfluss auf die kurzfristige Regeneration signalisiert wird. Die Bedeutung, die sich aus den Befunden dieser Studie für die sportliche Trainings- und Wettkampfpraxis ergibt, ist beachtenswert und untermauert die Bedeutung von Precooling, in diesem Fall von PCsimV, für physiologische und leistungsbezogene Verbesserungen im (Hoch-)Leistungssport. Sie weisen darauf hin, dass es, entgegen einiger Annahmen zur Grenze der körperlichen Leistungsfähigkeit, durchaus biologisches Ausschöpfungspotenzial zu geben scheint.

Resümee: Die Kältewirkung durch eine $TKKLA_{-30°}$ auf die Wattleistung im simulierten Prologzeitfahren bei Hochleistungsradfahrern äußert sich in einem Leistungsanstieg von 1,4 %. Das während einer 30-minütigen, aktiven Anforderungsvorbereitung durchgeführte Precooling (PCsimV) führt zu einer Reduzierung der physiologischen Parameter Herzfrequenz, Laktat und Tympanaltemperatur, und zwar während der Vorbereitungs- sowie nachhaltig wirkend während der intensiven 15 min Zielanforderung. Die positive Wirkung auf das Erholungslaktat signalisiert einen regenerationsunterstützenden Effekt.

Zum Einfluss der $TKKLA_{-30°C}$ und KWA auf die Ausdauer

An der Studie (Marckhoff, 2007) zum Vergleich des Einflusses einer $TKKLA_{-30°C}$ und einer Kälteapplikation mittels Kälteweste (KWA)[67] auf die radsportspezifische Mittelzeitausdauer nehmen Hobbyradfahrer (Fitnesssportler) teil, die eine durchschnittliche Maximalleistung im Stufentest von 4,18 ± 0,55 Watt pro kg Körpergewicht aufweisen. Die Anforderungsvorbereitung wird durch eine Teilkörperkaltluftkühlung ($TKKLA_{-30°C}$) im Sinne eines PCsimV begleitet, allerdings mit dem Unterschied zur o. g. Studie, dass die Kühlung nach der Vorbereitungsphase für 5 min als Postcooling (PCpostV) fortgesetzt wird. Die Vorbereitung ist dreifach gestuft und setzt sich aus zwei aktiven Belas-tungsabschnitten, d. h. einer 10-minütigen Phase, in der mit 60 % der individuellen, maximalen Wattleistung gefahren wird, sowie einer daran anschließenden fünfminütigen Intervallphase, die vier Belastungsintervalle mit jeweils 90 % der maximalen Wattleistung und drei Erholungsphasen mit jeweils 100 Watt enthält, und einer fünfminütigen Ruhephase im Sitzen zusammen. Zur Überprüfung des Einflusses der

---

67 Die abgekürzte Form für die Kältewestenapplikation lautet KWA und enthält im Gegensatz zur Kaltluft- und Kaltwasserapplikation keine – in diesem Fall redundante – Angabe zum quantitativen Ausmaß der Kühlfläche, da die Kälteweste ausschließlich nur eine Teilkörper-, explizit eine Oberkörperkühlung ermöglicht.

unterschiedlichen Vorbereitungsmaßnahmen auf die Ausdaueranforderung fahren die Studienteilnehmer während der Zielanforderung bei 90 % ihrer Maximalleistung bis zum individuellen Abbruch bzw. bis zum Unterschreiten der Tretkurbelfrequenz von 80-90 rpm. Hier stellt also die Fahrzeit die Zielgröße dar. In beiden Precoolingvarianten, der $TKKLA_{-30°C}$ und der KWA, wird während der gesamten 20-minütigen Vorbereitungsphase gekühlt. Um jeweils die gleichen Hautflächenareale zu kühlen, wird bei der $TKKLA_{-30°C}$ derjenige Bereich gekühlt, der auch beim Tragen der Kälteweste bedeckt wird, d. h. ausschließlich die Oberkörpervorder- und -rückseite unter Aussparung des Nierenbereichs. Für das Precooling mittels Kälteweste wird eine eigens entwickelte Weste eingesetzt, mit insgesamt 24 auf der Innenseite eingenähten Taschen, in die jeweils ein Kühlpad eingelegt wird. Die mit Gel befüllten Kühlpads weisen zu Beginn des Tests eine Temperatur von ca. 0° C auf, die während der Vorbereitungsphase auf Grund der körperlichen Wärmeabgabe der Probanden auf ca. 19,25 ± 1,57° C ansteigt – wie auch von Landgraf (2005) nachgewiesen wird. Die Studie (Daten der Studie vgl. Marckhoff, 2007) findet unter Wärmebedingungen (T_L: ~30° C, Lf_r: ~50 %) statt.

Anforderungsvorbereitung

Während der 15-minütigen aktiven Anforderungsvorbereitung steigt die Tympanaltemperatur generell signifikant an (jeweils $p \leq .001$), und zwar

- *unter Kontrollbedingungen um insgesamt 1,01 ± 0,3° C, von 36,97 ± 0,56° C auf 37,98 ± 0,39° C und somit um 2,73 %,*
- *während des PCsimV mittels $TKKLA_{-30°C}$ um insgesamt 0,79 ± 0,36° C, von 36,85 ± 0,27° C auf 37,65 ± 0,5° C und somit um 2,15 % sowie*
- *während des PCsimV mittels Kälteweste insgesamt um 1,08 ± 0,30° C, von 36,85 ± 0,38° C auf 37,93 ± 0,4° C und somit um 2,94 %.*

Tab. 6: Tympanaltemperatur in den unterschiedlichen Vorbereitungsphasen: am Start der Vorbereitungsphase, am Ende der Dauerbelastung (DauerVB; d. h. in der 10. min), am Ende der Intervallbelastung (IntVB; d. h. in der 15. min) und am Ende der Ruhephase (RuheVB; d. h. in der 20. min) unter Kontrollbedingungen (K), während des PCsimV mittels $TKKLA_{-30°C}$ und mittels KWA

	Tympanaltemperatur (° C)			
	Start	DauerVB	IntVB	RuheVB
K	36,97	37,81	37,98	37,68
±	0,56	0,39	0,39	0,41
$TKKLA_{-30°C}$	36,85	37,58	37,65	37,46
±	0,27	0,51	0,50	0,45
KWA	36,85	37,74	37,93	37,44
±	0,38	0,40	0,40	0,45

Unter dem Einfluss der TKKLA$_{-30°\,C}$ ist somit für die Tympanaltemperatur während der aktiven Anforderungsvorbereitung der geringste Anstieg zu verzeichnen. Diese sinkt während der anschließenden fünfminütigen Ruhephase (15.-20. min) bis zu Beginn der Zielbelastung im Kontrolltest um 0,30 ± 1,55° C (p ≤ .001), im TKKLA$_{-30°\,C}$-Test um 0,18 ± 0,27° C (p > .05) und im Kältewestentest um 0,40 ± 0,37° C (p > .05), sodass die Tympanaltemperaturen am Ende der Vorbereitungsphase (20. min) nicht signifikant (p > .05) differieren.

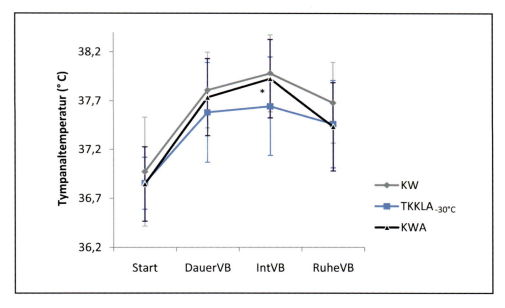

Abb. 46: Tympanaltemperatur zu Beginn der Vorbereitungsphase (Start), während der 10-min-Dauerphase (DauerVB), der intervallartigen Vorbereitungsphase (IntVB) und der 5-min-Ruhephase nach der VB (RuheVB) unter Kontrollbedingungen (K), während des PCsimV mittels TKKLA$_{-30°\,C}$ und mittels KWA; *:p ≤ .05

Während der Anforderungsvorbereitung steigt die Hauttemperatur im Mittel unter Kontrollbedingungen um 0,09 ± 0,65° C (p > .05), während der beiden Precoolingvarianten sinkt diese im gleichen Zeitraum um 4,80 ± 1,77° C (p ≤ .001) (TKKLA$_{-30°\,C}$) bzw. um 2,16 ± 1,68° C (p ≤ .01) (KWA). Die Hauttemperatur nimmt demnach bei simultaner Kühlung mittels TKKLA$_{-30°\,C}$ stärker ab als bei der Kühlung mittels Kälteweste. Während der anschließenden Ruhephase verändert sich die Hauttemperatur wie folgt: Unter Kontrollbedingungen sinkt

- die Hauttemperatur von 35,06 ± 0,66 auf 34,65 ± 0,54° C, somit um 0,41 ± 0,33° C (p ≤ .01),

- während des PCpostV mittels Kälteweste wird die Hauttemperatur von 32,04 ± 1,88 um 0,52 ± 1,98° C, somit auf 30,25 ± 2,68° C reduziert (p ≤ .01) und
- während des PCpostV mittels TKKLA$_{-30°C}$ unterscheidet sich die Hauttemperatur zu Beginn und am Ende dieser Ruhephase nicht signifikant: 29,84 ± 1,78 vs. 30,35 ± 1,89° C (p > .05).

Im Vergleich zum Kontrolltest führen beide Precoolingvarianten zu einer niedrigeren Hauttemperatur, die am Ende der Ruhephase bei der TKKLA$_{-30°C}$-Variante um 4,30 ± 1,69° C niedriger als im Kontrolltest (p ≤ .001) ist, bei der Kühlwestenvariante um 4,41 ± 2,33° C (p ≤ .001). Beide Precoolingmaßnahmen verringern also die Hauttemperatur, die aber im Vergleich beider Maßnahmen mit 0,11 ± 3,16° C marginal und nicht signifikant (p > .05) differiert.

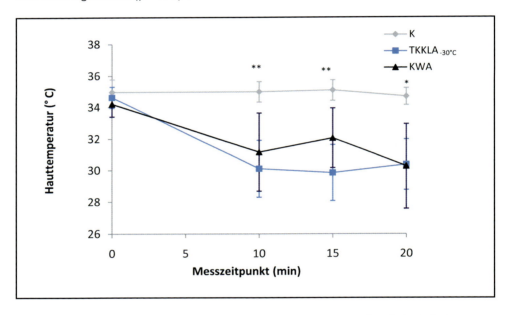

Abb. 47: Mittelwerte und Standardabweichungen der Hauttemperatur während der Anforderungsvorbereitung in der 0., 10., 15. und 20. min unter Kontrollbedingungen (K) während des PCsimV mittels TKKLA$_{-30°C}$ und mittels KWA; **: p ≤ .05, *: p ≤ .05

Deutlichere Unterschiede werden hingegen während der Anforderungsvorbereitung ersichtlich: In der 10. min, d. h. am Ende der Dauerbelastung bei 60 % der Maximalleistung, liegt die Hauttemperatur im Kontrolltest mit 34,97 ± 0,66° C um 4,87 ± 1,65° C höher (p ≤ .001) als diejenige während der TKKLA$_{-30°C}$ (30,10 ± 1,81° C) und um 3,83 ± 2,21° C höher als diejenige während der KWA (31,15 ± 2,47° C) (p ≤ .001). Bei der TKKLA$_{-30°C}$ ist zu diesem Zeitpunkt die Hauttemperatur somit um 1,05 ± 2,89° C niedriger (p > .05) als bei der KWA, im weiteren Verlauf der

Vorbereitungsphase steigt diese geringfügig auf einen Wert von 32,04 ± 1,89° C an, der sich zu diesem Zeitpunkt signifikant (p ≤ .05) vom TKKLA$_{-30°\,C}$-Wert (29,83 ± 1,78° C) sowie vom Kontrollwert (35,06 ± 0,66° C) unterscheidet (jeweils p ≤ .001). Die Hauttemperatur liegt in der 15. Belastungsminute während der TKKLA$_{-30°\,C}$ um 5,23 ± 1,54° C niedriger als im Kontrolltest.

Die durchschnittliche Herzfrequenz beträgt während der Anforderungsvorbereitung unter Kontrollbedingungen 139,41 ± 16,62 Schläge pro min, beim PCsimV mittels TKKLA$_{-30°\,C}$ 132,76 ± 14,21 Schläge pro min und beim PCsimV mittels Kälteweste 137,43 ± 14,85 Schläge pro min. Die Herzfrequenz ist somit während der TKKLA$_{-30°\,C}$ im Mittel um 6,66 ± 9,35 bzw. 4,68 ± 4,32 Schläge pro min niedriger als im Kontroll- bzw. KWA-Test (p ≤ .05). Die Herzfrequenz im Kontroll- und KWA-Test differiert auch signifikant. Zusammenfassend wird durch die TKKLA$_{-30°\,C}$ die niedrigste Herzfrequenz, im Kontrolltest die höchste erreicht. Die Unterschiede sind marginal, wenn auch statistisch bedeutsam.

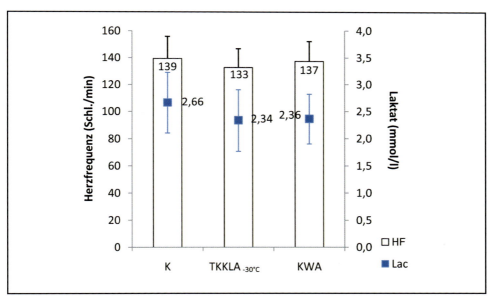

Abb. 48: *Herzfrequenz und Laktat am Ende der Anforderungsvorbereitung im Kontrolltest (K), TKKLA$_{-30°\,C}$- sowie KWA-Test*

Anhand der Laktatwerte lässt sich die gleiche Wirkrichtung, die auch für die Herzfrequenz nachgewiesen wird, feststellen, wobei die Differenz zwischen beiden Precoolingmaßnahmen ebenfalls marginal und nicht signifikant ist: Am Ende der Anforderungsvorbereitung betragen die Laktatwerte 2,66 ± 0,56 mmol/l (Kontrolltest), 2,34 ± 0,57 mmol/l (TKKLA$_{-30°\,C}$) und 2,36 ± 0,46 mmol/l (KWA). Nur die Differenz von 0,30 ± 0,35 mmol/l zwischen der KWA- und Kontrollvariante ist signifikant (p ≤ .05). Diese Laktatwerte sind deshalb von hoher Bedeutung, weil sie die

Ausgangswerte für die intensive Zielanforderung auf dem Fahrradergometer (SRM) darstellen. Sie deuten in diesem Fall auf eine adäquat gewählte Belastungsintensität während der Anforderungsvorbereitung hin, aber zusätzlich auch darauf, dass in diesem Belastungsabschnitt für die unterschiedlichen Kälteapplikationen (TKKLA$_{-30°C}$ und KWA) keine bedeutenden Auswirkungen auf das Laktat nachzuweisen sind.

Zielanforderung

Die Ergebnisse zum Einfluss unterschiedlicher Anforderungsvorbereitungen auf die radsportspezifische Mittelzeitausdauer werden separiert nach dem Aspekt des Leistungskriteriums und der physiologischen Parameter dargestellt (vgl. dazu Marckhoff, 2007). Die Fahrzeit bei 90 % der individuellen Maximalleistung beträgt unter Kontrollbedingungen 14,35 ± 5,95 min, nach der TKKLA$_{-30°C}$ 17,97 ± 6,92 min und nach der KWA 16,68 ± 6,35 min.

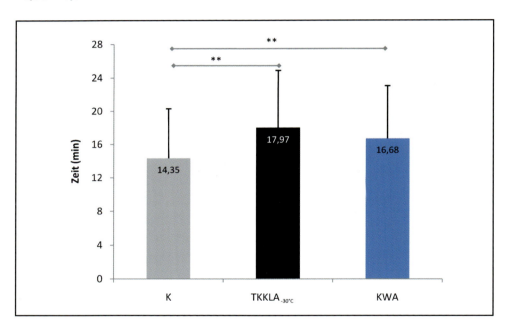

Abb. 49: *Fahrzeit im Kontrolltest (K), TKKLA$_{-30°C}$- sowie KWA-Test; **:p ≤ .01*

Da dieses Untersuchungsdesign die absolvierte Fahrdauer bei vorgegebener Wattleistung als abhängige Variable vorsieht, repräsentiert eine im Vergleich zum Kontrolltest länger absolvierte Fahrzeit nach den Kälteapplikationen ein Positivkriterium. Nach der TKKLA$_{-30°C}$ verbessert sich im Vergleich zum Kontrolltest die Fahrleistung um 03:37 ± 03:10 min und nach der KWA um 02:20 ± 02:09 min (p ≤ .01). Dies ergibt im Vergleich zum Kontrolltest nach einem Precooling im Sinne eines PCsimV, gekoppelt mit einem PCpostV mittels Kälteweste, eine Leistungsverbesserung von 16,3 % und analog mittels TKKLA$_{-30°\,C}$ von 25,2 %. Beide Werte sind als exorbitant hohe Leistungsverbesserungen zu interpretieren, von denen in diesem Ausmaß nicht anzunehmen ist, dass sie ausschließlich durch Kälteapplikation verursacht werden (s. u.). Der Leistungsunterschied zwischen der TKKLA$_{-30°\,C}$ und der KWA von 01:16 ± 02:28 min zugunsten der Kaltluftvariante (8,9 %) ist nicht signifikant ($p > .05$).

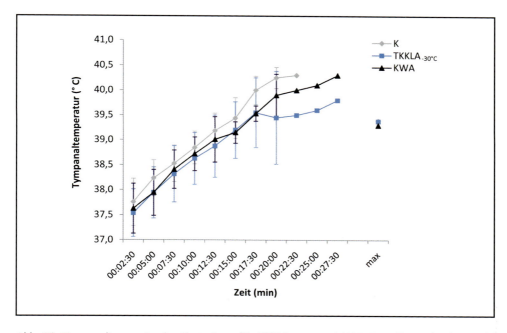

Abb. 50: Tympanaltemperatur im Kontrolltest (K), TKKLA$_{-30°\,C}$- und KWA-Test; die Maximalwerte der Leistungsbesten sind gesondert dargestellt; die Einzeichnung der Stabw. entfällt ab 22:30 min, weil ab diesem Zeitpunkt nur Einzelwerte vorliegen.

Während der Zielanforderung bei 90 % der Maximalleistung auf dem Fahrradergometer bis zum individuellen Abbruch steigt die Tympanaltemperatur um 1,71 ± 0,69° C im Kontrolltest ($p \leq .001$), um 1,92 ± 0,56° C im TKKLA$_{-30°\,C}$-Test ($p \leq .001$) und um 1,86 ± 0,48° C im Kältewestentest ($p \leq .001$), und zwar auf Werte von 39,39 ± 0,72° C (K), 39,38 ± 0,71° C (TKKLA$_{-30°\,C}$) und 39,30 ± 0,63° C (KWA) an. Diese Abbruchtemperaturen differieren marginal und sind nicht signifikant ($p > .05$). Der minimal höhere Temperaturanstieg unter Precoolingbedingungen ist auf die geringere Tympanal-temperatur zu Beginn der Zielanforderung als Folge der Precoolingkopplung von PCsimV und PCpostV zurückzuführen. Er signalisiert eine kaltluftapplikationsinduzierte größere Wärmespeicherkapazität. Dieses Ergebnis zeigt weiterhin mit Hinweis auf die kritische Temperatur (Gonzalez-Alonso et al., 1999a u. a.; vgl. Kap. 1), dass die Probanden die Belastung bei annähernd gleicher Körperkerntemperatur von ca. 39° C beenden. Die Tympanaltemperatur erreicht während der radsportspezifischen Zielanforderung im Kontrolltest kontinuierlich höhere Werte als nach beiden Precoolingmaßnahmen. Sie differiert im Vergleich beider Precoolingmaßnahmen ab der 20. min, wobei sie zu diesem Zeitpunkt nach dem Precooling mittels $TKKLA_{-30°\,C}$ geringer ist als nach der Kältewestenapplikation. Die Temperaturdifferenzen werden im Vergleich aller Vorbereitungsvarianten mit zunehmender Belastungsdauer, insbesondere ab der 20. min, größer, wobei die Tympanaltemperatur nach der $TKKLA_{-30°\,C}$ generell niedriger ist als nach einem Precooling mittels Kälteweste oder im Kontrolltest. Allerdings wird dieses Resultat dadurch in seiner Reichweite limitiert, als die ersichtlichen Temperaturdifferenzen ab min 17:30 nicht bedeutsam sind, da ab diesem Zeitpunkt in allen drei Testvarianten nur noch zwei Probanden involviert sind – somit entfallen auch die Signifikanzprüfungen. Nach keiner der praktizierten Precoolingmaßnahmen ist, wie auch in der Studie zum Einfluss einer $TKKLA_{-30°\,C}$ bei Radprofis oder zum Einfluss einer $GKKLA_{-110°\,C}$, ein *Afterdrop* der Körperkerntemperatur zu erkennen.

Die precoolinginduzierte geringe Hauttemperatur am Ende der Vorbereitungsphase (s. o.) ist die Ursache für die niedrigen Hauttemperaturwerte während der Zielanforderung. Die Erhöhung der Hauttemperatur auf Grund der mit körperlicher Arbeit einsetzenden Wärmebildung während der Zielanforderung beläuft sich auf

- *2,15 ± 0,57° C (p ≤ .001) im Kontrolltest (max: 36,81 ± 0,59° C),*
- *5,64 ± 1,67° C (p ≤ .001) im $TKKLA_{-30°\,C}$-Test (max: 35,99 ± 0,93° C),*
- *5,07 ± 2,94° C (p ≤ .001) im KWA-Test (max: 35,32 ± 1,62° C).*

Die maximale Hauttemperatur liegt demnach im Kontrolltest um 0,82 ± 0,73° C höher als im $TKKLA_{-30°\,C}$-Test und um 1,49 ± 1,27° C als im KWA-Test (jeweils $p \leq .01$). Die Precoolingvarianten beeinflussen die maximale Hauttemperatur nicht in unterschiedlicher Weise ($p > .05$). Die durchschnittliche Hauttemperatur ist nach den Precoolingmaßnahmen bis einschließlich zur min 12,5 signifikant niedriger als im Kontrolltest. Sie beträgt während der Zielanforderung im Kontrolltest 36,05 ± 0,59° C, nach der $TKKLA_{-30°\,C}$ 34,59 ± 1,29° C und nach der KWA 33,79 ± 2,11° C; die Differenzen zum Kontrolltest sind hochsignifikant (jeweils $p \leq .001$), die Differenz beider Precoolingwerte verfehlt die statistische Signifikanz ($p > .05$). Die Hauttemperatur ist während der Zielanforderung nach einer Kältewestenapplikation (PCsimV und PCpostV) geringfügig geringer als nach den anderen Maßnahmen (Kontrolltest oder $TKKLA_{-30°\,C}$). Anhand der Belastungsherzfrequenz während der Zielanforderung werden keine bedeutenden Einflüsse durch die Precoolingmodi deutlich. So beträgt die mittlere Herzfrequenz im Kontrolltest 174,52 ± 9,87 Schläge pro min, im $TKKLA_{-30°\,C}$-Test 171,77 ± 10,58, im KWA-Test 172,70 ± 11,52. Die Differenzen sind dabei nicht signifikant ($p > .05$). Die Herzfrequenz nach der $TKKLA_{-30°\,C}$ liegt marginal tiefer als nach der KWA und ist auch nur geringfügig geringer als ohne Kälteapplikation im Kontrolltest.

Die Laktatwerte differieren zu Beginn der Zielanforderung sowie in der 5. min nach Zielanforderungsbeginn in den drei durchgeführten Testvarianten nicht signifikant. Im Gegensatz dazu sind die Unterschiede der Abbruchlaktatwerte statistisch bedeutsam: Der Laktatwert im Kontrolltest liegt mit 8,77 ± 1,43 um 1,01 ± 1,46 mmol/l höher ($p \leq .05$) als im TKKLA$_{-30°\,C}$-Test (7,76 ± 2,06 mmol/l).

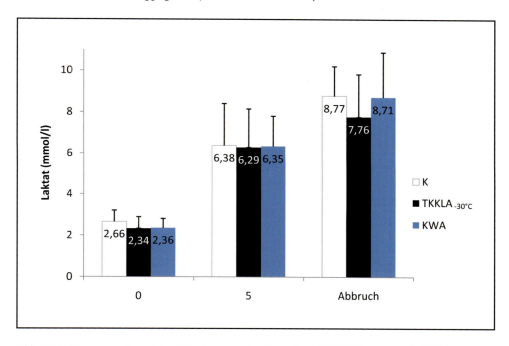

Abb. 51: Laktatwerte während der Zielanforderung im Kontrolltest (K), TKKLA$_{-30°\,C}$- sowie KWA-Test

Das Abbruchlaktat beträgt im Kältewestentest 8,71 ± 2,17 mmol/l und ist damit um 0,95 ± 0,64 mmol/l höher als im TKKLA$_{-30°\,C}$-Test. Nach einer TKKLA$_{-30°\,C}$ ist das Abbruchlaktat im Vergleich zum Kontroll- und KWA-Test geringer. Insgesamt sind die Differenzen der Laktatwerte gering und ein eindeutiger Effekt der Kälteapplikationen auf das Laktat ist nicht nachweisbar.

Resümee: Wenn während einer 15-minütigen Anforderungsvorbereitung eine TKKLA$_{-30°\,C}$ simultan (PCsimV) und 5 min danach (PCpostV) durchgeführt wird – somit ein PCsimV mit einem PCpostV gekoppelt ist – sinkt während der Anforderungsvorbereitung die Hauttemperatur, die Tympanaltemperatur bleibt unbeeinflusst. Während der Zielanforderung unter Wärmebedingungen (30° C) wird bei Hobbyradfahrern die Leistung, gemessen an der Fahrzeit bei 90 % der maximalen Wattleistung, nach einer TKKLA$_{-30°\,C}$ um 25 % gesteigert, nach einer Kühlung mittels Kälteweste um 16 %. Dieser deutliche Positiveffekt korrespondiert mit dem Effekt auf die Temperaturparameter: Die Wirkung beider Precoolingmaßnahmen zeigt sich in deutlich ökonomisierender Weise auf die Parameter Tympanal- und Hauttemperatur, nur in marginal reduzierender Weise auf die Herzfrequenz und das Laktat. Die Effekte einer TKKLA$_{-30°\,C}$ sind größer als nach einer Kühlung mittels Kälteweste, wobei die Effekte der Kältewestenkühlung wiederum größer als traditionelle Vorbereitungsmaßnahmen ohne Vorkühlung (Erwärmung) sind.

Fazit zum Einfluss einer TKKLA$_{-30°\,C}$
Die Studien zum Effekt einer anforderungsvorbereitenden Kaltluftapplikation von minus 30° C zeigen, dass nach einem Precooling optimierte Voraussetzungen für die Zielanforderung geschaffen werden. Das Precooling wirkt bereits während der Vorbereitungsphase in ökonomisierender Weise: Herzfrequenz, Tympanal-, Hauttemperatur sowie Laktat werden – im Vergleich zu Vorbereitungsmaßnahmen ohne Kälteapplikation – gesenkt. Diese physiologische Ausgangsbasis ist die Ursache für nachfolgende Leistungsverbesserungen während der Zielanforderung. Die Leistungsverbesserung fällt bei Hochleistungssportlern mit 1,4 % geringer aus als bei Fitnesssportlern (25,2 %). Die Leistungsverbesserung, die sich in der Studie mit den Profiradfahrern durch eine erhöhte Durchschnittsleistung in vorgegebener Zeit (15 min) und in der Studie mit den Hobbyradfahrern in einer verlängerten Fahrzeit bei vorgegebener Wattleistung ausdrückt, wird bei signifikant niedrigerer Tympanaltemperatur erreicht, bei marginal geringerer Herzfrequenz und geringeren mittleren und maximalen Laktatwerten.

Die Tympanaltemperatur bei Belastungsabbruch differiert nicht signifikant, wobei die Radprofis am Belastungsende im Kontrolltest 38,90 ± 0,36° C und im TKKLA$_{-30°\,C}$-Test 38,44 ± 0,15° C erreichen, die Hobbyradfahrer entsprechend höhere Temperaturen: 39,39 ± 0,72 und 39,38 ± 0,71° C. Die um 1-1,5° C höhere Tympanaltemperatur der Hobbyradfahrer ist auf die deutlich höhere Umgebungstemperatur (30° C) in dieser Studie zurückzuführen, aber auch darauf, dass die thermoregulatorische Fähigkeit, die produzierte Körperwärme nach außen abzugeben, bei weniger Trainierten ein geringeres Niveau erreicht als bei Leistungssportlern. Die Tympanaltemperatur bei Belastungsabbruch dieser Probanden ist als kritische Körperkerntemperatur einzuordnen, und überdies ein Indikator dafür, dass sich die Probanden ausbelastet haben. Auffällig ist die relativ niedrige Tympanaltemperatur von durchschnittlich 37,70 ± 0,2° C der Radprofis am Ende der 30-minütigen Anforderungsvorbereitung, die in gleicher Form der Wettkampfvorbereitung entspricht – trotz einer Belastungsintensität von 3,14 Watt pro kg Körpergewicht. Dieser Wert liegt deutlich unterhalb der 38,5° C, der gemäß bisheriger Literatur als optimale Temperatur für das *Aufwärmen* gilt, und wird mit 38,90 ± 0,35° C im Kontrolltest nur nach der intensiven Zielanforderung, einem simulierten Wettkampfzeitfahren im Radsport, erreicht, bei dem durchschnittlich 6 Watt pro kg Körpergewicht geleistet werden.

Als besonders bedeutungsvoll stellt sich in dieser Studie heraus, dass diejenigen Hochleistungsradfahrer, die den geringsten Anstieg der Tympanaltemperatur während der Vorbereitungsphase aufweisen – dies gilt für den Kontroll- und Precoolingtest –, während der Zielanforderung die höchsten Wattleistungen erbringen. Dieses Resultat widerlegt die leistungssteigernde Wirkung einer Erhöhung der Körperkerntemperatur, wie sie im Rahmen eines *Aufwärmens* oftmals gefordert wird. Somit ist auf Grundlage vorliegender Ergebnisse, die durch weitere Studien ergänzt werden, ein Anstieg der Körperkerntemperatur während der unmittelbaren Anforderungsvorbereitung zu vermeiden, wie auch Bergeron et al. (2005) deutlich betonen. Vielmehr hat sich eine Reduktion oder Vermeidung eines Körperkerntemperaturanstiegs in beiden $TKKLA_{-30°C}$-Studien übereinstimmend als leistungsverbessernd erwiesen. Durch ein die Anforderungsvorbereitung begleitendes Precooling mittels $TKKLA_{-30°C}$ wird eine optimale thermoregulatorische Leistungsvoraussetzung für die Zielanforderung mit intensivem Ausdauerbelastungscharakter geschaffen. Dieser Aspekt gewinnt umso mehr an Bedeutung, je größer der Einfluss wärmeabgabebeeinträchtigender Umgebungsbedingungen ist.

Vergleich GKKLA mit TKKLA

Die Analyse der eigenen Studien, in denen Precooling mittels Kaltluft, entweder als Ganzkörperkaltluftapplikation bei minus 110° C ($GKKLA_{-110°C}$) oder als Teilkörperapplikation bei minus 30° C ($TKKLA_{-30°C}$) des Oberkörpers praktiziert wird, führt zu Verbesserungen von sportlichen Leistungen, explizit der zyklischen und azyklischen Schnelligkeit, der isokinetischen Maximalkraft sowie der Lauf- und Radfahrmittelzeitausdauer. In den eigenen Studien werden unterschiedliche motorische Fähigkeiten berücksichtigt, doch steht die Ausdauerleistungsfähigkeit im Zentrum des Interesses, denn insbesondere diese wird von hohen Körpertemperaturen auf Grund potenzieller Überforderungen thermoregulatorischer Prozesse negativ beeinflusst. Diejenigen Studien, die den Schwerpunkt des Precoolings auf Kraft- und Schnelligkeitsanforderungen legen, führen zu dem Resultat, dass durch $GKKLA_{-110°C}$-Maßnahmen eine Zunahme

- der zyklisch-rotatorischen Schnelligkeit (Kurbelfrequenz) von 4,3 %,
- der azyklischen Schnelligkeit (Handballschlagwurf) von 1 % und
- der isokinetischen Maximalkraft (zyklisch-rotatorische isokinetische Maximalkraft) von 3,7 % erreicht wird.

Ausdauerleistungen werden durch Precoolingmaßnahmen kältemediatorenunspezifisch insgesamt um ca. 12,4 % verbessert, was im Vergleich zu Kraft- und Schnelligkeitsanforderungen einem deutlich höheren Leistungsanstieg entspricht. Disziplinspezifisch ergeben sich Leistungsverbesserungen im Radfahren von 10,9 % und im leichtathletischen Lauf von 18,5 %. Eine weitere Differenzierung des Kälteapplikationseffekts nach dem Modus der Kaltluftmaßnahme zeigt, dass Ausdauerleistungen im Radfahren durch die Ganzkörperkaltluftapplikation ($GKKLA_{-110°C}$) um 6 % und durch die Teilkörperapplikation (TKKLA$_{-30°\,C}$) – hier gilt es jedoch zu berücksichtigen, dass nur zwei Studien, die zudem bei unterschiedlicher Labortemperatur und differentem Leistungsniveau der Probanden durchgeführt wurden, in das Ergebnis einfließen – um 13,3 % verbessert werden (s. u.). Neben dem leistungssteigernden Effekt des Kaltluftprecoolings wird zudem unter Bezug auf die Ergebnisse der eigenen Studien zum Effekt der GKKLA$_{-110°\,C}$ und der TKKLA$_{-30°\,C}$ zusammenfassend eine ökonomisierende Wirkung festgestellt: Während motorischer Ausdaueranforderungen reduziert sich nach einem Kaltluftprecooling die Tympanaltemperatur um 0,4° C, die Hauttemperatur um 4° C, die Herzfrequenz um 7 Schläge pro min und das Blutlaktat um 0,8 mmol/l. Ein während der aktiven Anforderungsvorbereitung praktiziertes Precooling (PCsimV), das methodisch nur mittels TKKLA$_{-30°\,C}$ möglich ist, reduziert während dieser Vorbereitung die Tympanaltemperatur um 0,45° C, die Hauttemperatur um 4,8° C, die Herzfrequenz um 6,3 Schläge pro min und das Blutlaktat um 0,36 mmol/l. Damit wird bereits einer durch die Vorbereitungsaktivitäten induzierten (Vor-)Ermüdung entgegengewirkt, die sich besonders bei Sportlern mit mittlerem bis geringem Leistungsniveau als leistungslimitierend erweist (vgl. Ganßen, 2004; Ückert et al., 2006c; Ückert & Joch, 2007a und 2007c). Die nachhaltige Wirkung eines Precoolings, d. h. einer GKKLA$_{-110°\,C}$ und einer TKKLA$_{-30°\,C}$, zeigt sich darin, dass die physiologischen Parameter während der Zielanforderung reduziert werden: Die Tympanaltemperatur um 0,35° C, die Hauttemperatur um 3,3° C, die Herzfrequenz um 5,6 Schläge pro min und das Laktat um 0,77 mmol/l.

Der Effekt auf die physiologischen Parameter ist durch die hoch dosierte Ganzkörperkaltluftapplikation bei minus 110° C größer als bei der TKKLA$_{-30°\,C}$, denn während der Zielanforderung werden diese unter den Bedingungen einer GKKLA$_{-110°\,C}$ in größerem Ausmaß reduziert, und zwar die Tympanaltemperatur um 0,4 vs. 0,38° C, die Hauttemperatur um 5,1 vs. 3,13° C, die Herzfrequenz um 8,6 vs. 5,2 Schläge pro min und das Laktat um 1,3 vs. 0,5 mmol/l. Allerdings geht der größere Einfluss auf die gemessenen physiologischen Parameter durch die GKKLA$_{-110°\,C}$ nicht eindeutig mit dem Wirkungsausmaß auf die sportliche Leistung konform, denn die Leistungsverbesserung ist nach der Teilkörperkaltluftkühlung größer, wenn auch nur marginal. Die Effekte einer deutlich intensiveren Kälteapplikation von minus 110° C scheinen demnach durch eine entsprechend längere Applikationsdauer mit einer geringeren Applikationstemperatur bei TKKLA$_{-30°\,C}$ kompensierbar zu sein. Dieses Ergebnis zum unterschiedlichen Wirkungsausmaß gilt es, durch weitere Studien zu überprüfen, denn der Durchschnittswert der Leistungsverbesserung nach der TKKLA$_{-30°\,C}$ setzt sich aus lediglich zwei Studienergebnissen zusammen und wird durch die extrem hohe Leistungssteigerung der Hobbyradfahrer verzerrt (s. o.). Für den hohen Leistungseffekt wird einerseits ihr relativ geringes Leistungsniveau verantwortlich gemacht, andererseits die Tatsache, dass sie, im Gegensatz zur Studie mit den Hochleistungsradfahrern, die Zielanforderung unter Wärmebedingungen durchführen, bei denen sich Kälteapplikationen unvermeidlich deutlich leistungspositiver auswirken. Somit wird jedoch gleichsam anhand eigener Studien zur Kaltluftapplikation deutlich, dass unter Hitzebedingungen Precoolingmaßnahmen wirkungsvoller als unter Indifferenztemperaturbedingungen sind, denn sportliche Anforderungen werden unter den Bedingungen von 30° C deutlicher beeinträchtigt als bei Umgebungstemperaturen von 22,7° C (Joch et al., 2006). Auf Grund der für die Wärmeabgabe notwendigerweise erhöhten Hautdurchblutung reduziert sich die Blutmenge, die der Arbeitsmuskulatur pro Zeiteinheit mit der Folge zur Verfügung gestellt wird, dass deutlich früher als unter niedrigeren Temperaturbedingungen der Energiebedarf auf anaerobem Weg bereitgestellt wird.

Unter wärmeabgabebeeinträchtigenden Bedingungen, die ohne externe Kühlung Leistungseinbußen induzieren, ist bei adäquat praktizierten Precoolingmaßnahmen davon auszugehen, dass thermoregulatorische Voraussetzungen geschaffen werden, die eine Kompensation der wärmeinduzierten Leistungseinbuße ermöglichen. Damit gewinnt neben der unmittelbaren Wirkung des Precoolings auf die sportliche Leistung ein weiterer bedeutender Aspekt der Precoolingthematik an Bedeutung: Körperkerntemperaturen deutlich oberhalb von 37° C bedeuten immer einen zulasten der Energieversorgung höheren thermoregulatorischen Aufwand. Somit ist es ein bedeutendes Ziel von Precoolingmaßnahmen, den Anstieg der Körperkerntemperatur durch die muskulär erzeugte Körperwärme während der sportlichen Anforderung zu vermeiden bzw. zu reduzieren. Ein geringerer Anstieg der Körperkerntemperatur oder – unter optimalen Bedingungen – eine Temperaturkonstanz bzw. -reduktion während der Anforderungsvorbereitung schafft leistungsförderliche Voraussetzungen für eine ausdauerdominante Zielanforderung. Dies ist durch Kaltluftprecooling ($GKKLA_{-110°C}$ und $TKKLA_{-30°C}$) realisierbar.

2.2.5 Gesamtfazit: Kaltluftapplikationen

Die Ergebnisse der dargestellten Studien zur Kaltluftkühlung erweitern die thermoregulatorischen Anforderungsvorbereitungen um neue, innovative Kaltluftmethoden: die Ganzkörperkaltluftapplikation bei minus 110° C (GKKLA$_{-110° C}$) und die Teilkörperkaltluftapplikation bei minus 30° C (TKKLA$_{-30° C}$).

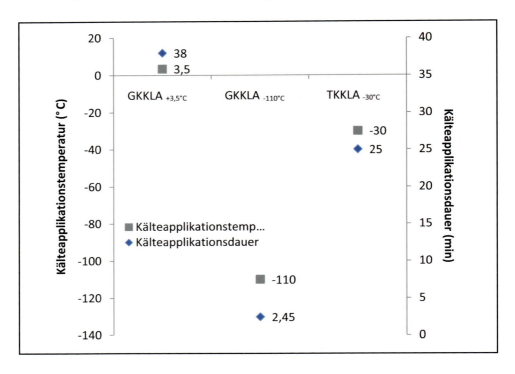

Abb. 52: Kälteapplikationstemperatur und Kälteapplikationsdauer der internationalen Kaltluftstudien (GKKLA$_{+3,5° C}$) sowie eigener Kaltluftstudien (GKKLA$_{-110° C}$ und TKKLA$_{-30° C}$)

Die Studienergebnisse zur Kaltluftapplikation mit minus 110° C in der Kältekammer (GKKLA$_{-110° C}$) zeigen, dass sich nach einer kurzen Applikationsdauer von durchschnittlich 2,5 min die Körperkerntemperatur um 0,4° C und die Hauttemperatur um 5,1° C reduzierten. Die bislang ausschließlich in den eigenen Studien praktizierte Teilkörperkühlung mittels hoch dosierter Kaltluft von minus 30° C (TKKLA$_{-30° C}$) verursacht bei einer Kälteapplikationsdauer von durchschnittlich 25 min eine Absenkung der Körperkerntemperatur um 0,38° C und der Hauttemperatur um 3,1° C.

Die eigenen Studien weisen Verbesserungen der Ausdauerleistungsfähigkeit nach einer GKKLA$_{-110° C}$ von 11,9 % auf, nach einer TKKLA$_{-30° C}$ von 13,4 %.

KÄLTEAPPLIKATION

Differenziert man die Leistungseffekte sportartspezifisch, werden für das Radfahren in den internationalen Ganzkörperkaltluftstudien bei durchschnittlich plus 3,5° C Verbesserungen von durchschnittlich 6,4 % festgestellt, in den Ganzkörperkaltluftstudien bei minus 110° C (GKKLA$_{-110°\,C}$) Leistungszunahmen von 6 bzw. 13,3 % in den Teilkörperkaltluftstudien bei minus 30° C (TKKLA$_{-30°\,C}$).

Die größte kaltluftapplikationsinduzierte Leistungsverbesserung wird für die Laufausdauer nachgewiesen.

Tab. 7: Kühlmodi und Leistungsveränderungen in internationalen und eigenen Studien zur Ganzkörperkaltluft- (GKKLA) und Teilkörperkaltluftapplikation (TKKLA); – = es liegen keine Daten vor.

	Kühlmodus	Internationale Studien	Eigene Studien
Kühldauer (min)	GKKLA	38	2,45
	TKKLA	–	25
Kühltemperatur (° C)	GKKLA	3,5	-110
	TKKLA	–	-30
KKT-Veränderung (° C)	GKKLA	-0,42	-0,4
	TKKLA	–	-0,38
T$_H$-Veränderung (° C)	GKKLA	-4,3	-5,1
	TKKLA	–	-3,1
Leistungsplus (%)	GKKLA	9,07	11,87
	TKKLA	–	13,3
	GKKLA Rad	6,4	6
	TKKLA Rad	–	13,3
	GKKLA Lauf	17	18,6
	TKKLA Lauf	–	-
T$_L$ (° C)	GKKLA	16,6	21,6
	TKKLA	–	26,7
rel. LF (%)	GKKLA	51	49,3
	TKKLA	–	49

Unter Berücksichtigung der unterschiedlichen Kaltluftapplikationsmodi (GKKLA$_{+3,5°\,C}$, GKKLA$_{-110°\,C}$, TKKLA$_{-30°\,C}$) wird also deutlich, dass alle Precoolingmaßnahmen zu Verbesserungen der sportmotorischen Ausdauerleistungsfähigkeit führen. Die Effekte sind beim leichtathletischen Lauf größer als beim Radfahren, was durch den unterschiedlich hohen Anteil der an der Bewegung beteiligten Muskulatur zu erklären ist. Bei Bewegungen mit hohem Arbeitsmuskulaturanteil wird mehr Wärme produziert, sodass hier die wärmeabgabeunterstützende Kälteapplikation besonders effektiv wirkt.

Schließlich fügt sich aus der umfassenden Analyse vorliegender experimenteller Untersuchungsergebnisse zu Kaltluftapplikationen die verallgemeinernde Aussage zusammen, dass sich die kaltluftapplikationsinduzierte Leistungsverbesserung bei einem Precooling mittels Kälteweste (KWA) auf ca. 6 %, mittels Ganzkörperkaltluftapplikation auf ca. 10,5 % und mittels Teilkörperkaltluftapplikation auf ca. 13,3 % beläuft, wobei auf die interpretatorischen Einschränkungen hinsichtlich des TKKLA$_{-30°\,C}$-Werts oben bereits verwiesen wurde.

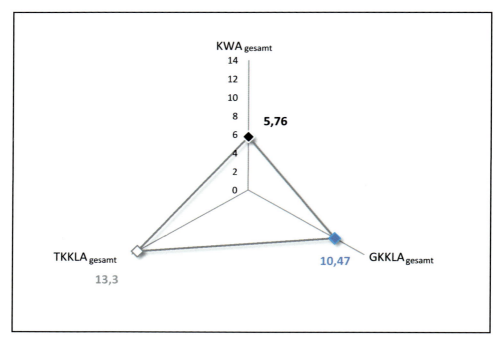

Abb. 53: Prozentuale Leistungssteigerungen zum sportartunspezifischen Effekt von Kältewestenapplikationen (KWA$_{gesamt}$), Ganzkörperkaltluftapplikationen (GKKLA$_{gesamt}$), die sowohl die GKKLA$_{-110°\,C}$ als auch die GKKLA$_{+3,5°\,C}$ implizieren, und Teilkörperkaltluftapplikationen (TKKLA$_{gesamt}$)

2.3 Effekte von Kaltwasserapplikation

Kaltwasser kann als ein weiterer Kühlmediator eingesetzt werden, z. B. als Wasserbad oder Wasserdusche. Während hierbei das Wasser die Haut direkt kontaktiert, besteht auch die Möglichkeit einer indirekten Wasserkühlung, beispielsweise durch wasserbeinhaltende Kleidung (Gold & Zornitzer, 1968). Bei den direkten Wasserapplikationsverfahren (Wasserbad und -dusche) sollte die Wassertemperatur schrittweise reduziert werden, um eine abrupte und übermäßige Auskühlung des Körpers, insbesondere der Muskulatur, zu vermeiden. Die Auskühlungsgefahr ist auf Grund der hohen Wärmeleitfähigkeit des Wassers, die um 2-4 x höher als diejenige der Luft ist, sehr groß.[68] Dies hat zur Konsequenz, dass die Kaltwasserapplikation zur schnelleren Reduktion der Körperkerntemperatur als die Kaltluftkühlung führt.[69] Für die Körperkühlung mit Wasser ist es von Bedeutung, explizit über die Kühlrate des Wassers, und somit über die potentielle Reduktion der Muskel- und Körperkerntemperatur, informiert zu sein. Die Wasserkühlung kann, abhängig von der Kühlungsdauer und -intensität sowie dem individuellen thermischen Empfinden, durchaus als thermisch diskomfortabel, als unangenehm kalt empfunden werden, wie z. B. während eines 30-minütigen Wasserbades bei 12° C (Crowley et al., 1991). Häufig ist unmittelbar nach der Kaltwasserapplikation eine Erwärmungsphase notwendig, um ein nachträgliches dauerhaftes Frieren zu vermeiden. Precoolingmethoden, die zu einem fortdauernden Frieren und/ oder einer muskulären Auskühlung führen, sind auf Grund der negativen Folgen, wie z. B. Leistungsminderung, Verletzungsrisiko, vermindertes Wohlbefinden, für die sportliche Praxis gänzlich ungeeignet (Quod et al., 2006). Um bei einem Kaltwasserprecooling eine zu intensive Kühlung, die auf körperliche Anforderungen leistungsnegativ wirkt (Bergh & Ekblom, 1979), zu vermeiden, empfehlen Marino und Booth (1998) eine 60-minütige Kaltwasserapplikation mit einer Initialtemperatur von 29° C, die in 10-min-Etappen jeweils um maximal 2° C abzusenken ist.

2.3.1 Effekte von Kaltwasserapplikation auf die Körperkerntemperatur

Es liegen insgesamt nur wenige Studien vor, welche die Kühleffizienz von Wasser in Abhängigkeit von der Kühltemperatur und -dauer, von der Temperatur des zu kühlenden menschlichen Körpers (hyper-, nomo- oder hypotherm) oder von bestimmten körperkonstitutionellen Merkmalen betonen (Proulx et al., 2003 und 2006). Vor der Darstellung der Effekte der Wasserkühlung auf sportliche Anforderungen werden einige grundsätzliche Aspekte zur Effizienz der Wasserkühlung vorangestellt.

---

[68] Bei Kanalschwimmern, die ca. 18 Stunden in 16° C kaltem Wasser geschwommen sind, wurden Rektaltemperaturen von bis zu 34° C gemessen (Huttunen et al., 2000; vgl. zur Thermoregulation im Schwimmen Nadel, 1977, S. 91-119).

[69] Für eine Erwärmung ist bei einer Hypothermie die Wasserkühlung, die durch Kleidung mit zirkulierendem Wasser praktiziert wird, effektiver als Kaltluft (Taguchi et al., 2004).

Zum Einfluss der Wassertemperatur

Proulx et al. (2003) untersuchen bei Probanden mit einer belastungsinduzierten Hyperthermie die Kühleffizienz unterschiedlicher Wassertemperaturen. Um eine Hyperthermie zu initiieren, laufen die Probanden auf einem Laufband bei einer Raumtemperatur von 39° C mit 65 % der VO_{2max}, bis sie eine Rektaltemperatur von 40° C erreichen; dies dauert im Durchschnitt 45,4 ± 4,1 min. Anschließend werden die Probanden mit Wasserbädern unterschiedlicher Temperaturen (2, 8, 14 und 20° C) so lange gekühlt, bis ihre Rektaltemperatur wieder den *Normalwert* von 37,5° C erreicht. Bei den Wassertemperaturen von 8, 14 und 20° C ergeben sich keine signifikanten Differenzen in der Kühlungsrate.

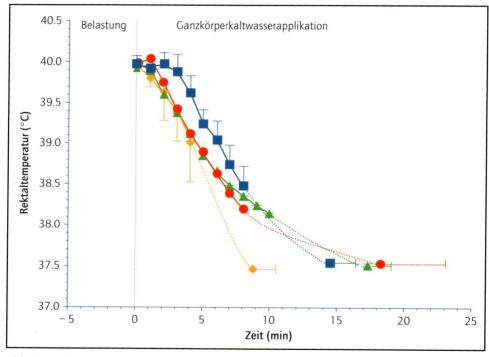

Abb. 54: Rektaltemperatur während einer Wasserimmersion bei 2° C (Raute), 8° C (Quadrat), 14° C (Dreieck) und 20° C (Kreis) (Proulx et al., 2003, S. 1319)

Bei einer Wassertemperatur von 8° C erreicht diese einen Wert von 0,19 ± 0,07° C pro min, bei 14° C einen Wert von 0,15 ± 0,06° C pro min und bei 20° C entsprechend 0,19 ± 0,10° C pro min ($p > .05$). Eine Wassertemperatur von 2° C bewirkt im Vergleich dazu eine Abkühlungsrate von 0,35 ± 0,14° C pro min, die 2 x größer als bei höherer Wassertemperatur ist ($p \leq .05$).

Die von Proulx et al. (2003) angegebenen Kühlungsraten sind nur für den Körperkerntemperaturbereich von 40-37,5° C experimentell gesichert. Auf Grund der Erkenntnis, dass die Kühlungsraten im Körperkerntemperaturbereich von 40-39° C und von 39-38° C differieren, ist davon auszugehen, dass sich die Kühlungsrate auch unterhalb dieses Temperaturspektrums (< 38° C) ändert. Dieser, in diesem Kontext *unerforschte*, Temperaturbereich ist aber genau derjenige Bereich, in dem das Precooling im sportlichen Kontext seine Anwendung findet. Bei niedrigeren Wassertemperaturen (2 und 8° C) ist die Kühlungsrate zwischen 39 und 38° C höher als zwischen 40 und 39° C (z. B. 0,50 ± 0,20 vs. 0,28 ± 0,14° C bei 2° C Wassertemperatur [70]). Für die höheren Wassertemperaturen (14 und 18° C) verhält sich dies umgekehrt: Hier flacht die Kühlungsrate im niedrigeren Rektaltemperaturbereich ab (z. B. 0,23 ± 0,09 vs. 0,19 ± 0,12° C bei 14° C Wassertemperatur).

Tab. 8: Kühlraten bei unterschiedlichen Rektaltemperaturen (T_{re}) während Ganzkörperkaltwasserapplikationen (GKKWA) mit 2, 8, 14 und 20° C; *: signifkanter Unterschied ($p \leq .05$) im Vergleich zu 2° C, †: signifikanter Unterschied ($p \leq .05$) im Vergleich zu 8° C, ‡: signifikanter Unterschied ($p \leq .05$) im Vergleich zu 14° C, §: signifikanter Unterschied ($p \leq .05$) im Vergleich zu 20° C (nach Proulx et al., 2003, S. 1319)

Temperatur	1° C-Temperaturabfall (ca. 40 auf 39° C)	2° C-Temperaturabfall (ca. 39 auf 38° C)	Gesamtimmersionsdauer (bis T_{re} = 37,5° C)
2° C	0,28 ± 0,14	0,50 ± 0,20† ‡ §	0,35 ± 0,14† ‡ §
8° C	0,17 ± 0,06	0,24 ± 0,11*	0,19 ± 0,07*
14° C	0,23 ± 0,09	0,19 ± 0,12*	0,15 ± 0,06*
20° C	0,26 ± 0,16	0,24 ± 0,12*	0,19 ± 0,10*

In einer späteren Forschungsarbeit vergleichen Proulx et al. (2006) die Reduktion der Rektal-, Ösophagus- und Ohrkanal- bzw. Tympanaltemperatur in Abhängigkeit von unterschiedlichen Wassertemperaturen bei einer Ganzkörperkaltwasserapplikation. Hierbei stellt sich heraus, dass die Ösophagus- und Tympanaltemperatur bereits hypotherme Werte von 35,6 ± 1,3 und 35,9 ± 0,9° C aufweisen, während die Rektaltemperatur bei der Wasserabkühlung noch einen nomothermen Wert von 37,5 ± 0,05° C erreicht.

---

[70]   Die Autoren machen keine Angaben zur statistischen Signifikanz.

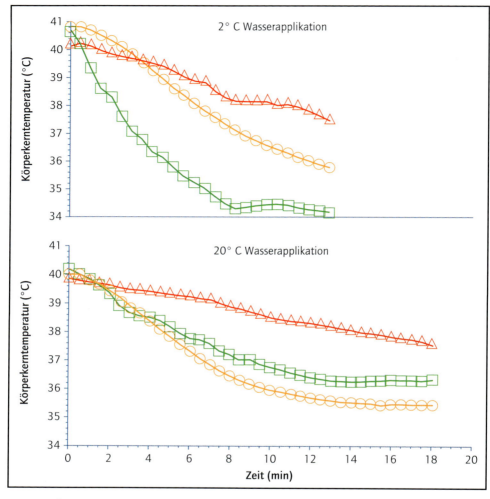

Abb. 55: Ösophagus- (Quadrate), Tympanal- (Kreise) und Rektaltemperatur (Dreiecke) während einer Immersion in 2° C und 20° C kaltem Wasser. Die Immersion dauert jeweils so lange, bis die Rektaltemperatur einen Wert von 37,5° C erreicht (Proulx et al., 2006, S. 440).

Eine Hyperthermie wird nach den Studienergebnissen von Proulx et al. (2006) bei einer Immersion in 2, 8, 14 und 20° C temperiertem Wasser nach 5,4 ± 1,5, 7,9 ± 2,9, 10,4 ± 3,8 und 13,1 ± 2,8 min nomothermisiert. Diese Resultate sind insbesondere dann bedeutsam, wenn die Rektaltemperatur als Referenz- bzw. Kontrollwert bei einer Abkühlung zur Vermeidung einer Hypothermie verwendet wird. Bei der Kaltwasserapplikation ist neben der Abkühlungsrate ein deutlicher Afterdropeffekt zu beachten, der zu einem nachträglichen Absinken der Körperkerntemperatur (Webb, 1986; Romet, 1988; Olschewski & Brück, 1988; Giesbrecht & Bristow, 1997) und bei zu intensiver Vorkühlung durchaus zu hypothermen Kerntemperaturen führt.

Tab. 9: Kühlraten (° C pro min) während Wasserimmersionen mit 2, 8, 14 und 20° C sowie der jeweilige Afterdrop (° C) (modif. nach Proulx et al., S. 438, S. 442)

	2° C	Afterdrop	8° C	Afterdrop	14° C	Afterdrop	20° C	Afterdrop
T_{re}	0,35 ± 0,14	1,76	0,19 ± 0,07	1,51	0,15 ± 0,06	1,23	0,19 ± 0,10	1,17
T_{oes}	1,04 ± 0,32	0,56	0,84 ± 0,43	0,26	0,77 ± 0,25	0,37	0,62 ± 0,31	0,47
T_{ty}	0,67 ± 0,29	1,40	0,56 ± 0,24	0,48	0,46 ± 0,23	0,47	0,47 ± 0,23	0,46

Vom Afterdropeffekt ist die Rektaltemperatur am stärksten betroffen: Bei einer Wassertemperatur von 2° C beläuft sich dieser auf 1,76° C (Proulx et al., 2006). An dieser Stelle wird zumindest ein Hinweis auf die Studie von Imms und Lighten (1989) gegeben, wonach auch das Trinken von 7° C kaltem Wasser in einer Menge von 14,3 ml/kg zu einer Reduktion der Körperkerntemperatur bis zu 0,61 ± 0,13° C führt. Da jedoch im Rahmen dieser Arbeit nur externe Kälteapplikationen im Mittelpunkt stehen, wird diese interne Kühlmethode (Trinken), die auch von Imms und Lighten im Hinblick auf die Senkung der Körperkerntemperatur unter Ruhebedingungen betrachtet wird, nicht weiter vertieft.

Zum Einfluss der Kühldauer

Im Gegensatz zu Proulx et al. (2003), die mittels Wasserbad kühlen, untersuchen Falls und Humphrey (1970) den Effekt unterschiedlicher Applikationsdauern (3, 6 und 9 min) beim Kaltduschen mit einer Wassertemperatur von 17,7° C. Keine dieser drei absolvierten Kaltduschzeiten führt zu einer Veränderung der Rektaltemperatur. Allerdings bewirken sie eine Reduktion der Hauttemperatur, die mit ansteigender Duschapplikationsdauer auf unter 25,5° C abnimmt. Während bei hyperthermen Personen eine Wassertemperatur von 20° C bereits nach 6 min zu einem Absinken der Rektaltemperatur führt (Proulx et al., 2003), bewirkt ein Duschen mit einer niedrigeren Wassertemperatur (17,7° C) weder nach 6 noch nach 9 min eine Temperaturveränderung. Dafür können unterschiedliche Ursachen angeführt werden: Einerseits ist ein Kaltwasserbad im Hinblick auf die Wärmeabgabe effektiver, weil die Körperoberfläche pro Zeiteinheit mit einem größeren Wasserquantum als beim Duschen appliziert wird. Zum anderen wenden Proulx et al. (2003) die Kälteapplikation bei hyperthermen, Falls und Humphrey (1970) bei nomothermen Personen an, woraus differente Kälteeffekte resultieren, denn der Kühleffekt unterscheidet sich bei gleicher Wassertemperatur in Abhängigkeit von der Körperkerntemperatur (Proulx et al., 2003). Drust et al. (2000) können durch ein 60-minütiges Kaltduschen – mit einer initialen Temperatur von 28° C und einer sukzessiven Temperaturreduktion um 2° C pro 20 min bis auf eine Wassertemperatur von 24° C –, die Rektaltemperatur der Probanden um 0,3° C senken.

Durch den Afterdropeffekt sinkt nach der Abkühlungsmaßnahme bis zum Belastungsbeginn die Rektaltemperatur um weitere 0,3° C, sodass eine Gesamttemperaturreduktion von 0,6° C zu konstatieren ist. Durch die Studienergebnisse von Drust et al. (2000) wird deutlich, dass Falls und Humphrey (1970) eine zu kurze Applikationszeit gewählt haben, um kaltwasserapplikationsinduzierte Veränderungen der Körperkerntemperatur hervorzurufen.

Ferretti et al. (1992) führen im Gegensatz dazu bei Kaltwasserapplikationen keine Temperaturabstufung durch und kühlen die Probanden vor einer Sprungserie 90 min lang in einem Wasserbad mit einer Temperatur von 20° C. Sie praktizieren allerdings eine Kaltwasserapplikation des Unterkörpers, die zu einer Reduktion der Muskeltemperatur von 8° C führt. Die genaue Quantifizierungsgröße der Abkühlungsrate des Wassers in Abhängigkeit von der Körperkerntemperatur und vom Kühlmediator stellt bislang im Precoolingkontext eine nur fragmentarisch beantwortete Forschungsfrage dar.

Zum Einfluss der Immersionstiefe
Die Abhängigkeit der Kaltwasserkühleffizienz von der Immersionstiefe ist bislang nur vereinzelt experimentell untersucht worden. Eine Kaltwasserimmersion der Unterschenkel führt zu deutlich geringeren Absenkungen der Rektaltemperatur als ein Kaltwasserbad, bei dem eine Immersionstiefe bis zu den Hüften oder Schultern gewählt wird (Lee et al., 1997). Die Rektaltemperatur reduziert sich bei einem 15° C kalten Wasserbad und einer Immersionstiefe bis zu den Knien um 0,005 ± 0,001° C pro min, bis zu den Hüften um 0,010 ± 0,001° C pro min und bis zu den Schultern um 0,024 ± 0,002° C pro min. Bei einem Wasserbad von 25° C sinkt die Rektaltemperatur in geringerem Maße, und zwar bei einer Immersionstiefe bis zu den Knien um 0,004 ± 0,000° C, bis zu den Hüften um 0,007 ± 0,001° C und bis zu den Schultern um 0,010 ± 0,001° C. Je größer also die Immersionstiefe, desto höher ist die Kühleffizienz. Mit zunehmender Wassertemperatur wirkt sich insbesondere die reduzierte Kühleffizienz bei großer Immersionstiefe aus.

2.3.2 Effekte der GKKWA auf die Radfahrleistung

Bergh und Ekblom (1979) haben als erste Forschergruppe die Wirkungen von Vorkühlung mittels Kaltwasserapplikation auf die körperliche Aktivität untersucht. Sie vergleichen zudem den Kühleffekt mit der Auswirkung aktiver muskulärer Erwärmung, indem sie den Einfluss unterschiedlicher Ösophagustemperaturen (T_{oes}) von 34,9-38,4° C sowie differenter Muskeltemperaturen (T_m) von 35,1-39,3° C auf die sportliche Leistung überprüfen. Die durch die unterschiedlichen thermoregulatorischen Vorbereitungsmaßnahmen veränderten Körperkern- und Muskeltemperaturen[71] sind in nachfolgender Tabelle dargestellt.

---

[71] Die Muskeltemperatur messen Bergh und Ekblom (1979) in einer Tiefe von 40-50 mm des M. vastus medialis.

Tab. 10: *Körperkern- und Muskeltemperatur sowie Dauer einer ergometrischen Arm-Bein-Bewegung (modif. nach Bergh & Ekblom, 1979, S. 886)*

		KKT (=T_{oes}) (° C)	T_m (° C)	Zeit (min)
Leicht erhöhte[72] Temperatur	(T1)	38,4 ± 0,1	39,3 ± 0,3	6,24 ± 1,30
Normale Temperatur	(T0)	37,7 ± 0,3	38,5 ± 0,3	6,80 ± 1,20
Leicht erniedrigte Temperatur	(T2)	35,8 ± 0,6	36,5 ± 0,6	4,36 ± 1,30
Geringe Temperatur	(T3)	34,9 ± 0,5	35,1 ± 0,4	3,06 ± 0,65

Das Leistungskriterium stellt in dieser Studie die Abbruchzeit bei einer kombinierten Arm-Bein-Bewegung auf dem Fahrradergometer dar. Hierbei wird diejenige Belastungsintensität gewählt, die in einem Vortest maximal 5-8 min lang absolviert werden konnte.[72] Das Vorkühlen erfolgt mittels einer ganzkörperlichen Kaltwasserapplikation (GKKWA) in 13-15° C kaltem Wasser über eine Zeitdauer von 15-25 min. Während der Applikation werden Schwimmbewegungen absolviert, die einer Belastungsintensität von 40-50 % der VO_{2max} entsprechen. Während des Ausblastungstests (Lufttemperatur (T_L): 20-22° C), der sich an die verschiedenen thermoregulatorischen Vorbereitungsmaßnahmen anschließt, wird die Leistung durch die Vorkühlungsmaßnahmen (T2 und T3) negativ beeinflusst. Im Vergleich zum Kont-rolltest (T0), in dem die initiale Körperkerntemperatur 37,7 ± 0,3° C beträgt, nimmt die Belastungsdauer von 6,8 ± 1,20 auf 4,36 ± 1,30 (T2) bzw. 3,06 ± 0,65 min (T3) ab (jeweils p ≤ .001). Auch nach der Erwärmung (T1) auf eine Körperkerntemperatur von 38,4 ± 0,1° C ist die Gesamtfahrzeit mit 6,24 ± 1,30 min kürzer als im Kontrolltest (p ≤ .001). Die Untersuchungsergebnisse Bergh und Ekbloms (1979) zeigen, dass sich ein Precooling mittels Kaltwasserapplikation, das zu annähernd hypothermen Bedingungen führt, leistungsbeeinträchtigend auswirkt [73].

72　Diese Temperatur wurde vorher durch eine fahrradergometrische Belastung erreicht.
73　Genauere Informationen geben Bergh und Ekblom (1979) nicht an.

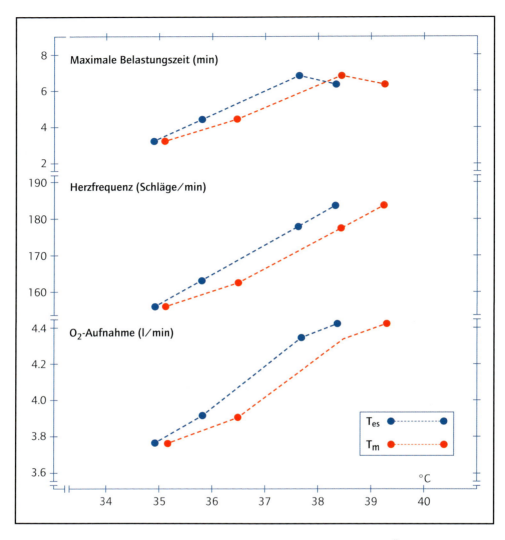

Abb. 56: Abbruchzeit, Herzfrequenz und Sauerstoffaufnahme in Relation zur Ösophagus- (T_{es}) und Muskeltemperatur (T_m; M. vastus lateralis) (Bergh & Ekblom, 1979, S. 887)

Mit dieser hypothermieinduzierenden Kaltwasserapplikation wird die Körperkern- und Muskeltemperatur im Hinblick auf einen leistungsverbessernden Effekt in deutlich zu hohem Maße reduziert. Weiterhin ist anzumerken, dass sowohl die Vorbereitungsintensität während der Erwärmungs- und Precoolingphase als auch der Bewegungsmodus während der Precoolingphase das Studienergebnis zusätzlich beeinflusst zu haben scheinen. Während vor dem Kontrolltest, in dem die besten Leistungsresultate erreicht werden, keine Belastung durchgeführt wird, beträgt bei der Erwärmung (Radfahren) und Abkühlung (Schwimmen) die Intensität 40-50 % der VO_{2max}. Demnach kann nicht ausgeschlossen werden, dass die Leistungsbeeinträchtigung Folge einer Vorermüdung ist; dies ist aber anhand des sekundäranalytischen Zugangs nicht zu klären. Weiterhin kann bei der Precoolingvariante, bei der auf das Einschwimmen die kombinatorische Arm-Bein-Kurbelbewegung auf dem Ergometer folgt, der *Sportartenwechsel* ein relevanter Parameter für die größere Beeinträchtigung im Vergleich zur Erwärmung auf dem Fahrradergometer sein. Die Vorbereitungsphase auf dem Fahrradergometer während des Aufwärmens weist eine größere Bewegungsaffinität zur Zielanforderung auf. Letztlich ist nicht zu klären, ob die Leistungssteigerung nach der Erwärmung durch den Temperatureffekt oder durch die sportartspezifische Anforderungsvorbereitung hervorgerufen wird. Bergh und Ekblom (1979) hingegen begründen die geringere Leistung nach beiden Vorkühlungsmaßnahmen ausschließlich mit der niedrigen Muskeltemperatur bzw. der geringen Enzymaktivität. Dieses Argument widerlegen Blomstrand et al. (1984) einige Jahre später, indem sie zeigen, dass ein kühler Muskel eine erhöhte glykolytische Aktivität aufweist, die mit einem höheren Laktatgehalt und in der Folge einer geringeren Ermüdungsresistenz einhergeht. Das Studiendesign Bergh und Ekbloms (1979) ist für einen expliziten Erkenntnisgewinn über Precoolingwirkungen mittels Kaltwasser auf sportliche Anforderungen weniger geeignet, wie auch in Marinos Review (2002) angedeutet wird. Deutlich wird allerdings, dass extrem reduzierte, d. h. hypotherme Körperkern- sowie Muskeltemperaturen den Primärgrund für die Negativbeeinflussung sportlicher Anforderungen darstellen.

Resümee: Eine Reduktion der Ösophagustemperatur auf 35,8 und 34,9° C durch eine 15-25-minütige Applikation mit 13-15° C kaltem Wasser bewirkt eine Leistungsbeeinträchtigung in einem Ausbelastungstest auf dem Fahrradergometer. Die Abbruchzeit verringert sich um 35,3 % (bei T_{oes}= 35,8° C und T_m= 36,5° C) bzw. um 54,4 % (bei T_{oes}= 34,9° C und T_m= 35,1° C). Auch eine Erhöhung der Ösophagustemperatur auf 38,4° C und der Muskeltemperatur auf 39,3° C reduziert die Belastungszeit um 8,8 %.

Erst in deutlichem Abstand zur Untersuchung Bergh und Ekbloms (1979) erfolgten weitere Studien zu Precoolingeffekten mittels Kaltwasserkühlung, während die Forschungsaktivitäten zur Kaltluftkühlung früher einsetzten. Ein eindeutiges Ergebnis zum Effekt unterschiedlicher Körpertemperaturen auf die sportliche Leistung bei warmen Klimabedingungen (T_L: 35° C, Lf_r: 61 ± 2 %) liefern Gonzalez-Alonso et al. (1999a). Sie kühlen einerseits durch ein 30-minütiges Wasserbad mit einer Temperatur von 17° C die Ösophagustemperatur (T_{oes}) auf 35,9 ± 0,2° C, die Muskeltemperatur (T_m) auf 34,3 ± 0,3° C und die Hauttemperatur (T_h) auf 29,5 ± 0,3° C, andererseits erhöhen sie dieselben Temperaturen durch ein 30-minütiges Wasserbad mit einer Temperatur von 40° C auf 38,2 ± 0,2° C (T_{oes}), 38,4 ± 0,1° C (T_m) und 35,9 ± 0,1° C (T_h). Für den Kontrolltest setzen sie über die gleiche Zeitdauer wie bei den obigen Testbedingungen eine Wassertemperatur von 36° C ein und induzieren dadurch Temperaturen von 37,4 ± 0,1° C (T_{oes}), 37,3 ± 0,1° C (T_m) und 34,2 ± 0,1° C (T_h).

Tab. 11: Individuelle Abbruchtemperaturen der Ösophagus- (T_{oes}), Muskel- (T_m) und mittleren Hauttemperatur ($\bar{T}_h$) bei einer Radfahranforderung mit 60 % der VO_{2max} (modif. nach Gonzalez-Alonso et al., 1999a, S. 1035)

Vpn	T_{oes}			T_m			$\bar{T}_h$		
	Pre-cooling	Kontrolltest	Aufwärmen	Pre-cooling	Kontrolltest	Aufwärmen	Pre-cooling	Kontrolltest	Aufwärmen
LH	40,3	40,2	39,9	40,4	40,6	40,4	37,3	37,0	36,9
HH	40,0	40,2	40,2	40,2	40,9	41,2	37,3	37,5	37,0
TJ	39,7	40,2	40,3	40,9	41,2	41,2	37,5	37,0	37,1
PM	39,9	40,1	39,9	40,6	40,7	40,5	37,0	37,5	36,9
CJ	40,3	40,3	40,2	41,2	40,7	40,8	37,2	36,6	36,7
JT	40,0	40,4	40,3	40,8	41,0	41,0	36,4	37,4	37,2
HF	40,3	40,2	40,2	40,7	40,8	41,0	37,6	37,3	37,0
Mw ± Stabw.	40,1 ± 0,1	40,2 ± 0,1	40,1 ± 0,1	40,7 ± 0,1	40,8 ± 0,1	40,9 ± 0,1	37,2 ± 0,2	37,2 ± 0,1	37,0 ± 0,1

Ein zentrales Ergebnis der Studie von Gonzalez-Alonso et al. (1999a) ist, dass die Probanden die fahrradergometrische Anforderung bei 60 % der VO_{2max}, unabhängig von der Körpertemperatur, zu Beginn der Anforderung in den drei Testbedingungen (Kontrolltest, Precooling und Aufwärmen) bei gleicher, der sogenannten *kritischen* Körperkern-, sowie bei gleicher Muskel- und Hauttemperatur abbrechen. Auch der Hydrationsstatus der Probanden unterscheidet sich in den drei Testvarianten nicht.

Während in allen Tests nahezu gleiche Sauerstoffverbrauchswerte gemessen werden, ist das Herzschlagvolumen nach dem Precooling während der Belastungsphase (152 ± 7,1 ml pro Schlag) im Vergleich zum Kontroll- (126 ± 6 ml pro Schlag) und Erwärmungstest (109 ± 4 ml pro Schlag) am höchsten (jeweils $p \leq .05$). Die Herzfrequenz (140 ± 5,2 Schläge pro min) ist durch das Kaltwasserprecooling im Vergleich zum Kontroll- (166 ± 5 Schläge pro min) und Erwärmungstest (182 ± 4 Schläge pro min; $p \leq .05$) ebenfalls positiv beeinflusst. Die Laktatwerte unterscheiden sich bei Belastungsabbruch[74] trotz unterschiedlicher Leistungen zugunsten der Precooling-maßnahme nicht signifikant ($p > .05$).

„These results demonstrate that high internal body temperatures per se cause fatigue in trained subjects during prolonged exercise in uncompensable hot environments. Furthermore, time to exhaustion in hot environments in trained subjects is inversely redirectly related to the rate of heat storage" (Gonzalez-Alonso et al., 1999, S.1038).

---

[74] Es wird kein Belastungslaktat gemessen.

Die Zeit bis zur Ausbelastung steht in inversem Verhältnis zur Körperkerntemperatur: je niedriger die Körperkerntemperatur, desto länger die Fahrzeit, d. h. desto besser die Leistung. So erreichen die Probanden nach dem Precooling eine Fahrzeit von 63 ± 3 min, im Kontrolltest 46 ± 3 min und im Erwärmungstest 28 ± 2 min. Durch die Studie wird untermauert, dass sich unter Wärmebedingungen (T_L: 35° C, Lf_r: 61 ± 2 %) eine vorherige Erhöhung der Körpertemperatur negativ, Kaltwasserprecooling positiv auf die sportliche Leistung auswirkt, wie Ückert und Joch (2007a) für die Kältewestenapplikation in gleicher Tendenz nachweisen.

Resümee: Durch eine 30-minütige Ganzkörperapplikation in 17° C temperiertem Wasser sinkt die Ösophagustemperatur auf 35,9° C, die Muskeltemperatur auf 34,3° C und die Hauttemperatur auf 29,5° C. Dadurch verbessert sich die Belastungszeit während einer fahrradergometrischen Anforderung bei 60 % der VO_{2max} um 37 %. Eine Erwärmung durch ein 30-minütiges Bad in 40° C temperiertem Wasser erhöht die Ösophagustemperatur auf 38,2° C, die Muskeltemperatur auf 38,4° C und die Hauttemperatur auf 38,4° C. Nach dieser Erwärmung verschlechtert sich die Leistung im Fahrradergometertest um 39 %. Im Rahmen des untersuchten Temperaturspektrums wird folgender Zusammenhang belegt: Je niedriger die Körperkerntemperatur, desto besser ist die Ausdauerleistung.

Anhand eines Ausdauertests auf dem Fahrradergometer überprüfen Kay et al. (1999) den Precoolingeffekt einer Ganzkörperkaltwasserapplikation (GKKWA). Sie verfolgen in dieser Studie das Ziel, nicht die Rektaltemperatur, sondern ausschließlich die Hauttemperatur zu reduzieren. Gemäß der Empfehlung von Marino und Booth (1998) reduzieren sie die Wassertemperatur nicht schneller als 2° C pro 10 min. Die Anfangstemperatur des Wassers beträgt 29,7 ± 0,9° C. Nach einer 10-minütigen Gewöhnungsphase wird das Wasser mit 8-11° C kaltem Wasser innerhalb von 60 min sukzessive ersetzt, bis eine Temperatur von 25,8 ± 0,5° C erreicht ist. Während dieser GKKWA sinkt die Rektaltemperatur nicht signifikant ($p > .05$). An dieser Stelle sei erwähnt, dass sich die Probanden in ihrem Körperbau deutlich von denjenigen anderer Precoolingstudien, wie z. B. von Schmidt und Brück (1981), unterscheiden. So weisen die Probanden bei Kay et al. (1999) ein Körpergewicht von 76,1 kg und eine Körperhöhe von 182 cm auf, im Vergleich zu 67 kg und 174 cm bei Schmidt und Brück (1981). Insbesondere die größere Körperoberfläche infolge der genannten konstitutionellen Parameter ist ein Grund dafür, dass die Rektaltemperatur der Probanden in der Studie von Kay et al. (1999) durch die Wasserkühlung nicht signifikant absinkt. Die Hauttemperatur sinkt hingegen signifikant von 33,5 ± 0,2 auf 28,6 ± 0,3° C ($p \leq .05$). Der anschließende 30-minütige Fahrradtest wird unter Wärmebedingungen absolviert (T_L: 31° C, Lf_r: 60 %). Die Probanden spannen hierfür ihr eigenes Rennrad in eine elektronisch gesteuerte Fahrradrolle ein und bestimmen während der 30 min die Übersetzung und Tretkurbelfrequenz selbst *(Self-Paced-Test)*. Zielvorgabe für die Probanden ist es, eine möglichst weite Distanz in der vorgegebenen Zeit zurückzulegen. Als Ergebnis stellt sich heraus, dass die Probanden nach dem Precooling 0,9 km länger fahren: 15,8 ± 0,7 vs. 14,9 ± 0,8 km (p ≤ .05). Während des Fahrradtests unterscheiden sich die Herzfrequenz und das subjektive Belastungsempfinden nicht signifikant. Dagegen steigt die Wärmespeicherkapazität um 69 Watt pro m^2 an: von 84 auf 153 Watt pro m^2 (p ≤ .05). Im Vergleich dazu erhöht sie sich in der Studie von Lee und Haymes (1995) bei geringerer Umgebungstemperatur (24° C) um 25 Watt pro m^2.

Außerdem wird von Kay et al. (1999) gezeigt, dass die Gesamtschweißbildung trotz höherer körperlicher Leistung von 1,7 ± 0,1 auf 1,2 ± 0,1 l/h (p ≤ .05) sinkt, wie auch in anderen Precoolingstudien deutlich wird (Schmidt & Brück, 1981; Hessemer et al., 1984; Lee & Haymes, 1995). Dies geht mit einer später als im Kontrolltest einsetzenden Schweißbildung einher, wofür die reduzierte Hauttemperatur verantwortlich ist. Dadurch wird die thermoregulatorische Efferenzschwelle angehoben (Kay et al., 1999), ist aber keinesfalls als eine *Unterdrückung des Schwitzens* zu verstehen. Dieses Ergebnis stellt sich bei Booth et al. (1997) nicht in übereinstimmender Eindeutigkeit heraus, womöglich dadurch begründet, dass durch den größeren Muskeleinsatz beim Laufen ein höheres Wärmequantum erzeugt wird als beim Radfahren (Kay et al., 1999). Die Hauttemperatur ist nach dem Kaltwasserprecooling während der gesamten Belastungsphase signifikant niedriger als im Kontrolltest, wobei die Differenz mit zunehmender Zeitdauer abnimmt, jedoch bis zur 30. min signifikant bleibt. Während unmittelbar nach der Vorkühlung keine Veränderung der Rektaltemperatur beobachtet wird, ist diese während der Anforderungsphase geringer, in der 15.-25. min ist der Unterschied signifikant (p ≤ .05). In der 30. min beträgt die Rektaltemperatur im Precoolingtest 38,4 ± 0,2° C und im Kontrolltest 38,7 ± 0,1° C (p > .05). Die trotz der Stabilität gegenüber der Precoolingmaßnahme geringere Belastungskörperkerntemperatur im Vergleich zum Kontrolltest ist durch die kaltwasserapplikationsinduzierte, niedrigere Hauttemperatur zu erklären. Damit existiert während der Belastungsphase ein großes Temperaturgefälle zwischen Körperkern und Körperschale und somit sind optimale Voraussetzungen für die körperliche Wärmeabgabe vorhanden.

Das Belastungslaktat ist nach dem Kaltwasserprecooling geringer – wie auch bei Booth et al. (1997) – und am Belastungsende infolge der längeren Fahrzeit höher als im Kontrolltest: 6,0 ± 0,8 vs. 5,2 ± 0,6 mmol/l, wenn auch nicht signifikant (p > .05).

Die Untersuchungsergebnisse von Kay et al. (1999) signalisieren, dass eine Hautabkühlung ohne Reduktion der Körperkerntemperatur einen leistungssteigernden Effekt auf eine Ausdauerleistung unter Wärmebedingungen ausübt. Wie auch bei Booth et al. (1997) tritt hier kein Temperaturafterdrop auf; dies ist auf die sukzessive Abkühlung und die Anforderung unter Hitzebedingungen zurückzuführen. In beiden Studien wird zum einen für das Radfahren, zum anderen für das Laufen beobachtet, dass Sportler nach einem Kaltwasserprecooling insbesondere gegen Ende der Zielanforderung das Tempo forcieren und infolgedessen eine höhere Endleistung erzielen.

Resümee: Durch eine 60-minütige Ganzkörperkaltwasserapplikation (GKKWA), während der die Wassertemperatur allmählich von 29,7 auf 25,8° C reduziert wird, sinkt die Hauttemperatur von 33,5 auf 28,6° C ab. Die Rektaltemperatur bleibt unbeeinflusst. Auf die 30-minütige Zielanforderung (Radfahren) wirkt sich das Precooling mittels GKKWA positiv aus: Die Leistung, gemessen anhand der zurückgelegten Fahrstrecke, erhöht sich in der Vorgabezeit um 6 %. Dieser leistungspositive Effekt wird begleitet von einer Erhöhung der Wärmespeicherkapazität, einer geringeren und zu einem späteren Zeitpunkt einsetzenden Schweißbildung sowie einer niedrigeren Haut- und Rektaltemperatur während der Zielanforderung.

Der Frage, wie sich ein Precooling mittels Kaltwasser auf den Muskelstoffwechsel bei einer submaximalen Belastung unter Hitzebedingungen (T_L: 35° C, Lf_r: 50 %) auswirkt, gehen Booth et al. (2001) nach. Sie lassen Probanden auf dem Fahrradergometer 35 min lang bei 60 % der VO_{2max} fahren, nachdem diese eine 52-minütige GKKWA in einem Wasserbad absolviert haben, dessen Temperatur graduell von 29 auf 24° C reduziert wurde (vgl. Booth et al., 1997). Während des Kontrolltests verbringen die Probanden ebenfalls 52 min in einem Wasserbad mit thermoneutraler Temperatur (34,8° C).

Durch die GKKWA sinkt die Rektaltemperatur signifikant um 0,8° C, die Muskeltemperatur um 4,8° C (jeweils $p \leq .05$). Während der Zielanforderung, die unter Hitzebedingungen stattfindet, beträgt die Differenz dieser Temperaturen im Vergleich von Precooling- und Kontrolltest im Mittel 0,6° C (Rektaltemperatur) bzw. 1,5° C (Muskeltemperatur) (jeweils $p \leq .05$). Die Differenz ist hierbei in den ersten 15 min am größten. Daraus leitet sich ab, dass das Precooling unter Hitzebedingungen die thermoregulatorische Beanspruchung reduziert. Der Sauerstoffverbauch bleibt während der Zielanforderung, die durch eine geringe Belastungsintensität charakterisiert ist, unbeeinflusst ($p > .05$), die Herzfrequenz ist jedoch signifikant geringer ($p \leq .05$).

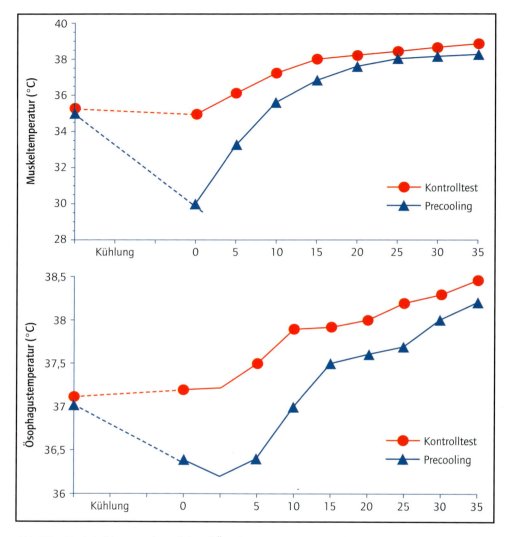

Abb. 57: Muskel- (M. vastus lateralis) und Ösophagustemperatur in Ruhe (Rest), während der Wasserimmersion (Immersion) und während des 35-min-Radtests (60 % der VO_{2max}) unter Precooling- (schwarze Dreiecke) und Kontrollbedingungen (weiße Kreise); *:$p \leq .05$ (Booth et al., 2001, S. 588)

Booth et al. (2001) stellen keinen Einfluss auf den Muskelmetabolismus fest: Das Precooling wirkt sich weder auf das Muskelglykogen, ATP, Kreatinphosphat noch auf das Laktat aus. Dieses Resultat steht im Widerspruch zu Studienergebnissen, wie z. B. von Febbraio et al. (1994 und 1996), Joch und Ückert (2004b) sowie Ückert und Joch (2008). Febbraio et al. (1994 und 1996) weisen bei einem niedrigeren Anstieg der

Körperkern- und Muskeltemperatur eine geringere Glykogenolyserate nach. Allerdings setzen Febbraio et al. (1994 und 1996) einen, durch passive Erwärmung induzierten, hohen Referenzwert mit ca. 40° C für das Spektrum hoher Muskeltemperaturen fest, der von Gonzalez-Alonso et al. (1999a) als kritisch und leistungsbeeinträchtigend eingestuft wird. Auch Kozlowski et al. (1985) weisen deutlich geringere Beanspruchungen des Muskelmetabolismus nach, wobei zu berücksichtigen ist, dass diese Autoren eine Simultankühlung praktizieren.

Resümee: Eine 52-minütige GKKWA, bei der die Wassertemperatur von 29 auf 24° C reduziert wird, bewirkt ein Absinken der Rektaltemperatur um 0,8° C und der Muskeltemperatur um 4,8° C. Während der anschließenden 35-minütigen Ausdaueranforderung auf dem Fahrradergometer, die mit einer Belastungsintensität von 60 % der VO_{2max} absolviert ist, sind im Mittel die Rektaltemperatur um 0,6° C und die Muskeltemperatur um 1,5° C geringer. Auch die Herzfrequenz ist während der Ausdauerbelastung signifikant niedriger. Der Muskelmetabolismus bleibt unbeeinflusst.

In deutlichem Gegensatz zu einer Vielzahl an Studien zu Effekten des Precoolings steht der experimentelle Befund und die Ergebnisinterpretation Bolsters et al. (1999): Sie raten von einer Wasserprecoolingmaßnahme vor einem Triathlon ab. Die thermoregulatorische Vorbereitung beinhaltet in der Untersuchung von Bolster et al. (1999) eine GKKWA (Temperatur: 25,5° C), die innerhalb von 31 min zu einer Reduktion der Rektaltemperatur um 0,5° C führt. Anschließend wird eine Schwimmbelastung über 15 min (Wassertemperatur: 25° C) und danach eine Radfahranforderung über 45 min bei 75 % der VO_{2max} (T_L: 26,6° C, Lf_r: 60 %) absolviert. Die Autoren beobachten im Vergleich des Precooling- und Kontrolltests keine Unterschiede in der Schwimmleistung, die sie anhand der VO_{2max} überprüfen, ebenso keine Differenzen in der Herzfrequenz, Schweißrate oder dem subjektiven Belastungsempfinden.

Die Sekundäranalyse dieser Studie zeigt jedoch, dass die Rektal- und Hauttemperatur während der Anforderungsphase niedriger ist als im Kontrolltest, und zwar während der gesamten Schwimmanforderung und bis zur 10. min während der Radfahranforderung signifikant ($p \leq .05$). Während die Wärmespeicherkapazität nach dem Precooling beim Schwimmen im Kontroll- und Precoolingtest negativ ist, also mehr Wärme abgegeben als produziert wird, ist diese während der Radanforderung nach dem Precooling größer als im Kontrolltest (109 ± 6 vs. 79 ± 4 Watt pro m^2; $p \leq .05$). Bolster et al. (1999) ziehen aus diesen Daten den pauschalen Schluss, Wasserprecooling führe zu einer negativen Leistungsvoraussetzung – ohne jegliche Einschränkung. Hierzu sei angemerkt, dass ein Wasserprecooling vor dem Schwimmen – bei jeweils identischer Wassertemperatur – trotz reduzierter Körperkerntemperatur nicht ausreichend zu sein scheint, um die Schwimmleistung zu verbessern. Unter Berücksichtigung der besonderen Bedingungen des Schwimmens, und zwar dem Bewegen im Medium Wasser, das eine hohe Wärmeleitfähigkeit aufweist, stellt sich in diesem Zusammenhang die Frage, ob ein Wasserprecooling vor einer Schwimmanforderung bei den von Bolster et al. eingesetzten Wassertemperaturen überhaupt positiv wirken kann. Möglicherweise wird in der Schwimmphase, die in dieser Studie 15 min dauert, auf Grund der hohen Wärmeleitfähigkeit des Wassers ein hohes Wärmequantum vom körperlichen Organismus abgegeben, sodass auch ohne vorheriges Precooling keine thermoregulatorische Überforderung besteht. Dann wäre der eigentliche Precoolingeffekt nivelliert und das Precooling in diesem Fall ein Negativkriterium, weil es die ohnehin bereits hohe Wärmeabgabe erhöht. Eine Kühlung vor dem Schwimmen bei genannter Wassertemperatur wäre demnach und unter diesen Bedingungen nicht leistungseffektiv. Es liegen jedoch zum Schwimmen keine weiteren relevanten Precoolinguntersuchungen vor, um diesen Aspekt vertiefend analysieren zu können.

In der Studie von Bolster et al. (1999) wird die dem Triathlon zugehörige Laufleistung nicht überprüft, weil die Autoren annehmen, dass nach 30 min die positive Beeinflussung des Precoolings auf die Wärmespeicherkapazität beendet sei. Somit schließen sie aus, dass sich die Positiveffekte des Precoolings, die zu Beginn auftreten, auf die Laufanforderung und nachwirkend auf die Endleistung auswirken können, wie jedoch von Kay et al. (1999), Booth et al. (1997) experimentell nachgewiesen wird. Schließlich kommen Bolster et al. (1999) zu dem Fazit, dass eine GKKWA vor einem Triathlon – sie selbst überprüfen die Effekte einer GKKWA auf einen Duathlon – nicht leistungsförderlich sei.

Resümee: Durch eine Vorkühlung mit 25,5° C temperiertem Wasser verringert sich die Rektaltemperatur innerhalb von 31 min um 0,5° C. Während einer anschließenden Schwimmanforderung über 15 min bei einer Wassertemperatur von 25° C und einer Radfahranforderung über 45 min bei 75 % der VO_{2max} (T_L: 26,6° C, Lf_r: 60 %) werden keine Unterschiede in den Parametern Sauerstoffverbrauch, Herzfrequenz, Schweißrate und Belastungsempfinden festgestellt. Die Rektal- und Hauttemperatur ist während der Schwimm- und bis zur 10. min der Radfahranforderung signifikant niedriger als im Kontrolltest. Eine Wasserkühlung vor der Schwimm- und Radfahranforderung in 25° C kaltem Wasser wirkt sich nicht leistungspositiv aus.

Unter einer besonderen Fragestellung steht die Studie von Wilson et al. (2002). Diese beobachten insbesondere den Körperkerntemperaturverlauf während einer Belastungseinheit nach einem Precooling, um abschätzen zu können, zu welchem Zeitpunkt ein spezieller Temperaturwert erreicht wird. Während hier nicht der Effekt auf die sportliche Leistungsfähigkeit im Mittelpunkt steht, ist die weiterführende Überlegung dieser Autorengruppe, ob durch ein Kaltwasserprecooling die Zeitspanne bis zum Erreichen eines bestimmten Körperkerntemperaturwerts unter Belastungsbedingungen verlängert werden könne. Das Precooling erfolgt durch eine Ganzkörperkaltwasserapplikation (Immersionszeit: 30 min, Wassertemperatur: 17,7 ± 0,5 °C). Im Kontrolltest verbringen die Probanden 30 min in einem Wasserbad mit 35,1 ± 0,3 °C. Anschließend findet die 60-minütige Belastung bei 60 % der VO_{2max} auf einem Fahrradergometer statt. Nach dem Precooling beträgt die Rektaltemperatur 36,14 ± 0,18° C im Vergleich zu 36,81 ± 0,09° C im Kontrolltest (p ≤ .05). Während der Radfahranforderung ist die Rektal-, mittlere Haut- und infolge die mittlere Körpertemperatur signifikant niedriger als im Kontrolltest (p ≤ .001). Die Rektaltemperatur ist auch am Belastungsende, nach 60 min, um 0,25° C niedriger.

Nach der GKKWA beträgt die Zeitdauer, in der die Rektaltemperatur um 0,5° C ansteigt, 33 ± 2 vs. 15 ± 1 min im Kontrolltest (p ≤ .001). Das Vorkühlen bewirkt somit, dass der Temperaturanstieg um 0,5° C während der körperlichen Anforderung doppelt so lange dauert. Während dieser submaximalen Belastungsphase werden keine signifikanten Differenzen im mechanischen Wirkungsgrad, der metabolischen Rate, dem Sauerstoffpuls oder dem subjektiven Belastungsempfinden festgestellt. Das Precooling bewirkt allerdings während der Radfahranforderung eine größere Wärmespeicherkapazität. Das Schwitzen beginnt vergleichsweise zu einem deutlich späteren Zeitpunkt, und zwar 10 min später. Die Gesamtschweißproduktion verringert sich um 255 ml/h. Dieses Ergebnis ist nicht nur für den sportlichen Kontext, sondern auch für Patientengruppen (z. B. Schmerzpatienten) von Relevanz.

Resümee: Eine Kaltwasserapplikation über 30 min mit 17,7° C kaltem Wasser reduziert die Rektaltemperatur um 0,67° C. Während einer 60-minütigen Ausdauerbelastung (Belastungsintensität: 60 % der VO_{2max}) dauert es doppelt so lange (33 vs. 15 min), bis die Rektaltemperatur wieder um 0,5° C angestiegen ist. Zudem beginnt die Schweißbildung später und die Gesamtschweißmenge ist niedriger. Die Wärmespeicherkapazität ist durch die Precoolingmaßnahme erhöht.

2.3.3 Effekte der GKKWA auf die Laufleistung

Drust et al. (2000) untersuchen in einem zweifach gestuften Laufbandtest (2 x 45 min) die Effekte eines Kaltwasserprecoolings auf physiologische Parameter, wie z. B. den Sauerstoffverbrauch, die Herzfrequenz und das Blutlaktat. In dieser Studie wird eine intermittierende Laufanforderung einerseits bei einer Umgebungstemperatur von 20° C nach einem Precooling und ohne Vorkühlung (Kontrolltest), andererseits im aufgewärmten Labor bei 26° C ohne Precooling durchgeführt. Das Testprotokoll soll das fußballspezifische Belastungsprofil widerspiegeln: Das 45-minütige Programm setzt sich aus drei gleichen 15-minütigen Anforderungen zusammen, die jeweils Sprint-, Pausen-, Jogging- und Gehphasen enthalten. Die 60-minütige Kaltwasserapplikation besteht aus kaltem Duschen (initiale Wassertemperatur: 28° C, Temperaturreduktion: 2° C pro 20 min, Wasserendtemperatur: 24° C) und bewirkt ein Absinken der Rektaltemperatur von 37,5 ± 0,3 auf 37,2 ± 0,4° C, also um 0,3° C, wie auch Leweke, Brück und Olschewski (1995) bestätigen. Die Rektaltemperatur sinkt auf Grund des Afterdropeffekts bis zu Beginn des fußballspezifischen Lauftests nochmals um 0,3° C auf 36,9 ± 0,6° C.

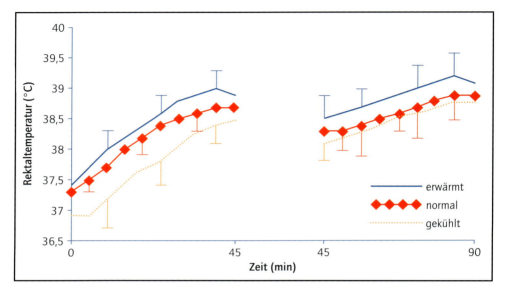

Abb. 58: Rektaltemperatur in einer 2 x 45-min-Laufanforderung unter Hitze-, Normal- und Precoolingbedingungen (Drust et al., 2000, S. 14).

Während der 90-minütigen Laufanforderung ist die Körperkerntemperatur nach dem Precooling signifikant niedriger als vergleichsweise bei hoher Umgebungstemperatur ohne Precooling ($p \leq .05$). In der zweiten 45-minütigen Belastungsphase ist die Körperkerntemperatur nach dem Precooling im Vergleich zum Kontrolltest nicht mehr signifikant niedriger. Der eindeutige Effekt der GKKWA während der ersten Belastungsphase ist somit in der zweiten Belastungshälfte, der sogenannten *zweiten Halbzeit*, nicht mehr statistisch absicherbar. Da die Autoren keine weiteren physiologischen Differenzen zwischen den drei Testvarianten feststellen, schlussfolgern sie, dass sich das Precooling auf intermittierende Anforderungen bei hohen Umgebungstemperaturen, die auch nicht fußballtypisch seien (Drust et al., 2000), nicht leistungssteigernd auswirkt. Ungeachtet der größeren Wärmespeicherkapazität, der geringeren Herzfrequenz, Haut- und Rektaltemperatur nach dem Precooling gehen die Autoren davon aus, dass die Leistung im Fußballspiel, die sie nicht explizit, sondern anhand physiologischer Parameter spezifizieren, nicht vom Precooling positiv beeinflussbar sei. Die kurzen Zwischenerholungen während eines Fußballspiels und die Halbzeit seien für eine adäquate Erholung ausreichend, sodass es durch den spezifischen Belastungscharakter des Fußballspiels generell zu keiner Wärmeüberlastung käme.

Tab. 12: Kardiorespiratorische und thermoregulatorische Parameter während der ersten und zweiten Belastungsphase (je 45 min) bei Normaltemperatur ohne Precooling (Kontrolltest: K), bei Normaltemperatur mit Precooling (PC) und bei Wärmebedingungen ohne Precooling (W) (modif. nach Drust et al., 2000, S. 14)

	K		W		PC	
	1. Mean	2. Mean	1. Mean	2. Mean	1. Mean	2. Mean
Ventilation (l/min)	87,7 ± 11	87,7 ± 11	83,5 ± 10	81,4 ± 9,8	87,4 ± 10	82,4 ± 9
O2-Aufnahme (l/min)	2,5 ± 0,3	2,5 ± 0,3	2,5 ± 0,3	2,5 ± 0,2	2,7 ± 0,3	2,6 ± 0,2
Herzfrequenz (Schl./min)	156 ± 11	164 ± 8	156 ± 10	164 ± 8	148 ± 12	157 ± 9
T_{re} (° C)	38,1 ± 0,5	38,6 ± 0,2	38,4 ± 0,5	38,8 ± 0,2	37,7 ± 0,6	38,5 ± 0,3
mittlere T_h (° C)	31,1 ± 0,4	30,2 ± 0,6	32,5 ± 1,2	32,1 ± 0,7	28,7 ± 1,6	30,2 ± 0,3
Energieverbrauch (kJ/min)	53,5 ± 4	52,6 ± 4	53,5 ± 2	52,1 ± 5	56,3 ± 3	54,9 ± 4

Die seitens der Autorengruppe geführte Interpretation der Forschungsergebnisse ist nicht in Gänze nachvollziehbar. Die in dieser Studie nachgewiesenen Precoolingeffekte auf die Körpertemperatur und Wärmespeicherkapazität sind als Positivauswirkungen zu verstehen: Bei der eindeutigen Wirkrichtung des Precoolings mindestens für die erste Halbzeit ist vielmehr die Schlussfolgerung plausibel, dass sich eine zusätzliche Halbzeitkühlung positiv auf die zweite Halbzeit auswirkt. Da eine Vielzahl an Sportarten durch ein intermittierendes Anforderungsprofil charakterisiert ist, besteht insbesondere hier der Bedarf vertiefender Studien, die neben physiologischen bzw. thermoregulatorischen Aspekten auch Kälteapplikationseffekte auf die Leistung überprüfen.

Resümee: Eine 60-minütige GKKWA (Kaltdusche) mit einer Anfangstemperatur von 28° C und einer Endtemperatur 24° C führt zu einer unmittelbaren Reduktion der Rektaltemperatur um 0,3° C und um weitere 0,3° C durch den Afterdropeffekt. Die Herzfrequenz, Rektal- und Hauttemperatur ist während einer 90-minütigen, fußballspezifischen Laufanforderung nach dem Precooling niedriger, und zwar in den ersten 45 min im Vergleich zum Kontrolltest und in den gesamten 90 min im Vergleich zur Leistung unter Wärmebedingungen. Die Effekte der Vorkühlung mittels Kaltdusche fallen insgesamt gering aus – im Gegensatz zu Kaltwasserimmersionen.

Während Drust et al. (2000) ein Kaltwasserduschen als Precoolingmaßnahme wählen, führen Booth et al. (1997) ein graduelles Precooling mittels eines 60-minütigen Wasserbades durch. Die Anfangstemperatur des Wassers beträgt bei dieser GKKWA 28-29° C. Nach 5-10 min wird das Wasser durch 23-24° C kaltes Wasser ersetzt. Die Kälteapplikation dauert maximal 60 min und wird vorzeitig abgebrochen, wenn bei den Probanden das Kältezittern einsetzt. Das ganzkörperliche Precooling im Kaltwasser führt zu einer Reduktion der Rektaltemperatur um 0,7° C, der Hauttemperatur um 5,9° C und der mittleren Körpertemperatur um 2,7° C (jeweils p ≤ .05).

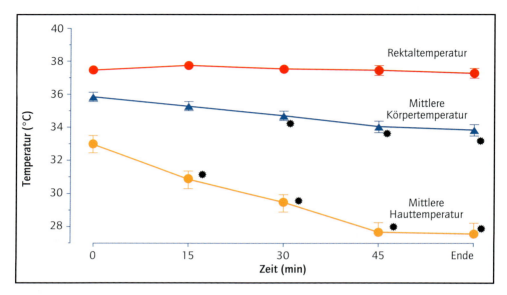

Abb. 59: Rektal- (weiße Kreise), mittlere Körper- (weiße Dreiecke) und mittlere Hauttemperatur (schwarze Kreise) während 60 min Kühlen im Wasserbad; *: p ≤ .05 (Booth et al., 1997, S. 945)

Dass in dieser Studie kein Afterdrop der Rektaltemperatur eintritt, ist auf das langsame, graduelle Abkühlen und die anschließende Anforderung unter Hitzebedingungen (T_L: 32° C, Lf_r: 60 %) zurückführen. Bereits Romet (1988) und Webb (1986) verweisen darauf, dass ein langsames Precooling und ein schnelles Wiedererwärmen einen Afterdrop reduzieren oder verhindern können. Im anschließenden Leistungstest wird ein Lauf über 30 min absolviert, bei dem die zurückgelegte Laufstrecke das Leistungskriterium repräsentiert. Die Ergebnisse zeigen, dass nach der Wasserimmersion die Rektaltemperatur bis zur 20. Laufminute signifikant niedriger (p ≤ .05) ist, die Hauttemperatur bis zur 25. und die mittlere Körpertemperatur bis zum Belastungsende (um 0,8° C; p ≤ .05).

Die Laufstrecke, der Leistungsparameter dieser Studie, erhöht sich um 304 ± 166 m: von 7.252 ± 162 auf 7.556 ± 171 m (p ≤ .05), somit um 4 %. Der Sau-erstoffverbrauch, die Gesamtschweißrate und das subjektive Belastungsempfinden (nach Borg, 1998) unterscheiden sich im Precooling- und Kontrolltest nicht signifikant (p > .05). Das Laktat ist bei Leistungsabbruch nach der GKKWA signifikant höher (7,4 ± 0,9 vs. 4,9 ± 0,5 mmol/l); dies ist durch die höhere Laufleistung nach der GKKWA zu begründen.

Resümee: Bei einer 60-minütigen GKKWA, bei der anfänglich Kaltwasser mit einer Temperatur von 29° C appliziert und nach 5 min sukzessive 23° C kaltes Wasser nachgefüllt wird, sinkt die Rektaltemperatur um 0,7° C, die Hauttemperatur um 5,9° C. Die Rektaltemperatur ist während des anschließenden 30-minütigen Lauftests bis zur 20. min signifikant niedriger, die Hauttemperatur bis zur 25. Die Laufleistung erhöht sich durch die GKKWA um 4 %. Ein Kaltwasserprecooling reduziert also bei einer 30-minütigen Ausdaueranforderung, die unter Hitzebedingungen absolviert wird, die thermoregulatorische Beanspruchung und steigert die sportliche Leistung.

Im Gegensatz zu Booth et al. (1997) wirkt sich hingegen in der Studie von Mitchell et al. (2003) die Kaltwasserapplikation vor einer intensiven Laufanforderung (100 % der VO_{2max}), die unter noch intensiveren Hitzebedingungen (T_L: 38° C, Lf_r: 40 %) absolviert wird, negativ aus. Als mögliche Ursache dafür ist die hohe Belastungsintensität der Zielanforderung in Betracht zu ziehen. Zusätzlich ist auch zu erwägen, dass sich die unterschiedliche körperliche Beanspruchung während der Vorbereitungsphase auf die Zielanforderung leistungsnegativ ausgewirkt hat: Die Probanden belasten sich während des Vorkühlens intensiver als im Kontrolltest, indem sie die Vorkühlungsphase stehend und rotierend verbringen, hingegen die Zeit vor der Zielanforderung im Kontrolltest in Ruheposition. Die Studienteilnehmer stehen während der 20-minütigen Kälteapplikationsdauer in einem 22° C temperierten Raum vor einem Ventilator, der auf eine Strömungsgeschwindigkeit von 4 m/s eingestellt ist, und drehen sich zweiminütlich um 180°, um im Wechsel die Körpervorder- und -rückseite zu kühlen. Währenddessen wird der gesamte Körper der Probanden alle 2 min mit 100 ml Wasser besprüht. Eine zu intensive Kältewirkung – insbesondere als Ursache für den leistungsnegativen Effekt – kann somit ausgeschlossen werden. Durch diese kombinierte Kälteapplikation von Luft- und Wasserkühlung sinkt die Ösophagustemperatur nur geringfügig: insgesamt um 0,17° C. Auch das Phänomen des Afterdropeffekts tritt nicht auf. Die Leistung ist nach dem Vorkühlen während der hochintensiven Laufanforderung um 10 % geringer (368 ± 56 s) als im Kontrolltest (398,8 ± 55,5 s; $p \leq .05$). Ein Precooling in dieser Form wirkt sich auf maximale und supramaximale Belastungsintensitäten nicht positiv aus, vermutlich weil bei diesen Kurzzeitanforderungen thermoregulatorische Prozesse keinen leistungslimitierenden Parameter darstellen.

Resümee: Eine Kombinationskühlung mittels Kaltluft und -wasser über eine Zeitdauer von 20 min, während der Luftkühlung – mit einer Luftströmungsgeschwindigkeit eines Ventilators von 4 m/s – eingesetzt und zusätzlich der Körper zweiminütlich mit Wasser besprüht wird, bewirkt ein geringes Absinken der Ösophagustemperatur um 0,17° C. Die Laufleistung, die bei einer Belastungsintensität von 100 % der VO_{2max} und bei hoher Umgebungstemperatur (38° C) absolviert wird, ist nach dem kombinierten Precooling um 10 % geringer als im Kontrolltest, in dem allerdings die Anforderungsvorbereitung einer deutlich geringeren körperlichen Beanspruchung entspricht.

2.3.4 Effekte der TKKWA auf physiologische Parameter

Marsh und Sleivert (1999) unterscheiden sich mit ihrer Studie nicht nur dadurch von anderen, sich mit Kaltwasserprecooling auseinandersetzenden Forschergruppen, dass sie den Applikationseffekt anhand einer Schnellkraftanforderung untersuchen, sondern vor allem, dass sie eine Teilkörperapplikation vornehmen und eine deutlich geringere Wassertemperatur, als z. B. von Marino und Booth (1998) empfohlen wird, einsetzen. Diese beträgt zu Applikationsbeginn 18° C. Nach 5 min wird die Temperatur durch die Zugabe von Eis auf 12-14° C gesenkt. Die Kälteapplikation wird so lange fortgeführt, bis die Rektaltemperatur um 0,3° C reduziert ist, andernfalls wird sie spätestens nach 30 min beendet. Auf Grund der niedrigen Wassertemperatur wird in dieser Untersuchung nur der Oberkörper mit Kaltwasser appliziert, um nicht die Beinmuskulatur als Hauptantriebsmuskulatur bei der anschließenden Radfahranforderung auszukühlen. Nach dem Precooling erfolgt eine 10-minütige Vorbereitungsphase bei einer Belastungsintensität von 60 % der VO_{2max} auf dem Fahrradergometer, dann ein dreiminütiges Dehnprogramm und anschließend eine maximale Kurzzeitanforderung über 70 s auf dem Fahrradergometer bei warm-feuchten Umgebungsbedingungen (T_L: 29° C, Lf_r: 80 %). Durch die Wasserkühlung sinkt nach Zielvorgabe (s. o.) die Rektaltemperatur von 37,2 ± 0,4 auf 36,9 ± 0,4° C ($p \leq .05$) und ist während der Vorbereitungsphase sowie während des Maximalleistungstests niedriger als im Kontrolltest. Die Herzfrequenz unterscheidet sich im Vergleich der Precoolingintervention mit dem Kontrolltest während der 10-minütigen Anforderungsvorbereitung, nicht jedoch im Maximaltest signifikant. Für das Laktat sind keine bedeutsamen Unterschiede nachweisbar.

Während der Zielanforderung, einem 70-sekündigen Maximalleistungstest auf dem Fahrradergometer, wird nach dem Precooling (TKKWA) eine Verbesserung von 3,3 % erzielt: Die Probanden erreichen 603 ± 60 Watt im Vergleich zu 581 ± 57 Watt im Kontrolltest ($p \leq .05$).

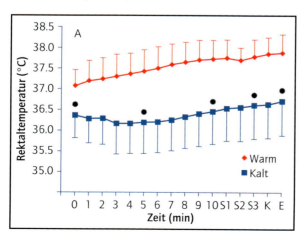

Abb. 60: Rektaltemperatur während der Anforderungsvorbereitung (0.-10. min, Dehnen: S1-S3) und des Maximalleistungstests (Beginn: K, Ende: E). Signifikante Differenzen sind in der 0., 5. und 10. min der Vorbereitung, in der 3. min des Dehnens und am Ende des Maximalleistungstests berechnet; *:$p \leq .01$. (Marsh & Sleivert, 1999, S. 395)

Während ein intensives Wasserprecooling in der Studie von Bergh und Ekblom (1979) zur Beeinträchtigung einer schnellkraftdominanten Arm-Bein-Arbeit führt, wie auch die Luft-Wasser-Kombinationskühlung von Mitchell et al. (2003), stellen Marsh und Sleivert (1999) durch eine moderate 30-minütige Wasserkühlung somit eine Leistungsverbesserung der zyklischen Schnellkraft fest. Demnach wirkt sich ein adäquat praktiziertes Precooling nicht nur auf Ausdaueranforderungen leistungssteigernd aus, sondern auch auf Kurzzeitanforderungen, für welche die Thermoregulation prinzipiell keine leistungslimitierende Rolle spielt. Marsh und Sleivert (1999) führen die Leistungsverbesserung auf die durch die Vasokonstriktion verursachte höhere Muskeldurchblutung und, damit einhergehend, auf das größere zentrale Blutvolumen zurück. Die Bedeutung des Blutvolumens im Körperzentrum als leistungsentscheidende Ressource wird bereits von Rowell betont: *„... any reduction in muscle perfusion would have to reduce oxygen uptake"* (Rowell, 1986, S. 383).

Die Studienergebnisse von Ball et al. (1999), die belegen, dass eine Schnellkraftleistung in warmer Umgebung (T_L: 30,1° C) höher ist als unter kühleren Bedingungen (T_L: 18,7° C), sind in diesem Zusammenhang nicht als Widerspruch zum Forschungsresultat von Marsh und Sleivert (1999) zu interpretieren: Auch wenn unter kalten Umgebungsbedingungen Schnellkraftleistungen geringer als unter Wärmebedingungen sind (Ball et al., 1999), schließt dies nicht aus, dass sich eine Precoolingmaßnahme auf eine Schnellkraftleistung, die unter Wärmebedingungen absolviert wird, positiv auswirkt (Marsh & Sleivert, 1999).

Resümee: Eine intensive Wasserkühlung des Oberkörpers, bei der die Anfangstemperatur 18° C beträgt und nach einer Eiszugabe (ab der 5. min) auf 12-14° C temperiert wird, reduziert die Rektaltemperatur um 0,3° C; diese ist auch noch während der Vorbereitungsphase und während der Zielanforderung, die bei warmfeuchten klimatischen Bedingungen absolviert wird, niedriger als im Kontrolltest. Die Herzfrequenz und die Blutlaktatproduktion verändern sich durch die Precoolingmaßnahme im Vergleich zum Kontrolltest nicht. Die Leistung während der Zielanforderung, einem 70-sekündigen Maximalleistungstest auf dem Fahrrad-ergometer, wird nach dem Precooling um 3,3 % verbessert. Eine TKKWA verbessert somit eine Schnellkraftleistung unter Wärmebedingungen.

Auch Crowley et al. (1991) führen eine Teilkörperkaltwasserapplikation durch, kühlen jedoch im Gegensatz zu Marsh und Sleivert (1999) nicht den Ober-, sondern den Unterkörper (Beine). Nach einer 30-minütigen Applikation in 11,5-12,2° C kaltem Wasser, bei der die Rektaltemperatur um 0,5° C absinkt, führen die Probanden einen 30-s-Wingate-Test auf dem Fahrradergometer durch. Die durchschnittliche Wattleistung reduziert sich hierbei nach der Kühlung um 26 %, die Maximalleistung um 30 % (jeweils $p \leq .05$). Eine Abkühlung der Arbeitsmuskulatur, deren Temperatur in dieser Studie nicht gemessen, sondern auf ca. 29° C geschätzt wird (Crowley et al., 1991), wirkt sich demnach negativ auf die Leistungsparameter im Wingate-Test aus. Bei der Interpretation dieses Forschungsresultats sei nochmals betont, dass, im Gegensatz zu den Ganzkörperkältemaßnahmen und zur Teilkörperkaltwasserapplikation des Oberkörpers, in dieser Studie ausschließlich die Beine, d. h. die Hauptarbeitsmuskulatur, gekühlt werden. Der empirische Befund von Crowley et al. (1991) ist durch den Zusammenhang zwischen Muskeltemperatur und Maximalkraft (Davies & Young, 1983), der sich durch eine entsprechende Rechtsverschiebung der Kraft-Geschwindigkeits-Relation ausdrückt, zu begründen.

Resümee: Durch eine intensive TKKWA der Beine mit einer Wassertemperatur zwischen 11,5 und 12,2° C über eine Zeitdauer von 30 min sinkt die Rektaltemperatur um 0,5° C. Im anschließenden Wingate-Test ist nach der Kaltwasserapplikation auf Grund der (Aus-)Kühlung der Arbeitsmuskulatur die durchschnittliche Wattleistung um 26 % und die Maximalleistung um 30 % geringer.

Während also einerseits eine erhöhte Muskeltemperatur die intermittierende Sprintbelastung in sehr warmer Umgebung vermindert (Drust et al., 2005), kann andererseits ein Abkühlen (Bennett, 1984) bzw. ein übermäßiges Abkühlen der Arbeitsmuskulatur von 8° C (Ferretti et al., 1992) bzw. 8,4° C (Davies & Young, 1983) die Maximalkraft um ca. 30 % auf Grund des Q_{10}-Effekts auf die ATP-Hydrolyse reduzieren (Ferretti et al., 1992). Ab einer Muskeltemperatur von 27° C wird nach Daanen et al. (2006) die Leistungsfähigkeit der Muskulatur deutlich eingeschränkt.

2.3.5 Vergleichsstudie: GKKWA und TKKWA

White et al. (2003) vergleichen die unterschiedlichen Auswirkungen einer Teilkörperkaltwasserapplikation (TKKWA) und einer Ganzkörperkaltwasserapplikation (GKKWA) bei jeweiliger Wassertemperatur von 20° C auf eine submaximale Anforderung (Fahrradergometer), die sich aus einer Belastungsintensität von 60 % der VO_{2max} und einer Belastungsdauer von 60 min zusammensetzt.

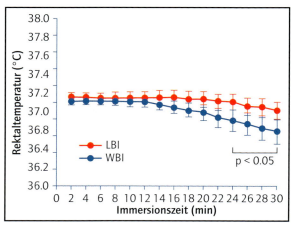

Abb. 61: Rektaltemperatur während einer 30-min-Kaltwasserapplikation (20° C) des gesamten Körpers (WBI = Whole Body Immersion) und des Unterkörpers (Beine) (LBI = Low Body Immersion) (White et al., 2003, S. 1041).

Das Ergebnis gibt Aufschluss über die Temperaturdaten unmittelbar nach den Kaltwasserapplikationen: Die Rektaltemperatur reduziert sich nach 30 min auf 36,67 ± 0,15° C (GKKWA) bzw. 36,92 ± 11° C (TKKWA) (p ≤ .05). Die Rektaltemperatur ist während der ganzkörperlichen Kaltwasserapplikation niedriger als während der Teilkörperkaltwasserapplikation, wobei der Unterschied erst ab der 24. min signifikant ist (p ≤ .05). Während der anschließenden submaximalen fahrradergometrischen Belas-tung ist die Rektaltemperatur bis zur 24. und die mittlere Hauttemperatur bis zur 14. min signifikant niedriger (p ≤ .01 und p ≤ .05) als nach der TKKLA. Die Probanden empfinden die GKKWA weniger thermisch komfortabel als die TKKWA, und dies auch noch während der körperlichen Anforderung. Das subjektive Belastungsempfinden der Probanden differiert in den beiden Kälteapplikationsmodi nicht signifikant (p > .05).

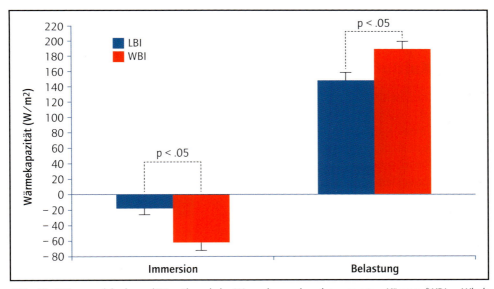

Abb. 62: Wärmespeicherkapazität während der Wasserimmersion des gesamten Körpers (WBI = Whole Body Immersion), des Unterkörpers (Beine) (LBI = Low Body Immersion) und während der Anforderung auf dem Fahrradergometer (60 % der VO_{2max}; 60 min) (White et al., 2003, S. 1041)

Die Wärmespeicherungskapazität ist während der 60-minütigen Belastungsphase nach der GKKWA höher als nach TKKWA (p ≤ .05): Der Körper gibt während der Immersion mittels GKKWA mehr Wärme ab als während der Immersion mittels TKKWA (p ≤ .05). Sowohl die ganzkörperliche als auch die teilkörperliche Wasserkühlung bei 20° C reduziert den belastungsinduzierten Anstieg der Körperkerntemperatur, wobei der Effekt der GKKWA größer ist. Die thermoregulatorischen und metabolischen Unterschiede während der körperlichen Anforderung sind allerdings gering, sodass die Autoren beide Varianten zur thermoregulatorischen Vorbereitung empfehlen. Die TKKWA reicht demnach aus, um die geschilderten Effekte zu erzielen. Allerdings ist zu berücksichtigen, dass White et al. (2003) keine Leistungsüberprüfung vornehmen, somit kein Ergebnis zum Zusammenhang von sportlicher Leistung und einer TKKWA bzw. GKKWA liefern.

Resümee: Eine 30-min-Kaltwasserapplikation mit einer Wassertemperatur von 20° C reduziert bei einer teilkörperlichen Anwendung die Rektaltemperatur um ca. 0,08° C, bei einer ganzkörperlichen um ca. 0,3° C. Während der GKKWA ist die Rektaltemperatur geringer als während der TKKWA. Bei der submaximalen fahrradergometrischen Belastung (60 min bei 60 % der VO_{2max}) ist die Rektaltemperatur bis zur 24. min ($p \leq .01$), die mittlere Hauttemperatur bis zur 14. min ($p \leq .05$) signifikant niedriger. Die Probanden empfinden die GKKWA als thermisch unkomfortabler, doch wirkt sich die unterschiedliche Immersionstiefe nicht auf das subjektive Belastungsempfinden während der Ausdaueranforderung aus. Insgesamt sind die thermoregulatorischen und metabolischen Differenzen zwischen beiden Kühlvarianten gering.

2.3.6 Kaltluft-Simultancooling vs. Kaltwasser-Precooling

Anhand einer belastungsintensiven Radfahranforderung unter Wärmebedingungen (T_L: 30° C, Lf_r: 50 %) analysieren Morrison et al. (2006) die unterschiedlichen Kühlwirkungen eines Kaltluft-Simultancoolings und eines Kaltwasser-Precoolings. Sie stellen dabei fest, dass eine begleitende Luftstromkühlung (4,8 m/s), die mittels Ventilator erzeugt wird, einen größeren leistungssteigernden Effekt bewirkt als eine vorherige Wasserkühlung (Temperatur: 24° C, Immersionstiefe: Brust, Kühldauer: 1 h oder bis zur Reduktion der Körperkerntemperatur um 0,5° C). Die anhand der absolvierten Zeitdauer gemessene (Radfahr-)Leistung ist bei einer hohen Belastungsintensität (95 % der VO_{2max}) nach dem Precooling um 16 ± 15 min besser als im Kontrolltest ($p \leq .05$). Jedoch ist sie ohne Precoolingmaßnahme, aber bei begleitender Ventilatorkühlung im Vergleich zum Kontrolltest um 30 ± 23 min länger ($p \leq .05$). Die Kopplung beider Maßnahmen (Wasser-Precooling und Luft-Simultancooling) führt zu einer Verbesserung von 29 ± 21 min ($p \leq .05$), demnach zu keinem additiven Effekt beider Kühlvarianten. Die Wasserkühlung bewirkt eine Leistungsverbesserung von 16 min, ist aber damit dennoch der begleitenden Luftkühlung unterlegen. Aus den Daten dieser Studie geht nicht hervor, zu welchen unmittelbaren Körperkern- oder Muskeltemperaturen die Kaltwasserapplikation führt. Die Angabe, dass die Probanden entweder 1 h lang oder so lange, bis die Körperkerntemperatur um 0,5° C abgesunken ist, im Wasser gekühlt werden, liefert keinen Aufschluss über die explizite Temperaturveränderung. So kann nicht ausgeschlossen werden, dass nach einer Stunde die Körperkerntemperatur keines Probanden einen entsprechend reduzierten Wert erreicht hat – eine mögliche Ursache für den geringen Leistungseffekt im Vergleich zum Simultancooling. Da dieser äußerst relevante Temperaturwert von den Autoren nicht genannt wird, kann über die genaue Wirkung der Wasserkühlung im Vergleich zur Ventilatorkühlung keine genaue

Aussage gemacht werden. Dennoch wird durch die Studie Morrisons et al. (2006) die Relevanz einer begleitenden Kühlmaßnahme deutlich, die aus Praktikabilitätsgründen wohl weniger eine Zukunft in der Windkühlung als in innovativer kühlender Kleidung finden wird. Damit ist nicht das oftmals als Funktionskleidung titulierte Material, das in erster Linie den Schweiß von der Haut abtransportiert und die Schweißverdunstung beeinträchtigt, gemeint, sondern vielmehr ein Material, das eine Kühlwirkung mittels Kältemediatoren ausübt, wie z. B. feuchtigkeitsbeinhaltende bzw. einen Schweißfilm belassende Kleidung sowie Kältewesten.

Resümee: Eine Simultankaltluftkühlung, die mittels Ventilator (4,8 m/s) erzeugt wird, hat einen größeren leistungssteigernden Effekt als ein Precooling mit 24° C temperierten Wasser (Immersionstiefe: Brust, Kühldauer: 1 h oder bis zum Absinken der Körperkerntemperatur um 0,5° C). Die intensive körperliche Anforderung (95 % der VO_{2max}) unter Wärmebedingungen wird durch beide Kälteapplikationsmaßnahmen deutlich verbessert, wobei die Leistungssteigerung nach der simultanen Luftstromkühlung größer (107 %) als nach dem Kaltwasserprecooling des Oberkörpers ist (57,14 %).

2.3.7 Fazit der Wasserkühlung

Die Auswirkungen von Kaltwasserimmersionen auf körperliche Belastungen sind nach den Studienergebnissen (u. a. Crowley et al., 1991; Booth et al., 1997; Marsh & Sleivert, 1999; Kay et al., 1999; Bolster et al., 1999; Gonzalez-Alonso et al., 1999a; Drust et al., 2000; Booth et al., 2001; Wilson et al., 2002; Mitchell et al., 2003; White et al., 2003) negativ (minus 5,7 %). Dies ist auf Studienergebnisse zurückzuführen

- *von Bergh und Ekblom (1979) begründet, die bei einer auf 35,8° C reduzierten Ösophagustemperatur eine Leistungsreduktion von 28 % verzeichnen, sowie*
- *von Crowley et al. (1991), die bei einer Radsprintanforderung eine Negativwirkung von 26 % feststellen, und auch*
- *von Mitchell et al. (2003), die in ihrer Studie für eine intensive Laufanforderung (100 % der VO_{2max}) eine Leistungsverschlechterung von 10 % verbuchen.*

Negativwirkungen werden nach einer Kaltwasserkühlung insbesondere vor Kurzzeit- oder Maximalanforderungen (z. B. 100 % der VO_{2max}) nachgewiesen. Besonders das Kühlen der Beine führt zu einem negativen Resultat, wenn diese bei der Zielanforderung die Hauptantriebsmuskulatur repräsentieren. Eine Schwierigkeit besteht bei dieser Kühlvariante prinzipiell darin, dass die hohe Wärmeleitfähigkeit des Wassers zu einer Auskühlung der Muskulatur führen kann, die zweifelsohne nicht mit positiven Leistungsresultaten zu vereinbaren ist. Eine adäquate Kühldauer- und -intensitätsdosierung ist in diesem Zusammenhang leistungsentscheidend. Das Untersuchungsergebnis von Morrison et al. (2006) mit Leistungsverbesserungen von 57 % und 107 %

ist nicht repräsentativ. Anhand der kurzen schriftlichen Ausführung Morrisons et al. ist eine Ursachenklärung dieser exorbitanten Leistungsverbesserung nicht möglich. Da in der Studie gut Trainierte, d. h. keine Leistungssportler, aber auch keine Untrainierten teilnehmen, ist das Ergebnis nicht leistungsniveauspezifisch zu begründen. Auch die hohe Umgebungstemperatur oder die Belastungsintensität können sinnvollerweise nicht als Argumente für diese Leistungsexplosion nach der Kaltwasserkühlung angeführt werden. Die Ursachenanalyse endet in diesem Fall allenfalls in Spekulationen, sodass an dieser Stelle letztlich nur festzuhalten bleibt, dass diese enorm hohe Leistungssteigerung in der sportlichen Trainings- und Wettkampfpraxis irreal ist. Dennoch ist es der Verdienst Morrisons et al. (2006), eine Coolingvariante gefunden zu haben, die zu potenziellen Leistungsverbesserungen führt, wenn auch in praxi in deutlich geringerer Ausprägung.

Unter Berücksichtigung der – durch das lange Stehen während der Precoolingphase induzierten – Ermüdung in der Studie von Mitchell et al. (2003) ist bei einer adäquaten Wasservorkühlung von einer Leistungssteigerung im mittleren Leistungsbereich im Ausdauerlauf von ca. 4 % auszugehen (Booth et al., 1997).

Die Wasserkühlung vor einer sportlichen Anforderung kann sich nicht nur leistungssteigernd, sondern auch negativ auswirken. Die Reanalyse vorliegender Studien lässt zwei prinzipielle Kaltwasserapplikationsvarianten deutlich werden: Es wird entweder mit einer Wassertemperatur von ca. 14,6° C über eine Zeitspanne von 30 min oder mit geringfügig höherer Wassertemperatur (ca. 25,7° C) über eine Zeitspanne von 60 min gekühlt. Beide Wassercoolingvarianten beeinträchtigen die thermische Befindlichkeit der Probanden, können auch zu einem erheblichen Frieren führen. Die Beeinträchtigung des subjektiven Wohlbefindens ist ein beträchtlicher Nachteil der Wasserkühlung sowie die Gefahr einer Auskühlung der Muskulatur, die bei den anderen Kühlvarianten (Kaltluft in der Kältekammer, Teilkörperkaltluftapplikation mittels *Cryo* oder Kälteweste) nicht besteht. In der Praxis des Leistungssports findet die Wasser- bzw. Eiswasserkühlung zunehmend Anwendung, nachdem sie vereinzelt bereits in der Vergangenheit in Sportarten, wie Leichtathletik, American Football etc., praktiziert wurde, doch in erster Linie als kurzfristige Regenerationsmaßnahme. Zur regenerativen Wirkung der Kaltwasserkühlung (Postcooling) ist die experimentelle Absicherung noch gering.

Bei der Kaltwasserapplikation vor sportlichen Anforderungen ist eine professionelle Anwendung erforderlich, weil auf Grund der hohen Wärmeleitfähigkeit des Wassers durchaus eine übermäßige Auskühlung der Muskulatur mit der potenziellen Konsequenz einer Leistungsbeeinträchtigung sowie Verletzung induziert werden kann. Und genau dies entspricht nicht der Intention von Precooling. Nur bei optimaler Kopplung von Kaltwasser-Applikationstemperatur und -dauer ist, dies belegen die internationalen Studien eindeutig, mit positiven Effekten zu rechnen, die sich u. a. in einer Entlastung der Thermoregulation, einer verbesserten Blut- und Nährstoffversorgung der Muskulatur und folglich in einer erhöhten Leistungsfähigkeit äußern.

2.4 Effekte der Kältewestenapplikation

Die Kältewestenapplikation ist in jüngerer Vergangenheit zunehmend in das Blickfeld der sportwissenschaftlichen Forschung gerückt (Armstrong et al., 1995; Bennett et al., 1995; Smith et al., 1997; Martin et al., 1998; Cotter et al., 2001; Sleivert et al., 2001; Duffield et al., 2003; Arngrimsson et al., 2004; Cheung & Robinson, 2004; Hasegawa et al., 2005; Hornery et al., 2005).

Bereits bei den Olympischen Spielen 1996 in Atlanta haben Sportler u. a. aus Australien und Neuseeland in Ausdauerdisziplinen (Radfahren und Rudern) die Kälteweste in der direkten Anforderungsvorbereitung der Wettkämpfe als thermoregulatorische Maßnahme eingesetzt. Die Kälteweste reduziert in erster Linie die Hauttemperatur, wodurch der Temperaturgradient vom Körperkern zur Körperschale zunimmt und infolgedessen die körpereigene Wärmeabgabe unterstützt und beschleunigt wird. Die Kühlapplikation mittels Kälteweste zeichnet sich durch eine hohe Praktikabilität aus und findet im Gegensatz zur Kaltluft- und Kaltwasserkühlung auch ortsungebunden Anwendung im Feld. Auf Grund fehlender *Energieversorgung* kann die Westentemperatur während der Applikationsphase nicht konstant geregelt werden, wie z. B. beim *Cryo*. Sie wird ganz wesentlich von Parametern wie der Umgebungstemperatur, der körperlichen belastungsabhängigen Wärmebildung sowie der materiellen Ausstattung der Weste (Eis-, Wasser- oder Kühlgelfüllung) beeinflusst. Da die Kälteweste im Sinne von Precooling, und zwar als PCoV, PCpräV, PCsimV und PCpostV, sowie Simultancooling einsetzbar ist, werden die experimentellen Befunde zur Kältewestenapplikation im Folgenden primär differenziert nach dem Coolingmodus und sekundär nach der Sportartspezifik dargestellt.

Eingangs sei auf eine grundlegende Studie hingewiesen (Bennett et al., 1995), in der experimentell nachgewiesen wird – zuvor wurde dies ausschließlich plausibilitätsgestützt angenommen –, dass der Effekt auf die Hitzeexpositionszeit einer Kältewestenapplikation vom Ausmaß der gekühlten Hautoberfläche abhängig ist; auf diese kann durch eine Kältewestenkühlung durch Vergrößerung bzw. Vermehrung der kälteapplizierenden Einlagerungen in der Weste Einfluss genommen werden. Der Nachweis zeigt sich darin, dass eine mit sechs Eisgelstreifen (jeweils 765 g, Gesamtgewicht der Weste: 4,6 kg) bestückte Kälteweste (Steele, Kingston, Washington), die vor der Anwendung bei minus 28° C eingefroren und während einer Gehbelastung im Sinne eines Simultancoolings unter Hitzebedingungen von 34,4° C getragen wird, einen größeren Kühleffekt bewirkt als eine mit nur vier Streifen ausgerüstete (jeweils 425 g, Gesamtgewicht: 1,7 kg). Während des Simultancoolings mittels sechsfach bestückter Eisweste wird eine Rektaltemperatur von 38,0 ± 0,3° C sowie eine Körperkerntemperatur von 36,8 ± 0,7° C gemessen und im Vergleich dazu bei der vierfach bestückten Weste analog 38,6 ± 0,4° C und 38,1 ± 0,5° C.

Während unter Kontrollbedingungen die Expositionszeit der Probanden mit 93 min insgesamt 7 min unterhalb der eigentlichen Vorgabezeit liegt, kann indessen beim Simultancooling mittels der vier- sowie sechsfach bestückten Kälteweste die komplette Vorgabezeit von 120 min bewältigt werden. Dieses Ergebnis weist auf eine verbesserte körperliche Leistungsfähigkeit unter Hitzebedingungen während eines Simultancoolings hin. Jedoch liefert die Studie keine Aussage über die Abhängigkeit des kühlungsinduzierten Effekts auf die (Geh-)Leistung von den unterschiedlichen Kühlintensitäten. Der positive Zusammenhang zwischen Kühlintensität und Körpertemperaturreduktion wird dagegen eindeutig nachgewiesen (Bennett et al., 1995). Kühlvarianten, bei denen kleinere Oberflächen als durch die Weste gekühlt werden, wie z. B. Kopf- und Nackenbänder, Kühlhandschuhe (Gollahn, 2004), die durch (Eis-)Wasser aktiviert werden, haben keinen Effekt auf die körperliche Leistungsfähigkeit oder auf thermoregulatorische Parameter (Bulbulian et al., 1999). Die Kühlfläche und damit auch die Kühlintensität ist zu klein, als dass eine prägnante Wirkung für körperliche Anforderungsbedingungen erreicht werden könnte.

2.4.1 Precooling mittels KWA

In diesem Kapitel werden die experimentellen Befunde zu den Effekten eines Precoolings, das von einem Simultancooling zu unterscheiden ist, mittels Kälteweste sportart- bzw. disziplinspezifisch dargestellt.

Zum Einfluss der KWA auf die Laufleistung

Arngrimsson et al. (2004) integrieren das Precooling in die Anforderungsvorbereitung von Läufern, indem diese die Kälteweste während der vorbereitenden Aktivität tragen (PCsimV). Die in dieser Studie verwendete Kälteweste (Neptune Wetsuits Australia, Smithfield West, Australien) weist ein Gewicht von 4,5 kg auf, welches daraus resultiert, dass diese Weste mit acht Taschen auf der Vor- und Rückseite ausgestattet ist, die wiederum jeweils mit 450-500 ml Eis befüllt werden. Auf Grund dieser relativ hohen zusätzlichen Gewichtsbelastung der Weste reduzieren Arngrimsson et al. (2004) die Laufgeschwindigkeit während der Anforderungsvorbereitung mit Kälteweste im Vergleich zur gewohnten Einlaufgeschwindigkeit der getesteten Läufer um 1,6 km/h.

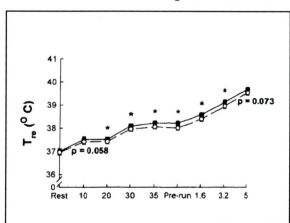

Abb. 63: Rektaltemperatur während der Anforderungsvorbereitung („Rest" bis „Pre-run") sowie während des simulierten 5-km-Laufs im Kontroll- (schwarze Kreise) und Precoolingtest (weiße Kreise); *: $p \leq .05$ (Arngrimsson et al., 2004, S. 1869)

Die 38-minütige Vorbereitung wird von den Läufern explizit so, wie sie es üblicherweise vor einem Wettkampf über die 5-km-Distanz gewohnt sind, absolviert; sie enthält Einlaufen, Stretching und Steigerungsläufe. Während des PCsimV wird bereits die Rektaltemperatur um 0,21 ± 0,2° C (p ≤ .05) auf 37,1 ± 0,5° C gesenkt und ist während der gesamten Vorbereitungszeit sowie während des anschließenden 5-km-Laufs signifikant niedriger. Der 5-km-Lauf wird unter Wärmebedingungen (T_L: 32° C, Lf_r: 50 %) auf einem Laufband absolviert; die Probanden können ihre Laufgeschwindigkeit selbst bestimmen *(Self-Paced)*. Neben der für die Leistungsanforderung benötigten Zeit wird als Leistungskriterium in anderen Precoolingstudien die Zeit bis zum Belastungsabbruch (Lee & Haymes, 1995; Gonzalez-Alonso et al., 1999a) oder die Laufstrecke verwendet, die innerhalb einer vorgegebenen Zeit zurückgelegt wird (Booth et al., 1997; Kay et al., 1999). Nach Hopkins et al. (1999) lässt sich die Laufstreckenverbesserung in eine Zeitverbesserung bis Belastungsabbruch von 14,4 % umrechnen. Als Hauptergebnis der Studie von Arngrimsson et al. (2004) ist festzuhalten, dass nach dem Simultanprecooling mittels Kälteweste die Laufzeit bei 17 Leistungssportlern um 13 s verbessert wird (p ≤ .05); dies entspricht einer Steigerung von 1,1 % bzw. einer Laufstrecke von 57 m und kann einen entscheidenden Leistungsvorsprung im Wettkampf bedeuten.

Die Analyse des Effekts des PCsimV mittels Kälteweste auf physiologische Parameter während der Zielleistung, dem 5-km-Lauf, führt zu folgenden Ergebnissen: Der Sauerstoffverbrauch ist nach dem Precooling durchschnittlich um 0,03-0,04 l/min höher, die Blutlaktatwerte um 0,4 mmol/l (jeweils p > .05); hierbei ist nicht zu verkennen, dass diese Werte mit einer deutlich besseren Laufleistung korrespondieren. Die Herzfrequenz ist während der Zielanforderung nach dem PCsimV durchschnittlich 11 Schläge pro min geringer, das subjektive, thermische Belastungsempfinden 0,6 *Punkte* niedriger (Arngrimsson et al., 2004). Obwohl die Differenzen letzterer physiologischer Parameter nach einer Laufstrecke von 3,2 km nicht mehr zu beobachten sind, ist die Endleistung, die Laufzeit über 5 km, verbessert. Während die Körperkerntemperatur bei Arngrimsson et al. (2004) mit 0,21° C weniger abgesenkt wird als in anderen Precoolingstudien (Lee & Haymes, 1995; Booth et al., 1997), zeigen Kay et al. (1999), dass auch ohne Veränderung der Körperkerntemperatur, sondern nur durch Reduktion der Hauttemperatur, Leistungssteigerungen erzielt werden können.

An dieser Stelle soll der Hinweis nicht ausbleiben, dass von Arngrimsson et al. (2002), einer nicht mit derjenigen von 2004 (Arngrimsson et al.) identischen, aber – mit der Ausnahme von zwei Autoren – annähernd gleichen Autorengemeinschaft, eine Publikation (Abstract) vorliegt, in der die gleiche Studie wie im Jahre 2004 vorgestellt wird, jedoch mit einer anderen Ergebnisinterpretation: In der Studie von Arngrimsson et al. (2002) werden anstatt der Daten von 17 Läufern (Arngrimsson et al., 2004) insgesamt diejenigen von 16 Läufern berechnet und dargestellt, wobei es, wie anhand der VO_{2max}-Angaben erkenntlich, die gleichen Männer (n = 9) sind. Der Unterschied besteht jedoch darin, dass in der Studie aus dem Jahre 2002 explizit eine Frau weniger (n = 7) berücksichtigt wird, sodass die gemittelte VO$_{2max}$ um genau 0,1 ml/kg/min differiert. Die Reduktion der Rektal- und Ösophagustemperaturen werden in beiden Publikationen mit dem identischen Wert von ca. 0,2° C angegeben. Als Laufzeit über die 5 km geben Arngrimsson et al. (2002) im Kontrolltest 1.140 ± 132 s an, Arngrimsson et al. (2004) 1.147 ± 130 s, im Precoolingtest 1.128 ± 132 s (Arngrimsson et al., 2002) und 1.134 ± 132 s (Arngrimsson et al., 2004). Die Laufzeitverbesserung beträgt folglich nach den Daten von Arngrimsson et al. (2002) im Durchschnitt 12 s, nach denjenigen von Arngrimsson et al. (2004) im Durchschnitt 13 s. Diese Differenz von 1 s ist darauf zurückzuführen, dass bei Arngrimsson et al. (2004) die Laufzeit von zusätzlich einer Probandin aufgenommen wird, durch welche die gemittelte Laufzeit der Gesamtstichprobe 1 s länger ist. Unter Berücksichtigung dieses Sachverhalts ist die gänzlich unterschiedliche Ergebnisinterpretation, die hier nur in fragmentarischen Auszügen darstellbar ist, nicht nachvollziehbar. Arngrimsson et al. (2002) sprechen von einem ausbleibenden Leistungseffekt:

„The lack of performance-enhancement was probably due to insufficient pre-cooling" (Arngrimsson et al., 2002, S. 221).

Im Gegensatz dazu wird von Arngrimsson et al. (2004) deutlich auf die Leistungssteigerung verwiesen, die 13 s und somit 1,1 % beträgt:

„We conclude that a cooling vest worn during active warm-up (...) enhances 5-km run performance in the heat" (Arngrimsson et al., 2004, S. 1867).

Letztlich geht aus der Publikation von Arngrimsson et al. (2002) nicht hervor, ob die Laufzeitdifferenz ausschließlich auf Grund der verfehlten Signifikanz als nicht relevant eingeschätzt wird. Es kann an dieser Stelle – im Sinne der Autorenintention – nur spekuliert werden, dass dies der ausschlaggebende Grund ist, auch wenn bei Stichproben dieser Größenordnung das Signifikanzniveau prinzipiell nicht zu überschätzen ist. Unabhängig von dieser autoreninternen Interpretationsdiskrepanz ist die ermittelte Laufzeitdifferenz von 13 s auf 5 km unter Berücksichtigung des hohen Leistungsniveaus der getesteten Probandenklientel auch bei verfehlter Signifikanz als äußerst relevant einzuordnen.

Resümee: Durch ein Precooling mittels Kälteweste während einer 38-minütigen aktiven Anforderungsvorbereitung (PCsimV) wird die Rektaltemperatur um 0,21° C reduziert. Im anschließenden, simulierten 5-km-Lauf verringert sich die Laufzeit um 13 s, was einer Verbesserung von ca. 57 m und einer prozentualen Steigerung der Laufzeit um 1,1% entspricht. Dies ist insbesondere deshalb bedeutsam, weil die Probanden leistungssportorientierte Läufer sind. Die verbesserte Laufleistung korrespondiert mit einem geringfügig erhöhten Sauerstoffverbrauch und Laktat, aber auch mit einer signifikant niedrigeren Herzfrequenz (11 Schl./min) und einem geringeren thermischen Belastungsempfinden.

Zum Einfluss der KWA auf die Radfahrleistung

Smith et al. (1997) stellen bei Hochleistungstriathleten in einem Ausbelastungstest auf dem Fahrradergometer unter Wärmebedingungen (T_L: 32° C, Lf_r: 60 %) eine precoolinginduzierte Leistungssteigerung von 1 min (3,2 %) fest. Zuvor haben die Athleten ein Precooling mittels Kälteweste[75] während einer 15-minütigen Vorbereitung (PCsimV) absolviert, in der bis 200 W stufenweise eine Belastungserhöhung erfolgt (75 W/25 W/3 min). Die Abbruchzeit bei der Ausbelastung beträgt ohne Precooling im Kontrolltest 33,7 ± 6,7 vs. 34,8 ± 6,8 min nach dem Simultanprecooling ($p \leq .05$). Die maximale Wattleistung beläuft sich nach dem Precooling auf 341 ± 56,7 W, ohne Vorkühlung auf 332 ± 56 W. Die Hauttemperatur, gemessen an den Kontaktstellen der (Westen)-Eistaschen auf der Haut, beträgt während der Kälteapplikation 10° C im Vergleich zu 33° C im Kontrolltest. Innerhalb der ersten 10 min des Ausbelastungstests ist die Hauttemperatur nach dem PCsimV signifikant niedriger.

Trotz der längeren Belastungszeit im Precoolingtest erreicht die Körperkerntemperatur bei Belastungsabbruch mit 39° C den gleichen Wert wie im Kontrolltest *(kritische Körperkerntemperatur)*. Das Blutlaktat liegt mit 11,0 ± 3,7 mmol/l im Vergleich zu 10,0 ± 3,2 mmol/l im Kontrolltest um ca. 1 mmol/l höher ($p > .05$). Das Belastungsempfinden ist während der Anforderung nach dem Precooling nicht höher als unter Kontrollbedingungen. Als wesentliche Ursache für die Leistungssteigerung und die spätere Ermüdung erwägen die Autoren, dass weniger Blut in die Haut verteilt werden müsse.

„The slower onset of fatigue may be due to less blood being diverted to the skin during exercise" (Smith et al., 1997, S. 264).

Smith et al. (1997) ziehen den Schluss, dass eine optimale Anforderungsvorbereitung darin besteht, die Beine, die Hauptantriebsmuskulatur beim Radfahren, zu erwärmen und den Oberkörper zu kühlen – dies ist indessen auf Grund des Einbezugs der Erwärmung der Beine, die nicht Inhalt ihrer Studie ist, in dieser Konsequenz eine Grenzüberschreitung. Deutliche Erwähnung sollte jedoch die beachtliche Leistungsverbesserung von 3,2 % finden, welche die Leistungssportler in dieser Studie nach dem simultan zur Anforderungsvorbereitung praktizierten Precooling erreichen. Für dieses Leistungsniveau bedeutet eine Verbesserung solchen Ausmaßes einen außerordentlichen Leistungsfortschritt – für die Athleten der internationalen Spitzenklasse sind Leistungssteigerungen im Bereich von 1 % bereits *Quantensprünge*.

Resümee: Ein Simultanprecooling mittels Kälteweste über eine Zeitdauer von 15 min bewirkt bei Hochleistungstriathleten während eines Ausbelastungstests auf dem Fahrradergometer eine Leistungsverbesserung, gemessen anhand der Abbruchzeit, von 3,2 %. Die Körperkerntemperatur der Athleten ist bei dem kälte-

---

[75] Smith et al. (1997) geben keine expliziten Informationen zur Kühlweste.

applikationsbedingten späteren Belastungsabbruch im Kontroll- und Precoolingtest identisch, das Blutlaktat nach dem Precooling um 1 mmol/l höher.

Eine erweiterte Form der Kälteweste setzen Cheung und Robinson (2004) ein. Sie untersuchen die Auswirkungen eines Oberkörperprecoolings mittels einer wasserdurchspülbaren Kältejacke, d. h. einer Weste plus Ärmel und Kapuze, auf eine repetitive Sprintserie (Wingate-Radsprints). Während einer 30-minütigen Anforderung bei 50 % der VO_{2max} werden im Abstand von 5 min insgesamt 10 Wingate-Radsprints (jeweils 10 s) absolviert. Die Studie findet unter thermoneutralen Umgebungstemperaturen statt (T_L: 22° C, Lf_r: 40 %). Die 5° C kaltes Wasser enthaltende Kühljacke (Med-Eng Inc., Pembroke, Kanada) wird vor der Zielanforderung unter Ruhebedingungen (PCoV) – im Gegensatz zu Arngrimsson et al. (2004), die ein PCsimV absolvieren lassen – bis zur Reduzierung der Rektaltemperatur um 0,5° C oder maximal 75 min lang durchgeführt. Das Precooling verursacht ein signifikantes Absinken der Rektaltemperatur von 37,0 ± 0,4 auf 36,6 ± 0,3° C ($p \leq .01$), die sich durch den Afterdropeffekt bis zum Start der Sprintserie noch weiter auf 36,5 ± 0,3° C reduziert ($p \leq .01$). Die mittlere Hauttemperatur sinkt durch das PCoV um 2,9° C ($p \leq .01$). Während der anschließenden Sprintserie ist die Rektaltemperatur, die im Kontroll- und Precoolingtest jeweils um 1,2° C ansteigt, nach dem PCoV auf Grund der niedrigeren Initialtemperatur 0,4° C geringer als im Kontrolltest ($p > .05$). Die Hauttemperatur ist während der gesamten 30-minütigen Sprintanforderung ca. 1,4° C niedriger als unter Kontrollbedingungen ($p \leq .01$). Die Sprintleistung unterscheidet sich im Precooling- und Kontrolltest jedoch nicht ($p > .05$): Die Probanden erreichen nach dem Precooling eine durchschnittliche Leistung von 797 ± 154 W und eine Maximalleistung von 909 ± 161 W, im Kontrolltest vergleichsweise 806 ± 156 bzw. 921 ± 163 W ($p > .05$). Das Belastungsempfinden ist in beiden Testvarianten trotz unterschiedlicher Leistung gleich. Während einerseits experimentelle Befunde zum Radsprint vorliegen, die auf einen negativen Effekt der Kühlung der Arbeitsmuskulatur (Sleivert et al., 2001) oder auf einen positiven Effekt unter Hitzebedingungen hinweisen (Marsh & Sleivert, 1999), signalisiert Cheung und Robinsons Studie (2004), dass unter Verzicht auf Beinkühlung bei einer Vorkühlung des Oberkörpers ein tendenziell positiver Effekt auf die Radsprintleistung ausgeübt wird.

Resümee: Eine Oberkörperkühlung mittels 5° C temperierter Kältejacke (PCoV) führt zu einer Reduktion der Rektaltemperatur um 0,5° C und der Hauttemperatur um 2,9° C. Während der Intervallsprintanforderung steigt die Rektaltemperatur im Vergleich zum Kontrolltest um 0,4° C weniger an, die Hauttemperatur ist kontinuierlich um 1,4° C geringer. Die repetitive Radsprintleistung bei thermoneutralen Umgebungsbedingungen wird durch das PCoV nicht negativ, sondern tendenziell positiv beeinflusst.

Die Studienergebnisse von Duffield et al. (2003) machen deutlich, dass sich ein kurzes Kältewestenprecooling von 5 min nach einer Anforderungsvorbereitung (PCpostV) sowie drei weitere, jeweils vor den Sprintserien in den Erholungspausen durchgeführte

Precoolings von 2 x 5 und 1 x 10 min, auf eine vierfach gestufte Radsprintserie, die sich über eine Zeitdauer von 80 min erstreckt und bei warmen Umgebungsbedingungen absolviert wird (T_L: 30° C, Lf_r: 60 %), nicht leistungssteigernd auswirken. Die Kühlung erfolgt mit einer Kälteweste (Ice cooling jacket, AIS [Australian Institute of Sport], Canberra, Australien), deren Einschubtaschen beidseitig mit Gefrierakkus befüllt werden. Das PCpostV führt zu einer Reduktion der Rektaltemperatur um 0,08° C und der Hauttemperatur um 0,3° C (jeweils p > .05).

Tab. 13: Rektal- (T_{re}) und Hauttemperatur (T_h) (in ° C) jeweils zu Beginn und am Ende der vier Sprintintervalle nach dem Precooling (PC) und im Kontrolltest (K) (modifiziert nach Duffield et al., 2003, S. 167)

	Intervall 1		Intervall 2		Intervall 3		Intervall 4	
	Start	Ende	Start	Ende	Start	Ende	Start	Ende
T_{re}								
PC	37,4 ± 0,3	38,0 ± 0,3	38,2 ± 0,3	38,5 ± 0,3	38,4 ± 0,3	38,5 ± 0,3	38,6 ± 0,3	38,7 ± 0,3
K	37,5 ± 0,3	38,1 ± 0,3	38,2 ± 0,3	38,6 ± 0,3	38,5 ± 0,3	38,6 ± 0,4	38,6 ± 0,3	38,8 ± 0,3
T_h								
PC	34,2 ± 0,7	34,3 ± 0,4	34,9 ± 0,6	34,1 ± 0,6	34,2 ± 0,7	33,6 ± 0,8	34,4 ± 0,5	33,6 ± 0,6
K	34,5 ± 0,6	34,5 ± 0,7	35,2 ± 0,8	34,2 ± 0,6	34,9 ± 0,3†	33,9 ± 0,7	35,0 ± 0,9†	34,0 ± 0,7

Die Wattleistung, Herzfrequenz, Körperkern- und Hauttemperatur, das Blutlaktat und subjektive Belastungsempfinden unterscheiden sich während der Sprintanforderung im Vergleich von Precooling- und Kontrolltest nicht signifikant (generell p > .05). Wie auch Cheung und Robinson (2004) stellen Duffield et al. (2003) keinen positiven oder negativen Precoolingeffekt auf die Radsprintanforderung fest. Dass die in dieser Studie praktizierte Kühlung ein wesentliches Ziel von Precoolingmaßnahmen, die Reduktion der Körperkerntemperatur, verfehlt, ist an den Temperaturwerten ersichtlich. Demzufolge ist auch von keinen Effekten auf die Leistung auszugehen, auch nicht im Sinne eines Placeboeffekts (vgl. Hornery et al., 2005). Somit kann der Konnex von Kältewestenapplikation und zyklisch-repetitiver Schnellkraftanforderung nicht geklärt werden. Eindeutig ist jedoch, dass eine fünfminütige Kältewestenapplikation als PCpostV auf Grund unzureichender Applikationsdauer zu keinen Veränderungen der Körperkerntemperatur führt, demzufolge für die Anwendung in der sportlichen Praxis leistungsineffektiv ist.

Resümee: Eine fünfminütige Kühlung mit einer Kälteweste (KWA) bewirkt keine bedeutsame Reduktion der Körperkern- oder Hauttemperatur. Dies korrespondiert mit einem ausbleibenden Effekt auf die Wattleistung in einer Radsprintserie. Das praktizierte Kältewestenprecooling erweist sich in dieser Studie als zu kurz; und auch das Intercooling in den Erholungspausen bleibt in dieser Studie ohne Wirkung auf die Leistung; allerdings verbessert sich das thermische Empfinden.

Hornery et al. (2005) führen ein Kältewestenprecooling (Arctic Heat, Queensland, Australia) nach einer aktiven Vorbereitungsphase durch. Zur Vorbereitung fahren die Probanden 30 min lang mit 75 % der VO_{2max}, der dann eine 10-minütige Kühlphase folgt (PCpostV). Anschließend wird wiederum 20 min lang bei 75 % der VO_{2max} gefahren, bevor dann der 10-minütige Maximalleistungstest folgt. Die Studie findet unter thermoneutralen Umgebungsbedingungen statt (T_L: 23,1 ± 1,1° C, Lf_r: 32,7 ± 3,8 %). Als Leistungsparameter wird der Energieverbrauch während der 10-minütigen maximalen Belastungsanforderung gemessen und damit nicht, wie in anderen Studien (Smith et al., 1997; Duffield et al., 2003; Cheung & Robinson, 2004), die mittlere bzw. maximale Wattleistung oder Belastungszeit während einer radsportspezifischen Anforderung. Der Energieverbrauch ist nach dem Precooling mit 171 ± 30,4 kJ geringfügig und nicht signifikant ($p > .05$) höher als ohne Precooling (165,4 ± 29,2 kJ). Die Autoren leiten daraus eine tendenziell bessere Leistungsfähigkeit ab und führen diese auf Grund signifikanter Differenzen des subjektiven Belastungsempfindens in erster Linie auf die Motivation der Probanden zurück; sie interpretieren die Studienergebnisse als Placeboeffekt. Dazu sei angemerkt, dass in dieser Studie sowohl die Kühldauer mit 10 min zu kurz ist und vor allem die Temperatur der Kälteweste zu gering zu sein scheint: Hornery et al. (2005) legen die Arctic-Heat-Kälteweste vor Gebrauch 2 min lang in Eiswasser. Dies reicht jedoch bei Weitem nicht aus – so belegen es eigene Erfahrungen mit gleichem Fabrikat –, um eine effektive Kühlwirkung zu erzielen. Die Wassereinlagerung der Weste dient in erster Linie der Umwandlung der in der Weste rippenförmig integrierten, kristallartigen Materie in eine gelartige Substanz, die eine Kühlwirkung ausübt, jedoch deutlich geringer als nach anschließender Lagerung im Kühl- oder Gefrierschrank ist. Das Eintauchen der Weste in Eiswasser (Hornery et al., 2005) genügt nicht dem Anspruch einer optimalen Präparierung. Die Autoren geben keine Werte zur initialen Westentemperatur an, die für die Wirkung auf die Körpertemperatur maßgeblich ist. Sie führen nur lückenhaft statistisches Zahlenmaterial auf, sodass eine Reanalyse und Interpretation erschwert sind. Da trotz der marginalen Kühlwirkung, die sich aus den oben beschriebenen Applikationsdefiziten herleitet, tendenzielle Leistungsverbesserungen auftreten, vermuten Hornery et al. (2005) einen Placeboeffekt.

Resümee: Eine 10-minütige Kältewestenapplikation (PCpostV) führt bei einer 10-minütigen, maximalen Belastungsphase auf dem Fahrradergometer zu einem 3,6 % höheren Energieverbrauch. Zudem reduziert sich nach der KWA das Belastungsempfinden der Probanden. Auf Grund der inadäquaten Präparation und infolge der unzureichenden Kühlwirkung der Kälteweste wird der Positiveffekt als Placebowirkung interpretiert.

Von den Studien mit inadäquater Präparation der Kälteweste (Duffield et al., 2003 sowie Hornery et al., 2005) hebt sich in deutlichem Maße die experimentelle Untersuchung der Autoren Daanen et al. (2006) ab. Diese verwenden andererseits eine Kühlkleidung, die materiell anders konzipiert ist, und berücksichtigen andererseits die körperregionsspezifischen Wirkungen von Wärme- und Kältemaßnahmen. Sie kombinieren eine Unterkörperkühlung mit einer Oberkörpererwärmung (abgekürzt: WC = *„warming the upper body and cooling the lower body"*) und vergleichen diese thermoregulatorische Vorbereitungsvariante mit drei weiteren Verfahren,

- dem Kontrolltest, d. h. ohne Kühlung (N = *„no precooling"*[76]),
- der Ganzkörperkühlung (CC = *„Cooling the upper body and cooling the lower body"*) sowie
- der Unterkörpererwärmung plus Oberkörperkühlung (CW = *„Cooling the upper body and warming the lower body"*) (ebd., S. 380).

Jede Vorbereitungsvariante im Sinne eines PCoV dauert 45 min. Für die Kühl- bzw. Erwärmungsmaßnahmen werden Jacken und Hosen (Delta Temax microclimate systems, Kanada) verwendet, die mit 400 und 300 ml Wasser befüll- und kontinuierlich durchspülbar und über Schläuche mit einem temperierbaren Wasserbecken verbunden sind. Daanen et al. (2006) verwenden für die Kühlung 5° C kaltes, für die Erwärmung 35° C warmes Wasser. Für die Kühlungs-Erwärmungs-Kombinationen (WC und CW) wird jeweils versucht, diejenige Körperkerntemperatur durch eine entsprechende Warmwasserregulierung (zwischen 30 und 45° C) zu erreichen, die im Kontrolltest gemessen wird. Nach den unterschiedlichen thermoregulatorischen Vorbereitungsmaßnahmen wird eine Anforderungsphase von 40 min mit 60 % der VO_{2max} auf dem Fahrradergometer bei hoher Raumtemperatur von 30° C und 70 % relativer Luftfeuchtigkeit absolviert.

Für die Kühlungs-Erwärmungs-Kombinationen (WC und CW) sind während der Belastungsphase keine signifikanten Differenzen der Körperkerntemperatur (38,42 ± 0,29 und 38,34 ± 0,28° C), Hauttemperatur (35,32 ± 0,31 und 35,10 ± 0,42° C) oder des Sauerstoffverbrauchs (39,81 ± 1,87 und 39,37 ± 3,25 ml/kg/min) nachweisbar. Die Temperaturwerte der Kühlungs-Erwärmungs-Kombinationen sind signifikant höher als diejenigen der Ganzkörperkühlung (CC), für die eine belastungsinduzierte Körperkerntemperatur von 38,12 ± 0,40° C und eine Hauttemperatur von 34,98 ± 0,28° C (jeweils $p \leq .05$) nachgewiesen werden. Lediglich die Körperkerntemperatur und die Herzfrequenz sind bei den Temperaturkombinationen WC und CW niedriger als im Kontrolltest. Weiterhin wird deutlich, dass die Wärmespeicherkapazität nach der Ganzkörperkühlung am größten ist (442 ± 125 W) und sich damit von den Kombinationskühlformen (WC: 316 ± 39 W, CW: 307 ± 63 W; jeweils $p \leq .05$) unterscheidet. Im Vergleich zum Kontrolltest erhöht die Ganzkörperkühlung die Wärmespeicherkapazität um 100 %, die nach den beiden Kombinationskühlformen allerdings nicht signifikant differiert.

---

76 Hier ist zu ergänzen, dass im Kontrolltest auch kein Warming praktiziert wird.

Daanen et al. (2006) stellen weiterhin fest, dass die Schweißrate nach allen Precoolingmaßnahmen niedriger als im Kontrolltest ist, wobei die Ganzkörperkühlung am effektivsten ist, denn während der Belastung ist die Schweißrate nach der Ganzkörperkühlung am geringsten. Die Studie zeigt, dass im Vergleich zum Kontrolltest durch alle Kühlvarianten die Körpertemperatur[77], Herzfrequenz sowie die Schweißrate reduziert werden. Durch Precooling wird die Wärmespeicherkapazität erhöht und die individuelle Wärmebeanspruchung verringert. Dabei ist es nicht von entscheidender Bedeutung, ob der Unter- oder Oberkörper gekühlt wird, d. h., in diesem Fall die Arbeitsmuskulatur (Beine) der Kühlung unterzogen wird oder die Oberkörperregion. Dieses Teilergebnis steht im Gegensatz zum empirischen Befund von Sleivert et al. (2001), wonach sich die Kühlung der Hauptantriebsmuskulatur leistungsnegativ auswirkt.

Aus thermoregulatorischer Sicht ist die Ganzkörperkühlung (CC) den Teilkörperkühlungsvarianten (WC und CW) überlegen.

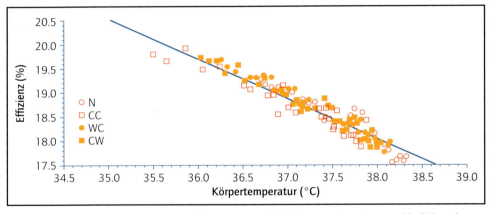

Abb. 64: Relation zwischen mittlerer Körpertemperatur und Wirkungsgrad nach unterschiedlichen thermoregulatorischen Vorbereitungsmaßnahmen (N = Kontrolltest, CC = Ganzkörperkühlung, WC = Oberkörpererwärmung + Unterkörperkühlung, CW = Oberkörperkühlung + Unterkörpererwärmung) (Daanen et al., 2006, S. 386)

Wie auch Olschewski und Brück (1988) zeigen, wird bei Daanen et al. (2006) der mechanische Wirkungsgrad durch die Kühlungsmaßnahmen nicht reduziert, im Gegensatz zu einer extremen Muskelkühlung auf 30° C durch ein 45-minütiges Bad in 12° C kaltem Wasser (Beelen & Sargeant, 1991). Die Forschungsdaten von Daanen et al. (2006) signalisieren sogar, dass der Wirkungsgrad mit abnehmender Körpertemperatur zunimmt (r = -0,95)[78]. Der mit zunehmender Körpertemperatur degressive

---

[77] Die mittlere Körpertemperatur (Tb) berechnen die Autoren in Anlehnung an Burton wie folgt: Tb = (a * Tc) + ([1−a] * Tsk), wobei a Werte zwischen 0,6 (Tsk ≤ 31,5° C), 0,7 (31,5 ≤ Tsk ≤ 33,0° C) oder 0,8 (Tsk ≥ 33,0° C) annehmen kann (Daanen et al., 2006, S. 382).

[78] Die Autoren machen keine Angaben zur statistischen Signifikanz.

Wirkungsgrad wird mit der bei Belastungs- und verstärkt unter Wärmebedingungen eintretenden Vasodilatation begründet, durch die auf Grund der zur Wärmeabgabe dienenden Hautmehrdurchblutung die Blutversorgung der Muskulatur verringert wird (Hessemer et al., 1988; Daanen et al., 2006).

Resümee: Durch ein 45-minütiges Vorkühlen des Oberkörpers mittels Kälteweste, die 5° C kaltes Wasser enthält, und gleichzeitiger Beinerwärmung (mit 35° C warmem Wasser) wird die Wärmespeicherkapazität während einer moderaten Ausdaueranforderung (40 min bei 65 % der VO_{2max}) auf dem Fahrradergometer um 39 % erhöht. Im Vergleich zum Kontrolltest kann eine Ganzkörperkühlung die Wärmespeicherkapazität um das Doppelte erhöhen. Die Wärmebeanspruchung wird durch Precooling reduziert; dabei ist es nicht von entscheidender Bedeutung, ob der Unter- oder Oberkörper bzw. die Arbeitsmuskulatur gekühlt wird. Die Ganzkörperkälteapplikation reduziert die Körperkern- und Hauttemperatur stärker als beide Kühlungs-Erwärmungs-Kombinationen.

Die Studie von Hasegawa et al. (2005) ist insofern im Vergleich der bislang dargestellten Untersuchungen besonders auszuweisen, als hier die Kältewestenapplikation mit einer oralen Flüssigkeitsaufnahme kombiniert wird, um möglichst praxisnahe Wettkampfbedingungen zu simulieren. Die Belastungsphase differenziert sich in einen ersten Abschnitt mit einer 60-minütigen Belastung bei 60 % der VO_{2max} auf dem Fahrradergometer und in einen nach 10-minütiger Pause zweiten Abschnitt, in dem bei 80 % der VO_{2max} bis zur Ausbelastung gefahren wird. Die erste Phase stellt somit eine standardisierte Vorbelastung dar, die zweite Phase eine Maximalanforderung mit individuell gewähltem Belastungsabbruch.

Die Untersuchung findet bei deutlich wärmeabgabebeeinträchtigenden Klimabedingungen statt, und zwar im Labor bei hoher Umgebungstemperatur (32° C) sowie hoher relativer Luftfeuchtigkeit (70-80 %). Die Probanden tragen die Kälteweste (Body Cool, Nishi Sports, Tokyo, Japan) während der gesamten ersten Anforderungsphase (PCsimV) und der anschließenden 10-minütigen Pause bis unmittelbar zum Beginn der zweiten Belastungsphase (PCpostV), insgesamt also 40 min. Das Precooling während der aktiven Vorbereitungsphase, wie z. B. auch Arngrimsson et al. (2004) oder Smith et al. (1997) durchführen, wird von Hasegawa et al. (2006) somit um ein PCpostV ergänzt.

Die aus Neoprenmaterial gefertigte Kälteweste enthält insgesamt acht mit jeweils 350 g schweren Eispackungen befüllte Taschen, vier auf der Vorder- und vier auf der Rückseite, und hat ein Gesamtgewicht von 3,3 kg. Während der Vorbereitungsphase ist – unter den Bedingungen von Precooling mit und auch ohne Flüssigkeits-zufuhr – die Rektaltemperatur und mittlere Hauttemperatur signifikant niedriger als im Kontrolltest.

Die Ausbelastungszeit ist in der zweiten Belastungsphase unter der Bedingung von Precooling plus Flüssigkeitsaufnahme am längsten (471,7 ± 42,4 s) und unterscheidet sich signifikant von der Precoolingmaßnahme ohne Flüssigkeitszufuhr (341,9 ± 31 s; $p \leq .01$). Beide Maßnahmen führen zu einer besseren Leistung als im Kontrolltest (151,5 ± 16,4 s; jeweils $p \leq .001$). Die Ausdauerleistung ist somit nach dem Precooling mittels Kälteweste gegenüber dem Kontrolltest um 125 % verbessert, nach dem Precooling plus Flüssigkeitsaufnahme sogar um 211 %. Dieser extreme Leistungsanstieg ist darauf zurückzuführen, dass zum einen die Probanden ein niedriges Leistungsniveau aufweisen, zum anderen die Untersuchung bei wärmeabgabebeeinträchtigenden klimatischen Bedingungen durchgeführt wird. Auch anhand des Herzfrequenzverlaufs wird der positive Einfluss der Kombination von Precooling plus Flüssigkeitsaufnahme deutlich. Die Abbruchherzfrequenz ist – entsprechend der Theorie der kritischen Abbruchtemperatur – bei allen vier Testvarianten gleich.

Durch die Reanalyse der Daten zum subjektiven Belastungsempfinden kristallisiert sich eine Besonderheit heraus, auf die Hasegawa et al. (2005) selbst nicht näher eingehen: Das subjektive Belastungsempfinden ist einerseits bei der Kombination von Precooling und Flüssigkeitsaufnahme am geringsten, bei einem Precooling ohne Wasserzufuhr dagegen höher als bei ausschließlicher Wasserzufuhr. Die Flüssigkeitszufuhr scheint damit im Hinblick auf das Belastungsempfinden der Probanden größeren Einfluss als die Precoolingmaßnahme zu nehmen. Dieses Ergebnis korrespondiert allerdings nicht mit den Ergebnissen zum Einfluss auf die physiologischen Parameter.

Im Hinblick auf das thermische Empfinden („thermal sensation", Hasegawa et al., 2005, S. 126) hingegen ist das Precooling – unabhängig von zusätzlicher Flüssigkeitszufuhr – die dominante Einflussgröße.

Weiterhin weisen Hasegawa et al. (2005) nach, dass durch ein Kältewestenprecooling die mittlere Hauttemperatur reduziert wird (vgl. dazu Smith et al., 1997 sowie Cheung & Robinson, 2004), die Schweißrate geringer (Daanen et al., 2006) und die kardiovaskuläre Beanspruchung niedriger ist. Auf Grund dieser Studienergebnisse scheint die Kombination von Precooling und adäquater Flüssigkeitsaufnahme im Training und Wettkampf eine effektive leistungssteuernde Maßnahme zu sein.

„This combined and practical cooling method might be helpful for all individuals facing the challenge of their training and competitions in the heat and for all coaches and athletic trainers who care for their athletes" (Hasegawa et al., 2005, S. 127).

Resümee: Durch eine Kältewestenapplikation während einer 20-minütigen Vorbereitung mit 60 % der VO_{2max} (PCsimV) sowie einer anschließenden 10-minütigen Pause (PCpostV) erhöht sich die Abbruchzeit während einer Anforderung auf dem Fahrradergometer bei 80 % der VO_{2max}, und zwar ohne zusätzliche

Flüssigkeitszufuhr um 125 % und mit zusätzlicher Flüssigkeitszufuhr um 211 %. Die Hauttemperatur, Schweißrate und kardiovaskuläre Beanspruchung ist nach dem Precooling geringer. Eine adäquate Flüssigkeitszufuhr beeinflusst das subjektive Belastungsempfinden positiv.

Eine noch längere Kälteapplikationsdauer als Hasegawa et al. (2005) und vor allem eine Kombination mehrerer Kältemediatoren wenden Cotter et al. (2001) an: Die Standardkombination besteht aus einer Kältewesten- und Kaltluftkühlung, die zum einen um eine Oberschenkelkühlung, zum anderen um eine Oberschenkelerwärmung mittels Wassermanschette ergänzt wird.

Die Kälteweste (Cool.1.nz™, Dunedin, Neuseeland) enthält eine wasseraktivierbare Gelfüllung von insgesamt 1,2 l. Die Kaltluftapplikation erfolgt in einer auf 3° C temperierten Klimakammer. Die mit Wasser befüllbare, am Oberschenkel angelegte Manschette (Aircast Autochill System, Aircast, NJ, USA) enthält bei der Kühlung 4° C (LC) und bei der Erwärmung 38° C temperiertes Wasser (LW). Die erste Precoolingphase dauert 45 min und wird vor dem sechsminütigen Einfahren, somit als PCpräV absolviert. Diesem Einfahren folgen ein 45-s-Sprint – diese Ergebnisse werden von Sleivert et al. (2001) separat publiziert –, eine 15-minütige Pause und wiederum eine 45-minütige Kühlphase in Ruhe (PCpostV). Danach wird die Zielanforderung auf dem Fahrradergometer über 35 min absolviert: Die ersten 20 min werden bei 65 % der VO_{2max} und die anschließenden 15 min mit maximaler Leistung absolviert (Self-Paced). Die Untersuchung findet unter Wärmebedingungen statt (T_L: 35° C, Lf_r: 60 %). Durch die zweifache Vorkühlung (PCpräV und PCpostV) von insgesamt 90 min sinkt die Körpertemperatur nach der Kombination Kaltluft-Kältewesten-Applikation

- *plus Beinerwärmung (LW) um 1,9° C und*
- *plus Beinkühlung (LC) um 2,8° C.*

Die Initial- und Endwerte geben die Autoren nicht an. Während der Zielbelastung, dem 15-minütigen Maximaltest, steigt die Leistung im Vergleich zum Kontrolltest, in dem 2,52 ± 0,28 W pro kg Körpergewicht erreicht werden,

- *im Precoolingtest mit zusätzlicher Beinerwärmung (LW) auf 2,95 ± 0,24 W pro kg Körpergewicht und*
- *im Precoolingtest mit zusätzlicher Beinkühlung (LC) auf 2,91 ± 0,25 W pro kg Körpergewicht (jeweils $p \leq .001$).*

Diese Leistungsverbesserungen von 17,5 % und 16 % sind deutlich höher als beispielsweise Cheung und Robinson (2004) oder Duffield et al. (2003) feststellen, die jeweils keinen Leistungseffekt nachweisen. Sie sind jedoch höher als bei Smith et al. (1997), die allerdings Probanden mit leistungssportlichem Niveau untersuchen. Auffallend ist, dass sich die physiologischen Parameter, wie z. B. die Herzfrequenz, Körpertemperatur, thermaler Diskomfort, im Vergleich von Kontroll- und Precoolingbedingungen erst ab der dritten Minute des Maximalleistungstests nicht mehr signifikant unterscheiden, obwohl diesem eine 20-minütige Belastung, wenn auch mit geringer Anforderungsintensität (65 % der VO_{2max}), vorausgeht.

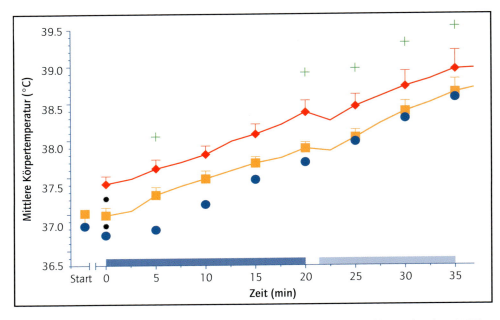

Abb. 65: Körperkerntemperatur im Kontrolltest (schwarze Rauten), LW-Test (weiße Quadrate) und LC-Test (schwarze) Kreise; +: $p \leq .05$ im Vergleich zur anderen Kühlkombination; *: $p \leq .05$ im Vergleich zum Kontrolltest (Cotter et al., 2001, S. 672)

Die intensivste Kühlvariante, die Kopplung von Ganzkörperkaltluftkühlung mit einer Oberkörperkühlung mittels Kälteweste sowie zusätzlicher Beinkühlung mittels Wassermanschette, wird von den Probanden als unangenehm kalt empfunden. Dies korrespondiert mit der Reduktion der Körpertemperatur um 2,8° C und einer geringeren Leistungsverbesserung als bei der weniger intensiven Kühlvariante, die sich von der intensiveren darin unterscheidet, dass die Beine nicht gekühlt, sondern erwärmt werden. Cotter et al. (2001) begründen die geringere Leistungszunahme nach der Kälteapplikation plus zusätzlicher Beinkühlung mit dem beeinträchtigten Wohlbefinden und der zu kalten Arbeitsmuskulatur. Es bleibt festzuhalten, dass durch die Kombinationskühlmethode, bei der die Kältewestenapplikation (KWA) und Ganzkörperkaltluftapplikation miteinander verknüpft werden, eine Leistungssteigerung erzielt wird, unabhängig davon, ob die Oberschenkel zusätzlich gekühlt oder erwärmt werden.

Die Leistungsresultate sind nur marginal besser, und zwar um 0,03 Watt/kg, wenn die Oberschenkel zusätzlich gewärmt werden. Da die Probanden die zusätzliche Beinkühlung mittels wasserbefüllter Manschette als unangenehm empfinden, ist die Kombinations-Precoolingvariante mit zusätzlicher passiver Beinerwärmung vorzuziehen. In der Leistungsverbesserung macht sich dies nicht nachteilig bemerkbar. Bei kurzfristig-maximalen Krafteinsätzen sollte prinzipiell von einer zusätzlichen Beinkühlung abgesehen werden (Cotter et al., 2001).

Resümee: Durch eine 90-minütige Kühlung (2 x 45 min; PCpräV und PCsimV) mittels Kälteweste, begleitet von einer Kaltluftkühlung von 3° C, sinkt die mittlere Körpertemperatur bei zusätzlicher Kühlung der Beine um 2,8° C ab, bei zusätzlicher Erwärmung der Beine um 1,9° C. Im anschließenden 15-minütigen Maximalleistungstest auf dem Fahrradergometer wird die Leistung im Vergleich zum Kont-rolltest bei zusätzlicher Beinerwärmung um 17,5 % verbessert, bei zusätzlicher Beinkühlung um 16 %. Ab der 3. min bestehen im Vergleich von Kontroll- und Precoolingbedingungen keine signifikanten Differenzen in der Herzfrequenz, Körpertemperatur und dem thermalen Diskomfort.

Sleivert et al. (2001) analysieren als Teilaspekt der Studie von Cotter et al. (2001) den Einfluss der gleichen Kühlvarianten, d. h., von Ganzkörper- und Teilkörperkälteapplikation mit und ohne Kühlung der Oberschenkel, auf die 45-s-Radsprintleistung. Der Vorbereitungsphase (6 min mit 50 % der VO_{2max}) folgt eine sechsminütige Pause und dann der Leistungstest in Form eines 45-s-Sprints. Bei sechs Probanden (Kontrollgruppe) wird der gleiche Test ohne Anforderungsvorbereitung durchgeführt. Sleivert et al. (2001) stellen, im Gegensatz zu Marsh und Sleivert (1999), fest, dass nach der Precoolingvariante LC (Ganzkörperkaltluft- und Kältewestenapplikation plus Beinkühlung), die mittlere und die maximale Leistung (591 ± 83 und 763 ± 75 Watt) im Sprinttest signifikant geringer (p ≤ .05) als im Kontrolltest ist (608 ± 72 und 788 ± 60 Watt) und nicht signifikant geringer als nach der LW-Precoolingvariante, d. h., GK-KLA-KWA plus Beinerwärmung (602 ± 78 und 778 ± 92 Watt). Somit wirkt sich die zusätzliche Beinkühlung in der „LC"-Precoolingvariante auf die Schnellkraftleistung negativ aus, dies umso mehr, wenn nach der Kühlung keine Erwärmungsphase erfolgt.

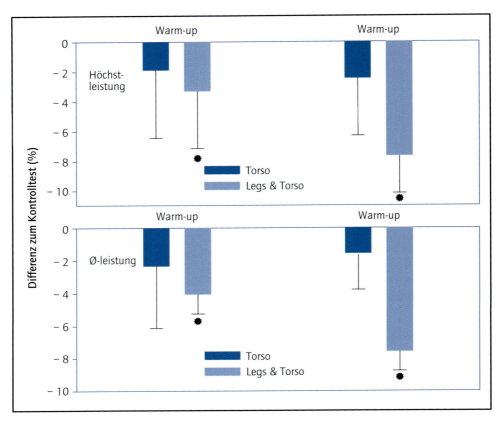

Abb. 66: Relative Veränderung von Maximal- und mittlerer Leistung im 45-s-Radsprint mit und ohne (Kontrollgruppe) Anforderungsvorbereitung („Warm-up") nach dem Kühlen mittels LW-Variante („Torso") und LC-Variante („Legs & Torso"); *:$p \leq .05$ im Vergleich zum Kontrolltest (Sleivert et al., 2001, S. 660)

Eine kurzfristige Muskelaktivität nach dem Precooling kompensiert somit den Negativeffekt einer leistungsbeeinträchtigenden Temperaturreduktion der Arbeitsmuskulatur. Die Muskeltemperatur, die in 4 cm Tiefe des M. vastus lateralis gemessen wird, unterscheidet sich nach der Anforderungsvorbereitung in den drei Testbedingungen nicht signifikant (jeweils p > .05): Im Kontrolltest wird eine Muskeltemperatur von 37,3 ± 1,5° C gemessen, im LW-Test (plus Beinerwärmung) 37,3 ± 1,2° C und im LC-Test (plus Beinkühlung) 36,6 ± 0,7° C. Sie differiert signifikant (jeweils p ≤ .05), wenn auf die Anforderungsvorbereitung (Kontrollgruppe, s. o.) verzichtet wird: 37,3 ± 1,5° C im Kontroll-, 37,1 ± 0,9° C im LW- sowie 34,5 ± 1,9° C im LC-Test. Wenn zusätzlich zur GKKLA und KWA die Oberschenkelkühlung durchgeführt wird, sinkt nach der Anforderungsvorbereitung („Warm-up") die mittlere Leistung um 4,1 ± 3,8 %, die maximale Leistung um 3,4 ± 3,8 %; diese Leistungsreduktion fällt bei Verzicht auf die Erwärmungsphase noch deutlicher aus: 7,6 ± 1,2 und 7,7 ± 2,5 %. Sleivert et al. (2001, S. 665) führen als Ursache dafür die reduzierte Muskeltemperatur an, die sich direkt auf die Muskelfunktion auswirkt. Die thermische Abhängigkeit der kontraktilen Muskelfunktion haben bereits Asmussen und Boje (1945) sowie Bigland-Ritchie et al. (1992) gezeigt, deren Untersuchungsergebnisse aber fälschlicherweise insofern verallgemeinert wurden und partiell heute noch werden, als generell eine erhöhte Muskel- und Körpertemperatur als Leistungspositivkriterium gilt.

Tab. 14: Maximale und mittlere Leistung (in W) der Kontrollgruppe, die alle Tests (Kontroll-, LW- und LC-Test) mit und auch ohne Anforderungsvorbereitung (AV) absolviert (die Werte sind aus Sleivert et al., (2001, S. 661) entnommen)

	Kontrolltest	LW	LC
Peak Power (W)			
mit AV	788 ± 60	778 ± 92	763 ± 75
ohne AV	787 ± 87	768 ± 101	728 ± 99
Mean Power (W)			
mit AV	608 ± 72	602 ± 78	591 ± 83
ohne AV	544 ± 55	533 ± 55	501 ± 48

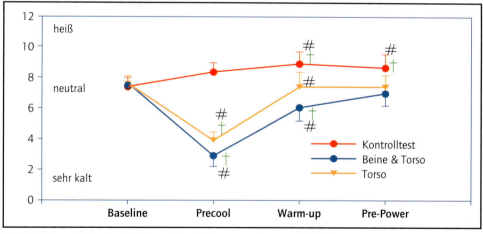

Abb. 67: Thermisches Empfinden während des Untersuchungsverlaufs im Kontroll-, LC- („Legs & Torso") und LW-Test („Torso"); †: Differenz zum Baselinewert (Ausgangswert vor Testbeginn), #: Differenz zu den anderen Bedingungen; jeweils $p \leq .05$ (Sleivert et al., 2001, S. 663)

Weiterhin stellt sich in der Studie heraus, dass die Precoolingmaßnahmen das Temperatur-, weniger aber das Belastungsempfinden der Probanden beeinflussen: Die Probanden fühlen sich nach beiden Precoolingvarianten *kühler* als im Kontrolltest und empfinden diese als thermoregulatorisch komfortabler. Das subjektive Belastungsempfinden unterscheidet sich hingegen nicht.

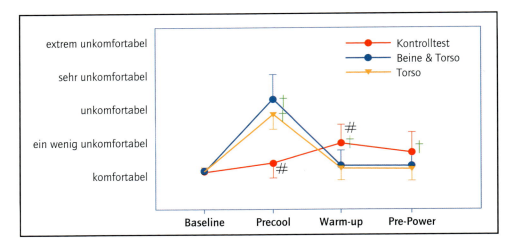

Abb. 68: Thermisches Komfortempfinden während des Untersuchungsverlaufs im Kontroll-, LC- („Legs & Torso") und LW-Test („Torso"); †: Differenz zum Baselinewert (Ausgangswert vor Testbeginn), #: Differenz zu den anderen Bedingungen; jeweils p ≤ .05 (Sleivert et al., 2001, S. 663)

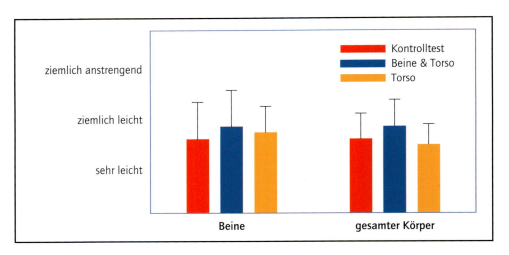

Abb. 69: Subjektives Belastungsempfinden während der Anforderungsvorbereitung (Einfahrphase) im Kontroll-, LC- („Legs & Torso") und LW-Test („Torso") (Sleivert et al., 2001, S. 663)

In dieser differenzierenden Form ist der subjektive thermische Komfort und das Belastungsempfinden in Abhängigkeit von Kälteapplikationen bislang nicht untersucht worden. Auf Grund dessen soll an dieser Stelle die wörtliche Ausführung der Autoren zu dieser Thematik nicht unerwähnt bleiben:

„Pre-cooling also influenced the participants' perceptions of their body temperatures and their thermal comfort and both of these factors could potentially alter per-

formance. For example, participants felt cooler after the warm-up in both torso and torso-thigh cooling conditions than in the control condition (...). We would expect the perception of warmth to be viewed as advantageous to power performance due to the traditional beliefs and behaviours associated with preparing for sport performance. It is therefore possible that a placebo effect occurred to improve performance in the control condition. Conversely, our subjects felt more comfortable with their body temperatures after pre-cooling which may have also exerted some psychological benefit. A placebo effect in the order of 2 % has been previously demonstrated in a supplement trial investigating exercise performance (Clark et al., in press) and this is approximately the size of the (non-significant) difference between the control and torso-only cooling conditions. The impairment to power output was substantially greater for torso + thigh cooling, particularly when no warm-up, was performed, so a placebo effect is unlikely. The finding that ratings of perceived exertion during the exercise warm-up were equivalent between conditions may indicate that a placebo, effect did not have any powerful effect on performances between conditions" (Sleivert et al., 2001, S. 664-665).

Auf Grundlage dieses Ergebnisses schließen Sleivert et al. (2001) einen Placeboeffekt aus, den Hornery et al. (2005) in ihrer Studie durchaus in Erwägung ziehen. Allerdings ist mit Verweis auf die tradierte Lehrmeinung, welche die Wärme und Erwärmungsmaßnahmen als Positivkriterium für Schnellkraftleistungen favorisieren, nicht auszuschließen, dass ein Kälteempfinden nach den Precoolingmaßnahmen auf Grund der konnotativen *Kälte-Negativassoziation* die Sprintleistung beeinträchtigt. Allerdings ist nach beiden Precoolingapplikationen das thermische Wohlbefinden der Probanden erhöht, das sich nach Meinung von Sleivert et al. (2001) prinzipiell auch auf die physische Leistungsfähigkeit auswirken könne.

Resümee: Ein 45-minütiges Precooling, bei dem die Kombination einer Kältewesten-Ganzkörperkaltluftapplikation um eine Beinkühlung ergänzt wird, führt im Vergleich zum Kontrolltest zu einer Reduktion der durchschnittlichen Wattleistung um 2,9 und der maximalen um 3,3 % ($p \leq .05$). Bei gleicher Kombination von KWA und GKKLA mit zusätzlicher Erwärmung der Beine wird die Sprintleistung nicht verändert. Die zusätzliche Beinkühlung wirkt sich somit auf die Radsprintleistung – im Gegensatz zur Ausdauerleistung (Cotter et al., 2001) – negativ aus, und dies umso mehr, wenn nach dem Precooling keine Anforderungsvorbereitung erfolgt. Bei der kombinierten GKKLA, KWA plus Oberschenkelkühlung sinkt nach einer Anforderungsvorbereitung die mittlere Leistung um 4,1 und die maximale um 3,4 %, bei Verzicht auf die Anforderungsvorbereitung um 7,6 und 7,7 %.

Während somit unterschiedliche Effekte auf die intermittierende Sprintleistung nach einer Kälteapplikation der Arbeitsmuskulatur nachgewiesen werden (Sleivert et al., 2001; Duffield et al., 2003; Cheung & Robinson, 2004 u. a.), modifizieren Castle et al. (2006) diese Forschungsresultate: Ausbleibende Leistungssteigerungen seien durch eine zu kurze Kälteapplikationsdauer begründet, so z. B. bei Duffield et al. (2003), wodurch der Effekt der Vasokonstriktion und infolgedessen die muskuläre Mehrdurchblutung nicht erzielt werden können. Ein weiterer Grund sei eine zu geringe Umgebungstemperatur während der Zielanforderungen, wie z. B. bei Cheung und Robinson (2004). Gegen eine Erwärmung der Muskulatur spricht der empirische Befund von Drust et al. (2005), wonach eine deutliche Erhöhung der Körperkern- bzw. Muskeltemperatur auf 39,5 ± 0,2 bzw. 40,2 ± 0,4° C zu Verschlechterungen der intermittierenden Sprintleistung führt: 558,0 ± 146,9 vs. 617,5 ± 122,6 W (jeweils $p \leq .05$). Die Ursache der geringeren Schnellkraftleistung sei aber nicht metabolischen Ursprungs, sondern vielmehr stellt die durch die hohe Körperkerntemperatur implizierte zentrale Ermüdung die Ursache dar.

„The impaired performance does not seem to relate to the accumulation of recognized metabolic fatigue agents and we, therefore, suggest that it may relate to the influence of high core temperature on the function of the central nervous system" (Drust et al., 2005, S. 181).

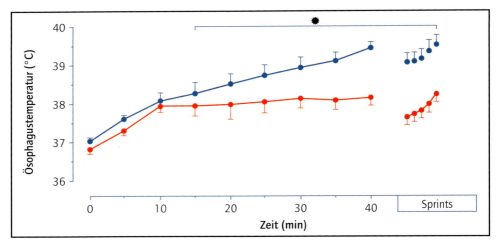

Abb. 70: Ösophagustemperatur während des 40 min intermittierenden Sprinttests und der Sprintwiederholungen (schwarze Kreise: Kontrolltest, weiße Kreise: Hyperthermie-Test); *: $p \leq .05$ (Drust et al., 2005, S. 184)

In Anlehnung an die These, dass eine erhöhte Muskel- und Körperkerntemperatur die Sprintleistung negativ beeinflusst, untersuchen Castle et al. (2006), inwiefern sich unterschiedliche Precoolingmaßnahmen auf die Muskeltemperatur sowie auf die intermittierende Sprintleistung auswirken. Dazu wenden sie drei Kälteapplikationsverfahren an: die Kühlung der Oberschenkel mit Kältepackungen, die Kältewestenapplikation sowie die Ganzkörperkaltwasserapplikation. Die Vorkühlung dauert jeweils 20 min. Die Oberflächentemperatur der Eispackungen weist bei der Entnahme aus dem Tiefkühlschrank einen Wert von minus 16,0 ± 5,8° C auf, die Temperatur[79] der Kälteweste (Arctic Heat; s. o.) beträgt nach 20-minütiger Lagerung im Tiefkühlschrank 10,7 ± 2,5° C und die Wassertemperatur bei der GKKWA 17,8 ± 2,1° C. Alle Precoolingvarianten reduzieren die Rektaltemperatur während der Kühlung sowie während der Anforderungsvorbereitung, und zwar um 0,3 ± 0,3° C (Kälteweste), 0,2 ± 0,2° C (Eispackungen) und 0,3 ± 0,3° C (Wasser) (p ≤ .01). Die nach dem Precooling erfolgende sechsminütige Anforderungsvorbereitung wird auf dem Fahrradergometer absolviert: 5 min bei 95 W und einer Tretkurbelfrequenz von 80 rpm und – nach einer 30-sekündigen Pause – 30 s bei 120 W mit einer Frequenz von 120 rpm. Die Zielanforderung, eine intermittierende Sprintleistung, besteht aus 20 zweiminütigen Einheiten, die sich jeweils aus einer 10-s-Pause, während der die Probanden ruhig auf dem Ergometer sitzen, einem 5-s-Sprint gegen einen Widerstand von 7,5 % des Körpergewichts sowie einer 105-sekündigen aktiven Erholung auf dem Ergometer mit 35 % der VO_{2max} zusammensetzen. Die Studie wird im Labor unter Wärmebedingungen (T_L: 33,7 ± 0,3° C, Lf_r: 51,6 ± 2,2 %) absolviert. Die Muskeltemperatur, die Castle et al. (2006) mittels Messnadel in 4 cm Tiefe des M. vastus lateralis – wie auch Sleivert et al. (2001) – des rechten Beins ermitteln, sinkt im Kontroll- und Precoolingtest mittels Kälteweste nicht signifikant, nach der Ganzkörperkaltwasser- und Eiskühlung jedoch um 0,7 ± 0,9 und 1,0 ± 2,5° C (jeweils p ≤ .05).

Im Vergleich zum Kontrolltest erhöht sich die Maximalleistung nach dem Precooling der Oberschenkelmuskulatur mittels Eispackungen signifikant, und zwar um 4 % (1.181 ± 149 vs. 1.132 ± 112 W; p ≤ .05) – ganz im Gegensatz zu Sleivert et al. (2001). Im Anschluss an die anderen Precoolingvarianten sind im Vergleich zu den Kontrollbedingungen (1.132 ± 112 W) keine bedeutsamen Veränderungen zu beobachten (Kälteweste: 1.149 ± 127 W, Kaltwasser: 1126 ± 118 W; p > .05). Die geleistete Arbeit während der 20-minütigen Mehrfachsprinteinheit ist im Vergleich zum Kontrolltest (6,8 ± 0,72 kJ) nach der KWA (7,1 ± 0,77 kJ; p ≤ .01) und der Applikation mittels Kältepackungen (7,1 ± 0,82 kJ; p ≤ .01) höher. Die körperliche Wärmebelastung steigt während der intermittierenden Sprintserie unter allen Testbedingungen an, nach der GKKWA und nach der lokalen Applikation mittels Eispackungen jedoch weniger als im Kontrolltest (p ≤ .01). Diese beiden Kühlvarianten reduzieren auch den Anstieg der Muskeltemperatur, und zwar bis zur 16. min (Eispackungen) bzw. bis zum Ende der gesamten Sprintserie (GKKWA).

Unter Berücksichtigung aller Teilergebnisse weisen Castle et al. (2006) eine negative Korrelation zwischen der Muskeltemperatur und der individuellen Maximalleistung nach (r = -0,65; p ≤ .01); speziell für die Precoolingvariante mittels Eispackungen und

---

[79] Es fehlt die Angabe, an welcher Stelle die Temperatur gemessen wurde. Es besteht die Möglichkeit, direkt an den Kühlgeltaschen zu messen oder auch außerhalb davon. Der Temperaturwert von 10,7 ± 2,5° C erscheint relativ hoch, denn die Weste kann im Bereich der Geleinlagerungen bis auf 0° C (im gefrorenen Zustand) gekühlt werden.

auch für den Kontrolltest berechnen sie mit r = -0,92 (p ≤ .01) einen deutlich engeren Zusammenhang. Die individuelle Wärmebelastung ist im Kontrolltest am höchsten, nach dem Precooling mittels Eispackungen und nach der GKKWA am geringsten.

„The method of precooling determined the extend to which heat strain was reduced during intermittent sprint cycling, with leg precooling offering the greater ergogenic effect on PPO than either upper body or whole body cooling" (Castle et al., 2006, S. 1377).

Die im Vergleich zum Precooling mittels Eispackungen geringere Leistung im Kontrolltest wird nicht von signifikant differenten Werten der Sauerstoffaufnahme oder Laktat begleitet; dies wird durch die Ergebnisse von Marino et al. (2004) sowie Maxwell et al. (1999) bestätigt, die einen leistungsnegativen Effekt durch Hitzebelastungen ohne metabolische Veränderungen feststellen. Der negative Zusammenhang zwischen der Muskeltemperatur, die bei Castle et al. (2006) ca. 40° C erreicht, und der Leistung wird von Drust et al. (2005) bestätigt. Hohe Muskeltemperaturen beschleunigen die Glykogenolyserate um 10 % (Q_{10}-Effekt) (Binkhorst et al., 1977; Linnane et al., 2004), wodurch eine vorzeitige Ermüdung initiiert (Ball et al., 1999; Drust et al., 2005) und infolgedessen eine geringere Leistung erreicht wird (Linnane et al., 2004). In diesem Kontext weisen Todd et al. (2005) nach, dass ab einer Körperkerntemperatur von ca. 38,5° C die zentrale Aktivierung der Muskulatur abnimmt, die nach Nybo und Nielsen (2001) allerdings bereits vor Erreichen der kritischen Temperatur eintritt. Marino et al. (2004) interpretieren dies als einen antizipatorischen Wärmeschutzmechanismus, durch den die Aktivierung motorischer Einheiten reduziert werde; dies belegen Tucker et al. (2004) sowie Oksa et al. (1995) durch EMG-Untersuchungen. Diese wärmeinduzierte Deregulierung motorischer Einheiten kann durch ein adäquates Precooling verhindert oder verzögert werden (Marino et al., 2004).

Allerdings stellt eine hohe Muskeltemperatur nicht den einzigen Grund für die Leistungsbeeinträchtigung dar (Castle et al., 2006): Während diese auch im Precoolingtest mittels Kälteweste 40° C beträgt, reduziert sich die Leistung in geringerem Maße als im Kontrolltest. Vielmehr nimmt die erhöhte Körperkerntemperatur leistungsentscheidenden Einfluss; sie korreliert signifikant negativ mit der Maximalleistung (ebd.). In dieser Studie scheint im Gegensatz zu Sleivert et al. (2001) die Temperaturreduktion der Muskulatur nicht durch das anschließende Vorbereitungsprogramm wieder neutralisiert zu werden. Diese beurteilen die *Temperaturnivellierung* deshalb als positiv, weil sie prinzipiell von einer Negativwirkung der Kälteapplikation auf die Muskulatur ausgehen. Während in ihrer Studie auch keine Leistungssteigerung aus der Kühlapplikation resultiert (Sleivert et al., 2001), tritt im Gegensatz dazu bei Castle et al. (2006) eine signifikante Leistungsverbesserung ein, vermutlich weil bei ihnen der Kälteapplikationseffekt nicht durch die (Wieder-)Erwärmungsphase neutralisiert wird.

Hinzu kommt, dass Sleivert et al. (2001) eine kleinere Oberschenkelfläche kühlen und mit 4° C temperiertem Wasser ein wärmeres Kühlmedium als Castle et al. (2006) verwenden, deren Eispackungen eine Temperatur von ca. minus 16° C aufweisen.

Resümee: Durch ein 20-minütiges Precooling mittels Kälteweste (11° C) sinkt die Rektaltemperatur unmittelbar um 0,3° C, nach einer ebenfalls 20-minütigen Kühlung der Oberschenkel mit speziellen Eispackungen (minus 16° C) um 0,2° C und nach einer 20-minütigen GKKWA (ca. 18° C) ebenfalls um 0,3° C. Durch die KWA wird die Temperatur der Oberschenkelmuskulatur nicht reduziert, jedoch durch die Kühlung mittels Eispackungen um 1,0° C sowie durch die GKKWA um 0,7° C. Durch die KWA und GKKWA wird die Maximalleistung nicht signifikant beeinflusst, durch die Oberschenkelkühlung erhöht sie sich hingegen um 4 %. Es besteht eine negative Korrelation zwischen Muskeltemperatur und Leistung (r = -0,65; p ≤ .01). Die Ergebnisse widerlegen den positiven Effekt einer muskulären Erwärmung.

Ergänzend zur Thematik der Leistungsfähigkeit in Abhängigkeit von der Muskeltemperatur werden an dieser Stelle im Überblick die Studienergebnisse von Kozlowski et al. (1985) vorgestellt, die durch ein Simultancooling eine deutliche Leistungsverbesserung nachweisen, wobei nicht unerwähnt bleiben soll, dass ihre *Studienteilnehmer* ausgewachsene Mischlingshunde (Körpergewicht: 15-19 kg) darstellen, die auf einem Laufband bei ihrer Dauerleistungsgrenze (4,8-5,3 km/h) und 21 %iger Neigung des Laufbandes bis zum Leistungsabbruch laufen. Im Kontrolltest tragen die Hunde eine Weste, in deren aufgenähte Taschen insgesamt 2 kg Sand verteilt werden, im Simultancoolingtest entsprechend 2 kg Crasheis. Die Untersuchung findet unter thermoneutralen Umgebungsbedingungen statt (T_L: 20° C, Lf_r: 50-60 %). Die Ausdauerleistung der Hunde erhöht sich von 57 ± 8 min im Kontrolltest auf 83 ± 8 min im Simultancoolingtest (p ≤ .001). Diese Leistungsverbesserung korrespondiert mit signifikant niedrigeren Rektal- und Muskeltemperaturen, die am Belastungsende 1,1 ± 0,2 bzw. 1,2 ± 0,2° C geringer als im Kontrolltest sind (p ≤ .001), in dem die Abbruchtemperaturen 41,8 ± 0,2 (T_{re}) bzw. 43,0 ± 0,2° C (T_m) betragen. Weiterhin werden bei der Kühlung weniger hochenergetische Phosphate (Adenosintriphosphat sowie Kreatinphosphat) abgebaut, der Glykogenabbau und die Muskellaktatwerte sind geringer (Kozlowski et al., 1985). Die regressionsanalytische Berechnung der Muskellaktat- und Muskeltemperaturdaten ergibt eine positive Korrelation zwischen beiden Parametern (r = .549, p ≤ .001): je höher die Muskeltemperatur, desto höher das Muskellaktat.

Hiermit liegt eine weitere Studie vor, aus der sich ergibt, dass hohe Muskel- und Körperkerntemperaturen auf den Muskelmetabolismus negativ wirken und zu einer früher eintretenden Ermüdung führen (Binkhorst et al., 1977; Ball et al., 1997; Nybo & Nielsen, 2001; Linnane et al., 2004; Todd et al., 2005).

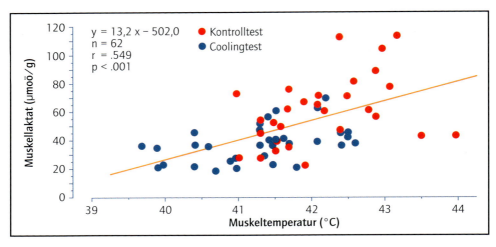

Abb. 71: Streudiagramm mit Regressionsgerade der Parameter Muskellaktat und Muskeltemperatur (Kozlowski et al., 1985, S. 770)

Zum Einfluss der KWA auf die Ruderleistung

Myler et al. (1989) verwenden in ihrer Studie keine Kälteweste, sondern in Handtüchern eingewickelte Eispackungen und kühlen damit nicht den Oberkörper, sondern den Kopfbereich, Arme und Beine. Da dieses Kühlverfahren mittels Eispackungen als eine der KWA-affine Maßnahme gilt, denn einige Kältewesten oder -bekleidungen enthalten ebenso Eis- (Smith et al., 1997; Arngrimsson et al., 2004; Hasegawa et al., 2005) bzw. Wasserfüllungen (Cheung & Robinson, 2004; Daanen et al., 2006), wird Mylers et al. (1989) Studie in diesem Kapitel der Kältewestenapplikation erläutert.

An dieser Studie nehmen australische Hochleistungsruderer teil, denen nach einer 10-minütigen Anforderungsvorbereitung, welche die Frauen mit 100, die Männer mit 150 W auf dem Ruderergometer absolvieren, auf mehrere Körperregionen, dem Kopf, Gesicht, Nacken, den Armen und Beinen, Eis gelegt wird (PCpostV). Zur Vermeidung lokaler Erfrierungen ist dieses in Tüchern einwickelt (s. o.). Die Precoolingphase erstreckt sich über einen Zeitraum von 5 min, in dem die Tympanaltemperatur um 0,9° C reduziert wird ($p \leq .01$); im Vergleich dazu bleibt sie im Kontrolltest, bei dem keine Kühlung erfolgt, nahezu unverändert 0,2° C ($p > .05$). Innerhalb von 1 bis maximal 2 min nach dem Precooling erfolgt die Zielanforderung, ein sechsminütiger Maximalleistungstest auf dem Ruderergometer, in dem das zu überprüfende Leistungskriterium die zurückgelegte Ruderdistanz darstellt, die von der Ergometersoftware berechnet wird.

Während des Maximalleistungstests ist die Anstiegsrate der Tympanaltemperatur im Precooling- und Kontrolltest identisch, aber auf Grund der geringeren Initialtemperatur ist die Abbruchtemperatur nach dem Precooling niedriger: Diese beträgt im Precoolingtest 37,9 ± 0,6° C, im Kontrolltest ist sie mit 38,5 ± 0,3° C deutlich höher (p ≤ .001). Auch die Hauttemperatur wird durch die Precoolingmaßnahme reduziert, und zwar unmittelbar nach der Kälteapplikation auf 31,3 ± 1,2° C, im Kontrolltest auf 35,6 ± 0,5° C (p ≤ .001). Und wie die Körper- ist auch die Hauttemperatur bei Belastungsabbruch des sechsminütigen Maximalleistungstests nach vorherigem Precooling niedriger als im Kontrolltest: 33,2 ± 0,7 vs. 34,6 ± 0,6° C (p ≤ .001). Folglich gleichen sich trotz der externen Wärmebelastung (T_L: 30° C, Lf_r: 30 %) die Hauttemperaturwerte in beiden Testbedingungen nicht an, sodass von einem nachhaltigen Effekt des Precoolings auszugehen ist. Während durch die Kälteapplikation kein Einfluss auf den Sauerstoffverbrauch und das Blutlaktat ausgeübt wird, ist die durchschnittliche Herzfrequenz während der 6-min-Maximalanforderung signifikant niedriger: 180 ± 9 vs. 183 ± 7 Schläge pro min (p ≤ .05) – eine Differenz, die bei Hochleistungssportlern durchaus bedeutsam ist. Der Effekt der Precoolingmaßnahme auf die Ruderleistung fällt sehr deutlich aus: Die innerhalb von 6 min zurückgelegte Distanz beträgt nach dem Precooling 1.639 ± 160 m, im Kontrolltest hingegen 1.622 ± 163 m (p ≤ .05).

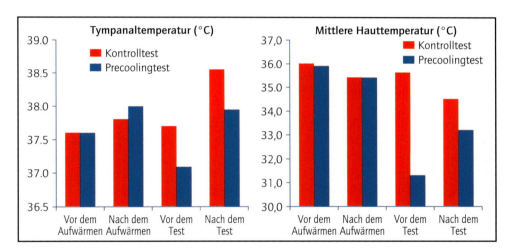

Abb. 72: Mittelwerte der Tympanal- und mittleren Hauttemperatur im Precooling- (blaue Balken) und im Kontrolltest (rote Balken); Temperaturwerte in ° C (modif. nach Myler et al., 1989, S.19)

Dies bedeutet eine Leistungssteigerung von 1 % und entspricht bei einem Ruderwettkampf über die 2.000-m-Distanz einem Vorsprung von 4-5 s, der in der (Wettkampf-)Praxis auf hohem Leistungsniveau platzierungsentscheidend ist.

Resümee: Durch eine fünfminütige Applikation mittels Eispackungen wird die Tympanaltemperatur um 0,9 und die Hauttemperatur um 4,3° C reduziert. Der sechsminütige Maximalleistungstest wird nach dem Precooling bei einer geringerenTympanaltemperatur beendet als im Kontrolltest (37,9 vs. 38,5° C) sowie bei einer niedrigeren Hauttemperatur (33,2 vs. 34,6° C). Der Sauerstoffverbrauch und das Blutlaktat bleiben durch das Eis-Precooling unbeeinflusst; die durchschnittliche

Herzfrequenz ist während des 6-min-Tests signifikant niedriger: 180 vs. 183 Schläge pro min. Die Ruderleistung erhöht sich im 6-min-Maximaltest um 1 %; dies entspricht einer Verbesserung von 4-5 s und stellt in der internationalen Spitzenklasse eine enorme Leistungssteigerung dar.

In einer weiteren Studie mit Leistungsruderern – in diesem Fall von der Australian Defense Force Academy – wird ein Precooling mittels Kälteweste (Neptune Wetsuits Australia, Smithfield West, Australien) während einer 30-minütigen Vorbereitungsphase (PCsimV) auf dem Ruderergometer bei 75 % der individuellen Maximalleistung durchgeführt (Martin et al., 1998). Der Leistungstest simuliert ein 2.000-m-Rennen auf dem Ergometer und findet in einem auf 33° C Lufttemperatur und 60 % relative Luftfeuchtigkeit klimatisierten Labor statt.

Nach dem Precooling ist die 2.000-m-Zeit um 2,8 s schneller; dies entspricht einer Leistungsverbesserung von 1,2 %, die für den Hochleistungsbereich als bedeutend einzuordnen ist. Während der simultan zur Anforderungsvorbereitung durchgeführten Precoolingphase ist der Anstieg der Körperkerntemperatur sowie die Schweißrate geringer. Nach dem Precooling und nach der sich daran anschließenden 2.000-m-Belastung empfinden die Leistungsruderer einen höheren thermischen Komfort (vgl. Cotter et al., 2001) und fühlen sich subjektiv weniger beansprucht.

Resümee: Eine 30-minütige Kältewestenapplikation bei Hochleistungsruderern im Sinne eines PCsimV bei 75 % der Maximalleistung verringert den Anstieg der Körperkerntemperatur und die Schweißrate. Dies korrespondiert mit einer Verbesserung der Leistung in einem 2.000-m-Rennen um 1,2 %. Die precoolinginduzierte höhere Leistung empfinden die Probanden als weniger beanspruchend.

2.4.2 Simultancooling mittels KWA

In den Studien zu den Effekten der Kälteapplikation werden in der Regel Precoolingmaßnahmen durchgeführt, und zwar in Form eines PCoV (Cheung & Robinson, 2004; Ückert & Joch, 2007a), PCpräV (Cotter et al., 2001), PCsimV (Smith et al., 1997; Martin et al., 1998; Hasegawa et al., 2006) oder PCpostV (Myler et al., 1989; Hornery et al., 2005). Dabei stehen Ganzkörper- (Laufen, Schwimmen, Rudern) oder Teilkörperbewegungen (Radfahren) im Vordergrund. Davon unterscheidet sich die Studie von Price und Mather (2004) insofern, als einerseits eine Armkurbelbewegung zur Leistungsüberprüfung, andererseits ein Simultancooling, d. h. eine Kühlungsmaßnahme während der Zielanforderung praktiziert wird.

Diese Zielanforderung, eine 30-minütige Armkurbelbewegung bei 50 % der VO_{2max} – ohne Leistungskriterium –, wird unter Hitzebedingungen im Labor durchgeführt (T_L: 40,2 ± 0,4° C, Lf_r: 38,7 ± 7,4 %). Als Kühlungsmaßnahme wird eine Ober- und

Unterkörperkühlung mittels Eispackungen vorgenommen. Bei der Oberkörperkühlung werden auf der Außenseite eines T-Shirts im Bauch- und Brustbereich sowie auf dem Rücken Eispackungen befestigt. Somit kann auch diese Kühlmethode als Variante der KWA eingeordnet werden, wie auch diejenige von Myler et al. (1989; s. o.). Für die Unterkörperkühlung werden Eispackungen an der Außenseite einer langen Hose im Bereich der Waden, der vorderen und hinteren Oberschenkel befestigt. Im Leistungstest ergeben sich weder im Sauerstoffverbrauch oder Blutlaktat noch in der Rektal- oder Tympanaltemperatur signifikante Unterschiede zwischen den drei Testbedingungen (Ober-, Unterkörperkühlung und Kontrolltest; jeweils p > .05).

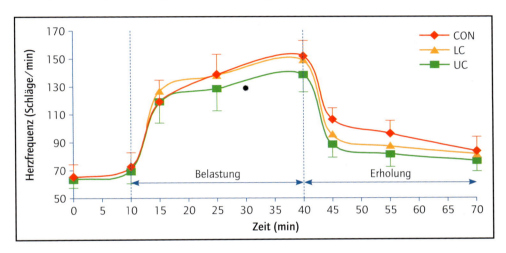

Abb. 73: Herzfrequenz in Ruhe (0.-10. min), während der Zielanforderung (10.-40. min) und Erholungsphase (40.-70. min); CON: Kontrolltest, LC: Low-Body-Cooling (Unterkörperkühlung), UC: Upper-Body-Cooling (Oberkörperkühlung); *: signifikanter Unterschied (p ≤ .05) zwischen LC und UC sowie CON (Price & Mather, 2004, S. 222)

Sie beträgt unter Kontrollbedingungen 151 ± 11, im Oberkörperkühlungstest 148 ± 16 und im Unterkörperkühlungstest 138 ± 13 Schläge pro min (p ≤ .05); sie ist demzufolge nach der Beinkühlung am geringsten.

Auch die Hauttemperatur weist bei simultaner Unterkörperkühlung am Anforderungsende den geringsten Wert auf (28,5 ± 1,3° C), während sie bei der Oberkörperkühlung 31 ± 1,4 und im Kontrolltest 36,3 ± 0,5° C deutlich höher ist (jeweils p ≤ .05). Die körperliche Wärmebelastung bzw. Speicherkapazität ist im Kontrolltest am höchsten (3,04 ± 0,68 J/g) und bei der Kühlung des Unterkörpers negativ (minus 2,37 J/g; p ≤ .05). Durch die Oberkörperkühlung werden thermoneutrale Bedingungen erreicht (0,18 ± 1,21 J/g). Die Ergebnisse korrespondieren mit dem geringsten subjektiven Belastungsempfinden bei der simultanen Beinkühlung (LW). Anhand dieser Ergebnisse wird deutlich, dass eine Kühlung der Beine während einer Anforderung, die primär mit den Armen praktiziert wird, sowohl die physiologische als auch die thermoregulatorische Beanspruchung stärker reduziert als im Vergleich dazu eine Oberkörperkühlung. Price und Mather (2004) geben für diese differenten Wirkungseffekte durch die Ober- und Unterkörperkühlung mehrere Begründungsmöglichkeiten: Eine Möglichkeit sei, dass die Oberkörperkühlung auf Grund einer körperlichen Schutzfunktion lebenswichtiger Organe prinzipiell keine großen Temperaturvariationen verursacht.

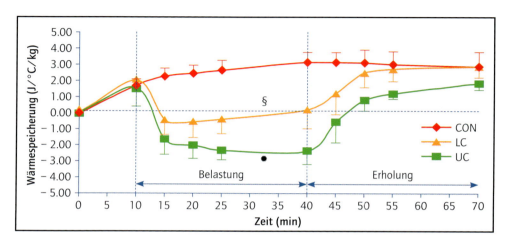

Abb. 74: *Wärmespeicherkapazität in Ruhe (0.-10. min), während der Zielanforderung (10.-40. min) und Erholungsphase (40.-70. min); CON: Kontrolltest, LC: Low-Body-Cooling (Unterkörperkühlung), UC: Upper-Body-Cooling (Oberkörperkühlung); *: signifikanter Unterschied ($p \leq .05$) zwischen LC und CON sowie UC; §: signifikanter Unterschied ($p \leq .05$) zwischen UC und CON (Price & Mather, 2004, S. 223)*

Dagegen sprechen jedoch Resultate anderer Studien, wonach sich die Körperkerntemperatur nach einer Oberkörperkühlung durchaus verringert (z. B. Arngrimsson et al., 2004). Jedoch ist im Vergleich der Bein- und Oberkörperkühlung nicht auszuschließen, dass der Organismus auf eine Kühlung des Rumpfs mit deutlich ausgeprägteren Gegenmaßnahmen reagiert, die eine Abkühlung vermindern, als bei einer Beinkühlung. Diese Argumentation stimmt mit den Ergebnissen von Price und Mather (2004) überein, die jedoch auch mögliche testmethodische Defizite für die unterschiedliche Kühlwirkung verantwortlich machen, wie z. B. eine mögliche Ineffektivität der Kühlmethode (Kühlung mittels an einem T-Shirt befestigten Eispackungen): Die Kühlkontaktzeit wird durch die Bewegungen des Oberkörpers in regelmäßigen Abständen unterbrochen, denn die Hauptaktivität wird mit den Armen bzw. dem Oberkörper geleistet. Hinzu kommt, dass in dieser Region auf Grund der Muskelarbeit mit den Armen mehr Wärme produziert wird als im Bereich der Beine. Somit stellt auch die körperregionsspezifische Wärmeproduktion eine mögliche Ursache dafür dar, dass die Oberkörperkühlung in dieser Studie ineffektiver ist. Demnach wäre es wirksamer, diejenige Muskulatur bzw. Körperregion zu kühlen, die nicht primär an der Bewegung beteiligt ist (Price & Mather, 2004). Bei einer Armarbeit wäre die Beinkühlung effektiver als eine Arm- bzw. Oberkörperkühlung. Dieser These widerspricht jedoch der experimentelle Befund, dass sich beim Radfahren eine Unterkörperkühlung bei simultaner Oberkörpererwärmung nicht von der entgegengesetzten Maßnahme, einer Unterkörpererwärmung bei simultaner Oberkörperkühlung, unterscheidet (Daanen et al., 2006), demzufolge die Kühlung der Arbeitsmuskulatur nicht relevant sei. Allerdings differieren beide Studien darin, dass einerseits unterschiedliche Coolingmodi praktiziert werden, und zwar ein Precooling (Daanen et al., 2006) und ein Simultancooling (Price & Mather, 2004), andererseits Daanen et al. im Gegensatz zu Price und Mather neben der Kühlung simultan transversal eine Erwärmung durchführen. Doch auch Gold und Zornitzer (1968) zeigen, die ebenfalls ein Simultancooling einsetzen – allerdings während des Laufens –, indem sie die Arbeitsmuskulatur mit Eispackungen kühlen, wodurch die produzierte Wärme mit sofortiger Wirkung auf konduktivem Wege abgegeben werden kann, dass das Kühlen der Arbeitsmuskulatur effektiv ist.

Eine mögliche Erklärung für das Ergebnis von Price und Mather (2004) scheint zu sein, dass sie mitnichten die Hauptarbeitsmuskulatur kühlen, denn dafür wäre neben der Oberkörperkühlung zusätzlich bzw. sogar in erster Linie eine Kühlung der Arme erforderlich. Dennoch ist unabhängig von der Bedeutung des an der Bewegung beteiligten Muskelanteils für die Kühlungseffektivität nicht auszuschließen, dass die größere Wirkung der Beinkühlung durch das Oberflächen-Volumen-Verhältnis begründet sein kann: Dieses bewirkt auf Grund der großen Oberfläche der Beine im Vergleich zu deren Volumen eine erhöhte Wärmeabgabe. Es liegt in der geringen Studienanzahl begründet, dass keine explizite Aussage zur körperregionsspezifischen Kälteapplikation in Abhängigkeit von der Zielanforderung, insbesondere von der regionsspezifischen Arbeitsmuskulatur, getätigt werden kann. Dass während eines Simultancoolings die Körperkerntemperatur weniger abgesenkt wird als vergleichsweise bei einem Precooling unter Ruhebedingungen, ist Folge der mit muskulärer Arbeit verbundenen Wärmeproduktion.

Resümee: Ein Simultancooling des Ober- oder Unterkörpers während eines 30-minütigen Armkurbelns mit 50 % der VO_{2max} bewirkt keine Veränderung des Sauerstoffverbrauchs, Blutlaktats oder der Tympanaltemperatur. Allerdings bewirkt die Simultan-Unterkörperkühlung im Vergleich zur Simultan-Oberkörperkühlung die größten Reduktionen der Herzfrequenz, Hauttemperatur, körperlichen Wärmebelastung und des subjektiven Belastungsempfindens. Die simultane Unterkörperkühlung ist demnach effektiver als die simultane Oberkörperkühlung, wenn die körperliche Anforderung mit den Armen absolviert wird.

Fazit

Die Analyse der internationalen Literatur zeigt, dass ein Precooling mittels Kälteweste zu Leistungsverbesserungen von durchschnittlich 6 % führt. Der größte Effekt wird dabei für Ausdaueranforderungen nachgewiesen (Martin et al., 1998; Smith et al., 1997;

Cotter et al., 2001; Arngrimsson et al., 2004; Hornery et al., 2005 u. a). Das Ergebnis von Hasegawa et al. (2006), das eine exorbitant hohe Leistungssteigerung von 125 % ausweist, bleibt hier unberücksichtigt; eine solche Leistungsverbesserung ist nur vermeintlich die Folge der Kälteapplikation, sondern vielmehr durch das geringe Leistungsniveau der Studienteilnehmer und die externe Wärmebelastung zu erklären (Hasegawa et al., 2006). Es wird aber durch diese Studie deutlich, dass die durch eine KWA induzierte Leistungsverbesserung bei Trainierten geringer als bei Untrainierten ausfällt.

Schnellkraftleistungen, die in den vorliegenden Studien maßgeblich durch Radsprints abgefordert werden, verbessern sich nach einem Precooling mittels Kälteweste nur marginal (Myler et al., 1989; Sleivert et al., 2001; Duffield et al., 2003; Cheung & Robinson, 2004; Castle et al., 2006), sie verschlechtern sich aber nicht. Eine die KWA ergänzende Kühlung der Beinmuskulatur wirkt sich auf Ausdauerleistungen positiv aus, wohingegen die Ergebnisse bezüglich der Schnellkraftanforderungen differieren.

Umgebungstemperatur und relative Luftfeuchtigkeit scheinen das Ergebnis zum Effekt der KWA auf die sportliche Leistungsfähigkeit zu beeinflussen, indem sie zu höheren Steigerungswerten der KWA führen, als unter Normaltemperaturbedingungen zu erwarten wäre. Für eine explizite reanalytische Absicherung dieser Aussage liegen zu wenige Daten vor, doch kann tendenziell gezeigt werden, dass der Precoolingeffekt mit ansteigender Umgebungstemperatur zunimmt; dies wird z. B. sportartübergreifend durch Arngrimsson et al. (2004), die ihre Studie in nomothermer Umgebung durchführen, sowie Cotter et al. (2001), die in heißer Umgebung testen, deutlich. Sportartspezifisch wird dieser Aspekt durch die Resultate von Smith et al. (1997) sowie Cotter et al. (2001) deutlich: Bei jeweils gleicher relativer Luftfeuchtigkeit (60 %) beträgt bei einer Umgebungstemperatur von 32° C der Leistungsanstieg 3,2 % (Smith et al., 1997), bei 35° C sogar deutliche 16 % (Cotter et al., 2001). In diesem Kontext kann davon ausgegangen werden, dass die überdurchschnittlich hohen Leistungszuwächse in der Studie von Hasegawa et al. (2006) wesentlich in der vergleichsweise höchsten relativen Luftfeuchtigkeit von 75 % begründet liegen.

Bislang stand der Einfluss der Umgebungstemperatur und Luftfeuchtigkeit auf Kälteapplikationseffekte nicht im Mittelpunkt der internationalen und nationalen Forschungsaktivität, sodass zum jetzigen Zeitpunkt dieser Aspekt nur durch studienübergreifende Sekundäranalysen beleuchtet werden kann. Dabei wird deutlich, dass sich der Positiveffekt einer KWA mit zunehmender Umgebungstemperatur und Luftfeuchtigkeit verstärkt. Unter diesen Bedingungen ist die körpereigene Wärmeabgabe erschwert, sodass die Wirkung einer externen Kühlungsmaßnahme, welche die Haut- und/oder Körperkernreduktion verursacht, besonders groß ist. Ein leistungssteigernder Effekt ist unter Hitzebedingungen bereits nach einer Kühldauer von 15 min nachweisbar (Smith et al., 1997). Während eine kürzere Precoolingdauer keine Verbesserung einer Radsprintleistung bewirkt (Duffield et al., 2003), treten im Mittel bei einer Kühlung von durchschnittlich 35 min mittels Kälteweste leistungsverbessernde Effekte ein

(Sleivert et al., 2001; Arngrimsson et al., 2004; Hasegawa et al., 2006 u. a.). Eine solche Kühlungsdauer reduziert die Rektaltemperatur durchschnittlich um 0,4° C, während die Muskeltemperatur (M. vastus lateralis) durch eine KWA unbeeinflusst bleibt (Sleivert et al., 2001; Castle et al., 2006).

Dies steht ganz im Gegensatz zu lokalen Eiskühlungsmaßnahmen, bei denen durch ein 45-minütiges Bad in 12° C kaltem Wasser die Muskeltemperatur auf 30° C reduziert werden kann (Beelen & Sargeant, 1991). Wie die Studie von Cotter et al. (2001) mit dem Ergebnis einer 16 %igen Leistungssteigerung zeigt, ist die Kombination einer (Oberkörper-)Vorkühlung mittels Kälteweste mit einer Ganzkörperkaltluftkühlung in einem auf 3° C temperierten Raum effektiver als eine singuläre Kältewestenkühlung.

Durch den Vergleich der unterschiedlichen Kühlungsmodi wird deutlich, dass bei einem Simultancooling in erster Linie die Reduktion des Anstiegs der Körperkerntemperatur im Vordergrund steht und bei einem Precooling die Reduktion der Körperkerntemperatur, durch die nachfolgend der leistungslimitierende Temperaturanstieg verzögert bzw. zu einem späteren Zeitpunkt erreicht wird.

2.4.3 Simultancooling beim Rudern

Während bislang keine Studien zum Effekt eines Simultancoolings mit der Ausnahme derjenigen von Price und Mather (2004) vorliegen, die allerdings eine Teilkörperbewegung (Armkurbeln) überprüfen, werden in der nachfolgend dargestellten Studie die Wirkungen einer Kältewestenapplikation im Rudern untersucht. Hier steht insbesondere die Frage im Mittelpunkt, ob eine Kühlwestenkühlung während einer ausdauernden Ruderbelastung physiologische Parameter in reduzierender Weise beeinflusst. Die ganzkörperliche Bewegung ist deshalb von großem Interesse, weil hieran ein großer Anteil der Muskulatur beteiligt ist, der ein hohes Wärmequantum produziert.

Die Studie beleuchtet auch den anwendungsorientierten Aspekt der potenziellen Erweiterung des Einsatzbereichs der simultanen Kältewestenapplikation auf die Wettkampfanforderung, also über die Vorbereitungsphase hinaus. Bislang konnte bei Leistungsruderern durch ein intensives Precooling in den Varianten des PCsimV (Martin et al., 1998) sowie PCpostV (Myler et al., 1989) ein positiver Effekt nachgewiesen werden. Die Ergebnisse der eigenen Studie zum Effekt des Simultancoolings auf eine Ruderbelastung werden nachfolgend zusammengefasst, wobei darauf hingewiesen wird, dass sich die Probandenklientel aus Hochleistungsruderern zusammensetzt. Trainingsbegleitend absolvieren 14 Riemenruderer[80] im Kontroll- und Simultankühlungstest, bei dem die Kälteweste (Arctic Heat), die eine Initialtemperatur von 0° C aufweist, während der gesamten Belastungsphase getragen wird, die Belastungsvorgabe von zwei 40-minütigen Rudereinheiten im Grundlagenausdauerbereich 1 auf dem Ruder-

---

80 Von diesen nahmen acht Ruderer an den Olympischen Spielen 2004 in Athen teil, alle trainieren am Ruderstützpunkt in Dortmund (vgl. Landgraf, 2005).

ergometer unter nomothermen Umgebungsbedingungen (T_L: 21,1° C, Lf_r: 56,3 %). Zwischen beiden Belastungsblöcken wird eine fünfminütige Pause eingelegt, in der im Coolingtest die Kälteweste gewechselt wird. Die Effekte der Kälteapplikation werden anhand der Tympanaltemperatur, Herzfrequenz und des Blutlaktats überprüft (Landgraf et al., 2007).

Die Tympanaltemperatur unterscheidet sich während der gesamten Anforderungsdauer in der Kontroll- und in der Simultancoolingeinheit nicht signifikant (p > .05), jedoch ist sie mit deutlicher Tendenz in der zweiten Belastungsphase geringer. Nach der Pause steigt die Tympanaltemperatur unter Kontrollbedingungen sogleich über den Pausenwert an, hingegen sinkt sie im Simultancoolingtest noch bis zur 50. Belastungsminute weiter ab. Dieser Afterdropeffekt wird vermutlich durch den Einsatz einer neuen auf 0° C gekühlten Kälteweste induziert. Während der zweiten Belastungshälfte stellt sich im Vergleich zum Kontrolltest die Tendenz einer reduzierten Tympanaltemperatur heraus, die jedoch insignifikant ist (p > .05). Am Verlauf der Tympanaltemperatur während der Gesamtbelastungszeit wird deutlich, dass der Kälteeffekt nachwirkend eintritt. Die simultane Applikation hat während der ersten 20 min keine temperaturreduzierende Wirkung.

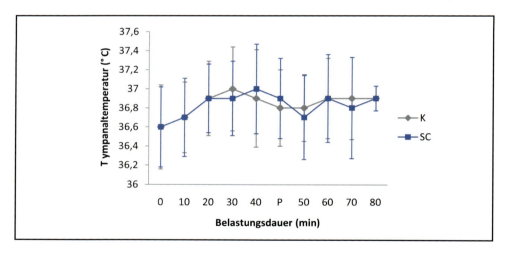

Abb. 75: Tympanaltemperatur bei Hochleistungsruderern während einer 2 x 40 min Ausdaueranforderungen im GA-1-Bereich auf dem Ruderergometer; K: Kontrolltest, SC: Simultancooling

Im Gegensatz zur Körperkerntemperatur wird anhand der Herzfrequenz ein deutlich ökonomisierender Effekt durch die simultane Kälteapplikation ersichtlich: Die Herzfrequenz ist während der gesamten Belastungsdauer signifikant niedriger – mit Ausnahme der 20. Minute (vgl. Landgraf, 2005). Die Herzfrequenzdifferenz zwischen dem Kälteapplikations- und Kontrolltest wird mit zunehmender Belastungsdauer größer. Der herzfrequenzökonomisierende Simultancoolingeffekt steigt demzufolge mit zunehmender Zeit- bzw. Belastungsdauer an. Die Wirkrichtung des Simultancoolings wird weiterhin anhand der reduzierten Blutlaktatwerte deutlich: Während der

80-minütigen Anforderung auf dem Ruderergometer liegen die Laktatwerte signifikant unterhalb der Kontrollwerte. Auch hier vergrößert sich die Differenz zwischen beiden thermoregulatorischen Testvarianten mit zunehmender Belastungsdauer – wie bei der Tympanaltemperatur, aber noch deutlicher bei der Herzfrequenz.

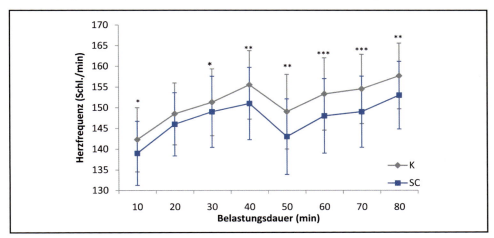

Abb. 76: Herzfrequenz bei Hochleistungsruderern während einer 2 x 40 min Ausdaueranforderungen im GA-1-Bereich auf dem Ruderergometer; K: Kontrolltest, SC: Simultancooling; ***: $p \leq .001$, **:$p \leq .01$, *:$p \leq .05$

Nur zu Belastungsbeginn (0. min) ist der Unterschied insignifikant (2,3 ± 0,36 mmol/l im Kontrolltest und 2,13 ± 0,40 mmol/l vor dem Simultankühlungstest; $p > .05$), wodurch eine interindividuell homogene Stoffwechselausgangslage bestätigt wird.

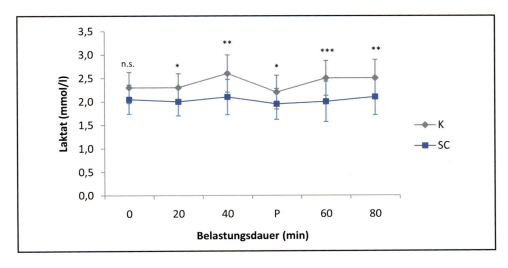

Abb. 77: Laktat bei Hochleistungsruderern während einer 2 x 40 min Ausdaueranforderungen im GA-1-Bereich auf dem Ruderergometer; K: Kontrolltest, SC: Simultancooling; ***: $p \leq .001$, **:$p \leq .01$, *:$p \leq .05$

Das subjektive Belastungsempfinden der Ruderer ist während des Simultancoolings in der ersten Belastungshälfte geringer (12 ± 1,85 rpe) als im Kontrolltest (13 ± 1,19 rpe), es differiert am Belastungsende nicht signifikant – trotz niedrigerer Herzfrequenz- und Blutlaktatwerte. Während in der Studie eine Belastungsvorgabe erfolgt und somit nicht der Effekt der Kälteapplikation auf ein Leistungskriterium gelegt wird, signalisiert der Verlauf der physiologischen Parameter einen nachwirkenden, ökonomisierenden Effekt der Kältewestenapplikation. In der Studie ist allerdings ein wichtiger Aspekt des Simultancoolings mittels Kälteweste deutlich geworden, der einen klaren Hinweis auf die degressive und limitierte Effektivität der Kälteweste unter Belastungsbedingungen liefert. Der belastungsinduzierte Temperaturanstieg der Weste während des Simultancoolings belegt die nachlassende Kühlwirkung. Bis zur 14. Belastungsminute behält die Kälteweste ihre Initialtemperatur von annähernd 0° C bei. Danach nimmt sie jedoch sukzessive die produzierte Körperwärme auf: bis zur 26. Minute steigt die Temperatur auf ca. 4° C und bis zur 40. Belastungsminute auf ca. 16° C. Mit dem Temperaturanstieg der Kälteweste geht eine reduzierte Kältewirkung einher – im Gegensatz zur Kaltluftkühlung mittels technischer Geräte, die auf Grund der Stromversorgung eine konstante Minustemperatur leisten.

Die körperliche Wärmeentwicklung ist bei der Ruder-Ausdaueranforderung unter den beschriebenen Bedingungen so groß, dass sich unter der Kälteweste ein Wärmestau bildet, der zu einer Beeinträchtigung der körperlichen Wärmeabgabe führt. Dies korrespondiert mit der Empfindung der Athleten, die jeweils nach ca. 30 min Belastung unterhalb der Weste ein unkomfortabel warmes Mikroklima perzipieren. Wenn die durch Muskelarbeit produzierte Wärme nicht in ausreichendem Quantum an die Umgebung abgegeben werden kann, kommt es zum vermeintlichen Anstieg der Körperkerntemperatur und infolgedessen zu leistungsbeeinträchtigenden Konsequenzen. Unter diesen Bedingungen ist die Weste auszuziehen. Demzufolge ist die Effektivität der Kältewestenapplikation als ein Simultancooling – nicht als eine Precooling – im beschriebenen Maße limitiert.

Resümee: Während eines Simultancoolings mittels Kälteweste ist die Tympanaltemperatur in der zweiten 45-minütigen Belastungshälfte einer Ruderanforderung im GA-1-Bereich tendenziell geringer als im Kontrolltest. Die Herzfrequenz und das Laktat sind beim Simultancooling während der insgesamt 80-minütigen Ausdaueranforderung signifikant niedriger als im Kontrolltest; die Herzfrequenzdifferenz steigt mit zunehmender Belastungsdauer an. Die Studie zeigt eine zeitlich limitierte Kühleffektivität der Kälteweste von 20-30 min auf, wenn diese im Sinne eines Simultancoolings während einer Ausdaueranforderung eingesetzt wird.

2.4.4 Precooling vs. Aufwärmen

Während nach traditioneller Auffassung das Aufwärmen generalisierend als leistungssteigernde Maßnahme aufgefasst wird, scheint bereits auf Plausibilitätsebene eine Erwärmung vor einer Belastung, die währenddessen die Körperkerntemperatur erhöht, nicht nur, aber insbesondere im Hinblick auf die kritische Körperkerntemperatur ein leistungsmindernder Parameter zu sein. Bislang liegt keine empirische Studie vor, in der die Wirkungen eines Precoolings mit Wirkungen einer traditionellen Erwärmung verglichen werden. Da diese Frage jedoch für eine effektive Gestaltung unmittelbarer Anforderungsvorbereitungen in hohem Maße praxisrelevant ist, wird dieser Aspekt in der nachfolgenden Studie aufgegriffen. Bei 20 Ausdauersportlern werden die Effekte unterschiedlicher thermoregulatorischer Vorbereitungsmaßnahmen, einem *Aufwärmen* und einem *Kältewestenprecooling*, auf eine stufenförmige Ausdaueranforderung unter Wärmebedingungen (T_L: 31° C, Lf_r: 50 %) untersucht (Oerding, 2006). Die Zielanforderung ist ein Stufentest[81] (9/1/5)[82], der bis zum individuellen Abbruch in randomisierter Reihenfolge durchgeführt wird und dem

- *eine aktive Vorbereitung im Sinne eines Aufwärmens (20 min bei 70 % der individuellen Maximalherzfrequenz, die bei allen Probanden in einem außerhalb dieser Untersuchung absolvierten Stufentest erhoben wurde) oder*
- *ein Precooling (20 min Kälteapplikation mittels Kälteweste in der Variante eines PCoV) oder*
- *im Kontrolltest eine 20-minütige inaktive Ruhephase im Sitzen vorgeschaltet ist.*

In dieser Studie repräsentiert die Zeitdauer bis zum Belastungsabbruch das Leistungskriterium. Als physiologische Messparameter dienen die Herzfrequenz, Blutlaktatkonzentration sowie Tympanal- und Hauttemperatur (zu den Messmodalitäten vgl. ebd.). Die jeweils 20-minütige Vorbereitung im Kontroll-, Precooling- und Aufwärmtest[83] erfolgt im Gegensatz zur Zielanforderung in einem auf 21° C temperierten Raum. Nach der Vorbereitung beginnen die Probanden unverzüglich den Laufbandtest im aufgewärmten Labor. Während der 20-minütigen Precoolingphase tragen die Probanden die Kälteweste[84] (Arctic Heat), die zu Beginn der Kühlung eine Temperatur von 1-5° C aufweist, auf der nackten Haut. Nach dem Precooling wird die Kälteweste abgelegt und ein T-Shirt angezogen.

---

[81] Dass die Wirkrichtung und der Effekt des Precoolings unabhängig davon sind, ob die Zielbelastung eine Stufentestanforderung oder eine Dauerbelastung bei vorgegebener Laufgeschwindigkeit darstellt, belegt der internationale und nationale Literaturstand. Der Stufentest repräsentiert selbstverständlich keine Wettkampfanforderung, ist jedoch für eine grundlagenorientierte Analyse unverzichtbar.
[82] 9/1/5 = Anfangsgeschwindigkeit: 9 km/h, Geschwindigkeitsprogression pro min: 1 km/h, Stufendauer: 5 Min
[83] Nach dem *Aufwärmen* erfolgt eine fünfminütige Pause in sitzender Position.
[84] Die Kälteweste wurde vor dem Test in einem Wasserbad aktiviert, danach getrocknet und anschließend vier Stunden in einem Eisschrank gekühlt.

Während der unterschiedlichen Vorbereitungsmaßnahmen verändern sich die physiologischen Parameter zusammengefasst wie folgt (vgl. dazu insgesamt Oerding, 2006): Während des 20-minütigen aktiven *Aufwärmens* nimmt die Herzfrequenz um 61 Schläge pro min zu, während der Precoolingphase im Sitzen reduziert sie sich indessen um 8,9 Schläge pro min (jeweils p ≤ .001). Die in erster Linie durch die aktive Belastung während der Aufwärmung induzierte Herzfrequenzdifferenz zwischen beiden Maßnahmen nimmt während der Vorbereitung mit ansteigender Zeitdauer zu.

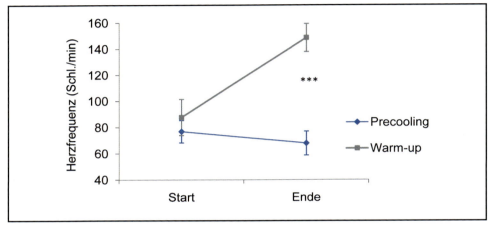

Abb. 78: Herzfrequenz zu Beginn und am Ende des 20 min Precoolings und 20 min Aufwärmens; ***:p ≤ .001

Die Tympanaltemperatur nimmt während der Anforderungsvorbereitung, aber auch während der Precoolingphase zu – dies stellen u. a. auch Schmidt und Brück (1981) fest. Dieser kompensatorische Temperaturanstieg ist beim Aufwärmen mit 1,0° C [85] (p ≤ .001) deutlich höher als beim Precooling: Die Tympanaltemperatur erhöht sich von 36,6 ± 0,52 auf 37,6 ± 0,53° C, während der Precoolingphase von 36,6 ± 0,57 auf 37,1 ± 0,35° C, insgesamt also um 0,54° C (p ≤ .001). Der kälteapplikationsinduzierte Anstieg der Tympanaltemperatur ist die Reaktion auf die Oberkörperkühlung, die eine Vasokonstriktion initiiert, in deren Folge das warme Blut in den Körperkern fließt, sodass die Kerntemperatur kurzfristig ansteigt. Demzufolge ist, wie bei Schmidt und Brück (1981), ein Afterdrop während der anschließenden Zielbelastung zu erwarten, der sich allerdings in dieser Studie nicht bestätigt. Es wird aber deutlich, dass durch das Aufwärmen im Vergleich zum Precooling eine unkomfortablere Ausgangstemperatur für die anschließende Zielleistung erreicht wird. Noch deutlicher werden die Differenzen zwischen den unterschiedlichen Vorbereitungsmaßnahmen anhand des Hauttemperaturverlaufs: Die Hauttemperatur steigt während des Aufwärmens um 0,42° C, von 34,2 ± 0,9 auf 34,7 ± 0,8° C (p ≤ .01), an.

---

85 Auf Grund des Temperaturanstiegs kann berechtigt von einem *Aufwärmen* gesprochen werden.

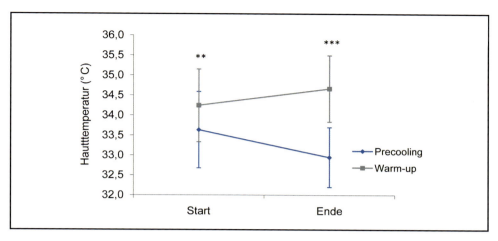

Abb. 79: Hauttemperatur zu Beginn und am Ende des 20 min Precoolings und 20 min Aufwärmens; ***:p ≤ .001, **:p ≤ .01

Im Gegensatz dazu sinkt sie während des Precoolings signifikant von 33,6 ± 0,9 auf 32,9 ± 0,7° C, also um 0,69° C (p ≤ .001). Somit wird während der unterschiedlichen thermoregulatorischen Maßnahmen, dem Precooling und dem Aufwärmen, ein konträrer Verlauf der Hauttemperatur deutlich, wie auch für die Herzfrequenz, nicht jedoch für die Tympanaltemperatur nachgewiesen werden kann. Nach der 20-minütigen aktiven Vorbereitung wird eine Laktatkonzentration von 2,68 ± 0,71 mmol/l gemessen, von der auf eine optimale Belastungsintensität in aerober Stoffwechsellage geschlossen werden kann. Ermüdungsbedingte metabolische Einflüsse können damit ausgeschlossen werden.

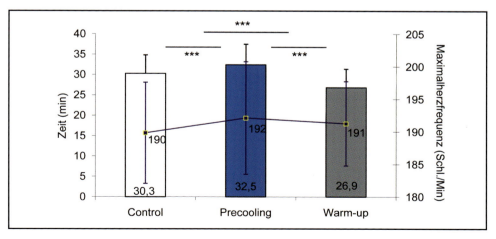

Abb. 80: Laufzeit und Maximalherzfrequenz während eines Stufentests nach einem 20 min Kältewestenprecooling, einem 20 min Aufwärmen und ohne thermoregulatorische Vorbereitung (Control); ***: (signifik. Unterschiede der Laufzeiten) p ≤ .001 (siehe auch Oerding, 2006)

Die differenten thermoregulatorischen Vorbereitungsmaßnahmen korrespondieren nicht nur mit den Effekten auf die physiologischen Parameter, sondern vor allem mit den unterschiedlichen Leistungsresultaten im Stufentest. Die Laufzeit der Probanden ist nach dem Precooling mit 32,5 ± 5,1 min im Vergleich zum Kontrolltest (30,3 ± 4,6 min) um 2,2 ± 1,94 min und im Vergleich zur Laufleistung nach durchgeführter Erwärmung (26,9 ± 4,6 min) um 5,6 ± 2,5 min länger (jeweils p ≤ .001). Nach dem Aufwärmen ist die Laufzeit der Ausdauersportler kürzer als im Kontrolltest. Dies bedeutet, dass ein Verzicht auf eine Erwärmungsphase zu einer besseren Laufleistung führt. So beträgt die Abbruchzeitdifferenz im Aufwärm- und im Kontrolltest zugunsten der Kontrollvariante 3,4 ± 2,2 min (p ≤ .001). Somit ist die maximale Laufzeit der Probanden nach der Kältewestenapplikation (PCoV) am längsten: nach dem Kaltstart (PCoV) um 2,2 min länger als im Kontrolltest und um 5,6 min länger als nach dem Aufwärmen (Ückert & Joch, 2007a).

Während der Zielanforderung ist die durchschnittliche Herzfrequenz nach dem Precooling geringer als im Kontroll- und noch deutlicher als im Aufwärmtest. Sie liegt im Vergleich zum Kontrolltest bis zur 35. min niedriger, allerdings nicht signifikant (p > .05)[86], und im Vergleich zum Aufwärmtest bis zur 30. Minute niedriger (p ≤ .05).

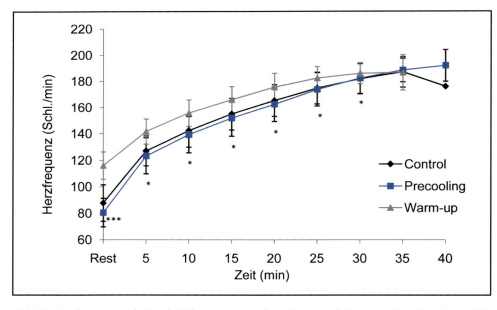

Abb. 81: Herzfrequenz nach 20 min Kältewestenprecooling, 20 min Aufwärmen und im Kontrolltest; ***: (p ≤ .001); *: p ≤ .05 zwischen „Precooling" und „Warm-up" (modif. nach Oerding, 2006; Ückert & Joch, 2007a, S. 382)

---

[86] Nur ein Proband läuft im Kontrolltest 40 min.

Die Studienteilnehmer beginnen die Zielanforderung nach dem Precooling mit der geringsten Herzfrequenz: 80,7 ± 10,9 vs. 87,9 ± 13,7 Schläge pro min im Kontrolltest (p ≤ .05) und vs. 116,2 ± 10,4 Schläge pro min nach vorheriger aktiver Erwärmung; dies entspricht Differenzen zugunsten des Vorkühlens von 7,2 Schlägen pro min im Vergleich zum Kontrolltest und von deutlichen 35,5 Schlägen pro min im Vergleich zum Aufwärmen. Diese anfänglichen Herzfrequenzdifferenzen reduzieren sich während der Belastungsanforderung zunehmend. Die Maximalherzfrequenzen differieren in den unterschiedlichen Testvarianten nicht signifikant: Nach einem Precooling wird die Belastung mit 192,1 ± 8,7 Schlägen pro min abgebrochen, im Kontrolltest mit 189,8 ± 7,7 und im Kontrolltest mit 191,3 ± 6,5 Schlägen pro min (jeweils p > .05). Es ist allerdings zu berücksichtigen, dass die Probanden die Laufbelastung nach der Precoolingintervention zu einem deutlich späteren Zeitpunkt beenden. Hiermit wird deutlich, dass die anfänglich precoolinginduzierte Herzfrequenzminderung als *Herzfrequenzreserve* einzuordnen ist, von der die Probanden noch am Belastungsende profitieren, indem sie bis zum Erreichen der maximalen Herzfrequenz eine längere Laufstrecke zurücklegen. Zwischen den Laktatwerten bestehen mit Ausnahme der fünften Belastungsminute keine signifikanten Unterschiede in den drei Testbedingungen (p > .05).

Tab. 15: Herzfrequenz (Schläge pro min) zu unterschiedlichen Zeitpunkten der Stufentestanforderung unter Kontrollbedingungen (C), nach dem Precooling (PC) und nach dem Aufwärmen (AW)

min	0	5	10	15	20
C	87,8 ± 13,7	127,2 ± 11,3	142,3 ± 12,3	154,9 ± 12,1	165,3 ± 12,2
PC	80,7 ± 10,8	123,5 ± 13,6	139,4 ± 13,6	151,8 ± 13,6	162,5 ± 13,3
AW	116,2 ± 10,4	141,8 ± 9,4	155,8 ± 10,2	166,0 ± 10,1	175,6 ± 10,5
min	25	30	35	40	
C	174,7 ± 12,1	181,9 ± 11,4	187,0 ± 11,5	176,0 ± 0,0	
PC	173,8 ± 12,8	182,3 ± 11,7	188,5 ± 8,9	192,0 ± 12,1	
AW	182,4 ± 8,8	186,0 ± 7,9	186,7 ± 13,4		

In der fünften Minute differieren die Laktatwerte im Precooling- und Kontrolltest hochsignifikant (p ≤ .01): 2,8 ± 0,6 vs. 3,6 ± 1,0 mmol/l, während sich die Werte im Precooling- und Aufwärmtest nicht unterscheiden. Somit werden zu Belastungsbeginn unter Kontrollbedingungen, die durch keinerlei temperaturerhöhende oder -reduzierende Maßnahmen gekennzeichnet sind, die höchsten Blutlaktatwerte gemessen. Die Blutlaktatwerte sind nach dem Aufwärmen bei zunehmender Belastungsdauer tendenziell geringer als in den anderen Testbedingungen, jedoch nicht signifikant (p > .05).

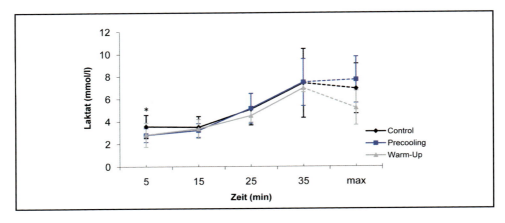

Abb. 82: Laktat nach einem 20 min Kältewestenprecooling, einem 20 min Aufwärmen und im Kontrolltest; *: signifikanter Unterschied (p ≤ .05 zwischen Precooling und Control (modif. nach Oerding, 2006; Ückert & Joch, 2007a, S. 382)

Die deutlichen Differenzen des Maximallaktats sind auf die jeweils unterschiedlichen Abbruchzeiten der Studienteilnehmer zurückzuführen: Das Abbruchlaktat korrespondiert negativ mit der Laufzeit.

Die Tympanaltemperatur ist während der Gesamtdauer der Zielanforderung nach einem vorherigen Aufwärmen signifikant höher als unter Kontroll- und Precoolingbedingungen. Dies ist durch die höhere Ausgangstemperatur nach dem Aufwärmen zu begründen, die sich während der Belastungszeit als Negativkriterium erweist und dieses hohe Temperaturniveau im Vergleich zu den anderen Testvarianten nicht mehr verlässt. Die Tympanaltemperatur liegt nach dem Aufwärmen im Vergleich zum Kontrolltest bereits zu Belastungsbeginn um 0,93 ± 0,72 (p ≤ .001), in der 35. min noch um 0,59 ± 1,1° C (p > .05) höher.

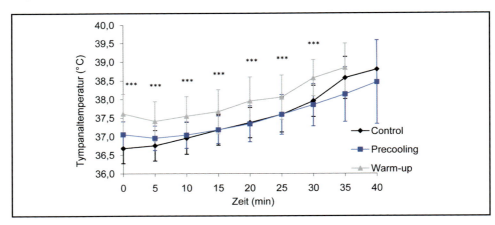

Abb. 83: Tympanaltemperatur während der Zielanforderung nach einem 20 min Kältewestenprecooling, einem 20 min Aufwärmen und im Kontrolltest; ***: signifik. Diff. (p ≤ .001) zwischen Warm-up u. Control sowie zwischen Warm-up u. Precooling (modif. nach Oerding, 2006; Ückert & Joch, 2007a)

Auch im Vergleich zur Precoolingmaßnahme ist sie nach der Erwärmung während der Laufanforderung kontinuierlich höher: Zu Belastungsbeginn um 0,56 ± 0,67 ($p \leq .001$) und in der 35. Minute um 0,71 ± 0,65° C ($p > .05$). Die Differenz erhöht sich folglich mit zunehmender Belastungsdauer. Die Tympanaltemperatur ist nach dem Precooling zu Beginn der Laufanforderung, d. h. in der nullten und fünften Minute, signifikant höher als im Kontrolltest, und zwar um 0,38 ± 0,43° C ($p \leq .001$) in der nullten Minute (Anforderungsbeginn) sowie um 0,2 ± 0,43° C ($p \leq .05$) in der fünften Minute. Im weiteren Testverlauf sind die Tympanaltemperaturwerte in beiden Testbedingungen annähernd gleich, jedoch sind sie nach dem Precooling mit zunehmender Belastungsdauer, d. h. ab der 30. Minute, niedriger als im Kontrolltest ($p > .05$). Die temperaturreduzierende Wirkung durch ein Precooling zeigt sich während der Ausdaueranforderung im Vergleich zur Aufwärmvariante kontinuierlich, jedoch im Vergleich zum Kontrolltest erst mit zunehmender Belastungsdauer. Dieser noch nicht zu Belastungsbeginn feststellbare *Temperaturvorteil*, der die prinzipielle Intention von Precoolingmaßnahmen darstellt, ist auf die kurzfristige Temperaturerhöhung während der Kältewestenapplikation zurückzuführen, wie auch Schmidt und Brück (1981) zeigen. Diesem reaktiven Temperaturanstieg folgt nach Webb (1986), Romet (1988) und Kruk et al. (1990) unter Belastungsbedingungen ein Afterdrop, der jedoch in der vorliegenden Studie nicht eintritt – vermutlich weil das nachträgliche Absinken der Körperkerntemperatur zeitverzögert erfolgt (Schmidt & Brück, 1981) und dafür die Pause nach dem Precooling zu kurz ist. Während der Laufanforderung steigt die Hauttemperatur[87] im Kontroll-, Aufwärm- und Precoolingtest höchstsignifikant an (jeweils $p \leq .001$): im Kontrolltest um 1,92 ± 1,11° C, im Aufwärmtest um 1,06 ± 0,82° C und im Precoolingtest um 2,21 ± 1,12° C, also jeweils in relativ geringem Maße. Im Vergleich der drei Testbedingungen bestehen bereits zu Beginn als Folge der unterschiedlichen thermoregulatorischen Vorbereitungsmaßnahmen signifikante Differenzen der Hauttemperatur. Sie ist zu Beginn des Stufentests nach dem Aufwärmen am höchsten (34,67 ± 0,83° C), nach dem Precooling am niedrigsten (32,95 ± 0,75° C). Die Superiorität zugunsten des Precoolings bleibt bis zum Belastungsende erhalten, obwohl die Probanden länger laufen und eine höhere Leistung vollbringen. Die Hauttemperatur steigt während der Laufanforderung nach dem Precooling auf 35,1 ± 0,88, nach dem Aufwärmen auf 35,73 ± 0,53° C, ist demnach am Belastungsende um 1,67 ± 0,88° C niedriger ($p \leq .001$); sie unterscheidet sich im Kontroll- (35,65 ± 0,95° C) und Aufwärmtest (35,73 ± 0,53° C) nicht signifikant. Die Hauttemperatur ist bei Belastungsabbruch nach dem Precooling auch geringer als im Kontrolltest, allerdings ist die Differenz von 0,41 ± 0,97° C nicht signifikant ($p > .05$).

---

[87] Die Hauttemperatur kann mit dem verwendeten Messgerät (Ückert & Joch, 2007a) nur punktuell erfasst werden. Der Vergleich der Hauttemperaturveränderungen unterschiedlicher Coolingstudien ist problematisch, da sich die Temperaturmesssysteme, die punktuell oder kontinuierlich Daten erfassen, und die Messorte unterscheiden.

Für die Beantwortung der Frage, ob unter Wärmebedingungen ein *klassisches* Aufwärmen oder ein Precooling ohne aktive Vorbereitung (PCoV) die Ausdauerleistung steigert, liefert diese Studie richtungweisende Ergebnisse. Im Vergleich zu einem Aufwärmen ist ein Precooling auf Grund seiner ökonomisierenden Wirkung auf physiologische Parameter die effektivere thermoregulatorische Vorbereitungsvariante, die zudem die Ausdauerleistung verbessert.

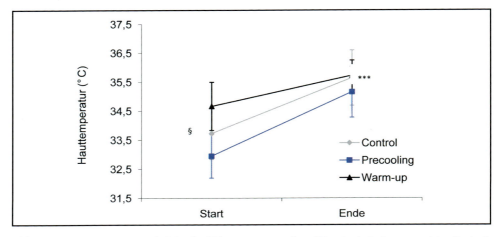

Abb. 84: Hauttemperatur nach 20 min Kältewestenprecooling, 20 min Aufwärmen und im Kontrolltest; ***: signifik. Diff. (p ≤ .001) zwischen Precooling und Control; §: signifik. Diff. (p ≤ .001) zwischen Control, Warm-up und Precooling

Eine Erwärmung erweist sich als kontraproduktiv und führt zu einer geringeren Ausdauerleistungsfähigkeit als im Kontrolltest, in dem auf jegliche Vorbereitungsmaßnahme verzichtet und nur eine Vorruhephase absolviert wird. Die Studie stellt weiterhin unter Beweis, und untermauert damit auch die Ergebnisse von Kay et al. (1999), dass eine Reduktion der Körperkerntemperatur keine zwingende Voraussetzung für eine Leistungsverbesserung nach Precooling darstellt: Bereits eine nachhaltige Reduktion der Hauttemperatur führt zu einer Ökonomisierung der physiologischen Parameter und zu einer verbesserten Wärmeabgabe während der Ausdaueranforderung mit dem Effekt einer Leistungsverbesserung. Allerdings wird unter Berücksichtigung der reanalytischen Ergebnisse deutlich, dass eine intensivere, d. h. eine körperkerntemperaturreduzierende Kältewestenapplikation zu einem noch größeren Leistungseffekt führt.

Resümee: Ein Aufwärmen ist vor einer progressiven Laufanforderung leistungsnegativ. Nach einem 20-minütigen Precooling ist diese hingegen um 7,2 % höher als im Kontrolltest, d. h. höher als ohne Vorbereitung, und sie ist um 20 % besser als nach dem Aufwärmen, das demnach eine ermüdungsinduzierende Vorbelastung darstellt. Die Hauttemperatur ist nach dem Precooling generell, auch noch bei Belastungsabbruch, im Vergleich zu den anderen Testvarianten am niedrigsten, jedoch reduziert das Kältewestenprecooling die Tympanaltemperatur nicht nachhaltig. Auf das Belastungslaktat wirken sich die unterschiedlichen thermoregulatorischen Vorbereitungsmaßnahmen nicht signifikant aus, während die Herzfrequenz vom Precooling in reduzierender Weise beeinflusst wird.

2.4.5 Pre-Simultancooling-Kombination

Um der Frage nachzugehen, ob die Kopplung eines Precoolings in der PCoV-Variante mit einem Simultancooling zu einer additiven Wirkung führt und der Effekt der Kälteapplikation von der Zielanforderung abhängig ist, wird die nachfolgend dargestellte Studie durchgeführt. Jeweils vor einem Stufentest (8/1/5)[88] und vor einem 60-minütigen Ausdauerlauf auf dem Laufband – jeweils unter Normaltemperaturbedingungen im Labor – wird ein Precooling im Sinne eines PCoV mittels Kälteweste (Arctic Heat) durchgeführt. Zusätzlich werden beide Zielanforderungen von einer Simultankühlung begleitet, für die nicht die Weste der Precoolingphase, sondern zur Erzielung eines möglichst hohen Kühleffekts eine *frisch* gekühlte eingesetzt wird (vgl. Bäcker, 2005).

Das 10-minütige Precooling bewirkt einen unmittelbaren, kompensatorischen Anstieg der Tympanaltemperatur (Schmidt & Brück, 1981; Webb, 1986; Romet, 1988; Kruk et al., 1990) von 0,27° C ($p \leq .01$), dem jedoch kein Afterdrop folgt (vgl. Ückert & Joch, 2007a). Die Abbruchzeit im Stufentest wird durch die Kombination eines Precoolings mit einem Simultancooling nicht beeinflusst: Die Abbruchzeit beträgt im Kontrolltest 26,86 ± 6,31 min, im Precoolingtest 26,75 ± 6,44 min. Dass der erwartete, allerdings in dieser Studie ausbleibende, positive Leistungseffekt auf die Negativwirkung des Simultankühlens zurückzuführen ist, zeigen die Ergebnisse zu den physiologischen Parametern.

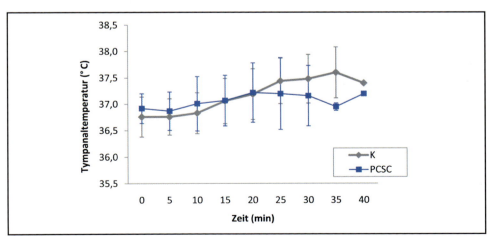

Abb. 85: Tympanaltemperatur während des Stufentests; die 40. Belastungsminute erreicht nur ein Proband; K: Kontrolltest ohne Kälteweste, PCSC: Pre-Simultancooling (10 min Precooling plus Simultankühlung) mittels Kälteweste.

---

88 8/1/5 = Anfangsgeschwindigkeit: 8 km/h, Geschwindigkeitsprogression pro min: 1 km/h, Stufendauer: 5 min

Die Tympanaltemperatur ist im Stufentest nach dem Precooling zu Beginn bis einschließlich der 10. Belastungsminute höher als im Kontrolltest, erst in der 25. Minute ist sie geringer als im Kontrolltest. Die Unterschiede sind zu keinem Zeitpunkt signifikant, wobei für die Beurteilung der Signifikanz die geringe Stichprobengröße (n = 10; vgl. Bäcker, 2005) zu berücksichtigen ist. Der Anstieg der Tympanaltemperatur ist im Kontrolltest mit 0,72 ± 0,42° C (p ≤ .01) höher als bei der Kühlungsvariante (0,24 ± 0,43° C; p ≤ .05). Nach der 20. Belastungsminute steigt die Tympanaltemperatur im Kontrolltest weiter kontinuierlich an, während sie unter Kühlungsbedingungen abfällt.

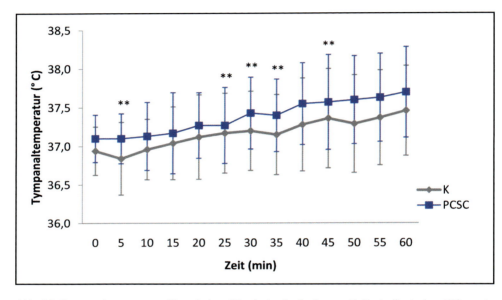

Abb. 86: Tympanaltemperatur während einer 60 min Laufanforderung; K: Kontrolltest ohne Kälteweste, PCSC: Pre-Simultancooling (10 min Precooling plus Simultankühlung) mittels Kälteweste; **: p ≤ .01

Der Effekt der Pre-Simultancooling-Kombination auf die Tympanaltemperatur wird somit erst ab der 20. Belastungsminute deutlich, und zwar in reduzierender Weise. Durch die Kühlung ist der Gesamtanstieg der Tympanaltemperatur geringer und reduziert sich vor allem mit zunehmender Zeitdauer. Dies signalisiert eine verzögerte, temperaturreduzierende Wirkung der Kälteapplikation. Während der 60-minütigen Laufanforderung, welche die Probanden in frei gewählter Geschwindigkeit absolvieren, zeigt sich noch deutlicher als bei der belastungsprogressiven Laufanforderung, dass eine Simultankühlung nicht in reduzierender Weise auf die Tympanaltemperatur wirkt: Die Temperatur liegt hier im Kontrolltest kontinuierlich niedriger als bei begleitender Kühlung, der zusätzlich eine Vorkühlungsphase vorausgegangen ist. Die Temperaturdifferenz beträgt im Mittel 0,21 ± 0,35° C und ist in der 5., 25., 30., 35. und 45.

Belastungsminute hochsignifikant (p ≤ .01). Der Anstieg der Tympanaltemperatur vom Beginn bis zur 60. Belastungsminute beträgt im Kontrolltest 0,52 ± 0,45° C (p ≤ .05), im gekoppelten *Pre-Simultancoolingtest* 0,6 ± 0,45° C (p ≤ .01). Durch die Kühlintervention steigt die Tympanaltemperatur unmittelbar nach 10 min um 0,24° C (p ≤ .01) an, wie auch durch das 10-minütige Precooling mittels Kälteweste vor dem Stufentest gezeigt wird (s. o.).

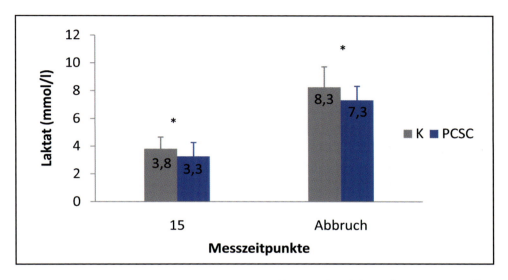

Abb. 87: *Laktat in der 15. Minute und bei Belastungsabbruch während des Stufentests; K: Kontrolltest ohne Kälteweste, PCSC: Pre-Simultancooling (10 min Precooling plus Simultankühlung) mittels Kälteweste; *: p ≤ .05*

Während in einigen Untersuchungen (Duffield et al., 2003; Castle et al., 2006; Ückert & Joch, 2007a) keine signifikanten Auswirkungen durch ein Precooling auf das Blutlaktat festgestellt werden, liegt hiermit ein Ergebnis vor, das einen positiven Einfluss der Kälteapplikation auf den Metabolismus signalisiert: Die Laktatwerte unterscheiden sich in der 15. Minute des Stufentests (Ende der 10-km/h-Stufe) sowie bei Belastungsabbruch signifikant (p ≤ .05): Die Laktatwerte sind im Kontrolltest sowohl in der 15. Minute höher (3,81 ± 0,85 vs. 3,27 ± 0,94 mmol/l; p ≤ .05) als auch zu Belastungsabbruch (8,25 ± 1,48 vs. 7,32 ± 1,52 mmol/l; p ≤ .05). Im Durchschnitt sind die Laktatwerte unter Kühlungsbedingungen um 0,74 ± 1,10 mmol/l niedriger: 6,03 ± 1,17 vs. 5,30 ± 1,23 mmol/l. Im Gegensatz dazu differieren während der 60-minütigen Ausdaueranforderung die Laktatwerte auf nicht signifikantem Niveau um 0,2 mmol/l zugunsten der Kühlungsvariante. Dieser Unterschied ist jedoch als marginal einzustufen.

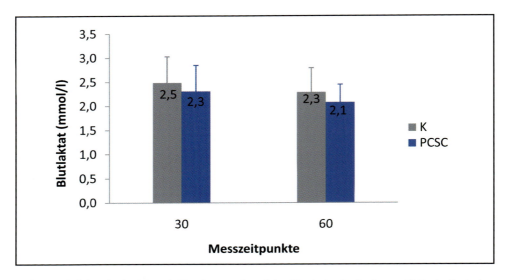

Abb. 88: Blutlaktat in der 30. und 60. Minute während der 60 min Laufanforderung; K: Kontrolltest ohne Kälteweste, PCSC: Pre-Simultancooling (10 min Precooling plus Simultankühlung) mittels Kälteweste

Die Herzfrequenz ist während des Stufentests bei der Pre-Simultancoolingvariante mit 169,71 ± 10,22 durchschnittlich um 6,89 ± 9,3 Schläge pro min niedriger als im Kontrolltest (176,56 ± 8,82 Schläge pro min). Die Differenz ist zu jedem Messzeitpunkt signifikant und innerhalb der ersten 15 min größer als in der späteren Belastungsphase.

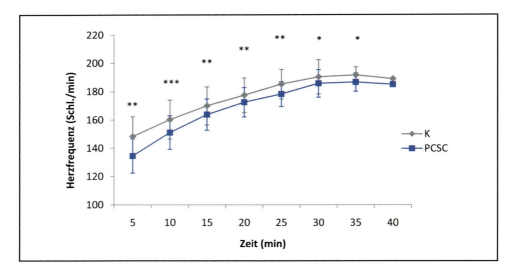

Abb. 89: Herzfrequenz während des Stufentests; K: Kontrolltest ohne Kälteweste, PCSC: Pre-Simultancooling (10 min Precooling plus Simultankühlung) mittels Kälteweste; *:p ≤ .05, **:p ≤ .01, ***:p ≤ .001

Während der 60-minütigen Ausdaueranforderung kann dagegen im Vergleich zum Kontrolltest kein herzfrequenzreduzierender Effekt durch die Kälteapplikation bestätigt werden; die Herzfrequenzwerte sind nach dem Precooling um 1,98 Schläge pro min höher ($p > .05$).

Das Belastungsempfinden der Probanden bleibt durch die Kälteapplikation in dieser Untersuchung unbeeinflusst. Tendenziell fühlen sich die Probanden zwar zu Beginn der Anforderung weniger beansprucht, doch im Verlauf des Stufentests wird dies nicht mehr bestätigt. Bei Abbruch geben die Probanden ihr Belastungsempfinden nach der Borg-Skala im Kontrolltest mit durchschnittlich 18,0 ± 1,41 rpe an, im Kühltest mit 18,4 ± 0,97. Vereinzelte Probanden fühlen sich im Kühltest stärker beansprucht. Als mögliche Ursachen dafür kann einerseits die zusätzliche Gewichtsbelastung der Kälteweste (ca. 1 kg zu Belastungsbeginn und bis zu 2 kg am Belastungsende, weil die Atmungsaktivität der Weste bei hoher Schweißrate nachlässt und sich diese mit Schweiß vollsaugt) angeführt werden, andererseits der zunehmende Wärmestau unter der Weste, den auch die Leistungsruderer während des Simultancoolings als thermisch-unkomfortabel empfinden.

Das während des Simultancoolings beeinträchtigte Belastungsempfinden wird durch die Ergebnisse des 60-minütigen Lauftests bestätigt. Bei dieser langen Belastungsdauer geben vier von 10 Probanden an, dass sie sich bei der Coolingvariante beanspruchter als im Kontrolltest fühlen, fünf empfinden keinen Unterschied und lediglich eine Probandin äußert ein besseres Empfinden. In dieser Studie zeigt sich, dass neben dem möglichen Wärmestau während des Simultancoolings vereinzelt auch individuelle Unverträglichkeiten, die sich in Atembeschwerden äußern (vgl. Bäcker, 2005), auftreten, wenn die Kälteweste auf annähernd 0° C temperiert wird.

Durch die vorliegende Studie wird nachgewiesen, dass auf Laufausdaueranforderungen über einen Zeitraum von mehr als 40 min ein Simultankühlen mittels Kälteweste nicht eindeutig positiv wirkt. Die belastungsbedingt produzierte Schweißmenge wird von der Kälteweste aufgesaugt, kann jedoch auf Dauer nicht in ausreichendem Maße verdunsten, sodass diese zunehmend schwerer wird. Dies beeinträchtigt ganz wesentlich die körperliche Wärmeabgabe und somit auch das subjektive Belastungsempfinden, die Herzfrequenz sowie die Tympanaltemperatur. Diese Negativeffekte des Simultancoolings nivellieren die potenziellen Positiveffekte des Precoolings, die ohne Kopplung mit einem Simultancooling in anderen Studien eindeutig nachgewiesen werden (Smith et al., 1997; Cotter et al., 2001; Arngrimsson et al., 2004; Daanen et al., 2006; Hasegawa et al., 2006; Ückert & Joch, 2007a).

Resümee: Ein 10-minütiges Kältewestenprecooling führt zu einem unmittelbaren Anstieg der Tympanaltemperatur um ca. 0,3° C. Während des anschließenden Stufentests ist beim Pre-Simultancooling die Tympanaltemperatur ab der 25. min geringer, das Blutlaktat und die Herzfrequenz geringfügig niedriger. Die ökonomisierende Wirkung des Pre-Simultancoolings korrespondiert nicht mit einer höheren Leistung im Laufbandstufentest. Während der 60 min Laufanforderung bei frei gewählter Geschwindigkeit – ohne Leistungskriterium – werden nur die Laktatwerte durch Pre-Simultancooling reduziert. Herzfrequenz und Tympanaltemperatur werden nicht signifikant beeinflusst. Ein Simultancooling erweist sich für Ausdaueranforderungen von mehr als 40 min nicht als positiv. Für die Kombination von Pre- und Simultancooling kann keine additive kälteinduzierte Positivwirkung nachgewiesen werden, im Gegenteil: Ein Simultancooling nivelliert bei Ausdaueranforderungen ab einer Zeitdauer von 40 min die Positivwirkungen des Precoolings.

2.4.6 Precooling vs. Pre-Simultancooling

Die vergleichende Analyse der experimentellen Studien zur Kombinationskühlung *Pre-Simultankühlung* und eines Precoolings mittels Kälteweste stellt eine unterschiedliche Effektivität beider Kälteapplikationsmodi auf die Ausdauerleistungsfähigkeit unter Beweis. Übereinstimmend führen beide Applikationsmodi in Abhängigkeit von der Kühldauer zu einem unmittelbaren Anstieg der Tympanaltemperatur: Eine 20-minütige Kühlung (KWA) im Sinne eines PCoV bewirkt einen Anstieg der Tympanaltemperatur um 0,5° C ($p \leq .001$), während der Anstieg bei einer 10-minütigen Kühlung im Mittel mit 0,27° C ($p \leq .01$) deutlich geringer ausfällt.

Gleichsam ist in geringem Maße eine Variabilität der Kältewirkung während eines PCoV zu beobachten: Bei den gleichen Probanden steigt zum einen die Tympanaltemperatur in der Ruhephase um 0,3° C (PC10a), zum anderen um 0,24° C (PC10b). Diese Differenz von 0,06° C der Körperkerntemperatur ist im statistischen Sinne, aber insbesondere unter Berücksichtigung der Relevanz eines solchen marginalen Unterschieds für diesen biologischen Parameter nicht bedeutsam. Somit bleibt festzuhalten, dass eine längere Kühldauer einen höheren, kompensatorischen Temperaturanstieg induziert – dies ist für das Zeitfenster zwischen 10 und 20 min experimentell bewiesen. Der Studienvergleich zeigt weiterhin, dass der nachwirkende, tympanaltemperaturreduzierende Effekt bei einem Precooling deutlich größer ist als bei einem Simultankühlen: Im Stufentest steigt die Tympanaltemperatur ohne Precooling bis zum Leistungsabbruch um 2,12° C, nach dem Precooling hingegen nur um 1,4° C; dies entspricht einer bedeutenden kältebedingten Anstiegsreduktion um 0,72° C.

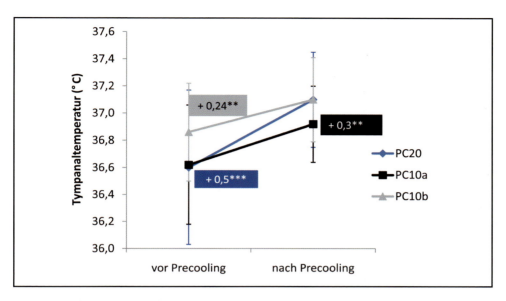

Abb. 90: Anstieg der Tympanaltemperatur durch 10 min (PC10a) sowie 20 min Precooling (jeweils vor dem Stufentest) und durch 10 min Precooling vor der 60 min Laufanforderung (PC10b); **:$p \leq .01$, ***:$p \leq .001$

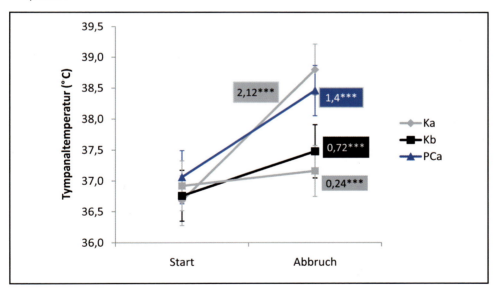

Abb. 91: Anstieg der Tympanaltemperatur während des Stufentests unter Kontroll- (K) und Kälteapplikationsbedingungen (PC) im Precoolingtest (a) und im Pre-Simultancoolingtest (b); ***: $p \leq .001$

Im Pre-Simultancoolingtest fällt die reduzierende Wirkung mit 0,48° C deutlich geringer aus. Unter Berücksichtigung der jeweiligen Testbedingungen bedeutet dies, dass einerseits die Tympanaltemperatur während der körperlichen Anforderung unter Wärmebedingungen (Precoolingstudie: 30° C) insgesamt deutlicher ansteigt als unter Normaltemperaturbedingungen (Pre-Simultancoolingstudie: 22° C).

Andererseits reduziert das Precooling im Vergleich zum Kontrolltest die Tympanaltemperatur in höherem Maße als das Pre-Simultancooling. Es sei aber angemerkt, dass die geringe Positivwirkung der Kopplungsvariante Pre-Simultancooling durch die Negativwirkung des Simultancoolings verursacht wird. Folglich gilt resümierend, dass ein Precooling dann besonders wirkungsvoll ist, wenn eine sportliche Ausdaueranforderung unter Wärmebedingungen stattfindet. Ein 20-minütiges Precooling ist effektiver als ein 10-minütiges und ein Precooling ist einem Simultancooling mittels Kälteweste deutlich überlegen.

2.4.7 Precooling plus Intercooling

Bislang liegen zu den Wirkungen eines Intercoolings, d. h. einer Kühlung, die in Halbzeit- (z. B. Fußball) oder Spielpausen (z. B. Tennis) eingesetzt wird, mit Ausnahme von Drust et al. (2000) keine Studien vor. Die Wirkungscharakteristik der Pausenkühlung tangiert insbesondere den regenerativen Aspekt der Kälteapplikation, der bislang nicht im Fokus der Kälteapplikationsforschung gestanden hat. Die nachfolgend vorgestellte Studie ist als ein erster, grundlegender Zugang in diese Thematik zu verstehen: Es wird überprüft, wie sich eine Kältewestenapplikation auf eine in zwei 15-minütige Belastungsblöcke differenzierte Anforderung auf dem Laufband bei 85 % der individuellen Maximalherzfrequenz auswirkt, wenn jeweils vor beiden Belastungsphasen, die durch eine 15-minütige Pause separiert sind, eine Teilkörperkühlung (Oberkörper) praktiziert wird (Ückert & Joch, 2007b). Somit wird ein Precooling vor der Belastung (PCoV) und ein Intercooling während der Belastungspause praktiziert. Das Primärinteresse dieser Studie richtet sich darauf, ob im zweiten Belastungsintervall physiologische und laufleistungsbezogene Veränderungen zu registrieren sind. Die Untersuchung findet unter wärmeabgabebeeinträchtigenden Umgebungsbedingungen (T_L: 30 ± 1,31° C, Lf_r: 46,61 ± 3,53 %) statt.

Die zurückgelegte Laufstrecke determiniert – bei Intensitäts- (85 % HF_{max}) und Zeitvorgabe (2 x 15 min) – den zu überprüfenden Leistungsparameter. Bevor die Kälteapplikationseffekte zusammenfassend erläutert werden, sei erwähnt, dass innerhalb des ersten 15-minütigen Belastungsintervalls die Probanden generell, d. h. unter Kontrollbedingungen (ohne thermoregulatorische Intervention) sowie nach dem Precooling, eine längere Laufstrecke zurücklegen als in der zweiten Belastungsphase: Die Reduktion der Laufleistung vom ersten zum zweiten Belastungsintervall beläuft sich im

Kontrolltest auf 0,14 km (2,51 ± 0,35 vs. 2,37 ± 0,31 km; p ≤ .001) und im Cooling-test[89] auf 0,12 km (2,53 ± 0,37 vs. 2,41 ± 0,35 km; p ≤ .001). Diese Leistungsabnahme im zweiten Belastungsintervall ist durch den individuellen Ermüdungsanstieg zu erklären, der zu einer Reduktion der Laufgeschwindigkeit führt, um die Vorgabeintensität von 85 % der Maximalherzfrequenz nicht zu überschreiten – die Laufbandgeschwindigkeit wird der Maximalherzfrequenz kontinuierlich angepasst.

Der Vergleich der Laufleistung im Kontroll- mit derjenigen im Kälteapplikationstest macht deutlich, dass die 14 Studienteilnehmer nach der Kühlintervention in beiden Belastungsintervallen eine längere Laufstrecke als im Kontrolltest ohne Kühlung zurücklegen. Die Differenz zugunsten des Precoolings ist im zweiten Belastungsintervall größer als im ersten, der Ermüdungsanstieg unter Kälteapplikationsbedingungen demnach geringer: Die Laufstrecke ist im ersten Belastungsintervall nach dem Precooling (PC) mit 2,53 ± 0,37 km um 20 m (0,67 %) länger als unter Kontrollbedingungen (K1) mit 2,51 ± 0,35 km (1,59 %), der Unterschied ist aber nicht signifikant (p > .05).

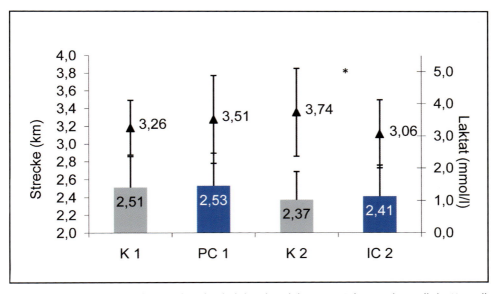

Abb. 92: Laufstrecke (Balken) und Laktat (Dreiecke) während des ersten Belastungsintervalls im Kontrolltest (K 1) und nach Precooling (PC 1) sowie während des zweiten Belastungsintervalls im Kontrolltest (K 2) und nach Intercooling (IC 2)

---

89 Da zum einen vor dem ersten Laufintervall eine Kühlmaßnahme im Sinne eines Precoolings, zum anderen in der Pause zwischen dem ersten und zweiten Laufintervall eine weitere durchgeführt wird, wird diese Applikation als *Pre-Intercooling* bezeichnet.

Im zweiten Belastungsintervall beträgt die absolvierte Streckenlänge nach dem Intercooling (IC) 2,41 ± 0,35 vs. 2,37 ± 0,31 km im Kontrolltest (K), womit sich die Laufleistung um insgesamt 40 m verbessert; auch diese Laufzeitdifferenz verfehlt die statistische Signifikanz (p > .05). Als Zwischenfazit bleibt festzuhalten, dass sich die in einer Streckenzunahme repräsentierende Leistungsverbesserung nach der Pre-Intercoolingkombination im Vergleich zum Kontrolltest im zweiten Belastungsintervall verdoppelt. Während die Laktatwerte der Probanden unter Precoolingbedingungen nach der ersten Belastungsphase, in der eine längere Laufstrecke zurückgelegt wird, mit 3,51 ± 1,36 mmol/l um 0,26 mmol/l höher als im Kontrolltest (3,26 ± 0,85 mmol/l) sind, werden in der zweiten Belastungsphase nach dem Intercooling geringere Werte (3,06 ± 1,06 mmol/l) als im Kontrolltest (3,74 ± 1,37 mmol/l) gemessen: die Differenz beträgt 0,67 mmol/l (p ≤ .05). Die Laktatwerte sind demnach in der zweiten Belastungsphase im Kontrolltest um 0,48 mmol/l höher als in der ersten (Diff K 1-2) und im Pre-Intercoolingtest um 0,45 mmol/l niedriger als in der ersten (Diff PC 1-2). Die metabolische Beanspruchung verändert sich also im zweiten Belastungsintervall in jeweils annähernd gleichem Maße, allerdings mit differenter Wirkrichtung: Sie reduziert sich unter Kühlungsbedingungen und erhöht sich ohne Kühlintervention.

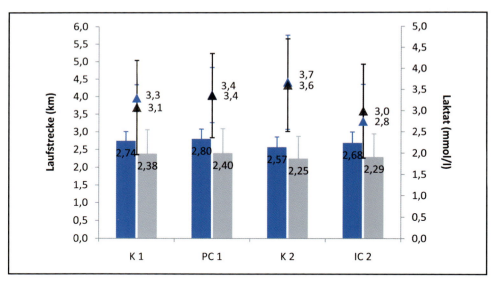

Abb. 93: Laufstrecke (Balken) und Blutlaktat (Dreiecke) von Männern (blau) und Frauen (grau) während des ersten Belastungsintervalls im Kontrolltest (K 1) und nach Precooling (PC 1) sowie während des zweiten Belastungsintervalls im Kontrolltest (K 2) und nach Intercooling (IC 2)

Während der ersten Belastungsphase liegt der Laktatwert nach dem Precooling um 0,26 mmol/l höher als im Kontrolltest, während er am Ende des zweiten Belastungsblocks um 0,67 mmol/l geringer als ohne Kälteapplikation ist. Dieser Positiveffekt der Precoolingmaßnahme ist somit größer als die während der ersten Belastungsphase erkennbare Negativauslenkung. Der Positiveffekt des Precoolings wird somit insbesondere in der zweiten Belastungshälfte deutlich.

In der Wirkrichtung der Kühlapplikation bestehen im Hinblick auf die Laufleistung und Laktatwerte keine geschlechtsspezifischen Differenzen.[90] Durch das Pre-Intercooling fällt die prinzipielle Reduktion der Laufleistung bei Frauen und Männern jeweils um 0,12 km geringer aus als im Kontrolltest, während sich im Vergleich dazu die Leistungseinbuße im Kontrolltest auf 0,15 km (Frauen) bzw. 0,18 km (Männer) beläuft. Durch die 10-minütige Kühlung in Ruhe mittels Kälteweste steigt die Tympanaltemperatur der Gesamtstichprobe unmittelbar um 0,3° C von 37,0 ± 0,32 auf 37,3 ± 0,37° C ($p \leq .001$) an, ein Effekt, der bereits in den oben beschriebenen Studien (Schmidt & Brück, 1981; Bäcker, 2005; Oerding, 2006 u. a.) deutlich wurde. Die Tympanaltemperatur liegt während der beiden 15-minütigen Laufintervalle höher als unter Kontrollbedingungen, wenn auch nur geringfügig und nicht signifikant.

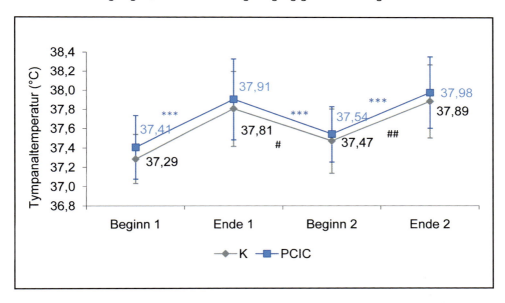

Abb. 94: Tympanaltemperatur jeweils zu Beginn und Ende des ersten und zweiten Belastungsintervalls zu je 15 min im Kontrolltest (K) und Pre-Intercoolingtest (PCIC); ***: signifik. Unterschied zu den Messzeitpunkten im Kälteapplikationstest ($p \leq .001$), #: signifik. Unterschied zu den Messzeitpunkten im Kontrolltest ($p \leq .05$ bzw. ##: $p \leq .01$)

Während jeder Belastungsphase ist der Temperaturanstieg annähernd identisch. Es sind somit keine tympanaltemperaturreduzierenden Veränderungen durch die Kälteapplikation während der Laufanforderung zu beobachten.

---

90 Auf die Signifikanzprüfungen wird bei der geschlechtsspezifischen Analyse verzichtet, da die Stichprobengröße der Männer mit n = 4 zu klein ist (Frauen: n = 10).

TEMPERATUR UND SPORTLICHE LEISTUNG

Die Hauttemperatur sinkt während der beiden 15-minütigen Belastungsintervalle nach der Precoolingmaßnahme ab und erreicht einen niedrigeren Wert als ohne Kühlapplikation. Die Differenz ist allerdings nicht signifikant. So liegt die Hauttemperatur in der ersten Belastungsphase nach dem Precooling mit 34,34 ± 1,41° C um 0,42° C niedriger als im Kontrolltest (34,77 ± 1,21° C). Diese Differenz erhöht sich in der zweiten Belastungsphase auf 0,62° C. Besonders deutlich wird der Precoolingeffekt an den annähernd identischen Hauttemperaturwerten bei jeweiligem Intervallende unter Precoolingbedingungen: mit 34,4 ± 1,41 (Ende 1) und 34,4 ± 1,34° C (Ende 2) wird jeweils der gleiche Endwert pro Belastungsphase erreicht. Dagegen ist im Kontrolltest analog ein Anstieg der Hauttemperatur von 0,20° C zu verzeichnen, und zwar von 34,77 ± 1,21 auf 34,97 ± 1,58° C. Dies ist insofern von besonderer Relevanz, als im Bereich von 35° C Hauttemperatur die Schwitzschwelle einzuordnen ist (Aschoff, 1971). Ausschließlich zu Belastungsbeginn (Messzeitpunkte Beginn 1 und Beginn 2) liegt die Hauttemperatur nach der Precoolingmaßnahme über derjenigen im Kontrolltest. Auch dieser Unterschied wird mit zunehmender Testdauer geringer: 1,29 vs. 0,62° C.

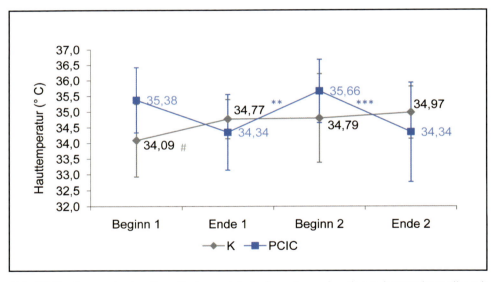

Abb. 95: Hauttemperatur jeweils zu Beginn und Ende des ersten und zweiten Belastungsintervalls zu je 15 min im Kontrolltest (K) und Pre-Intercoolingtest (PCIC); ***: signifik. Unterschied zu den Messzeitpunkten im Kälteapplikationstest ($p \leq .001$ bzw. **: $p \leq .01$), #: signifik. Unterschied zu den Messzeitpunkten im Kontrolltest ($p \leq .05$)

Die Begründung für die höhere Hauttemperatur zu den beschriebenen Zeitpunkten ist mit der erhöhten Schweißbildung als Folge der höheren Wärmebelastung des Körpers im Kontrolltest zu begründen. Der Schweiß kühlt demnach in der Ruhephase die Haut stärker ab als die Kälteweste, allerdings nicht mehr in den Belastungsphasen, in denen deutlich mehr Wärme produziert wird. Da insbesondere die verstärkte Hautkühlung während der sportlichen Anforderung aus der Perspektive der Leistungssteigerung sowie der Gesundheitsprophylaxe relevant ist, ist der größere Effekt des Precoolings im Vergleich zur Schweißkühlung ohne Precooling von besonderer Bedeutung. Die Ergebnisse der Hauttemperatur bestätigen eine nachhaltige Wirkung des Precoolings für die Belastungsanforderung. Ein zusätzlich durchgeführter Vergleich des Effekts einer unterschiedlichen Precoolingdauer[91] (10 vs. 20 min) führt zu dem Ergebnis, dass die Laufleistung der Kühlgruppe (PC_{20}), welche das Vorkühlen 20 min lang durchführt, höher ist als bei der Gruppe (PC_{10}), die sich einer 10-minütigen Kühlung unterzieht: Die Gruppe PC_{20} legt in der ersten Belastungsphase 2,65 ± 0,27 km zurück, in der zweiten 2,52 ± 0,21 km (p ≤ .01), während die Gruppe PC_{10} in den gleichen Belastungsphasen 2,32 ± 0,46 und 2,22 ± 0,49 km (p ≤ .01) absolviert.

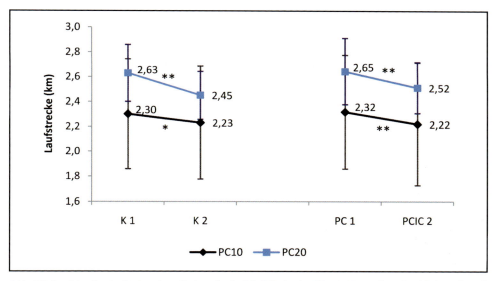

Abb. 96: *Laufstrecke der Probanden, die jeweils ein 10 (PC_{10}) oder 20 min Precooling durchführen (PC_{20}), während des ersten Belastungsintervalls im Kontrolltest (K 1) und nach Precooling (PC 1) sowie während des zweiten Belastungsintervalls im Kontrolltest (K 2) und nach Intercooling (IC 2)*

Die Leistungsreduktion beträgt somit bei der längeren Kühldauer 0,13 km, bei der kürzeren 0,10 km, wird demnach durch eine KWA um ca. 30 m verringert. Eine explizite Analyse des belastungsphasenspezifischen Kälteeffekts zeigt, dass dieser bei der Gruppe PC_{20} größer als bei der Gruppe PC_{10} ist. Die Leistungsverbesserung der PC_{20}-Gruppe liegt unter Kälteapplikationsbedingungen in der ersten Belastungsphase um 0,02 km höher (2,63 ± 0,23 vs. 2,65 ± 0,27 km; p ≤ .01), in der zweiten um 0,07 km (2,45 ± 0,19 vs. 2,52 ± 0,21 km, p ≤ .01). Im Vergleich dazu erhöht sich die Leistung bei der PC_{10}-Gruppe analog im ersten Belastungsintervall einerseits um 0,02 km (2,30 ± 0,44 vs. 2,32 ± 0,46 km; p ≤ .05), allerdings sinkt die Leistung im zweiten Intervall geringfügig um 0,01 km ab (2,23 ± 0,46 vs. 2,22 ± 0,49 km; p ≤ .01).

---

91   Die Intercoolingdauer bleibt unverändert.

Der größere Leistungseffekt durch die längere Precoolingdauer wird somit insbesondere in der zweiten Belastungsphase deutlich, wodurch wiederum der nachhaltige Effekt eines Precoolings deutlich wird. In diesem Kontext wird darauf hingewiesen, dass der PC_{20}-Gruppe zufällig die besseren Probanden zugeteilt wurden, wie sich anhand der erreichten Laufresultate im Kontrolltest herausstellt. Da es als bewiesen gilt, dass kälteapplikationsinduzierte Leistungsverbesserungen bei Sportlern mit höherem Leistungsniveau wesentlich geringer ausfallen (Myler et al., 1989; Smith et al., 1997; Martin et al., 1998; Landgraf, 2005; Tepasse, 2007) als bei Sportlern mit geringerem Leistungsniveau (Hasegawa et al., 2006), können die Leistungsverbesserungen der PC_{20}-Gruppe, d. h. der leistungsstärkeren Gruppe, in dieser Studie auf die längere Kühlzeit zurückgeführt werden. Die längere Kälteapplikationsdauer stellt somit die primäre Ursache für die höheren Leistungseffekte dar.[92]

Resümee: Durch die Kombination von Pre- und Intercooling wird eine zweifach gestufte Laufanforderung (2 x 45 min) in geringem Maße (1,13 %) bei Ausdauersportlern mit mittlerem Leistungsniveau im Vergleich zu einem „Nichtkühlen" verbessert. Mit zunehmender Anforderungsdauer nimmt der leistungsverbessernde Effekt der KWA zu: Die Leistungssteigerung beträgt im ersten Belastungsintervall 0,67 %, im zweiten, dem Intervall mit geringerer Laufleistung, 1,59 %. Während der Intervallbelastung ist die Tympanaltemperatur unter Pre-Intercoolingbedingungen um marginale 0,1° C geringer als im Kontrolltest. Die Hauttemperatur differiert nicht signifikant. Eine längere Kälteapplikationsdauer (20 vs. 10 min) bewirkt größere Leistungseffekte.

Fazit

Unter Einbezug aller eigenen Studien zur Kälteapplikation mittels Kälteweste kann festgehalten werden, dass sich durch Kältewestenkühlung eine leistungsverbessernde Wirkung herausstellen kann. Die Reichweite der Kälteapplikation wird insofern eingeschränkt, als ein Simultancooling mittels Kälteweste während Langzeitausdaueranforderungen durchaus kontraproduktiv sein kann: Durch die belastungsinduzierte körperliche Wärmeproduktion steigt die Temperatur der – im eigentlichen Sinne zur Kühlung dienenden – Weste an, sodass die kühlende Wirkung sukzessive reduziert wird. Zudem beeinträchtigt die Weste bei hoher innerer Wärmeproduktion die körperliche Wärmeabgabe, weil das Material nur eine geringe Wärmedurchgangszahl aufweist. Die Kälteweste erweist sich dann unvermeidlich als *wärmebelastendes Element*, wenn sie den produzierten Schweiß nicht mehr in ausreichendem Quantum an die Umgebung abgeben kann und damit ihre Atmungsaktivität überschritten ist. Die daraus resultierende Folge der Gewichtszunahme der Weste stellt infolgedessen im Gegensatz zur eigent-

---

92 Die Studie liefert keinen eindeutigen Beleg über das differente Wirkungsausmaß eines Pre- und Intercoolings. Wie eingangs angemerkt, liegen bislang zum Effekt des Intercoolings keine Studien vor, sodass die vorliegende Einstiegsuntersuchung den Anspruch der Schließung bestehender Forschungslücken nicht erfüllt, jedoch richtungweisende Ergebnisse liefert und Basis für darauf aufbauende Studien ist.

lichen Intention eine leistungsbeeinträchtigende Größe dar. In der Konsequenz erfordert dies, um die bis dahin induzierten Positiveffekte nicht zu nivellieren, als Lösungsvarianten, entweder das Simultancooling zu beenden – auf Grund des nachhaltigen Effekts ist weiterhin von positiven Effekten auszugehen – oder die *erwärmte* Weste gegen eine andere, möglichst auf 0 bis maximal 5° C gekühlte Weste auszutauschen. Ein adäquates, d. h. ein mit einer kontinuierlich kühlenden Weste (wie z. B. von Pervormance, Ulm; vgl. auch Joch & Ückert, 2010) praktiziertes Simultancooling bewirkt eine ökonomisierende Reduktion physiologischer Parameter, insbesondere der Tympanaltemperatur.

Der leistungsverbessernde Effekt einer Kältewestenapplikation im Sinne eines Precoolings wird besonders deutlich, wenn eine Ausdaueranforderung unter Wärmebedingungen absolviert wird. So beträgt die Leistungszunahme unter den im Labor simulierten Wärmebedingungen durchschnittlich 8,2 %. Im Gegensatz dazu fällt der Leistungseffekt unter nomothermen Umgebungsbedingungen (T_L: 21° C, Lf_r: 57 %) mit durchschnittlichen 3,9 % deutlich geringer aus. Diese Differenz ist nicht durch unterschiedliche Kühldauern oder -intensitäten zu erklären, denn diese sind in den eigenen Studien unter Wärme- und Normaltemperaturbedingungen identisch.[93]

Der sportartspezifische Vergleich der Precoolingeffekte mittels Kälteweste weist für Laufanforderungen größere Leistungsverbesserungen aus als im Radfahren: 7,2 vs. 4,8 %. Bei dieser Berechnung bleibt diejenige Studie mit Hobbyradfahrern auf dem Fahrradergometer unberücksichtigt, bei der als Kontrolltest ein Aufwärmprogramm dient und mit der Precoolingvariante verglichen wird, denn dies führt unvermeidlich zu größeren Differenzen zugunsten des Precoolings. Die Ursache der hohen sportartspezifischen Leistungsdifferenz wird darin gesehen, dass beim Laufen durch den größeren Anteil der an der Bewegung beteiligten Muskulatur ein größeres Wärmequantum als bei einer Radfahranforderung produziert wird. Eine effektive Wärmeabgabe ist für Laufanforderungen demnach noch bedeutsamer; in diesem Zusammenhang hat die Kälteapplikation eine größere Wirkung. Hier wird an die gleiche Argumentation angeknüpft, die in gleichem Sinne für die größere Netto-Kühlwirkung bei hohen Umgebungstemperaturen angeführt wird: Je größer die Wärmebeeinflussung, unabhängig davon, ob diese intern (muskuläre Arbeit) oder extern (Umgebungsklima) einwirkt, desto größer ist der Leistungseffekt nach einer Precoolingmaßnahme mittels Kälteweste.

---

93   Die Kältewestentemperatur differiert in den **eigenen Studien zu Beginn der Kühlungsphase** um ca. 1,14° C; diese geringe Variation ist in diesem Kontext **ohne Bedeutung.**

2.4.8 Gesamtfazit: Kältewestenapplikation

Die Analyse der internationalen Literatur zeigt, dass ein Precooling mittels Kältekweste zu Verbesserungen der Leistungsfähigkeit von durchschnittlich 6 % führt. Ausdauerleistungen werden im Mittel um 5,3 % verbessert (Smith et al., 1997; Martin et al., 1998; Cotter et al., 2001; Arngrimsson et al., 2004; Hornery et al., 2005 u. a.), Schnellkraftleistungen, die in den vorliegenden Studien vorrangig durch den Radsprint repräsentiert werden, bleiben von einem Precooling mittels Kälteweste weitgehend unbeeinflusst (Myler et al., 1989; Sleivert et al., 2001; Duffield et al., 2003; Cheung & Robinson, 2004; Castle et al., 2006).

Die Kältewestenstudien werden mehrheitlich bei wärmeabgabebeeinträchtigenden Bedingungen durchgeführt: bei einer durchschnittlichen Umgebungstemperatur von 31° C und einer relativen Luftfeuchtigkeit von 56 % (Martin et al., 1998; Myler et al., 1989; Smith et al., 1997; Cotter et al., 2001; Sleivert et al., 2001; Duffield et al., 2003; Arngrimsson et al., 2004; Daanen et al., 2006; Hasegawa et al., 2006).

Der Precoolingeffekt ist mit zunehmender Umgebungstemperatur größer, wie sportartübergreifend durch Arngrimsson et al. (2004) und Cotter et al. (2001) gezeigt wird (1,1 % vs. 16 %), sportartspezifisch durch die Resultate von Smith et al. (1997) und Cotter et al. (2001): Bei jeweils gleicher relativer Luftfeuchtigkeit (60 %) beläuft sich der Leistungsanstieg bei 32° C Umgebungstemperatur auf 3,2 % (Smith et al., 1997), bei 35° C hingegen auf 16 % (Cotter et al., 2001). Ein leistungssteigernder Effekt ist bei Hitzebedingungen bereits nach einer Kühldauer von 15 min deutlich nachweisbar (Smith et al., 1997).

Während eine kürzere Precoolingdauer keinen Effekt auf eine Radsprintleistungbewirkt (Duffield et al., 2003), treten bei einer Kühlung von durchschnittlich 35 min leistungsverbessernde Effekte ein (Sleivert et al., 2001; Arngrimsson et al., 2004; Hasegawa et al., 2006 u. a.). Durch eine Kühldauer von 35 min reduziert sich die Rektaltemperatur durchschnittlich um 0,44° C, während die Muskeltemperatur durch ein Kältewestenprecooling unbeeinflusst bleibt (Sleivert et al., 2001; Castle et al., 2006) – ganz im Gegensatz zu lokalen Eiswasserkühlungen, die z. B. bei 45-minütiger Kühlung in 12° C kaltem Wasser zu einer Reduktion der Muskeltemperatur auf einen Wert von 30° C führt (Beelen & Sargeant, 1991). Während sich die eigenen Studienergebnisse quantitativ und qualitativ nahtlos in den Fundus der internationalen Forschungsresultate zur Kältewestenapplikation (KWA) einfügen und diesen ergänzen, ergibt eine zusammenfassende Betrachtung folgende Kernergebnisse:

In Anbetracht aller Studien zur KWA wird die Kühlung durchschnittlich 27 min lang durchgeführt, wobei die Kühldauer in den eigenen Studien mit 18,3 min deutlich kürzer ist als in den internationalen (34,8 min). Dies liegt darin begründet, dass in den eigenen Studien eine Kühldauer ausgeschlossen wird, die zu einem Frieren führen.

Die speziellen Varianten des Precoolings (PCoV, PCpräV oder PCpostV) mittels Kälteweste werden insgesamt 29,5 min lang absolviert: in den internationalen Studien 40,8, in den eigenen 18,1 min. Das Kühlen zur Begleitung einer aktiven Vorbereitungsphase (Simultanprecooling: PCsimV) wird durchschnittlich 24 min lang praktiziert: in den internationalen Studien 27,7, in den eigenen 20 min.

Deutliche Unterschiede sind bei der Differenzierung der Kälteeffekte in Abhängigkeit vom Kühlmodus festzuhalten, aber auch genau dadurch zu begründen. So beträgt die Verbesserung der Ausdauer durch eine Precoolingmaßnahme ohne Aktivitätsbegleitung (PCsimV) nach internationalem Studienfundus 11 %, hingegen 4 % in Anlehnung an die eigenen Resultate.

Bei der Simultankühlung während der Vorbereitungsphase kehrt sich dieses Verhältnis um: In den internationalen Studien zum PCsimV wird ein Leistungseffekt von 1,8 %, in den eigenen von 16,3 % festgestellt. Die Ursache für diese Diskrepanz liegt im höheren Leistungsniveau der Probanden in den internationalen Studien, das in positivem Zusammenhang mit dem Leistungsniveau steht. Dass sich unter Berücksichtigung aller Untersuchungsergebnisse herausstellt, ein Precooling führe zu Leistungsverbesserungen von durchschnittlich 7,5 % und somit zu geringeren Effekten als im Mittel ein PCsimV (9,5 %), ist durch den hohen Steigerungswert von 16,3 % aus der eigenen Studie zur $TKKLA_{30°C}$ zu erklären, der in den Gesamtmittelwert dominierend einfließt.

Im Gegensatz zu allen Precoolingvarianten führt ein Simultancooling, d. h. ein während der Zielanforderung praktiziertes Kühlen mittels Kälteweste, aus oben beschriebenen Gründen zu keiner Leistungssteigerung. Die Begründung dafür liefert in erster Linie die noch nicht ausgereifte Materialentwicklung der Kälteweste, auf Grund derer bei hoher körperlicher Wärmeproduktion die Wärmeabgabe an die Umgebung vermindert wird – mit der Konsequenz eines leistungsbeeinträchtigenden Anstiegs der Körperkerntemperatur.

Die vorliegenden Studien zur Kältewestenapplikation (KWA) sind ausschließlich Laborstudien und werden im Mittel bei relativ hoher Umgebungstemperatur (T_L: 28,95° C) und relativer Feuchtigkeit (Lf_r: 53,1 %) durchgeführt; die internationalen Studien werden bei geringfügig höheren wärmebelastenden Bedingungen (T_L: 31° C, Lf_r: 54,4 %) praktiziert als die eigenen experimentellen Untersuchungen (T_L: 26,9° C, Lf_r: 51,8 %). Diese Umgebungsklimata repräsentieren für Ausdaueranforderungen leistungsbeeinträchtigende Bedingungen, denn eine Erhöhung der Umgebungstemperatur von 23 auf 30° C verringert die körperliche Leistungsfähigkeit um 6 % (Quod et al., 2006).

In diesem Kontext gewinnt die KWA besondere Bedeutung: Je höher die Umgebungstemperatur und relative Luftfeuchtigkeit ist, desto größer ist der leistungsverbessernde Effekt einer Precoolingmaßnahme.

Aus dem Forschungsstand zur KWA wird auf der Grundlage der Durchschnittswerte deutlich, dass ein Precooling über ca. 27 min mit einer Westentemperatur von 4° C bei warmen Umgebungsbedingungen zu einer Verbesserung der Ausdauer von 5,7 % führt. Ein während der Anforderungsvorbereitung absolviertes Kühlen (PCsimV) bewirkt hingegen geringere Effekte auf die Zielleistung (2 %), denn hierbei wird ein Großteil der Positivwirkung des Precoolings für die Kompensation der durch die aktive Vorbereitung induzierten Vorermüdung nivelliert. Die Negativeffekte eines aktiven Aufwärmens können somit durch ein begleitendes Kühlen nicht vollständig kompensiert werden. In Anlehnung an die experimentellen nationalen und internationalen Studien wird deutlich, dass vor Ausdaueranforderungen ein Precooling unter Verzicht auf Voraktivitäten, insbesondere auf ein Aufwärmen, zu deutlich größeren Leistungsverbesserungen führt als vergleichsweise eine aktive Vorbereitung.

Tab. 16: Mittelwerte vorliegender nationaler und internationaler Studienergebnisse zur praktizierten Kühldauer, Kühltemperatur sowie Körperkerntemperaturveränderung (differenziert nach den Kühlmodi „PC" (Precooling) und „PcsimV" (Simultanprecooling), und zur Leistungsverbesserung (L-plus) allgemeiner motorischer Fähigkeiten (gesamt), der Ausdauer und Schnellkraft (SK), und zur Leistungsverbesserung der Ausdauer (differenziert nach den Kühlmodi „PC" (Precooling), „CsimZA" (Cooling während der Zielanforderung)); /: keine Studien durchgeführt

		Studienergebnisse		
		International	National	Mean
Kühldauer (min)	Gesamt	34,8	18,3	26,55
	PC	40,8	18,1	29,45
	PCsimV	27,7	20	23,85
Kühltemperatur (° C)		4,7	3,88	4,29
KKT-Veränderung (° C)	Gesamt	-0,44	0,3	-0,07
	PC	-0,2	0,3	0,05
	PCsimV	-0,36	0	-0,18
L-plus (%)	Gesamt	6,04	5,48	5,76
	Ausdauer	5,3	5,48	5,39
	SK	0,2		0,2
L-plus der Ausdauer (%)	PC	11	3,94	7,47
	PCsimAV	1,8	16,3	9,05
	CsimZA	/	0,0	0,00

Ein durch Kältewestenprecooling praktizierter *Kaltstart* – ein Begriff, der erstmals in den 1980er Jahren von Brück (1987) im Zusammenhang mit der Kaltluftapplikation thematisiert wurde – führt also zu bedeutsamen Leistungsverbesserungen. Bei einer aktiven Vorbereitung auf eine Zielanforderung ist insbesondere ein Anstieg der Körperkerntemperatur bzw. eine Vorermüdung zu vermeiden. Auf der Grundlage der vorliegenden experimentellen Untersuchungsergebnisse ist zur Ausschöpfung des physiologischen Leistungspotenzials ein Precooling in adäquater Form zu empfehlen.

3 Erwärmung als eine thermoregulatorische Vorbereitungsmaßnahme

3.1 Einführung

Sportlichen Anforderungen in Training und Wettkampf werden in der Regel unmittelbar Vorbereitungsaktivitäten vorgeschaltet, die oftmals auch unter den Begriff *Aufwärmen* fallen und als leistungseffektiv gelten. Israel (1977) spricht als einer der ersten deutschsprachigen Autoren, die sich mit der Aufwärmthematik auseinandergesetzt haben – allerdings nur auf theoretischer, nicht experimenteller Ebene –, davon, dass das Aufwärmen zu einer Selbstverständlichkeit im Sport geworden sei. Die der Erwärmung beigemessene hohe Bedeutung für sportliche Leistungen steht jedoch in deutlicher Diskrepanz zu ihrer fragmentarischen wissenschaftlichen Fundierung. Demzufolge wird das Aufwärmen von Sporttreibenden oftmals nach dem Prinzip von Versuch und Irrtum durchgeführt, oftmals unsystematisch, improvisiert und ritualisiert. In den unterschiedlichsten Sportarten sowie Anwendungsfeldern gilt das Aufwärmen auf Grund der diesem zugeschriebenen Positivwirkungen als etabliert, obwohl bereits in den 1950er Jahren die Diskussion über dessen Wirkrichtung aufflammte (Karpovich & Hale, 1956; Pacheco, 1957). Diese Diskussion sowie eine Vielzahl internationaler Forschungsarbeiten ausklammernd, werden hingegen heute noch positive Effekte des Aufwärmens auf sportliche Leistungen generalisierend als gegeben vorausgesetzt und dieses damit vor jeglichen sportlichen Anforderungen gerechtfertigt – zu Unrecht, wie auch Genovely und Stamford meinen:

„Warm-up exercise prior to maximal performance represents a generally accepted practice among athletes. Although universally accepted as an aid to performance, this procedure is essentially unsubstantiated" (Genovely & Stamford, 1982, S. 323).

In der sportwissenschaftlichen Literatur, insbesondere in der deutschsprachigen, wird das Aufwärmen als leistungssteigernde und verletzungsvorbeugende Maßnahme dargestellt (de Marées, 2003; Schnabel et al., 2005; Weineck, 2007 u. a.). Diese verallgemeinerte Aussage wird durch eine Reihe von Studien insofern eingeschränkt, als sie belegen, dass sich ein Aufwärmen im engeren Sinne, d. h. eine Vorbereitungsmaßnahme, die zur Erhöhung der Körpertemperatur führt, auf sportliche Leistungen nicht prinzipiell positiv (Bishop, 2003b), sondern durchaus auch negativ auswirkt (Ückert & Joch, 2007a). Bei de Marées sind bereits 1996 Hinweise darauf zu finden, dass eine zu hohe Aufwärmintensität ausdrücklich auf Ausdauerleistungen negativ wirkt und, in Anlehnung an die Forschungsresultate der Arbeitsgruppe des Physiologen Brück (1987), dass eine geringfügig reduzierte Körpertemperatur auf Grund der verzögert einsetzenden Hautdurchblutung die maximale Sauerstoffaufnahme um ca. 10 % und folglich die Ausdauerleistung erhöht. Die Vermutung, die auch noch die Auflage aus dem Jahr 2003 (de Marées, 2003, S. 567) in unveränderter Form enthält, dass dies „offensichtlich nur bei zyklischer, koordinativ weniger anspruchsvoller Tretkurbelarbeit (...) im deutlich submaximalen Bereich" (de Marées, 1996, S. 315) gelte, wird durch zahlreiche experimentelle Studien entkräftigt (Schmidt & Brück, 1988; Lee & Haymes, 1995; Ückert & Joch, 2007a).

Das Aufwärmen gilt nach Israel (1977, S. 386) als der wichtigste Faktor bei der „unmittelbaren Startvorbereitung". Bei adäquater Ausführung, d. h. optimaler Berücksichtigung von Belastungskomponenten und Bewegungsqualitäten, könne das Aufwärmen leistungssteigernd, bei inadäquater Gestaltung leistungsneutral, aber auch leistungsnegativ wirken. Als Ziel des Aufwärmens gelte, sich mit einer ausreichenden Intensität zu belasten, um entsprechende physiologische Effekte auszulösen, dabei jedoch keine Ermüdung zu bewirken. Dass dies nur unter Berücksichtigung zahlreicher Einflussparameter realisierbar ist und sich als Gratwanderung erweist, wird in der Ausführung zur optimalen Dosierung der Belastungskomponenten deutlich.

Die Resultate der zahlreichen internationalen Studien zur Thematik des Aufwärmens *(Warm-up)* münden bislang in keinen Konsens: In ca. 55 % der Untersuchungen werden positive Effekte des Aufwärmens, in ca. 40 % keine Unterschiede zu einem *Nicht-Aufwärmen* konstatiert und in ca. 5 % der Studien kommt man zu dem Ergebnis, dass ein *Nicht-Aufwärmen* besser als ein Aufwärmen sei (Franks, 1983). Trotz dieser experimentellen Ergebnisdiskrepanzen, auf die somit erneut in den 1980er Jahren hingewiesen wurde, wird das Aufwärmen nach wie vor weitgehend unkritisch als leistungssteigernde und verletzungsprophylaktische Maßnahme aufgefasst. Die optimale Gestaltung der direkten Vorbereitung auf Trainings- und Wettkampfanforderungen ist zwar als kurzfristige Maßnahme eine leistungsentscheidende Komponente (Harre, 1986; Thieß & Tschiene, 1999), dennoch stellt sie bislang keine systematisch und differenziert analysierte Thematik in der deutschsprachigen sportwissenschaftlichen Forschung dar. Seit Beginn der 1950er Jahre werden allerdings internationale Studien zum Aufwärmen durchgeführt, doch dies ohne explizite Berücksichtigung der differenten endogenen und exogenen Beeinflussungsparameter: Aussagen zur Dependenz der Aufwärmeffekte von Parametern, wie z. B. der Tageszeit, der körperlichen Leistungsfähigkeit oder dem Alter, werden allenfalls in Tendenz- bzw. *Je-desto-Aussagen* verhüllt, die nicht ausreichend empirisch untermauert sind (Schiffer, 1997; de Marées, 2003; Weineck, 2007 u. a.). Die Studienanalyse zu dieser Thematik deckt auf Grund beträchtlicher Designinhomogenitäten, die an partiell fehlenden Kontrollgruppen und -tests, geringen Probandenzahlen, in hohem Maße differierenden Leistungsniveaus und nicht vergleichbaren, klimatischen Umgebungsbedingungen deutlich werden

(Franks, 1983), ein diffuses Ergebnisbild auf. Die Thematik der optimalen Vorbereitung im sportlichen Kontext stellt ein komplexes Forschungsgebiet dar, weil hierbei eine Vielzahl an unterschiedlichen Einflussparametern sowie differenten Belastungsstrukturen der Sportarten und Disziplinen zu beachten ist. Bislang liegt noch keine, ein breites Spektrum experimenteller Studien berücksichtigende, zusammenfassende Darstellung über die optimale Belastungsdosierung während der Anforderungsvorbereitung und über die optimale Pausengestaltung bis zur Kriteriumsleistung vor, die wiederum durch unterschiedliche Ausprägungen sportmotorischer Fähig- und Fertigkeiten akzentuiert sein kann. Annähernd ausgeschlossen ist bislang die Frage geblieben, ob und unter welchen Bedingungen ein Aufwärmen überhaupt leistungseffektiv wirkt.

Zusammenfassend stellt demnach der Forschungsstand über Vorbereitungsmaßnahmen im sportlichen Kontext bislang eine *bunte Mischung* aus Fragmenten experimenteller Erkenntnisse, aus unbewiesenen Aussagen sowie Deduktionen bzw. plausibilitätsgestützten Formulierungen dar. Hinzu kommen Fehlinterpretationen und -schlüsse, wie z. B., dass physiologische Grundlagen poikilothermer Lebewesen als Argumentatoren für das Aufwärmen des Menschen, einem homöothermen Lebewesen, dienen (Schiffer, 1997).

3.2 Analyse deutschsprachiger trainingswissenschaftlicher Standardwerke zum Aufwärmen

Während bereits Karpovich und Sinning (1953) in ihrem Lehrbuch *Physiology of muscular activity* auf die nicht uneingeschränkt leistungsförderliche Wirkung von Aufwärmmaßnahmen hinweisen, wird noch heute in sportwissenschaftlichen Standardwerken – wenn sie denn Ausführungen zum Aufwärmen enthalten – vor allem von den positiven Effekten auf physiologische Prozesse und daraus resultierenden Leistungsverbesserungen gesprochen (de Marées, 2003; Röthig & Prohl, 2003; Schnabel et al., 2005; Weineck, 2007). Die Aufwärmthematik, die von thermoregulatorischen Aspekten nicht zu trennen ist, wird in deutschsprachigen trainingswissenschaftlichen Publikationen und allgemeineren sportwissenschaftlichen Standardwerken in unterschiedlicher Form berücksichtigt, wie nachfolgend dargestellt wird.

Die Publikationen von Martin et al. (1993), Frey und Hildenbrandt (1994), Letzelter (1997) und Steinhöfer (2003) enthalten keine expliziten Informationen zu dieser Thematik. Im Gegensatz dazu werden die Begriffe *Aufwärmen* bzw. *Erwärmung* bei Frey (1981), Harre (1986), Mühlfriedel (1994), Schnabel et al. (2005) sowie Scheid und Prohl (2007) im jeweiligen Sachregister erwähnt, die Ausführungen im Text sind dazu allerdings sehr kurz gefasst. Frey integriert die Thematik in das Kapitel über die „Planung einer Belastungseinheit", erwähnt jedoch – als einer der wenigen – neben primär positiven Effekten des Aufwärmens unter Bezug auf Zieschang (1978), dass auf

Grund unterschiedlicher Studienresultate durchaus „noch einige Unsicherheiten bestehen" (Frey, 1981, S. 266). In Harres *Trainingslehre* bezieht sich die im Stichwortverzeichnis ausgewiesene Textausführung auf einen Satz im Kapitel über die Beweglichkeit: „Dabei hat jeweils eine gründliche und vielseitige Erwärmung vorauszugehen" (Harre, 1986, S. 183). Zudem werden an anderer Stelle – ohne Hinweis im Sachregister –, im Kapitel über „Die Trainingseinheit" das „Aufwärmen und Vorbelasten" als „Bestandteil der Vorbereitung" für eine Trainingseinheit erwähnt, und zwar neben der „pädagogischen Vorbereitung und Einstimmung", dem „Auflockern" und der „motorischen Regulation" (ebd., S. 251). Mit dem Aufwärmen verknüpft Harre u. a. die Vergrößerung des Herzschlag- und Herzminutenvolumens, die Kapillaröffnung und die Erhöhung der Körpertemperatur. Vom Aufwärmen grenzt er die „motorische Regulation" ab, der er vorwiegend diejenigen Aspekte zuordnet, die andere Autoren als Aufwärmen bezeichnen. Diese erstmals von Harre vorgenommene Differenzierung findet sich, mit Ausnahme von Schnabel et al. (2005), in keinem der jüngeren trainingswissenschaftlichen Standardwerke.

Während laut Sachwortverzeichnis Mühlfriedel in seinem Studienbuch zur Trainingslehre dem Aufwärmen drei Verweise zuordnet, führt er diese Thematik an keiner dieser Stellen inhaltlich aus, verweist lediglich in tabellarischer Form auf die „Charakteristik des Aufwärmens" (ebd., S. 282f.). Im aktuellen Lehrbuch *Trainingswissenschaft* von Hohmann et al. (2007) und im *Kursbuch Trainingslehre*, herausgegeben von Scheid und Prohl (2007), wird das Aufwärmen in keinem separaten, sondern im Kapitel über „Beweglichkeit und Fitness" bzw. „Beweglichkeitstraining" thematisiert, wobei in letzterer Publikation der Zusammenhang zwischen Aufwärmen und Körperkerntemperatur geknüpft wird (Ückert, 2007, S. 145). Ebenfalls im Zusammenhang mit der Beweglichkeit sind bei Schnabel et al. (2005) Ausführungen zum Einarbeiten und Erwärmen enthalten: Das Erwärmen wird der allgemeinen Vorbereitung zugeordnet und auf einen Belastungszeitraum von 10-20 min festgelegt.

„Die allgemeine Vorbereitung soll die Sportler physisch und psychisch auf die zu lösende Hauptaufgabe vorbereiten. Dazu gehören das Aufwärmen und Vorbelasten, das Auflockern und Dehnen, die motorische Regulation zum Erreichen eines optimalen Erregungszustandes des Nervensystems und das Hinführen zur Konzentration auf die Hauptaufgabe. (...) Die Dauer beträgt in der Regel 10 bis 20 Minuten, sie wird weitgehend von der zu lösenden Hauptaufgabe, dem aktuellen Entwicklungsstand und den Witterungsverhältnissen bestimmt. Für die Begriffe allgemeine und spezielle Vorbereitung können auch die Begriffe Einarbeiten und Erwärmen verwendet werden" (Schnabel et al., 2005, S. 393).

Es ist widersprüchlich, einerseits das Aufwärmen als Element der allgemeinen Vorbereitung (Harre, 1986; Schnabel et al., 2005) bzw. als „Aufgabenstellung" des vorbereitenden Teils einer Trainingseinheit (Weineck, 2007, S. 66) zu charakterisieren, andererseits aber mit der allgemeinen und speziellen Vorbereitung zu synonymisieren oder als Konglomerat aller vorbereitenden Maßnahmen zu verstehen.

In den trainingswissenschaftlichen Lehrbüchern von Weineck (2007) sowie Joch und Ückert (1999) erfolgt im Gegensatz zu anderen Standardwerken eine umfangreichere, und vor allem eine exponierte Darstellung der Aufwärmthematik. So gehen Joch und Ückert auf die unterschiedlichen Zielsetzungen, Intensität und Praxisregeln (ebd., S. 162-167) ein. Im umfassenden Lehrbuch *Optimales Training* thematisiert Weineck (2007) im Vergleich zu den anderen trainingswissenschaftlichen Standardwerken das Aufwärmen am ausführlichsten (ebd., S. 939-952) und konkretisiert die Begrifflichkeit, Auswirkungen und Einflussfaktoren des Aufwärmens.

Über die Grundlagenwerke der Trainingswissenschaft hinaus wird das Aufwärmen in Lehrbüchern mit spezifischer trainingswissenschaftlicher Ausrichtung nicht oder nur fragmentarisch erwähnt (Neumann et al., 1999; Thieß & Tschiene, 1999; Grosser et al., 2001; Zintl & Eisenhut, 2001 u. a.).

Grosser et al. (1986, S. 162) messen hingegen dem Aufwärmen eine größere Bedeutung bei und ordnen es neben dem Auslaufen, Warmwasserbad, der Massage, Sauna etc. den „trainingsbegleitenden Maßnahmen als Mittel zur Leistungssteuerung" zu. Sie gehen dabei auf die Wirkungen des Aufwärmens sowie auf allgemeine Informationen zu Intensität und Dauer des Aufwärmens ein. Im Gegensatz zu Schnabel et al. (2005) schlagen sie als optimale Dauer für das Aufwärmen 30-40 min und als Pausenlänge 6-8 min vor.[94] Auffallend ist zudem, dass sich Hollmann und Hettinger (2000) im *Lehrbuch der Sportmedizin* sowie Weineck (2007) zum Zusammenhang von Aufwärmen, Leistung und Körpertemperatur auf *eine* Untersuchung beziehen: Sie verweisen auf eine Studie von Asmussen und Boje (1945) und konkretisieren zwei Teilergebnisse, die jeweils anhand *eines* Probanden erhoben wurden. Dieser Hinweis bleibt allerdings aus. Zudem beziehen die Autoren das Ergebnis auf die 100-m-Sprintleistung, wodurch eine Affinität zum leichtathletischen Sprint suggeriert wird, während die Originalstudie auf dem Fahrradergometer durchgeführt wurde und einen Radsprint simulierte (s. u.).

---

[94] Hier beziehen sich Grosser et al. (1986) auf eine Dissertation über Leistungskomponenten im Judo (Jarmoluk, 1986).

TEMPERATUR UND SPORTLICHE LEISTUNG

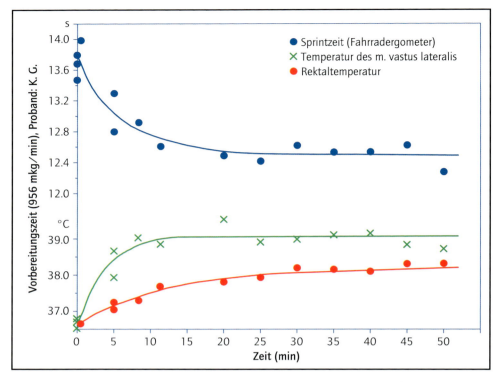

Abb. 97: Rektal- und Muskeltemperatur (° C) sowie die Zeit (s), die der Proband K. G. für 35 Kurbelumdrehungen bei 985 mkg/min benötigt, gegen unterschiedliche Zeitdauern (0-50 min) der Vorbereitungsaktivität („Preliminary work") (Asmussen & Boje, 1945, S. 12)

Die Abbildungen sind die Originale von Asmussen und Boje, in denen noch die Probandeninitialien eingezeichnet sind, auf die allerdings bei Hollmann und Hettinger sowie Weineck verzichtet wird, ebenso wie auf den Hinweis der Probandenanzahl. Hollmann und Hettinger gehen in Einklang mit den Basisergebnissen von Asmussen und Boje von einer leistungssteigernden Wirkung des Aufwärmens aus: Je höher die Muskel- und Rektaltemperatur ist, desto besser ist die Sprintleistung. Während die Studie von Asmussen und Boje in den 1940er Jahren die erste war, in welcher der Zusammenhang zwischen Leistung, Aufwärmdauer und Rektal- bzw. Muskeltemperatur erforscht wurde, und seinerzeit innovativ und richtungsweisend war, entspricht sie nicht mehr heutigen Forschungskriterien, sodass sie nicht als Beweisstudie für die leistungssteigernde Wirkung einer Erwärmung gilt – und wenn, dann nur mit dem expliziten Hinweis auf die seinerzeit überprüfte Zielanforderung, den Radsprint.

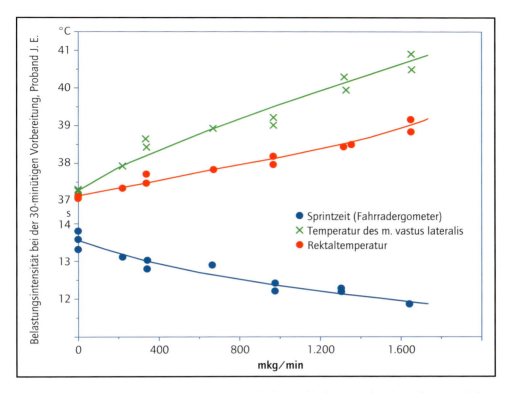

Abb. 98: Rektal- und Muskeltemperaturen (° C) sowie die Zeit (s), die der Proband J. E. für 35 Kurbelumdrehungen benötigt, gegen die Belastungsintensitäten der 30-minütigen Vorbereitung von 200 bis 1.640 mkg/min (Asmussen & Boje, 1945, S. 13)

Der ausschließliche Bezug auf diese Studie stellt ein einseitiges und antiquiertes Forschungsbild über die Aufwärmthematik dar, aber vor allem sind auf der Grundlage dieser Studie Verallgemeinerungen unzulässig.

Freiwald (1993) und Schiffer (1997) haben bislang als einzige deutschsprachige Autoren – neben Maehl und Höhnke (1988), die sich auf „Anleitungen und Programme" von Aufwärmen beziehen – Buchpublikationen mit dem Akzent der sportartunabhängigen Aufwärmthematik verfasst.

In Schiffers Literaturdokumentation (1997) wird ein Ausschnitt nationaler und internationaler Literatur berücksichtigt, wobei vorwiegend auf Studien mit Positivergebnissen Bezug genommen wird. Die Autorin schreibt dem Aufwärmen als Wirkung die Verbesserung der allgemeinen organischen, der koordinativen sowie psychischen Leistungsbereitschaft und die Verletzungsprävention zu. Um diese Effekte zu erreichen, solle das Herz-Kreislauf-System aktiviert, die Atmung ökonomisiert, die Muskeltemperatur erhöht, die elastischen und viskösen Widerstände reduziert, die neuronalen Steuerungsprozesse stimuliert, der passive Bewegungsapparat aktiviert und die Psyche eingestimmt werden. Diejenigen Autoren, die sie zum Aspekt der optimalen Körperkerntemperatur zitiert, wie Israel (1977) oder Maehl und Höhnke (1988), haben diese jedoch selbst nicht experimentell nachgewiesen. Ohne dies zu thematisieren, verallgemeinert Schiffer (1997, S. 111), dass die *optimale Körperkerntemperatur* bei ca. 38,5° C liegt – wie allerdings auch andere Autoren, die im Zusammenhang mit der *optimalen Aufwärmtemperatur* auf Literaturquellen verweisen, die keinen experimentellen Beleg darüber enthalten. Die am häufigsten zitierte Quelle ist in diesem Kontext Israels Zeitschriftenaufsatz *Das Erwärmen als Startvorbereitung* aus dem Jahr 1977.

Während in der Literaturdokumentation von Schiffer durchaus auch Quellen mit Negativwirkungen des Aufwärmens zitiert werden, geht die Autorin darauf in ihrer Quintessenz nicht explizit ein. Zudem wird in der von ihr zitierten Studie von Franks (1983) einerseits konkretisiert, dass die verletzungsprophylaktische Wirkung des Aufwärmens experimentell nicht belegt sei, doch trotzdem zählt Schiffer (1997, S. 110) diese uneingeschränkt zu den vier Hauptwirkungen des Aufwärmens. Die Nichtberücksichtigung oder auch Fehlinterpretation thermoregulatorischer Grundprinzipien wird daran deutlich, dass Schiffer Aussagen von Autoren, die auf Negativeffekte einer Erwärmung vor Ausdauerbelastungen hinweisen und ein *Warmmachen* unter Hitzebedingungen bei Ausdauersportarten als kontraproduktiv ansehen, wie folgt bewertet: „Dieser unqualifizierten Auffassung Kleinmanns ist meinerseits nichts mehr hinzuzufügen" (Schiffer, 1997, S. 80). Die Literaturdokumentation Schiffers enthält Publikationen zur Thematik des Auf- und Abwärmens – in deutlicher Mehrheit jedoch Aufwärmstudien –, deren Kernaussagen allerdings sehr allgemein dargestellt werden und für die sportliche Praxis kaum effektiv verwertbar sind. Es sei nur ein Beispiel angeführt: „Der vorteilhafte Aufwärmeffekt bleibt nach Belastungsende je nach Belastungsgestaltung 20 bis 80 Minuten erhalten" (Schiffer, 1997, S. 116).

Freiwald (1993) gibt mit seinem praxisorientierten Werk *Aufwärmen im Sport* einen Überblick über Gesetzmäßigkeiten des Aufwärmens und eine Vielzahl möglicher Aufwärmübungen und -programme. Der Autor geht von einem Aufwärmen einerseits im engeren, andererseits im weiteren Sinne aus: Das Aufwärmen im engeren Sinne bezeichnet die Erhöhung der Körpertemperatur und im weiteren Sinne „die Vorbereitung aller wichtigen Funktionssysteme auf die zukünftigen Leistungsanforderungen" (Freiwald, 1993, S. 27). Auch im Kapitel der Praxisübungen wird die Differenzierung von allgemeinem Aufwärmen, Dehnen sowie Kräftigung und Tonisierung der Muskulatur deutlich. Freiwald betont den noch lückenhaften Forschungsstand im Hinblick auf die allgemeine präventive Funktion, wobei als gesichert gilt, dass die Berücksichtigung spezifischer körperlicher Gegebenheiten, Voraussetzungsbedingungen sowie Belastungsunverträglichkeiten des Sporttreibenden beim Aufwärmen eine wichtige prophylaktische Rolle spielt. Freiwald erwähnt auch alternative Maßnahmen und deutet darauf hin – und hält es im Gegensatz zu Schiffer (1997, S. 80) nicht für „unqualifiziert" –, dass unter Hitzebedingungen auf ein Aufwärmen im Sinne einer Kerntemperaturerhöhung verzichtet werden kann.[95]

Die Thematik der kurzfristigen Vorbereitung auf Zielanforderungen bzw. des Aufwärmens in Training und Wettkampf ist in der sportwissenschaftlichen Literatur nur fragmentarisch berücksichtigt. Trotz nur weniger experimenteller Forschungsaktivitäten und z. T. unter Nichtberücksichtigung internationaler Studienergebnisse werden Informationen zum Aufwärmen als allgemeingültig erklärt. Mehrheitlich werden Aussagen zu Wirkung, Intensität, Dauer, Pause und insbesondere Aussagen zu endogen und exogen beeinflussenden Faktoren unzitiert und rein plausibilitätsgestützt genannt. Grundprinzipien der Thermoregulation, als zentrale physiologische Basis der Aufwärmthematik, werden dabei ausgeklammert. Die in der Literatur verankerten Anweisungen zum Aufwärmen sind für die sportliche Praxis oftmals unbrauchbar, da sie über die Ebene allgemeiner Formulierungen nicht hinausgehen.

3.3 Terminologie

Die existierenden Diskrepanzen in der Aufwärmthematik werden neben der fragmentarischen experimentellen Absicherung bereits auf begrifflicher Ebene deutlich. Der Begriff *Aufwärmen* wird nicht nur in der Alltagssprache, sondern auch im sportwissenschaftlichen Vokabular mit einer deutlichen Unschärfe verwendet: Der Begriff wird in der Regel für alle möglichen Vorbereitungsmaßnahmen gebraucht (Grosser et al., 1986; Weineck, 2007), z. B. als Synonym für *aktive Vorbereitung*, *Einarbeitung* oder *Vorbereitungsmaßnahmen*. Diese konglomerierende Begriffsverwendung von Aufwärmen als Bezeichnung für sämtliche vorbereitende Aktionen ist auch außerhalb der sportwissenschaftlichen Fachsprache verankert und hat auch, aber deutlich weniger flächendeckend, Einzug in das Englischsprachige genommen:

„Warm-up may be defined as any preliminary activity that is used to enhance physical performance and to prevent sports-related injuries" (Voliantis et al., 2001, S. 1189).

Abgesehen von solchen Ausnahmen, werden im Englischsprachigen für Vorbereitungsmaßnahmen, die keine Körpertemperaturveränderungen bewirken, deutlich konsequenter die Begriffe *prior physical activities*, *prior exercise* oder *preliminary exercise* verwendet – in Abgrenzung zu *warm-up*. Bereits Pyke (1968) weist darauf hin, dass in

---

[95] Freiwald (1993) bezieht sich dabei auf die Beobachtung amerikanischer Leichtathleten, die sich bei den Olympischen Spielen 1988 in Eiswasser abgekühlt haben.

der englischsprachigen sportwissenschaftlichen Literatur der Begriff *warm-up* fälschlicherweise mit *preliminary activity* synonymisiert wird. Auch Andzel (1982) verwendet den Begriff *prior exercise* als übergeordnete Kategorie, wie auch Gutin et al. (1981), die betonen, dass durch vorbereitende Maßnahmen durchaus auch andere Parameter als die Temperatur angesprochen werden, während der Begriff *Aufwärmen* per definitionem einen Anstieg der Körpertemperatur bezeichnet.

"Furthermore, the preliminary exercise may influence parameters other than temperature. For this reasons the term prior exercise (PE) will be used ..." (Gutin et al., 1981, S. 87).

Da ein korrekter und expliziter Sprachgebrauch konstitutives Charakteristikum der Wissenschaft ist, sollte im Hinblick auf die Aufwärm- bzw. Vorbereitungsthematik im sportwissenschaftlichen Kontext eine trennscharfe Begrifflichkeit verwendet werden, die sich vom alltagssprachlichen Gebrauch abgrenzt.

Demzufolge ist zwischen dem Aufwärmen, als eine mögliche Form der thermoregulatorischen Vorbereitung, und anderen Vorbereitungsmaßnahmen zu differenzieren, die zu keiner Temperaturerhöhung führen (z. B. mentales, taktisches oder technisch-koordinatives Vorbereiten). Aufwärmen bedeutet also (im engeren Sinne; vgl. Freiwald, 1993) die Erhöhung der Temperatur, wie auch Israel (1977, S. 386) formuliert: „Die Begriffsbildung des Erwärmens bringt bereits zum Ausdruck, daß auch die Körpertemperatur erhöht wird."

Das terminologische *Dilemma* steht auch mit der sportlichen Praxis im Zusammenhang. Längst nicht alle in der Literatur genannten und in praxi im Sinne eines Aufwärmens durchgeführten Vorbereitungsmaßnahmen entsprechen einer Erwärmung, sondern nur diejenigen Aktivitäten, die zu einer Erhöhung der Muskel- bzw. infolgedessen der Körpertemperatur führen. Somit ist auch das Dehnen, das zu keiner Temperaturerhöhung führt, nicht dem Aufwärmen zuzuordnen; es stellt eine muskuläre Vor- oder Nachbereitungsmaßnahme dar.[96] Bislang ist auch dieser Aspekt weitgehend unberücksichtigt geblieben (Schiffer, 1997; Knebel, 2005; Weineck, 2007; Hohmann et al., 2007): Das Dehnen ist vermeintlich eine erwärmende Vorbereitungsmaßnahme; dessen ungeachtet wird es trotzdem häufig zum Kanon der Aufwärmmaßnahmen gezählt. Die korrekte Begriffsverwendung und die Umsetzung in der sportlichen Praxis setzt ein detailliertes Wissen über die genaue Wirkrichtung und -stärke der unterschiedlichen Vorbereitungsmaßnahmen auf die Muskel- und Körpertemperatur voraus. Es sind über den aktuellen Forschungsstand hinaus weitere wissenschaftliche Untersuchungen notwendig, die sich mit dieser Thematik explizit befassen, um die Wirkungen der Vielzahl beeinflussender exogener und endogener Bedingungsfaktoren exakt klassifizieren zu können. Nur dann mündet die Thematik des *Aufwärmens* in eine erfolgreiche sportpraktische Anwendung.

---

[96] Das Dehnen wirkt sich auf Kraft- und Schnellkraftleistungen z. B. nach Wiemeyer (2003 und 2007) negativ aus.

3.3.1 Definitionen

Das Aufwärmen ist neben dem Vorkühlen, dem Precooling, eine thermoregulatorische Vorbereitungsmaßnahme, d. h. eine neben zahlreichen anderen, zu denen u. a. taktische, psychische sowie die körperlichen Funktionssysteme mobilisierenden Maßnahmen gezählt werden. Demnach repräsentiert das Aufwärmen nicht den Dachbegriff für alle Maßnahmen, die vor einer Zielanforderung absolviert werden, und ist somit nicht das Konglomerat aller vorbereitenden Aktionen, wie allerdings von Weineck (2007, S. 939) beschrieben wird:

„Unter Aufwärmen werden alle Maßnahmen verstanden, die vor einer sportlichen Belastung (...) der Herstellung eines optimalen psychophysischen und koordinativ-kinästhetischen Vorbereitungszustandes sowie der Verletzungsprophylaxe dienen" (Weineck, 2007, S. 939).

In beiden genannten Definition wird der Begriff *Aufwärmen* genannt, jedoch ohne Bezug auf den Aspekt des Temperaturanstiegs. Im Gegensatz dazu grenzt Harre (1986, S. 250) die Vorbereitung von weiteren Maßnahmen, zu denen auch das Aufwärmen gehört, ab: Er definiert die sportliche Vorbereitung – explizit nicht das Aufwärmen – als „das optimale Einstellen des Sportlers auf die konkreten Anforderungen der Trainingseinheit durch psychologische und pädagogische Verhaltensregulierung und mit Hilfe von physischen Vorbelastungen".[97]

Während somit einige Autoren den Aspekt der Temperaturerhöhung unberücksichtigt lassen, liefert Freiwald (1993, S. 27) eine Definition im engeren und weiteren Sinne, nach der Aufwärmen im engeren Sinne explizit die Erhöhung der Körpertemperatur und nur im weiteren Sinne „die Vorbereitung aller wichtigen Funktionssysteme auf die zukünftigen Leistungsanforderungen" bedeutet. Eine solche Differenzierung zwischen Erwärmung und weiteren Anforderungsvorbereitungen, zu denen thermoneutrale und auch temperaturreduzierende (Precooling) gehören, ist Grundlage für eine exakte Terminologie und eine effektive Realisierung optimaler Vorbereitungsmaßnahmen.

3.3.2 Differenzierungsaspekte

Allgemein, spezifisch und individuell

Die Anforderungsvorbereitung kann nach unterschiedlichen Aspekten differenziert werden. Im Hinblick auf die Sportart- bzw. Disziplinspezifik wird zwischen der *allgemeinen* und *speziellen Anforderungsvorbereitung* unterschieden – bislang ausschließlich *allgemeines* und *spezielles Aufwärmen* genannt (Franks, 1983; Freiwald, 1993; Joch

---

[97] Über diese differente Kategorisierung von *Aufwärmen* einerseits und *Vorbereitung* andererseits setzt sich Scherer (2005) unkommentiert hinweg, obwohl er die Definitionen beider Autoren gegenüberstellt. Scherer bezieht sich ausschließlich auf die unterschiedlichen Akzentuierungen der Zielsetzungen (physiologische vs. pädagogische).

& Ückert, 1999; Bishop, 2003b; Weineck, 2007 u. a.). Da jedoch auch Maßnahmen, die keine Temperaturerhöhung bewirken, zur unmittelbaren Anforderungsvorbereitung zählen (Einlaufen, Dehnen, technisch-koordinative Einarbeitung u. a.), und die Reichweite einer Erwärmung im engeren Sinne im sportlichen Kontext limitiert ist, wird der Begriff *Aufwärmen* durch den übergeordneten Begriff *Anforderungsvorbereitung* ersetzt.

Franks (1983) nimmt, allerdings auch nicht zwischen Erwärmung und Vorbereitung differenzierend, eine weitere Unterteilung des speziellen Warm-ups in „identical warm-up" und „directly warm-up" vor. Insbesondere vor Kurzzeitanforderungen empfiehlt sich das „identical warm-up" (ebd., S. 341): Hierbei wird die Kriteriumsanforderung (z. B. der Tennisaufschlag) mit exakt gleicher Kinematik und Dynamik, wie bei der anschließenden Zielanforderung (Tennisaufschlag unter Trainings- oder Wettkampfbedingungen) intendiert wird, also situationsadäquat ausgeführt. Diese bewegungsidentische Anforderungsvorbereitung soll das neuromuskuläre Funktionssystem optimal vorbereiten; eine Temperaturerhöhung ist nicht das Ziel, somit ist der Begriff *Aufwärmen* hier unpassend. Im Gegensatz dazu wird beim „directly warm-up" die Zielanforderung in ähnlicher, nicht identischer, kinematischer und dynamischer Ausführung absolviert, z. B. der Tennisaufschlag mit einer geringeren Schlaggeschwindigkeit; es dient als Vorstufe der identischen Anforderungsvorbereitung. Das „indirectly warm-up" ist durch sportart- bzw. disziplinunspezifische Aktivitäten so zu gestalten, dass die Muskel- und Körperkerntemperatur erhöht wird (ebd., S. 341), entspricht demnach der allgemeinen Erwärmung. Der Ansatz von Franks ist letztlich in das *klassische Aufwärmkonzept* einzuordnen: Durch allgemeine, sportartunspezifische Maßnahmen soll die Körpertemperatur erhöht werden, danach erfolgen zunehmend sportartspezifischere Bewegungsausführungen. Unter Berücksichtigung der Bewegungsspezifik kann somit zwischen *allgemeiner Anforderungsvorbereitung*, zu der allgemeine, mit der Zielbewegung nicht identisch übereinstimmende, aktive Maßnahmen gehören (z. B. Einlaufen), und zwischen *spezieller Anforderungsvorbereitung* differenziert werden, zu der diejenigen Maßnahmen zählen, die eine spezielle, technisch-koordinative Einarbeitung unter Einbeziehung von Simulationen der Zielbewegung(en) beinhalten. Wenn die Intention der Anforderungsvorbereitung eine Körpertemperaturerhöhung ist, dann kann diese sowohl durch allgemeine als auch durch spezielle realisiert werden: Es besteht kein Zusammenhang zwischen der Bewegungsspezifik und der Temperaturveränderung. Die Differenzierung nach der Bewegungsspezifik beurteilt Knebel jedoch in diesem Zusammenhang „aus handlungstheoretischer Sicht" sehr kritisch:

„Wobei das sogenannte allgemeine Erwärmen immer als eine von den speziellen Anforderungen der jeweiligen sportlichen Handlung scheinbar unabhängige, beliebig auf andere Sportarten übertragbare Maßnahme betrachtet wird. Eine offensichtlich unausrottbare, terminologische Kategorisierung, die aus handlungstheoretischer Sicht zum Verständnis der Sachzusammenhänge noch nie Sinn gemacht hat" (Knebel, 2005, S. 114f.).

Ein funktioneller Differenzierungsaspekt mit hoher Bedeutung ist weiterhin die Individualität. In diesem Zusammenhang ist zwischen *individueller* und *allgemeiner Anforderungsvorbereitung* zu unterscheiden. Das individuelle Vorbereiten ist an die speziellen Bedingungen eines Sporttreibenden anzupassen, d. h. an die anlage- oder verletzungsbedingten individuellen Schwachstellen, an die Belastungsverträglichkeit, an das Leistungsniveau u. a. Dieser Aspekt der Individualität wird während der Anforderungsvorbereitung trotz seiner hohen Relevanz oftmals – Mannschaftssport bzw. Sport in Gruppen einschließlich des Sportunterrichts sind dafür prädestiniert – nicht berücksichtigt.

Aktiv und passiv

Unter Berücksichtigung der muskulären Belastungsform wird die *aktive* und *passive Anforderungsvorbereitung* differenziert – bislang ausschließlich in aktives und passives Aufwärmen (Franks, 1983; Freiwald, 1993; Joch & Ückert, 1999; Bishop, 2003a und 2003b; Weineck, 2007 u. a.). Eine aktive Vorbereitung führt zu größeren metabolischen und kardiopulmonalen Veränderungen als eine passive (Bishop, 2003a). Die passive Anforderungsvorbereitung impliziert ausschließlich die passive Erwärmung, der in Theorie und Praxis eine weitaus geringere Bedeutung als der aktiven beigemessen wird, da es hierbei, z. B. durch heißes Duschen oder Wärmesalben, in erster Linie zu einer peripheren Erwärmung, weniger zu einer zentralen, durch Muskelarbeit induzierten Temperaturerhöhung kommt.[98] Es ist seit Langem bekannt, dass die Muskeldurchblutung durch ein heißes Wasserbad reduziert wird: nach Barcroft et al. (1955) sogar um ca. 40 %. Entgegen experimenteller Befunde, wie sie bei Bishop (2003a) nachzulesen sind, formuliert de Marées (2003, S. 567) ohne empirischen Beleg, dass ein passives Aufwärmen erst bei einem doppelt so hohen Kerntemperaturanstieg wie beim aktiven Aufwärmen zu einer vergleichbaren Leistungssteigerung führe – hieran wird deutlich, dass de Marées einen Kerntemperaturanstieg – unabhängig davon, ob er aktiv oder passiv herbeigeführt wird – mit einer generellen Leistungsverbesserung verknüpft. Vom ausschließlich passiven Aufwärmen vor sportlichen Anforderungen ist abzuraten (Bishop, 2003a). Allenfalls sind passive Maßnahmen als Wärmekonservierung, z. B. warmhaltende Kleidung, als Ergänzung einer aktiven Anforderungsvorbereitung zu empfehlen, um einen Temperaturverlust zu vermeiden. Dies ist jedoch vor Kurzzeitanforderungen sinnvoll.

---

98 Weiterhin gehört zur passiven Anforderungsvorbereitung die Kälteapplikation, denn diese ist nur durch Zuhilfenahme von externen Kältemediatoren praktizierbar.

3.4 Physiologische Wirkungen des Erwärmens

In diesem Kapitel werden die physiologischen Wirkungen einer Erwärmung im Rahmen von Anforderungsvorbereitungen kritisch reflektiert. Dabei wird zwischen denjenigen physiologischen Effekten, die dem Aufwärmen plausibilitätsgestützt zugeordnet werden, und denjenigen, die experimentell nachgewiesen sind, differenziert.

Während nach Nöcker (1976) die optimale Körperkerntemperatur bei 37° C liegt, weil bei dieser Temperatur die Stoffwechselvorgänge optimal sind, wird als die wesentliche Grundvoraussetzung für die positiven Effekte eines Aufwärmens die Erhöhung der Körperkerntemperatur auf 38,5 bis 39° C (Israel, 1977; deVries, 1980; Shellock & Prentice, 1985; Shellock, 1986; Hollmann & Hettinger, 2000; de Marées, 2003; Weineck, 2007) und sogar auf 39,5° C (Platonov, 1999) angesehen. Bei diesen Temperaturen seien die Nachteile der Überwärmung noch nicht erreicht, und die physiologischen Reaktionen liefen mit günstigstem Wirkungsgrad ab. Diesbezüglich wird in Anlehnung an die RGT-Regel auf die Stoffwechselsteigerung pro 1° C Körperkerntemperaturerhöhung von 13 % hingewiesen und damit das Aufwärmen als vorbereitende Maßnahme legitimiert (Schiffer, 1997; de Marées, 2003; Weineck, 2007). Doch es ist fraglich, „ob der Stoffwechsel homöothermer Gewebe in vivo (ohne Berücksichtigung etwaiger zentralnervöser Regulationen) in einfacher Weise von der Temperatur abhängt" (Aschoff, 1971, S. 63). So kann zumindest gezeigt werden,[99] dass bei warmen Umgebungsbedingungen einerseits die Kerntemperatur ansteigt, der Umsatz andererseits aber nicht. Weiterhin kann bei einer Umgebungs- und Hauttemperatur von 35° C der Umsatz geringer sein als analog bei 30° C. Aus den physiologischen Prinzipien der Homöothermie leitet sich ab, dass eine erhöhte Körperkerntemperatur eine generell negative Leistungsvoraussetzung darstellt (Jessen, 2001), sodass die RGT-Regel bzw. die wärmeabhängigen enzymatischen Prozesse ein Aufwärmen grundsätzlich nicht legitimieren: Sie sind dem *Temperatur-Leistungs-Dilemma* eindeutig untergeordnet.

In der Literatur wird eine Vielzahl physiologischer Aufwärmeffekte genannt – mehrheitlich ohne empirischen Beleg. Auffallend sind dabei die unterschiedlichen physiologischen Erklärungszusammenhänge, bei denen oftmals nicht eindeutig zwischen Primär- und Sekundäreffekten differenziert wird, wie bei Grosser et al. (1986) oder de Marées (1996 und 2003), und auch das zahlreiche Fehlen von Literaturverweisen. Die zitierten Studien entsprechen oftmals aus methodischen und messtechnischen Gründen nicht mehr den aktuellen Forschungskriterien: Für die verbesserte Sauerstoffaufnahme durch eine erhöhte Bluttemperatur wird die Untersuchung von Barcroft und King aus dem Jahre 1909 angeführt (Inbar & Bar-Or, 1975), für die Leistungssteigerung bei erhöhter Muskel- und Körpertemperatur auf Asmussen und Boje (1945) verwiesen (Hollmann & Hettinger, 2000; Weineck, 2007). Im Folgenden soll an

---

99   In einem Versuch mit hypophysesektomierten Ratten (Aschoff, 1971).

einigen ausgewählten Beispielen der partiell widersprüchliche Literaturstand bzw. die differenten Ursache-Wirkungs-Ketten exemplarisch dargestellt werden. So gilt einerseits die Durchblutungssteigerung[100] als zentrale Wirkung des Aufwärmens (Renström & Kannus, 1993), andererseits die Erhöhung der Muskel- und Körpertemperatur (Asmussen & Boje, 1945; Israel, 1977; Febbraio et al., 1996). Die erhöhte Durchblutung führt einerseits zu einer verbesserten Energiebereitstellung und einer Beschleunigung biochemischer Prozesse, andererseits zu einer Steigerung der muskulären Elastizität – deren Zunahme der Sportler anhand einer besseren Dehnbarkeit der Muskulatur spürt –, die wiederum den Kontraktionsablauf begünstigt, weil der intramuskuläre Kontraktionswiderstand reduziert wird (Renström & Kannus, 1993). Im Gegensatz dazu leiten Grosser et al. (1986) die verbesserte Elastizität aus der erhöhten Muskeltemperatur ab. Dieser unterschiedliche Ursachenbezug kann dadurch erklärt werden, dass Renström und Kannus davon ausgehen, dass mit einer Durchblutungssteigerung unvermeidlich eine Temperaturerhöhung korrespondiert. Während Grosser et al. (1986) die verbesserte Sauerstoffversorgung ausdrücklich als Folge der Erhöhung der Herz-Kreislauf-Aktivität nennen, ist jene nach de Marées (1996) die Folge einer Bluttemperaturerhöhung. Auch über die physiologische Ursache für die positive Auswirkung einer aktiven Vorbereitung auf den Stoffwechsel bei einer sportlichen Kurzzeitanforderung (Edwards et al., 1972; Febbraio et al., 1996) besteht Dissens: Einerseits sei die verbesserte muskuläre Sauerstoffversorgung, andererseits die erhöhte Muskeltemperatur der Primärgrund. Es wird vermutet und mehrfach auch als Grund für den Positiveffekt des Aufwärmens angeführt, dass die erhöhte Durchblutung und damit die muskuläre Sauerstoffversorgung nach einem Aufwärmen den Stoffwechsel verbessern. Unter Berücksichtigung der Studienergebnisse von Bangsbo et al. (2000) kann dies jedoch nicht bestätigt werden.

„Thus, it does not seem likely that a differing metabolic response during exercise preceded by warm-up is the result of a difference in O_2-delivery to the active muscle" (Gray et al., 2002, S. 2091).

Die unterschiedliche muskuläre Sauerstoffversorgung kann demnach nicht die Primärursache für den veränderten Metabolismus sein, der limitierte Sauerstoffverbrauch nicht durch ein defizitäres Sauerstoffangebot zu begründen.

„The limited oxygen utilization in the initial phase of intense exercise is not caused by insufficient oxygen availability" (Bangsbo et al., 2000, S. 899).

---

[100] Der genannte Aspekt der Durchblutungssteigerung als Primäreffekt macht die Diskrepanz zwischen dem Begriff *Aufwärmen* und der beschriebenen Zielsetzung deutlich: Eine Steigerung der Durchblutung ist auch durch aktive Vorbereitung ohne Temperaturerhöhung, d. h. durch thermoneutrale Vorbereitungsmaßnahmen, erreichbar.

Als eine weitere mögliche Ursache für den verbesserten Muskelmetabolismus wird auch die erhöhte Muskeltemperatur genannt (Febbraio et al., 1996). Dies wird von Gray und Nimmo (2001) widerlegt. Somit ist davon auszugehen, dass der positiven Beeinflussung des Stoffwechsels andere Mechanismen zugrunde liegen. Dies bestätigen Gray et al. (2002), die unabhängig von der Muskeltemperatur bei Kurzzeitanforderungen nach einem aktiven Aufwärmen niedrigere Muskel- und Blutlaktatwerte messen:

„The main finding of this study was that there was less accumulation of both blood and muscle lactate during intense dynamic exercise preceded by active warm-up, which suggests there may be decreased reliance on energy derived from anaerobic sources during the exercise period after an active warm-up" (Gray et al., 2002, S. 2094).

Die Ursache für die geringere metabolische Belastung führen die Autoren auf eine durch das Aufwärmen initiierte Erhöhung der Acetylcarnitinkonzentration zurück, die jedoch ein Mindestmaß an Belastungsintensität erfordert. Bei einer zu geringen Vorbelastungsintensität ($\leq$ 55 % der VO_{2max}) erhöht sich der Acetylcarnitinspiegel zwar geringfügig, führt aber zu keiner Reduktion der Muskellaktatanhäufung (Campbell-O'Sullivan et al., 2002). Constantin-Teodosiu et al. (1991) differenzieren dies in ihrer Studie weiter aus: Bei einer Vorbelastungsintensität von 30 % der VO_{2max} verändern sich die Acetylcarnitinwerte im Vergleich zu Ruhebedingungen nicht, steigen aber deutlich ab einer Belastungsintensität von 60 % der VO_{2max} an. Die erhöhte Acetylcarnitinkonzentration nach einem aktiven Aufwärmen verbessert die Verfügbarkeit der Acetylgruppe, was zu einer verbesserten oxidativen Resynthese von ATP führt (Gray et al., 2002). Dies wird allerdings nicht durch passives Aufwärmen oder durch eine Vorbelastung mit allzu geringer Intensität bewirkt ($\leq$ 55 % der VO_{2max}). Ein aktives Aufwärmen im engeren Sinne, das eine Temperaturerhöhung induziert, ist für die Erhöhung der Acetylcarnitinkonzentration jedoch nicht notwendig. Trotz dieser unterschiedlichen Erklärungszusammenhänge ist in der Literatur eine Vielzahl positiver Effekte des Aufwärmens, in der Regel unkritisch und ohne experimentelle Basis, verankert, die nachfolgend exemplarisch aufgelistet wird:

- *stimulierende Wirkung auf die Blutzirkulation (Israel, 1977),*
- *Erhöhung der Kraft, Schnelligkeit und Ausdauer (ebd.),*
- *Verbesserung der Bewegungskoordination, Reaktionsschnelligkeit und Beweglichkeit (ebd.),*
- *Eliminierung oder Milderung des Totpunkts bei Ausdauerbelastungen (ebd.),*
- *Blutverschiebung aus der Haut und den inneren Organen zur Muskulatur (ebd.),*
- *Abnahme der Viskosität im Muskel (ebd.),*
- *Überwindung des toten Punkts (ebd.),*
- *Herbeiführung einer „kämpferischen Leistungsbereitschaft" (ebd., S. 386),*
- *geringere Verletzungsanfälligkeit (ebd.) bzw. Verringerung der Verletzungsgefahr auf längere Sicht (Schiffer, 1997),*

- der O_2-Verbrauch ist bei 39° C am geringsten (Petersen & Vejby-Christensen, 1973),
- der O_2-Austausch im Gewebe geht bei 39° C am schnellsten vonstatten und es setzt eine größere O_2-Ausschöpfung des Blutes ein (ebd.),
- verstärkte Laktatelimination (ebd.),
- Erhöhung der Nervenleitgeschwindigkeit (de Marées, 2003),
- Beschleunigung der neuromuskulären Übertragung (ebd.),
- die Entspannungsfähigkeit des Muskels ist erhöht (ebd.),
- Verbesserung der Kontraktion und der Entspannung (Petajan & Eagan, 1968) bzw. Erhöhung der Kontraktionsgeschwindigkeit der Muskulatur (Schiffer, 1997),
- die Ansprechbarkeit der Rezeptoren ist erhöht; Erniedrigung der Schwellenwerte (Petajan & Eagan, 1968),
- Verbesserung der Impulsleitung und -übertragung (Lagerspetz, 1974),
- Herabsetzen des Wärmewiderstandes der Gewebe (Ambarow & Bekunkowa, 1967 nach Israel, 1977),
- neuronale Aktivierung wärmeregulatorischer Vorgänge (Gisolfi & Robinson, 1969),
- Aktivierung zentraler Strukturen: a) Verbesserung der Aufmerksamkeitsleistung und speziell der optischen Wahrnehmung (Nersesjan, 1965 nach Israel, 1977), b) erhöhter Vigilitätszustand des Sportlers (Wilkinson, 1964 nach Israel, 1977),
- psychische Einstimmung (Schiffer, 1997),
- Verbesserung der Präzisions- und Koordinationsleistung (Frolov & Fedorov, 1965 nach Israel, 1977; Karabanov, 1966 nach Israel, 1977; Jensen, 1966/67 nach Israel, 1977),
- steigert die Leistungsbereitschaft und das Wohlbefinden (Israel, 1977),
- Reduktion des Krampfrisikos (Masterovoy, 1964 nach Israel, 1977),
- Beschleunigung der Stoffwechselprozesse (Schiffer, 1997),
- Verbesserung der Konzentration (Grosser et al., 1986; Renström & Kannus, 1993; de Marées, 1996) und
- Verringerung der Gelenkbelastung (Schiffer, 1997) durch die Verdickung der hyalinen Knorpelschicht (de Marées, 2003).

Bei der Analyse dieser Effekte stellt sich die Frage, ob diese nur dann eintreten, wenn die Körperkerntemperatur erhöht wird, und somit das Aufwärmen im engeren Sinne die Voraussetzung für die positiven physiologischen Effekte darstellt, oder auch, wenn nur die Muskeltemperatur[101] ansteigt, oder ob letztlich die Wirkungen bereits durch Aktivierungs- und Mobilisierungsmaßnahmen ohne Temperaturerhöhung induziert werden. Der Forschungsstand suggeriert, dass die Funktionssysteme in erster Linie durch die Erhöhung der Körperkerntemperatur (Israel, 1977) – als Folge einer erhöhten Muskeltemperatur (Martin et al., 1975), die erst verzögert zu einem Anstieg der Körperkerntemperatur führt – positiv beeinflusst werden. So ist bislang keine eindeu-

---

[101] Die Körperkerntemperatur ist durch adäquate Messgeräte schnell und praktikabel messbar, ganz im Gegensatz zur Muskeltemperatur.

tige Differenzierung der Wirkungen von Vorbereitungsmaßnahmen in Abhängigkeit von der Körperkern- und/oder Muskeltemperaturerhöhung erstellt worden – dies liegt auch in der terminologischen Unschärfe (s. o.) begründet.

Im Folgenden werden die in der Literatur genannten Vorbereitungs- bzw. Aufwärmeffekte entsprechend ihrer Temperaturdependenz systematisiert. Die Effekte gliedern sich jeweils in eine gemeinsame Funktionskette ein, sind somit nicht additiv zu verstehen: Zu den Effekten, die auf einer Temperaturerhöhung basieren, gehören:

- *Beschleunigung der Stoffwechselprozesse in der Muskulatur (Grosser et al., 1986; de Marées, 1996): gemäß der RGT-Regel laufen pro 1° C Temperaturerhöhung die Stoffwechselprozesse um 13 % schneller ab;*
- *durch eine erhöhte Bluttemperatur erfolgt eine verbesserte Sauerstoffabgabe vom Hämoglobin an die Muskulatur (Barcroft & King, 1909), sodass sich zu Beginn der sportlichen Anforderung der anaerob zur Verfügung zu stellende Energieanteil reduziert, wodurch sich das Sauerstoffdefizit zu Belastungsbeginn verringert; dadurch werden anaerobe Energiereserven geschont;*
- *Reduktion der elastischen und viskösen Widerstände im Muskel, woraus eine Erhöhung der Kontraktionsgeschwindigkeit resultiert (Grosser et al., 1986; Renström & Kannus, 1993; de Marées, 1996).*

Zu den Effekten einer aktiven Vorbereitung, die keine Temperaturerhöhung voraussetzen, sondern eine Anregung des Herz-Kreislauf-Systems durch Aktivierungs- bzw. Mobilisierungsmaßnahmen, werden gezählt:

- *Zunahme des Atem- und Herzminutenvolumens, womit die Voraussetzung für eine gesteigerte Sauerstoffaufnahme geschaffen wird,*
- *Erhöhung der Muskeldurchblutung: dadurch eine verbesserte Kapillarisierung,*
- *erhöhte Aktivität der Muskelspindeln sowie des motorischen Systems (de Marées, 1996), deshalb werden*
- *die koordinative Leistung, die Aufmerksamkeit und Reaktionsfähigkeit verbessert, wodurch sich die Verletzungsgefahr verringert,*
- *Verbesserung der neuromuskulären Aktivität (Renström & Kannus, 1993; de Marées, 1996) und eine*
- *verbesserte Laktatextraktion aus dem Blut (Israel, 1977).*

Als eine weitere Wirkung wird dem Aufwärmen in der sportwissenschaftlichen Literatur die Verletzungsprophylaxe zugeordnet – ohne explizite Abgrenzung zum Dehnen – (Freiwald, 1993; Shephard & Astrand, 1993; Schnabel et al., 2005; Hohmann et al., 2007; Weineck, 2007), die in erster Linie auf plausibilitäts- und erfahrungsgestützten Aussagen beruht. Zwischen einer unmittelbaren und langfristigen prophylaktischen Wirkung wird dabei nicht eindeutig differenziert. Knebel (2005) erwähnt diesen

Aspekt zumindest richtungweisend.[102] Die empirische Studie von Safran et al. (1988), die als empirischer Beweis für die verletzungsprophylaktische Wirkung genannt wird, fokussiert die Reißfestigkeit von Kaninchenmuskulatur in vitro, mit dem Ergebnis, dass ein passiv erwärmter, isolierter Muskel bei einer größeren Muskellänge als ein nicht erwärmter reißt. Die Übertragbarkeit dieses Resultats auf dynamische Bewegungen in vivo auf den menschlichen Organismus ist jedoch fraglich.

„The effect of temperature on muscle function in the intact animal is more complex than the effect on the fundamental contractile processes, observed in an isolated muscle preparation because of such additional factors as temperature effects on neuromuscular transmission and on circulatory oxygen supply" (Edwards et al., 1972, S. 336).

Bislang stand außerhalb der Diskussion, ob für die prophylaktischen Effekte eine Erwärmung oder eine thermoneutrale Anforderungsvorbereitung die Voraussetzung darstellt. In diesem Zusammenhang scheint z. B. die Verdickung der hyalinen Knorpelschicht als eine bedeutende langfristige Präventivfunktion, weniger temperaturabhängig als vielmehr die Folge von Druck-Be- und -Entlastungssequenzen während einer aktiven Vorbereitung zu sein.

Die Durchführung von Studien zur verletzungsvorbeugenden Wirkung durch Vorbereitungs- bzw. Erwärmungsmaßnahmen tangiert zweifelsohne ethische Grenzen, sodass in erster Linie auf einen deduktiven Zugang oder In-vitro-Untersuchungen zurückgegriffen werden muss. Im weiteren funktionalen Sinne haben Vorbereitungsmaßnahmen somit unmittelbare und langfristige verletzungsprophylaktische Wirkungen, zu deren temperaturunabhängigen Effekten

- *die Verdickung des hyalinen Knorpels durch die Druck-Be- und Entlastungssequenzen gezählt werden: Dadurch verteilen sich einwirkende Kräfte auf eine breitere und dickere Knorpelschicht (de Marées, 2003), sowie*
- *die Verbesserung der psychischen Einstellung und Beeinflussung leistungshemmender psychischer Reaktionen (Israel, 1977) und*
- *der Schutz vor Rissen des Muskel-, Sehnen- und Bandapparats (Safran et al., 1988 – an Tieren nachgewiesen; Renström & Kannus, 1993; Schiffer, 1997).*

Der Stellenwert der Verletzungsprophylaxe im Kontext des Aufwärmens wird bei Shephard und Astrand (1993) besonders deutlich: In ihrer Publikation wird das Aufwärmen ausschließlich im Kapitel „Verletzung und ihre Verhinderung in Ausdauer-

---

[102] Knebel (2005, S. 44) geht – sich auf „Erfahrungen der Sportpraxis und Sportphysiotherapie" stützend – von der verletzungsprophylaktischen Wirkung des „Muskelcoachings" aus, das langfristig die „arthro-funktionellen Beziehungen" verbessert.

sportarten" (Renström & Kannus, 1993)[103] aufgearbeitet und uneingeschränkt als präventive Maßnahme eingeordnet. Es sei von einem größeren Krafteinsatz auszugehen, „bevor es zu einem Muskelfaserriß kommt" (ebd., S. 328). Diese Erkenntnis führen sie auf die Studie von Safran et al. (1989) zurück.

„Dem ausreichenden Aufwärmen kommt daher eine wichtige Bedeutung zur Verhinderung von Sportverletzungen im Bereich der Muskulatur, des Sehnen- und Bandapparates sowie anderer Weichteilgewebe zu" (Renström & Kannus, 1993, S. 328).

Ein fehlendes oder fehlerhaftes Aufwärmen ist ein möglicher Grund für Sportverletzungen, insbesondere des passiven Bewegungsapparats, der eine entscheidende Rolle bei der „Einschränkung der Leistungsfähigkeit" spielt (Freiwald, 1993, S. 10). Somit sind vor allem individuelle körperliche Gegebenheiten in der Vor- und Nachbereitung zu berücksichtigen, denn oft werden sportliche Aktivitäten und Laufbahnen wegen Belastungsunverträglichkeiten am Stütz- und Bewegungsapparat limitiert. Nach Freiwald kann durch eine adäquate Vorbereitung eine langfristige Verletzungsprophylaxe erreicht werden.

3.5 Aufwärmeffekte auf die sportliche Leistung

Die bisherigen Ausführungen verdeutlichen, dass dem *Aufwärmen* – es wird nicht immer präzisiert, ob Aufwärmen oder/und thermoneutrale Vorbereitung gemeint ist – eine wichtige Bedeutung im Kontext von Training und Wettkampf (Israel, 1977; Grosser et al., 1986; Freiwald, 1993; Schiffer, 1997; Weineck, 2007) sowie Sportunterricht (Scherer, 2005) auf Grund der physiologischen Positivwirkungen, deren empirische Beweislage jedoch lückenhaft ist, beigemessen wird, und zwar einschließlich der Verletzungsprophylaxe und Leistungsverbesserung. Israel (1977, S. 386) und Knebel (2005, S. 114) sprechen von einem „Verstärkereffekt" für sportliche Leistungen durch eine Erwärmung. Auf die limitierte Reichweite des Aufwärmeffekts ist bereits in Kap. 2 durch den Vergleich mit der thermoregulatorisch konträren Vorbereitungsmaßnahme, dem Precooling, das im Gegensatz zum Aufwärmen vor Ausdaueranforderungen zu Leistungsverbesserungen führt, hingewiesen worden (u. a. Hasegawa et al., 2005; Daanen et al., 2006; Ückert & Joch, 2007a). Durch weitere Studien wird gezeigt (u. a. Ganßen, 2004), dass Maßnahmen zur Erhöhung der Körperkerntemperatur auch Kurz- und Mittelzeitausdaueranforderungen negativ beeinflussen und einer thermoneutralen Anforderungsvorbereitung unterlegen sind. Die Eindeutigkeit, mit der die positiven Effekte des *Aufwärmens im engeren Sinne* auf physiologische Parameter und auf die Leistungsfähigkeit in der Literatur bislang beschrieben werden, steht in

---

[103] Renström und Kannus (1993) geben von insgesamt 83 Literaturangaben für das Kapitel nur eine Quelle zur Aufwärmthematik an: ein Review über Aufwärmen und Verletzungsprophylaxe von Safran et al. (1989).

Widerspruch zu nationalen und internationalen Studienergebnissen. Zudem sind einige Aspekte, wie optimale Intensitäten, Dauer, Gestaltungsinhalte, auch heute noch unzureichend erforscht, worauf grundsätzlich schon Israel hinweist:

„Über Umfang, Intensität und Inhalt des Aufwärmens lassen sich kaum allgemeingültige Aussagen machen" (Israel, 1977, S. 388).

Es fehlen insbesondere Studien, die explizit die Vorbereitungseffekte in Abhängigkeit von endogenen und exogenen und Parametern, wie z. B. Alter, Leistungsniveau, Tageszeit, Sportartspezifik und vor allem auch das Umgebungsklima fokussieren; und auf einige dazu vorliegende Forschungsergebnisse wird oftmals kein Bezug genommen. Daraus resultieren dann sehr allgemeine, zu wenig differenzierte Empfehlungen, wie z. B.:

- *bei schlechterem Trainingszustand solle kürzer aufgewärmt werden als bei gutem,*
- *je älter die Sporttreibenden sind, desto langsamer solle das Aufwärmen erfolgen oder*
- *bei hoher Außentemperatur sei das Aufwärmen zu verkürzen, bei niedrigerer zu verlängern (Weineck, 2007, S. 946f.)*

Grundsätzlich ist also eine Diskrepanz zwischen der hohen Bedeutung, die dem Aufwärmen zugeschrieben wird, und der fragmentarischen empirischen Absicherung der Aussagen zu dieser Thematik zu konstatieren.

„Das Erwärmen im Sinne vorbereitender Übungen (…) ist in einem Komplex von Maßnahmen der unmittelbaren Startvorbereitung der bedeutsamste Faktor" (Israel, 1977, S. 386).

Um einen Einblick in den Literaturfundus zu geben, werden im Folgenden diejenigen Studien diskutierend zusammengefasst, die den Effekt von Aufwärmen und thermoneutralen Vorbereitungsmaßnahmen auf unterschiedliche sportliche Anforderungen überprüfen. Die Studienergebnisse werden hierfür vorrangig nach dem Aspekt der Zeitdauer der Kriteriumsleistung differenziert, und zwar nach Kurz-, Mittel- und Langzeitanforderungen.

3.5.1 Kurzzeitanforderungen

In Studien zur Wirkung von Vorbereitungsmaßnahmen auf Kurzzeitanforderungen, die Aktivitäten mit einer maximalen Zeitdauer von 2 min, somit vornehmlich Sprints, Sprünge und Würfe bzw. (Schnell-)Kraft und Schnelligkeitsleistungen implizieren, werden überwiegend leistungsverbessernde Effekte festgestellt (Michael et al., 1957; Pacheco, 1957; Thompson, 1958; de Vries, 1959; Rochelle et al., 1960; Singer & Beaver,

1969; Grodjinovsky & Magel, 1970; Inbar & Bar-Or, 1975; McKenna et al., 1987; Sargeant & Dolan, 1987; Goodwin, 2002). Doch werden für Kurzzeitanforderungen durchaus auch

- *keine Effekte auf die Leistung nachgewiesen (Skubic & Hodgkins, 1957; de Vries, 1959; Rochelle et al., 1960; Pyke, 1968; Hawley et al., 1989) sowie*
- *Negativeffekte (Margaria et al., 1971; Sargeant & Dolan, 1987).*

Eine erhöhte Muskeltemperatur als Folge eines aktiven Aufwärmens kann somit Kurzzeitanforderungen auf Grund verschiedener physiologischer Folgewirkungen positiv beeinflussen. Nach Proske et al. (1993) werden durch eine gesteigerte Muskeltemperatur die „stable bonds" zwischen den Aktin- und Myosinfilamenten gelöst, somit die *Steifigkeit in Muskulatur und Gelenken* (Buchthal et al., 1944) reduziert. Weiterhin werden durch die erhöhte Muskeltemperatur die nervale Impulsübertragungsrate (Karvonen, 1992) sowie Stoffwechselprozesse (z. B. Glykogenolyse) erhöht (Edwards et al., 1972; Febbraio et al., 1996). Dies äußert sich u. a. in einer Verbesserung der Kraft-Geschwindigkeits-Relation (Binkhorst et al., 1977; Davis & Young, 1983; Ranatunga et al., 1987). Um die Positiveffekte einer muskulären Erwärmung für Kurzzeitanforderungen nutzen zu können, ist die Belastungsintensität während der Vorbereitung auf Grund der Abhängigkeit von der Verfügbarkeit hochenergetischer Phosphate (Hirvonen, Rehunen, Rusko, & Härkönen, 1987) nicht zu hoch zu wählen. Zudem muss die anschließende Pause bis zur Zielanforderung angemessen terminiert werden (de Vries, 1959; Grodjinovsky & Magel, 1970; Weineck, 2007), um die *erarbeiteten* Positivwirkungen weder durch eine zu lange noch durch eine zu kurze Pause zu nivellieren.

Im Folgenden werden Aufwärmeffekte auf Kurzzeitanforderungen unterschiedlicher Bewegungsmodi (zyklisch und azyklisch) dargestellt, die in der dominierenden sportmotorischen Fähigkeit sowie Sportart bzw. Disziplin differieren. Es existieren jedoch nicht zu allen Fähigkeiten repräsentative Studien, insbesondere keine zu den koordinativen Fähigkeiten. Somit kann keine explizite, fähigkeitsspezifische Differenzierung (Joch, 1995; Hohmann et al., 2007) der Effekte vorgenommen werden. Für Kurzzeitanforderungen liegen Vorbereitungseffekte auf vertikale Sprung- sowie auf Lauf- und Schwimmsprintleistungen vor.

Vertikalsprung
Es liegen einige Studien vor, überwiegend älteren Datums, in denen durch aktive Muskelerwärmung[104] eine Verbesserung des Vertikalsprungs nachgewiesen wird. Pacheco (1957) stellt nach einem Einlaufen mit moderater Intensität und einer Vorbereitungsdauer zwischen 3 und 5 min eine Leistungssteigerung von ca. 7 % ($p \leq .05$) fest.

---

104 In keiner der dargestellten Studien wird die Auswirkung der Anforderungsvorbereitung auf die Körperkerntemperatur überprüft, allenfalls auf die Muskeltemperatur. Studien, in denen primär die Effekte des Dehnens fokussiert werden, werden nicht berücksichtigt.

Auch Goodwin (2002) konstatiert einen positiven Effekt durch muskuläre Erwärmung auf die vertikale Sprungleistung im Vergleich zum Nicht-Aufwärmen: Die Sprunghöhe beträgt nach dem Aufwärmen 41,90 ± 7,92 cm, nach einer vorherigen Massage 40,15 ± 6,65 cm und im Kontrolltest 39,10 ± 7,47 cm (p ≤ .05). Während in diesen Studien keine Messung der Muskeltemperatur durchgeführt wird, weisen Saltin et al. (1968) nach, dass sich diese nach einer 3-5-minütigen moderaten Belastung um ca. 2° C erhöht und sich nach 10-20 min bei einer konstanten Temperatur einpendelt. Bishop (2003b, S. 485) berechnet nachträglich aus den Resultaten von Saltin et al. (1968) und Pacheco (1957), dass pro 1° C die vertikale Sprungleistung um ca. 3,5 % ansteigt.[105]

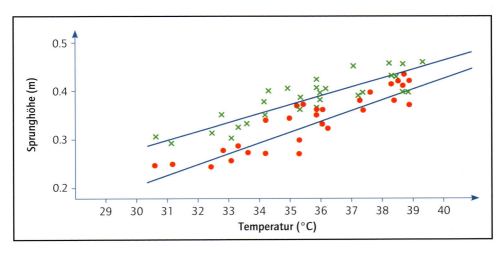

Abb. 99: Sprunghöhe beim Vertikalsprung aus der Hocke (•) und nach einem Niedersprung aus 40 cm Höhe (x) in Abhängigkeit von der Muskeltemperatur[106] (Asmussen et al., 1976, S. 86)

Der positive Zusammenhang zwischen Muskeltemperatur und Sprunghöhe wird zum einen von Asmussen et al. (1976) bestätigt, die pro 1° C Muskeltemperaturerhöhung eine Steigerung von 3-5 % feststellen, zum anderen von Berg und Ekblom (1979) für eine zyklische Bewegung: Sie weisen nach, dass bei einer Muskeltemperatur von weniger als 38° C und einer Ösophagustemperatur von weniger als 37,7° C die Leistung einer kombinierten Arm-Bein-Kurbelbewegung pro 1° C-Temperaturabnahme um 20 % reduziert wird.

„(...) there is a strong positive correlation between the muscle temperature and the height of jump" (Asmussen et al., 1976, S. 90).

---

105 Dies ist nur für die genannte 2° C-Temperaturspanne experimentell belegt.
106 Mittels Biopsie in 30 mm Tiefe des M. vastus lateralis gemessen.

Asmussen et al. (1976) vermuten, dass bei niedriger Muskeltemperatur die Querbrückenzyklen in der Muskulatur und damit die muskuläre Leistungsfähigkeit beeinträchtigt werden. Im Gegensatz zu Pacheco (1957), Asmussen et al. (1976) und Goodwin (2002) kann Pyke (1968) keinen positiven Effekt durch eine aktive Vorbereitung auf den Vertikalsprung bestätigen. Die Ursache dafür liegt jedoch in der zu geringen Belastungsintensität und -dauer der Vorbereitungsmaßnahme, denn diese besteht nur aus drei Sprüngen, aus denen keine muskuläre Temperaturerhöhung resultiert.[107]

Zusammenfassend ist festzuhalten, dass eine Verbesserung der Vertikalsprungleistung, d. h. einer azyklischen Kurzzeitanforderung, durch eine aktive Vorbereitung mit moderater Intensität, die zu einer Erhöhung der Muskeltemperatur führt, erreicht werden kann. Während der Vorbereitung auf eine Kurzzeitanforderung ist somit zu berücksichtigen, dass sich einerseits eine inadäquate Ausschöpfung der Energiereserven negativ, andererseits eine zu geringe Vorbelastungsintensität leistungsineffektiv auswirkt.

Zyklische Kurzzeitanforderungen

Eine aktive muskuläre Erwärmung verkürzt nach de Vries (1959) und Thompson (1958) die Schwimmzeit über Distanzen zwischen 27-55 m, während weder heißes Duschen und Massage – als Repräsentanten für passive Aufwärmmaßnahmen – noch gymnastische Übungen[108] Leistungssteigerungen bewirken (de Vries, 1959). Eine Muskelerwärmung verbessert auch die Zeit im leichtathletischen Sprintlauf über die 55-m-Distanz (Grodjinovsky & Magel, 1970) sowie die Radsprintleistung auf dem Fahrradergometer (McKenna et al., 1987; Sargeant & Dolan, 1987). In diesen Studien werden die Vorbereitungsmaßnahmen mit einer Dauer von 3-5 min bei jeweils moderater Belastungsintensität durchgeführt, ohne Beeinflussung der Körperkerntemperatur. Sargeant und Dolan (1987) lassen Anforderungsvorbereitungen mit unterschiedlichen Belastungsintensitäten absolvieren und erhalten die besten Leistungsresultate bei einer Vorbereitungsintensität von weniger als 60 % der VO_{2max}: Die Radsprintleistung verbessert sich um 2,7 %. Dies entspricht auch den reanalytischen Berechnungen von Bishop (2003b, S. 485), aus denen eine Leistungsverbesserung von 2,3 % resultiert. Aus den genannten Studienergebnissen kann zudem konkludiert werden, dass sich mit zunehmender Vorbereitungsdauer die anschließende Schnellkraftleistung reduziert.

Als bedeutendes Prinzip für die aktive Vorbereitung auf Kurzzeitanforderung gilt es, die Belastungscharakteristika so zu wählen, dass optimale Voraussetzungen für eine gesteigerte Sauerstoffaufnahme geschaffen werden, d. h., indem ein Anstieg der Sauerstoffbaseline initiiert (Bishop, 2003b), somit der O_2-Verbrauch leicht erhöht und das O_2-Defizit reduziert wird, ohne dabei eine (Vor-)Ermüdung zu bewirken.

---

[107] Pyke (1968) hat keine erwachsenen Probanden, sondern 15-17-jährige Jungen (n = 45) getestet. Doch nimmt nicht das Alter der Probanden in dieser Studie Einfluss auf das Ergebnis, sondern die niedrige Muskeltemperatur.

[108] Der Begriff „Calisthenics Warm-up" (de Vries, 1959, S. 13) ist ein Widerspruch in sich, denn eine *leichte* Gymnastik induziert keine Muskeltemperaturerhöhung, somit auch keine Erwärmung.

Diejenigen Studien, in denen kein positiver Effekt durch eine aktive Vorbereitung auf die anschließende Kurzzeitanforderung nachgewiesen wird, sind durch inadäquate Belastungsintensitäten charakterisiert:

Sie werden entweder mit einer zur Erhöhung der Muskeltemperatur zu geringen (de Vries, 1959; Pyke, 1968) oder zu hohen Belastungsintensität, die eine Ausschöpfung des Phosphatspeichers induziert (Bishop, 2003b), durchgeführt. Hawley et al. (1989) zeigen in diesem Zusammenhang, dass sich eine Anforderungsvorbereitung, bei der ein achtminütiger Stufentest absolviert und infolge der „fatigue index"[109] (ebd., S. 234) signifikant um 2,2 % erhöht wird (p ≤ .05), auf eine Maximalleistung auf dem Fahrradergometer nicht in verbessernder Weise auswirkt: Im Kontrolltest werden 11,5 ± 1,2 W pro kg Körpergewicht erreicht, nach der Anforderungsvorbereitung 11,6 ± 1,4 (p > .05).

Zusammenfassend ist zu konstatieren, dass für zyklische und azyklische Kurzzeitanforderungen ein moderates Vorbereitungsprogramm leistungseffektiv ist, das einerseits die Muskeltemperatur geringfügig erhöht, andererseits aber keine (Vor-)Ermüdung induziert. Eine aktive Vorbereitung auf Kurzzeitanforderungen wirkt nach den vorliegenden experimentellen Studien leistungsneutral oder -beeinträchtigend, wenn

- *die Belastungsintensität zu niedrig oder*
- *zu hoch ist und demzufolge ermüdend wirkt (es kommt zur Ausschöpfung energiereicher Phosphate und zur Metabolitenproduktion) oder*
- *sie anschließend eine unzureichende Pause beinhaltet.*

3.5.2 Mittelzeitanforderungen

Für Mittelzeitanforderungen (2-10 min) ist es von besonderer Bedeutung, das Sauerstoffdefizit zu Beginn der Zielanforderung zur Schonung anaerober Kapazitäten zu reduzieren. Da moderate Vorbereitungsmaßnahmen den Sauerstoffverbrauch nicht in zu hohem Maße erhöhen (Burnley et al., 2000; Burnley et al., 2001), ermöglichen diese, nachfolgende Kriteriumsanforderungen mit einer mäßig erhöhten Sauerstoffbaseline, die als leistungspositive Voraussetzung gilt, beginnen zu können (Bishop, 2003b). Dadurch wird die anaerobe Energiebereitstellung zu Anforderungsbeginn entlastet (Bruyn-Prevost & Lefebvre, 1980; Andzel, 1982) mit der Folge einer effektiveren Energiebereitstellung für die Zielanforderung (Gollnick et al., 1973; Ingjer & Stromme, 1979; Stewart & Sleivert, 1998; McCutcheon et al., 1999) sowie eines geringeren Sauerstoffdefizits zu Beginn der Zielanforderung (Gutin et al., 1976; McCutcheon et al., 1999; Andzel, 1982). Eine erhöhte Sauerstoffbaseline ist ein Positivindikator für ein optimal-intensives Vorbereitungsprogramm zur mäßigen Erhöhung der Muskeltemperatur (Bishop, 2003b).

---

[109] Der Ermüdungsindex berechnet sich bei Hawley et al. (1989, S. 234) wie folgt: fatigue index = ((PEAK-x FINAL 5s)/PEAK)*100. Die Probanden in dieser Studie sind untrainiert.

Vorbereitungsmaßnahmen, die zu einem Anstieg der Muskel- und auf Grund übermäßiger Belastungsintensität in relativ schneller Folge auch der Körperkerntemperatur führen, können Mittelzeitanforderungen beeinträchtigen (Bruyn-Prevost, 1980; Genovely & Stamford, 1982; Hawley et al., 1989; Stewart & Sleivert, 1998; Bishop et al., 2001). Genovely und Stamford (1982) konkretisieren: Während einer Anforderungsvorbereitung werden bei Belastungsintensitäten oberhalb der anaeroben Schwelle (68 % der VO_{2max}) Mittelzeitleistungen negativ beeinflusst, unterschwellige Belastungsintensitäten von ca. 40 % der VO_{2max} wirken leistungsneutral.

Zusammenfassend liegen experimentelle Studienresultate zum Effekt von Vorbereitungsmaßnahmen auf Mittelzeitanforderungen vor, die zeigen, dass je nach Belastungsdosierung der Anforderungsvorbereitung die Zielleistung

- *ansteigt (Asmussen & Boje, 1945; de Vries, 1959; Grodjinovsky & Magel, 1970; Bruyn-Prevost & Lefebvre, 1980 u. a.),*
- *unbeeinflusst bleibt (Karpovich & Hale, 1956; Skubic & Hodgkins, 1957; de Vries, 1959; Matthews & Snyder, 1959; Massey et al., 1961; Bruyn-Prevost & Lefebvre, 1980; Andzel, 1982; Genovely & Stamford, 1982; Hawley et al., 1989 u. a.) oder auch*
- *negativ beeinflusst wird (Bruyn-Prevost & Lefebvre, 1980; Genovely & Stamford, 1982).*

Um positive Effekte durch eine kurzfristige aktive Vorbereitung auf Mittelzeitanforderungen zu erzielen, sollte diese mit einer Belastungsintensität durchgeführt werden, durch die das initiale Sauerstoffdefizit reduziert und optimale Voraussetzungen für eine erhöhte Sauerstoffaufnahme geschaffen werden. Dafür sollte die Belastungsintensität nicht geringer als 40 % und nicht höher als 68 % der VO_{2max} sein (Massey et al., 1961; Bruyn-Prevost & Lefebvre, 1980; Andzel, 1982; Genovely & Stamford, 1982). Die anschließende Pause bis zur Kriteriumsleistung ist in die Planung der Vorbereitungsphase zu integrieren und optimal zu terminieren (de Vries, 1959; Grogjinovsky & Magel, 1970): Um von den vorbereitungsbedingten Positiveffekten profitieren zu können, darf die Pause nicht länger als 5-10 min sein (Massey et al. 1961; Bruyn-Prevost & Lefebvre, 1980; Genovely & Stamford, 1982).

3.5.3 Langzeitanforderungen

Für die optimale Vorbereitung auf Langzeitanforderungen[110] bzw. Langzeitausdaueranforderungen ist weniger eine reduzierte Steifigkeit des tendomuskulären Systems und eine verbesserte Kraft-Geschwindigkeits-Relation, die als elementare Ziele für die

---

110 Der vorliegende Studienfundus beinhaltet in erster Linie Untersuchungen zu Anforderungen mit einer Belastungsdauer ab 30 min; dies entspricht der Langzeitausdauer 2 (35-90 min; vgl. Harre, 1986).

Anforderungsvorbereitung auf Kurzzeitleistungen gelten (s. o.), leistungsförderlich, sondern, wie auch für Mittelzeitanforderungen, eine erhöhte Sauerstoffbaseline zur Reduktion des Sauerstoffdefizits und zur Schaffung einer erhöhten Sauerstoffaufnahme während der Zielanforderung. Dabei ist ein Anstieg der Körperkerntemperatur, d. h. ein Aufwärmen im engeren Sinne, zu vermeiden.

Noch deutlicher als bei Mittelzeitanforderungen wirkt sich bei Langzeitanforderungen neben der Ausschöpfung der Muskelglykogenspeicher (Bergstrom et al., 1967) eine hohe thermoregulatorische Beanspruchung leistungsnegativ aus (Israel, 1977; Kozlowski et al., 1985; Romer et al., 2001).

Zum Effekt von Vorbereitungsmaßnahmen auf Langzeitanforderungen liegen auch hier, wie bereits für Kurz- und Mittelzeitanforderungen gezeigt wurde, Ergebnisse mit differenten Wirkrichtungen vor, und zwar werden designabhängig

- *positive Wirkungen eines aktiven Vorbereitungsprogramms (Thompson, 1958; Grogjinovsky & Magel, 1970; Atkinson et al., 1994) und*
- *ausbleibende Wirkungen konstatiert (Grodjinovsky & Magel, 1970; Andzel & Gutin, 1976; Andzel, 1978; Andzel & Busuttil, 1982; Gregson et al., 2002).*

Die ausbleibenden Effekte bei Langzeitanforderungen nach einer aktiven Vorbereitung sind auf eine zu geringe Belastungsintensität und/oder eine zu lange Pause zurückzuführen. Von besonderer Relevanz ist auch hier die potenzielle vorbereitungsbedingte Ermüdung. In diesem Kontext ist das individuelle Leistungsniveau des Sporttreibenden maßgebend: Die gleiche Vorbereitungsmaßnahme führt während einer Ausdaueranforderung bei 95 % der VO_{2max} bei mittelmäßig Trainierten (Andzel, 1978) erst deutlich später zum Leistungsabbruch als bei Untrainierten (Andzel & Busuttil, 1982). Auch die Pausendauer nimmt wiederum (vgl. Kurz- und Mittelzeitanforderungen) bedeutenden Einfluss auf die anschließende Zielanforderung: So verbessert sich eine Stepping-Leistung, wenn nach der Vorbereitung eine 30- oder 60-sekündige Pause absolviert wird, und sie reduziert sich, wenn keine Pause erfolgt (Andzel & Gutin, 1976). Durch eine Pausendauer von 90 s zwischen Vorbereitung und Langzeitanforderung werden die positiven Effekte nivelliert (Andzel & Busuttil, 1982). An den Studien, die Negativeffekte einer Vorbereitung auf Langzeitanforderungen nachweisen (Andzel & Busuttil, 1982; Gregson et al., 2002), nehmen vornehmlich untrainierte Personen teil. Es ist davon auszugehen, dass hier bereits bei geringen Vorbelastungsintensitäten eine (Vor-)Ermüdung induziert wird, welche somit die Ursache für die Leistungsverschlechterung darstellt (Andzel & Busuttil, 1982). In der Untersuchung von Gregson et al. (2002) führt die Vorbereitung zu einer Erhöhung der Rektaltemperatur auf 38° C, sodass die anschließend verminderte Laufleistung bei 70 und 90 % der VO_{2max} auf die reduzierte Wärmekapazität bzw. das frühe Erreichen einer hohen, leistungsbeeinträchtigenden Rektaltemperatur während der Zielanforderung zurückzuführen ist.

Die Studienanalyse zeigt, dass Vorbereitungsmaßnahmen unmittelbaren Einfluss auf nachfolgende Kurz-, Mittel- und Langzeitanforderungen ausüben: Sie können sich positiv, negativ oder neutral auswirken. Eine Leistungsverbesserung bei Kurzzeitanforderungen beruht in erster Linie auf einer Erhöhung der Muskeltemperatur. Eine intensive Vorbereitung beansprucht die Energiespeicher in zu hohem Maße und/oder eine nachfolgend zu kurze Pause induziert eine inadäquate Regeneration.

Während einer Vorbereitung auf eine Langzeitanforderung ist zur Vermeidung von leistungsbeeinträchtigenden Effekten eine Vorermüdung sowie eine Erhöhung der Körperkerntemperatur zu vermeiden. Ein Aufwärmen wirkt folglich auf Langzeitanforderungen leistungsnegativ, aber eine geringfügig gesteigerte O_2-Baseline in ermüdungsfreiem Zustand wird im Sinne der Einsparung anaerober Energiereserven als Positivkriterium eines Vorbereitungsprogramms für Langzeitanforderungen angesehen (Grodjinovsky & Magel, 1970; Andzel & Gutin, 1976; Andzel, 1978; Andzel & Busuttil, 1982; Bishop, 2003b).

3.6 Exkurs: Alter und Anforderungsvorbereitung

Zur Bedeutung und zum Einfluss des Alters auf die Effekte von Anforderungsvorbereitungen liegen nur wenige Untersuchungen vor; diese sind zudem vorwiegend älteren Datums (Hipple, 1955; Mathews & Snyder, 1959; Pyke, 1968). Das Alter wird übereinstimmend als ein endogener Faktor betrachtet – u. a. neben der psychischen Verfassung und dem Leistungsniveau –, der die „Wirksamkeit des Aufwärmens" (Weineck, 2007, S. 946) bzw. die „Dosierung und Durchführung des Aufwärmens" beeinflusst (Schiffer, 1997, S. 82). Die Umfangs- und Intensitätsempfehlungen für ein *Aufwärmen* älterer Personen sind unpräzise und nicht experimentell untermauert.

„Je älter der Sportler, umso behutsamer und allmählicher, d. h. länger, hat das Aufwärmen zu erfolgen (...). Im Schulbereich genügt allgemein eine fünfminütige Aufwärmzeit – sie garantiert bereits einen 50-prozentigen Aufwärmeffekt ..." (Weineck, 2007, S. 946).

Es stellt sich hierbei nicht nur die generelle Frage, ob ein Aufwärmen (im engeren Sinne) für ältere Sporttreibende überhaupt eine adäquate Vorbereitungsmaßnahme darstellt – wenn ja, dann nur für Kurzzeitleistungen (s. o.) –, sondern auch die Detailfrage, wie groß der Einfluss des Alters im Vergleich zu den anderen endogenen Komponenten bzw. wie das Alter im Rahmen dieser Thematik explizit zu kategorisieren ist. Die oben zitierte *Je-desto-Aussage* Weinecks, die in ähnlicher Form in zahlreichen Lehrbüchern zu finden ist, bedarf unvermeidlich einer Präzisierung; diese ist allerdings bei heutigem Forschungsstand noch nicht möglich, jedoch in dieser Form weder in Theorie noch Praxis weiterführend. Weiterhin wird nicht deutlich, auf welche Altersklasse sich Weineck im zweiten Teil seines Zitats bezieht: Es können sicherlich nicht für den gesamten „Schulbereich", d. h. für den Altersbereich zwischen 6 und 19 Jahren, der durch bedeutende ontogenetische Veränderungen charakterisiert ist, die gleichen Aufwärm- bzw. Vorbereitungsoptionen gelten. Die von ihm genannte *5-min-Regel* hat keine experimentell abgesicherte Basis. Der Autor scheint sich insgesamt weniger auf den endogenen Faktor *Alter* als vielmehr auf das Anwendungsfeld Schulsport zu beziehen. Eine Präzisierung der an Hollmann und Hettinger (1980, S. 549) angelehnten Aussage, die Aufwärmzeit könne bei jüngeren und älteren Personen zwischen 10 und 60 min liegen, nimmt Weineck (2007, S. 946) nicht vor. Die fehlenden Konkretisierungen zum Konnex von Alter und *Aufwärmen* spiegeln den defizitären Literaturstand wider. Die wenigen durchgeführten experimentellen Untersuchungen zum Zusammenhang von Anforderungsvorbereitung und Alter liefern kontroverse Resultate. Hipple (1955), Mathews und Snyder (1959), Pyke (1968) sowie Laurischkus (2006) kommen in ihren experimentellen Studien übereinstimmend zu dem Ergebnis – im Gegensatz zu Inbar und Bar-Or (1975) –, dass sich eine aktive Vorbereitung nicht positiv auf die anschließende sportliche Leistung auswirkt: Mathews und Snyder (1959) bestätigen dies anhand der Wirkung einer läuferischen Vorbereitung auf die 440-Yard-Laufleistung bei jugendlichen Probanden (präzise Altersangaben sind aus der Publikation nicht reanalysierbar), Hipple (1955) veranschaulicht dies anhand des Effekts auf die 50-Yard-Sprintleistung bei 12-13-jährigen Jungen und Laurischkus (2006) analog auf die 800-m-Laufzeit bei 9-jährigen Jungen und Mädchen. Und Pyke (1968) stellt bei 15-17-jährigen Jungen die Wirkung unterschiedlicher Vorbereitungsmaßnahmen auf zyklische und azyklische Anforderungen (60-Yard-Sprint, Tretkurbelfrequenz, Kricketschlagweite sowie Sprunghöhe) keine Positiveffekte durch Vorbereitungen fest.

„There was no evidence available indicating either that the treatments had an effect on the chosen motor performance or that there was a difference in this response at certain levels of achievement" (Pyke, 1968, S. 1069).

Im Gegensatz zu diesen Ergebnissen wirkt sich in der Studie von Inbar und Bar-Or (1975) ein 15-minütiges, intervallartiges Vorbereitungsprogramm (jeweils 30 s bei 60 % der VO_{2max} und 30 s Pause im Wechsel) auf dem Laufband auf die aerobe und anaerobe Leistung bei 7-9-jährigen Jungen in einem Fahrradergometertest positiv aus. Die aerobe Zielleistung wird mit einer Belastung, die nach 4 min zum Leistungsabbruch führt, die anaerobe Zielbelastung mit einer Leistung von 35 mkg über eine Zeitspanne von 30 s realisiert. Nach einer Erhöhung der Rektaltemperatur durch die Anforderungsvorbereitung von 37,22 auf 37,74° C, also um 0,52 ± 0,19° C, ist die Maximalherzfrequenz und die Leistung nach dem Aufwärmen während der aeroben Anforderung höher als ohne vorheriges Aufwärmen. Bei der anaeroben Zielanforderung ist die Anzahl der Kurbelumdrehungen, die Gesamtleistung sowie die Maximalherzfrequenz nach dem Aufwärmen signifikant höher. Ingbar und Bar-Or (1975) schließen motivationale Einflüsse, die nicht nur, aber insbesondere für Kinder einen prinzipiell bedeutungsvollen Parameter für unmittelbare Anforderungsvorbereitungen repräsentieren, als mögliche Ursache für die Leistungsverbesserung zugunsten der physiologischen aus. Bereits in den 1968er Jahren resümiert Pyke im Hinblick auf die Aufwärmforschung:

„Even though warming up is widely accepted in practice, some of the available experimental evidence does not justify its continuance. A number of controlled studies have failed to show that preliminary activity either improves physical performance or prevents injury. Worthwide comparisons between these studies have been difficult to make due to the use of different types and intensities of preliminary activity, different types of motor performance, and different time intervals between the preliminary activity and the performance. Moreover the physiological and/or psychological functions responsible for the presumed benefits are not fully understood" (Pyke, 1968, S. 1069).

Im Gegensatz zu Ingbar und Bar-Or (1975) wird in einer eigenen Studie ein Negativeffekt auf die Laufzeit über eine Mittelstrecke durch ein Vorbereitungsprogramm nachgewiesen. Eine 10-minütige aktive Vorbereitung führt bei 9-jährigen Kindern, die regelmäßig in einem Leichtathletikverein trainieren und eine 800-m-Wettkampfleistung von 03:35 min aufweisen, zu einer Laufzeitminderung über diese Distanz (Laurischkus, 2006). Nach einem Vorbereitungsprogramm, während dem kontinuierlich im individuell gewählten Joggingtempo gelaufen wird, ist die Laufzeit (04:32 min) länger als nach einem variantenreichen, intervallartigen Vorbereitungsprogramm (Laufzeit: 04:23 min), das koordinative Übungen (u. a. Lauf-ABC) und unterschiedliche Laufformen (u. a. Slalomlauf, Sprint) enthält. Das Ergebnis dieser Studie zeigt, dass die beste 800-m-Laufzeit erreicht wird, wenn die Kinder keine aktive Vorbereitung absolvieren. Das Vorbereitungsprogramm mit Dauerbelastung (Vdau) führt bei ihnen zu einer höheren kardiologischen Beanspruchung als das variantenreiche Laufprogramm (Vvar) mit kurzen Pausen. Es sind jedoch keine bedeutenden anforderungsbedingten Differenzen zwischen den Laktatwerten zu verzeichnen: $6,4 \pm 3,6$ mmol/l (Vdau) versus $6,2 \pm 4,0$ (Vvar). Die Herzfrequenz liegt während der dauermethodischen Vorbereitung im Mittel bei $183,4 \pm 10$ Schlägen pro min, während der intervallmethodischen Vorbereitung nur bei $169,6 \pm 8,2$. Diese Differenz von 13,8 Schlägen pro min ($p \leq .001$) und die daraus resultierende differente Beanspruchung wird als mögliche Ursache für die unterschiedlichen Laufzeiten (9 s Differenz) in Betracht gezogen. Bei keinem der Vorbereitungsprogramme kann eine Erhöhung der Körperkerntemperatur erzielt werden – und dies, obwohl Kinder die Körperwärme schlechter an die Umgebung abgeben können. Nach Beendigung der Vorbereitung sind sogar reduzierte Körperkerntemperaturwerte zu verzeichnen, sodass die Temperatur ohne Anforderungsvorbereitung höher als nach einer aktiven Bewegungsphase ist.

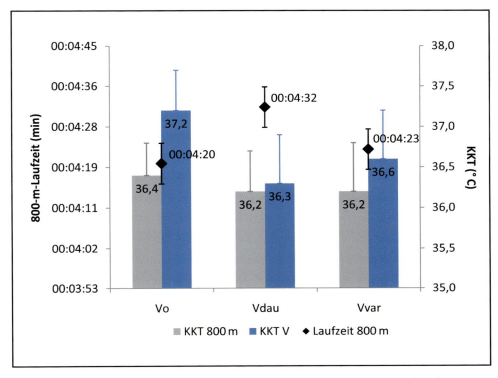

Abb. 100: Laufzeit (Rauten) über 800 m sowie Körperkerntemperatur (Balken) nach einer dauermethodischen (Vdau) und variantenreichen Laufvorbereitung (Vvar), im Kontrolltest, d. h. ohne Vorbereitung (Vo), und nach dem 800-m-Lauf

Dies signalisiert zumindest, dass Kinder auf solche vorbereitenden Laufbeanspruchungen mit einer erhöhten Wärmeabgabe reagieren, die sogar die körperliche Wärmeproduktion übersteigt. Unter Berücksichtigung der kurzen Dauer der Anforderungsvorbereitung von 10 min wird ohne Generalisierungsanspruch[111] angenommen, dass sich die thermoregulatorischen Prozesse bei Kindern in diesem engen Zeitfenster nicht sofort – und nicht so effektiv wie bei Erwachsenen – auf das Optimum einpendeln und somit noch unökonomisch funktionieren.[112] Dies ist im Rahmen von Anforderungsvorbereitungen bei sportlichen Aktivitäten von Kindern dieses Alters zu berücksichtigen.

---

111 Dazu sind weitere experimentelle Studien notwendig.
112 Zur Zeitabhängigkeit der Ökonomie thermoregulatorischer Prozesse liegen keine Ergebnisse vor.

3.7 Zur optimalen Gestaltung einer Vorbereitung

Die Gestaltung einer unmittelbaren Anforderungsvorbereitung ist von einer Vielzahl an Faktoren abhängig, wie z. B. dem Leistungsniveau, Regenerationszustand, klimatischen Bedingungen, welche die Zielanforderung, die durch unterschiedliche sportmotorische Fähigkeiten und Fertigkeiten gekennzeichnet sein kann, ganz wesentlich beeinflussen. Die Wirkungsweise dieser leistungslimitierenden Parameter ist bei der Anforderungsvorbereitung zu berücksichtigen. Beispielsweise benötigen trainierte Athleten auf Grund ihres effektiveren thermoregulatorischen Systems (Astrand & Rodahl, 1986; Wilmore & Costill, 2004) für eine Erwärmung längere und intensivere Vorbereitungsaktivitäten als weniger trainierte.

3.7.1 Zur optimalen Belastungsintensität

Da Kurzzeitanforderungen von der Muskeltemperatur und der Verfügbarkeit energiereicher Phosphate abhängig sind, stellt für diese eine muskuläre Erwärmung das vornehmliche Ziel der Anforderungsvorbereitung dar, die ein Mindestmaß an Belastungsintensität voraussetzt, um einen Muskeltemperaturanstieg zu erreichen. Dabei ist jedoch eine Ausschöpfung der Energiespeicher zu vermeiden (Bishop, 2003b). Eine zu geringe Vorbelastungsintensität führt zu keiner Leistungsveränderung (de Vries, 1959; Pyke, 1968), eine zu hohe Belastungsintensität, d. h. eine Intensität von mehr als 60 % der VO_{2max} (Sargeant & Dolan, 1987), wirkt leistungsnegativ. Eine sechsminütige Vorbereitungsdauer bei unterschiedlichen Belastungsintensitäten, d. h. explizit bei Intensitäten ≤ 60 % der VO_{2max} sowie bei Intensitäten > 60 % der VO_{2max}, führt zu folgenden Leistungsresultaten: Die Radsprintleistung verbessert sich nach Vorbereitungsaktivitäten bei weniger als 60 % der VO_{2max}, und zwar um 15 % bei 39 % der VO_{2max} und um 12 % bei 56 % der VO_{2max}. Sie vermindert sich bei Vorbelastungsintensitäten von mehr als 60 % der VO_{2max}, und zwar um 20 % bei 74 % der VO_{2max} und um 40 % bei 80 % der VO_{2max}. Wenn keine Pause zwischen der Vorbereitung und der Kriteriumsanforderung erfolgt, ist eine Vorbelastungsintensität von 40 % bis maximal 60 % der VO_{2max} optimal, um die Muskeltemperatur ohne Ausschöpfung des Energiespeichers zu erhöhen.

Vor Mittel- und Langzeitzeitanforderungen ist für trainierte Personen eine Belastungsintensität von 60-80 % der VO_{2max} optimal (Stewart & Sleivert, 1998; Bishop et al., 2001), für weniger trainierte eine noch geringere (Bruyn-Prevost & Lefebvre, 1980). Vor Langzeitanforderungen sollte eine mobilisierende, aktivierende Vorbereitung, keinesfalls eine Erwärmung, erfolgen, da eine erhöhte Körpertemperatur zu einem früheren Erreichen der kritischen Temperatur führt und zu einer thermoregulatorisch bedingten Leistungsminderung.

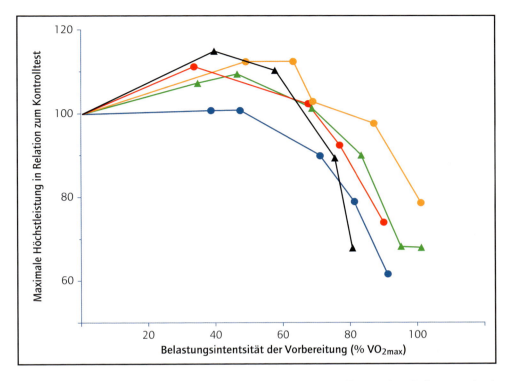

Abb. 101: Maximalleistung (Fahrradergometer) in Relation zum Kontrolltest nach Anforderungsvorbereitungen mit submaximalen Belastungsintensitäten über eine Zeitdauer von 6 min; jede Kurve repräsentiert die Ergebnisse eines Probanden (Sargeant & Dolan, 1987, S. 1478).

Diese differenzierenden Angaben[113] zu den Belastungskomponenten in Abhängigkeit von der Zielanforderung zeigen, dass es eine allgemeingültige optimale Belastungsintensität für eine aktive Vorbereitung nicht geben kann. Diese ist exogenen Parametern, wie z. B. der Zielanforderungscharakteristik, der Pausenlänge zwischen Vorbereitung und Zielanforderung, klimatischen Bedingungen und endogenen Parametern, wie z. B. dem Leistungsniveau, den individuellen psychischen und physischen Besonderheiten der Sporttreibenden, anzupassen.

---

113 Diese werden auf der Grundlage vorliegender Ergebnisse formuliert und decken gleichsam den großen Forschungsbedarf im Hinblick auf diese Thematik auf.

3.7.2 Zur optimalen Belastungsdauer

Für Kurzzeitanforderungen ist während der Vorbereitung ein zeitlicher Umfang optimal, der ausreicht, um einen Muskeltemperaturanstieg zu erzielen. Saltin, Gagge und Stolwijk (1968) empfehlen unter Berücksichtigung des Temperaturaspekts für eine Kurzzeitanforderung eine Vorbereitung über eine Zeitdauer zwischen 10 und 20 min.

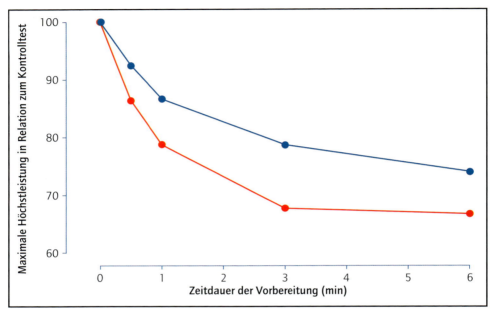

Abb. 102: Maximalleistung (Fahrradergometer) in Relation zum Kontrolltest nach Anforderungsvorbereitungen mit unterschiedlicher Zeitdauer bei einer Belastungsintensität von 98 % der VO_{2max}; jede Kurve repräsentiert die Werte eines Probanden (Sargeant & Dolan, 1987, S. 1478).

Wird die Anforderungsvorbereitung mit sehr hoher Belastungsintensität (> 90 % der VO_{2max}) absolviert, ist die Belastungsdauer entsprechend zu verkürzen. Sargeant und Dolan (1987) weisen nach, dass bei hoher Belastungsintensität mit zunehmender Vorbereitungszeit die anschließende Sprintleistung bereits innerhalb der ersten 6 min deutlich abnimmt. Nach einer Vorbereitungsdauer von nur 30 s bei 98 % der VO_{2max} ist die anschließende Sprintleistung um 10 % geringer. Der Leistungsabfall erhöht sich mit zunehmender Vorbereitungsdauer weiter bis auf 84 % nach 6 min. Für Mittel- und Langzeitanforderungen wirkt eine Vorbereitungsdauer von mindestens 10 min bei einer Belastungsintensität von 60-80 % der VO_{2max} leistungssteigernd (Franks, 1983). Die Vorbereitungsdauer und -intensität beeinflussen sich demnach – wie die Belastungskomponenten generell – auch in diesem Kontext gegensinnig. Eine generalisierende Empfehlung zur optimalen Dauer und somit auch zur optimalen Intensität kann es auf Grund der Komplexität der beeinflussenden Parameter nicht geben.

3.7.3 Zur optimalen Belastungspause

Die optimale Gestaltung der Pause zwischen Anforderungsvorbereitung und Zielbelastung ist mit dem Anspruch verbunden, die Pause einerseits nicht zu lang zu wählen, um von den durch die aktive Vorbereitung induzierten physiologischen Effekten profitieren zu können, andererseits auch nicht zu kurz, um eine ausreichende Regeneration garantieren zu können. Vor Kurzzeitanforderungen stellt die Wiederauffüllung der (Kreatin-)Phosphatspeicher, die eine zeitliche Dauer von ca. 5 min erfordert (Dawson et al., 1997; Harris et al., 1976), das Primärziel der Erholungspause zwischen Anforderungsvorbereitung und Kriteriumsleistung dar. Ein Absinken der Muskeltemperatur, die spätestens 15-20 min nach Beendigung der vorbereitenden Aktivität wieder das Ausgangsniveau erreicht (Saltin et al., 1968), ist möglichst zu vermeiden, denn damit würden die anforderungsbedingten Positiveffekte nivelliert.[114]

Nach einer Vorbelastung mit einer Intensität von 87 % der VO_{2max} über eine Zeitdauer von 6 min beträgt die direkt im Anschluss – ohne Pause – absolvierte Radsprintleistung lediglich 32 % des individuellen Maximums, das im Kontrolltest erreicht wird (Sargeant & Dolan, 1987). Nach 1 min Pause werden bereits die gleichen Leistungen wie im Kontrolltest erreicht, nach 3 min vergleichsweise eine um 10 % und nach 6 min eine um 9 % höhere Leistung.

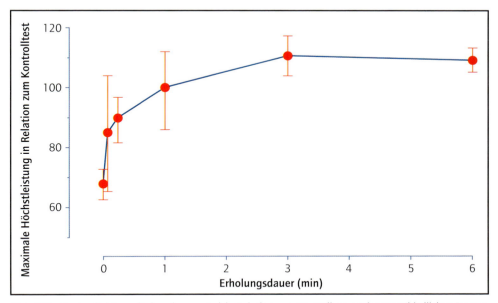

Abb. 103: Maximalleistung (Fahrradergometer) in Relation zum Kontrolltest nach unterschiedlichen Pausenzeiten nach 6 min aktiver Vorbereitung bei 87 % der VO_{2max} (n = 4) (Sargeant & Dolan, 1987, S. 1478)

---

114 Dass der „Anhalteeffekt" 20-30 min betrage (Weineck, 2007, S. 949), ist widerlegt.

Auch Stull und Clarke (1971) bestätigen die schnell wiederabrufbare, maximale Leistungsfähigkeit: 70 s nach einer Maximalbelastung beträgt die Erholung bereits 98 %. Nach Israel (1977) und Bishop (2003b) hingegen, die keine eigenen Studien zu dieser Thematik publiziert haben, beträgt die optimale Pausendauer vor Kurzzeitanforderungen zwischen 5 und 15 min; eine Zeitspanne, die sich nach den dargestellten experimentellen Untersuchungen als zu lang erweist. Wenn keine Pause nach einer Anforderungsvorbereitung (6 min bei 87 % der VO_{2max}) erfolgt, beträgt der Leistungsabfall 32 %, nach einer ca. einminütigen Pause liegt die Maximalleistung wieder annähernd bei 100 %. In der Pause nach einer Vorbereitung auf Mittel- oder Langzeitanforderungen sollte aus genannten Gründen eine Reduktion der Sauerstoffbaseline vermieden werden: Somit empfiehlt sich eine Pause von maximal 5 min.

3.7.4 Zur optimalen Spezifik

Auch zum Einfluss der Auswirkungen der Sportart- bzw. Disziplinspezifik während der Anforderungsvorbereitung liegen wenige Studien vor, sogar weniger als zum Einfluss der Belastungskomponenten. Für Kurzzeitanforderungen ist in diesem Zusammenhang das vorliegende Datenmaterial unzureichend. So wird in der Studie von Pyke (1968) der Effekt dreier Vertikalsprünge, die mit maximaler Intensität durchgeführt werden, auf einen anschließenden Vertikalsprung als Kriteriumsleistung untersucht. Die Vorbereitung ist zwar bewegungsspezifisch, die Belastungsintensität in diesem Fall aber unzureichend, denn hierdurch steigt weder die Muskeltemperatur an noch wird die posttetanische Potenzierung erhöht (Güllich & Schmidtbleicher, 1996). Auch für Mittel- und Langzeitanforderungen liegen nur wenige Studien vor, in denen der Effekt spezifischer Vorbereitungsmaßnahmen auf die Zielleistung untersucht wird. Eine disziplinspezifische Vorbereitung bei 65 % der VO_{2max} einschließlich fünf 10-sekündige Sprints bei 200 % der VO_{2max}, zwischen denen jeweils 50 s lang aktive Pausen bei 55 % der VO_{2max} absolviert werden, führt im Kajakfahren zu einer höheren Leistung als eine moderate Vorbereitung bei einer Belastungsintensität von 65 % der VO_{2max} (Bishop et al., 2003b). Da in dieser Studie keine Differenzen im Sauerstoffdefizit nach der Vorbereitung bestehen, wird die Leistungssteigerung nach dem intensiveren Vorbereitungsprogramm in erster Linie auf die verbesserte neuromuskuläre Aktivierung zurückgeführt. Im Gegensatz dazu stellen sich im Schwimmen spezifische Vorbereitungen im Vergleich zu allgemeinen nicht als leistungspositiver heraus. In den Untersuchungen von Mitchell und Huston (1993) sowie Houmard et al. (1991) führen die Vorbereitungsprogramme mit höheren spezifischen Intensitäten (4 x 46 m mit jeweils 1 min Pause) zu keinen besseren Resultaten als die disziplinunspezifischen Vorbereitungen. Einschränkend ist anzumerken, dass Houmard et al. (1991) nicht die Schwimmzeit, sondern die Zyklusdistanz als abhängige Variable wählen, Mitchell und Huston (1993) hingegen die Leistung bis Abbruch im stationären Schwimmen (Schwimmkanal) untersuchen.

In der Studie von Billat et al. (2000) ergibt sich ein negativer Effekt nach einer disziplinspezifischen Vorbereitung, der jedoch im Studiendesign begründet liegt: Die Kriteriumsleistung (90 % der VO_{2max}) wird durch eine spezifische Vorbereitungsmaßnahme, während der die Probanden jeweils im Wechsel 30 s lang bei 50 und 100 % der VO_{2max} bis zur Ermüdung belastet werden, negativ beeinflusst – im Gegensatz zu einem allgemeinen und deutlich weniger intensiven Programm. Das spezifische Vorbereitungsprogramm ist in diesem Fall auf Grund der hohen Belastungsintensität und der großen Vorbelastungsdauer zu intensiv gewählt und somit ermüdend. Die gemessenen Laktatwerte bestätigen dies: Es werden 7,4 mmol/l Laktat nach dem spezifischen vs. 1,8 mmol/l nach dem allgemeinen Vorbereitungsprogramm gemessen. Dass eine zu hohe Belastungsintensität bei der sportlichen Vorbereitung zu einer negativen Beeinflussung der Zielanforderung führt, bestätigen auch Bishop et al. (2001) und bedarf an dieser Stelle keiner weiteren Erläuterung.

Die Ergebnisse zum Effekt von sportart- bzw. disziplinspezifischen Belastungskomponenten während eines Vorbereitungsprogramms sind somit uneinheitlich. Ursache für den nachgewiesenen Negativeinfluss ist eine zu hohe Belastungsintensität während der Anforderungsvorbereitung, nicht die Bewegungsspezifik. Trotz der fragmentarischen Forschungslage zum Aspekt der Bedeutung der Bewegungsspezifik innerhalb der Anforderungsvorbereitung, wird sich – an dieser Stelle plausibilitätsgestützt – an die Aussage von Franks (1983) angelehnt, dass bei adäquater Gestaltung ein spezifisches Vorbereitungsprogramm zusätzliche ergogene Effekte bewirken kann. Die Notwendigkeit einer bewegungsspezifischen Anforderungsvorbereitung scheint für die technisch-koordinative Einarbeitung unverzichtbar und sportarten- bzw. disziplinabhängig von unterschiedlicher Bedeutung zu sein. Über den zeitlichen Proporz spezifischer und unspezifischer Anteile während der Vorbereitungsphase liegen keine relevanten Studien vor. Bei optimaler Berücksichtigung der Belastungskomponenten deutet bislang nichts darauf hin, dass sich die Integration bewegungsspezifischer Anteile in die Anforderungsvorbereitung nachteilig auswirken könne.

3.7.5 Fazit

Kurzzeitanforderungen werden negativ beeinflusst, wenn die Aufwärmintensität zu hoch und/oder die Regenerationszeit in der Pause zu kurz ist, sodass die Verfügbarkeit energiereicher Phosphate reduziert ist. Eine zu niedrige Belastungsintensität wirkt sich nicht leistungsförderlich, sondern leistungsneutral aus, weil sie keine ausreichende Mobilisation für die Zielanforderung, vor allem keine muskuläre Erwärmung induziert. Um Kurzzeitanforderungen durch eine aktive Vorbereitung positiv zu beeinflussen, d. h., um die Zielanforderung mit einer erhöhten Muskeltemperatur und einem ausreichend resynthetisierten Energiespeicher zu beginnen, ist demnach eine ausreichend intensive und lange, aber nicht ermüdende Belastungsintensität und -dauer zu wählen und auf eine adäquate Pause zu achten. Für Kurzzeitanforderungen eignet sich somit als Vorbereitungsmaßnahme ein Aufwärmen[115], das durch eine Belastungsintensität von 40-60 % der VO_{2max}, eine Zeitdauer von 5-10 min sowie eine anschließende fünfminütige Pause bis zur Kurzzeitanforderung gekennzeichnet ist. Eine Anforderungsvorbereitung beeinflusst Mittel- und Langzeitleistungen positiv, vorausgesetzt, der Sporttreibende kann diese mit erhöhter Sauerstoffbaseline in ermüdungsfreiem Zustand und ohne erhöhte Körperkerntemperatur absolvieren. Ein Aufwärmen ist somit als Vorbereitung auf eine Mittel- und Langzeitanforderung zu vermeiden. Für eine positive Beeinflussung von Mittel- und Langzeitanforderungen ist die Belastungsintensität, -dauer und die anschließende Pause so zu gestalten, dass das Sauerstoffdefizit zu Zielbelastungsbeginn minimiert und damit anaerobe Kapazitäten für die Zielanforderung geschont werden. Wie auch bei Kurzzeitanforderungen ist während der Vorbereitungsmaßnahme eine Ermüdung generell zu vermeiden. Es empfehlen sich nach Bishop (2003b) Belastungsintensitäten von 60-70 % der VO_{2max} für eine Zeitdauer von 5-10 min, gefolgt von einer Pause, die maximal 5 min betragen sollte. Disziplinspezifische Belastungskomponenten können generell zusätzliche Positiveffekte bewirken.

3.8 Gesamtfazit: Aufwärmen

Die Erhöhung der Körperkerntemperatur stellt für Kurz-, Mittel- und Langzeitanforderungen eine leistungsnegative Maßnahme dar. Dies steht im Gegensatz zu bisherigen Auffassungen, Begriffsbestimmungen und Definitionen zum Aufwärmen (Israel, 1977; Freiwald, 1993; Schiffer, 1997; Röthig & Prohl, 2003; Weineck, 2007 u. a.). Die Erhöhung der Körperkerntemperatur wirkt sich auf die körperliche Leistungsfähigkeit[116], insbesondere auf die ausdauernde, negativ aus (Jessen, 2001) – dies ergibt sich aus den thermoregulatorischen Grundprinzipien des menschlichen Organismus, der nicht wie einige wechselwarme Lebewesen eine Erwärmung benötigt, um in hohem Maße leistungsfähig zu sein. Auch für die Verletzungsprophylaxe ist die Körperkerntemperaturerhöhung keine zwingende Voraussetzung, allenfalls aktivierende Vorbelastungen. Auf die Negativwirkung von Wärme- bzw. „Hitzebelastung" in Kombination mit körperlichen Anforderungen weist bereits der Arbeitsphysiologe Seifert hin:

„Eine bei hoher Hitzebelastung noch ausgeglichene Energiebilanz besagt zwar, daß der Körper in der Lage ist, durch seine physiologische Temperaturregulation (...) die Vorgänge im Gleichgewicht zu halten. Diese innere, autonome Regulation erfolgt aber auf Kosten von Kreislaufarbeit und chemischen Zustandsänderungen, welche die menschliche Leistungsfähigkeit herabsetzen" (Seifert, 1966, S. 7).

---

[115] Die Vorbereitung auf Kurzzeitanforderungen wird mit der Intention der Erhöhung der Muskeltemperatur, nicht der Körperkerntemperatur, durchgeführt, sodass die Bezeichnung *Aufwärmen* für die gewählte Anforderungsvorbereitung seine Berechtigung findet.

[116] Und dies nicht nur im sportlichen Kontext, wie die arbeitsphysiologischen Forschungsaktivitäten zeigen.

Das oftmals angeführte Argument, bei erhöhter Körperkerntemperatur liefen die Stoffwechsel- bzw. enzymatischen Prozesse mit höherem Wirkungsgrad ab, wird von den leistungsbeeinträchtigenden Folgen der thermoregulatorischen Prozesse zur Wärmeabgabe bei körperlicher Aktivität bzw. ansteigender Körperkerntemperatur entkräftet. Auf Grund der physiologisch begründeten und experimentell nachgewiesenen Sachlage, dass eine Erhöhung der Körperkerntemperatur einen leistungsnegativen Parameter für körperliche Anforderungen darstellt, insbesondere für diejenigen mit Ausdauercharakter, ist die Deklarierung der Körperkerntemperaturerhöhung als Ziel der Vorbereitung auf eine sportliche Anforderung nicht mehr haltbar. In diesem Zusammenhang stellt sich die Frage nach der generellen Legitimation des Begriffs *Aufwärmen* als Sammelbegriff für Vorbereitungsmaßnahmen. Die Intention einer optimalen Anforderungsvorbereitung ist nicht die Erhöhung der Körperkerntemperatur, sondern ein geringfügiges Absenken der Körperkerntemperatur oder eine Reduktion bzw. Vermeidung ihres belastungsbedingten Anstiegs. Die Erwärmung der Muskulatur allerdings, die mit relativ geringer Belastungsintensität und -dauer zu erreichen ist, jedoch auch schnell wieder abklingt, stellt für Kurzzeitanforderungen eine positive Leistungsvoraussetzung dar. Das Aufwärmen als eine der thermoregulatorischen Vorbereitungsmaßnahmen bezieht sich somit ausschließlich auf die Erhöhung der Muskeltemperatur; seine Reichweite ist somit auf Kurzzeitanforderungen limitiert. Dies bedeutet im Rahmen einer präzisen Terminologie, dass *Aufwärmen* nicht den Dachbegriff für sämtliche Vorbereitungsmaßnahmen bildet, sondern neben dem Precooling eine der möglichen thermoregulatorischen Maßnahmen darstellt. Der Begriff ist daher nicht aus dem sportwissenschaftlichen Vokabular zu eliminieren, sondern unter Berücksichtigung der limitierten Reichweite des *Aufwärmens* sinngemäß nur für Maßnahmen zu verwenden, die eine Temperaturerhöhung, explizit eine Muskeltemperaturerhöhung, induzieren. *Sich aufzuwärmen*, erlangt somit auch aus der sportpraktischen Perspektive eine modifizierte Bedeutung.

Ein Vorbereitungsprogramm vor Mittel- oder Langzeitanforderungen im Rahmen von Training und Wettkampf in Anwendungsfeldern wie dem Leistungssport, aber auch Fitness-, Gesundheits-, Alters- oder Schulsport, verallgemeinernd als *Aufwärmen* zu bezeichnen, ist expressis verbis falsch, und ein solches in praxi als *Aufwärmen* durchzuführen, leistungsineffektiv oder auch -negativ.

Unter *Aufwärmen* versteht man zusammengefasst diejenigen Maßnahmen, die unter Vermeidung einer Erhöhung der Körperkerntemperatur zu einem Anstieg der Muskeltemperatur führen. Dafür darf die Belastungsintensität und -dauer während der Vorbereitung nicht zu hoch und lang sein, denn nur dann kann die Wärme, die zeitlich verzögert von der Muskulatur abgegeben wird, ohne großen Aufwand wieder an die Peripherie und Umgebung abgeführt werden. Ist die muskuläre Wärmeproduktion jedoch zu groß, übersteigt diese längerfristig die körperliche Wärmeabgabe, sodass es zu einem leistungsnegativen Anstieg der Körperkerntemperatur kommt. Geht mit der Muskelerwärmung also eine Körperkerntemperaturerhöhung einher, wirkt sich diese besonders auf Mittel- und Langzeitanforderungen leistungsbeeinträchtigend aus. Genau hier findet das Precooling vor Zielanforderungen Anwendung: Durch die Kälteapplikation wird ein Anstieg der Körperkerntemperatur vermieden, je nach Kälteapplikationsintensität auch reduziert. Dieser Temperaturvorteil wirkt sich auf die nachfolgende körperliche Anforderung positiv aus – dies ist empirisch belegt.

Es sind somit als thermoregulatorische Vorbereitungsmaßnahmen, das Aufwärmen, d. h. die Muskelerwärmung, und das Precooling zu differenzieren. Diese grenzen sich von den thermoneutralen Vorbereitungsmaßnahmen ab, die weder zu einer Muskel-, vor allem nicht zu einer Körperkerntemperaturerhöhung, noch zu einer Abkühlung führen. Die thermoneutralen Vorbereitungsaktivitäten, wie z. B. Dehnen, mentale Vorbereitung und technisch-koordinatives Einarbeiten, können im Rahmen einer Anforderungsvorbereitung ein Aufwärmen oder Precooling ergänzen oder auch den Hauptbestandteil darstellen, d. h. in komplettierender oder autonomer Form durchgeführt werden.

Der Einsatzbereich des (Muskel-)Erwärmens beschränkt sich auf Kurzzeitanforderungen, die in der Regel durch schnellkraftdominante Aktionen wie Sprünge, Würfe, Sprints etc. charakterisiert sind (Bishop, 2003b). Als eine weitere, effektive thermoregulatorische Maßnahme hat sich das Precooling erwiesen, das in größtem Ausmaß bei Ausdaueranforderungen zu Leistungsverbesserungen führt, und dies umso mehr, je wärmeabgabebeeinträchtigender die klimatischen Bedingungen wirken. Die Komponenten der thermoregulatorischen Vorbereitung stehen in keinem hierarchischen Konnex und schließen sich auch nicht gegenseitig aus: Eine Muskelerwärmung kann durchaus während (dies ist durch die Teilkörperkaltluft- und Kältewestenkühlung möglich), vor oder nach einer Precoolingvariante erfolgen, aber auch autonom. Dies gilt genauso für die Kühlungsmaßnahmen sowie für die thermoneutralen Vorbereitungen.

Alle Vorbereitungsvarianten sind mit dem Anspruch einer adäquaten Dosierung der Belastungskomponenten verknüpft. Bei der Muskelerwärmung beispielsweise ist eine Vorbelastung zu realisieren, die gleichsam ein Mindestintensitätsquantum zur Auslösung entsprechender Positiveffekte und ein Höchstintensitätsquantum zur Ermüdungsvermeidung impliziert. Allzu oft werden Anforderungsvorbereitungen planlos, unsystematisch, nicht zielgerichtet, improvisiert sowie ritualisiert durchgeführt. Infolgedessen werden sie häufig nicht situationsadäquat, d. h. nicht an exogene und endogene Beeinflussungsparameter angepasst, praktiziert.

Während bereits Robinson und Heron in den 1920er Jahren (1924) auf die schwierige Gratwanderung der optimalen Gestaltung einer sportlichen Anforderungsvorbereitung hingewiesen und bereits das Kernprinzip formuliert haben, sind die Erkenntnisse, die in theorie- und praxisorientierten sportwissenschaftlichen Lehrbüchern nachzulesen sind, heute noch lückenhaft.

Dies wird insbesondere daran deutlich, dass in der Regel eine explizite Quantifizierung der Belastungskomponenten für Anforderungsvorbereitungen ausbleibt. Die Erkenntnisdefizite umschließen Grund- und Anwendungsfragen. Demzufolge bestehen auch in der sportlichen Praxis – nicht nur zum konkreten Umgang mit exogenen Parametern, wie dem Umgebungsklima – Wissenslücken und Unsicherheiten, die auch durch tradierte Erfahrungswerte nicht kompensiert werden können.

„Alle Maßnahmen stützen sich in der Regel auf Erfahrungen, die über Jahrzehnte von den Sportlern selbst und Trainern gesammelt wurden. Viele der Verhaltensweisen im Aufwärmen haben sich dabei so verselbständigt, dass der Sinn und Zweck der Maßnahmen vielen Sporttreibenden schon gar nicht mehr bewusst wird: Man macht's halt so, weil's immer schon so gemacht worden ist" (Knebel, 2005, S. 114).

Die bedeutungsvollen und unverzichtbaren Erfahrungswerte sind mit dem Wissensfortschritt zu verzahnen. In diesem Zusammenhang stellt insbesondere ein *Update* der Aufwärmprogramme auf die Anforderungsvorbereitungsthematik, das nicht nur terminologische, sondern auch anwendungsorientierte Aspekte deutlich erweitert, eine besondere Herausforderung im Rahmen von Leistungsoptimierungen dar. Abschließend wird eine aktualisierte Begriffsbestimmung von Aufwärmen und Anforderungsvorbereitung vorgenommen.

Aufwärmen: Das Aufwärmen ist neben dem Precooling eine thermoregulatorische Vorbereitungsmaßnahme und stellt ein Element der sportlichen Anforderungsvorbereitung dar. Es umfasst alle Maßnahmen zur Erhöhung der Körpertemperatur. Während eine Erhöhung der Körper*kern*temperatur während der Vorbereitungsaktivität auf nachfolgende sportliche Anforderungen leistungsnegativ wirkt, übt ein Anstieg der *Muskel*temperatur (Muskelerwärmung) auf Kurzzeitanforderungen (schnelligkeits-, schnellkraft- und beweglichkeitsdominante Anforderungen) einen leistungspositiven Effekt aus. Die Pausenlänge zwischen der Muskelerwärmung und der Kurzzeitanforderung sollte nicht länger als 5 min sein. Die Muskelerwärmung kann aktiv durch Muskelarbeit erfolgen, ggf. passiv durch exogene Maßnahmen, wie heißes Duschen, Massage, Diathermie etc. ergänzt werden – im Sinne einer Wärmekonservierung (z. B. in Pausen), sind jedoch, wenn überhaupt, mit größter Vorsicht anzuwenden, denn sie führen in erster Linie zur peripheren Erwärmung und infolgedessen zu einer vasodilatationsinduzierten Blutumverteilung zuungunsten der Muskulatur. Vorbereitungsmaßnahmen, die zu keiner Temperaturveränderung führen, verstehen sich nicht als erwärmende, sondern als thermoneutrale Vorbereitung (z. B. Dehnen, taktische, psychische Vorbereitung, Aktivierung der Funktionssysteme). Vorbereitungsmaßnahmen, die eine Temperaturreduktion induzieren, nennt man *Precooling*.

TEMPERATUR UND SPORTLICHE LEISTUNG

Anforderungsvorbereitung: Die Anforderungsvorbereitung umfasst alle planmäßigen und systematischen Maßnahmen, die mit der Intention durchgeführt werden, den Sporttreibenden physisch und psychisch auf eine unmittelbar bevorstehende, körperliche Anforderung in Training oder Wettkampf einzustellen. Hierbei werden die leistungslimitierenden Funktionssysteme aktiviert, um den Organismus aus dem Ruhezustand heraus in Betriebsbereitschaft zu setzen und dadurch die körperliche Leistungsfähigkeit und auch die Leistungsbereitschaft zu Belastungsbeginn zu erhöhen. Zu den Basismaßnahmen der Anforderungsvorbereitung gehören, die je nach praktizierter Dauer und Intensität den muskelerwärmenden und/oder thermoneutralen bzw. abkühlenden Maßnahmen zugeordnet werden:

- *Auslösen einer optimalen Leistungsbereitschaft und Lenkung der Konzentration auf die bevorstehende Anforderung,*
- *Aktivierung leistungslimitierender Funktionssysteme,*
- *Steuerung der Körpertemperatur (Haut-, Muskel-, Körperkerntemperatur) durch temperaturerhöhende (Aufwärmen) und/oder reduzierende Maßnahmen (Precooling),*
- *koordinativ-technische Einarbeitung,*
- *taktische Vorbereitung,*
- *materielle Vorbereitung.*

Eine Erhöhung der Körper*kern*temperatur sowie eine Vorermüdung sind während der Anforderungsvorbereitung zu vermeiden.

Vor Kurzzeitanforderungen wirkt eine Muskelerwärmung leistungspositiv. Vor Mittel- und Langzeitausdaueranforderungen wirken sich Precoolingmaßnahmen leistungsverbessernd aus. Je länger die sportliche Anforderung und je wärmebelastender die Umgebungsbedingungen, desto bedeutsamer und effektiver sind precoolingmethodische Vorbereitungen.

4 Generalisierung und Differenzierung

4.1 Generalisierung

Die Grundfrage dieser Arbeit, ob und unter welchen Bedingungen eine kontrollierte Temperatursteuerung in sportlichen Kontexten leistungsförderlich wirksam wird, ist mit einer relativen Vielzahl von internationalen und eigenen Studien überprüft worden. Die Ergebnisse dieser Studien weisen in die gleiche Richtung. Es wird nicht beansprucht, dass ihre Allgemeingültigkeit damit als bewiesen gilt. Aber es wird der Anspruch erhoben, dass von ihrer Gültigkeit so lange auszugehen ist, bis diese These in Einzelfällen oder in Gänze falsifiziert ist. Zur Klärung der Frage, wie allgemeingültig diese Ergebnisse sind, ist die Bestimmung ihrer Reichweite unabdingbar. Dafür ist die Bewährung in der Praxis – trainingswissenschaftlich formuliert – die eine Seite; die Differenzierung ihrer Variationsbreite in unterschiedlichen Anwendungsbereichen die andere. Die Praktiken des Vorkühlens als thermoregulatorische Anforderungsvorbereitung haben – zumindest bzw. insbesondere im deutschsprachigen Gebiet – eine bislang eher geringe Anwendungsakzeptanz. Dafür kann eine Vielzahl an Ursachen angeführt werden, wovon die vermutlich bedeutendsten die folgenden sind:

- *Diese Thematik ist neu und war bislang mit den heutigen technischen Möglichkeiten noch nicht in der Trainings- und Wettkampfpraxis verankert. Es besteht oftmals Skepsis – in der Regel so lange, bis man von der Effektivität überzeugt ist, auch deshalb, weil sich nur wenige mit dieser Thematik auseinandergesetzt haben und die Ergebnisse, die bislang im deutschsprachigen Raum kaum verbreitet sind, für nicht in die Thematik Eingearbeitete überhaupt nicht erwartungskonform sind.*
- *Die Akzeptanz der Temperaturthematik führt dazu, dass man als Wissenschaftler, Trainer, Athlet feststellen muss, bislang recht unkritisch mit der Aufwärm- bzw. Anforderungsvorbereitungsthematik umgegangen zu sein. Dieses Eingeständnis wird weniger auf intellektueller Zugangsebene erschwert, sondern vielmehr auf emotionaler. Dies erschwert oder verhindert, sich für diese, mit dem tradierten Wissen konkurrierende Thematik in Theorie und Praxis zu öffnen.*
- *Die Einführung dieser Thematik soll die bislang genutzten Praktiken nicht als falsch verurteilen. Das Alte ist immer Voraussetzung für das Neue. Weiterentwicklungen, aber auch Falsifikationen, verleihen den „alten Theorien" kein Negativurteil, sie sind auch nicht weniger wert (vgl. Popper, 2000). Für den Innovationsprozess ist es geradezu notwendig, Theorien weiterzuentwickeln, dazu gehört auch, ggf. alte zu falsifizieren, neue Ideen zu produzieren und in ihrer Effektivität zu prüfen. Hinter modifizierten, korrigierten und vielleicht auch falsifizierten Theorien stehen immer auch Wissenschaftler. Für das wissenschaftliche Prozedere ist es unabding-*

lich, auch Falsifikationen eigener Theorien, nicht nur diejenigen anderer, zu akzeptieren, nicht ungeprüft abzulehnen oder deren Weiterentwicklung zu hemmen. Nur so kann der Innovationszug rollen.

Insbesondere die Thematik des (Pre-)Coolings ist als eine Erweiterung der leistungsbeeinflussenden Maßnahmen zu verstehen: Sie ergänzt den Maßnahmenkatalog der unmittelbaren Anforderungsvorbereitung auf das Training oder den Wettkampf im Leistungssport sowie auf sportliche Anforderungen generell, damit auch in weiteren Anwendungskontexten (Gesundheits-, Schul- und Alterssport). Bislang wurden die vorbereitenden Maßnahmen terminologisch in erster Linie als *Aufwärmen* zusammengefasst und die thermoregulatorischen Maßnahmen oftmals darauf reduziert. Dass die Wirkungsweise der körperlichen Erwärmung thermoregulatorisch weniger effektiv ist, als angenommen, einige ihr zugewiesene Positiveffekte keine empirische Basis haben, sogar widerlegt sind, erzwingt die Notwendigkeit, diese Thematik neu zu beleuchten.

Precooling hat sich, als eine der thermoregulatorischen Maßnahmen vor sportlichen Anforderungen, als leistungspositiv und beanspruchungsreduzierend erwiesen. Auch wenn es in dieser recht jungen Thematik noch einige Forschungslücken zu konstatieren gilt, ist die grundsätzliche Wirkungsweise eindeutig. Die Maßnahmen der Kühlung gilt es folglich, in den Maßnahmenkatalog der Anforderungsvorbereitung zu integrieren. Dieser *Integrationsprozess* soll die Aufwärmmaßnahmen – zur Erhöhung der Muskeltemperatur – nicht aus dem Katalog der sportlichen Vorbereitungsmaßnahmen eliminieren. Das Precooling ist als eine, neben dem Aufwärmen, koexistierende thermoregulatorische Maßnahme zu verstehen, für die experimentell eine deutlich größere Reichweite nachgewiesen ist als für die Erwärmung der Muskulatur und insbesondere des Körperkerns.

Generell ist zu berücksichtigen, dass auf Grund der hohen Komplexität von sportlichen Leistungen eine Vielfalt (leistungs-)beeinflussender Parameter auf die sportliche Leistungsfähigkeit einwirkt. Die dem Aufwärmen nach traditionellem Verständnis zugeschriebenen Wirkungen halten einer wissenschaftlichen Prüfung nicht generell stand; sie sind vor allem nicht generalisierbar.

Im Folgenden wird auf spezielle Aspekte von Kühlungsmaßnahmen (Kälteapplikationen) eingegangen und im Sinne einer Beschränkung der allgemeinen Reichweite auf generalisierende und differenzierende Aspekte Bezug genommen werden. Denn es gilt – wie auch für andere Vorbereitungsmaßnahmen –, dass das Precooling nicht generell, d. h. nicht für jedes Leistungsniveau, nicht unter allen klimatischen Bedingungen, nicht vor allen motorischen Anforderungen u. v. m. in gleicher Weise Wirkung entfaltet. Vor allem ist aber die Wirkung der differenten Kühlungsmaßnahmen mittels Kaltwasser, Kaltluft oder Kälteweste unterschiedlich, und durch die Variation von Kälteapplikationsdauer, -temperatur und -modus (PCpräV, PCsimV, PCpostV, PCoV u. a.) können wiederum differente Wirkungsrichtungen und -ausmaße nachgewiesen werden.

4.2 Differenzierung

4.2.1 Geschlechtsspezifik

Es liegen bislang keine Studien vor, in denen explizit der geschlechtsspezifische Einfluss auf die Wirkung von Coolingmaßnahmen untersucht worden ist. Allerdings ist die Forschungsthematik der Kälteapplikation im sportlichen Kontext noch recht jung, sodass zweifelsohne noch nicht alle Forschungsfragen beantwortet sein können. Eine genaue Analyse geschlechtsspezifischer Effektdifferenzen nach Kälteapplikationen ist insofern erschwert, als

- *einerseits Leistungsergebnisse und Angaben zu physiologischen Parametern in denjenigen Studien, an denen Männer und Frauen teilnehmen, nicht männer- und frauenspezifisch dargestellt werden, und*
- *andererseits an den meisten Kälteapplikationsstudien ausschließlich Männer die Probandenklientel repräsentieren.*

Die Reanalyse der im Rahmen dieser Arbeit dargestellten nationalen und internationalen Studien, die geschlechtsspezifische Leistungsresultate signalisieren (Myler et al., 1989; Arngrimsson et al., 2004), aber von den Autoren jeweils nicht unter diesem speziellen Gesichtspunkt ausgewertet oder interpretiert wurden, soll den geschlechtsspezifischen Aspekt im Folgenden differenzierend aufgreifen. Während bei Männern und Frauen grundsätzlich biologische Unterschiede, wie z. B. am weiblichen Zyklus deutlich wird, zu konstatieren sind, die auch Auswirkungen auf die Körpertemperatur haben, liefert diese Tatsache noch keine physiologische Begründung dafür, a priori von einer differenten Wirkrichtung durch Kältemaßnahmen auszugehen, sondern bestenfalls von einem unterschiedlichen Wirkungsausmaß. Die Primäranalyse eigener, die Sekundäranalyse internationaler Studien und deren gesamtretrospektive Datenberechnung führt zusammenfassend zu dem Ergebnis, dass keine systematischen geschlechtsspezifischen Unterschiede quantitativer oder qualitativer Art in den Effekten von Kühlungsmaßnahmen bestehen. Dies wird nachfolgend exemplarisch dargestellt.

Arngrimsson et al. (2004) stellen in ihrer Studie zum Effekt einer Kältewestenapplikation auf die 5-km-Laufzeit Leistungsverbesserungen von 11 s (0,88 %) bei den Frauen (n = 8) und von 13 s (1,3 %) bei den Männern (n = 9) fest. Allerdings sind die geschlechtsspezifischen intraindividuellen Leistungsverbesserungen im Vergleich zum Kontrolltest ebenso wie der Leistungszuwachs im Vergleich von Männern und Frauen, somit die interindividuellen Leistungssteigerungen, nicht signifikant (p > .05).[117] Es sind keine unterschiedlichen Wirkungen auf die Leistung, vor allem keine konträre thermoregulatorische

---

[117] Die statistische Signifikanz erlangt bei kleinen Stichproben, die für den Hochleistungssport charakteristisch sind, keine übergeordnete Bedeutung. Zum „Stichprobenproblem des Hochleistungssports" vgl. Hohmann et al. (2007, S. 35).

Wirkungsrichtung nach oder während der Kühlungsmaßnahme bei den untersuchten Männern und Frauen auszuweisen. Neben der identischen Wirkrichtung der Kühlungsmaßnahmen bei Männern und Frauen differiert auch das Wirkungsausmaß nicht.

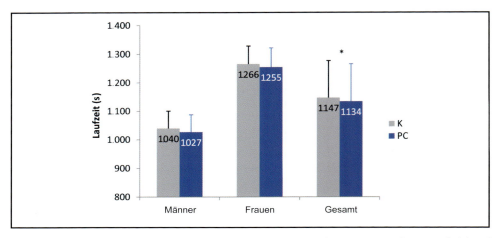

Abb. 104: Laufzeit (5-km-Lauftest; Laufband) der Männer, Frauen und Gesamtgruppe im Kontroll- (K) und Precoolingtest (PC); nach Daten von Arngrimsson et al. (2004)

In der Studie von Myler et al. (1989), in der die Ruderleistung im 6-min-Maximaltest abgefordert wird, stellen sich wiederum keine großen Unterschiede in der Leistungszunahme zwischen Männern (n = 7) und Frauen (n = 5) – jeweils Leistungssportler – nach einer sechsminütigen Precoolingmaßnahme (PCpostV mittels Eispackungen) heraus. So steigern sich die Männer während der Maximalanforderung auf dem Ruderergometer um 14,00 ± 23,97 m (0,8 %), die Frauen um 19,40 ± 19,93 m (1,3 %), jeweils p > .05. Die Leistungsverbesserung ist demnach in dieser Studie – im Gegensatz zu Arngrimsson et al. (2004) – bei den Frauen geringfügig höher als bei den Männern, und die Differenz in der Leistungsverbesserung von 5,4 m zugunsten der Frauen bei diesem hohen Leistungsniveau von größerer Bedeutung, aber bislang ein singuläres Ergebnis. Tendenziell profitieren also die Ruderinnen vom applizierten Precooling im Hinblick auf eine Leistungsverbesserung mehr als die Männer, doch kann auf Grund dieser einen Studie das Resultat in dem Sinne, dass Frauen im (Hoch-)Leistungssport generell stärker auf ein Precooling ansprechen als Männer, nicht als allgemeingültig erklärt werden. Die Vermutung, dass die Frauen deshalb mehr von einem Precooling profitieren – verdeutlicht anhand der höheren Leistungssteigerung –, weil sie über ein geringeres relatives Leistungsniveau als Männer und somit über potenziell größere Leistungsreserven verfügen, scheint insbesondere im Anwendungsfeld des Leistungssports nicht zuzutreffen. Diese Frage tangiert auch unmittelbar den Aspekt der kontrovers diskutierten Grenze der menschlichen Leistungsfähigkeit (vgl. Kap. 1). Gegen die These, Frauen verfügten über ein größeres Leistungspotenzial, spricht auch das Studienergebnis von Arngrimsson et al. (2004).

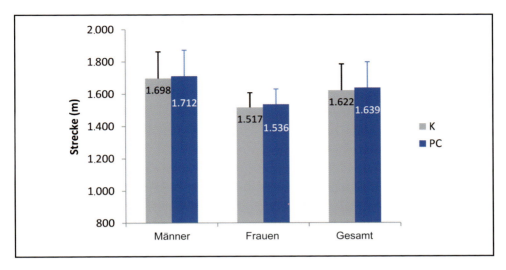

Abb. 105: Maximale Ruderleistung (in 6 min zurückgelegte Strecke; Ruderergometer) der Männer, Frauen und Gesamtgruppe im Kontroll- (K) und Precoolingtest (PC); nach den Daten von Myler et al. (1989)

Insgesamt sind die geschlechtsspezifischen Differenzen der Leistungsverbesserungen in den Studien von Arngrimsson et al. (2004) und Myler et al. (1989) quantitativ annähernd gleich, jedoch sind sie von einer geschlechtsspezifisch konträren Superiorität gekennzeichnet: Bei Arngrimsson et al. (2004) erreichen die Männer mit 1,3 % die größere Leistungsverbesserung als die Frauen mit 0,88 %, bei Myler et al. (1989) erzielen die Frauen mit 1,3 % die höhere Leistungssteigerung als die Männer mit 0,82 %.

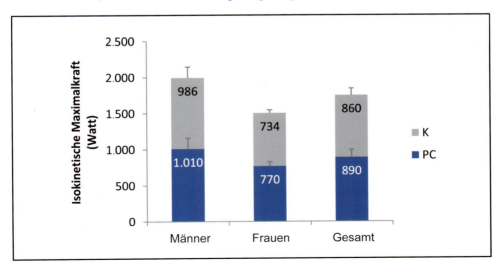

Abb. 106: Isokinetische Maximalkraft der Männer, Frauen und Gesamtgruppe im Kontroll- (K) und nach Precooling (PC) mittels $GKKLA_{-110°C}$

Die Ergebnisse eigener Studien bestätigen die geschlechtsunspezifische Wirkung von Kälteapplikationen. So kann einerseits nach einer GKKLA$_{-110°\,C}$ ein größerer Leistungszuwachs der isokinetischen Maximalkraft der Frauen (4,9 %) gegenüber den Männern (2,4 %) festgestellt werden; andererseits gibt es während einer Laufausdauerleistung (bei 95 % der v_{max}) eine größere Leistungssteigerung bei den Männern.

Die Studie zum Effekt der Kälteapplikation auf die isokinetische Maximalleistung nimmt insofern eine Sonderstellung ein, als sie im Gegensatz zu den anderen ausgewerteten Studien

- *den Effekt einer Kälteapplikation nicht auf die sportmotorische Ausdauer-, sondern Kraftfähigkeit abfordert,*
- *durch eine Probandenklientel von Sportlern mit nur mittlerem Leistungsniveau charakterisiert ist,*
- *die intensivste Kälteapplikation (GKKLA$_{-110°\,C}$) beinhaltet und*
- *nicht die spezifische Sportart der Probanden untersucht (vgl. Joch et al., 2002).*

Somit kann auf Grundlage der vorliegenden eigenen Studie zum Effekt der GKKLA$_{-110°\,C}$ auf eine isokinetische Kraftanforderung vermutet werden, dass insbesondere im Hinblick auf die sportmotorische Kraft die Männer im Vergleich zu den Frauen über ein höheres Leistungspotenzial (Wilmore & Costill, 2004) und folglich über geringere Leistungsreserven verfügen. Für sie ist eine Leistungsverbesserung nur durch einen höheren (Trainings-)Aufwand zu erreichen; dies könnte eine mögliche Ursache für den geringer ausfallenden, kälteapplikationsinduzierten Positiveffekt sein. Die Ursachenklärung der höheren Kraftverbesserung der Frauen nach Kälteapplikation bedarf weiterer Überprüfungen.

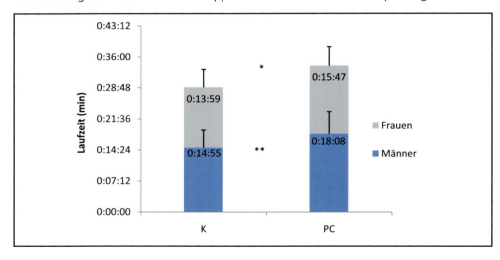

Abb. 107: Laufzeiten (bei 95 % v_{max}) von Männern und Frauen im Kontroll- (K) und Precoolingtest (PC) mittels einer GKKLA$_{-110°\,C}$; *: $p \leq .05$, **: $p \leq .01$

GENERALISIERUNG UND DIFFERENZIERUNG

In einer weiteren eigenen Studie, in der die Wirkung einer GKKLA$_{110°\,C}$ auf die Laufausdauerleistung bei 95 % der individuellen Maximalgeschwindigkeit überprüft wird (Ückert & Joch, 2008), kann – im Gegensatz zu den Ergebnissen der Kältewirkung auf die isokinetische Kraft- (Joch et al., 2002) oder Ruderleistung (Myler et al., 1989) – das Resultat von Arngrimsson et al. (2004) tendenziell untermauert werden: Die Leistungsverbesserung der Männer ist größer als diejenige der Frauen (21 % vs. 12,8 %; p > .05).[118] Der deutlich größere Leistungseffekt und die größere geschlechtsspezifische Differenz sind auf das im Vergleich zu o. g. Studien, an denen Leistungssportler teilnehmen, geringere Leistungsniveau der Probanden zurückzuführen.

Insgesamt liegen somit zum geschlechtsspezifischen Aspekt des Precoolings adversative Studienergebnisse vor, indem sie

- *einerseits bei Frauen größere Leistungssteigerungen als bei Männern (Myler et al., 1989; Joch et al., 2002),*
- *andererseits bei Männern größere Leistungssteigerungen als bei Frauen aufzeigen (Arngrimsson et al., 2004; Ückert & Joch, 2008a).*

Zusammenfassend ist zu konstatieren, dass bei Männern und Frauen die Wirkrichtung nach Kälteapplikation gleich ist – und dies ohne geschlechtsspezifische Superiorität. Es liegen Studien vor, in denen die Frauen geringfügig höhere Positiveffekte[119] erreichen, aber auch welche, in denen dies für die Männer zutrifft. Auf die Unabhängigkeit der kälteinduzierten Wirkungsrichtung vom Geschlecht und auf die größere Bedeutung des Leistungsniveaus für potenzielle quantitative Differenzen weist auch Cabanac (2001) hin:

„In conclusion, the sexual differences found in the literature regarding responses to cold as well as to warm stress, and the perception of thermal comfort seem to be limited to the changing set-point of the menstrual cycle (...), i. e., sexual differences, if they exist, are much smaller than individual differences" (Cabanac, 2001, S. 12).

---

118 Die intraindividuellen Leistungsverbesserungen sind bei den Frauen mit p ≤ .05, bei den Männern mit p ≤ .01 signifikant.
119 Negativeffekte werden ggf. bei intensiver Wasserkühlung festgestellt.

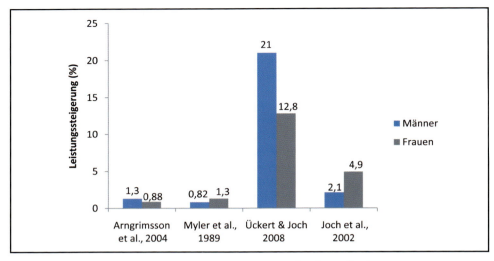

Abb. 108: Leistungssteigerungen von Männern und Frauen nach Kälteapplikationen

Die Primär- und Sekundäranalyse verdeutlicht, dass bei der praktischen Anwendung von Kälteapplikationsmaßnahmen mittels Kaltluft- und Kältewestenapplikationen keine geschlechtsspezifische Differenzierung vorgenommen werden muss. Allerdings reicht im Gegensatz zur Kaltluft- oder Kältewestenapplikation der Studienfundus zur geschlechtsspezifischen Wirkung der Kaltwasserapplikationen auf die sportliche Leistungsfähigkeit noch nicht für generalisierende Aussagen aus.

Auf Grund der hohen Wärmeleitfähigkeit von Wasser bewirkt eine Ganzkörper- oder Teilkörperkaltwasserkühlung eine deutlich schnellere Auskühlung der Muskulatur als andere Kühlvarianten. Da Frauen über einen prozentual geringeren Gesamtmuskelanteil und daher über eine geringere Wärmeisolation verfügen[120], ist durchaus zu vermuten, dass bei einer Kaltwasserkühlung die geschlechtsspezifischen Differenzen im quantitativen Ausmaß deutlicher werden und ggf. auch in der Wirkrichtung: Die Muskel- und Körperkerntemperatur sinkt bei geringer Wärmeisolation bereits nach kurzer Kaltwasserapplikationsdauer ab. Da eine Reduktion der Muskeltemperatur leistungsnegativ wirkt, ist anzunehmen, dass im Hinblick auf die Wirkrichtung eine Kaltwasserapplikation bei Frauen bereits früher zu einer größeren Leistungseinbuße führt als bei Männern, die auf Grund ihres höheren Muskelanteils über eine höhere Wärmeisolation verfügen. Damit läge auch eine, zum jetzigen Zeitpunkt noch hypothetische, geschlechtsspezifische *Kaltwassertemperaturschwelle* nahe, an der die Frauen einen negativen und die Männer einen positiven Leistungseffekt verbuchen, gewissermaßen eine *Adversativschwelle*. Für die praktische Anwendung bedeutet dies eine kürzere Kaltwasserapplikationszeit und -intensität bei Frauen. Da jedoch bei

---

120 Der höhere Muskelanteil der Männer hat eine größere Isolationswirkung als der höhere Körperfettanteil der Frauen.

Kaltwasserapplikationen generell das Risiko einer Leistungsminderung besteht, wird von einer Kaltwasser- sowie Eiswasserkühlung vor einer sportlichen Betätigung, insbesondere vor Schnelligkeits- und Schnellkraftanforderungen, abgeraten – auch aus Gründen des Verletzungsrisikos. Eine geschlechtsspezifische Empfehlung zur effektiven Anwendung von Kalt- und Eiswasserapplikationen als Precoolingmaßnahme in der sportlichen Praxis kann auf Grund des vorliegenden experimentellen Materials nicht formuliert werden; mehrheitlich zeigen die Studien Negativwirkungen durch Kaltwasserprecooling auf (vgl. Falls & Humphrey, 1970; Bergh & Ekblom, 1979; Blomstrand et al., 1984; Ferretti et al., 1992; Booth et al., 1997; Lee et al., 1997; Bolster et al., 1999; Gonzalez-Alonso et al., 1999b; Kay et al., 1999; Drust et al., 2000; Wilson et al., 2002; Proulx et al., 2006).

4.2.2 Leistungsniveau

Zur differenzierten Betrachtung des Zusammenhangs zwischen dem kälteapplikationsinduzierten Effekt und dem Leistungsniveau liegen trotz der hohen Relevanz dieser Thematik für die sportliche Praxis, insbesondere für das Anwendungsfeld des (Hoch-)Leistungssports, keine Studien vor. Um diesen wichtigen Aspekt genauer zu fokussieren, werden die internationalen Studien unter diesem Gesichtspunkt reanalysiert und zusammen mit den Ergebnissen der eigenen Studien ausgewertet.

Auf Grund des negativ ausgerichteten Zusammenhangs zwischen dem individuell ausschöpfbaren Leistungspotenzial und dem Leistungsniveau kann ein Konnex von kälteapplikationsinduzierter Leistungsverbesserung und Leistungsniveau angenommen werden – mit ebenso negativer Ausrichtung. Diese bislang nur plausibilitätsgestützte Auffassung wird durch die im Rahmen dieser Arbeit ausgewerteten Studien bestätigt.

So zeigen die Studienanalysen, dass

- *der Effekt der Kälteapplikation auf die sportliche Leistung in Abhängigkeit vom Leistungsniveau steht und dass*
- *diese Abhängigkeit durch einen negativen Zusammenhang gekennzeichnet ist: je höher das Leistungsniveau, desto geringer der leistungssteigernde Effekt.*

Dieses Ergebnis leitet sich aus Studien ab, an denen einerseits in erster Linie Leistungssportler teilnehmen – deshalb sind insgesamt geringere Positiveffekte im Vergleich zu Breitensportlern festzustellen – (Myler et al., 1989; Martin et al., 1998; Joch et al., 2002; Arngrimsson et al., 2004; Tepasse, 2007), andererseits Sportler mit mittlerem Leistungsniveau – folglich werden vergleichsweise höhere Leistungsverbesserungen festgestellt (Hessemer et al., 1984; Olschewski & Brück, 1988; Lee & Haymes, 1995; Cotter et al., 2001; Hasegawa et al., 2005; Daanen et al., 2006; Morrison et al., 2006; Ückert & Joch, 2008).

Die Analyse der nationalen und internationalen Studien ergibt, dass sich Leistungen nach Kaltluftapplikationen – sowohl nach einer GKKLA als auch nach einer TKKLA – bei Leistungssportlern durchschnittlich um 1,3 % und nach einer Kühlung mittels Kälteweste um 1,6 % verbessern. Bei Sportlern mit mittlerem Leistungsniveau[121], werden Steigerungen von 10,5 % (nach Kaltluftapplikationen) bzw. 9,7 % (nach Kältewestenapplikation) festgestellt, die im Vergleich zu den Verbesserungen der Leistungssportler 8 x (Kaltluft) bzw. 6 x (Kälteweste) höher sind (Olschewski & Brück, 1988; Hessemer et al., 1984; Myler et al., 1989; Lee & Haymes, 1995; Martin et al., 1998; Cotter et al., 2001; Joch et al., 2002; Arngrimsson et al., 2004; Hasegawa et al., 2005; Daanen et al., 2006; Morrison et al., 2006; Ückert & Joch, 2007a; 2008; Civis, 2008).

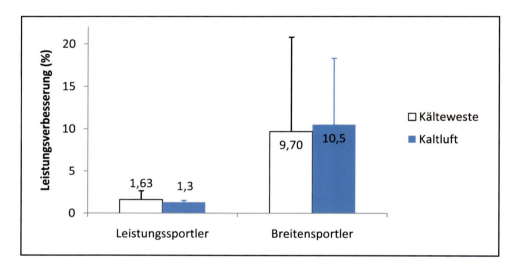

Abb. 109: Leistungsverbesserungen von Leistungs- und Breitensportlern nach Kältewesten- und Kaltluftapplikationen ausgewerteter Studien

Die kältemediatorenbedingten Differenzen des Wirkungsausmaßes sind demzufolge bei den in den vorliegenden Studien praktizierten Applikationen nur gering: 1,6 % vs. 1,3 % bei den Leistungssportlern bzw. 9,7 % vs. 10,5 % bei den Breitensportlern, jeweils nach Kühlung mittels Kälteweste bzw. Kaltluft.

Die Ursache für die wesentlich größere Leistungsverbesserung bei den weniger Trainierten wird, in Anlehnung an das „Quantitätsgesetz des Trainings" (Hohmann et al., 2007, S. 164), auf das im Vergleich zu besser Trainierten größere, zur Verfügung stehende individuelle Leistungspotenzial zurückgeführt. Die „aktuelle Funktionsreserve"[122] (ebd., S. 165) ist bei Leistungssportlern in höherem Maße ausgeschöpft, für einen

---

[121] In den vorliegenden Studien sind dies in erster Linie Fitnesssportler.
[122] Diese kann sich durch Trainingsinterventionen bei maximaler Beanspruchung bis auf die autonome Leistungsreserve reduzieren.

Leistungszuwachs müssen zunehmend höhere Belastungsreize und -steigerungen realisiert, die qualitativen Reize optimiert und mögliche *neue Ressourcen* zur weiteren Leistungsverbesserung genutzt werden. Die Kälteapplikation stellt eine solche Ressource zur Optimierung thermoregulatorischer Prozesse und infolgedessen sportlicher Leistungen dar – insbesondere der Ausdauerleistungen.

Während bei (hoch-)trainierten Sportlern die Leistungsprogressionen geringer als bei Freizeitsportlern sind, haben diese Fortschritte auf hohem Leistungsniveau eine sehr viel größere Bedeutung: So kann ein Vorsprung bzw. Zeitgewinn von wenigen Sekunden oder ein Raumgewinn von wenigen Metern, der unter Berücksichtigung der multiplen Einflussfaktoren sportlicher Leistungen mittels Kälteapplikationsmaßnahmen erreicht werden kann, wie die experimentellen Studien zu dieser Thematik belegen, im sportlichen Wettkampf über Platzierungen entscheiden.

Der Leistungsgedanke hat aber durchaus auch Einzug in das Geschehen des Freizeitsports genommen (Freiwald, 1993, S. 10), auch wenn der Freizeit- und Fitnesssport per definitionem durch eine geringere Gewichtung des Leistungsgedankens (Hohmann et al., 2007, S. 248) charakterisiert ist. Der hohe Stellenwert der Leistung ist bei der Vielzahl an Marathons, Volksläufen oder Volkstriathlons klar ersichtlich. In diesem Zusammenhang sei, neben dem Effekt der Kälteapplikation auf die Leistungsfähigkeit, auch auf ihre gesundheitsprophylaktische Wirkung hingewiesen, die sich aus den physiologischen Grundlagen ableitet und sich in einer „Prophylaxe von Hitzeerkrankungen" (Deetjen et al., 2005, S. 694) ausdrückt. So kann durch adäquate Kälteapplikationsmaßnahmen vor und während[123] einer sportlichen (Ausdauer-)Anforderung in Abhängigkeit von Einflussfaktoren, wie dem Klima, der Kleidung etc., eine gesundheitsprophylaktische Wirkung erzielt werden. Dieser Aspekt spielt insbesondere bei Freizeit- bzw. Fitness- und Gesundheitssportlern als eine der Zielperspektiven (vgl. Hohmann et al., 2007) eine wichtige Rolle. Doch auch im Leistungssport ist wiederum der Gesichtspunkt der Gesundheit, die hier jedoch weniger eine Zielperspektive darstellt, sondern vielmehr eine unverzichtbare Voraussetzungsfunktion für das Erbringen von Höchstleistungen erfüllt, unzweifelhaft bedeutungsvoll, insbesondere bei (Langzeit-)Ausdauerbelastungen und/oder bei Belastungsanforderungen unter Bedingungen, welche die körperliche Wärmeabgabe erschweren.

Somit ist der mit Kälteapplikationsmaßnahmen eng verknüpfte gesundheitliche Aspekt für alle Anwendungsfelder (Leistungs-, Fitness- und Freizeit-, Gesundheits-, Alters- und Schulsport) bedeutungsvoll, wenn auch mit jeweils unterschiedlicher Akzentuierung und Zielperspektive. So sind im Jahr 2007 bei mehreren Marathonveranstaltungen (u. a. in New York, Paris, Rotterdam und Dortmund) erhebliche hyperthermieinduzierte gesundheitliche Probleme – bedauerlicherweise zum Teil mit Todesfolge –

---

[123] Zur Kälteapplikation als Regenerationsmaßnahme liegt bislang eine gewisse, aber keine, für richtungweisende Empfehlungen ausreichende Anzahl systemtischer Studien vor.

aufgetreten. Während die koronar bedingten Todesfälle bei Laufveranstaltungen überwiegen, ist von den neun gemeldeten Lauftoten bei Volksläufen in Deutschland im Jahr 2007 die jeweilige Todesursache nicht bekannt.[124]

Von den hyperthermiebedingten, gesundheitlichen Beeinträchtigungen sind Hochleistungsathleten in der Regel weniger betroffen, weil sie über eine effektivere Thermoregulation verfügen. Ausdauertrainierte Athleten bilden im Vergleich zu weniger trainierten bei geringerer Körperkerntemperatur mehr Schweiß, der zudem durch einen geringeren Salzanteil charakterisiert ist (Hollmann & Hettinger, 2000) und die Schweißverdunstung erleichtert, sodass die Hauttemperatur in stärkerem Maße reduziert wird. Doch trotz der effektiveren Evaporation erhöht sich auch bei Leistungssportlern unter wärmebelastenden klimatischen Bedingungen die Leistungsbeeinträchtigung und das Risiko einer Hitzeerkrankung.

Dies zeigen nicht nur Fälle hyperthermiebedingter Überforderungen in jüngerer Vergangenheit, wie z. B. bei den Ausdauerwettbewerben der Leichtathletikweltmeisterschaft 2007 im japanischen Osaka oder beim Hawaii-Triathlon 2007. Im Jahr 2007 ist der Rotterdam-Marathon nach 4 h abgebrochen worden, weil innerhalb dieser Zeit bereits eine Vielzahl an Läufern auf Grund von thermoregulatorischem Versagen nicht weiterlaufen konnte, z. T. sogar kollabierte.

Da nach einer vierstündigen Laufzeit nur noch mittelmäßige Läufer bei einem Marathon auf der Strecke sind, ist die gesundheitsprophylaktische Wirkung im Hinblick auf die Vermeidung von Hitzeschäden durch Pre- und Simultankühlungsmaßnahmen demnach für Langstreckenläufer mit mittlerem und niedrigerem Ausdauerleistungsniveau von besonderem Interesse: Die andauernde und intensive körperliche Beanspruchung führt zu einer außerordentlich hohen Wärmebildung. Diese Wärme kann mit zunehmender Zeitdauer – insbesondere bei wärmeabgabebeeinträchtigenden Umgebungsbedingungen – nicht mehr in ausreichendem Quantum vom Körper an die Umgebung abgeben werden, sodass es zu einer Überforderung des thermoregulatorischen Systems (Hensel, 1981) und zum extremen Anstieg der Körperkerntemperatur mit der möglichen Folge einer Hitzeerkrankung und Leistungsbeeinträchtigungen kommt.

Die gesundheitliche Bedeutung einer optimalen Temperaturbalance ist also auf kein Anwendungsfeld beschränkt: Im Breitensport stellt sie eine Zielperspektive dar, im Leistungssport erfüllt sie eine Voraussetzungsfunktion für die Erbringung von Höchstleistungen. Auf Grund der zeitlich limitierten Wirkungsdauer des Precoolingeffekts, ist – bei klimatischen Hitzebedingungen – zu empfehlen, auch während der Ausdaueranforderung extern zu kühlen. Ein Precooling sollte also um eine kontinuierliche oder punktuelle Simultankühlung während der sportlichen Ausdaueranforderung[125] ergänzt werden.

---

[124] Dem DLV sind nicht alle Todesfälle bekannt, weil sie bisher nicht meldepflichtig sind.
[125] Bislang stellt die Kälteweste die praktikabelste Maßnahme für die Simultankühlung dar.

Um dies zu realisieren, sollte es Sportlern ermöglicht werden, eine ausreichende Anzahl an zur Verfügung stehenden Kühlressourcen zu nutzen (Wasserstellen, Wasserduschen, nasse Schwämme, Crasheis u. a.). Für situationsadäquate und angemessene Kühlmöglichkeiten ist folglich Sorge zu tragen, bei besonders wärmebelastenden Bedingungen sollte die sportliche Veranstaltung verlegt werden oder auch ausfallen – im Sinne einer Gesundheitsprophylaxe für Sporttreibende aller Leistungsniveaus. So führt nach Normen des American College of Sports Medicine eine WBGT ab 28° C als Klimasummenwert zur Absage von (Ausdauersport-)Veranstaltungen.

4.2.3 Fähigkeitsspezifik

Bislang standen bei internationalen und nationalen Forschungsaktivitäten die Kälteapplikationseffekte auf die Ausdauerleistung im Mittelpunkt, weniger die Effekte auf Anforderungen, bei denen andere motorische Fähigkeiten dominierend sind. Gänzlich unberücksichtigt blieben bislang die koordinativen Fähigkeiten. Anhand des vorliegenden internationalen und nationalen Studienpools zeigt sich, dass die Effekte der Kälteapplikationsmaßnahmen fähigkeitsspezifisch sind. Aus dieser Erkenntnis resultiert für die praktische Anwendung, dass Kälteapplikationsmaßnahmen auf die speziellen sportmotorischen Zielanforderungen unterschiedlich wirken und entsprechend darauf abzustimmen sind. Auf der Grundlage vorliegender Studien kann eine Differenzierung der kälteapplikationsinduzierten Wirkungsweise auf dominant ausdauer- und schnellkraftbetonte Anforderungen vorgenommen werden: Unabhängig vom Kältemediator ergeben sich durch Kälteapplikationsmaßnahmen

- *Verbesserungen der Ausdauer von durchschnittlich 8 % (Olschewski & Brück, 1988; Myler et al., 1989; Lee & Haymes, 1995; Booth et al., 1997; Smith et al., 1997; Martin et al., 1998; Kay et al., 1999; Cotter et al., 2001; Sleivert et al., 2001; Joch et al., 2002; Duffield et al., 2003; Mitchell et al., 2003; Arngrimsson et al., 2004; Hasegawa et al., 2005; Hornery et al., 2005; Castle et al., 2006; Daanen et al., 2006; Morrison et al., 2006; Oerding, 2006; Tepasse, 2007; Ückert & Joch, 2007a; 2007b; 2008; Bollermann, 2008; Civis, 2008 u. a.) und*
- *eine Reduktion der Schnellkraft um durchschnittlich 2,5 % (Crowley et al., 1991; Oksa et al., 1995; Ball et al., 1999; Marsh & Sleivert, 1999; Joch et al., 2002; Cheung & Robinson, 2004 u. a.).*

Allerdings ist eine weitere Differenzierung der fähigkeitsspezifischen Wirkung nach den Kälteapplikationsmodi notwendig, weil deren differente Effekte durch die oben genannten, primär fähigkeitsspezifischen Mittelwerte unberücksichtigt bleiben und das Ergebnis zur spezifischen Kältewirkung, insbesondere auf die Schnellkraft, verzerren. So stellt sich heraus, dass die Schnellkraft nicht generell negativ, sondern in erster Linie nur durch die (Teilkörper-)Kaltwasserapplikation (TKKWA) und infolgedessen durch die reduzierte Muskeltemperatur beeinträchtigt wird, und zwar durchschnittlich um 11,4 % (Crowley et al., 1991; Marsh & Sleivert, 1999 u. a.).

Im Gegensatz dazu erhöht sich die Schnellkraftleistung nach einem Precooling mittels hoch dosierter Kaltluft (GKKLA$_{-110°\,C}$) um durchschnittlich 3,5 % (Joch et al., 2002), nach einem Precooling mittels Kälteweste bleibt sie nahezu unverändert (plus 0,2 %) (Myler et al., 1989; Sleivert et al., 2001; Duffield et al., 2003; Cheung & Robinson, 2004; Castle et al. 2006).

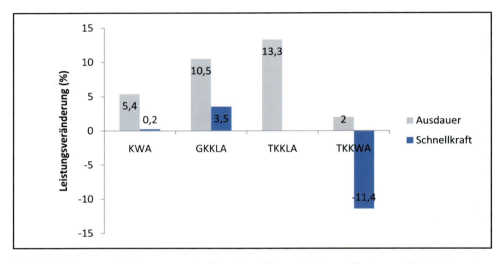

Abb. 110: Leistungsveränderungen nach differenten Kälteapplikationsmaßnahmen (KWA: Kältewestenapplikation, GKKLA: Ganzkörperkaltluftapplikation, TKKLA: Teilkörperkaltluftapplikation, TKKWA: Teilkörperkaltwasserapplikation) auf die sportmotorische Ausdauer und Schnellkraft ausgewerteter Studien

Eine Vorkühlung mittels Kaltwasser wirkt somit auf Schnellkraftanforderungen negativ, mittels hoch dosierter Kaltluft positiv, mittels Kälteweste leistungsneutral. Die neutrale Wirkung der Kältewestenkühlung auf die überprüften Schnellkraftleistungen ist damit zu begründen, dass nur der Oberkörper gekühlt wird und sich auf Grund der kurzen Belastungszeit diejenigen Effekte, die durch eine Kältewestenapplikation (KWA) auf Ausdaueranforderungen ausgeübt werden, nicht entfalten können. Die neutrale Wirkung zeigt aber auch, dass ein Kältewestenprecooling vor Schnellkraftanforderungen nicht leistungsnegativ wirkt. Weiterhin zeigt sich, dass sich eine KWA positiv auf das thermische Wohlbefinden auswirkt.

Die Studienergebnisse zur Wirkungsrichtung von Kälteapplikationen auf Schnellkraftanforderungen zeigen zusammengefasst: Die Kaltwasserapplikation wirkt leistungsmindernd – auf diese ist also im Sinne eines Precoolings zu verzichten –, die Ganzkörperkaltluftapplikation (GKKLA$_{110°\,C}$)[126] leistungsverbessernd und die Kältewestenapplikation leistungsneutral. Während sich eine zyklische Kraftanforderung nach einer Ganzkörperkaltluftapplikation um 7 % erhöht (Joch et al., 2002) und eine isometrische Kraftausdaueranforderung nach einer Eisapplikation der Zielmuskulatur (Walter, 2005) um 16 %,[127] verbessert sich durch Precooling mittels Kälteweste weder die repetitive Sprint- (Duffield et al., 2003; Cheung & Robinson, 2004) noch die Einzelsprintleistung (Sleivert et al., 2001) auf dem Fahrradergometer. Diese Ergebnisse signalisieren eine kältemediatorenspezifische Wirkrichtung auf die Schnellkraftfähigkeit.

Dass für eine Leistungsverbesserung eine Erwärmung nicht zwingend notwendig (Joch et al., 2002), sondern durchaus leistungskontraproduktiv ist, belegt die Studie von Morris et al. (1998): Eine höhere Körperkerntemperatur beeinflusst wiederholte Sprintbelastungen negativ. Im Gegensatz dazu zeigen Linnane et al. (2004) in ihrer Radsprintuntersuchung, dass eine passiv erhöhte Rektaltemperatur um 1° C auf 38,1° C die mittlere und maximale Wattleistung um 6 % ($p \leq .05$) erhöht. Die Leistungsverbesserung nach der Erwärmung führen die Autoren auf die höhere Tretkurbelfrequenz zurück und begründen dies über eine verbesserte ATP-Resynthesekapazität.

Die Ergebnisse von Morris et al. (1998), Joch et al. (2002) und Walter (2005) sprechen gegen die Theorie der zu erhöhenden Muskeltemperatur als generelle Leistungsvoraussetzung (Linnane et al., 2004) für Schnellkraftanforderungen. Das Studienergebnis von Sleivert et al. (2001) trägt nicht zur Konkretisierung dieses Sachverhalts bei, denn es geht aus der Studie nicht explizit hervor, ob die ersten Radsprints nach dem Precooling auf Grund der ausgebliebenen Erwärmung schlechter sind oder auf Grund fehlender koordinativer Einarbeitung. Dass eine hohe Körperkerntemperatur Schnellkraftleistungen durchaus negativ beeinträchtigen kann, wird durch das Studienresultat von Nybo und Nielsen (2001) untermauert: Eine Körperkerntemperatur von annähernd 40° C (Hyperthermie) beeinflusst eine Kurzsprintleistung auf Grund der

---

[126] Eine Studie zum Effekt von TKKLA$_{30°\,C}$ auf Schnellkraftleistungen liegt bislang nicht vor.

[127] An dieser Stelle sei auf die Studie von Walter (2005) hingewiesen, die in ihrer Studie mittels Oberflächen-EMG Veränderungen des Muskeltonus' bei isometrischer Muskelaktivität von 30 % der Maximalkraft und die isometrische Ausdauer nach einer lokalen Eiswasserapplikation (Applikationsdauer: 20 min, Applikationstemperatur: 8° C) bestimmt. Mittels eines Handdynamometers, über den die isometrische Kraft der Zielmuskulatur (Mm. extensores carpi radiales longus et brevis) ermittelt werden kann, stellt die Autorin eine Verbesserung der isometrischen Kraftausdauerleistung von 16,6 % fest. Die isometrische Ausdauer bei 30 % der Maximalkraft erhöht sich um 29,4 s: im Kontrollversuch beträgt die Haltedauer 177,3 s, nach der Kälteapplikation 206,7 s ($p \leq .001$). Das Studienergebnis begründet Walter damit, dass durch das kälteinduzierte Sistieren bzw. die Verlangsamung des Blutflusses infolge der Vasokonstriktion saure Valenzen im intra- und extrazellulären Raum zurückgehalten werden, wodurch sich die Membranleitungsgeschwindigkeit reduziert. Demzufolge wird eine Rekrutierung weiterer Muskelfasern und eine Synchronisation in verstärktem Ausmaß induziert, damit die muskuläre Leistungsfähigkeit aufrechterhalten werden kann. Allerdings sei angemerkt, dass die Ursache für die Leistungsverbesserung der isometrischen lokalen Kraftausdauer in dieser Studie nicht eindeutig abgesichert werden kann: Es fehlen für diese Fragestellung Messungen der Haut- und Muskeltemperatur sowie des Laktats. Somit bleibt auch die Frage unbeantwortet, ob die lokale Kälteapplikation mittels Eiswasser eine anästhesierende Wirkung, die den Primärgrund für die längere Haltedauer darstellen könnte, bewirkt hat.

zentralnervalen Ermüdung negativ (ebd.). Allerdings ist zu berücksichtigen, dass diese Studie unter externen Hitzebedingungen durchgeführt wurde, die zu dem eindeutigen Ergebnis beitragen. Zudem ist zu beachten, dass die Hyperthermie durch eine 50-minütige Ausbelastung induziert wird, die – unabhängig von externen Bedingungen – eine denkbar schlechte Voraussetzung, eine Vorermüdung für die Zielanforderung darstellt. Hingegen erhöhen Linnane et al. (2004) die Körperkerntemperatur durch eine passive Erwärmung (43° C temperiertes Wasserbad), um eine aktive Vorermüdung zu vermeiden (s. o.).

Somit sind unter internen und gleichsam externen Wärmebedingungen Beeinträchtigungen der Schnellkraftanforderung zu verbuchen (Nybo & Nielsen, 2001). Eine passive Erwärmung vor oder eine warme Umgebung während Kurzzeitanforderungen hingegen scheint zu einer Leistungsverbesserung, nicht zu einer Leistungsminderung zu führen (Sargeant & Dolan, 1987; Febbraio et al., 1996; Ball et al., 1999; Linnane et al., 2004): So zeigen Ball et al. (1999), dass die maximale und durchschnittliche Sprintleistungen auf dem Fahrradergometer bei einer Umgebungstemperatur von 30,1° C um 25 % höher[128] sind als in einer kühleren Umgebung (18,7° C). Für einen positiven *Wärmeeffekt* sprechen auch die Studien von Sargeant und Dolan (1987), die pro 1° C Körperkerntemperaturanstieg eine 4 %ige Leistungsverbesserung feststellen, sowie von Linnane et al. (2004), deren Ergebnisse eine Verbesserung von 6 % pro 1° C Körperkerntemperaturanstieg ausweisen. Allerdings zeigen Marsh und Sleivert (1999), dass sich ein intensives Vorkühlen mittels Kaltwasser auf eine Maximalleistung bei hohen Umgebungstemperaturen (29° C) leistungssteigernd auswirkt. Dies spricht wiederum für den positiven Effekt des Precoolings auf die Schnellkraftleistung und dafür, dass die durch Wärme induzierte Leistungsbeeinträchtigung (Nybo & Nielsen, 2001) durch ein entsprechendes Vorkühlen reduziert werden kann. So spricht auch das Forschungsergebnis von Kay et al. (2001) gegen die geforderte hohe Muskeltemperatur. Die Autoren können nachweisen, dass bei warmen Umgebungsbedingungen die Maximalkraft und die muskulären Aktionspotenziale verringert sind. Die Wirkung kann auch hier dadurch begründet werden, dass bei warmen Umgebungsbedingungen auf Grund der autonom induzierten Vasodilatation eine Blutumverteilung zur Peripherie zuungunsten der Muskulatur mit der Folge einer Leistungsbeeinträchtigung stattfindet. Somit sind die Ergebnisse, dass Schnellkraftleistungen

- *bei hohen Umgebungstemperaturen höher als bei kälteren sind (Ball et al., 1999 u. a.) bzw.*
- *bei höherer Körperkerntemperatur besser als bei nomothermer sind (Sargeant & Dolan, 1987; Febbraio et al., 1996; Linanne et al., 2004 u. a.),*

---

[128] Dies könnte darauf zurückzuführen sein, dass in dieser Studie zur Erhöhung der Leistung die Kurbelfrequenz erhöht werden muss (Anmerkung: Die Leistung über eine Kurbelumdrehung ist das Produkt aus mittlerem Drehmoment und mittlerer Winkelgeschwindigkeit über eine Kurbelumdrehung, vgl. Ückert, 2004), wofür wiederum in erster Linie die Fast-Twitch-Fasern verantwortlich sind, die durch Wärme positiv beeinflusst werden.

keine Kontraindikatoren für ein Precooling vor Kurzzeitanforderungen unter externen Wärmebedingungen (Marsh & Sleivert, 1999) oder Normalbedingungen (Morris et al., 1998; Marsh & Sleivert, 1999).

Wenn eine erhöhte Muskeltemperatur für Schnellkraftleistungen leistungssteigernd wirkt, wie von Sargeant (1983) anhand von simultaner Beinerwärmung und Körperkühlung und von Stewart et al. (2003) anhand eines aktiven Aufwärmens der Muskulatur um 3° C vor Squat Jumps gezeigt wird, dann scheint die Kombination einer Oberkörperkühlung mit einer lokalen Beinerwärmung eine ideale Vorbereitung für Sprintanforderungen zu sein.

Ein intensives Kühlen der Arbeitsmuskulatur, beispielsweise durch Kaltwasseranwendung, wirkt sich in jedem Falle negativ aus (Falls & Humphrey, 1970; Bergh & Ekblom, 1979; Blomstrand et al., 1984; Ferretti et al., 1992; Booth et al., 1997; Lee et al., 1997; Bolster et al., 1999; Gonzalez-Alonso et al., 1999a; Kay et al., 1999; Drust et al., 2000; Wilson et al., 2002; Cheung & Robinson, 2004; Proulx et al., 2006): Die Leistungsreduktion ist bei einer dominant schnelligkeitsbetonten azyklischen Leistung durch Vorkühlung größer als bei einer schnellkraftbetonten (Oksa et al., 1995). Bei leichtem Widerstand ist die Leistungsdifferenz zwischen der Precooling- und Kontrollvariante am größten. Die negative Leistungsdifferenz beläuft sich bei einem Ballgewicht von 0,3 kg auf 9,4 %, bei einem von 3 kg auf 5,6 %. Diese Temperaturaffinität von schnelligkeits- und schnellkraftbetonten Leistungen deckt sich mit eigenen Studienergebnissen zur Abhängigkeit maximaler Tretkurbelfrequenzen gegen unterschiedliche Widerstände[129]: Bei hohem Widerstand führt eine 2,5-minütige $GKKLA_{110°\,C}$ zu einer größeren Frequenzsteigerung (7 %) als bei geringem Widerstand (1,6 %). Und auch Massias et al. (1989) bestätigen, dass sich eine hohe Körpertemperatur auf kraftdominante Tretkurbelfrequenzen leistungspositiver auswirkt als auf ausdauerdominante:

„... exercise requiring maximum force for a short time period appears to be favoured by high body temperatures and high pedal rates, whereas endurance performance seems to be benefitted by lower body temperatures and low pedal rates. The physiological mechanisms underlying these complicated interdependences remain to be examined" (Massias et al., 1989, S. 357).

Die kälteapplikationsinduzierte Leistungsveränderung ist demnach im negativen (Oksa et al., 1995) und positiven Sinne (Joch et al., 2002) bei kraftdominanten Leistungen größer als bei schnelligkeitsdominanten. Schnelligkeitsleistungen sind demzufolge temperatursensibler als Kraftleistungen.

---

[129] Der Zusammenhang von Tretkurbelfrequenz und Widerstand wird – unabhängig von thermoregulatorischen Einflüssen – ausführlich von Ückert (2004) thematisiert.

Auf die Ausdauerleistungsfähigkeit wirkt sich die Kälteapplikation beim Einsatz aller Kältemediatoren (Kälteweste, Kaltluft, Kaltwasser) positiv aus. Auch die Kaltwasserapplikation übt hier positive Effekte aus, allerdings ist die Erhöhung der Ausdauerleistungsfähigkeit von ca. 2 % nach dieser Kältemaßnahme deutlich geringer als nach allen anderen Kältemaßnahmen. Eine KWA führt unter Berücksichtigung der Studien von Myler et al. (1989), Smith et al. (1997), Martin et al. (1998), Cotter et al. (2001), Sleivert et al. (2001), Duffield et al. (2003), Arngrimsson et al. (2004), Cheung und Robinson (2004), Hasegawa et al. (2005), Hornery et al. (2005), Castle et al. (2006), Daanen et al. (2006), Bäcker (2005), Landgraf (2005), Oerding (2006) sowie Ückert und Joch (2007b) durchschnittlich zu Verbesserungen der Ausdauerleistungsfähigkeit um 5 %. Die Ganzkörperkaltluftapplikation bei minus 110° C in der Kältekammer führt zu Verbesserungen von 10 % der Ausdauerleistung.

Da die durchschnittliche Applikationszeit mittels Kälteweste in den damit praktizierenden Studien durchschnittlich 35 min entspricht, kann nicht generalisierend konstituiert werden, dass die auf maximal 3 min[130] limitierte Applikation in der Kältekammer generell zu den höchsten Effekten im Ausdauerbereich führt. Während bei der Kälteweste keine geringere Temperatur als 0° C erreicht – dann sind bereits die Gelpads bzw. Geleinlagerungen gefroren –, aber die Applikationszeit verlängert werden kann, steht der wissenschaftliche Vergleich der kältemediatorenspezifischen Effekte aus – und ist von besonderem Anwendungsinteresse.

Es liegen bislang nicht nur zu den Effekten der $GKKLA_{-110° C}$ auf die Ausdauerleistungsfähigkeit ausschließlich eigene Studien vor, sondern auch zu denjenigen der $TKKLA_{-30° C}$. Zu den Auswirkungen einer Kaltluftapplikation mit minus 30° C kalter Luft mittels *Cryo*gerät liegen bislang zwei abgeschlossene Studien vor. In diesen wird überprüft, welche Auswirkungen die $TKKLA_{-30° C}$

- *auf die Wattleistung in einem vorgegebenen Zeitfenster (bei Profiradsportlern) und*
- *auf die Fahrzeit bei vorgegebener Wattleistung (bei Hobbyradsportlern mit mittlerem Leistungsniveau) ausübt.*

Bei den Profiradsportlern verbessert sich die mittlere Wattleistung um 1,4 %, bei den Hobbyradsportlern um 25 %, wobei diese Leistungssteigerung unvergleichlich hoch ist und in keiner Relation zu den Leistungssteigerungen steht, die in anderen Studien festgestellt werden. Die Leistungsverbesserung von somit durchschnittlichen 13 % beruht auf Durchschnittswerten lediglich zweier Studien und ist folglich entsprechend ohne Generalisierungsanspruch zu interpretieren. Die Studie mit den Profiradsportlern zeigt, dass die $TKKLA_{-30° C}$ bei diesem hohen Leistungsniveau eine mit den anderen Kältemediatoren vergleichbare Wirkung ausübt (Myler et al., 1989; Martin et al., 1998

---

[130] Längere Applikationszeiten (bis zu 5 min) sind möglich, doch auf Grund von Frieren und Hautirritationen nicht zu empfehlen.

u. a.) – dies bedeutet auch, dass die TKKLA$_{-30° C}$-Effekte mit denjenigen der KWA vergleichbar ist. Die enorme Leistungsverbesserung der Hobbyradfahrer scheint in erster Linie motivationsbegründet zu sein. Somit ist von keiner Superiorität der TKKLA$_{-30° C}$ im Vergleich zu anderen Coolingmaßnahmen auszugehen.

4.2.4 Leistungseffekt und Kälteapplikationsdauer

Die Möglichkeit einer leistungsbeeinträchtigenden Kühlung der Muskulatur durch Kälteapplikationsmaßnahmen – in erster Linie durch Wasserkühlung, aber in gewissem Maße auch durch die anderen Kühlmediatoren –, limitiert die Kälte- und *Cryo*applikationsdauer prinzipiell. Die differenten physikalischen Eigenschaften der Kältemediatoren sind Ursache für die unterschiedliche optimale Applikationsdauer. Somit erfordert die Wirkungsspezifik der Kältemediatoren für die genaue Analyse des Leistungseffekts in Abhängigkeit von der Kälteapplikationsdauer eine entsprechende mediatorenspezifische Differenzierung.

Kaltluftapplikation (GKKLA$_{-110° C}$ und TKKLA$_{-30° C}$)

Die Bedeutung des Zusammenhangs zwischen dem Leistungseffekt und der Kühlungsdauer wird besonders bei der hoch dosierten Kaltluftapplikation deutlich. Die hohe Minustemperatur von minus 110° C in der Kältekammer übersteigt jegliche, auf der Erde gemessene Temperatur[131]; da sie jedoch nahezu wasserdampffrei ist, wird sie von Probanden durchaus als angenehm empfunden.[132] Dennoch ist die Applikationsdauer, in Anlehnung an die langjährigen therapeutischen Erfahrungen der Ganzkörperkaltluft (Fricke 1986 und 1989; Papenfuß, 2005), auf ca. 3,5 min in der Hauptkammer begrenzt. Ein längerer Aufenthalt kann Frieren, aber auch Hautirritationen bzw. lokale Erfrierungen bewirken, die durch einen hohen Feuchtigkeitsgehalt der Haut begünstigt werden. Zur optimalen Applikationsdauer einer GKKLA$_{-110° C}$ – im Sinne einer intendierten Leistungsverbesserung – liegt bislang nur eine Studie vor, in welcher der Einfluss der Applikationsdauer (01:30, 02:00, 02:30 und 03:00 min) einer GKKLA$_{-110° C}$ auf die Laufleistung (bei 95 % v_{max}) untersucht wird. Dabei stellt sich heraus, dass die Kaltluftapplikationsdauer in diesem gewählten Zeitfenster negativ mit der Leistungsverbesserung korreliert ($r = -.595$, $p \leq .01$): Je kürzer die Applikationsdauer bei hoch dosierter Kaltluft ist, desto größer ist die prozentuale Steigerung der Ausdauerleistung im Vergleich zum Kontrolltest. Dieser Zusammenhang wird jedoch durch Partialkorrelationen insofern präzisiert, als das Leistungsniveau der Probanden als Störvariable ausgewiesen wird. Die Gruppe mit einer Applikationsdauer von 01:30 min ist zufallsbedingt diejenige Gruppe mit vergleichsweise niedrigem Leistungsniveau;

---

[131] Die niedrigste Temperatur, die auf der Erde gemessen wurde, liegt bei minus 89,2° C (an der Wostockstation in der Ostantarktis).

[132] Das subjektive Wohlbefinden ist darin höher als bei niedrigen Plusgraden in der Natur, insbesondere wenn diese in Verbindung mit hoher Luftfeuchtigkeit und/oder Wind auftreten; so lautet die Grundaussage einer Vielzahl an Probanden (~ 500), die an den eigenen Studien zur GKKLA$_{-110° C}$ teilgenommen haben.

und wie sich bereits in mehreren Studien zur Kälteapplikation herausgestellt hat, profitieren Probanden mit niedrigerem Leistungsniveau deutlicher von der Kälteintervention als Probanden mit höherem Leistungsniveau.

Eine weitere Analyse ergibt, dass weder die in dieser Studie gewählte kürzeste Applikationsdauer von 01:30 min noch die längste von 03:00 min, bei der die geringsten Verbesserungen auftreten, zu empfehlen ist.

Somit nimmt entgegen der leistungsniveauunabhängigen Analyse die Leistungsverbesserung nicht streng linear mit ansteigender Kühldauer ab. Die dreiminütige Applikationsdauer erweist sich als zu lang: Die kaltluftinduzierten positiven Effekte nehmen hier wieder ab. Die Leistungssteigerungen sind innerhalb der unterschiedlichen Applikationszeitgruppen variabel. Die Steigerungswerte pro Applikationszeit sind bei der 01:30er- und 02:00er-Gruppe durch die höchsten Variabilitäten gekennzeichnet, wie auch anhand der jeweiligen Perzentile ersichtlich ist.

Je geringer also die Leistungssteigerung, desto geringer ist die Streubreite der Leistungssteigerung; dies geht mit den Prinzipien der leistungsniveauabhängigen Verbesserungsraten konform und kann zum einen auf die zufällige Verteilung der Leistungsstärkeren in die Gruppen mit längerer Applikationsdauer zurückgeführt werden, zum anderen auf eine generell variablere Wirkung der $GKKLA_{-110°\,C}$ bei kurzer Applikationszeit. So wird im letzteren Fall vermutet, dass die lange Applikationsdauer von 3 min in eindeutiger Ausprägung zu entsprechenden Leistungsverbesserungen (3 %) führt als eine geringere Applikationsdauer (11-46 %). Der Grund jedoch, dass die Gruppe der Leistungsschwächeren, gleichsam zufällig die Gruppe mit kürzerer Applikationsdauer, generell durch eine höhere Leistungs- und folglich Effektvariabilität charakterisiert ist, kann nicht bestätigt werden. Vielmehr führt die Betrachtung der absoluten Leistungswerte (Laufzeit) zu dem Schluss, dass auf Grund der geringen Leistungsvariabilität in der Gruppe mit kürzester Applikationsdauer (01:30 min) im Kontrolltest und der im Vergleich dazu deutlich höheren, aber im Vergleich zu den anderen Gruppen gleichen Leistungsstreuung im Precoolingtest die hohe Streuung in der variableren Leistungssteigerung zu begründen ist. Zusammengefasst bedeutet dies, dass Probanden auf die längere Applikationsdauer relativ konform reagieren, auf die kürzere hingegen sehr variabel. Um also einen eindeutigen Effekt zu erzielen, sollte die Applikationszeit über die Zeitdauer von 01:30 min hinausgehen.

Die Betrachtung der Absolutwerte der Laufzeit nach der $GKKLA_{-110°\,C}$ stützt die These, dass bei den *Rand-Applikationszeiten*, d. h. der kürzesten (01:30 min) und der längsten (03:00 min) Applikationszeit, die geringeren Leistungen in normal verteilter Form erbracht werden.

Die Ergebnisse zeigen zusammenfassend, dass nach einer Applikationszeit von 02:00 min die längsten Laufzeiten (19:23 min) erreicht werden und nach 02:30 min die zweitlängsten (17:33 min). Die optimale Applikationsdauer einer GKKLA$_{-110°\,C}$ im Hinblick auf die Leistungssteigerung und unter Berücksichtigung des Leistungsniveaus liegt konkludierend zwischen 2:00 und 2:30 min.

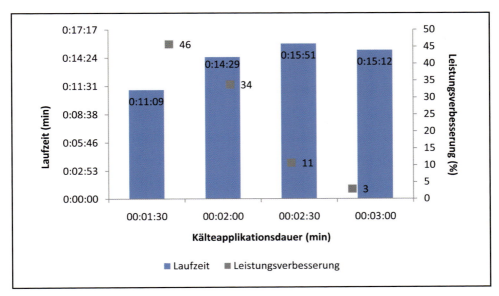

Abb. 111: Absoluten Laufzeiten (mit 95 % v_{max}) und Leistungsverbesserungen nach der GKKLA$_{-110°\,C}$ in Relation zur Kälteapplikationsdauer

Zur unterschiedlichen Kühldauer der TKKLA$_{-30°\,C}$ kann zum heutigen Zeitpunkt keine eindeutige, experimentell fundierte Aussage gemacht werden. Bislang wurden in den zu dieser Thematik vorliegenden Untersuchungen studienübergreifend differente Kühldauern gewählt (20 und 30 min) und vor dem Hintergrund einer leistungsniveauspezifischen, aktiven Vorbereitungsphase die TKKLA$_{-30°\,C}$ simultan begleitend praktiziert: Bei den Leistungsradfahrern ergibt sich eine längere Applikationszeit (30 min), denn die kälteapplikationsbegleitete Vorbereitung sollte zeitlich mit der realen Wettkampfvorbereitung (dem Einfahren auf der Rolle) der an der Studie teilnehmenden Radprofis identisch sein. Bei den Hobbyradfahrern in der anderen Studie wurde aus genannten Gründen eine entsprechend kürzere (20 min) gewählt. Da mit zunehmendem Leistungsniveau der prozentuale Positiveffekt der Kälteapplikation abnimmt (Myler et al., 1989; Martin et al., 1998; Arngrimsson et al., 2004 u. a.), sind die Leistungsverbesserungen der Hochleistungsradfahrer von 1,4 % und der Hobbyradfahrer von 25,2 % entsprechend nicht durch die unterschiedliche Kühlungsdauer zu erklären, sondern durch die Leistungsniveaudifferenz. Da der Leistungseffekt bei den Spitzenradfahrern (Tepasse, 2007) mit demjenigen, der in internationalen Studien mit Hochleistungssportlern im Rudern (Myler et al., 1989) oder im leichtathletischen Langstreckenlauf (Arngrimsson et al., 2004) mit anderen Kühlverfahren ermittelt werden kann, identisch ist, scheint die 30-minütige Simultankühlung mittels TKKLA$_{-30°\,C}$ in diesem Fall nicht inadäquat gewählt zu sein und erzielt zumindest die gleiche Wirkung wie die KWA. Die experimentelle Absicherung des Zusammenhangs von TKKLA$_{-30°\,C}$-Dauer und Leistungseffekt steht noch aus – und beantwortet dann auch die Frage, ob eine längere Kühldauer einer TKKLA$_{-30°\,C}$ höhere Leistungseffekte induziert.[133]

Kältewestenapplikation

Im Gegensatz zur TKKLA$_{-30°\,C}$ liegt zur Kältewestenapplikation eine größere Studienanzahl vor. Die Analyse der precoolingdauerabhängigen Wirkung einer Kältewestenapplikation (KWA) ergibt auf der Grundlage eigener Studienergebnisse innerhalb des Zeitfensters von 15 und 30 min einen positiven Zusammenhang zwischen Kühldauer und Leistungssteigerung: Je länger die Dauer einer KWA, desto größer ist der Leistungseffekt. Bei einer initialen Kältewestentemperatur von durchschnittlich 4° C erhöht sich die Ausdauerleistung

- *nach einer Applikationsdauer von 15 min um 5,5 %,*
- *nach einer Applikationsdauer von 20 min um 7,2 % und*
- *nach einer Applikationsdauer von 30 min um 8,3 %.*

Für diese Berechnung werden diejenigen Studien berücksichtigt, in denen ein Precooling mittels Kälteweste ohne (PCoV) oder nach einer Anforderungsvorbereitung (PCpostV) durchgeführt worden ist (Neumann, D., 2006; Ückert & Joch, 2007a u. a.). Der Zusammenhang zwischen der Kälteapplikationsdauer und der Leistungsverbesserung ist auch bei einer Kältewestenapplikation – wie auch schon für die GKKLA$_{-110°\,C}$ gezeigt wurde – nicht streng linear; die Zusammenhangsstärke reduziert sich zunehmend mit ansteigender Applikationsdauer. Der Anstieg der Leistungsverbesserung flacht mit zunehmender Applikationszeit tendenziell ab. Der Aspekt der Einwirkung der KWA-Dauer auf die Leistungsverbesserung kann zum jetzigen Zeitpunkt nur metaanalytisch aufgearbeitet werden, weil dieser in keiner der vorliegenden Studien explizit untersucht wurde. Auf Grund des vorliegenden Datenmaterials kann jedoch festgehalten werden: Für Probanden mit mittlerem Leistungsniveau bewirkt eine Applikationsdauer von 30 min mittels einer Kälteweste, die auf 4° C temperiert ist, die höchste Leistungssteigerung für eine Ausdaueranforderung.

Es kann jedoch bislang nicht belegt werden, ob und ab welcher Precoolingdauer mittels Kälteweste der Anstieg der Leistungsverbesserung stagniert oder degressiv verläuft.

Da in den internationalen Studien zum KWA-Precooling bei Leistungssportlern (Myler et al., 1989; Smith et al., 1997; Martin et al., 1998; Arngrimsson et al., 2004) relevante (unabhängige) Variablen erheblich differieren, wie z. B. die Initialtemperatur der Kälteweste, die zwischen Werten von 0 und 10° C variiert, oder das Kühlungstiming

---

[133] Bislang stand die Frage nach der optimalen Applikationsdauer der TKKLA$_{-30°\,C}$ beim Einsatz dieses recht neuen Kältemediators *(Cryo)* noch nicht im Vordergrund der experimentellen Untersuchungen.

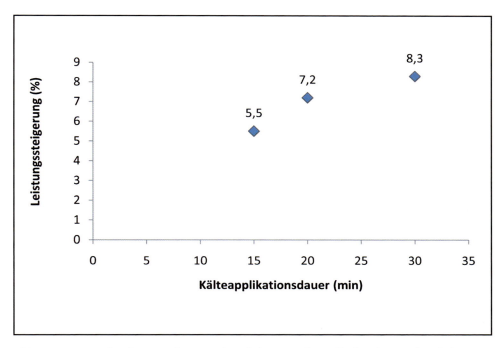

Abb. 112: Prozentuale Leistungsverbesserung in Relation zur Kälteapplikationsdauer während einer KWA bei einer Kältewestentemperatur von durchschnittlich 4° C

(PCsimV vs. PCpostV), kann keine explizite Analyse und Interpretation des Zusammenhangs von Kälteapplikationsdauer und Leistungseffekt bei Sportlern dieses Niveaus erfolgen. Werden die Studienergebnisse ungeachtet dieser Variablendiskrepanz zusammengefasst, stellt sich heraus, dass im Mittel nach 34-minütigem Kühlen während der aktiven Vorbereitung, also während eines PCsimV, mit einer durchschnittlich auf 5° C temperierten Weste eine Leistungsverbesserung von ca. 1,6 % eintritt (Myler et al., 1989; Smith et al., 1997; Martin et al., 1998; Arngrimsson et al., 2004).

Anhand der Studie von Smith et al. (1997) wird neben der Kälteapplikationsdauer mit der Kühltemperatur ein weiterer leistungsbeeinflussender Aspekt deutlich: Nach einem 15-minütigen PCsimV mittels Kälteweste, die mit 0° C im Vergleich zu den anderen internationalen Untersuchungen die niedrigste Temperatur aufweist, verbessert sich die Leistung um 3 %. Damit erhalten sie bei Sportlern dieses Niveaus die höchste Leistungsverbesserung. Der Einfluss der Kühltemperatur, als ein wichtiger, effektbeeinflussender Parameter, wird durch weitere Studienergebnisse konkretisiert: Bei höherer Kältewestentemperatur (5 vs. 0° C) muss die Kälteapplikationsdauer verlängert werden, wenn der gleiche Effekt erzielt werden soll, der durch eine KWA mit niedrigerer Temperatur induziert wird (Myler et al., 1989; Smith et al., 1997). Dies bedeutet also, dass bei kürzerer Kälteapplikationsdauer mit entsprechend niedriger Kältewestentemperatur der gleiche Effekt erreicht werden kann wie bei längerer Applikationsdauer und geringfügig wärmerer Weste (4-5° C)[134]; vice versa kann die geringere Westentemperatur durch eine längere Applikationsdauer kompensiert werden (15 vs. 30 min). Eine geringfügig höhere Kältewestentemperatur[135] kann also durch eine längere Applikationszeit kompensiert werden und umgekehrt. Bislang liegt keine Studie zum Precooling mittels Kälteweste vor, im Gegensatz zum Simultancooling, die kälteapplikationsdauer- oder -intensitätsabhängige Negativeffekte auf die sportliche Leistung aufzeigt.

4.2.5 Leistungseffekt und Kälteapplikationstemperatur

Neben der Kälteapplikationsdauer beeinflusst auch die Kälteapplikationstemperatur den Effekt einer Kühlmaßnahme. Studienübergreifend variieren häufig beide Parameter, und dies sowohl in gleichgerichteter als auch konträrer Weise, sodass die Bestimmung ihrer Optima erschwert wird. Als Beispiel seien hier nur die Studien von Castle et al. (1996) und Smith et al. (1997) genannt: Jene verwenden eine Kältewestentemperatur von 7,5° C und eine Kühldauer von 20 min, diese analog 0° C und 15 min. Der Vergleich der Effekte der wärmeren Kälteweste und längeren Kälteapplikationszeit (Castle et al., 1996) mit denen der kälteren Weste und kürzeren Applikationszeit (Smith et al., 1997) zeigt, dass die Westentemperatur im Hinblick auf die Leistungssteigerung (3,2 vs. 0 %) in diesem Fall den dominierenden Parameter darstellt: Die 5 min längere Kühldauer von 20 min reicht nicht aus, um die um 7,5° C höhere Westentemperatur zu kompensieren; ob und falls ja, ab welcher Zeitdauer dies bei einer solch hohen Temperatur überhaupt möglich ist, wäre zu untersuchen; experimentell ist diese Kompensationsmöglichkeit bislang nur für die Temperaturspanne zwischen 0 und 5° C nachgewiesen.

Kaltlufttemperatur

Da die Kältemediatoren differente Wirkungsstärken aufweisen, erfolgt die Analyse der Kühltemperatur im Folgenden kältemediatorenspezifisch. Während die Kaltlufttemperaturen von minus 110° C bei der Ganzkörperkälteapplikation ($GKKLA_{-110°\,C}$) und von minus 30° C[136] bei der Teilkörperkaltluftapplikation ($TKKLA_{-30°\,C}$) präzise steuerbar sind, ist zu konzedieren, dass die Kälteweste – mangels Strom- bzw. Energieversorgung – durch eine relativ hohe Temperaturinkonstanz charakterisiert ist; sie steht demzufolge in direkter Abhängigkeit von den unmittelbaren Umgebungstemperaturen – darunter werden die Luft-, Strahlungs- und auch die Körpertemperatur subsumiert. Wie die Studien mit hoch dosierter Kaltluft zeigen (u. a. Joch et al., 2002; Joch & Ückert, 2003; 2004a; 2004b; Ückert & Joch, 2003a; 2003b; 2004; 2008) und mit

---

134 Dies ist hinsichtlich der Zeitökonomie ein bedeutender Gesichtspunkt.
135 Die zeitlich nicht kompensierbare Kältewestentemperatur ist bislang nicht analysiert.
136 Diese Temperaturen haben sich in der therapeutischen Anwendung etabliert.

Kaltluft von minus 30° C (Ückert & Joch, 2008), kann die geringere Kaltlufttemperatur durch adäquate Variationen der Kühldauer kompensiert werden. Während die Dauer der GKKLA$_{-110°\,C}$ auf ca. 3 min limitiert ist (Fricke, 1989; Papenfuß, 2005), gibt es auf der Grundlage der bisherigen Studien im Hinblick auf die Effektivität oder auch Kälteschädigungen noch keine Anhaltspunkte, die auf die Notwendigkeit einer zeitlichen Limitierung der TKKLA$_{-30°\,C}$ hinweisen.[137]

Kältewestentemperatur
Die Temperatur der Kälteweste ist zum einen von der Westenkonstruktion abhängig, d. h. explizit von der Konsistenz des eingelagerten Kältemediators (Wasser, Eis, temperatursensibles Gel o. Ä.), sowie der Kühlfläche, zum anderen aber auch von der einwirkenden Temperatur (Körper- und Umgebungstemperatur). Je nach Konstruktion der Kälteweste ist für eine niedrige Initialtemperatur die adäquate Präparation der Weste ausschlaggebend. [138]

Die Studienanalyse zum Effekt der KWA in Abhängigkeit von der Westentemperatur weist bei einer Kühldauer von 30 min einen engen Zusammenhang zwischen der Kühltemperatur und dem leistungsverbessernden Effekt aus – auch wenn die obere Temperatur-Kompensationsschwelle bislang indeterminiert ist[139]: Mit zunehmender Kältewestentemperatur reduziert sich innerhalb des Temperaturspektrums zwischen 0 und 5° C die Leistungsverbesserung von 8,3 % auf 2,4 %. Auch bei einer kürzeren (z. B. 15-minütigen) Kühldauer einer KWA ist dieser Zusammenhang zu konstatieren: Mit zunehmender Kältewestentemperatur von 0 auf 5° C und schließlich bis auf 8° C verringert sich die Leistungssteigerung von 5,5 auf 3,1 und schließlich auf 1,1 %.

Wie bereits dargestellt, erhöht sich bei gleicher Kältewestentemperatur mit ansteigender Applikationsdauer der leistungsverbessernde Effekt, z. B. beträgt

- *bei 0° C und 30-minütiger Kühldauer die Leistungsverbesserung 8,3 %,*
- *bei 0° C und 15-minütiger Kühldauer hingegen nur 5,5 %.*

Da eine 20-minütige Kühlung mittels 3° C temperierter Kälteweste zu einer deutlich höheren Verbesserungsrate führt als eine 30-minütige Kühlung mit 5° C temperierter Weste (vgl. u. a. Neumann, D., 2006), stellt sich die Kühltemperatur gegenüber der Kühldauer als der dominierende Parameter heraus.

---

137 Die Kühldauer, die bei der TKKLA$_{-30°\,C}$ ggf. die Effekte der GKKLA$_{-110°\,C}$ übersteigt, ist bislang indeterminiert.
138 Die Kälteweste von Pervormance wirkt besonders effektiv, da ihre Kühlintensität abhängig von der Körper- bzw. Umgebungstemperatur ist und sie eine besonders große Kühlwirkung bei Wärmebedingungen entfaltet.
139 Bei aktueller Datenlage kann keine valide Aussage über das Ausmaß des Temperaturspektrums der Kälteweste, innerhalb dessen Kompensationsmöglichkeiten mittels Variation der Applikationsdauer bestehen, gemacht werden. Sobald die Westentemperatur höher als die Hauttemperatur ist, liegt kein Kühlungseffekt vor.

Tab. 17: Einfluss von Kühltemperatur und -dauer einer Kältewestenapplikation auf den Leistungseffekt; [a]: *siehe Fußnote*[140]

Kühldauer (min)	Kühltemperatur (° C)	Leistungseffekt (%)
30	0	8,3
15	0	5,5
20	3	7,2
30	5	2,4[a]
15	5	3,1
15	8	1,1

Dies gilt auch für noch geringere Westentemperaturen: Eine Kältewestentemperatur von 0° C, die nur mittels gefrorenem Zustand der Geleinlagerungen (bei der Arctic Heat-Kälteweste) oder der Kühlakkus (AIS-Kälteweste) erreicht wird, wirkt nach einer 30- und 15-minütigen Kühldauer leistungseffektiver als eine über die gleichen Zeiträume praktizierte Kältewestenapplikation mit einer Temperatur von 5° C. Die Ergebnisanalyse der Studien zur Kältewestenapplikation (Myler et al., 1989; Smith et al., 1997; Martin et al., 1998; Cotter et al., 2001; Sleivert et al., 2001; Duffield et al., 2003; Arngrimsson et al., 2004; Cheung & Robinson, 2004; Hasegawa et al., 2005; Hornery et al., 2005; Castle et al., 2006; Daanen et al., 2006; Neumann, D., 2006; Ückert & Joch, 2007a-e und 2008 u. a.) zeigt zusammenfassend

- einerseits, dass Kältewestentemperaturen oberhalb von 8° C nur eine geringe Positivwirkung auf die Ausdauerleistung ausüben,
- andererseits, dass innerhalb des Temperaturspektrums zwischen 0 und 5° C differente quantitative Leistungseffekte eintreten.

Diesen experimentellen Resultaten entsprechend ist die Kühldauer während einer Kältewestenapplikation zu gestalten.

Kaltwassertemperatur
Die Reanalyse der kaltwasserbedingten Leistungsveränderungen, die im Gegensatz zur Kaltluft- und Kältewestenkühlung in der Regel negativ ausfallen, signalisiert, dass sich die Leistungen mit abnehmender Wassertemperatur sukzessive reduzieren. Nach einem Precooling bei Wassertemperaturen von unter 15° C werden diese bei einer Kühldauer von durchschnittlich 30 min im Vergleich zum Kontrolltest um bis zu 28,3 % vermindert (Bergh & Ekblom, 1979; Crowley et al., 1991; Mitchell et al., 2003). Während in einer Studie bei relativ hoher Wassertemperatur (22° C) ein negativer Leistungseffekt

---

140 Die Ursache für den geringeren Effekt nach der 30-min- im Vergleich zur 15-min-Kühlung bei gleicher KWA-Temperatur (5° C) kann mit vorliegenden Daten nicht erklärt werden.

festgestellt wird (Mitchell et al., 2003), der jedoch in erster Linie im Testdesign begründet liegt, sind bei Kaltwassertemperaturen oberhalb von 15° C positive Effekte zu konstatieren (Booth et al., 1997; Kay et al., 1999; Marsh & Sleivert, 1999).

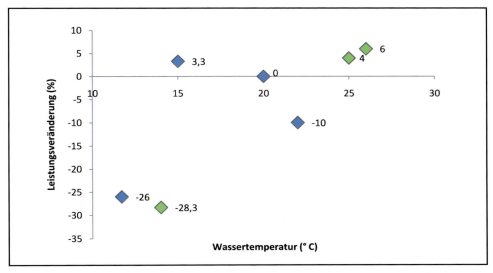

Abb. 113: Leistungsveränderungen in Relation zur Kaltwassertemperatur bei einer Precoolingdauer von 60 min (grüne Rauten) und 30 min (blaue Rauten); die Daten sind auf Grundlage vorliegender internationaler und nationaler Studien berechnet.

Bei der Kaltwasserapplikation ist eine Kompensation höherer Wassertemperaturen durch entsprechend längere Applikationszeiten möglich: Ein 30-minütiges Precooling in 15° C kaltem Wasser induziert eine Leistungsverbesserung von 3,3 % (Marsh & Sleivert, 1999), eine doppelt so lange Precoolingdauer von 60 min mit einer Wassertemperatur von 26° C eine Verbesserung von 6 % (Kay et al., 1999). Die obere Grenztemperatur des Kaltwassers, die nicht durch eine adäquate Kühldauer kompensierbar ist, kann bei heutigem Forschungsstand nicht determiniert werden; dies gilt für alle Kältemediatoren.

Vor einer sportlichen Anforderung ist fähigkeitsunspezifisch, wie u. a. die Studien von Bergh und Ekblom (1979) sowie von Mitchell et al. (2003) belegen, von Kühlungen mittels einer Wassertemperatur von unter 15° C abzuraten, weil hier auch bei kurzer Kühldauer (15 min) negative Leistungseffekte eintreten. Besonders zu berücksichtigen ist, dass bei einer intensiven Wasserkühlung ein erhöhtes Verletzungsrisiko auf Grund der reduzierten Muskeltemperatur besteht, sodass unter Einbezug der vorliegenden Forschungsergebnisse ein Precooling der Arbeitsmuskulatur mittels Kaltwasserapplikation eher nicht zu empfehlen ist – im Gegensatz zum regenerativ wirkenden Postcooling.

4.2.6 Leistungseffekt und Timing der Kälteapplikation

In dieser Arbeit werden unterschiedliche Precoolingmodi differenziert, die sich zum einen aus Precoolingmaßnahmen zusammensetzen, die in jeweils unterschiedlichem zeitlichen Bezug zu einer Anforderungsvorbereitung realisiert werden, d. h. vor PCpräV, während PCsimV oder nach PCpostV. Zum anderen wird ihnen auch die Precoolingvariante zugeordnet, die von keiner aktiven Vorbereitung begleitet wird: PCoV, die in Anlehnung an Brück (1987) auch als „Kaltstart" bezeichnet werden kann. Das PCoV ist jedoch in der sportlichen Wettkampf- und Trainingspraxis unüblich, weil Precooling prinzipiell mit einer technisch-koordinativen Einarbeitung kombiniert werden sollte und/oder – vor Kurzzeitanforderungen – mit einer Erwärmung.

Der große Leistungspositiveffekt von 25 % nach einer $TKKLA_{-30°C}$ ist nicht auf den Precoolingmodus (PCsimV), den Kältemediator oder das Precoolingtiming zurückzuführen, sondern auf das geringe Leistungsniveau der Studienteilnehmer. Dennoch wird der potenzielle Effekt auf die Ausdauerleistung durch das PCsimV deutlich – auch wenn er bei höherem Leistungsniveau deutlich geringer ausfallen dürfte. Dies zeigen Studien zum Simultanprecooling mit Leistungssportlern (Martin et al., 1998; Arngrimsson et al., 2004; Tepasse, 2007; Ückert & Joch, 2008), in denen auf Grund des hohen Leistungsniveaus der Studienteilnehmer erwartungskonform der Precoolingeffekt geringer ist (s. o.).

Da die eigenen Studien zur Kaltluftkühlung ($TKKLA_{-30°C}$) bislang ausschließlich mittels PCsimV durchgeführt worden sind, ist eine Bestimmung des Zusammenhangs von $TKKLA_{-30°C}$-Timing und Leistung nicht möglich. Demnach bleibt z. B. die Frage unbeantwortet, ob der Effekt der $TKKLA_{-30°C}$ bei Leistungssportlern größer ist, wenn das Precooling vor (im Sinne eines PCpräV) oder nach der Vorbereitungsphase (PCpostV) praktiziert wird – oder ob ein additiver Effekt eintritt.

In denjenigen Studien, an denen Leistungssportler teilnehmen, ist in der Regel ein PCsimV absolviert worden – mit Ausnahme der Studie von Myler et al. (1989), die bislang als einzige Autorengruppe ausschließlich ein Precooling nach der Vorbereitungsphase (PCpostV) durchführten. Im Vergleich dieser Studien sind keine bedeutsamen Unterschiede des Kühlungseffekts in Abhängigkeit vom Kühlungstiming oder vom Kältemediator zu konstatieren: Es werden Leistungsverbesserungen durch ein PCsimV mittels Kälteweste von 1,1 % (Arngrimsson et al., 2004) und 1,2 % festgestellt (Martin et al., 1998), mittels Kaltluft von 1,4 % (Ückert, 2008) und durch ein PCpostV mittels Eispackungen von 1 % (Myler et al., 1989)[141]

---

[141] Die Kühldauer ist wegen der niedrigen Temperatur der Eispackungen mit 5 min so kurz.

Im Gegensatz dazu signalisieren die Studien mit Sportlern, die über ein mittleres Leistungsniveau verfügen, dass ein Precooling ohne aktive Vorbereitungsmaßnahmen, somit ein PCoV, am effektivsten ist, d. h. effektiver als Precoolingmaßnahmen, die mit weiteren Vorbereitungsaktivitäten gekoppelt werden (PCpräV, PCsimV und PCpostV), und vor allem auch effektiver als ein Aufwärmen (Ganßen, 2004; Neumann, C, 2006;Ückert & Joch, 2007a u. a.). Ein klassisches Precooling (PCoV) führt – unter Berücksichtigung aller Studienergebnisse – zu Leistungssteigerungen (vornehmlich der Ausdauer) von durchschnittlich 7,5 %, ein PCsimV bewirkt Verbesserungen von 2 %.[142] Dies signalisiert, dass bei Sportlern mit geringem und mittlerem Leistungsniveau ein Precooling, das ohne Vorbereitungsaktivität praktiziert wird, effektiver als ein Simultanprecooling ist. Doch es ist zu betonen, dass ein Simultancooling prinzipiell effektiver ist als ein Aufwärmen: Ein PCsimV reduziert die Negativwirkungen bzw. die Vorermüdung des Aufwärmens, kann sie jedoch nicht vollständig kompensieren und ist somit insgesamt der Precoolingvariante PCoV vor Ausdaueranforderungen im Hinblick auf die Leistungsverbesserung unterlegen (Ückert & Joch, 2007c). Ein Aufwärmen unter Verzicht auf eine Kühlungsmaßnahme stellt demnach keine optimale, sondern die im Vergleich zu allen Kühlvarianten denkbar schlechteste Ausgangsbasis für das Erreichen hoher und höchster Ausdauerleistungen dar. Anhand vorliegender eigener und internationaler Studienresultate zeigt sich demnach, dass bei (Hoch-)Leistungssportlern im Gegensatz zu weniger Trainierten weder das Precooling-Timing, d. h. die zeitliche Abstimmung mit weiteren Anforderungsvorbereitungen, noch der Kühlmediator für das Ausmaß des Positiveffekts relevant ist.

Zum Simultancooling, dem Kühlen während der Zielanforderung – nicht zu verwechseln mit dem PCsimV, dem Kühlen während der Anforderungsvorbereitung –, liegen bislang nur wenige experimentelle Untersuchungsergebnisse vor. Anhand eigener Studien (Bäcker, 2005; Landgraf, 2005) kann gezeigt werden, dass bei Ausdaueranforderungen (Laufen und Rudern) über einen Zeitraum von 60-80 min ökonomisierende Effekte auf physiologische Parameter in degressiver Verlaufsform wirksam werden.[143] Eine weitere eigene Studie zum Effekt einer simultanen Teilkörperkälteapplikation mittels Kühlhandschuh zeigt keine bedeutsamen Effekte (vgl. Gollahn, 2004), was in der geringen Kühlfläche (Handrücken und Handgelenk) begründet liegt.

---

142 Resultate aus Studien mit extrem hohen Leistungssteigerungen (Hasegawa et al., 2005; Daanen et al., 2006), die motivationsbeeinflusst sind oder Störfaktoren enthalten, bleiben bei der Berechnung unberücksichtigt.
143 Allerdings kann die Kälteweste beim Simultancooling wärmeabgabebeeinträchtigend wirken, wenn die Westentemperatur die körperliche Wärmeabgabe erschwert.

4.2.7 Leistungseffekt und Sportartspezifik

In diesem Abschnitt wird der Einfluss der Sportartspezifik auf die Effekte der Kälteapplikation analysiert. Dies ist insofern von Bedeutung, weil in unterschiedlichen Sportarten ein differentes Quantum an Muskelarbeit realisiert wird. Der an der Bewegung beteiligte Anteil der Muskulatur ist beispielsweise beim beindominanten Radfahren deutlich geringer als beim gesamtkörperlichen Rudern. Die Analyse vorliegender Studien fokussiert den Vergleich der Kälteapplikationseffekte auf

- *das leichtathletische Laufen (Lee & Haymes, 1995; Booth et al., 1997; Drust et al., 2000; Mitchell et al., 2003; Arngrimsson et al., 2004; Bäcker, 2005; Ückert & Joch, 2007a und 2007b; Bollermann, 2008),*
- *das Radfahren (Smith et al., 1997; Cotter et al., 2001; Duffield et al., 2003; Cheung & Robinson, 2004; Joch & Ückert, 2004a und 2004b; Ückert & Joch, 2004; Hasegawa et al., 2005; Hornery et al., 2005; Morrison et al., 2006; Daanen et al., 2006; Tepasse, 2007; Ückert & Joch, 2008) und auf*
- *das Rudern (Myler et al., 1989; Martin et al., 1998; Landgraf, 2005).*

Für Radfahranforderungen werden unter besonderer Berücksichtigung der motorischen Ausdauer Verbesserungen von durchschnittlich 6,2 % durch Ganzkörperkaltluft- sowie von 13,3 % durch Teilkörperkaltluftapplikation[144] festgestellt. Im Vergleich dazu fällt die Leistungsverbesserung im Laufen größer als im Radfahren aus: Auf die Laufausdauer wird ein Leistungspositiveffekt von 17,8 % konstatiert (Ückert & Joch, 2007a, 2007b und 2008). Für die Leistungsverbesserung im Radfahren von 13,3 % durch eine $TKKLA_{-30°\,C}$ (Tepasse, 2007; Ückert & Joch, 2008) liegen bislang noch keine Vergleichswerte für das Laufen vor.

Die im Vergleich zur Radfahrleistung in höherem Maße verbesserte Laufleistung wird mit der höheren Wärmebildungsrate[145] beim Laufen begründet – als Folge des größeren Anteils der Arbeitsmuskulatur –, denn es gilt als bestätigt: Je höher die Wärmebildungsrate in einer Sportart oder Disziplin, desto größer ist der Positiveffekt von Precoolingmaßnahmen. Unter Berücksichtigung der im Rahmen dieser Arbeit analysierten Studien zur Kälteapplikation ergibt die sportartspezifische Differenzierung der kälteinduzierten Leistungseffekte, dass für die Lauf- im Vergleich zur Radfahrausdauer

---

144 Zur $TKKLA_{-30°\,C}$ liegen bislang nur zwei Studien vor (Tepasse, 2007; Ückert & Joch, 2008).
145 Es soll nicht unerwähnt bleiben, dass keine Studien vorliegen, in denen untersucht wird, ob bzw. wie sich der unterschiedliche Anteil der Arbeitsmuskulatur auf den Körperkerntemperaturverlauf auswirkt. Unter der Annahme der kritischen Temperatur ist anzunehmen, dass die Abbruchtemperatur indifferent, der sportartspezifische Temperaturanstieg aber different ist, denn es gilt: Je mehr Muskelarbeit geleistet wird, desto höher ist die Wärmebildung pro Zeiteinheit.

mit 8,8 vs. 4,9 % die größeren Leistungsverbesserungen zu verbuchen sind. Eine hohe Wärmebildung beeinträchtigt unter Normaltemperaturbedingungen (vgl. Joch & Ückert, 2004b) eine Laufausdauerleistung in höherem Maße als eine radsportspezifische Leistung; und weil eine Vorkühlung die körperliche Wärmeabgabe unterstützt und demnach den Organismus thermoregulatorisch entlastet, ist der precoolinginduzierte Positiveffekt somit im Laufen höher als im Radfahren.

Auf der Grundlage dieser experimentell belegten Erkenntnis kann angenommen werden, dass Laufleistungen auch nach einer Teilkörperkaltluftapplikation mit minus 30° C (TKKLA$_{-30° C}$) in größerem Ausmaß verbessert werden als Radfahrleistungen. Die Differenzierung der sportartspezifischen Kühlungseffekte nach dem Kältemediator ergibt, dass

- *durch Ganzkörper- und Teilkörperkaltluftkühlungen (GKKLA$_{+3,5° C}$, GKKLA$_{-110° C}$ und TKKLA$_{-30° C}$) die Laufleistung um 17,8 % und die Radfahrleistung um 9,6 % verbessert wird,*
- *durch die Kaltwasserapplikation die Laufleistung um 2 %, die Radfahrleistung um 1,5 % und*
- *durch die Kältewestenapplikation die Laufleistung um 6,6 %, die Radfahrleistung um 3 %.*

Laufausdauerleistungen werden somit durch Precooling in deutlicherem Maße verbessert als Radfahrausdauerleistungen. Ein Vergleich zum Effekt von Coolingmaßnahmen im Rudern kann an dieser Stelle nicht vorgenommen werden, denn die vorliegenden Studien sind ausschließlich mit (Hoch-)Leistungsruderern durchgeführt (Myler et al., 1989; Martin et al., 1998; Landgraf, 2005) worden, für die keine Vergleichsdaten vorliegen.

4.2.8 Einfluss der Kälteapplikation auf physiologische Parameter

Kaltluftapplikationen, d. h. Ganzkörperkaltluftapplikation bei minus 110° C und Teilkörperkaltluftapplikation bei minus 30° C, erweisen sich im Hinblick auf die Leistungsverbesserung und Ökonomisierung physiologischer Parameter als die effektivsten Kühlmaßnahmen. Die Wirkungsweisen auf die physiologischen Parameter werden im Folgenden detailliert dargestellt. Dabei wird erstens die unmittelbare physiologische Wirkung noch während der Precoolingphase, demzufolge die physiologische Ausgangslage für die Zielanforderung dargestellt und zweitens die kälteapplikationsinduzierten Effekte, die nachwirkend während der Zielanforderung festgestellt werden. Auch in diesem Kontext werden die Resultate kältemediatorenspezifisch gegliedert.

Effekte während der Precoolingphase

Kaltluft

Die Ganzkörperkaltluftverfahren werden durchschnittlich bei 3,5° C (Schmidt & Brück, 1981; Hessemer et al., 1984; Olschewski & Brück, 1988; Kruk et al., 1990; Lee & Haymes, 1995 u. a.) mit einer Applikationsdauer von 38 min durchgeführt und reduzieren bereits während der Precoolingphase die Körperkerntemperatur um 0,42° C und die Hauttemperatur um 4,3° C. Eigene Studien zur Kaltluftapplikation mittels $GKKLA_{-110°\ C}$ führen bei kurzer Applikationsdauer (durchschnittlich 2,5 min) während der Precoolingphase zu einer Reduktion der Körperkerntemperatur um 0,41° C und der Hauttemperatur um 5,1° C (Joch et al., 2004; Joch & Ückert, 2004b, Ückert & Joch, 2004 und 2008 u. a.). Demnach kann durch eine Kaltluftapplikation in der Kältekammer ($GKKLA_{-110°\ C}$) auf Grund der höheren Kühlintensität in deutlich kürzerer Zeit der annähernd gleiche Effekt auf die Körperkern- und Hauttemperatur erzielt werden. Die bislang in den Studien praktizierte Teilkörperkühlung mittels Kaltluft von minus 30° C ($TKKLA_{-30°\ C}$) (Tepasse, 2007; Ückert & Joch, 2008) bewirkt bei einer durchschnittlichen Applikationsdauer von 25 min eine mittlere Reduktion der Körperkerntemperatur um 0,38° C und der Hauttemperatur um 3,1° C.

Die Ganzkörperkaltluftapplikation führt zu größeren Reduktionen der Körperkerntemperatur als die Teilkörperkaltluftapplikation, wobei die hoch dosierte Kaltluft von minus 110° C (Joch et al., 2004; Joch & Ückert, 2004b, Ückert & Joch, 2004 und 2008) im Hinblick auf die Temperaturabsenkung deutlich effektiver als die Kaltluft im Bereich von 3,5° C ist (Schmidt & Brück, 1981; Hessemer et al.,1984; Olschewski & Brück, 1988; Kruk et al., 1990; Lee & Haymes, 1995). Diese Werte sind aus denjenigen Studien reanalysiert worden, in denen ein Precooling ohne simultane Vorbereitung, d. h. ein Cooling vor, nach oder ohne Vorbereitungsaktivität praktiziert wurde. Eine Kühlung mittels Ganzkörperkaltluftapplikation ist unter beiden Temperaturbedingungen (plus 3,5° C und minus 110° C) auf Grund räumlicher und physiologischer Gründe weder möglich noch sinnvoll. Insbesondere bei der $GKKLA_{-110°\ C}$ sind schnelle teilkörperliche und Ganzkörperbewegungen auf Grund der dadurch erhöhten konvektiven Wärmeabgabe zu vermeiden.

Die durchgeführten Studien zur $TKKLA_{-30°\ C}$ sind ausschließlich als PCsimV durchgeführt worden (Tepasse, 2007; Ückert & Joch, 2008), sodass die Redukion der Körperkern- und der Hauttemperatur entsprechend zu interpretieren und nicht mit der $GKKLA_{-110°\ C}$ zu vergleichen ist. Die Temperaturwerte in den $TKKLA_{-30°\ C}$-Studien sind in erhöhender Weise beeinflusst, weil während der Vorbereitung mehr Körperwärme als unter Ruhebedingungen produziert wird.

Da während der Ganzkörperkaltluftmaßnahmen in der Kältekammer – im Gegensatz zur $TKKLA_{-30°\ C}$ – einerseits keine physiologischen Messungen durchgeführt werden können, andererseits die TKKLA$_{-30°C}$ als Simultanprecooling und die GKKLA$_{110°C}$ als PCpostV durchgeführt wurde, ist ein Vergleich der Herzfrequenz und Laktatwerte an dieser Stelle nicht weiterführend.

Kälteweste

Während bereits auf die Wirkungen der Kältewestenapplikation eingegangen wurde, wird an dieser Stelle zusammenfassend darauf hingewiesen, dass zum einen Studien vorliegen, in denen

- *die Körperkerntemperatur während der Kältewestenkühlung um 0,44° C absinkt (Myler et al., 1989; Smith et al., 1997; Martin et al., 1998; Cotter et al., 2001; Sleivert et al., 2001; Duffield et al., 2003; Arngrimsson et al., 2004; Cheung & Robinson, 2004; Hasegawa et al., 2005; Hornery et al., 2005; Castle et al., 2006; Daanen et al., 2006), zum anderen auch Studien vorliegen,*
- *in denen als unmittelbarer Effekt ein Anstieg der Körperkerntemperatur von 0,3° C zu konstatieren ist (Bäcker, 2005; Neumann, D., 2006; Oerding, 2006; Ückert & Joch, 2008). Dies wird damit begründet, dass während der kurzen Kühldauer durch die körpereigene Wärmeproduktion ein Absinken der Kerntemperatur verhindert wird und die Wärmeproduktion höher als die -abgabe ist. Durch diese thermoregulatorische Gegenreaktion wird ein unmittelbarer Abfall der Körperkerntemperatur verhindert, dem in einigen Studien ein Afterdrop folgt (Webb, 1986; Romet, 1988; Olschewski & Brück, 1988; Kruk et al., 1990; Drust et al. 2000; Cheung & Robinson, 2004; Proulx et al., 2006).*

Während der Durchführung eines Precoolings während der Anforderungsvorbereitung (PCsimV) mittels Kälteweste sinkt nach den Ergebnissen der internationalen Studien die Körperkerntemperatur um 0,36° C (Cotter et al., 2001; Duffield et al., 2003; Cheung & Robinson, 2004), während sich in eigenen Studien zeigt, dass im Vergleich einer Anforderungsvorbereitung mit und ohne Simultankühlung die Körperkerntemperatur keine differenten Werte aufweist.

Fasst man die nationalen und internationalen Forschungsergebnisse mit ihren differenten Wirkungsweisen zusammen, dann reduziert eine KWA die Körperkerntemperatur während der Kühlphase um marginale 0,07° C. Ein Precooling ohne Anforderungsvorbereitung mittels Kälteweste (PCoV) verändert die Körperkerntemperatur nicht. Wird ein Precooling mittels Kälteweste während einer Vorbereitungsphase (PCsimV) durchgeführt, sinkt die Körperkerntemperatur um 0,18° C. Dieses Resultat ist jedoch nicht in dem Sinne zu interpretieren, dass die Kältewestenkühlung ineffektiv sei, denn diese Körperkerntemperaturdaten beziehen sich ausschließlich auf die Precoolingphase. Wie die Analyse der Leistungseffekte und der physiologischen Parameter während der Zielanforderung zeigt, übt die KWA eine nachhaltige Wirkung aus.

Während eines Precoolings mittels Kälteweste ohne simultan durchgeführte Vorbereitung sinkt die Hauttemperatur um durchschnittlich 0,7° C und die Herzfrequenz um durchschnittlich 3,4 Schläge pro min. Im Vergleich zu einer aktiven Erwärmung erfolgt während eines PCsimV eine marginale Reduktion der Körperkerntemperatur von 0,1° C, der Hauttemperatur von 2,1° C, der Herzfrequenz von zwei Schlägen pro min und des Blutlaktats von 0,3 mmol/l.

Kaltwasser

Durch ein Kaltwasserprecooling, das in den analysierten Studien durchschnittlich entweder ca. 60 min lang mit einer Wassertemperatur von ca. 26° C oder durchschnittlich ca. 30 min lang mit einer Temperatur von 14,6° C durchgeführt wird, kann die Körperkerntemperatur um ca. 0,5° C reduziert werden. Die Hauttemperatur kann durch die Wasservorkühlung im Mittel um 5,4° C und die Muskeltemperatur sogar um 4,2° C abgesenkt werden. Die Muskeltemperaturreduktion wirkt allerdings leistungsnegativ. Messwerte der Herzfrequenz- und Laktatwerte während der Wasserapplikation können keinen Studien explizit entnommen werden.

Effekte während der Zielanforderung

Während bereits die kälteapplikationsinduzierten Wirkungen auf die physiologischen Parameter während bzw. am Ende der Precoolingphase dargestellt wurden, erfolgt in diesem Abschnitt die Darstellung der nachhaltigen Effekte von Precoolingmaßnahmen während der Zielanforderung.

Kälteweste

Nach einem Precooling ohne Vorbereitungsaktivität (PCoV) mittels Kälteweste werden bei Ausdaueranforderungen die physiologischen Parameter in reduzierender Weise beeinflusst: Die Körperkerntemperatur ist im Mittel um ca. 0,1° C niedriger, die Hauttemperatur[146] um 1° C, die Herzfrequenz um einen Schlag pro min und der durchschnittliche Laktatwert um 0,3 mmol/l. In Anbetracht dieser geringen Differenzen ist darauf hinzuweisen, dass nach dem Precooling im Vergleich zum Kontrolltest deutlich höhere Leistungen realisiert werden. Die durch Precooling mittels KWA induzierte (Ausdauer-)Leistungssteigerung korrespondiert demnach nicht mit einer erhöhten physiologischen Beanspruchung, sondern mit einer annähernd gleichen, tendenziell geringeren als im Kontrolltest. Dies bedeutet: Höhere Leistungen können mit geringerem oder gleichem physiologischen Aufwand erreicht werden. Dass gleiche Belastungen mit geringerer individueller Beanspruchung absolviert werden, ist experimentell nachgewiesen (Joch &Ückert, 2003). Im Vergleich zu einer aktiven Anforderungsvorbereitung ohne Kühlung reduziert eine aktive Anforderungsvorbereitung mit begleitender Kühlung (PCsimV) die Körperkerntemperatur während der Zielanforderung nicht nachwirkend, allerdings

---

[146] Durch die nachhaltig reduzierte Hauttemperatur erhöht sich die Wärmeaufnahmekapazität der äußeren Gewebeschichten (Kay et al., 1999).

die Hauttemperatur im Mittel um 2,3° C, die Herzfrequenz um 1,8 Schläge pro Minute und das Blutlaktat um 0,13 mmol/l. Und auch hier ist zu berücksichtigen, dass diese verringerten Werte bei verbesserter Lauf- oder Radfahrleistung gemessen werden.

Aus der Auswertung der vorliegenden eigenen und internationalen Studien geht zusammenfassend hervor, dass, unabhängig vom Vorkühlungstiming, das Precooling mittels Kälteweste nachwirkend, d. h. während der Zielanforderung, eine Reduktion der Körperkerntemperatur um durchschnittlich 0,39° C, der Hauttemperatur um 1,53° C, der Herzfrequenz um 4,2 Schläge pro Minute, des Blutlaktats um 0,66 mmol/l und nach Kozlowski et al. (1985) der Muskeltemperatur um 1,2° C induziert. Im Hinblick auf die nachwirkenden Kühlungseffekte auf die Muskulatur während der Zielanforderung liegen allerdings auch Ergebnisse vor, nach denen diese durch die Kältewestenapplikation unbeeinflusst bleibt (Sleivert et al., 2001; Castle et al., 2006).

Durch ein Kältewestenprecooling sind demnach als nachwirkende Effekte während der Zielanforderung Reduktionen der Haut- und Körperkerntemperatur, der Herzfrequenz sowie der Blutlaktatkonzentration nachgewiesen. Diese korrespondieren mit einer Leistungssteigerung.

Kaltluftapplikation
Die vorliegenden Kaltluftstudien sind mit deutlich variierenden Temperaturen durchgeführt worden, und zwar

- *in den internationalen Studien mit durchschnittlich 3,5° C (Schmidt & Brück, 1981; Hessemer et al., 1984; Olschewski & Brück, 1988; Kruk et al., 1990; Lee & Haymes, 1995; Oksa et al., 1995 u. a.),*
- *in den eigenen Studien zur Teilkörperkaltluftkühlung mit minus 30° C (Tepasse, 2007; Ückert & Joch, 2008) und*
- *in den eigenen Studien zur Ganzkörperkaltluftapplikation mit minus 110° C (Joch et al., 2002; Joch et al., 2004; Joch et al., 2006; Joch & Ückert, 2003a, 2004a und 2004b; Ückert & Joch, 2003a, 2003b, 2004 und 2008).*

Auf Grund dieses großen Temperaturspektrums bei der Kaltluftkühlung werden die Effekte auf die physiologischen Parameter nachfolgend kaltluftverfahrensspezifisch dargestellt.

Ganzkörperkaltluftapplikation mit plus 3,5° C (GKKLA$_{+3,5° C}$)
Die Auswirkungen einer Ganzkörperkaltluftapplikation mit einer Temperatur von durchschnittlich plus 3,5° C auf die physiologischen Parameter während der Zielanforderung sind im Vergleich zu den intensiveren Kaltluftverfahren (GKKLA$_{-110° C}$ und TKKLA$_{-30° C}$) geringer. Die Körperkerntemperatur wird nach einer GKKLA$_{+3,5° C}$ während der Zielanforderung im Mittel um 0,34° C reduziert, die Hauttemperatur

um 1,2° C, die Herzfrequenz um 1,2 Schläge pro Minute und das Blutlaktat um 0,1 mmol/l. Diese quantitativen Reduktionen der physiologischen Parameter scheinen unbedeutsam zu sein, doch ist bei dieser Bewertung – wie bei der Kältewestenapplikation (s. o.) – zu berücksichtigen, dass diese Werte bei gleichzeitig höherer Leistung gemessen werden.

Ganzkörperkaltluftapplikation mit minus 110° C ($GKKLA_{-110°\,C}$)

Im Vergleich zu den $GKKLA_{+3,5°\,C}$-Studien sind die physiologischen Kennwerte während der Zielanforderung nach einer $GKKLA_{-110°\,C}$ am deutlichsten reduziert, einhergehend mit der höchsten Leistungssteigerung. Dies wird daran deutlich, dass die Körperkerntemperatur nach einer $GKKLA_{-110°\,C}$ während der Zielanforderung im Vergleich zu Kontrollwerten durchschnittlich um 0,45° C reduziert bleibt, und dies während wärmeproduzierender Muskelarbeit. Dies belegt den nachhaltigen ökonomisierenden Effekt der $GKKLA_{-110°\,C}$ auf die Körperkerntemperatur. Auch auf die Hauttemperatur übt ein Precooling durch eine $GKKLA_{-110°\,C}$ mit einer durchschnittlichen Reduktion von 5,1° C während der Zielanforderung im Vergleich zu Kontrollwerten und von 4° C im Vergleich zur $GKKLA_{+3,5°\,C}$ eine reduzierende Wirkung aus. Weiterhin werden durch ein Precooling mittels $GKKLA_{-110°\,C}$ nachhaltig die Herzfrequenz um 5,6 Schläge pro Minute und das Blutlaktat um 1,3 mmol/l verringert. Die Wirkungen einer $GKKLA_{-110°\,C}$ auf die dargestellten physiologischen Parameter sind demnach größer als nach einem Precooling mittels Kälteweste sowie nach einer $TKKLA_{-30°\,C}$ und $GKKLA_{+3,5°\,C}$.

Tab. 18: Effekte unterschiedlicher Kaltluftapplikationen ($GKKLA_{+3,5°\,C}$, $GKKLA_{-110°\,C}$ und $TKKLA_{-30°\,C}$) auf Körperkerntemperatur (KKT), Hauttemperatur (HT), Herzfrequenz (HF) und Laktat (Lac); die Daten sind auf der Grundlage vorliegender internationaler und nationaler Studien berechnet.

	GKKLA +3,5° C	GKKLA -110° C	TKKLA -30° C
KKT (° C)	-0,34	-0,45	-0,38
HT (° C)	-1,2	-5,1	-3,13
HF (° C)	-1,15	-5,6	-5,2
Lac (mmol/l)	-0,1	-1,3	-0,5

Teilkörperkaltluftapplikation mit minus 30° C ($TKKLA_{-30°\,C}$)

Die Effekte eines Precoolings mittels $TKKLA_{-30°\,C}$ auf physiologische Parameter während der Zielanforderung sind größer als diejenigen einer $GKKLA_{+3,5°\,C}$, aber geringer als einer $GKKLA_{-110°\,C}$. Der größere Effekt zugunsten der $TKKLA_{-30°\,C}$ im Vergleich zur $GKKLA_{+3,5°\,C}$ tritt

- trotz der Kühlung einer kleineren Hautoberfläche (Oberkörper) als bei der GKKLA$_{+3,5°C}$ ein und
- trotz einer diskontinuierlicheren Kühlung der Hautoberfläche; denn die Kaltluftzuführung erfolgt in intervallartiger Weise, sodass pro Zeiteinheit immer nur ein kleiner Oberflächenbereich mit Kaltluft appliziert wird – im Gegensatz zur Ganzkörperkaltluftkühlung.

Somit ist das positive Resultat der Teilkörperkaltkühlung im Vergleich zur GKKLA$_{+3,5°C}$ durch die niedrigere Temperatur (plus 3,5 vs. minus 30° C) zu begründen. Die Ergebnisse zum Effekt der TKKLA$_{-30°C}$, die als PCsimV realisiert wird, zeigen, dass während Ausdaueranforderungen die Körperkerntemperatur um 0,38° C reduziert wird, die Hauttemperatur um 3,13° C, die Herzfrequenz – wie nach der GKKLA$_{-110°C}$ – um 5,2 Schläge pro Minute und das Laktat um 0,5 mmol/l. Unter Einbezug aller vorliegenden Kaltluftapplikationsstudien zeigt sich zusammenfassend, dass ein Kaltluftprecooling eine durchschnittliche Reduktion der Körperkerntemperatur um 0,4° C, der Hauttemperatur um 3,1° C, der Herzfrequenz um vier Schläge pro Minute und des Blutlaktats um 0,6 mmol/l während der Zielanforderungen erzielt. Daraus wird der nachwirkende Effekt der als Precooling praktizierte TKKLA$_{-30°C}$ auf eine sportliche Anforderung deutlich.

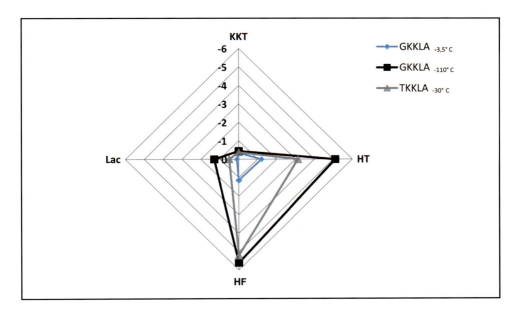

Abb. 114: Prozentuale Effekte unterschiedlicher Kaltluftapplikationen (GKKLA$_{+3,5°C}$, GKKLA$_{-110°C}$ und TKKLA$_{-30°C}$) auf die Körperkerntemperatur (KKT; in ° C), Hauttemperatur (HT; in ° C), Herzfrequenz (HF; in Schl./min) und Blutlaktat (Lac; in mmol/l); die Daten sind auf der Grundlage vorliegender internationaler und nationaler Studien berechnet.

Kaltwasser

Wie bereits für die Precoolingphase experimentell belegt, führt ein Vorkühlen mittels Kaltwasser auch nachhaltig, d. h. auch noch während der Zielanforderung, zu einer im Vergleich zum Kontrolltest (ohne Kühlung) deutlichen Körperkern-, Haut- und Muskeltemperaturreduktion. Dieser Effekt ist größer als bei den anderen Precoolingmaßnahmen (GKKLA$_{-110°\,C}$, TKKLA$_{-30°\,C}$, KWA): Die Körperkerntemperatur liegt während der Zielanforderung nach einem Kaltwasserprecooling durchschnittlich um 0,65° C niedriger als im Kontrolltest, die Hauttemperatur um 4,2° C. Die Herzfrequenz ist um 3,7 Schläge pro Minute niedriger als im Kontrolltest und das Blutlaktat um marginale 0,1 mmol/l. Besonders sei aber auf die reduzierte Muskeltemperatur von durchschnittlich 1,6° C während der Zielanforderung hingewiesen, die, wie bereits mehrfach angemerkt, für die leistungsbeeinträchtigenden Wirkungen der Kaltwasserkühlung verantwortlich ist. Die vorliegenden Ergebnisse signalisieren einen nachhaltigen, d. h. während der Zielbelastung messbaren, reduzierenden Effekt der Kälteapplikation auf die Körperkern- und Hauttemperatur.

Tab. 19: Effekte unterschiedlicher Kälteapplikationen (Kaltluft, Kälteweste und Kaltwasser) auf Körperkerntemperatur (KKT in ° C), Hauttemperatur (HT in ° C), Herzfrequenz (HF in Schläge/min), Blutlaktat (Lac in mmol/l) und Muskeltemperatur (T_m); die Daten sind auf Grundlage vorliegender internationaler und nationaler Studien berechnet.

	Kaltluft	Kälteweste	Kaltwasser
KKT	-0,39	-0,39	-0,65
HT	-3,14	-1,53	-4,20
HF	-3,98	-4,20	-3,70
Lac	-0,63	-0,66	-0,10
T_m	-	-1,20	-1,60

Die Verringerung der Körperkerntemperatur liegt in einem Bereich von 0,4° C (bei der Kaltluft- und Kältewestenkühlung) bis 0,7° C (bei der Kaltwasserkühlung). Die Verringerung der Hauttemperatur beträgt analog zwischen 0,4 und 0,65° C. Somit wird der körperkerntemperatursenkende Effekt um eine nachhaltige Kühlung peripherer Gewebeschichten ergänzt. Kaltwasserapplikationen bewirken eine leistungsnegative Auskühlung der Muskulatur.

Die nachgewiesenen Wirkungen auf die physiologischen Parameter belegen die precoolinginduzierte erhöhte Wärmespeicherkapazität, die insbesondere, aber nicht nur, unter klimatischen Hitzebedingungen vor Ausdauerleistungen im Sinne einer Leistungsoptimierung große Bedeutung gewinnt und auch in besonderem Maße zur gesundheitlichen Prophylaxe beiträgt. Ein adäquates Precooling bedeutet, dass einerseits ein ausreichend hoher Kältereiz erfolgt, andererseits aber zur Vermeidung von Leistungsbeeinträchtigungen keine Unterkühlung der Muskulatur bzw. hypotherme Bedingungen induziert werden.

Als ein bedeutender Parameter, dessen Abhängigkeit von der Kälteapplikation bislang nicht systemtisch erforscht wurde, gilt das *subjektive Belastungsempfinden*. Einzelne Forschungsarbeiten, die diesen Aspekt zumindest fragmentarisch berücksichtigen, aber keiner statistischen Analyse unterziehen, signalisieren bei jeweils verbesserten Leistungen ein nur geringfügig erhöhtes oder unverändertes Belastungsempfinden (Saunders et al., 2005; Bäcker, 2005; Landgraf, 2005; Tepasse, 2007; Bollermann, 2008).

Generell ist in die Interpretation der Forschungsergebnisse zu den kälteapplikationsinduzierten physiologischen Veränderungen einzubeziehen, dass die Effekte bei höheren motorischen Leistungen eintreten. Die geringeren physiologischen Werte bei gleichzeitig höheren Leistungen sind im Sinne eines Doppeleffekts zu interpretieren.

4.3 Gesamtfazit

Kälteapplikationen bewirken unter der Voraussetzung ihrer adäquaten Praktizierung Verbesserungen sportmotorischer Leistungen. Bei der Komplexität sportlicher Leistungen spielt die Vielzahl der Rahmenbedingungen generell eine bedeutende Rolle.

„Das Zustandekommen sportlicher Leistungen ist an eine Reihe von Bedingungen geknüpft. Ihre genaue Kenntnis ist eine wesentliche Voraussetzung für die Planung und Gestaltung eines wissenschaftlich begründeten Trainings" (Schnabel et al., 2005, S. 43).

In diesem Kontext sind im trainingswissenschaftlichen Anwendungsprozess Differenzierungen und auch Spezialisierungen bzw. Individualisierungen unverzichtbar. Es gilt: Nichts ist *für alle und alles* gleichermaßen gut. In diesem Kontext sind bei den Coolingmaßnahmen die Wirkrichtung einerseits und das quantitative Wirkungsausmaß andererseits auf Grund der unterschiedlichen Abhängigkeiten von bedeutenden Parametern, wie z. B. dem Leistungsniveau oder der Fähigkeitsspezifik, zu berücksichtigen. Die Hauptergebnisse der differenzierten Analyse der Kälteapplikationsmaßnahmen werden nachfolgend zusammengefasst.

Prinzipiell sind Wirkrichtung und -stärke der unterschiedlichen Kälteapplikationsmaßnahmen geschlechtsunspezifisch. Trotz der grundsätzlich gleichen physiologischen Reaktionsverläufe bei Männern und Frauen auf die Kühlmaßnahmen scheint sich bei den Frauen auf Grund ihrer zyklusabhängigen Temperaturschwankung mit der postovulatorischen Phase – sozusagen als *Verstärkereffekt* – ein besonders kühlungsaffines Zeitfenster für Coolingmaßnahmen herauszukristallisieren.

Neben der Unabhängigkeit der Kälteapplikationseffekte vom Geschlecht ist einerseits die Wirkrichtung einer Coolingmaßnahme vom Leistungsniveau eines Sportlers unabhängig; andererseits ist das quantitative Ausmaß der Leistungsverbesserung unterschiedlich, und zwar in der Weise, dass bei Leistungssportlern nach einer Kälteapplikation geringere Positiveffekte zu konstatieren sind als bei weniger trainierten Sportlern. Allerdings haben die geringeren quantitativen Leistungssteigerungen bei den trainierten Sportlern auf Grund des hohen Leistungsniveaus, der hohen Leistungsdichte und des geringer ausschöpfbaren Leistungspotenzials eine besonders hohe Bedeutung.

Während eine adäquat praktizierte Coolingmaßnahme grundsätzlich positiv auf sportmotorische Anforderungen wirkt, somit die Kälteapplikation eine fähigkeitsunspezifische Wirkrichtung im leistungsverbessernden Sinne induziert, stellt sich in der kälteapplikationsinduzierten Dependenz des quantitativen Ausmaßes einer Leistungsveränderung eine sportmotorische Fähigkeitsspezifik heraus: Leistungen mit dominantem Ausdauercharakter werden durch Kälteapplikation weitaus stärker verbessert (ca. 8 %) als diejenigen, die durch eine Schnelligkeits- oder Schnellkraftdominanz (ca. 2 %) gekennzeichnet sind.

Die Wirkrichtung der Kälteapplikation auf Schnellkraftleistungen steht – im Gegensatz zu den Ausdaueranforderungen – wiederum in Abhängigkeit vom Kältemediator: Eine Kaltwasseranwendung führt bei niedriger Applikationstemperatur (< 15° C) zu einer Leistungsbeeinträchtigung von ca. 11 %. Im Gegensatz dazu verbessern sich Schnellkraftleistungen nach einer Kaltluftapplikation um 3,5 %, während sie durch eine KWA unverändert bleiben. Die Temperatursensibilität der Schnellkraftanforderungen spiegelt sich in der höheren leistungsnegativen Wirkung durch Kaltwasserapplikation als in einer leistungspositiven Wirkung durch Kaltluftapplikation wider. Schnelligkeitsdominante Anforderungen sind indessen noch temperatursensibler als schnellkraft- und vor allem als ausdauerdominante Leistungen. Letztere sind besonders kälteapplikationsaffin, denn die Kühlungsmaßnahmen wirken sich auf Ausdaueranforderungen durch den Einsatz aller Kältemediatoren und -maßnahmen positiv aus, allerdings mit geringster Wirkungsstärke bei einer Kaltwasserapplikation.

Auch die Zeitdauer wirkt sich auf das Effektausmaß, nicht aber auf die Wirkrichtung aus. Bei hoch dosierter $GKKLA_{-110° C}$ impliziert eine Applikationsdauer zwischen 02:00 und 02:30 min die höchste Leistungssteigerung, kürzere und längere Applikationszeiten führen zu geringeren Leistungsverbesserungen, jedoch zu keinen Leistungsminderungen. Für eine $TKKLA_{-30° C}$ gilt innerhalb des Zeitfensters zwischen 15 und 30 min: Je länger die Applikationszeit, desto größer ist die Leistungssteigerung. Ebenso ist für die Kältewestenapplikation ein positiver Zusammenhang zwischen der Kühldauer und der Leistungssteigerung innerhalb des Zeitfensters zwischen 20 und 40 min zu konstatieren.

Der Zusammenhang zwischen Leistungsverbesserung und Applikationstemperatur ist kältemediatorenspezifisch. Für die Kaltluft- und Kältewestenapplikation wird neben der prinzipiellen Unabhängigkeit der Wirkrichtung von der Temperatur ein positiver

Zusammenhang zwischen der Kühltemperatur und der Wirkungsstärke bestätigt: je kälter die Mediatoren, desto größer der Leistungspositiveffekt. Lediglich bei der Wasserkühlung sind sowohl Wirkrichtung als auch -stärke von der Kühltemperatur abhängig: Bei Wassertemperaturen unterhalb von 15° C werden die Leistungen mit abnehmender Wassertemperatur sukzessive geringer, oberhalb bis maximal 22° C mit ansteigender Temperatur besser – es ist jedoch zu konzedieren, dass sich bei Wasserapplikationen degressive Temperaturverläufe als optimal erwiesen haben. Der Zeitpunkt der Kühlungsmaßnahme bzw. die Kopplung des Precoolings mit der Anforderungsvorbereitung determiniert generell nicht die Wirkrichtung der Kälteapplikation.

Bei Hochleistungssportlern wird durch das Precoolingtiming auch nicht das Ausmaß des Positiveffekts beeinflusst: Sie realisieren nach einem Precooling timingunabhängig um ca. 1 % höhere Leistungen. Bei Fitnesssportlern ist dagegen das Timing der Kühlapplikation bzw. die Kopplung derselben mit einer Anforderungsvorbereitung für die Leistungsverbesserung entscheidend: Ein Precooling ohne aktive Vorbereitung (PCoV) und nach einer Vorbereitung (PCpostV) ist bei ihnen leistungseffektiver (7,5 %) als ein PCsimV (2 %), vor allem generell höher als ein Aufwärmen, weil dieses bei geringem bis mittlerem Leistungsniveau eine Vorermüdung bedeutet. Die Wirkrichtung der Kälteapplikation ist generell sportartunspezifisch, nicht jedoch das Wirkungsausmaß: Die Verbesserung von Laufleistungen (Ausdauer) fällt auf Grund der hierbei deutlich höheren Wärmebildung der Arbeitsmuskulatur größer aus als bei Radfahrleistungen (Ausdauer): 8,8 vs. 4,9 %. Kälteapplikationen induzieren grundsätzlich während und unmittelbar nach der Kühlungsphase und während der Zielanforderung eine Ökonomisierung physiologischer Parameter. Es sei betont, dass durch alle Kühlungsmaßnahmen – abhängig von der Kühldauer und -temperatur – nicht nur die Haut-, sondern vor allem auch die Körperkerntemperatur gesenkt werden kann, und zwar mit nachhaltiger Wirkung auf die Zielanforderung in ökonomisierender bzw. reduzierender Weise. Dies ist auch eine Ursache für die erhöhte Wärmespeicherkapazität nach der Kälteapplikation und für die Leistungsverbesserung. Zusammengefasst bedeutet dies, dass die in der Regel positive Wirkrichtung der Kälteapplikation auf sportmotorische Leistungen nicht für alle Applikationstemperaturen bestätigt wird, aber gegenüber den anderen überprüften Parametern, wie dem Geschlecht, den motorischen Fähigkeiten, der Sportart, den physiologischen Parametern, dem Leistungsniveau, der Zeitdauer und dem Timing der Applikation stabil ist. Im Gegensatz dazu ist das quantitative Ausmaß der Wirkrichtung durch eine komplexe Differenzierbarkeit – mit einziger Ausnahme der Geschlechtsspezifik – charakterisiert.[147]

---

[147] Prinzipiell sind weitere experimentelle Untersuchungen zur expliziten Prüfung der Kälteapplikationseffekte auf die sportmotorischen Leistungen in Abhängigkeit von den differenten endogenen und exogenen Einflussfaktoren notwendig. Im vorliegenden Buch geschieht dies richtungsweisend, aber selbstverständlich ohne alle Fragen zu dieser recht jungen Forschungsthematik zu beantworten. Da die Thematik der Anforderungsvorbereitung, besonders der thermoregulatorischen, bislang im sportwissenschaftlichen bzw. trainingswissenschaftlichen Kontext eher nur fragmentarisch berücksichtigt wurde, trägt dieses Buch zur Aufarbeitung dieser Thematik grundlegend und umfassend bei.

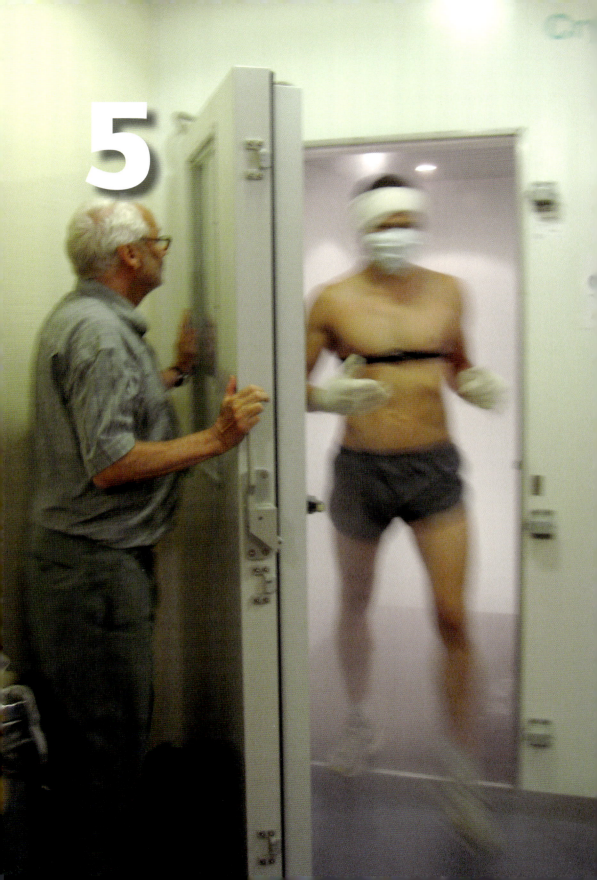

5 Zusammenfassung und Perspektiven

Die hier vorgelegte Arbeit geht von der Prämisse aus, dass die Progression der Leistungsentwicklung im Sport, der sportliche Leistungsfortschritt, trotz der Bedenken einiger Fachleute[148] und der dafür geltend gemachten Indizien[149], immer noch anhält.

Die Trainingswissenschaft, die dem wegen ihres Anwendungsbezugs und ihrer Praxisverbundenheit Rechnung zu tragen hat, kann auf diese Herausforderung auf mehrfache Weise reagieren. Die ihr gemäßeste Reaktion ist, durch „Generierung neuen Wissens" (Mattes, 2007, S. 73) die Entwicklung weiterer Leistungsprogressionen zu unterstützen, sie nachhaltig und dauerhaft zu begleiten, zu evaluieren und in mancherlei Hinsicht sogar erst zu ermöglichen. Als *endogene* Ressource gelten in diesem Kontext – in Anlehnung an die Terminologie der Wirtschaftswissenschaften und der von ihnen in jüngerer Vergangenheit proklamierten „endogenen Wachstumstheorien" (Romer, 1990; Hemmer & Lorenz, 2004) – neben dem *intelligenten Training* generell Intelligenz, Kreativität und Fantasie, letztlich eben auch eine (trainings-)wissenschaftliche Forschung, die auf diesen Merkmalen beruht. Dieses „Wachstum der wissenschaftlichen Erkenntnis" (Popper, 2000) geschieht einerseits durch die Widerlegung alten Wissens, wenn dieses Wissen den sportlichen Fortschritt eher hemmt. Es geschieht andererseits durch die Formulierung neuer Wissensbestände, die der empirischen Überprüfung zugänglich gemacht werden und bisher nicht im Blickfeld der Trainingswissenschaft – und der sportlichen Trainingspraxis – gestanden haben. Der Einfluss der Temperatur, explizit: der Körpertemperatur, die durch personelle und non-personelle Parameter[150] beeinflusst werden kann (vgl. Kap. 1) – auf die sportliche Leistung bzw. die Abhängigkeit dieser Leistung von der Temperatur ist ein Themenbereich, auf den dieser Hinweis, bisher nicht im Blickfeld der Trainingswissenschaft und der sportlichen Praxis gestanden zu haben, zutrifft. Damit hat sich die vorgelegte Arbeit beschäftigt, konkret: mit der Bedeutung der (Körper-)Temperatur für die sportliche Leistung als eine – durch das Instrument der thermoregulatorischen, die Körpertemperatur beeinflussenden Maßnahmen, zu denen in Koexistenz zum Aufwärmen die Kälteapplikation (Precooling) zählt – im Rahmen der Trainings- und Leistungssteuerung zu regulierende Komponente. Dies ist insbesondere durch die Dokumentation und Interpretation internationaler Studien – im Sinne eines metaanalytischen Ansatzes – erfolgt sowie durch die Präsentation eigener Studien, die zwischen 2000 und 2010 auf der Grundlage von Forschungsbeiträgen entstanden sind.[151]

---

148 Digel z. B. in einem Zeitungsartikel *Der Tagesspiegel* vom 05.07.2007.
149 Von Digel werden vor allem die aktuellen Dopingpraktiken und die Dopingverbreitung als Indiz dafür angesehen, dass im Sport die natürlichen Leistungsreserven erschöpft seien.
150 Ein non-personeller Parameter ist die Umgebungstemperatur; dies ist bei der Begriffsverwendung *Temperatur* im Rahmen dieser Fragestellung zu berücksichtigen.
151 Einige Studien wurden vom BISp gefördert.

Bislang ist die Temperaturthematik im sportlichen Kontext in erster Linie auf den Aspekt des Aufwärmens reduziert worden. Da die meisten sportmotorischen Aktivitäten auf eine schnelle Mobilisation ausgelegt sind, orientieren sich die entsprechenden trainingsrelevanten Informationen und Begründungen für das Aufwärmen an der RGT-Regel. Nur am Rande wird registriert, dass zu viel Wärme auch leistungshinderlich sein kann, so etwa bei hohen Umgebungstemperaturen, die vor allem die Ausdauerleistungsfähigkeit negativ beeinflussen (Zintl & Eisenhut, 2001). Dass durch Muskelarbeit Wärme erzeugt wird, die insbesondere im Zusammenhang mit hohen Umgebungstemperaturen dann leistungsnegative Wirkungen hat, wenn sie nicht in ausreichendem Quantum über die Wärmeabgabemechanismen vom Körperkern an die -peripherie und von dort an die Umgebung abgegeben wird und in der Folge davon die Körperkerntemperatur deutlich ansteigt, ist bislang nicht systematisch ins trainingswissenschaftliche und sportpraktische Blickfeld geraten. Und dass – um diesen Wärmeabgabemechanismus zu unterstützen und eine Überwärmung des Körpers zu vermeiden – Kälteapplikation im Sinne der Leistungsförderung sinnvoll, gegebenenfalls sogar notwendig und erforderlich sein kann, ist in der trainingswissenschaftlichen Literatur bisher nicht thematisiert worden. Die Bedeutung der Kälteapplikation – exemplarisch: *Warmlaufen oder Kaltstart?* (Brück, 1987) – ist ebenso tabuisiert worden, wie die Problemzusammenhänge der Thermoregulation, die auf ein optimales Verhältnis von Wärmeproduktion und Wärmeabgabe abzielt, in der Trainingswissenschaft generell vernachlässigt wurden. Kälteapplikation ist in diesem Kontext eine wichtige und leistungsförderliche Maßnahme, die in mindestens zweifacher Hinsicht für die direkte Leistungssteuerung[152] bedeutungsvoll ist:

Erstens als Kompensationsmaßnahme für Leistungsminderungen, die auf Grund von erhöhter Körperkerntemperatur infolge hoher muskulärer Wärmebildung und/oder hohen bzw. wärmeabgabebeeinträchtigenden Umgebungsbedingungen auftreten und auf dem Wege der autonomen thermoregulatorischen Vorgänge, von denen unter körperlicher Belastung die Evaporation einen hohen Stellenwert besitzt, nicht hinreichend ausgeglichen werden können.

---

152 Die in den Diskussionen häufig gestellte Frage, ob die durch Kälteapplikation induzierten Leistungssteigerungen nicht auf Placeboeffekten beruhen, ist differenziert zu beantworten:
  a) in Studien wird explizit darauf hingewiesen (Hornery et al., 2005; Sleivert et al., 2001);
  b) bei Parametern, die dem willentlichen Einfluss nicht unterliegen (z. B. Laktat) kann man bei Belastungsanforderungen mit vorgegebener Intensität Placeboeffekte weitgehend ausschließen;
  c) in einer großen Anzahl von Studien wird die Frage des Placeboeffekts nicht diskutiert – und deshalb auch in dieser Arbeit nicht berücksichtigt, was im Einzelfall nicht ausschließen muss, dass auch Placeboeffekte eine Rolle spielen können;
  d) dass bei der großen Anzahl internationaler Forschergruppen trotz unterschiedlicher Designs, Stichproben, Zielleistungen, Kälteapplikationsmodi usw. hinsichtlich der Wirkungsrichtung und des Wirkungsausmaßes tendenzielle Übereinstimmungen bestehen, ist ein Indikator dafür, dass Placeboeffekte in quantitativ bedeutsamer Weise zwar nicht vollständig ausgeschlossen werden können, aber eine untergeordnete Rolle spielen.

So lautet das Resümee des ersten Kapitels dieser Arbeit, in dem die Zusammenhänge der Thermoregulation aus der Sicht der biologischen Grundlagen und unter den Bedingungen körperlicher Belastung auf der Grundlage vornehmlich internationaler Literaturbeiträge aufgearbeitet wurden: Auf Grund einer Vielzahl von Studien wird für Sportarten und Disziplinen mit hoher interner und externer Wärmebelastung die Empfehlung ausgesprochen, einen Anstieg der Körperkerntemperatur vor einer sportlichen Anforderung zu vermeiden sowie kontinuierliche Kontrollen des Körperkerntemperaturverlaufs durchzuführen. Dies ist einerseits aus Gründen der Gesundheitsprophylaxe, andererseits aus Gründen einer optimalen Leistungssteuerung unbedingt erforderlich. Eine hohe Körperkerntemperatur bedeutet eine Beeinträchtigung der körperlichen Leistungsfähigkeit. Zur optimalen Ausschöpfung körperlicher Ressourcen gehören als adäquate thermoregulatorische Verhaltensregulationen externe Kühlungsmaßnahmen: die Kälteapplikation.

Zweitens erfolgt mit der Einführung der Kälteapplikation in trainingswissenschaftliche Überlegungen zur Steuerung und Optimierung der Leistung neben der kompensatorischen Wirkung durch entsprechende Kühlungsmaßnahmen auch grundsätzlich und generell ein Paradigmenwechsel: Wenn bisher als oberstes Vorbereitungsziel auf sportliche Leistungen die Erwärmung im Mittelpunkt des Interesses stand, so ist nun unter den erwähnten Bedingungen einer drohenden, leistungsmindernden Überwärmung die Kälteapplikation als eine wichtige und unverzichtbare thermoregulatorische Maßnahme hinzugekommen, die das *Wärmeanliegen* deutlich relativiert, es unter bestimmten Voraussetzungen sogar als kontraproduktiv ausweist. Die Vermutung, dass der Mensch in Analogie zu den wechselwarmen Lebewesen darauf angewiesen sei, sich vor sportlicher Betätigung und zum Zwecke der Mobilisation seiner körperlichen Fähigkeiten aufzuwärmen, seine Körperkerntemperatur (Betriebstemperatur) zu erhöhen, um entsprechend leistungsfähig zu sein, missachtet den einfachen Tatbestand, dass diese Analogie unzutreffend ist. Gleich warme Lebewesen, zu denen der Mensch gehört, zeichnen sich im Gegensatz zu den wechselwarmen Lebewesen dadurch aus, dass sie wegen ihrer annähernd konstanten Körperkerntemperatur von 37° C zu allen Zeiten und unabhängig von der Umgebungstemperatur uneingeschränkt leistungsfähig sind, was in der Fachliteratur als *thermoregulatorische Freiheit* bezeichnet wird.

Dagegen spricht auch nicht, dass chemische Grundprozesse einen positiven Temperaturkoeffizienten haben und Reaktionsgeschwindigkeiten somit mit ansteigender Temperatur zunehmen, wie oftmals als argumentatorisches Pro für das Aufwärmen konzediert wird. Und fälschlicherweise schien es mit dieser Argumentation „... für viele Jahre eine wissenschaftliche Begründung für das Konzept des Warmlaufens zu geben. Doch diese Vorstellung ließ sich nicht halten" (Brück, 1987, S. 15). Der Paradigmenwechsel bezieht sich – auf dieser Grundlage – vor allem darauf, dass es nicht mehr das Ziel ist, sich durch Aufwärmen bzw. den Anstieg der Körperkerntemperatur optimal auf sportliche Leistungen vorzubereiten, sondern geradezu zu verhindern, dass die Körperkerntemperatur während der Anforderungsvorbereitung und im Verlauf der sportlichen Aktivität wesentlich über den Normwert von 37° C ansteigt. Dieses Problem wird in der wissenschaftlichen Literatur unter dem Begriff der *kritischen Temperatur* diskutiert, die bei etwa 39° C angegeben wird. Jede Abweichung vom Normwert muss mit beträchtlichem Aufwand im Sinne der Homöostase durch thermoregulatorische Aktivitäten reguliert werden. Insofern bedeutet der Anstieg der Körperkerntemperatur auf eine vom Normwert abweichende und unerwünschte Temperatur eine thermoregulatorische Beanspruchung, die mit einer reduzierten Leistungsfähigkeit korrespondiert. Ziel von Kälteapplikationen im Rahmen thermoregulatorischer Vorbereitungsmaßnahmen ist es, den Anstieg der Körperkerntemperatur in die Nähe der kritischen Temperaturgrenze während der Zielanforderungen zu vermeiden oder ihn zeitlich hinauszuzögern. Damit kommen vorbereitende Maßnahmen ins Spiel, die mit dem Begriff *Precooling* charakterisiert werden.

Als *Precooling* werden Maßnahmen zur Körperkühlung bezeichnet, die vor der sportlichen Zielanforderung in Training oder Wettkampf durchgeführt werden, als Alternative zum Aufwärmen sozusagen oder als dieses ergänzende thermoregulatorische Vorbereitungsmaßnahmen mit dem Ziel, die körperliche Leistungsfähigkeit positiv zu beeinflussen. Precooling ist insofern eine dem Aufwärmen entgegengesetzte Maßnahme, weil damit das Ziel verfolgt wird, den Anstieg der Körperkerntemperatur möglichst zu vermeiden oder zu reduzieren, während die Intention des Aufwärmens ist, die Körperkerntemperatur bis auf den sogenannten *Optimalwert* von 38-38,5° C ansteigen zu lassen, weil damit erst die optimalen physiologischen Voraussetzungen erfüllt seien, die den Körper zu besonderen sportlichen Leistungen befähigen. Dass der Anstieg der Körperkerntemperatur als Folge von Aufwärmmaßnahmen nicht generell leistungsförderlich ist – vor allem bei hohen Umgebungstemperaturen –, wurde in den Kapiteln 1-4 ausführlich dargestellt und belegt.

„Eine bei hoher Hitzebelastung noch ausgeglichene Energiebilanz besagt zwar, daß der Körper in der Lage ist, durch seine physiologische Temperaturregulation die Vorgänge im Gleichgewicht zu halten. Diese innere autonome Regulation erfolgt aber auf Kosten von Kreislaufarbeit und chemischen Zustandsänderungen, welche die menschliche Leistungsfähigkeit herabsetzen" (Seifert, 1966, S. 7).

Precoolingmaßnahmen steuern diesen Negativwirkungen dadurch entgegen, dass die Energiebilanz als Folge des thermischen Gleichgewichts ausgeglichen wird. Die Erwärmung der Muskulatur, die mit relativ geringer Belastungsintensität und Belastungsdauer zu erreichen ist, jedoch auch schnell wieder abklingt, stellt für Kurzzeitanforderungen dagegen eine positive Leistungsvoraussetzung dar. Aufwärmen bezieht sich insofern sinnvollerweise ausschließlich auf die Erhöhung der Muskeltemperatur. Unabhängig von der thermoregulatorischen Vorbereitung, dem Aufwärmen und Precooling, sind andere Vorbereitungsmaßnahmen mentaler, stimulierender oder aktivierender, technisch-koordinativer Art prinzipiell und besonders für leistungsoptimierende Zielsetzungen sinnvoll. Damit sind die drei zentralen Begriffe der in dieser Arbeit behandelten Temperaturthematik genannt: die *Temperatur* mit ihren externen (z. B. Umgebungstemperatur) und internen (Muskel-, Haut- und Körperkerntemperatur, d. h.: Körpertemperatur) Subkomponenten, die *Kälteapplikation* sowie ihre spezifische Variante, das *Precooling*. Inhaltlich ist auf der Grundlage und Analyse einer beträchtlichen Anzahl von Studien dazu festzuhalten, dass

- *die im Sport dominierende „Wärmeorientierung", die ihren deutlichsten Ausdruck im Aufwärmen gefunden hat, nicht generalisierbar ist,*
- *die Optimierung der körpereigenen Temperaturbilanz eine leistungsdeterminierende Komponente bei sportlichen Anforderungen und bei der Leistungssteuerung darstellt und*
- *das Precooling vor allem bei Ausdaueranforderungen – und verstärkt bei wärmeabgabebeeinträchtigenden Umgebungstemperaturen – gegenüber dem Aufwärmen eindeutige Präferenz besitzt.*

Das *Temperaturmanagement* mittels thermoregulatorischer Maßnahmen ist damit, soweit dies überhaupt in der trainingswissenschaftlichen Literatur systematisch thematisiert wurde, einerseits zu einem wichtigen Konstitutivum der Trainingswissenschaft mit Auswirkungen auf Training und Wettkampf in allen Leistungsbereichen und zu einem wichtigen Instrument der Leistungssteuerung geworden; die Diskussion darüber wurde des Weiteren andererseits aus ihrer eindimensionalen Fixierung auf die Wärme befreit.

Mit den Ergebnissen dieser Arbeit ist darauf hingewiesen und verdeutlicht worden, dass die Temperaturkomponente zu den wichtigsten Voraussetzungen und Determinanten der menschlichen Leistung gehört: Alles Leben ist von der Temperatur abhängig; und vor allem die Temperatur garantiert die optimale Entfaltung aller Lebensprozesse. Sie wird damit zur unverzichtbaren Grundlage sportbezogenen Handelns und kann insofern als Basis für trainingswissenschaftliche Informationen gelten, die alle Leistungs- und Fähigkeitsbereiche betrifft. Bei gleich warmen Lebewesen und deren *thermoregulatorischer Freiheit* geht es unter den Bedingungen sportlicher Anforderung vor allem darum, den Normwert von 37° C, der in diesem Sinne einen Optimalwert darstellt, in der Regel nicht bereits während der Anforderungsvorbereitung in erhöhender Weise zu verändern. Die Temperaturthematik impliziert immer auch die Energiethematik, und da der energetische Wirkungsgrad der Muskulatur mit günstigstenfalls 25 % verhältnismäßig gering und unter körperlicher Belastung deutlich ungünstiger ist (de Marées, 2003), kommt es bei sportlicher Anforderung auch darauf an, diesen Wert nicht durch unsachgemäße Verhaltensweisen noch weiter zu reduzieren.

Thermisches Gleichgewicht – die ausgeglichene Bilanz von Wärmeproduktion und -abgabe – ist eine wesentliche Voraussetzung dafür; dieses immer wieder herzustellen, sollte gerade unter den Bedingungen körperlicher Arbeit bzw. sportlicher Anforderungsbedingungen nicht missachtet werden.

Auf Grund der unterschiedlichen Anwendungsfelder der Trainingswissenschaft ist der Anspruch auf Generalisierbarkeit, die Reichweite der ermittelten Aussagen zur Wirkung von Kälteapplikation, nur im Kontext von Differenzierung möglich: Gilt dieser Generalisierungsanspruch – und was davon gilt – generell oder gilt er lediglich im Rahmen differenter Bedingungen? Wo also muss differenziert werden, weil bestimmte Aussagen nur eingeschränkt bzw. unter spezifischen Voraussetzungen Gültigkeit besitzen? Dabei ist zu unterscheiden zwischen der Wirkrichtung und dem Wirkungsausmaß von Kälteapplikationen. Hinsichtlich der Wirkrichtung kann beim derzeitigen Stand der Forschung davon ausgegangen werden, dass adäquate Kühlungsmaßnahmen generell im Sinne der Leistungsoptimierung wirksam sind: Kälteapplikationen in den verschiedenen Mediatorenvarianten (Kaltluft, Kälteweste, bedingt auch Kaltwasser) und im Hinblick auf die darauf jeweils abgestimmte Dauer ihrer Anwendung, besitzen eine leistungspositive Wirkung. Die Wirkrichtung ist generell geschlechtsunspezifisch, wie auch das Wirkungsausmaß. Der leistungsverbessernde Effekt ist umso geringer, je höher das Leistungsniveau ist. Die Studienergebnisse zeigen, dass die Kälteapplikationseffekte fähigkeitsspezifisch sind. Dies wird dadurch deutlich, dass bei ausdauerdominanten Anforderungen von deutlich größeren Leistungsverbesserungen auszugehen ist als bei Schnellkraft- und Schnelligkeitsanforderungen.

Die hier vorgelegte Arbeit setzt sich am Beispiel der Temperatur als leistungsentscheidende Komponente und der thermoregulatorischen Maßnahme der Kälteapplikation (insbesondere des Precoolings) als Instrument der Trainings- und Wettkampfsteuerung mit verschiedenen Anwendungsfeldern des Sports auseinander. Sie bezieht ihre Aussagen als angewandte Wissenschaft und im Sinne eines offenen trainingswissenschaftlichen Verständnisses sowohl auf leistungssportliche Bedingungen als auch auf die Bereiche des Fitness- und Gesundheitssports. Insofern ist das Spektrum des Leistungsbezugs, der hier und im Thema dieser Arbeit zur Disposition steht, nicht allein auf den Leistungs- oder Hochleistungssport begrenzt, sondern schließt Leistungen des Fitness- und Gesundheitssports ebenso mit ein wie Leistungen im Rahmen von Rehabilitation und Prävention (Bäcker et al., 2007; Joch & Ückert, 2007a; Landgraf et al., 2007; Pernack, Joch & Ückert, 2007b und c); also alle Sportbereiche, in denen es um Leistung, Leitungsverbesserung und Leistungsoptimierung geht, und deren Informations- und Handlungsgrundlage die Trainingswissenschaft ist. Ihr liegt also ein Trainingsbegriff zugrunde, der nach Martin (1977)[153] grundsätzlich „offen ist gegenüber verschiedenen Zielkategorien motorischer, kognitiver und affektiver Dimensionen des Handelns", innerhalb dieser Zielkategorien aber auch „offen für die unterschiedlichen Ausprägungsgrade dieser Zielkategorien, die von der individuellen Bestleistung bis zur Anpassung an vorgegebene Belastungsniveaus variieren können" (Martin, 1977, S. 20).

---

[153] In Anlehnung an Ballreich und Kuhlow (1975, S. 96).

ZUSAMMENFASSUNG UND PERSPEKTIVEN

Es ist nahe liegend und in der Zielsetzung dieser Arbeit begründet, die auf der Grundlage weiterer Leistungsprogressionen im Sport argumentiert, dass der Leistungssport in den Mittelpunkt der neuen Möglichkeiten durch systematische Berücksichtigung der thermoregulatorischen Rahmenbedingungen und der Kälteapplikation gestellt wird. In diese Zielsetzung lässt sich nahtlos die Auffassung einfügen, die für die Trainingswissenschaft konstitutiv ist, wonach sich das Hauptinteresse an Fragen des Leistungssports orientiert (Hohmann et. al., 2007, S. 229). Diese Position wird zusätzlich dadurch gestützt, dass die meisten internationalen Studien, die hier dokumentiert sind und zusammen mit den eigenen den Gesamtforschungsstand repräsentieren, die Aspekte der Leistungssteigerung favorisieren. Auch ist das öffentliche Interesse vorrangig auf denjenigen trainingswissenschaftlichen Erkenntnisfortschritt gerichtet, der leistungssportliche Zielsetzungen thematisiert. Das schließt allerdings neben der Berücksichtigung des internationalen Leistungsstandes auch das gehobene mittlere Leistungsniveau[154] mit ein. Denn Studien, die sich am oberen Rand der Leistungsskala orientieren, sind aus unterschiedlichen Gründen nur schwer zu realisieren, und sie entziehen sich wegen der naturgemäß kleinen Stichproben in der Regel auch generalisierbarer und statistisch abgesicherter Aussagen. Dennoch sind sie unverzichtbar und werden somit in diesem Buch berücksichtigt.

Für den Geltungsbereich des Fitness- und Gesundheitssports ist die Bedeutung der Temperaturregulation insofern besonders wichtig, als hier mit den körperlichen Belastungen die entsprechenden Temperaturveränderungen auftreten, auf die die Sportler – anders als im (Hoch-)Leistungssport – nur begrenzt vorbereitet sind. Die Wärmeabgabemechanismen und die körperliche Vorbereitung auf die Bedingungen der Überwärmung sind weniger ausgeprägt als bei Leistungssportlern. Häufig sind auch die Belastungszeiten – im Wettkampf etwa, wenn sich die Läufer beim Marathon 4-6 h statt etwas mehr als 2 h im Spitzenbereich belasten – so lang, dass die Gefahr einer Überwärmung besonders hoch ist. Wenn hohe Umgebungstemperaturen – bzw. eine hohe WBGT – herrschen, werden in der Regel solche Wettkämpfe erst nach der dritten Belastungsstunde abgebrochen, weil gerade die leistungsschwächeren Läufer besonders gefährdet sind. Außerdem sind die Regeln der Wettkampfvorbereitung bei diesen Fitnesssportlern und die Möglichkeiten, sich angemessen darauf einzustellen, weniger bekannt. Wenn der Gesundheitssport – im Gegensatz zum Leistungssport – gerade zum Ziel hat, die Gesundheit zu fördern, ist der richtige Umgang mit den Kühlungsmöglichkeiten vor, während und nach der körperlichen Belastung umso notwendiger, je mehr und je länger die Sportler der Gefahr der Überwärmung ausgesetzt sind. Es gibt hier in der Regel auch kein Betreuersystem, welches über die notwendigen Kenntnisse der thermoregulatorischen Vorsorge verfügt. Diese Sportler befinden sich hinsichtlich der möglichen Gefahren, die mit der Überwärmung zusammenhängen und den Möglichkeiten, mit ihnen sachgerecht umzugehen, größeren negativen Beeinflussungen als die Profisportler mit ihrem professionalisierten Betreuerumfeld ausgesetzt.

---

154 Dazu werden z. B. Amateur- und wettkampforientierte Fitnesssportler gezählt.

Es kommt hinzu, dass die gesundheitliche Vorsorge im Bereich des Fitnesssports weniger gut ausgeprägt ist und körperliche Vorschädigungen, weil entsprechende Untersuchungen nicht oder nur unregelmäßig durchgeführt werden, weniger bekannt sind. Umso notwendiger sind eigene Kenntnisse über die Bedingungsfaktoren, die mit der (Körper-)Temperatur zusammenhängen und mit den Strategien, durch ein optimales körperliches Temperaturmanagement adäquat damit umzugehen.

Die Kälteapplikation hat als therapeutische Maßnahme in ganz unterschiedlichen Varianten eine lange Tradition. Vor allem die lokale Kälteapplikation, die auf einen bestimmten Körperbereich begrenzt ist und insbesondere zur Linderung körperlicher Leiden eingesetzt wird, ist als therapeutisches Prinzip in der Medizin verschiedener menschlicher Kulturen schon seit dem Altertum bekannt. Später wurde dieses Prinzip auf kalte Vollbäder mit dem Ziel der Abhärtung und zur Behandlung fiebriger Erkrankungen, auch gegen Schlaflosigkeit und bei chronischen Gelenkerkrankungen ausgeweitet. Mit der Kältekammer (minus 110° C), die der Japaner Yamauchi 1980 in Japan einführte und die seit 1984 zunehmend auch in Deutschland bei der Behandlung rheumatischer Erkrankungen mit großem therapeutischen Erfolg eingesetzt wird,[155] wurden die technischen Möglichkeiten der Kälteapplikation deutlich erweitert.

Die Erfolge und die zunehmenden Erfahrungen, die auf therapeutischem Gebiet mit der Kälteapplikation gesammelt wurden, insbesondere auch solche in der postoperativen Behandlung von Sportverletzungen, führten zu der Überlegung, diese Erkenntnisse auch für den Sport generell nutzbar zu machen. Daraus entstand ein erstes Forschungsprojekt 2001.[156] Der Grundgedanke orientierte sich jetzt nicht mehr an den therapeutischen Wirkungen der Kälteapplikation, sondern erstmals an nachweisbaren leistungssportlichen Effekten. Neben der Kältekammer kamen wegen der größeren Mobilität im sportbezogenen Einsatz zunehmend Kältewesten[157] und im weiteren Verlauf mobile Kaltluftgeräte [158] zur Anwendung.

Von da aus richtete sich das erkenntnisleitende Interesse zunehmend auf die Temperaturthematik in sportlichen Kontexten generell. Die Ausdauerleistungsfähigkeit stand dabei wegen ihrer besonderen Affinität zur (Körper-)Temperatur im Mittelpunkt. Parallel dazu erfolgte eine systematische Dokumentation und Auswertung internationaler

---

155 Seit den 1980er Jahren gibt es eine Vielzahl an Kältekammern in Europa, beispielsweise nicht nur in Deutschland, sondern vornehmlich auch in Österreich, Polen, Finnland, Tschechien und Frankreich.
156 BISp, VF 0407/05/04/2001.
157 Explizit, Arctic Heat-Kältewesten von der Fa. Laguna Health (Münster, Deutschland) und Kältewesten von der Fa. Pervormance (Ulm, Deutschland).
158 Kaltluftgeräte von der Fa. ZimmerMedizintechnik (Neu-Ulm, Deutschland).

Studien, die – nach einigen bedeutungsvollen Vorläufern[159] – besonders seit Beginn der 1990er Jahre vermehrt publiziert wurden. Diese Ergebnisse sind – zusammen mit denen der eigenen Studien – in dieser Arbeit erstmals zusammenfassend und im systematischen Überblick interpretierend dargestellt worden.

Neben dem Aspekt der Leistungssteigerung als Folge optimierter Temperaturbedingungen, insbesondere durch Kühlungsmaßnahmen, kommt eine zusätzliche Überlegung ins Spiel, die mit demjenigen der Leistungssteigerung in enger Beziehung steht: der *Aspekt der Regeneration.*

Bei intervallisierten Trainings- und Wettkampfanforderungen stellt sich die relevante Frage, wie die Ermüdung als Folge der Belastung am ehesten und wirkungsvollsten minimiert bzw. die Wiederherstellung nach der ermüdenden Belastung am besten gesichert werden könne: durch eine Verlängerung der Pause oder durch Pausenmaßnahmen, die eine schnellere Erholung gewährleisten. Eine solche Maßnahme stellt die Kälteapplikation dar. In einer vom Bundesinstitut für Sportwissenschaft herausgegebenen Broschüre *Medizinischer Ratgeber* der deutschen Sportler auf die Olympischen Spiele in Peking (2008) steht dazu: Es sei „denkbar", dass Kälteapplikationsmaßnahmen zur schnelleren und effektiveren Regeneration im Leistungssport beitragen könnten (Nieß et al., 2007). Diese Aussage ist jedoch deutlich weniger, als auf Grund des aktuellen Literaturstandes dazu gesagt werden kann. Die Wiederherstellung der Leistungs- bzw. der Funktionsfähigkeit beanspruchter Organsysteme des menschlichen Organismus nach Belastung stellt eine wichtige Komponente der Trainingssteuerung dar (Schnabel et al., 2005). Insofern verbinden sich bei der Kälteapplikation die Ansprüche der Leistungssteuerung mit denen der Regeneration. Dabei sind Geschwindigkeit und Qualität der Regenerationsprozesse einerseits von der Intensität und dem Umfang der vorherigen Belastung (Hohmann et al., 2007, S. 50), andererseits aber auch von der jeweiligen Regenerationsmaßnahme abhängig. Unter Berücksichtigung der individuellen Belastungsverträglichkeit eines Sportlers, des Heterochronismus der Regeneration der unterschiedlichen Energiespeicher und des für die Zielbelastung erforderlichen Regenerationsstatus sollte der zeitliche Mindestbedarf für Wiederherstellungsprozesse in die Leistungs- und Trainingssteuerung mit eingehen (Steinhöfer, 2003). Insbesondere in den Pausen der Sportspiele, z. B. in Halbzeit- (z. B. Fußball), Wechsel- (z. B. Handball) oder Spielpausen (z. B. Tennis), ist eine kurzfristige Regeneration zur Entlastung des thermoregulatorischen Systems und zur Leistungssteuerung von großer Bedeutung.

Im Leistungssport sind auf Grund der Trainings- und Wettkampfdichte die Zeitfenster für Erholungsprozesse zunehmend kürzer, sodass eine möglichst schnelle Regeneration notwendig ist. Diese „beschleunigte Wiederherstellung" (Schnabel et al., 2005) stellt einen leistungsentscheidenden Parameter dar:

---

159 Wie z. B. die Arbeitsgruppe von Prof. Brück (†), Physiologisches Institut, Justus-Liebig-Universität Gießen.

TEMPERATUR UND SPORTLICHE LEISTUNG

"Es ist deshalb erforderlich, die Sportler (und auch die Trainer, Anm. d. Verf.) von der Notwendigkeit des Einsatzes der Maßnahmen zu überzeugen, sie über ihre Wirksamkeit aufzuklären und ihren bewussten Einsatz vorzubereiten" (Schnabel et al. 2005, S. 216).

Zu den Regenerationsmaßnahmen gehören nach Platonov (1999) pädagogische, psychologische und medizinisch-biologische Mittel. Schnabel et al. (2005) sprechen in gleicher Trilogie von trainingsmethodischen, sportmedizinischen und sportpsychologischen Maßnahmen. Die Kälteapplikation wäre nach dieser Klassifizierung als Regenerationsmaßnahme den biologisch-medizinischen (nach Platonov, 1999) bzw. den sportmedizinischen (nach Schnabel et al., 2005) Mitteln zuzuordnen. Letztlich ist sie eine biologisch-thermoregulative Maßnahme. Sie kann *vor*, im Sinne von Precooling, *während*, im Sinne von Simultancooling, in *Zwischen*pausen, im Sinne von Intercooling, und auch *nach* einer sportlichen Belastung, im Sinne von Postcooling, eingesetzt werden.

Bislang wurden für die Regeneration auf thermoregulatorischer Basis vornehmlich Wärmeanwendungen empfohlen, z. B. bei Martin et al. (1993) als physikalische Regenerationsmaßnahmen die Massage und warme Bäder, bei Platonov (1999) neben Heißluft- und Dampfbädern auch Wassertherapien[160]. Warmwasserbäder mit bis zu 45° C gelten als Entspannungsmaßnahme, wodurch die Entmüdung beschleunigt werde. Kühle Bäder (30-34° C) würden den Stoffwechsel bremsen, warme Bäder (37-45° C) ihn anregen. Saunaanwendungen, als Regenerationsmaßnahme nach Beendigung der sportlichen Betätigung, werden in der Literatur unterschiedlich beurteilt (de Marées, 2003).

Der schnellen Entmüdung der Muskulatur und der entspannenden Wirkung durch Wärmeapplikationen steht allerdings die hohe thermoregulatorische Beanspruchung des menschlichen Organismus entgegen, sodass die empfohlenen Wärmeanwendungen als Wiederherstellungsmaßnahmen für eine kurzfristige (Pausen-)Regeneration bei Ausdauersportarten, einschließlich der intensitätsbetonten Sportspiele, die eigentliche Intention verfehlen. Dies ist mit den Grundlagen der Thermoregulation zu begründen, auch wenn die wissenschaftliche Absicherung der unterschiedlichen qualitativen Wirkungen von Kälte- und Wärmeapplikationen in der Regeneration derzeit noch gering ist. Wenn es um die schnelle Regeneration geht, und dies ist explizit in Spielpausen, aber auch in Pausen bei Mehrkämpfen oder Turnieren der Fall, scheint die Kälteapplikation – adäquat angewendet – zur thermoregulatorischen Entlastung und zur Leistungssteigerung eine effektive regenerative Betreuungsmaßnahme darzustellen – nicht nur, aber insbesondere in warmem Umgebungsklima.

---

[160] Mit Zusätzen, wie z. B. Meersalz, Natriumchlorid, Schwefelwasserstoff bzw. Sauerstoffund Sprudelbäder.

ZUSAMMENFASSUNG UND PERSPEKTIVEN

Es ist bekannt, dass sich Umgebungstemperaturen von mehr als 15° C bereits leistungsmindernd auf Ausdauerleistungen auswirken, sodass auch für Hallensportarten die *Pausenkühlung* ein leistungsrelevanter, kurzfristiger Regenerationsparameter ist. Die Gründe dafür sind in dieser Arbeit genannt und durch die Ergebnisse der einschlägigen Studien belegt.

In einer Vielzahl internationaler Studien während der letzten 15 Jahre ist die Positivwirkung der Kälteapplikation im Kontext sportlicher Leistungen aufgezeigt und belegt worden. Die Prinzipien und Regelmechanismen der Thermoregulation legen es nahe, diese Effekte insbesondere auch auf die kurzfristige, schnelle Regeneration anzuwenden (Ückert & Joch, 2007c). Kälteapplikation in den verschiedenen Varianten scheint also geeignet, eine weitgehende Wiederherstellung der sportlichen Leistungsfähigkeit nach hohen sportlichen Beanspruchungen schneller als ohne Kälteapplikation sicherzustellen.

Wegen der hohen Trainingsbelastungen, die heute im Hochleistungssport gefordert werden und offensichtlich erforderlich sind, und wegen der zeitlich immer enger aufeinanderfolgenden Trainingsmaßnahmen mit in der Regel mindestens zwei Trainingseinheiten pro Tag, spielt die Frage der optimierten und vor allem legalen Regenerationsmöglichkeiten auch in der Zukunft eine besondere Rolle: Wie gelingt es am besten und wirkungsvollsten, die Erholungsfähigkeit der Athleten zu optimieren? Die Kälteapplikation ist dafür offensichtlich geeignet. Das Interesse der Trainer und der für den Leistungssport in den Verbänden zuständigen Offiziellen weist ganz offensichtlich verstärkt in diese Richtung. Die wissenschaftlichen Erkenntnisse dazu sind noch nicht abschließend und endgültig zu beurteilen. Allerdings weist eine Reihe von Informationen darauf hin, dass Kälteapplikation als Regenerationsparameter im Sport eine wichtige Rolle spielen kann.

Als Perspektive für die Kälteapplikation im sportlichen Kontext ergibt sich daraus für die Zukunft die besondere Akzentuierung, der Regenerationsfähigkeit durch Kühlungsmaßnahmen ein vermehrtes Augenmerk zu schenken. Damit eröffnet sich für die Kälteapplikation als leistungssteuernde Komponente neben der traditionell und medizinisch orientierten therapeutischen Zielsetzung – als ihrem Ursprung – und der trainingswissenschaftlichen Ausrichtung im Rahmen leistungssteuernder Maßnahmen mit der Zielsetzung der unmittelbaren Leistungssteigerung nun mit der Regeneration ein zusätzliches und somit drittes Anwendungsgebiet.

Anhang

1 Abkürzungsverzeichnis

ACSM	American College of Sports Medicine
AV	Anforderungsvorbereitung
GKEA	Ganzkörpereisapplikation
GKET	Ganzkörpereistherapie
GKKLA	Ganzkörperkaltluftapplikation
GKKLT	Ganzkörperkaltlufttherapie
GKKWA	Ganzkörperkaltwasserapplikation
GKKWT	Ganzkörperkaltwassertherapie
HF	Herzfrequenz
HF_{max}	Maximalherzfrequenz
HRV	Heart Rate Variability; Herzfrequenzvariabilität
HT	Hauttemperatur
Hz	Hertz
K	Kelvin
KKT	Körperkerntemperatur
Lac	Laktat
Lf_r	relative Luftfeuchtigkeit
Lplus	Leistungsplus
PCpräV	Precooling vor der Vorbereitung
PCsimV	Precooling während der Vorbereitung
PCpostV	Precooling nach der Vorbereitung
PCoV	Precooling ohne Vorbereitung
rpe	rate of perceived exertion
rpm	revolutions per minute
Stabw.	Standardabweichung
T	Temperatur
T_h	Hauttemperatur
T_L	Lufttemperatur
T_{oes}	Ösophagustemperatur
T_{re}	Rektaltemperatur
T_{Umg}	Umgebungstemperatur
v_{max}	Maximalgeschwindigkeit
VO_{2max}	Maximale Sauerstoffaufnahme

2 Literaturverzeichnis

A

Abiss, C. R. & Laursen, P. B. (2005). Models to explain fatigue during prolonged endurance cycling. Journal of *Sports Medicine, 35* (10), 865-898.

Adams, W. C., Fox, R. H., Fry, A. J. & MacDonald, I. C. (1975). Thermoregulation during marathon running in cool, moderate, and hot environments. *Journal of Applied Physiology, 38* (6), 1030-1037.

Adair, E. R. (1977). Skin, preoptic, and core temperatures influence behavioural thermoregulation. *Journal of Applied Physiology, 42*, 559-564.

Alderman, R. B. (1965). Influence of local fatigue on speed and accuracy in motor learning. *Research Quarterly, 36* (2), 131-140.

Alzheimer, C. (2005). Somatoviszerale Sensibilität. In P. Deetjen, E. J. Speckmann & J. Hescheler. Physiologie (4. Aufl.) (S. 55-76). München, Jena: Urban & Fischer.

American College of Sports Medicine (1996). Position stand on heat and cold illnesses during distance running. *Medicine and Science in Sports and Exercise, 28*, I-X.

Andzel, W. D. (1978). The effects of moderate prior exercise and various rest intervals upon cardiorespiratory endurance performance. *Journal of Sports Medicine and Physical Fitness, 18*, 245-252.

Andzel, W. D. (1982). One mile run performance as a function of prior exercise. *Journal of Sports Medicine, 22*, 80-84.

Andzel, W. D. & Gutin, B. (1976). Prior exercise and endurance performance: A test of the mobilization hypothesis. *Research Quarterly, 47*, 269-276.

Andzel, W. D. & Busuttil, C. (1982). Metabolic and physiological responses of college females to prior exercise, valid rest intervals and a strenous endurance task. *Journal of Sports Medicine, 22*, 113-119.

Armstrong, L. E., Maresh, C. M., Crago, A. E., Adams, R. & Roberts, W. O. (1994). Interpretation of aural temperatures during exercise, hyperthermia, and cooling therapy. *Medicine, Exercise, Nutrition and Health, 3*, 9-16.

Armstrong, L. E., Maresh, C. M., Riebe, D., Kenefick, R. W., Castellani, J. W., Senk, J. M., Echegaray, M. & Foley, M. F. (1995). Local cooling in wheelchair athletes during exercise-heat stress. *Medicine and Science in Sports and Exercise, 27* (2), 211-216.

Arnett, M. G. (2002). Effects of prolonged and reduced warm-ups on diurnal variation in body temperature and swim performance. *Journal of Strength and Conditioning Research, 16* (2), 256-261.

Arngrimsson, S. A., Stewart, D. J., Rogozinski, T. J., Jorgenson, D. & Cureton, K. J. (2002). Ice vest worn during warm-up does not enhance 5k performance in the heat. *Medicine and Science in Sports and Exercise, 34* (5), Suppl. 1, 221.

Arngrimsson, S. A., Petitt, D. S., Stueck, M. G., Jorgensen, D. K. & Cureton, K. J. (2004). Cooling vest worn during active warm-up improves 5-km run performance in the heat. *Journal of Applied Physiology, 96*, 1867-1874.

Aronchick, J. & Burke, E. J. (1977). Psycho-physical effects of varied rest intervals following warm-up. *Research Quarterly, 48*, 260-264.

Aschoff, J. (1971). Temperaturregulation. In J. Aschoff, B. Günther & K. Kramer (Hrsg.), *Energiehaushalt und Temperaturregulation. Physiologie des Menschen.* Band 2 (S. 43-116). München, Berlin, Wien: Urban & Schwarzenberg.

Aschoff, J., Günther, B. & Kramer, K. (1971). Energiehaushalt und Temperaturregulation. In O. H. Gauer, K. Kramer & R. Jung (Hrsg.), *Physiologie des Menschen.* München, Berlin, Wien: Urban & Schwarzenberg.

Aschoff, J. & Kramer, K. (1971). Energiestoffwechsel. In J. Aschoff, B. Günther & K. Kramer (Hrsg.), *Energiehaushalt und Temperaturregulation. Physiologie des Menschen.* Band 2 (S. 1-42). München, Berlin, Wien: Urban & Schwarzenberg.

Asmussen, E. & Boje, O. (1945). Body temperature and capacity for work. *Acta Physiologica Scandinavica, 10*, 1-22.

Asmussen, E., Bonde-Petersen, F. & Jorgensen, K. (1976). Mechano-elastic properties of human muscles at different temperatures. *Acta Physiologica Scandinavica, 96*, 83-93.

Åstrand, P.-O. & Rodahl K. (1986). *Textbook of work physiology. Physiological bases of exercise* (3rd ed.). New York: McGraw-Hill.

Åstrand, P.-O., Rodahl, K., Dahl, H.A. & Strømme, S. B. (2003). *Textbook of work physiology. Physiological bases of exercise* (4th ed.). Champaign Il: Human Kinetics.

Atkinson, G., Todd, C., Reilly, T. P. & Waterhouse, J. M. (1994). Effects of time of day and warm-up on a cycling-time-trial. *Journal of Sports Sciences, 12*, 1270-1281.

B

Bäcker, A. (2005). *Zum Einfluss von Kälteapplikation auf die Ausdauerleistungsfähigkeit von Teilnehmern an Langstreckenläufen.* Unveröffentlichte Schriftliche Hausarbeit im Rahmen der ersten Staatsprüfung für das Lehramt für Primarstufe. Universität Dortmund.

Bäcker, A., Ückert, S. & Starischka, S. (2007). Zum Einfluss von Kälteapplikation auf die Laufleistung. In J. Freiwald, T. Jöllenbeck & N. Olivier (Hrsg.), *Prävention und Rehabilitation* (S. 95-100). Köln: Sportverlag Strauß.

Ball, D., Burrows, C. & Sargeant, A. J. (1999). Human power output during repeated sprint cycle exercise: the influence of thermal stress. *European Journal of Applied Physiology, 79*, 360-366.

Ballreich, R. & Kuhlow, A. (1975). Trainingswissenschaft – Darstellung und Begründung einer Forschungs- und Lehrkonzeption. *Leistungssport, 5* (2), 95-103.

Bangsbo, J., Krustrup, P., Gonzalez-Alonso, J., Boushei, R. & Saltin, B. (2000). Muscle oxygen kinetics at onset of intense dynamic exercise in humans. *American Journal of Physiology Regulatory Integrative Comparative Physiology, 279*, R899-R906.

Bangsbo, J., Krustrup, P., Gonzalez-Alonso, J. & Saltin, B. (2001). ATP production and efficiency of human skeletal muscle during intense exercise: effect of previous exercise. *American Journal of Physiology / Endocrinology and Metabolism, 280*, E956-E964.

Barcroft, J. & King, W. (1909). The effect of temperature on the dissociation curve of blood. *Journal of Physiology, 39*, 374-384.

Barcroft, H., Bock, K. D., Hensel, H. & Kitchin, A. H. (1955). Die Muskeldurchblutung des Menschen bei indirekter Erwärmung und Abkühlung. *Pflügers Archiv, 261*, 199-210.

Barnard, R. J. (1976). The heart needs warm-up time. *The Physician and Sportsmedicine, 4*, 9.

Bar-Or, O. (1983). Physiologische Gesetzmäßigkeiten sportlicher Aktivität beim Kind. In H. Howald & E. Hahn (Hrsg.), *Kinder im Leistungssport* (S. 18-30). Basel, Boston, Stuttgart: Birkhäuser.

Baum, E., Brück, K. & Schwennicke, H. P. (1976). Adaptive modifications in the thermoregulatory system of long-distance runners. *Journal of Applied Physiology, 40* (3), 404-410.

Bazett, H. C., Scott, J. C., Maxfield, M. E. & Blithe, M. D. (1937). Effect of baths at different temperatures on oxygen exchange and on circulation. *American Journal of Physiology, 119*, 93-110.

Beelen, A. & Sargeant, A. J. (1991). Effect of lowered muscle temperature on the physiological response to exercise in men. *European Journal of Applied Physiology, 63*, 387-392.

Behling, K. (1971). *Ein analoges Modell der Thermoragulation des Menschen bei Ruhe und Arbeit aufgrund experimenteller Daten.* Dissertation. Fachbereich Physik der Universität Hamburg.

Behnke, B. J., Kindig, C. A., Musch, T. I., Sexton, W. L. & Poole, D. C. (2002). Effects of prior contractions on muscle microvascular oxygen pressure at onset of subsequent contractions. *Journal of Physiology, 539* (3), 927-934.

Bell, C. R. & Walters, J. D. (1969). Reactions of men working in hot and humid conditions. *Journal of Applied Physiology, 27*, 684-686.

Bell, A. W., Hales, J. R. S., King, R. B. & Fawcett, A. A. (1983). Influence of heat stress on exercise-induced changes in regional blood flow in sheep. *Journal of Applied Physiology: Respiratory Environmental Exercise Physiology, 55*, 1916-1923.

Bell, A. W. & Hales, J. R. S. (1991). Cardiac output and its distribution during exercise and heat stress. In E. Schönbaum & P. Lomax (Eds.), *Thermoregulation pathology, pharmacology, and therapy* (pp. 105-124). New York, Oxford, Beijing u. a.: Pergamon Press.

Bennett, A. F. (1984). Thermal dependence of muscle function. *American Journal of Physiology, 247 (Regulatory Integrative Comparative Physiology, 16)*, R 217-R229.

Bennett, B. L., Hagan, R. D., Huey, K. A., Minson, C. & Cain, D. (1995). Comparison of two cool vests on heat-strain reduction while wearing a firefighting ensemble. *European Journal of Applied Physiology, 70*, 322-328.

Benzinger, T. H. & Taylor, G. W. (1969). Cranial measurements of internal temperature in man. In J. D. Hardy (Ed.), *Temperature – its measurement and control in science an industry*, Vol. 3 (pp. 111-120). New York: Reinhold.

Berbalk, A. & Neumann, G. (2002). Leistungsdiagnostische Wertigkeit der Herzfrequenzvariabilität bei der Fahrradergometrie. In K. Hottenrott (Hrsg.), *Herzfrequenzvariabilität im Sport.* (Schriften der Deutschen Vereinigung für Sportwissenschaft, 129, S. 27-40). Hamburg: Cwalina.

Bergeron, M. F., McKeag, D. B., Casa, D. J., Clarkson, P. M., Dick, R. W., Eichner, E. R., Horswill, C. A., Luke, A. C., Mueller, F., Munce, T. A., Roberts, W. O. & Rowland, T. W. (2005). Youth football: Heat stress and injury risk. *Medicine and Science in Sports and Exercise* (Special Communications – Roundtable Consensus Statement) DOI: 10.1249/01mss. 0000174891.46893.82.

Bergh, U. & Ekblom, B. (1979). Physical performance and peak aerobic power at different body temperatures. *Journal of Applied Physiology: Respiratory Environmental Exercise Physiology, 46* (5), 885-889.

Berggren, G. & Christensen E. H. (1950). Heart rate and body temperature as indices of metabolic rate during work. *European Journal of Applied Physiology, 14,* 255-60.

Bergstrom, J., Hermansen, L. & Hultman, E. & Saltin, B. (1967). Diet, muscle, glycogen and physical performance. *Acta Physiologica Scandinavica, 71,* 140-150.

Bigland-Ritchie, B., Thomas, C. K., Rice, C. L., Howarth, J. V. & Woods, J. J. (1992). Muscle temperature, contractile speed and motoneuron firing rates during human voluntary contractions. *Journal of Applied Physiology, 73,* 2457-2461.

Billat, V. L., Bocquet, V. & Slawinski, J. (2000). Effect of a prior intermittent run at vVO_{2max} on oxygen kinetics during an allout severe run in humans. *Journal of Sports Medicine Physical Fitness, 40,* 185-194.

Binkhorst, R. A., Hoofd, L. & Vissers, A. C. A. (1977). Temperature and force-velocity relationship of human muscles. *Journal of Applied Physiology: Respiratory Environmental Exercise Physiology, 42* (4), 471-477.

Birwe, G., Taghawinejad, M., Fricke, R. & Hartmann, R. (1989). Ganzkörperkältetherapie (GKKT) – Beeinflussung hämatologischer und entzündlicher Laborparameter. *Zeitschrift für physikalische Medizin, Balneologie, medizinische Klimatologie, 18,* 16-22.

Bishop, D. (2003a). Warm up I. Potential mechanisms and the effects of passive warm up on exercise performance. *Sports Medicine, 33* (6), 439-454.

Bishop, D. (2003b). Warm up II. Performance changes following active warm up and how to structure the warm up. *Sports Medicine, 33* (7), 483-498.

Bishop, D. & Bonetti, D. & Dawson, B. (2001). The effect of three different warm-up intensities on kayak ergometer performance. *Medicine and Science in Sports and Exercise, 33* (6), 1026-1032.

Bishop, D. & Maxwell, N. S. (2009). Effects of active warm up on thermoregulation an intermittent-sprint performance in hot condition. *Journal of Science and Medicine in Sport, 12* (1), 196-204.

Blatteis, C. M. (Ed.). (1997). *Thermoregulation. Tenth international symposium on the pharmacology of thermoregulation.* Annals of the New York Academy of Sciences 813. New York, NY: New York Academy of Sciences.

Blatteis, C. M. (Ed.). (2001). *Physiology and pathophysiology of temperature regulation.* (Reprinted/First published 1998). Singapore, New Jersey, London, Hongkong: World Scientific.

Bleakley, C. M., McDonough, S. M. & MacAuley, D. C. (2006). Cryotherapy for acute ankle sprains: A randomised controlled study of two different icing protocols. *British Journal of Sports Medicine, 40*, 700-705.

Bleichert, A., Behling, K., Kitzing, J., Scarperi, M. & Scarperi, S. (1972). Antriebe und effektorische Maßnahmen der Thermoregulation bei Ruhe und während körperlicher Arbeit. *Internationale Zeitschrift für angewandte Physiologie, 30*, 193-206.

Bligh, J. (1978). Thermoregulation: what is regulated and how? In Y. Houdas & J. D. Guieu (Eds.), *New trends in thermal physiology* (pp. 1-10). Masson, Paris.

Bligh, J. & Moore, R. (1972). *Essays on temperature regulation.* Amsterdam, London: North-Holland Publishing Company.

Bligh, J. & Johnson K. G. (1973). Glossary of terms for thermal physiology. *Journal of Applied Physiology, 35*, 941-961.

Bligh, J. & Voigt, K. (Eds.). (1990). *Thermoreception and temperature regulation.* Berlin, Heidelberg, New York: Springer-Verlag.

Blomstrand, E., Bergh, U., Essén-Gustavsson, B. & Ekblom, B. (1984). Influence of low muscle temperature on muscle metabolism during intense dynamic exercise. *Acta Physiologica Scandinavica, 120*, 229-236.

Blomstrand, E. & Saltin, B. (1999). Effect of muscle glycogen on glucose, lactate and amino acid metabolism during exercise and recovery in human subjects. *Journal of Physiology, 514* (1), 293-302.

Blumberg, M. S. (2002). *Body heat. Temperature and life on earth.* Campbridge, Massachusetts, London: Harvard University Press.

Bohnert, B., Ward, S. A. & Whipp, B. J. (1998). Effects of prior arm exercise on pulmonary gas exchange kinetics during high-intensity leg exercise in humans. *Experimental Physiology, 83*, 557-570.

Bollermann, B. (2008). *Die Auswirkungen von Kälteapplikationen im Sportspiel (Fußball).* Unveröffentlichte Schriftliche Hausarbeit im Rahmen der ersten Staatsprüfung für das Lehramt für die Sekundarstufe II. TU Dortmund.

Bolster, D. R., Trappe, S. W., Short, K. R., Scheffield-Moore, M., Parcell, A. C., Schulze, K. M. & Costill, D. L. (1999). Effects of precooling on thermoregulation during subsequent exercise. *Medicine and Science in Sports and Exercise, 31* (2), 251-257.

Bonner, H. W. (1974). Preliminary exercise: A two factor theory. *Research Quarterly, 45*, 138-147.

Boot, C. R. L., Binkhorst, R. A. & Hopman, M. T. E. (2006). Body temperature responses in spinal cord injured individuals during exercise in the cold and heat. *International Journal of Sports Medicine, 27*, 599-604.

Booth, J., Marino, F. E. & Ward, J. J. (1997). Improved running performance in hot humid conditions following whole body precooling. *Medicine and Science in Sports and Exercise, 29* (7), 943-949.

Booth, J., Wilsmore, B. R., Macdonald, A. D., Zeyl, A., Mcghee, S., Calvert, D., Marino, F. E., Storlien, L. H. & Taylor, N. A. S. (2001). Whole-body pre-cooling does not alter human muscle metabolism during sub-maximal exercise in the heat. *European Journal of Applied Physiology, 84*, 587-590.

Borg, G. (1998). *Borg's perceived exertion and pain scales.* Champaign: Human Kinetics.

Boutellier, U. (2007). Die Bedeutung des Wärmehaushaltes wird beim Sporttreiben noch total unterschätzt. *Wissen der Schweizer Sonntagszeitung,* 23. 9. 2007, S. 79.

Brearly, M. B. & Finn, J. P. (2003). Precooling for performance in the tropics. *Sportscience 7,* sportsci.org/jour/03/mbb.htm.

Brengelmann, G. L. (1977). Control of sweating rate and skin blood flow during exercise. In E. R. Nadel, *Problems with temperature regulation during exercise* (pp. 27-48). New York, San Franzisco & London: Academic Press Inc.

Brittain, C. J., Rossiter, H. B., Kowalchuk, J. M. & Whipp, B. J. (2001). Effect of prior metabolic rate on the kinetics of oxygen uptake during moderate-intensity exercise. *European Journal of Applied Physiology, 86*, 125-134.

Broad, E. M., Burke, L. M., Cox, G. R., Heeley, P. & Riley, M. (1996). Body weight changes and voluntary fluid intakes during training and competition sessions in team sports. *International Journal of Sport Nutrition, 6*, 307-320.

Brothers, R. M., Mitchell, J. B. & Smith, M. L. (2004). Wearing a football helmet exacerbates thermal load during exercise in hyperthermic conditions. *Medicine and Science in Sports and Exercise, 36*, 48.

Brown, L. E. (2001). Warm-up or no warm up. N*ational Strength & Conditioning Association, 23* (6), 36.

Brown, S. L. & Banister, E. W. (1985). Thermoregulation during prolonged actual and laboratory-simulated bicycling. *European Journal of Applied Physiology, 54*, 125-130.

Brück, K. (1985). Möglichkeiten und Grenzen der thermischen Adaptation. *Zeitschrift für physikalische Medizin, Balneologie, medizinische Klimatologie, 14*, 21-31.

Brück, K. (1987). Warmlaufen oder Kaltstart? Sportliche Höchstleistung durch Kälte. *Spiegel der Forschung, 4* (5), 13-16.

Brück, K. (1988). Physiologische Grundlagen der Kälteabwehrreaktion des Menschen. *Zeitschrift für physikalische Medizin, Balneologie, medizinische Klimatologie, 17*, 183-195.

Bruyn-Prevost, P. (1980). The effects of various warming up intensities and durations upon some physiological variables during an exercise corresponding to WC170. *European Journal of Applied Physiology, 43*, 93-100.

Bruyn-Prevost, P. & Lefebvre, F. (1980). The effects of various warming up intensities and durations during a short maximal anaerobic exercise. *European Journal of Applied Physiology, 43*, 101-107.

Buchheit, M., Peiffer, J. J., Abbiss, C. R. & Laursen, P. B. (2009). Effect of cold water immersion on postexercise parasympathetic reactivation. *American Journal of Physiology - Heart and Circulatory Physiology, 296*, 2. H421-427.

Buchthal, F., Kaiser, E. & Knappeis, G. G. (1944). Elasticity, viscosity and plasticity in the cross striated muscle fibre. *Acta Physiologica Scandinavica, 8* (1), 16-37.

Bulbulian, R., Shapiro, R., Murphy, M. & Levenhagen, D. (1999). Effectiveness of a commercial head-neck cooling device. *Journal of Strength and Conditioning Research, 13* (3), 198-205.

Buono, M. J., Heaney, J. H. & Canine, K. M. (1998). Acclimation to humid heat lowers resting core temperature. *American Journal of Physiology, 274* (Regulatory Integrative Comp. Physiol. 43), R1295-R1299.

Burnley, M. Jones, A. M., Carter, H. & Doust, J. H. (2000). Effects of prior heavy exercise on phase II pulmonary oxygen uptake kinetics during heavy exercise. *Journal of Applied Physiology, 89*, 1387-1396.

Burnley, M., Doust, J. H., Carter, H. & Jones, A. M. (2001). Effects of prior exercise and recovery duration on oxygen uptake kinetics during heavy exercise in humans. *Experimental Physiology, 86* (3), 417-425.

Burnley, M., Doust, J. H., Ball, D. & Jones, A. M. (2002). Effects of prior heavy exercise on VO_2 kinetics during heavy exercise are related to changes in muscle activity. *Journal of Applied Physiology, 93*, 167-174.

Byrne, C., Lee, J. K. W., Chew, S. A. N., Lim, C. L. & Tan, E. Y. M. (2006). Continuous thermoregulatory responses to mass-participation distance running in heat. *Medicine and Science in Sports and Exercise, 38* (5), 803-810.

Busuttil, C. P. & Ruhling, R. O. (1977). Warm-up and circulo-respiratory adaptations. *Journal of Sports Medicine and Physical Fitness, 17*, 69-74.

C

Cabanac, M. (1972). Thermoregulatory behaviour. In J. Bligh & R. Moore, *Essays on temperature regulation* (pp. 19-32). Amsterdam, London: North-Holland Publishing Company.

Cabanac, M. (1975). Temperature regulation. *Annual Review of Physiology, 37*, 415-439.

Cabanac, M. (1997). Regulation and modulation in biology. A reexamination of temperature regulation. In C. M. Blatteis (Ed.), *Thermoregulation. Annals of the New York Academy of Sciences, 813* (pp. 21-31). New York, NY: New York Academy of Sciences.

Cabanac, M. (2001). Regulation and the ponderostat. *International Journal of Obesity, 25*, Suppl 5, S7-S12.

Cabanac, M., Cunningham, D. J. & Stolwijk, J. A. J. (1971). Thermoregulatory set point during exercise: a behavioral approach. *Journal of Comparative and Physiological Psychology, 76* (1), 94-102.

Cabanac, M., Massonnet, B. & Belaiche, R. (1972). Preferred skin temperature as a function of internal and mean skin temperature. *Journal of Applied Physiology, 33* (6), 699-703.

Cabanac, M. & Massonnet, B. (1977). Thermoregulatory responses as a function of core temperature in humans. *Journal of Physiology, 265*, 587-596.

Cabanac, M. & Leblanc, J. (1983). Physiological conflict in humans: fatigue vs. cold discomfort. *Amercian Journal of Physiology, 244* (Regulatory Integrative Comp. Physiol., 13), R621-R628.

Cable, N. T. & Bullock, S. (1996). Thermoregulatory response during and in recovery from aerobic and anaerobic exercise. *Medicine and Science in Sports and Exercise, 28* (5), Supplement 202.

Cable, N. T. & Weston, M. (1999). Pre-cooling reduces thermoregulatory strain and skin blood flow during exercise. *Medicine and Science in Sports and Exercise, 31* (5), Supplement: S 306.

Caffrey, T. V., Geis, G. S., Chung, J. M. & Wurster, R. D. (1975). Effect of isolated head heating and cooling on sweating in man. *Aviation, Space and Environmental Medicine, 46* (11), 1353-1357.

Campbell-O'Sullivan, S. P., Constantin-Teodosiu, D., Peirce, N. & Greenhaff, P. L. (2002). Low intensity exercise in humans accelerates mitochondrial ATP production and pulmonary oxygen kinetics during subsequent more intense exercise. *Journal of Physiology, 538* (3), 931-939.

Candas, V., Libert, J. P. & Vogt, J. J. (1979). Human skin wettedness and evaporative efficiency of sweating. *Journal of Applied Physiology: Respiratory Environmental Exercise Physiology, 46* (3), 522-528.

Caputa, M., Feistkorn, G. & Jessen, C. (1986). Effects of brain and trunk temperatures on exercise performance in goats. *Pflügers Archiv, 406*, 184-189.

Carlile, F. (1956). Effect of preliminary passive warming on swimming performance. *The Research Quarterly, 27* (2), 143-151.

Cassel, J. & Casselman, W. G. B. (1990). Regulation of body heat: the evolution of concepts and associated research. In E. Schönbaum & P. Lomax (Eds.), *Thermoregulation physiology and biochemistry* (pp. 17-50). New York, Oxford, Bejing u. a.: Pergamon Press.

Castellani, J. W., Young, A. J., Sawka, M. N. & Pandolf, K. B. (1998). Human thermoregulatory responses during serial cold-water immersions. *Journal of Applied Physiology, 85* (1), 204-209.

Castellani, J. W., Young, A. J., Ducharme, M. B., Giesbrecht, G. G., Glickmann, E. & Sallis, R. E. (2006). Prevention of cold injuries during exercise. *Medicine & Science in Sports and Exercise, 38* (11), 2012-2029.

Castle, P. C., Macdonald, A. L., Philp, A., Webborn, A., Watt. P. W. & Maxwell, N. S. (2006). Precooling leg muscle improves intermittent sprint exercise performance in hot, humid conditions. *Journal of Applied Physiology, 100*, 1377-1384.

Cheung, S. S. & McLellan, T. M. (1998a). Heat acclimation, aerobic fitness, and hydration effects on tolerance during uncompensable heat stress. *Journal of Applied Physiology, 84* (5), 1731-1739.

Cheung, S. S. & McLellan, T. M. (1998). Influence of hydration status and fluid replacement on heat tolerance while wearing NBC protective clothing. *European Journal of Applied Physiology, 77*, 139-148

Cheung, S. S. & McLellan, T. M. (1998b). Influence of hydration status and short-term aerobic training on tolerance during uncompensable heat stress. *European Journal of Applied Physiology, 78*, 50-58.

Cheung, S. S. & McLellan, T. M. (1999). Comparison of short-term aerobic training and high maximal aerobic power on tolerance to uncompensable heat stress. *Aviation, Space and Environmental Medicine, 70*, 637-643.

Cheung, S. S. & Robinson, A. M. (2004). The influence of upper-body pre-cooling on repeated sprint performance in moderate ambient temperatures. *Journal of Sports Sciences, 22*, 605-612.

Cheung, S. S. & Sleivert, G. G. (2004). Lowering of skin temperature decreases isokinetic maximal force production independent of core temperature. *European Journal of Applied Physiology, 91*, 723-738.

Cheung, S. S. & Sleivert, G. G. (2004b). Multiple triggers of hyperthermic fatigue. *Exercise and Sport Sciences Reviews, 32,* 100-106.

Cheung, S. S., McLellan, T. M. & Tenaglia, S. (2000). The thermophysiology of uncompensable heat stress: physiological manipulations and individual characteristics. *Sports Medicine, 29*, 329-359.

Cheuvront, S. M. & Haymes, E. M. (2001). Thermoregulation and marathon running. *Sports Medicine, 31,* 10 743-762.

Church, J. B., Wiggins, M. S., Moode, F. M. & Crist, R. (2001). Effect of warm-up and flexibility treatments on vertical jump performance. *Journal of Strength and Conditioning Research, 15* (3), 332-336.

Civis, K. (2008). *Zu den Effekten unterschiedlicher Precooling-Maßnahmen bei sportlicher Ausdauerleistung.* Unveröffentlichte Schriftliche Hausarbeit im Rahmen der Ersten Staatsprüfung für das Lehramt für Sek I/II. TU Dortmund.

Clifford, P. S. & Hellsten, Y. (2004). Vasodilatory mechanisms in contracting skeletal muscle. *Journal of Physiology, 97*, 393-403.

Colin, J., Timbal, J., Houdas, Y., Boutelier, C. & Guieu, J. D. (1971). Computation of mean body temperature from rectal and skin temperatures. *Journal of Applied Physiology, 31* (3), 484-489.

Comeau, M. J. & Potteiger, J. A. (1999). The effects of whole body cooling on force production in the quadriceps and harmstrings. *Medicine and Science in Sports and Exercise, 31* (5), Supplement: S 306, 1516.

Comeau, M. J., Potteiger, J. A. & Brown, L. E. (2003). Effects of environmental cooling on force production in the quadriceps and harmstrings. *Journal of Strength and Conditioning Research, 17* (2), 279-284.

Constantin-Teodosiu-D., Carlin, J. I., Cederblad, G., Harris, R. C. & Hultman, E. (1991). Acetyl group accumulation and pyruvate dehydrogenase activity in human muscle during incremental exercise. *Acta Physiologica Scandinavica, 143* (4), 367-372.

Convertino, V. A., Armstrong, L. E., Coyle, E. F., Mack, G. W., Sawka, M. N., Senay, L. C. & Sherman, W. M. für das American College of Sports Medicine (1996). Exercise an fluid replacement. *Medicine and Science in Sports and Exercise, 28* (1), i-vii.

Cooper, K. E., Lomax, P. & Schönbaum, E. (Eds.). (1977). *Drugs, biogenic amines and body temperature.* Proceedings of the Third Symposium on the Pharmacology of Thermoregulation. Banff, Alberta, September 14-17, 1976. Basel, München, Paris, London, New York, Sydney: S. Karger.

Cooper, K. E., Lomax, P., Schönbaum, E. & Veale, W. L. (Eds.). (1986). *Homeostasis and thermal stress.* 6th International Symposium on the Pharmacology of Thermoregulation, Jasper, Alta., 1985. Basel, München, Paris, London, New York, New Delhi, Singapore, Tokyo & Sydney: Karger.

Cotter, J. D., Sleivert, G. G., Roberts, W. S. & Febbraio, M. A. (2001). Effect of pre-cooling, with and without thigh cooling, on strain and endurance exercise performance in the heat. *Comparative Biochemistry and Physiology Part A, 128,* 667-677.

Crowley, G. C., Garg, A., Lohn, M. S., Van Someren M. D. & Wade, A. J. (1991). Effects of cooling the legs on performance in a standard Wingate anaerobic power test. *British Journal of Sports Medicine, 25* (4), 200-203.

Cureton, T. K. (1947). *Physical fitness appraisal and guidance.* St. Louis: C.V. Mosby.

D

Daanen, H. A., Es van, E. M. & Graaf de, J. L. (2006). Heat strain and gross efficiency during endurance exercise after lower, upper or whole body precooling in the heat. *International Journal of Sports Medicine, 27,* 379-388.

Davies, C. T. M. (1979a). Influence of skin temperature on sweating and aerobic performance during severe work. *Journal of Applied Physiology, 47,* 770-777.

Davies, C. T. M. (1979b). Thermoregulation during exercise in relation to sex and age. *European Journal of Applied Physiology, 42,* 71-79.

Davies, C. T. M. & Young, K. (1983). Effect of temperature on the contractile properties and muscle power of triceps surae in humans. *Journal of Applied Physiology: Environmental Exercise Physiology, 55* (1), 191-195.

Dawson, B., Goodman, C., Lawrence, S., Preen, D., Polglaze, T., Fitzsimons, P. & Fournier, P. (1997). Muscle phosphocreatine repletion following single and repeated short sprint efforts. *Scandinavian Journal of Medicine & Science in Sports, 7* (4), 206-213.

Deetjen, P., Speckmann, E. J. & Hescheler, J. (2005). *Physiologie* (4. Aufl.). München, Jena: Urban & Fischer.

DeLorey, D. S., Kowalchuk, J. M. & Paterson, D. H. (2004). Effects of prior heavy-intensity exerise on pulmonary O2 uptake and muscle deoxygenation kinetics in young and older adult humans. *Journal of Applied Physiology, 97,* 998-1005.

Dennis, S. C. & Noakes, T. D. (1999). Advantages of a smaller bodymass in humans when distance-running in warm, humid conditions. *European Journal of Applied Physiology, 79,* 280-284.

Deussen, A. (2007). Herzstoffwechsel und Koronarduchblutung. In R. F. Schmidt & F. Lang (Hrsg.), *Physiologie des Menschen* (30., neu bearb. und aktualisierte Aufl.) (S. 611-617). Heidelberg: Springer.

Dickenson, J., Medhurst, C. & Whittingham, N. (1979). Warm-up and fatigue in skill acquisition and performance. *Journal of Motor Behavior, 11,* 81-86.

Digel, H. (2004). *Nachdenken über Olympia.* Tübingen: Attempto.

Dirnagl, K. (1977). Physikalische Grundlagen der lokalen Wärme- und Kältetherapie. *Zeitschrift für Physikalische Medizin, 4,* 164-171.

DLV (Hrsg.). (1991). *Aktuelle Trainingsgrundlagen des Hochleistungstrainings.* Erstellt von W. Joch & M. Steinbach). Darmstadt.

Döker, R. K. (1989). *Über die Wirkung der alleinigen Atemluftkühlung auf Atmung, Kreislauf und Thermoregulation bei Arbeit in feuchtwarmem Klima.* Dissertation. Medizinische Fakultät der Universität – Gesamthochschule Essen.

Dolan, P. & Sargeant, A. J. (1984). Maximal short-term (anaerobic) power output following submaximal exercise. *International Journal of Sports Medicine, 5,* 133-134.

Donhoffer, S., Szegvari, G., Varga-Nagy, I. & Jarai, I. (1957). Über die Lokalisation der erhöhten Wärmeproduktion bei der chemischen Wärmeregulation. *Pflügers Archiv, 265,* 104-111.

Drust, B., Cable, N. T. & Reilly, T. (1998). The effects of whole body pre-cooling on soccer-specific intermittent exercise performance. *Official Journal of the American College of Sports Medicine, S 281,* 1597.

Drust, B., Cable, N. T. & Reilly, T. (2000). Investigation of the effects of the pre-cooling on the physiological responses to soccer-specific intermittent exercise. *European Journal of Applied Physiology, 81,* 11-17.

Drust, B., Rasmussen, P., Mohr, M., Nielsen, B. & Nybo, L. (2005). Elevations in core and muscle temperature impairs repeated sprint performance. *Acta Physiologica Scandinavica, 183,* 181-190.

Ducharme, M. B., Frim, J., Bourdon, L. & Giesbrecht, G. G. (1997). Evaluation of infrared tympanic thermometers during normothermia and hypothermia in humans. In C. M. Blatteis (Ed.), *Thermoregulation.* Annals of the New York Academy of Sciences 813 (pp. 225-229). New York, NY: New York Academy of Sciences.

Duffield, R., Dawson, B., Bishop, D., Fitzsimons, M. & Lawrence, S. (2003). Effect of wearing an ice cooling jacket on repeat sprint performance in warm/humid conditions. *British Journal of Sports Medicine, 37,* 164-169.

Duffield, R., Green, R., Castle, P. & Maxwell, N. (2010). Precooling can prevent the reduction of self-paced exercise intensity in the heat. *Medicine & Science in Sports & Exercise, 42* (3), 577-58.

Dugas, J. P., Mitchell, J. B., McFarlin B. K., Dewalch, D. & McBroom, M. (1999). The effect of twenty minutes of pre-exercise cooling on high-intensity running performance. *Medicine and Science in Sports and Exercise, 31,* 5, Supplement: S 306, 1517.

E

Eckert, R., Randall, D., Burggren, W. & French, K. (2002). *Tierphysiologie* (4. Aufl.). Stuttgart, New York: Georg Thieme Verlag.

Edwards, R. H. T., Harris, R. C., Hultman, E., Kaijser, L., Koh, D. & Nordesjö, L.-O. (1972). Effect of temperature on muscle energy metabolism and endurance during successive isometric contractions, sustained to fatigue, of the quadriceps muscle in man. *Journal of Physiology, 220*, 335-352.

Edwards, A. M. & Clark, N. A. (2006). Thermoregulatory observations in soccer match play: professional and recreational level applications using an intestinal pill system to measure core temperature. *British Journal of Sports Medicine, 40*, 133-138.

Eichna, L. W., Ashe, W. F., Bean, W. B. & Shelley, W. B. (1945). The upper limits of environmental heat and humidity tolerated by acclimatized men working in hot environments. *The Journal of Industrial Hygiene and Toxicology, 27*, 59-83.

Ekblom, B. & Goldbarg, A. N. (1971). The influence of physical training and other factors on the subjective rating of perceived exertion. *Acta Physiologica Scandinavica, 83*, 399-406.

Elam, R. (1986). Warm-up and athletic performance: A physiological analysis. *NSCA Journal, 8* (2), 30-32.

Elbel, E. R. (1940). A study of response time before and after strenuous exercise. *The Research Quarterly, 11*, 86-95.

Elliott, B., Dawson, B. & Pyke, F. (1985). The energetics of singles tennis. *Journal of Human Movement Studies, 11*, 11-20.

Ely, M. R., Cheuvront, S. N., Roberts, W. O. & Montain, S. J. (2007). Impact of weather on marathon-running performance. *Medicine and Science in Sports and Exercise, 39* (3), 487-493.

Engel, P. (1986). Arbeitsmedizinische Grundlagen und Grenzen beim Einsatz von Bergbaukühlkleidung. *Neue Bergbautechnik, 10* (2), 69-75.

Evans, R. K., Knight, K. L., Draper, D. O. & Parcell, A. C. (2002). Effects of warm-up before eccentric exercise on indirect markers of muscle damage. *Medicine and Science in Sports and Exercise, 34* (12), 1892-1899.

F

Falk, B. (1996). Physiological an helath aspects of exercise in hot and cold climates. In O. Bar-Or (Ed.), *The child and adolescent athlete* (pp. 326-349). Oxford: Blackwell Science.

Falls, H. B. & Weibers, J. (1965). The effects of pre-exercise conditions on heart rate and oxygen uptake during exercise and recovery. *The Research Quarterly, 36* (3), 243-252.

Falls, H. B. & Humphrey, H. B. (1970). Effect of length of cold showers on skin temperatures and exercise heart rate. *The Research Quarterly, 41* (3), 353-360.

Febbraio, M. A., Snow, R. J., Stathis, C. G., Hargreaves, M. & Carey, M. F. (1994). Effect of heat stress on muscle energy metabolism during exercise. *Journal of Applied Physiology, 77* (6), 2827-2831.

Febbraio, M. A., Carey, M. F., Snow, R. J., Stathis, C. G. & Hargreaves, M. (1996). Influence of elevated muscle temperature om metabolism during intense, dynamic exercise. *American Journal of Physiology, 271* (Regulatory Integrative Comp. Physiology, 40), R 1251-1255.

Ferreira, L. F., Lutjemeier, B. J., Townsend, D. K. & Barstow, T. J. (2005). Dynamics of skeletal muscle oxygenation during sequential bouts of moderate exercise. *Experimental Physiology, 90* (3), 393-401.

Ferretti, G., Ishii, M., Moia, C. & Cerretelli, P. (1992). Effects of temperature on the maximal instantaneous muscle power of humans. *European Journal of Applied Physiology, 64*, 112-116.

Fieldman, H. (1968). Relative contribution of the back and harmstring muscles in the performance of the toe-touch test after selected extensibility exercises. *The Research Quarterly, 39* (3), 518-523.

Fortney, S. M., Nadel, E. R., Wenger, C. B. & Bove, J. R. (1981). Effect of blood volume on sweating rate and body fluids in exercising humans. *Journal of Applied Physiology: Respiratory Environmental Exercise Physiology, 51* (6), 1594-1600.

Foster, C., Dymond, D. S., Carpenter, J. & Schmidt, D. H. (1982). Effect of warm-up on left ventricular response to sudden strenuous exercise. *Journal of Applied Physiology: Respiratory Environmental Exercise Physiology, 53* (2), 380-383.

Fox, E. L., Mathews, D. K., Kaufman, W. S. & Bowers, R. W. (1966). Effects of football equipment on thermal balance and energy cost during exercise. *Research Quarterly, 37*, 332-339.

Fradkin, A. J., Finch, C. F. & Sherman, C. A. (2001). Warm up practices of golfers: are they adequate? *British Journal of Sports Medicine, 35,* 125-127.

Fradkin, A. J., Sherman, C. A. & Finch, C. F. (2004). Improving golf perfomance with a warm up conditioning programme. B*ritish Journal of Sports Medicine, 38,* 762-765.

Franks, B. D. (1983). Physical warm-up. In M. H. Williams (Ed.), *Ergogenic aids in sport.* Champaign, IL: Human Kinetics Publishers.

Freiwald, J. (1993). *Aufwärmen im Sport.* Reinbek: Rowohlt.

Freiwald, J., Jöllenbeck, T. & Olivier, N. (2007). *Prävention und Rehabilitation.* Sportverlag Strauß. Köln 2007.

Freund, R. (1990). Thermotherapie. *Zeitschrift für physikalische Medizin, Balneologie, medizinische Klimatologie, 19,* 225-227.

Frey, G. (1981). *Training im Schulsport.* Schorndorf: Hofmann Verlag.

Frey, G. & Hildenbrandt, E. (1994). *Einführung in die Trainingslehre. Teil 2: Anwendungsfelder.* Schorndorf: Hofmann-Verlag.

Fricke, R. (1984). Lokale Kaltlufttherapie – Eine weitere kryotherapeutische Behandlungsmethode. *Zeitschrift für physikalische Medizin, Balneologie, medizinische Klimatologie, 13,* 260-266.

Fricke, R. (1986). Physikalische Therapie chronisch entzündlicher Gelenkerkrankungen. *Therapiewoche, 36* (20), 2182-2187.

Fricke, R. (1988). Lokale Kryotherapie bei chronisch entzündlichen Gelenkerkrankungen 3-4 mal täglich. *Zeitschrift für physikalische Medizin, Balneologie, medizinische Klimatologie, 17*, 196-202.

Fricke, R. (1989). Ganzkörperkältetherapie in einer Kältekammer mit Temperaturen um -110° C. *Zeitschrift für physikalische Medizin, Balneologie, medizinische Klimatologie, 18*, 1-10.

Froese, G. & Burton, A. C. (1957). Heat losses from the human head. *Journal of Applied Physiology, 10* (2), 235-241.

Fruth, J. M. & Gisolfi, C. V. (1983). Work-heat tolerance in endurance-trained rats. *Journal of Applied Physiology: Respiratory Environmental Exercise Physiology, 54* (1), 249-253.

Fukuba, Y., Hayashi, N., Koga, S. & Yoshida, T. (2002). VO_2 kinetics in heavy exercise is not altered by prios exercise with different muscle group. *Journal of Applied Physiology, 92*, 2467-2474.

Fuller, A., Carter, R. N. & Mitchell, D. (1998). Brain and abdominal temperatures at fatigue in rats exercising in the heat. *Journal of Applied Physiology, 84* (3), 877-883.

G

Gaitanos, G. C., Williams, C., Boobis, L. H. & Brooks, S. (1993). Human muscle metabolism during intermittent maximal exercise. *Journal of Applied Physiology, 75* (2), 712-719.

Galloway, S. D. & Maughan, R. J. (1997). Effects of ambient temperature on the capacity to perform prolonged cycle exercise in man. *Medicine and Science in Sports and Exercise, 29*, 1240-1249.

Ganßen, K. (2004). *Der Effekt eines intervallartigen Aufwärmprogramms auf die Ausdauerleistungsfähigkeit auf dem Laufbandergometer.* Unveröffentlichte Schriftliche Hausarbeit im Rahmen der Ersten Staatsprüfung für das Lehramt der Primarstufe. Universität Dortmund.

Gauer, O. H., Kramer, K. & Jung, R. (Hrsg.). (1971). *Physiologie des Menschen. Band 2: Energiehaushalt und Temperaturregulation.* München, Berlin, Wien: Urban & Schwarzenberg.

Gavin, T. P. (2003). Clothing and thermoregulation during exercise. *Sports Medicine, 33* (13), 941-947.

Genovely, H. & Stamford, B. A. (1982). Effects of prolonged warm-up exercise above and below anaerobic treshold on maximal performance. *European Journal of Applied Physiology, 48*, 323-330.

Gerbino, A., Ward, S. A. & Whipp, B. J. (1996). Effects of prior exercise on pulmonary gas-exchange kinetics during high-intensity exercise in humans. *Journal of Applied Physiology, 80* (1), 99-107.

Geurts, C. L. M., Sleivert, G. G. & Cheung, S. S. (2005). Effect of cold-induced vasodilatation in the index finger on temperature and contractile characteristics of the first dorsal interosseus muscle during cold-water immersion. *European Journal of Applied Physiology, 93*, 524-529.

Giesbrecht, G. G. & Bristow, G. K. (1992). A second postcooling afterdrop: more evidence for a convective mechanism. *Journal of Applied Physiology, 73* (4), 1253-1258.

Giesbrecht, G. G. & Bristow, G. K. (1997). Recent advances in hypothermia research. Blatteis, C. M. (Ed.). *Thermoregulation.* Annals of the New York Academy of Sciences 813 (pp. 663-675). New York, NY: New York Academy of Sciences.

Gisolfi, C. & Robinson, S. (1969). Relations between physical training, acclimatization, and heat tolerance. *Journal of Applied Physiology, 26* (5), 530-534.

Gisolfi, C. V. & Wenger, C. (1984). Temperature regulation during exercise: old concepts, new ideas. *Exercise and Sport Sciences reviews, 12*, 339-372.

Gisolfi, C. V., Lamb, D. R. & Nadel, E. R. (Eds.). (1993). *Exercise, heat, and thermoregulation. Perspectives in exercise science and sports medicine.* Vol. 6. Kerper, Dubuque: Brown & Benchmark.

Godek, S. F., Godek, J. J. & Bartolozzi, A. R. (2004). Thermal responses in football and cross-country athletes during their respective practices in a hot environment. *Journal of Athletic Training, 39*, 235-240.

Gold, A. J. & Zornitzer, A. (1968). Effect of partial body cooling on man exercising in a hot, dry environment. *Aerospace Medicine, 39*, 944-946.

Golja, P., Kacin, A., Tipton, M. J., Eiken, O. & Mekjavic I. B. (2004). Hypoxia increases the cutaneous treshold for the sensation of cold. *European Journal of Applied Physiology, 92*, 62-68.

Gollahn, S. (2004). *Der Effekt einer Teilkörperkühlung mittels Kühlhandschuh auf die Ausdauerleistungsfähigkeit.* Unveröffentlichte Schriftliche Hausarbeit im Rahmen der ersten Staatsprüfung für das Lehramt für Sekundarstufe II. Universität Dortmund.

Gollnick, P. D., Armstrong, R. B., Sembrowich, W. L., Shephard, R. E. & Saltin, B. (1973). Glykogen depletion pattern in human skeletal muscle fibres after heavy exercise. *Journal of Applied Physiology, 34* (5), 615-618.

Gonzalez, R. R. & Pandolf, K. B. (1989). Thermoregulatory competence during exercise transients in a group of heat-acclimated young and middle-aged men is influenced more distinctly by maximal aerobic power than age. In J. B. Mercer, *Thermal physiology* (pp. 335-340). Amsterdam, New York, Oxford: Excerpta Medica.

Gonzalez-Alonso, J., Mora-Rodriguez, J. R., Below, P. R. & Coyle, E. F. (1997). Dehydration markedly impairs cardiovascular function in hyperthermic endurance athletes during exercise. *Journal of Applied Physiology, 82* (4), 1229-1236.

Gonzalez-Alonso, J., Calbet, J. A. L. & Nielsen, B. (1998). Muscle blood flow is reduced with dehydration during prolonged exercise in humans. *Journal of Physiology, 513*, 3, 895-905.

Gonzalez-Alonso, J., Teller, C., Andersen, S. L., Jensen, F. B., Hyldig, T. & Nielsen, B. (1999a). Influence of body temperature on the development of fatigue during prolonged exercise in the heat. *Journal of Applied Physiology, 86* (3), 1032-1039.

Gonzalez-Alonso, J., Calbet, J. A. L. & Nielsen, B. (1999b). Metabolic and thermodynamic responses to dehydration-induced reductions in muscle blood flow in exercising humans. *Journal of Physiology, 520* (2), 577-589.

Gonzalez-Alonso, J., Quistorff, B., Krustrup, P., Bangsbo, J. & Saltin, B. (2000). Heat production in human skeletal muscle at the onset of intense dynamic exercise. *Journal of Physiology, 524* (2), 603-615.

Gonzalez-Alonso, J. & Calbet, J. A. L. (2003). Reductions in systemic and skeletal muscle blood flow and oxygen delivery limit maximal aerobic capacity in humans. *Circulation, 107*, 824-830.

Goodwin, J. E. (2002). A comparison of massage and sub-maximal exercise as warm-up protocols combined with a stretch for vertical jump performance. *Journal of Sports Sciences, 20* (1), 48-49.

Gourgoulis, V., Aggeloussis, N., Kasimatis, P., Mavromatis, G. & Garas, A. (2003). Effect of a submaximal half-squats warm-up program on vertical jumping ability. *Journal of Strength and Conditioning Research, 17* (2), 342-344.

Grahn, D., Brock-Utne, J. G., Watenpaugh, D. E. & Heller, C. (1998). Recovery from mild hypothermia can be accelerated by mechanically distending blood vessels in the hand. *Journal of Applied Physiology, 85* (5), 1643-1648.

Gray, S. C. & Nimmo, M. A. (2001). Effects of active, passive or no warm-up on metabolism and performance during short-duration high-intensity exercise. *Journal of Sports Science, 19*, 693-700.

Gray, S. C., Devito, G. & Nimmo, M. A. (2002). Effect of active warm-up on metabolism prior to and during intense dynamic exercise. *Medicine and Science in Sports and Exercise, 34* (12), 2091-2096.

Greenleaf, J. E. & Castle, B. L. (1971). Exercise temperature regulation in man during hypohydration and hyperhydration. *Journal of Applied Physiology, 30*, 847-853.

Greenleaf, J. E., Kozlowski, S., Kaciuba-Uscilko, H., Nazar, K. & Brzezinska, Z. (1975). Temperature responses to infusion electrolytes during exercise. In P. Lomax, E. Schönbaum & J. Jacob (Eds.), *Temperature regulation and drug action* (pp. 352-360). Basel, München, Paris u. a.: Karger.

Greenleaf, J. E. & Reese, R. D. (1980). Exercise thermoregulation after 14 days of bed rest. *Journal of Applied Physiology: Respiratory Environmental Exercise Physiology, 48* (1), 72-78.

Gregson, W., Barrerham, A., Drust, B. & Cable, N. T. (2002). The effects of pre-warming on the metabolic and thermoregulatory responses to prolonged intermittent exercise in moderate ambient temperatures. *Journal of Sports Sciences, 20* (1), 49-50.

Griefahn, B. (1995). *Arbeit in mäßiger Kälte.* Schriftenreihe der Bundesanstalt für Arbeitsschutz: Forschung; Fb 716. Bremerhaven: Wirtschaftsverlag NW.

Grodjinovsky, A. & Magel, J. R. (1970). Effects of warm-up on running performance. *Research Quarterly, 41*, 116-119.

Grosser, M., Brüggemann, P. & Zintl, F. (1986). *Leistungssteuerung in Training und Wettkampf.* München: BLV.

Grosser, M., Starischka, S. & Zimmermann, E. (2001). *Das neue Konditionstraining* (8. Aufl.). München: BLV.

Grucza, R. & Smorawinski, J. (1989). Thermoregulatory response to exercise in women before and after ovulation. In J. B. Mercer (Ed.), *Thermal physiology* (pp. 341-345). Amsterdam, New York, Oxford: Excerpta Medica.

Grucza, R., Pekkarinen, H., Titov, E.-K., Kanonoff, A. & Hanninen, O. (1993). Influence of menstrual cycle and oral contraceptives on thermoregulatory response to exercise in young women. *European Journal of Applied Physiology, 67*, 279-285.

Grucza, R., Pekkarinen, H., Timonen, K., Titov, E.-K. & Hänninen, O. (1997). Physiological responses to cold in relation to the phase of the menstrual cycle and oral contryceptives. In C. M. Blatteis (Ed.), *Thermoregulation* (pp. 697-701). Annals of the New York Academy of Sciences 813. New York, NY: New York Academy of Sciences.

Güllich, A. & Schmidtbleicher, D. (1996). Zusammenhang zwischen Explosivkraft- und H-Reflex-Potenzierung. In S. Starischka, K. Carl & J. Krug (Hrsg.), *Schwerpunktthema Nachwuchstraining* (S. 97-103). Erlensee: SFT.

Gunga, H. C. (2005). Wärmehaushalt und Temperaturregulation. In P. Deetjen, E. J. Speckmann & J. Hescheler. *Physiologie* (4. Aufl.) (S. 669-698). München, Jena: Urban & Fischer.

Gupta, N., Frank, S. M., Ghoneim, N., El-Rahmany, H. K., Talamini, M. A., Zacur, H. A. & Raja, S. N. (2000). Thermoregulation and hormone replacement in postmenopausal women. *Journal of Thermal Biology, 25*, 165-169.

Gutenbrunner, C., Englert, G., Neuss-Lahusen, M. & Gehrke, A. (1999). Kontrollierte Studie über Wirkungen von Kältekammerexposition (-67° C, 3 min) bei Fibromyalgiesysndrom. *Akt. Rheumatologie, 24*, 77-84.

Gutin, B. (1973). Exercise-induced activation and human performance: A review. *The Research Quarterly, 44* (3), 256-267.

Gutin, B., Fogle, R. K., Meyer, J. & Jaeger, M. (1974). Steadiness as a function of prior exercise. *Journal of Motor Behavior, 6*, 69-76.

Gutin, B., Stewart, K., Lewis, S. & Kruper, J. (1976). Oxygen consumption in the first stages of strenous work as a function of prior exercise. *Journal of Sports Medicine and Physical Fitness, 16*, 60-65.

Gutin, B., Wilkerson, J. E., Horvath, S. M. & Rochelle, R. D. (1981). Physiological response to endurance work as a function of prior exercise. *International Journal of Sports Medicine, 2*, 87-91.

H

Hackl-Gruber, W. & Wittmann, A. (1998). *Hitzebelastung – Eurokonforme Mess- und Beurteilungsmethoden*. Projektbericht für die Allgemeine Unfallversicherungsanstalt.

Hadad, E., Rav-Acha, M., Heled, Y., Epstein, Y. & Moran, D. S. (2004). Heat stroke. A review of cooling methods. *Sports Medicine, 34* (8), 501-511.

Häbler, H.-J. & Jänig, W. (1986). Physiologische Grundlagen der Kryotherapie. *Zeitschrift für physikalische Medizin, Balneologie, medizinische Klimatologie, 15*, 305-306.

Hales, J. R. S. (Ed.). (1984). *Thermal physiology.* New York: Raven Press.

Hammel, H. T. (1965). Neurons and temperature regulation. In W. S. Yamamoto & J. R. Brobeck (Eds.), *Physiological controls and regulations* (pp. 71-97). Philadelphia: Saunders.

Hammel, H. T. (1968). Regulation of internal body temperature. *Annual Review of Physiology, 30*, 641-710.

Hammel, H. T. (1990). Negative plus positive feedback. In J. Bligh & L. Voigt (Eds.), *Thermoreception and temperature regulation* (pp. 174-182). Berlin, Heidelberg, New York: Springer-Verlag.

Hardy, J. D. (1953). Control of heat loss and heat production in physiologic temperature regulation. *Harvey Lectures, 49*, 242-270.

Hardy, J. D. & Du Bois, E. F. (1938). Basal metabolism, radiation, convection and vaporization at temperatures of 22° C to 35° C. *Journal of Nutrition, 15*, 477-486.

Hardy, J. D., Gagge, A. P. & Stolwijk, J. A. J. (1970). *Physiological and behaviour temperature regulation.* Springfield: Thomas.

Harre, D. (1986). *Trainingslehre* (10., überarbeitete Aufl.). Berlin: Sportverlag.

Harris, R. C., Edwards, R. H. T., Hultman, E., Nordesjö, L. O., Nylind, B. & Sahlin, K. (1976). The time course of phosphorycreatine resynthesis during recovery of the quadriceps muscle in man. *Pflügers Archiv, 367* (2), 137-142.

Hasegawa, H., Takatori, T., Komura, T. & Yamasaki, M. (2005). Wearing a cooling jacket during exercise reduces thermal strain and improves endurance exercise performance in a warm environment. *Journal of Strength and Conditioning Research, 19* (1), 122-128.

Hasegawa, H., Takatori, T., Komura, T. & Yamasaki, M. (2006). Combined effects of pre-cooling and water ingestion on thermoregulation and physical capacity during exercise in a hot environment. *Journal of Sports Sciences, 24* (1), 3-9.

Havenith, G., Coenen, J. M. L., Kistemaker, L. & Kenney, W. L. (1998). Relevance of individual characteristics for human heat stress response is dependent on exercise intensity and climate type. *European Journal of Physiology and Occupatiponal Physiology, 77*, 231-241.

Hawley, J. A., Williams, M. M., Hamling, G. C. & Walsh, R. M. (1989). Effects of a task-specific warm-up on anaerobic power. *British Journal of Sports Medicine, 23* (4), 233-236.

Hayward, J. N. (1975). The Talamus and Thermoregulation. In P. Lomax, E. Schönbaum & J. Jacob (Eds.), *Temperature regulation and drug action* (pp. 22-31). Basel, München, Paris u. a.: Karger.

Hedrick, A. (1992). Physiological responses to warm-up. *National Strength and Conditioning Association Journal, 14* (5), 25-27.

Hellon, R., Townsend, Y., Laburn, H. P. & Mitchell, D. (1991). In E. Schönbaum & P. Lomax (Eds.), *Thermoregulation pathology, pharmacology, and therapy* (pp. 19-54). New York, Oxford, Beijing u. a.: Pergamon Press.

Hemmer, H.-R. & Lorenz, A. (2004). *Grundlagen der Wachstumsempirie*. München: Vahlen Verlag.

Hensel, H. (1981). *Thermoreception and temperature regulation*. London, New York, Toronto, Sydney, San Francisco: Academic-Press.

Hensel, H., Iggo, A. & Witt, I. (1960). A quantitative study of sensitive cutaneous thermoreceptors with afferent fibers. *Journal of Physiology (London), 153*, 113-126.

Hesse, G. (1983). *Thermoregulation und Klimabeurteilung sowie Effizienz arbeitsmedizinischer Vorsorge bei Hitzearbeitern*. Dissertation zur Erlangung des Doktorgrades der Medizin in der Medizinischen Hochschule Hannover.

Hessemer, V., Langusch, D., Brück, K., Bödeker, R. H. & Breidenbach, T. (1984). Effect of slightly lowered body temperatures on endurance performance in humans. *Journal of Applied Physiology: Respiratory Environmental Exercise Physiology, 57* (6), 1731-1737.

Hessemer, V. & Brück, K. (1985). Influence of the menstrual cycle on shivering, skin blood flow, and sweating responses measured at night. *Journal of Applied Physiology, 59*, 1902-1910.

Hick, C. & Hick, A. (Hrsg.). (1997). *Physiologie* (2. Aufl.). Stuttgart, Jena, Lübeck, Ulm: Gustav Fischer-Verlag.

Hipple, J. E. (1955). Warm-up and fatigue in junior high schools sprints. *The Research Quarterly, 26* (2), 246-248.

Hirvonen, J., Rehunen, S., Rusko, H. & Härkönen, M. (1987). Breakdown of high-energy phosphate compounds and lactate accumulation during short supramaximal exercise. *European Journal of Applied Physiology, 56*, 253-259.

Ho, C. W., Beard, J. L., Farrell, P. A., Minson, C. T. & Kenney, W. L. (1997). Age, fitness, and regional blood flow during exercise in the heat. *Journal of Applied Physiology, 82* (4), 1126-1135.

Hohmann, A., Wichmann, E. & Carl, K. (Hrsg.). (1999). *Feldforschung in der Trainingswissenschaft*. Köln: Sport & Buch Strauß.

Hohmann, A., Lames, M. & Letzelter, M. (2007). *Einführung in die Trainingswissenschaft* (4. überarb. u. erw. Aufl.). Wiebelsheim: Limpert Verlag.

Hollmann, W. (1981). Der Mensch an der Grenze seiner körperlichen Leistungsfähigkeit. In H. Rieckert, *Sport an der Grenze der Leistungsfähigkeit* (S. 247-250). Berlin, Heidelberg, New York: Springer-Verlag.

Hollmann, W. & Hettinger, T. (1980). *Sportmedizin – Arbeits- und Trainingsgrundlagen* (2. Aufl.). Stuttgart, New York: Schattauer.

Hollmann, W. & Hettinger, T. (2000). *Sportmedizin – Grundlagen für Arbeit, Training und Präventivmedizin* (4. Aufl.). Stuttgart, New York: Schattauer Verlag.

Hopkins, W. G., Hawley, J. A. & Burkey, L. M. (1999). Design and analysis of research on sport performance enhancement. *Medicine and Science in Sports and Exercise, 31*, 472-485.

Hori, T., Kiyohara, T. & Nakashima, T. (1989). Thermosensitive neurons in the brain – the role in homeostatic funtions. In J. B. Mercer (Ed.), *Thermal physiology* 1989 (pp. 3-12). New York, Oxford: Excerpta Medica.

Hori, S. & Tanaka, N. (1989). Comparison of digital vascular hunting reaction to cold air between volleyball players and nonathlets. In J. B. Mercer (Ed.), *Thermal physiology* 1989 (pp. 161-166). New York, Oxford: Excerpta Medica.

Hornery, D. J., Papalia, S., Mujika, I. & Hahn, A. (2005). Physiological and performance benefits of halftime cooling. *Journal of Science and Medicine in Sport, 8* (1), 15-25.

Horowitz, J. M. (1975). Neural models on temperature regulation for cold-stressed animals. In P. Lomax, E. Schönbaum & J. Jacob (Eds.), *Temperature regulation and drug action* (pp. 1-10). Basel, München, Paris u. a.: Karger.

Hottenrott, K. (Hrsg.). (2002). *Herzfrequenzvariabilität im Sport.* (Schriften der Deutschen Vereinigung für Sportwissenschaft, 129). Hamburg: Cwalina.

Hottenrott, K. (Hrsg.). (2004). *Herzfrequenzvariabilität im Fitness- und Gesundheitssport* (Schriften der Deutschen Vereinigung für Sportwissenschaft, 142). Hamburg: Cwalina.

Houdas, Y. & Guieu, J. D. (1975). Physical models of human thermoregulation. In P. Lomax, E. Schönbaum & J. Jacob (Eds.), *Temperature regulation and drug action* (pp. 11-21). Basel, München, Paris u. a.: Karger.

Houdas, Y., Lecroart, J. L., Ledru, C., Carette, G. & Guieu, J. D. (1978). The thermoregulatory mechanisms considered as a follow-up system. In Y. Houdas & J. D. Guieu (Eds.), *New trends in thermal physiology* (pp. 11-19). Masson, Paris.

Houdas, Y. & Ring, E. F. J. (1982). *Human body temperature. Its measurement and regulation.* New York & London: Plenum Press.

Houmard, J. A., Johns, R. A., Smith, L. L., Wells, J. M., Kobe, R. W. & McGoogan, S. A. (1991). The effect of warm-up on responses to intense exercise. *International Journal of Sports Medicine, 12* (5), 480-483.

Howard, G. E., Blyth, C. S. & Thornton, W. E. (1966). Effects of warm-up on the heart rate during exercise. *Research Quarterly, 37*, 360-367.

Hubbard, R. W. (1990). An introduction: the role of exercise in the etiology of exerrtional heatstroke. *Medicine and Science in Sports and Exercise, 22* (1), 2-5.

Huttunen, P., Lando, N. G., Meshtstheryakov, V. A. & Lyutov, V. A. (2000). Effects of long-distance swimming in cold water on temperature, blood pressure and stress hormones in winter swimmers. *Journal of Thermal Biology, 25,* 171-174.

I

Imms, F.-J. & Lighten, A. D. (1989). The cooling effects of a cold drink. In J. B. Mercer (Ed.), *Thermal physiology* 1989 (pp. 135-139). New York, Oxford: Excerpta Medica.

Inbar, O. & Bar-Or, O. (1975). The effects of intermittent warm-up on 7-9 year old boys. *European Journal of Applied Physiology and Occupational Physiology, 34*, 81-89.

Ingjer, F. & Stromme, S. B. (1979). Effects of active, passive or no warm-up on the physiological response to heavy exercise. *European Journal of Applied Physiology, 40,* 273-282.

Israel, (1976). Zur Problematik des Übertrainings aus internistischer und leistungsphysiologischer Sicht. *Medizin und Sport, 16,* 1-8.

Israel, S. (1977). Das Erwärmen als Startvorbereitung. *Medizin und Sport, XVII,* 12, 386-391.

Israel, S. (1979). Die organismischen Grundlagen der geschlechtsspezifischen sportlichen Leistungsfähigkeit. *Medizin und Sport, 19,* 194-205.

Ivanov, K. P. (2000). Physiological blocking of the mechanisms of cold death: Theoretical and experimental considerations. *Journal of Thermal Biology, 25,* 467-479.

Iwanaga, K., Yamasaki, K., Yasukouchi, A., Watanuki, S., Sato, H. & Sato, M. (1989). Effect of precooling on heat tolerance of resting men in a hit environment: Comparison with seasonal effect on it. *Annals of Physiological Anthropology, 8* (3), 151-154.

J

Jarmoluk, P. (1986). *Leistungsbestimmende Komponenten im Kampfsport Judo.* Dissertation an der Deutschen Sporthochschule Köln.

Jessen, C. (1990). Thermal afferents in the control of body temperature. In E. Schönbaum & P. Lomax (Eds.), *Thermoregulation physiology and biochemistry* (pp. 153-184). New York, Oxford, Bejing u. a.: Pergamon Press.

Jessen, C. (1996). Interaction of body temperatures in control of thermoregulatory effector mechanisms. In M. J. Fregly & C. M. Blatteis (Eds.), *Handbook of physiology. Environmental physiology* (pp. 127-138). New York: Oxford University Press.

Jessen, C. (2001). *Temperature regulation in humans and other mammals.* Berlin, Heidelberg, New York: Springer-Verlag.

Joch, W. & Ückert, S. (1999). *Grundlagen des Trainierens* (2., neu bearbeitete Aufl.). Münster: Lit-Verlag.

Joch, W. & Ückert, S. (2001). Aufwärmeffekte – Kriterien für ein wirkungsvolles Aufwärmen. *Leistungssport, 31* (3), 15-19.

Joch, W., Fricke, R. & Ückert, S. (2002). Zum Einfluss von Kälte auf die sportliche Leistung. *Leistungssport, 32* (2), 11-15.

Joch, W. & Ückert, S. (2003). Ausdauerleistungen nach Kälteapplikation. *Leistungssport, 6* (33), 17-22.

Joch, W. & Ückert, S. (2004a). Die Herzfrequenzvariabilität unter Belastungsbedingungen nach Kälteapplikation. In K. Hottenrott (Hrsg.), *Herzfrequenzvariabilität im Fitness- und Gesundheitssport* (Schriften der Deutschen Vereinigung für Sportwissenschaft, 142, S. 112-120). Hamburg: Cwalina.

Joch, W. & Ückert, S. (2004b). Auswirkungen der Ganzkörperkälte von -110° Celsius auf die Herzfrequenz bei Ausdauerbelastungen und in Ruhe. *Physikalische Medizin, Rehabilitationsmedizin, Kurortmedizin, 14* (3), 146-150.

Joch, W., Ückert, S. & Fricke, R. (2004). Die Bedeutung kurzfristig und hoch dosierter Kälteapplikation für die Realisierung sportlicher Leistungen. In Bundesinstitut für Sportwissenschaft, *BISp Jahrbuch 2003* (S. 245-252). Köln: Sport und Buch Strauß.

Joch, W. & Ückert, S. (2006). Möglichkeiten und Effekte des Precoolings – eine Übersicht. In A. Ferrauti & H. Remmert (Hrsg.), *Trainingswissenschaft im Freizeitsport* (Schriften der Deutschen Vereinigung für Sportwissenschaft, 157, S. 285-288). Hamburg: Czwalina.

Joch, W., Ückert, S., Fricke, R., Hammer, M. (2006). Ausdauerleistungsfähigkeit bei hohen Umgebungstemperaturen. *Sportmedizin und Sporttraumatologie, 54* (2), 37-40.

Joch, W., Ückert, S., Rösener, J., Oerding, P., Pernack, J. & Wettendorf, A. (2006). Die Beeinflussung von Wurfleistungen im Sportspiel Handball durch systematische Kälteapplikation. In K. Weber, D. Augustin, P. Maier, K. Roth (Hrsg.), *Wissenschaftlicher Transfer für die Praxis* (Berichte und Materialien des Bundesinstituts für Sportwissenschaft Band 09, S. 312-317). Köln: Sport & Buch Strauß.

Joch, W. & Ückert, S. (2007a). Kühler Kopf und schnelle Beine. *Leichtathletik Training, 18* (11), 25-29.

Joch, W. & Ückert, S. (2007b). Möglichkeiten und Perspektiven von Kälteapplikation (Precooling) im Ausdauersport. In J. Freiwald, T. Jöllenbeck & N. Olivier (Hrsg.), *Prävention und Rehabilitation* (Berichte und Materialien des Bundesinstituts für Sportwissenschaft Band 12, S. 83-88). Köln: Sportverlag Strauß.

Joch, W. & Ückert, S. (2007c). Ausdauer von Kälte auf die Herzfrequenz bei ergometrischen Ausdauerbelastungen. In U. Hartmann, Niessen, M. & P. Spitzenpfeil (Hrsg.), *Ausdauer und Ausdauertraining* (Berichte und Materialien des Bundesinstituts für Sportwissenschaft Band 14, S. 101-106). Köln: Sportverlag Strauß.

Joch, W. & Ückert, S. (2010) Coole Leistung. Kälteapplikation zur Optimierung der Leistung. *Medicalsports Network, 5* (3), 34-35.

Johnson, J. M. (1986). Nonthermoregulatory control of human skin blood flow. *Journal of Applied Physiology, 61* (5), 1613-1622.

Johnson, J. M. & Rowell, L. B. (1975). Forearm skin and muscle vascular responses to prolonged leg exercise in man. *Journal of Applied Physiology, 39*, 920-924.

Johnson, J. M. & Park, M. K. (1981). Effect of upright exercise on treshold for cutaneous vasodilation and sweating. *Journal of Applied Physiology: Respiratory, Environmental and Exercise Physiology, 50* (4), 814-818.

Jones, A. M., Koppo, K. & Burnley, M. (2003). Effects of prior exercise on metabolic and gas exchange responses to exercise. *Sports Medicine, 33* (13), 949-971.

K

Karbe, S. (1992). *Warm up. Fitneß- und Krafttraining. Mehr Leistung – weniger Risiko – mehr Freude.* Berlin: Sportverlag.

Karpovich, P. V. & Hale, C. J. (1956). Effect of warming-up upon physical performance. *Journal of the American Medical Association, 162* (12), 1117-1119.

Karpovich, P. V. & Sinning, W. E. (1971). *Physiology of muscular activity* (7th edition). Philadelphia, London, Toronto: W. B. Saunders Company.

Karvonen, J. (1992). Environmental adaptation and physical training. In J. Karvonen, P. W. R. Lemon & I. Iliev (Eds.), *Medicine in sports, training and coaching* (pp. 49-68). Basel: Karger.

Kaufmann, D. A. & Ware, W. B. (1977). Effect of warm-up and recovery techniques on repeated running endurance. *The Research Quarterly, 48* (2), 328-332.

Kauppinen, K. (1997). Facts and fables about sauna. Blatteis, C. M. (Ed.). *Thermoregulation* (pp. 654-662). Annals of the New York Academy of Sciences 813. New York, NY: New York Academy of Sciences.

Kay, D., Taaffe, D. R. & Marino, F. E. (1999). Whole-body pre-cooling and heat storage during self-paced cycling performance in warm humid conditions. *Journal of Sports Sciences, 17*, 937-944.

Kay, D. & Marino, F. E. (2000). Fluid ingestion and exercise hyperthermia: implications for performance, thermoregulation, metabolism and the development of fatigue. *Journal of Sports Sciences, 18*, 71-82.

Kay, D., Marino F. E., Cannon J., St. Clair Gibson A., Lambert M. I., Noakes T. D. (2001). Evidence for neuromuscular fatigue during high-intensity cycling in warm, humid conditions. *European Journal of Applied Physiology, 84* (1-2), 115-121.

Keatinge, W. R., Khartchenko, M., Lando, N. & Lioutov, V. (2001). Hypothermia during sports swimming in water below 11° C. *British Journal of Sports Medicine, 35*, 352-353.

Kenny, G. P., Reardon, F. D., Zaleski, W., Reardon, M. L., Haman, F. & Ducharme, M. B. (2003). Muscle temperature transients before, during, and after exercise measured using an intramuscular multisensor probe. *Journal of Applied Physiology, 94*, 2350-2357.

Kerschan-Schindl, K., Uher, E.-M., Zauner-Dungl, A. & Fialka-Moser, V. (1998). Kälte- und Kryotherapie. *Acta Medica Austriaca, 25* (3), 73-78.

Kitamura, A., Hoshino. T., Kon, T. & Ogawa, R. (2000). Patients with diabetic neuropathy are at risk of a greater intraoperative reduction in core temperature. *Anesthesiology, 92*, 1311-1318.

Kleinmann, D. (1996). *Laufen. Sportmedizinische Grundlagen, Trainingslehre und Risikoprophylaxe.* Stuttgart: Schattauer Verlag.

Knebel, K.-P. (1985). *Funktionsgymnastik.* Reinbek bei Hamburg: Rowohlt.

Knebel, K.-P. (2005). *Muskelcoaching.* Reinbek bei Hamburg: Rowohlt.

Knight, K. L. & Londeree, B. R. (1980). Comparison of blood flow in the ankle of uninjured subjects during therapeutic applications of heat, cold, and exercise. *Medicine and Science in Sports and Exercise, 12* (1), 76-80.

König, B. O., Schumacher, Y. O., Schmidt-Trucksäss, A., Berg, A. (2003). Herzfrequenzvariabilität – Schon reif für die Praxis? *Leistungssport, 33* (3), 4-9.

Knowlton, R. G., Miles, D. S. & Sawka, M. N. (1978). Metabolic responses of untrained individuals to warm-up. *European Journal of Applied Physiology and Occupational Physiology, 40*, 1-5.

Knudson, D., Bennett, K., Corn, R., Leick, D. & Smith, C. (2001). Acute effects of stretching are not evident in the kinematics of the vertical jump. *Journal of Strength and Conditioning Research, 15* (1), 98-101.

Koch, A. J., O'Bryant, H. S., Stone, M. E., Sanborn, K., Proulx, C., Hruby, J., Shannonhouse, E., Boros, R. & Stone, M. H. (2003). Effect of warm-up on the standing broad jump in trained and untrained men and women. *Journal of Strength and Conditioning Research, 17* (4), 710-714.

Köck, R. (2000). *Therapieeffekt bei rheumatischen Erkrankungen, Blutdruckverhalten, Herzfrequenz und Hauttemperatur unter einer Ganzkörperkältetherapie von -110° C bzw. -80° C.* Inaugural-Dissertation zur Erlangung des doctor medicinae der Medizinischen Fakultät der Westfälischen Wilhelms-Universität Münster.

Koga, S., Shiojiri, T., Kondo, N. & Barstow, J. (1997). Effect of increased muscle temperature on oxygen uptake kinetics during exercise. *Journal of Applied Physiology, 83* (4), 1333-1338.

Kortekaas, E. & Hartgens, F. (1999). Can precooling improve endurance performance in warm environments? *Geneeskunde en Sport, 32* (3), 22-26.

Kozlowski, S. & Domaniecki, J. (1972). Thermoregulation during physical exercise in men of diverse physical performance capacity. *Acta Physiologica Polonica, 23* (5), 761-72.

Kozlowski, S., Brzezinska, Z., Kruk, B., Kaciuba-Uscilko, H., Greenleaf, J. E. & Nazar, K. (1985). Exercise hyperthermia as a factor limiting physical performance: temperature effect on muscle metabolism. *Journal of Applied Physiology, 59* (3), 766-773.

Kraning, K. K. & Gonzalez, R. R. (1991). Physiological consequences of intermittent exercise during compensable and uncompensable heat stress. *Journal of Applied Physiology, 71* (6), 2138-2145.

Kruk, B., Pekkarinen, H., Harri, M., Manninen, K. & Hanninen, O. (1990). Thermoregulatory responses to exercise at low ambient temperature performed after precooling or preheating procedures. *European Journal of Applied Physiology, 59*, 416-420.

Kupkova, I. (2002). *Untersuchungen zum Neutralbereich der Körpertemperatur des Menschen.* Inauguraldissertation zur Erlangung des Grades eines Doktors des Medizin des Fachbereichs Humanmedizin der Justus-Liebig-Universität Gießen.

L

Ladell, W. S. S. (1955). The effects of water and salt intake upon the performance of men working in hot and humid environments. *Journal of Physiology London, 127*, 11-46.

Lagerspetz K. Y. H. (1974). Temperature acclimation and the nervous system. *Biological Reviews, 49*, 477-514.

Lames, M. (1999). Evaluationsforschung in der Trainingswissenschaft. In A. Hohmann, E. Wichmann & K. Carl, *Feldforschung in der Trainingswissenschaft* (S. 49-64). Köln: Sport & Buch Strauß.

Lames, M. (2007). Beitrag zur Podiumsdiskussion „Gegenstandsbereiche der Sektionen: Was eint und was trennt uns? In J. Freiwald, T. Jöllenbeck & N. Olivier (Hrsg.), *Prävention und Rehabilitation* (S. 417). Köln: Sportverlag Strauß.

Landgraf, A. (2005). *Zum Einfluss von Kälteapplikation auf die Ausdauerleistungsfähigkeit von Ruderern.* Unveröffentlichte Schriftliche Hausarbeit im Rahmen der Ersten Staatsprüfung für das Lehramt für Sek I/II. Universität Dortmund, Institut für Sport und Sportwissenschaft.

Landgraf, A., Ückert, S. & Starischka, S. (2007). Zur Auswirkung einer Kälteanwendung während einer Ausdauerbelastung bei Leistungsruderern. In J. Freiwald, T. Jöllenbeck & N. Olivier (Hrsg.), *Prävention und Rehabilitation* (S. 89-94). Köln: Sportverlag Strauß.

Laurischkus, S. (2006). *Die Effekte unterschiedlicher Aufwärmprogramme bei Kindern unter besonderer Berücksichtigung der Thermoregulation.* Unveröffentlichte Schriftliche Hausarbeit im Rahmen der Ersten Staatsprüfung für das Lehramt für die Primarstufe an der Universität Dortmund, Institut für Sport und Sportwissenschaft.

Laursen, P. B., Suriano, R., Quod, M. J., Lee, H., Abbiss, C. R., Nosaka, K., Martin, D. T. & Bishop, D. (2006). Core temperature and hydration status during ironman triathlon. *British Journal of Sports Medicine, 40*, 320-325.

Layden, J. D., Patterson, M. J. & Nimmo, M. A. (2002). Effects of reduced ambient temperature on fat utilization during submaximal exercise. *Medicine and Science in Sports and Exercice, 34* (5), 774-779.

Lee, D. T. & Haymes, E. M. (1995). Exercise duration and thermoregulatory responses after whole body precooling. *Journal of Applied Physiology, 79*, 1971-1976.

Lee, D. T., Toner, M. M., McArdle, W. D., Vrabas, I. S. & Pandolf, K. B. (1997). Thermal and metabolic responses to cold-water immersion at knee, hip, and shoulder levels. *Journal of Applied Physiology, 82*, 1523-1530.

Lee, S. M. C., Williams, W. J. & Fortney Schneider, S. M. (2000). Measurement of core temperature during supine exercise: esophageal, rectal and intestinal temperatures. *Aviation, Space and Environmental Medicine, 71*, 939-945.

Lee, S. M. C., Williams, W. J. & Schneider, S. M. (2002). Role of skin blood flow and sweating rate in exercise thermoregulation after bed rest. *Journal of Applied Physiology, 92*, 2026-2034.

Lehmann, J. F. (1984). *Therapeutic heat and cold* (4th ed.). Baltimore, Hong Kong, London, Sydney: Williams & Wilkins.

Letzelter, M. (1997). *Trainingsgrundlagen.* Reinbek bei Hamburg: Rowohlt.

Leweke, F., Brück, K. & Olschewski, H. (1995). Temperature effects on ventilatory rate, heart rate, and preferred pedal rate during cycle ergometry. *Journal of Applied Physiology, 79* (3), 781-785.

Linnane, D. M., Bracken, R. M., Brooks, S., Cox, V. M. & Ball, D. (2004). Effects of hyperthermia on the metabolic responses to repeated high-intensity exercise. *European Journal of Applied Physiology, 93*, 159-166.

Linke, W. & Pfitzer, G. (2007). Kontraktionsmechanismen. In R. F. Schmidt & F. Lang (Hrsg.), *Physiologie des Menschen* (30., neu bearb. und aktualisierte Aufl.) (S. 112-139). Heidelberg: Springer.

Livingstone, S. D., Grayson, J., Frim, J., Allen, C. L. & Limmer, R. E. (1983). Effect of cold exposure on various sites of core temperatures measurmements. *Journal of Applied Physiology: Respiratory, Environmental and Exercise Physiology, 54* (4), 1025-1031.

Lotter, W. S. (1959). Effects of fatigue and warm-up on speed of arm movements. *The Research Quarterly, 30*, 57-65

Lowdon, B. J. & Moore, R. J. (1975). Determinants and nature of intramuscular temperature changes during cold therapy. *American Journal of Physical Medicine, 54* (5), 223-232.

M

MacDonald, M., Pedersen, P. K. & Hughson, R. L. (1997). Acceleration of VO_2 kinetics in heavy submaximal exercise by hyperoxia and prior high-intensity exercise. *Journal of Applied Physiology, 83* (4), 1318-1325.

MacDougall, J. D., Reddan, W. G., Layton, C. R. & Dempsey, J. A. (1974). Effects of metabolic hyperthermia on performance during heavy prolonged exercise. *Journal of Applied Physiology, 36* (5), 538-544.

Maehl, O. & Höhnke, O. (1988). *Aufwärmen. Anleitungen und Programme für die Sportpraxis.* Ahrensburg: Czwalina.

Mandengue, S. H., Seck, D., Bishop, D., Cisse, F., Tsala-Mbala, P. & Ahmaidi, S. (2005). Are athetes able to self-select their optimal warm-up? *Journal of Science and Medicine in Sport, 8* (1), 26-34.

Marckhoff, M. (2007). *Zum Einfluss unterschiedlicher Kühlmethoden auf die Ausdauerleistung beim Radfahren (Ergometer).* Unveröffentlichte Schriftliche Hausarbeit im Rahmen der Ersten Staatsprüfung für das Lehramt der Sekundarstufe II/I. Westfälische Wilhelms-Universität Münster, Fachbereich Psychologie und Sportwissenschaft.

Marcus, P. (1973). Some effects of cooling and heating areas of the head and neck on body temperature measurement at the ear. *Aerospace Medicine, 44* (4), 397-402.

Marées, H. de (1996). *Sportphysiologie* (8., korr. Aufl.). Köln: Verlag Sport & Buch Strauß.

Marées, H. de (2003). *Sportphysiologie* (9., vollst. überarb. und erweit. Aufl.). Köln: Verlag Sport & Buch Strauß.

Margaria, R., Prampero di, P. E., Aghemo, P., Derevenco, P. & Mariani, M. (1971). Effect of a steady-state exercise on maximal anaerobic power in man. *Journal of Applied Physiology, 30* (6), 885-889.

Marino, F. & Booth, J. (1998). A method of whole body pre-cooling for improving prolonged exercise performance. *Journal of Science Medicine and Sport, 1* (2), 72-81.

Marino, F. E. (2002). Methods, advantages, and limitations of body cooling for exercise performance. *British Journal of Sports Medicine, 36*, 89-94.

Marino, F. E., Lambert, M. I. & Noakes, T. D. (2004). Superior performance of African runners in warm humid but not in cool environmental conditions. *Journal of Applied Physiology, 96*, 124-130.

Maron, M. B. & Horvath, S. M. (1978). The marathon: A history and review of the literature. *Medicine and Science in Sports, 10*, 137-150.

Marks, P. (1988). *Beitrag zur Thermodiagnostik durch Messung der Hauttemperatur am gesunden Menschen.* Inaugural-Dissertation zur Erlangung der Doktorwürde der Medizinischen Fakultät der Bayerischen Julius-Maximilians-Universität zu Würzburg.

Marsh, D. & Sleivert, G. (1999). Effect of precooling on high intensity cycling performance. *British Journal of Sports Medicine, 33*, 393-397.

Martin, D. (1977). *Grundlagen der Trainingslehre. Teil 1: Die inhaltliche Struktur des Trainingsprozesses.* Schorndorf: Hofmann-Verlag.

Martin, D., Carl, K. & Lehnertz, K. (1993). *Handbuch Trainingslehre.* 2. Aufl., Schorndorf: Hofmann Verlag.

Martin, D. T., Hahn, A. G., Ryann-Tanner, R., Yates, K., Lee, H. & Smith, J. A. (1998). Ice jackets are cool. *Sportscience, 2* (4), sportsci.org/jour/9804/dtm.html.

Martin, B. J., Robinson, S., Wiegmann, D. K. & Aulick, L. H. (1975). Effect of warm-up on metabolic responses to strenuous exercise. *Medicine and Science in Sports, 7* (2), 146-149.

Massey, B. H., Johnson, W. R. & Kramer, G. F. (1961). Effect of warm-up exercise upon muscular performance using hypnosis to control the psychological variable. *The Research Quarterly, 32* (1), 63-71.

Massias, A., Brück, K. & Olschewski, H. (1989). Pedal rate – a link in the interrelationship between body temperature and exercise performance. In J. B. Mercer (Ed.), *Thermal physiology* (pp. 353-358). Amsterdam, New York, Oxford: Excerpta Medica.

Mathews, D. K. & Snyder, H. A. (1959). Effect of warm-up on the 440-yard dash. *The Research Quarterly, 30* (4), 446-451.

Mathews, D. K., Fox, E. L. & Tanzi, D. (1969). Physiological responses during exercise and recovery in a football uniform. *Journal of Applied Physiology, 26*, 611-615.

Mattes, K. (2007). Best Practice Rennrudern. In M. Lames & C. Augste (Hrsg.), *Wissenstransfer im deutschen Spitzensport* (S. 73-83). Bundesinstitut für Sportwissenschaft: Wissenschaftliche Berichte und Materialien. Köln: Sportverlag Strauß.

Maughan, R. J. (1984). Temperature regulation during marathon running. *British Journal of Sports Medicine, 18* (4), 257-260.

Maughan, R. J. (1985). Thermoregualtion in marathon competition at low ambient temperature. *International Journal of Sports Medicine, 6*, 15-19.

Maughan, R. J., Leiper, J. B. & Thompson, J. (1985). Rectal temperatures after marathon running. *British Journal of Sports Medicine, 19*, 192-196.

Maxwell, N. S., Gardner, F. & Nimmo, M. A. (1999). Intermittent running: muscle metabolism in the heat and effect of hypohydration. *Medicine and Science in Sports and Exercise, 31* (5), 675-683.

McCutcheon, L. J., Beir, R. J. & Hinchcliff, K. W. (1999). Effects of prior exercise on muscle metabolism during sprint exercise in horses. *Journal of Applied Physiology, 87* (5), 1914-1922.

McFarlane, B. (1987). Warm-up pattern design. *National Strength Conditioning Association Journal, 9*, 4, 22-29.

McKenna, M. J., Green, R. A., Shaw, P. F. & Meyer, A. D. (1987). Tests of anaerobic power and capacity. *Australian Journal of Science and Medicine in Sport, 19* (2), 13-17.

McKenzie, J. E. & Osgood, D. W. (2004). Validation of a new telemetric core temperature monitor. *Journal of Thermal Biology, 29*, 605-611.

McLellan, T. M., Cheung, S. S., Latzka, W. A., Sawka, M. N., Pandolf, K. B., Millard, C. E. & Withey, W. R. (1999). Effects of dehydration, hypohydration, and hyperhydration and tolerance during uncompensable heat stress. *Canadian Journal of Applied Physiology, 24* (4), 349-361.

Mekjavic, I. B., Sundberg, C. J. & Linnarsson, D. (1991). The core temperature "null-zone". *Journal of Applied Physiology, 71,* 1289-1295.

Michael, E., Skubic, V. & Rochelle, R. (1957). Effect of warm-up on softball throw for distance. *The Research Quarterly, 28* (4), 357-363.

Mitchell, J. W. (1977). Energy changes during exercise. In E. R. Nadel (Ed.), *Problems with temperature regulation during exercise* (pp. 11-26). New York, San Francisco, London: Academic Press Inc.

Mitchell, J. B. & Huston, J. S. (1993). The effect of high- and slow-intensity warm-up on the physiological responses to a standardized swim and tethered swimming performance. *Journal of Sports Science, 11,* 159-165.

Mitchell, J. B., Schiller, E. R., Miller, J. R. & Dugas, J. P. (2001). The influence of different external cooling methods on thermoregulatory responses before and after intense intermittent exercise in the heat. *Journal of Strength and Conditioning Research, 15* (2), 247-254.

Mitchell, J. B., McFarlin, B. K. & Dugas, J. P. (2003). The effect of pre-exercise cooling on high intensity running performance in the heat. *International Journal of Sports Medicine, 24,* 118-124.

Mitscherlich, A. & Mielke, F. (Hrsg.). (1960). *Medizin ohne Menschlichkeit.* Frankfurt am Main: Fischer Bücherei.

Montain, S. J. & Coyle, E. F. (1992). Influence of the timing of fluid ingestion on temperature regulation during exercise. *Journal of Applied Physiology, 75* (2), 688-695.

Montain, S. J. Sawka, M. N., Cadarette, B. S., Quigley, M. D. & McKay, J. M. (1994). Physiological tolerance to uncompensable heat stress: effects of exercise intensity, protective clothing, and climate. *Journal of Applied Physiology, 77,* 216-222.

Morante, S. M. & Brotherhood, J. R. (2007). Air temperature and physiological and subjective responses during competitive singles tennis. *British Journal of Sports Medicine, 41,* 773-778.

Morris, J. G., Nevill, M. E., Lakomy, H. K. A., Nicholas, C. & Williams, C. (1998). Effect of a hot environment on performance of prolonged, intermittent, high-intensity shuttle running. *Journal of Sports Sciences, 16,* 677-686.

Morrison, S. A., Sleivert, G. G. & Cheung, S. S. (2004). Passive hyperthermia reduces voluntary activation and isometric force production. *European Journal of Applied Physiology, 91,* 729-736.

Morrison, S. A., Cotter, J. D., Cheung, S. S. & Rehrer, N. (2006). Are the benefits of precooling overestimated? *Medicine and Science in Sports and Exercise, 38* (5), 59.

Morton, A. R., Fitch, K. D. & Davis, T. (1979). The effect of "warm-up" in exercise-induced asthma. *Annals of Allergy, 42,* 257-260.

Mühlfriedel, B. (1994). *Trainingslehre* (5, überarb. und erw. Aufl.). Frankfurt: Dieseterweg.

Müller, E. A. (1955). Energieumsatz und Pulsfrequenz bei negativer Muskelarbeit. *Arbeitsphysiologie, 15,* 196-200.

Myler, G. R., Hahn, A. G. & Tumilty, D. McA (1989). The effect of preliminaty skin cooling on performance of rowers in hot conditiond. *Excel, 6* (1), 17-21.

N

Nadel, E. R. (1977). *Problems with temperature regulation during exercise.* New York, San Francisco, London: Academic Press Inc.

Nadel, E. R. (1983). Die Temperaturregulation. In R. H. Strauss (Hrsg.), *Sportmedizin und Leistungsphysiologie* (S. 132-148). Stuttgart: Ferdinand Enke Verlag.

Nadel, E. R. (1985). Recent advances in temperature regulation during exercise in humans. *Federation Proceedings, 44,* 2286-2292.

Nadel, E. R. (1993). Die Wärmeregulation bei hoher bzw. kalter Außentemperatur. In R. J. Shephard & P.-O. Astrand (Hrsg.), *Ausdauer im Sport* (S. 173-181). Köln: Deutscher Ärzte-Verlag.

Nadel, E. R., Pandolf, K. B., Roberts, M. F. & Stolwijk, J. A. J. (1974). Mechanisms of thermal acclimation to exercise and heat. *Journal of Applied Physiology, 37* (4), 515-520.

Nadel, E. R., Fortney, S. M. & Wenger, C. B. (1980). Effect of hydration state on circulatory and thermal regulations. *Journal of Applied Physiology, 49* (4), 715-721.

Nagata, H. (1978). Evaporative heat loss and clothing. *Journal of Human Ergology, 7,* 169-175.

Nakayama, T., Hammel, H. T., Hardy, J. D. & Eisenmann, J. S. (1963). Thermal stimulation and electrical activity of single units of the preoptic region. *American Journal of Physiology, 204,* 1122-1126.

Neumann, C. (2006). *Zum Einfluss von Aufwärmen unterschiedlicher Dauer und Intensität auf die Ausdauerleistung – eine empirische Längsschnittstudie.* Unveröffentlichte Schriftliche Hausarbeit im Rahmen der Ersten Staatsprüfung für das Lehramt Sekundarstufe II. Universität Dortmund.

Neumann, D. (2006). *Zum Einfluss von Precooling unterschiedlicher Dauer und Intensität mittels Kühlweste auf die Ausdauerleistung – eine empirische Längsschnittstudie.* Unveröffentlichte Schriftliche Hausarbeit im Rahmen der Ersten Staatsprüfung für das Lehramt Sekundarstufe II. Universität Dortmund.

Neumann, G., Pfützner, A. & Berbalk, A. (1999). *Optimiertes Ausdauertraining* (2. Aufl.) Aachen: Meyer & Meyer.

Nichelmann, M. (1986). *Temperatur und Leben.* Leipzig, Jena, Berlin: Urania-Verlag.

Nielsen, M. (1938). Die Regulation der Körpertemperatur bei Muskelarbeit. *Skandinavisches Archiv für Physiologie, 79*, 193-230.

Nielsen, B. (1969). Thermoregulation in rest and exercise. *Acta Physiologica Scandinavica, Suppl. 323*, 7-74.

Nielsen, B., Savard, G., Richter, E. A., Hargreaves, M. & Saltin, B. (1990). Muscle blood flow and muscle metabolism during exercise and heat stress. *Journal of Applied Physiology, 69* (3), 1040-1046.

Nielsen, B., Hales, J. R. S., Strange, S., Christensen, N. J., Warberg, J. & Saltin, B. (1993). Human circulatory and thermoregulatory adaptations with heat acclimation and exercise in a hot, dry environment. *Journal of Physiology, 460*, 467-485.

Nielsen, B. & Kaciuba-Uscilko, H. (2001). Temperature regulation in exercise. In C. M. Blatteis (Ed.), *Physiology and pathophysiology of temperature regulation* (pp. 128-142). Singapore, New Jersey, London, HongKong: World Scientific.

Nieß, A. M., Dickhuth, H.-H., Friedmann, B., Kindermann, W. & Urhausen, A. (2007). *Medizinischer Ratgeber Peking 2008.* Herausgegeben vom Bundesinstitut für Sportwissenschaft, Bonn. Sport & Buch Strauß.

Noakes, T. D., Myburgh, K. H. & du Plessis, J. (1991). Metabolic rate, not percent dehydration, predicts rectal temperature in marathon runners. *Medicine and Science in Sports and Exercise, 23*, 443-449.

Noakes, T. D., St. Clair Gibson, A. & Lambert, E. V. (2005). From catastrophe to complexity: A novel model of integrative central neural regulation of effort and fatigue during exercise in humans: summary and conclusions. *British Journal of Sports Medicine, 39*, 120-124.

Noakes, T. D. (2007). Study findings challenge core components of a current model of exercise thermoregulation. *Medicine and Science in Sports and Exercise, 39* (4), 742-743.

Nöcker, J.: *Physiologie der Leibesübungen.* Stuttgart 1976.

Nunneley, S. A., Troutman, S. J. & Webb, P. (1971). Head cooling in work and heat stress. *Aerospace Medicine, 42*, 64-68.

Nunneley, S. A., Reader, D. C. & Maldonado, R. J. (1982). Head-temperature effects on physiology, comfort, and performance during hyperthermia. *Aviation, Space and Environmental Medicine, 53* (7), 623-628.

Nybo, L. & Nielsen, B. (2001). Hyperthermia and central fatigue during prolonged exercise in humans. *Journal of Applied Physiology, 91*, 1055-1060.

Nybo, L., Secher, N. H. & Nielsen, B. (2002). Inadequate heat release from the human brain during prolonged exercise with hyperthermia. *Journal of Physiology, 545* (2), 697-704.

Nybo, L. & Secher, N. H. (2004). Cerebral perturbations provoked by prolonged exercise. *Progress in Neurobiology, 72,* 223-261.

O

O'Brien, B., Payne, W., Gastin, P. & Burge, C. (1997). A comparison of active and passive warm ups on energy system contribution and performance in moderate heat. *The Australian Journal of Science and Medicine in Sport, 29* (4), 106-109.

Oerding, P. (2006). *Die Wirkung des Aufwärmens und des Precoolings auf die sportliche Leistung.* Unveröffentlichte Schriftliche Hausarbeit im Rahmen der Ersten Staatsprüfung für das Lehramt der Sekundarstufe II/I. Westfälische Wilhelms-Universität Münster, Fachbereich Psychologie und Sportwissenschaft.

Ogawa, T., Yamashita, Y., Ohnishi, N., Natsume, K., Sugenoya, J. & Imamura, R. (1989). Significance of bilateral differences in tympanic temperature. In J. B. Mercer (Ed.), *Thermal physiology* (pp. 217-222). New York, Oxford: Excerpta Medica.

Oksa, J., Rintamäki, H., Mäkinen, T., Hassi, J. & Rusko, H. (1995). Cooling-induced changes in muscular performance and EMG activity of agonist and antagonist muscles. *Aviation, Space and Environmental Medicine, 66,* 26-31.

Olschewski, H. & Brück, K. (1988). Thermoregulatory, cardiovascular, and muscular factors related to exercise after precooling. *Journal of Applied Physiology, 64* (2), 803-811

Olson, J. E. & Stravino, V. D. (1972). A review of cryotherapy. *Physical Therapy, 52* (8), 840-853.

Opitz, B. (1976). *Thermoregulation – Raumklima – Behaglichkeit. Theroretische und experimentelle Untersuchungen über die Zusammenhänge zwischen dem Wärmehaushalt und den thermischen Klimafaktoren auf der Grundlage des Modells thermodynamisch offener biologischer Systeme.* Dissertation. Medizinische Akademie Erfurt.

P

Pacheco, B. A. (1957). Improvement in jumping performance due to preliminary exercise. *The Research Quarterly, 28,* 55-63.

Pacheco, B. A. (1959). Effectiveness of warm-up exercise in junior high school girls. *The Research Quarterly, 30,* 202-213.

Pandolf, K. B. & Young, A. J. (1993). Ausdauersport unter ungünstigen Umweltbedingungen. In R. J. Shephard & P. O. Åstrand (Hrsg.), *Ausdauer im Sport* (S. 263-274). Köln: Deutscher Ärzte-Verlag.

Papenfuß, W. (2005). *Die Kraft aus der Kälte.* Edition k: Regensburg.

Parkin, J. M., Carey, M. F., Zhao, S. & Febbraio, A. (1999). Effect of ambient temperature on human skeletal muscle metabolism during fatiguing submaximal exercise. *Journal of Applied Physiology, 86* (3), 902-908.

Pernack, J., Joch, W. &Ückert, S. (2007). Zum Einfluss von Kälteapplikation auf die Konzentrationsleistungsfähigkeit unter Normaltemperatur- und Wärmebedingungen. In J. Freiwald, T. Jöllenbeck & N. Olivier (Hrsg.), *Prävention und Rehabilitation* (S.101-106). Köln: Sportverlag Strauß.

Persson, P. B. (2007). Energie- und Wärmehaushalt, Thermoregulation. In R. F. Schmidt & F. Lang (Hrsg.), *Physiologie des Menschen* (30., neu bearb. und aktualisierte Aufl.) (S. 906-927). Heidelberg: Springer.

Petajan, J. H. & Eagan, C. J. (1968). Effect of temperature, exercise, and physical fitness on the triceps surae reflex. *Journal of Applied Physiology, 25* (1), 16-20.

Petersen, E. S. & Vejby-Christensen, H. (1973). Effect of body temperature on steady state ventilation and metabolism in exercise. *Acta Physiologica Scandinavica, 89* (3), 342-351.

Pfeiffer, J. J., Abbiss, C. R., Nosaka, K., Peake, J. M. & Laursen, P. B. (2009). Effects of cold water immersion after exercise in the heat on muscle function, body temperatures an vessel diameter. *Journal of Science and Medicine in Sport, 12* (1), 91-96.

Philipps, W. H. (1963). Influence of fatiguing warm-up exercises on speed of movement and reaction latency. *The Research Quarterly, 34*, 370-378.

Pirlet, K. (1962). Die Verstellung des Kerntemperatur-Sollwertes bei Kältebelastung. *Pflügers Archiv, 275*, 71-94.

Pirney, F., Deroanne, R. & Petit, J. M. (1977). Influence of water temperature on thermal, circulatory and respiratory responses to muscular work. *European Journal of Applied Physiology and Occupational Physiology, 37*, 129-136.

Platonov, N. V. (1999). *Belastung – Ermüdung – Leistung.* Trainerbibliothek Band 34. Münster: Philippka-Verlag.

Popper, K. (2000). *Vermutungen und Widerlegungen. Das Wachstum der wissenschaftlichen Erkenntnis* (10. Aufl.). Tübingen: Mohr Siebeck.

Prampero, P. E. di, Davies, C. T. M., Cerretelli, P. & Margaria, R. (1970). An analysis of O_2 debt contracted in submaximal exercise. *Journal of Applied Physiology, 29*, 547-551.

Precht, H., Christophersen, J. & Hensel, H. (1955). *Temperatur und Leben.* Berlin. Göttingen, Heidelberg: Springer-Verlag.

Price, M. J. & Mather, M. I. (2004). Comparison of lower- vs. upper-body cooling during arm exercise in hot conditions. *Aviation, Space and Environmental Medicine, 75*, 220-226

Proske, U., Morgan, D. L. & Gregory, J. E. (1993). Thixotrophy in skeletal muscle and in muscle spindles: a review. *Progress in Neurobiology, 41*, 705-721.

Proulx, C. I., Ducharme, M. B. & Kenny, G. P. (2003). Effect of water temperature on cooling efficiency during hyperthermia in humans. *Journal of Applied Physiology, 94*, 1317-1323.

Proulx, C. I., Ducharme, M. B. & Kenny, G. P. (2006). Safe cooling limits from exercise-induced hyperthermia. *European Journal of Applied Physiology, 96*, 434-445.

Pyke, F. S. (1968). The effect of preliminary activity on maximal performance. *The Research Quarterly, 39*, 1069-1075

Pugh, L. G. C. E., Corbett, J. L. & Johnson, R. H. (1967). Rectal temperatures, weight losses, and sweat rates in marathon running. *Journal of Applied Physiology, 23*, 347-352.

Q

Quod, M. J., Martin, D. T. & Laursen, P. B. (2006). Cooling athletes before competition in the heat. *Sports Medicine, 36* (8), 671-682.

R

Ramanathan, N. L. (1964). A new weighting system for mean surface temperature of the human body. *Journal of Applied Physiology, 19*, 531-533.

Ranatunga, K. W., Sharpe, B. & Turnbull, B. (1987). Contractions of a human skeletal muscle at different temperatures. *Journal of Physiology, 390*, 383-395.

Reilly, T., Drust, B. & Gregson, W. (2006). Thermoregulation in elite athletes. *Current Opinion in Clinical Nutrition and Metabolic Care, 9*, 666-671.

Renström, P. & Kannus, P. (1993), Verletzungen und ihre Verhinderung in Ausdauersportarten. In R. J. Shephard & P.-O. Astrand (Hrsg.), *Ausdauer im Sport* (S. 314-340). Köln: Deutscher Ärzteverlag.

Richards, D. K. (1968). A two factor theory of the warm-up effect in jumping performance. *The Research Quarterly, 39*, 668-673.

Roberts, M. F., Wenger, C. B., Stolwijk, J. A. J. & Nadel, E. R. (1977). Skin blood flow and sweating changes following exercise training and heat acclimation. *Journal of Applied Physiology: Respiratory Environmental Exercise Physiology, 43* (1), 133-137.

Roberts, W. O. (1998). Medical management and administration manual for long distance road racing. In C. H. Brown & B. Gudjonson (Eds.), *IAAF Medical Manual for athletics and road racing competitions* (pp. 39-75). Monaco: International Association of Athletics Federations.

Robinson, E. S. & Heron, W. T. (1924). The warming-up effect. *Journal of Experimental Psychology, 7* (2), 81-97.

Robinson E. S. (1949). Physiological adjustments to heat. In L. H. Newburgh (Ed.), *Physiology of heat regulation and the science of clothing* (pp. 193-231). Philadelphia, Pennyslvania: WB Saunders.

Rochelle, R. H., Skubic, V. & Michael, E. D. (1960). Performance as affected by intensive and preliminary warm-up. *The Research Quarterly, 31* (3), 499-504.

Rösener, J. (1999). *Über den Zusammenhang von sportlicher Leistung und systematischer Kälteeinwirkung.* Unveröffentlichte Schriftliche Hausarbeit im Rahmen der Ersten Staatsprüfungen für das Lehramt der Sekundarstufe II/I. Westfälische Wilhelms-Universität Münster.

Röthig, P. & Prohl, R. (Hrsg.). (2003). *Sportwissenschaftliches Lexikon*. Schorndorf: Hofmann Verlag.

Romer, L. M., Barrington, J. P. & Jeukendrup, A. E. (2001). Effects of oral creatine supplementation on high intensity, intermittent exercise performance in competitive squash players. *International Journal of Sports Medicine, 22* (8), 546-52.

Romer, P. M. (1990). Endogenous technological change. *Journal of Political Economy, 98* (5), 71-102.

Romet, T. T. (1988). Mechanism of afterdrop after cold water immersion. *Journal of Applied Physiology, 65* (4), 1535-1538.

Rommelspacher, H., Schulze, G. W. & Bolt, V. (1975). Ability of young, adult and aged rats to adapt to different ambient temperature. In P. Lomax, E. Schönbaum & J. Jacob (Eds.), *Temperature regulation and drug action* (pp. 192-201). Basel, München, Paris u. a.: Karger.

Roswell, G. J., Coutts, A. J., Reaburn, P. & Hill-Haas, S. (2009). Effects of cold-water immersion on physical performance between successive matches in high-performance junior male soccer players. *Journal of Sports Science, 27* (6), 565-573.

Rossiter, H. B., Ward, S. A., Kowalchuk, J. M., Howe, F. A., Griffiths, J. R. & Whipp, B. J. (2001). Effects of prior exercise on oxygen uptake and phosphocreatine kinetics during high-intensity knee-extension exercise in humans. *The Journal of Physiology, 537* (1), 291-303.

Rost, A. (1983). *Thermoregulations-Diagnostik*. Stuttgart: Hippokrates Verlag.

Rowell, L. B., Murray, J. A., Brengelmann, G. L. & Kraning, K. K. (1969). Human cardiovascular adjustments to rapid changes in skin temperature during exercise. *Circulatory Research, 24*, 711-724.

Rowell, L. B. (1986). *Human circulation regulation during physical stress*. New York, Oxford: Oxford University Press.

S

Safran, M. R., Garrett, W. E., Seaber, A. V., Glisson, R. R. & Ribbeck, B. M. (1988). The role of warm-up in muscular injury prevention. *The American Journal of Sports Medicine, 16* (2), 123-129.

Safran, M. R., Seaber, A. V. & Garrett, W. E. (1989). Warm-up and muscular injury prevention. *Sports Medicine, 8* (4), 239-249.

Sahlin, K., Sorensen, J. B., Gladden, L. B., Rossiter, H. B. & Pedersen, P. K. (2005). Prior heavy exercise eliminates VO_2 slow component and reduces efficiency during submaximal exercise in humans. *The Journal of Physiology, 564* (3), 765-773.

Saltin, B. & Hermansen, L. (1966). Esophageal, rectal, and muscle temperature during exercise. *Journal of Applied Physiology, 21* (6), 1757-1762.

Saltin, B., Gagge, A. P. & Stolwijk, J. A. J. (1968). Muscle temperature during submaximal exercise in man. *Journal of Applied Physiology, 25* (6), 679-688.

Saltin, B., Gagge, A. P., Bergh, U. & Stolwijk, J. A. (1972). Body temperatures and sweating during exhaustive exercise. *Journal of Applied Physiology, 32* (2), 635-643.

Sargeant, A. J. (1983). Effect of muscle temperature on maximal short-term power output in man. *Physiological Society, 341*, 35.

Sargeant, A. J. & Dolan, P. (1987). Effect of prior exercise on maximal short-term power output in humans. *Journal of Applied Physiology, 63* (4), 1475-1480.

Saunders, A. G., Dugas, J. P., Tucker, R., Lambert, M. I. & Noakes, T. D. (2005). The effects of different air velocities on heat storage and body temperature in humans cycling in a hot, humid environment. *Acta Physiologica Scandinavica, 183*, 241-255.

Sawka, M. N., Young, A. J., Francesoni, R. P., Muza, S. R. & Pandolf, K. B. (1985). Thermoregulatory and blood responses during exercise at graded hypohydration levels. *Journal of Applied Physiology, 59* (5), 1394-1401.

Sawka, M. N., Young, A. J., Latzka, W. A., Neufer, P. D., Quigley, M. D. & Pandolf, K. B. (1992). Human tolerance to heat strain during exercise: influence of hydration. *Journal of Applied Physiology, 73* (1), 368-375.

Savard, G. K., Nielsen, B., Laszczynska, J., Larsen, B. E. & Saltin, B. (1988). Muscle blood flow is not reduced in humans during moderate exercise and heat stress. *Journal of Applied Physiology, 64* (2), 649-657.

Scheibe, J. & Seidel, E. (Hrsg.). (1999). *Thermodiagnostik und Thermotherapie.* Reihe Praktische Physiotherapie/Sporttherapie. Band 4. Bad Kösen: GFBB-Verlag.

Scheid, V. & Prohl, R. (Hrsg.). (2007). *Trainingslehre. Kursbuch Sport 2* (10. durchges. und korr. Aufl.). Wiebelsheim: Limpert.

Scherer, H. (2005). *Aufwärmen.* Schorndorf: Hofmann Verlag.

Schiffer, H. (1997). *Physiologische, psychologische und trainingsmethodische Aspekte des Auf- und Abwärmens* (2., erw. und überab. Aufl.) Köln: Sport & Buch Strauß.

Schmidt, V. & Brück, K. (1981). Effect of a precooling maneuver on body temperature and exercise perfromance. *Journal of Applied Physiology: Respiratory Environmental Exercise Physiology, 50* (4), 772-778.

Schmidt, R. F. & Thews, G. (Hrsg.). (1997). *Physiologie des Menschen.* 27. Aufl., Berlin, Heidelberg, New York: Springer.

Schmidt, R. F. & Lang, F. (Hrsg.). (2007). *Physiologie des Menschen.* 30. Aufl., Heidelberg: Springer.

Schnabel, G., Harre, D., Krug, J. & Borde, A. (2005). *Trainingswissenschaft. Leistung – Training – Wettkampf.* München: Südwest Verlag.

Schönbaum, E. & Lomax, P. (Eds.). (1973). *The pharmacology of thermoregulation.* Basel, München, Paris, London, New York, Sydney: Karger.

Schönbaum, E. & Lomax, P. (Eds.). (1990). *Thermoregulation physiology and biochemistry.* New York, Oxford, Bejing u. a.: Pergamon Press.

Schönbaum, E. & Lomax, P. (Eds.). (1991). *Thermoregulation pathology, pharmacology, and therapy.* New York, Oxford, Beijing u. a.: Pergamon Press.

Scholz, H. (1982). *Kühlen und Bewegen. Die Rheuma-Erfolgsbehandlung aus Japan.* Bern: Edition Erpf.

Schwalm, A. (2006). *Einfluss von Hitzestress auf Parameter der Reproduktion, Thermoregulation und das Verhalten männlicher Lamas (Lama glama) unter Berücksichtigung der Bewollung der Tiere.* Gießen: VVB Laufersweiler Verlag.

Sedgwick, A. W. (1964). Effect of actively increased muscle temperature on local muscular endurance. *The Research Quarterly, 35* (4), 532-538.

Sedgwick, A. W. & Whalen, H. R. (1964). Effect of passive warm-up on muscular strength and endurance. *The Research Quarterly, 35* (1), 45- 59

Seifert, H. R. (1966). *Der Wärmeaustausch durch die schweißbedeckte Haut bei Umgebungstemperaturen oberhalb der Hauttemperatur.* Köln und Opladen: Westdeutscher Verlag.

Sessler, D. I. (1997). Perioperative thermoregulation and heat balance. In C. M. Blatteis (Ed.), *Thermoregulation* (pp. 757-826). Annals of the New York Academy of Sciences 813. New York, NY: New York Academy of Sciences.

Selkirk, G. A. & McLellan, T. M. (2001). Influence of aerobic fitness and body fatness on tolerance to uncompensable heat stress. *Journal of Applied Physiology, 91*, 2055-2063.

Senn, E. (1985). Kältetherapie. *Therapiewoche, 35*, 3609-3616.

Senne, I. B. (2001). *Effekte der Ganzkörperkältekammer bei Patienten mit Spondylitis ankylosans.* Inaugural-Dissertation zur Erlangung des Doktorgrades der Medizin einer Hohen Medizinischen Fakultät der Ruhr-Universität Bochum.

Shellock, F. G. & Prentice, W. E. (1985). Warming-up and stretching for improved physical performance and prevention of sports-related injuries. *Sports Medicine, 2*, 267-278.

Shellock, F. G. (1986). Physiological, psychological, and injury prevention aspects of warm-up. *National Strength Conditioning Association Journal, 8* (5), 24-27.

Shephard, R. J. & Åstrand, P. O. (Hrsg.). (1993). *Ausdauer im Sport.* Köln: Deutscher Ärzte-Verlag.

Shirreffs, S. M. (1999). Heat stress, thermoregulation, and fluid balance in women. *British Journal of Sports Medicine, 33*, 225-230.

Shvartz, E. (1972). Efficiency and effectiveness of different water cooled suits – a review. *Aerospace Medicine, 43* (5), 488-491.

Sills, F. D. & O'Riley, V. E. (1956). Comparative effects of rest, exercise, and cold spray upon performance in spot-running. The Research Quarterly, 27 (2), 217-219.

Silva da, A. I. & Fernandez, R. (2003). Dehydration of football referees during match. *British Journal of Sports Medicine, 37*, 502-506.

Silverman, R. W. & Lomax, P. (1983). Techniques for the measurement of temperature in the biological range – a review. In P. Lomax & E. Schönbaum (Eds.), *Environment, drugs and thermoregulation* (pp. 5-9). Basel, München, Paris u. a.: Karger.

Silverman, R. W. & Lomax, P. (1990). The measurement of temperature for thermoregulatory studies. In E. Schönbaum & P. Lomax (Eds.), *Thermoregulation physiology and biochemistry* (pp. 51-60). New York, Oxford, Bejing u. a.: Pergamon Press.

Simon, E. (1997). Wärmehaushalt und Temperaturregelung. In R. F. Schmidt G. & Thews (Hrsg.) *Physiologie des Menschen* (27. Aufl.) (S. 649-671). Berlin, Heidelberg, New York: Springer.

Simonson, E. (Ed.). (1971). *Physiology of work capacity and fatigue.* Springfield, Il: Charles C. Thomas.

Singer, R. N. & Beaver, R. (1969). Bowling and the warm-up effect. *The Research Quarterly, 40* (2), 372-375.

Skubic, V. & Hodgkins, J. (1957). Effect of warm-up acitivities on speed, strength, and accuracy. *The Research Quarterly, 28*, 147.

Sleivert, G. G., Cotter, J. D., Roberts, W. S. & Febbraio, M. A. (2001). The influence of whole-body vs. torso pre-cooling on physiological strain and performance of high-intensity exercise in the heat. *Comparative Biochemistry and Physiology, Part A 128*, 657-666.

Smith, J. A., Yates, K., Lee, H., Thompson, M. W., Holcombe, B. V. & Martin, D. T. (1997). Pre-cooling improves cycling performance in hot/humid conditions. *Medicine and Science in Sports and Exercise, 29* (5), 263-264.

Smith, J. E. (2005). Cooling methods used in the treatment of exertional heat illness. *British Journal of Sports Medicine, 39*, 503-507.

Smolander, H., Leppäluoto, H., Westerlund, T., Oksa, H., Dugue, B., Mikkelsson, M. (2009). *Effects of repeated whole-body cold exposures on serum concentrations of growth hormone, thyrotropin, prolactin and thyroid hormones in healthy women.* Cryobiology, epub ahead of print.

Smolenski, U. C., Seidel, E. J., Winkelmann, C. & Günther, P. (2003). Physikalische Therapie bei Spondylitis anklyosans. *Physikalische Medizin, Rehabilitationsmedizin, Kurortmedizin, 13*, 354-359.

Soler, R., Echegaray, M. & Rivera, M. A. (2003). Thermal responses and body fluid balance of competitive male swimmers during a training session. *Journal of Strength and Conditioning Research, 17* (2), 362-367.

Spürkmann, B. (2001). *Zu den Auswirkungen einer ganzkörperlichen Kältebehandlung auf ausgewählte sportliche Leistungsparameter.* Unveröffentlichte Schriftliche Hausarbeit im Rahmen der Ersten Staatsprüfungen für das Lehramt der Sekundarstufe II/I. Westfälische Wilhelms-Universität Münster.

St. Clair Gibson, A., Schabort, E. J. & Noakes, T. D. (2001). Reduced neuromuscular activity and force generation during prolonged cycling. *American Journal of Physiol Regulatory Integrative Comparative Physiology, 281*: R187-R196.

Steinhöfer, D. (2003). *Grundlagen des Athletiktrainings.* Münster: Philippka-Verlag.

Stewart, D., Macaluso, A. & De Vito, G. (2003). The effect of an active warm-up on surface EMG and muscle performance in healthy humans. *European Journal of Applied Physiology, 89*, 509-513.

Stewart, K., Gutin, B. & Lewis, S. (1973). Prior exercise and circulorespiratory endurance. *The Research Quarterly, 44*, 169-177.

Stewart, I. B. & Sleivert, G. B. (1998). The effect of warm-up intensity on range of motion and anaerobic performance. *The Journal of Orthopaedic and Sports Physical Therapy, 27* (2), 154-61.

Stocks, J. M., Patterson, M. J., Hyde, D. E., Jenkins, A. B., Mittleman, K. D. & Taylor, N. A. S. (2004). Cold-water acclimation does not modify whole-body fluid regulation during subsequent cold-water immersion. *European Journal of Applied Physiology, 92*, 56-61.

Stolwijk, J. A. J. & Hardy, J. D. (1966). Temperature regulation in man – a theoretical study. *Pflügers Archiv, 291*, 129-162.

Stratz, T., Weis, H., Knüttel, U. & Streubel, J. (1989). Erfahrungsbericht zur Ganzkörperkältetherapie mit der neu entwickelten Kältekabine Medivent GKKT. *Zeitschrift für physikalische Medizin, Balneologie, medizinische Klimatologie, 18*, 383-389.

Stratz T., Mennet P. & Müller R. (1994). Indikationen der Ganzkörperkältetherapie in der Rheumatologie. *Therapiewoche, 10* (10), 528-533.

Straub, W. F. (1968). Effect of overload training procedures upon velocity and accuracy of the overarm throw. *The Research Quarterly, 39* (2), 370-379.

Stull, G. A. & Clarke, D. H. (1971). Patterns of recovery following isometric and isotonic strength decrement. *Medicine and Science in Sports and Exercise, 3*, 135-139.

Swan, H. (1974). *Thermoregulation and bioenergetics.* New York, London, Amsterdam: American Elsevier Publishing company.

T

Taghawinejad, M., Birwe, G., Fricke, R. & Hartmann, R. (1989). Ganzkörpertherapie – Beeinflusssung von Kreislauf und Stoffwechselparametern. *Zeitschrift für physikalische Medizin, Balneologie, medizinische Klimatologie, 18*, 23-30.

Taguchi, A., Ratnaraj, J., Kabon, B., Sharma, N., Lenhardt, R., Sessler, D. & Kurz, A. (2004). Effects of a circulating-water garment and forced-air warming on body content and core temperature. *Anesthesiology, 100*, 1058-1064.

Tanaka, A., Midorikawa, T. & Tokura, H. (2006). Effects of pressure exerted on the skin by elastic cord on the core temperature, body weight loss and salivary secretion rate at 35° C. *European Journal of Applied Physiology, 96*, 471-476.

Tatterson, A. J., Hahn, A. G., Martin, D. T. & Febbraio, M. A. (2000). Effects of heat stress on physiological responses and exercise performance in elite cyclists. *Journal of Science and Medicine in Sport, 3* (2), 186-193

Telford, D. & Saunders, P. (2004). Heat strategies for olympic track and field team: Athens 2004. *Modern Athlete and Coach, 42* (3), 8-13.

Temfemo, A., Bishop, D., Merzoug, A., Gayda, M. & Ahmaidi, S. (2005). Effects of prior exercise on force-velocity test performance and quadriceps EMG. *International Journal of Sports Medicine, 27*, 212-219.

Tenforde, A. (2003). The effects of cooling core body temperature on overall strength gains and post-exercise recovery. *Spring*, 57-61.

Tepasse, A. (2007). *Der Einfluss unterschiedlicher thermoregulatorischer Vorbereitungsmaßnahmen auf die sportliche Leistung im Radsport.* Unveröffentlichte Schriftliche Hausarbeit im Rahmen der Ersten Staatsprüfung für das Lehramt für die Sekundarstufe I. Universität Dortmund.

Thienes, G., Ückert, S. & Starischka, S. (2006). Zum Einfluss unterschiedlicher Vorbereitung auf die Ausdauerleistung. In A. Ferrauti & H. Remmert (Hrsg.), *Trainingswissenschaft im Freizeitsport* (Schriften der Deutschen Vereinigung für Sportwissenschaft 157, S. 281-284). Hamburg: Czwalina.

Thieß, G. & Tschiene, P. (1999). *Handbuch zur Wettkampflehre.* Aachen: Meyer & Meyer.

Thomas, M. (2000). The functional warm-up. *National Strength and Conditioning Association, 22* (2), 51-53.

Thompson, H. (1958). Effect of warm-up upon physical performance in selected activities. *The Research Quarterly, 29,* 231-246

Thorsson, O., Lilja, B., Ahlgren, L., Hemdal, B. & Westlin, N. (1985). The effect of local cold application on intramuscular blood flow at rest and after running. *Medicine and Science in Sports and Exercise, 17* (6), 710-713.

Todd, G., Butler, J. E., Taylor, J. L. & Gandevia, S. C. (2005). Hyperthermia: a failure of the motor cortex and the muscle. *Journal of Physiology, 563* (2), 621-631.

Torii, M., Yamasaki, M. & Sasaki, T. (1996). Effect of prewarming in the cold season on thermoregulatory responses during exercise. *British Journal of Sports Medicine, 30,* 102-111.

Toubekis, A. G., Douda, H. T. & Tokmakidis, S. P. (2005). Influence of different rest intervals during active or passive recovery on repeated sprint swimming performance. *European Journal of Applied Physiology, 93,* 694-700.

Tripathi, A., Mack, G. W. & Nadel, E. R. (1990). Cutaneous vascular reflexes during exercise in the heat. *Medicine and Science in Sports and Exercise, 22* (6), 796-803.

Tucker, R., Rauch, L., Harley, Y. X. R. & Noakes, T. D. (2004). Impaired exercise performance in the heat is associated with an anticipatory reduction in skeletal muscle recruitment. *Pflügers Archiv, 448,* 422-430.

Tucker, R., Marle, T., Lambert, E. V. & Noakes, T. D. (2006). The rate of heat storage mediates an anticipatory reduction in exercise intensity during cycling at a fixed rating of perceived exertion. *Journal of Physiology, 574* (3), 905-915.

U

Ückert, S. (2003). Effekte extremer (-110° C) Ganzkörper-Kälteapplikation auf das Verhalten von Herzfrequenz und Herzfrequenzvariabilität – oder: Kälte als Leistungs- und Regenerationsoptimierer. Ein Almanach junger Wissenschaftler. Gesundheit fördern – Krankheit heilen. *Neue Wege im Zusammenwirken von Naturwissenschaft, Medizin, Technik* (S. 192-193). 1. Kongress Junge Naturwissenschaft und Praxis. München, 11.-13. Juni 2003. Hanns Martin Schleyer-Stiftung, Heinz Nixdorf Stiftung und Technische Universität München.

Ückert, S. (2004). *Kinematische und dynamische Aspekte der Binnenstruktur von Tretkurbelbewegungen – bewegungstheoretische und trainingswissenschaftliche Bedingungen in Abhängigkeit von Widerstand und Frequenz.* Aachen: Shaker.

Ückert, S. (2007). Wie wird Beweglichkeit trainiert? In V. Scheid & R. Prohl (Hrsg.), *Trainingslehre. Kursbuch Sport 2* (S. 137-159). Wiebelsheim: Limpert.

Ückert, S. (2008). *Temperatur und sportliche Leistung – Zur Bedeutung thermoregulatorischer Maßnahmen für die Ansteuerung sportlicher Leistungen in Training und Wettkampf.* Habilitationsschrift an der Technischen Universität Dortmund.

Ückert, S. (2009). Kienbaum: Erste Kältekammer in einem Bundesleistungszentrum. *Leistungssport, 39* (6), 34-35.

Ückert, S. & Joch, W. (2003a). Der Einfluss von Kälte auf die Herzfrequenzvariabilität. *Österreichisches Journal für Sportmedizin, 33* (2), 14-20.

Ückert, S. & Joch, W. (2003b). Der Effekt von Ganzkörperkälteapplikation (-110° C) auf die Herzfrequenz-Variabilität. *Deutsche Zeitschrift für Sportmedizin, 54* (7/8), 102.

Ückert, S. & Joch, W. (2004). Der Einfluss von Kälte auf die Herzfrequenzvariabilität als Regenerationsparameter. In K. Hottenrott (Hrsg.), *Herzfrequenzvariabilität im Fitness- und Gesundheitssport* (Schriften der Deutschen Vereinigung für Sportwissenschaft, 142, S. 103-111). Hamburg: Cwalina.

Ückert, S. & Joch, W. (2005a). Verbesserte Hitzetoleranz durch Kälteapplikation. *Leistungssport, 35* (1), 77-78.

Ückert, S. & Joch, W. (2005b). Effects of precooling on thermoregulation and endurance exercise. *New Studies in Athletics, 20* (4), 33-37.

Ückert, S. & Joch, W. (2006). Thermoregulation – die Bedeutung des Aufwärmens in der Leichtathletik. In K. H. Wohlgefahrt & S. Michel (Hrsg.), *Die Leichtathletik in der sportwissenschaftlichen Forschung. Konzepte und Projekte – Resultate und Perspektiven* (Schriften der Deutschen Vereinigung für Sportwissenschaft, Band 153, S. 203-218). Hamburg: Czwalina.

Ückert, S., Joch, W. & Starischka, S. (2006a). Warm-up & Precooling als leistungssteigernde Maßnahmen im Sportspiel. In K. Weber, D. Augustin, P. Maier, K. Roth (Hrsg.), *Wissenschaftlicher Transfer für die Praxis* (Berichte und Materialien des Bundesinstituts für Sportwissenschaft Band 09, S. 236-241). Köln: Sport & Buch Strauß.

Ückert, S., Joch, W., Pernack, J. & Oerding, P. (2006b). Variationsbreite der Körperkerntemperatur bei sportlichen Aktivitäten im Freizeitsport. In A. Ferrauti & H. Remmert (Hrsg.), *Trainingswissenschaft im Freizeitsport* (Schriften der Deutschen Vereinigung für Sportwissenschaft 157, S. 289-292). Hamburg: Czwalina.

Ückert, S., Thienes, G., Joch, W. & Starischka, S. (2006c). Wie sinnvoll ist Aufwärmen im Freizeitsport? In A. Ferrauti & H. Remmert (Hrsg.), *Trainingswissenschaft im Freizeitsport* (Schriften der Deutschen Vereinigung für Sportwissenschaft 157, S. 277-280). Hamburg: Czwalina.

Ückert, S. & Joch, W. (2007a). Effects of warm-up and precooling on the endurance performance in the heat. *British Journal of Sports Medicine, 41*, 380-384.

Ückert, S. & Joch, W. (2007b). Kälteapplikation in Sportspielpausen. *Leistungssport, 37* (4), 16-22.

Ückert, S. & Joch, W. (2007c). Aufwärmen ... wärmstens zu empfehlen? In J. Freiwald, T. Jöllenbeck & N. Olivier (Hrsg.), *Prävention und Rehabilitation* (Berichte und Materialien des Bundesinstituts für Sportwissenschaft Band 12, S.77-82). Köln: Sportverlag Strauß.

Ückert, S. & Joch, W. (2007d). Auswirkungen extremer Kälteapplikation auf die Herzfrequenzvariabilität in Ruhe als Diagnostikparameter für den Leistungszustand. In U. Hartmann, Niessen, M. & P. Spitzenpfeil (Hrsg.), *Ausdauer und Ausdauertraining* (Berichte und Materialien des Bundesinstituts für Sportwissenschaft Band 14, S. 217-222). Köln: Sportverlag Strauß.

Ückert, S. & Joch, W. (2007e). The effects of warm-up and precooling on endurance performance in high ambient temperatures. *New Studies in Athletics, 22* (1), 33-38.

Ückert, S. & Joch, W. (2008). *Leistungseffekte durch eine TKKLA$_{-30°C}$ und KWA auf die Ausdauerleistungsfähigkeit bei Radfahrern mit mittlerem Leistungsniveau.* In Vorbereitung für Leistungssport.

Unick, J., Kieffer, H. S., Cheesman, W. & Feeney, A. (2005). The acute effects of static and ballistic stretching on vertical jump performance. *Journal Strength and Conditioning Research, 19* (1), 206-212.

V

Van Wingerden, B. (1992). Eistherapie – kontraindiziert bei Sportverletzungen? *Leistungssport, 22* (2), 5.

Vaupel, E. (1987). *Der Einfluß der Atemluft- und Thoraxkühlung auf Atmung, Kreislauf und Thermoregulation bei Arbeit in feuchtwarmem Klima.* Inaugural-Dissertation zur Erlangung des Doktorgrades der Medizin der Medizinischen Fakultät am Universitätsklinikum der Universität-Gesamthochschule-Essen

Veghte, J. H. & Webb, P. (1961). Body cooling and response to heat. *Journal of Applied Physiology, 16*, 235 238.

Vejby-Christensen, H. & Strange Petersen. E. (1973). Effect of body temperature and hypoxia on the ventilatory CO_2 response in man. *Original Research Article Respiration Physiology, 19*, 3, 322-332.

Volianitis, S., McConnell, A. K., Koutedakis, Y. & Jones, D. A. (2001). Specific respiratory warm-up improves rowing performance and exertional dyspnea. *Medicine and Science in Sports and Exercise, 33* (7), 1189-1193.

Vries, H. A. de (1959). Effects of various warm-up procedures on 100-yard times of competitive swimmers. *The Research Quarterly, 30* (1), 11-20.

Vries, H. A. de (1980). *Physiology of exercise in physical education and athletics* (3rd ed.). Dubuque: W. C. Brown.

W

Waller, M. F. & Haymes E. M. (1996). The effects of heat and exercise on sweat iron loss, *Medicine and Science in Sports and Exercise, 28,* 197-203.

Waller, M. & Stasiek, M. (2002). Medicine ball warm-ups. *National Strength and Conditioning Assocoations, 24* (5), 18-19.

Walter, B. (2005). *Oberflächen EMG-Untersuchungen zum Kontraktionsverhalten der Skelettmuskulatur unter Ausdauerbedingungen bei Anwendung lokal applizierter Kälte.* Dissertation zum Erwerb des Doktorgrades der Medizin an der Medizinischen Fakultät der Ludwig-Maximilians-Universität München.

Walters, T. J., Ryan, K. L., Tate, L. M. & Mason, P. A. (2000). Exercise in the heat is limited by a critical internal temperature. *Journal of Applied Physiology, 89,* 799-806.

Wathen, D. (1987). Flexibility: Its place in warm-up activities. *National Strength Conditioning Association Journal, 9* (5), 26-27.

Waterhouse, J., Edwards, B., Bedford, P., Hughes, A., Robinson, K., Nevill, A., Weinert, D. & Reilly, T. (2004). Thermoregulation during mild exercise at different circadian times. *Chronobiology International, 21* (2), 253-275.

Waylonis, G. W. (1967). The physiologic effects of ice massage. *Archives of Physical Medicine and Rehabilitation, 48,* 37-42.

Webb, P. (1986). Afterdrop of body temperature during rewarming: an alternative explanation. *Journal of Applied Physiology, 60* (2), 385-390.

Webb, P. (1995). The physiology of heat regulation. *American Journal of Physiology, 268,* R838-R850.

Webb, P. (1997). Continuous measurement of heat loss and heat production and the hypothesis of heat regulation. In C. M. Blatteis (Ed.), *Thermoregulation* (pp. 12-20). Annals of the New York Academy of Sciences 813. New York, NY: New York Academy of Sciences.

Webb, P. & Annis, J. F. (1968). Cooling required to suppress sweating during work. *Journal of Applied Physiology, 25,* 489-493.

Weineck, J. (2002). *Sportbiologie* (8. Aufl.). Balingen: Spitta-Verlag.

Weineck, J. (2007). *Optimales Training* (15. Aufl.). Balingen: Spitta-Verlag.

Weise, M. (2008). Interview mit dem Hockey-Bundestrainer. *Leistungssport, 38* (1), S. 37-38.

Weiss B. & Laties V. G. (1961). Behavioural thermoregulation. *Science, 133,* 1338-1344.

Welch, M. (1969). Specificity of heavy work fatigue: Absence of transfer from heavy leg work to coordination tasks using the arms. *The Research Quarterly, 40* (2), 402-406.

Wenzel, H. G. (1961). Die Wirkung des Klimas auf den arbeitenden Menschen. In G. Lehmann (Hrsg.), *Handbuch ges. Arbeitsmedizin, Band I, Arbeitsphysiologie* (S. 554). Berlin, München,Wien: Urban & Schwarzenberg.

Wenzel, H. G. (1965). *Die Erholungsdauer nach Hitzearbeit als Maß der Belastung.* Köln und Opladen: Westdeutscher Verlag.

Wenzel, H. G. (1968). Über die Beziehungen zwischen Körperkerntemperatur und Pulsfrequenz des Menschen bei körperlicher Arbeit unter warmen Klimabedingungen. Habilitationsschrift der Universität Düsseldorf. Gedruckt in *Internationale Zeitschrift für angew. Physiologie einschl. Arbeitsphysiologie, 26*, 43-94.

Wenzel, H. G. & Piekarski, C. (1982). *Klima und Arbeit.* Bayerisches Staatsministerium für Arbeit und Sozialordnung. München.

Werner, J. (1984). *Regelung der menschlichen Körpertemperatur.* Berlin, New York: Walter de Gruyter.

Werner, J. (1990). Functional mechanisms of temperature regulation, adaptation and fever: Complementary system theoretical and experimental evidence. In E. Schönbaum & P. Lomax (Eds.), *Thermoregulation physiology and biochemistry* (pp. 185-208). New York, Oxford, Bejing u. a.: Pergamon Press.

Werner, J. (2001). Biophysics of heat exchange between body and environment. In C. M. Blatteis (Ed.), *Physiology and pathophysiology of temperature regulation* (pp. 25-45). (Reprinted/ First published 1998). Singapore, New Jersey, London, HongKong: World Scientific.

Werner, J., Heising, M., Rautenberg, W. & Leimann, K. (1985). Dynamics and topography of human temperature regulation in response to thermal and work load. *European Journal of Applied Physiology, 53*, 353-358.

Werner, J. & Heising, M. (1989). The drive for local sweating rate at rest and exercise. In J. B. Mercer (ed.), *Thermal physiology 1989* (pp. 179-183). New York, Oxford: Excerpta Medica.

Westerlund, T. (2009). Thermal, circulatory and neuromuscular responses to wholebody cryotherapy. *Acta Universitatis Ouluensis D Medica 1006*, Oulun Yliopisto: Oulu.

Westerlund, T., Oksa, J., Smolander, H. & Mikkelsson, M. (2009). Neuromuscular adaption after repeated exposure to whole-body cryotherapy (-110° C). *Journal of Thermal Biology, 34* (5), 226-231

White, A. T., Wilson, T. E., Davis, S. L. & Petajan, J. H. (2000). Effect of precooling on physical performance in multiple sclerosis. *Multiple Sclerosis, 6*, 176-180.

White, A. T., Davis, S. L. & Wilson, T. E. (2003). Metabolic, thermoregulatory, and perceptual responses during exercise after lower vs. whole body precooling. *Journal of Applied Physiology, 94*, 1039-1044.

Whittow, G. C. (Ed.). (1970). *Comparative physiology of thermoregulation. Volume I: Invertebrates and nonmammalian vertebrates.* New York & London: Academic Press.

Whittow, G. C. (Ed.). (1971). *Comparative physiology of thermoregulation. Volume II: Mammals.* New York & London: Academic Press.

Whittow, G. C. (Ed.). (1973). *Comparative physiology of thermoregulation. Volume III: Special aspects of thermoregulation.* New York & London: Academic Press

Wiemeyer, J. (2003). Dehnen und Leistung – primär psychophysiologische Entspannungseffekte? *Deutsche Zeitschrift für Sportmedizin, 54* (10), 288-294.

Wiemeyer, J. (2007). Zur zeitlichen Stabilität der negativen Effekte statischen Dehnens auf Schnellkraftleistungen. In J. Freiwald, T. Jöllenbeck & N. Olivier (Hrsg.), *Prävention und Rehabilitation* (S. 319-326). Köln: Sportverlag Strauß.

Wilkerson, D. P., Koppo, K., Barstow., T. J. & Jones, A. M. (2004). Effect of prior multiple-sprint exercise on pulmonary O_2 uptake kinetics following the onset of perimaximal exercise. *Journal of Applied Physiology, 97,* 1227-1236.

Williams, M. H. (Ed.). (1983). *Ergogenic aids in sport.* Champaign, IL: Human Kinetics Publishers.

Wilmore, J. H. & Costill, D. L. (2004). *Physiology of sport and exercise.* (3rd ed.). Champaing, IL: Human Kinetics.

Wilson, T. E., Johnson, S. C., Petajan, J. H., Davis, S. L., Gappmaier, E., Luetkemeier, M. J. & White, A. T. (2002). Thermal regulatory responses to submaximal cycling following lower-body cooling in humans. *European Journal of Applied Physiology, 88,* 67-75.

Witte de, J. & Sessler, D. I. (2002). Perioperative shivering. Physiology and Pharmacology. *Anesthesiology, 96,* 467-484.

Witte, F. (1962). Effect of participation in light, medium, and heavy exercise upon accuracy in motor performance of junior high school girls. *The Research Quarterly, 33,* 308-312.

Woodward, S. & Freedman, R. R. (1992). Thermoregulation and sleep in postmenopausal women. In P. Lomax & E. Schönbaum (Eds.), *Thermoregulation: The pathophysiological basis of clinical disorders* (pp. 10-13). Basel, München, Paris u. a.: Karger.

Wyndham, C. H. (1973). The physiology of exercise under heat stress. *Annual Review Physiology, 35,* 193-220.

Y

Yamauchi, T. (1985). Whole body cryotherapy is a method of extreme cold -175° C treatment initially for rheumatoid arthritis. *Zeitschrift für physikalische Medizin, Balneologie, medizinische Klimatologie, 15,* 311.

Young, W. B. & Behm, D. G. (2002). Should static stretching be used during a warm-up for strength and power activities? *National Strength und Conditioning Association, 24* (6), 33-37.

Z

Zeisberger, E., Schönbaum, E. & Lomax, P. (Eds.). (1994). *Thermal balance in health and disease. Recent basic research and clinical progress.* Basel, Boston, Berlin: Birkhäuser Verlag.

Zentz, C., Fees, M., Mehdi, O. & Decker, A. (1998). Incorporating resistance training into the precompetition warm-up. *Strength and Conditioning, 20* (4), 51-53.

Zieschang, K. (1978). Aufwärmen bei motorischem Lernen, Training und Wettkampf. *Sportwissenschaft, 8,* 235-251.

Zintl, F. & Eisenhut, A. (2001). *Ausdauertraining. Grundlagen – Methoden – Trainingssteuerung.* München, Wien, Zürich: BLV.

3   Bildnachweis

Covergestaltung:	Meyer & Meyer Verlag
Coverfotos:	John Foxx/Stockbyte/Thinkstock (Feuer) imago Sportfotodienst (Läufer) iStockphoto/Thinkstock (Eis) Jupiterimages/Thinkstock (Sportler unten re.) Hemera/Thinkstock (Hinterleger)
Umschlagfotos (U4):	iStockphoto/Thinkstock
Fotos Innenteil:	Sandra Ückert
S. 64:	iStockphoto/Thinkstock
S. 278:	Thinkstock Images/Comstock/Thinkstock

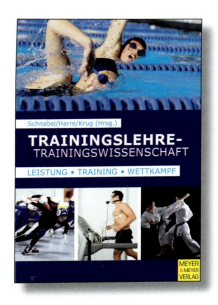

Günter Schnabel, Dieter Harre & Jürgen Krug (Hrsg.)
TRAININGSLEHRE UND TRAININGSWISSENSCHAFT
Leistung – Training – Wettkampf

Dieser Klassiker zur Trainingslehre wurde zum Teil völlig neu erarbeitet und das traditionelle Themenspektrum erweitert. Das Buch enthält als Unterstützung für ein differenziertes Studium ein umfangreiches Literatur- sowie Stichwortverzeichnis.

2. aktualisierte Auflage

664 Seiten, s/w, 170 Abb., 85 Tab.
Paperback mit Fadenheftung, 16,5 x 24 cm
ISBN 978-3-89899-631-0
E-Book 978-3-8403-0827-7
€ [D] 39,95

Prof. Dr. Elmar Wienecke
LEISTUNGSEXPLOSION IM SPORT
Ein Anti-Doping-Konzept

Dieses Buch zeigt die Möglichkeiten der Leistungssteigerung und Ausschöpfung des vorhandenen Potenzials mit ausschließlich natürlichen Mitteln. Anhand einer Langzeitstudie konnten hochinteressante Erkenntnisse in der Mikronährstofftherapie gewonnen werden, die dem Leser in diesem Buch nahegebracht werden.

1. Auflage 2011. Auch in englischer Sprache

288 Seiten, in Farbe, 37 Fotos, 107 Abb., 33 Tab.
Klappenbroschur, 16,5 x 24 cm
ISBN 978-3-89899-652-5
E-Book 978-3-8403-0770-6
€ [D] 19,95

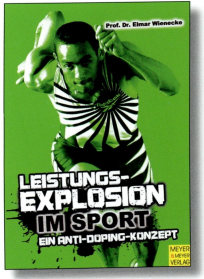

Viele weitere Titel finden Sie auf
www.dersportverlag.de

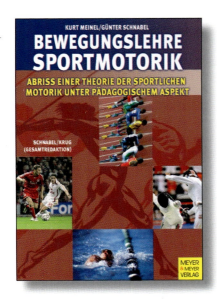

Kurt Meinel & Günter Schnabel
BEWEGUNGSLEHRE SPORTMOTORIK
Abriss einer Theorie der sportlichen Motorik unter pädagogischem Aspekt
Schnabel/Krug
(Gesamtredaktion)

Dieser Klassiker der deutschen Sportwissenschaft liegt nunmehr in erneut überarbeiteter und teilweise erweiterter Auflage vor. Er ist auch heute noch als praxisnahe wissenschaftliche Grundlage der Lehre im Fachgebiet gefragt.

504 Seiten, s/w, 169 Abb., 18 Tab.
Paperback mit Fadenheftung, 16,5 x 24 cm
ISBN 978-3-89899-245-9
E-Book 978-3-8403-0084-4
€ [D] 39,95

Ralf Dietrich & Karin Koch
EVALUATION VON MASSNAHMEN DER BETRIEBLICHEN GESUNDHEITSFÖRDERUNG

Inhalte des Buches sind sowohl die Beschreibung des Messinstrumentariums zur Evaluation von Gesundheitsförderungsmaßnahmen als auch die Ergebnisse der Evaluation des Programms „Haltung in Bewegung", das sich an Menschen mit Rückenproblemen richtet.

1. Auflage 2011

184 Seiten, in Farbe, 7 Fotos, 81 Abb., 11 Tab.
Klappenbroschur, 16,5 x 24 cm
ISBN 978-3-89899-632-7
E-Book 978-3-8403-0794-2
€ [D] 18,95

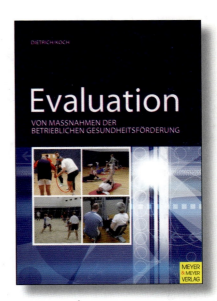

Alle Bücher auch als E-Books – bequem & sicher, powered by

MEYER & MEYER VERLAG
Von-Coels-Str. 390
52080 Aachen
www.dersportverlag.de

Tel.: 02 41 - 9 58 10 - 13
Fax: 02 41 - 9 58 10 - 10
E-Mail: vertrieb@m-m-sports.com
oder bei Ihrem Buchhändler

MEYER & MEYER VERLAG

Büchereien Wien

SBW-43250491